Aus dem Programm Huber:
Psychologie Lehrbuch

Wissenschaftlicher Beirat:
Prof. Dr. Dieter Frey, München
Prof. Dr. Kurt Pawlik, Hamburg
Prof. Dr. Meinrad Perrez, Freiburg (Schweiz)
Prof. Dr. Hans Spada, Freiburg i.Br.

Statistik und Methodenlehre bei Hans Huber (Auswahl):

Willi Hager / Jean-Luc Patry / Hermann Brezing (Hrsg.)
Evaluation psychologischer Interventionsmaßnahmen
Standards und Kriterien: Ein Handbuch
289 Seiten (ISBN 3-456-83245-1)

Helfried Moosbrugger
Lineare Modelle
Regressions- und Varianzanalysen
Dritte, gründlich überarbeitete und ergänzte Auflage
249 Seiten (ISBN 3-456-83901-4)

Jürgen Rost
Lehrbuch Testtheorie – Testkonstruktion
Zweite, vollständig überarbeitete und erweiterte Auflage
Etwa 420 Seiten. Mit beigelegter CD-ROM
(ISBN 3-456-83964-2)

Stephan Jeff Rustenbach
Metaanalyse
Eine anwendungsorientierte Einführung
Etwa 320 Seiten (ISBN 3-456-83802-6)

Informationen über unsere Neuerscheinungen finden Sie im Internet unter:
http://verlag.hanshuber.com oder per E-Mail an: **verlag@hanshuber.com**

Rainer Leonhart

Lehrbuch Statistik
Einstieg und Vertiefung

Unter Mitarbeit von Katrin Schornstein und Jana Groß

Verlag Hans Huber
Bern · Göttingen · Toronto · Seattle

Das Umschlagmotiv stammt von Leonardo da Vinci. Es handelt sich um eine Zeichnung mit dem Titel „Größenverhältnisse des Kopfes", um 1488.

Adresse des Autors:
Dipl.-Psych. Rainer Leonhart
Institut für Psychologie
Engelberger Straße 41
D-79106 Freiburg i. Br.
E-Mail: leonhart@psychologie.uni-freiburg.de

Lektorat: Dr. Peter Stehlin
Herstellung: Daniela Büschlen
Umschlag: Atelier Mühlberg, Basel
Druck und buchbinderische Verarbeitung: Konkordia GmbH, Bühl
Printed in Germany

Bibliografische Information der Deutschen Bibliothek
Die Deutsche Bibliothek verzeichnet diese Publikation in der Deutschen Nationalbibliografie; detaillierte bibliografische Daten sind im Internet über http://dnb.ddb.de abrufbar.

Dieses Werk, einschließlich aller seiner Teile, ist urheberrechtlich geschützt. Jede Verwertung außerhalb der engen Grenzen des Urheberrechtes ist ohne Zustimmung des Verlages unzulässig und strafbar. Das gilt insbesondere für Vervielfältigungen, Übersetzungen, Mikroverfilmungen sowie die Einspeicherung und Verarbeitung in elektronischen Systemen.

Anregungen und Zuschriften bitte an:
Verlag Hans Huber
Länggass-Strasse 76
CH-3000 Bern 9
Tel: 0041 (0)31 300 4500
Fax: 0041 (0)31 300 4593
E-Mail: verlag@hanshuber.com
Internet: http://verlag.hanshuber.com

Erste Auflage 2004
© 2004 by Verlag Hans Huber, Bern
ISBN 3-456-84034-9

Vorwort

> "Wenn man mündige Bürger haben will, muss man ihnen drei Dinge beibringen: Lesen, Schreiben und - statistisches Denken."
>
> Gigerenzer (2002)

Bei vielen Entscheidungen mit Hilfe einer statistisch begründeten Argumentation wird versucht, Einfluss auf den Bürger zu nehmen. Es ist somit von Vorteil, wenn die Bürger sich mit statistischem Denken gegen Fehler und Fallen der Statistik zur Wehr setzen können. Was für den mündigen Bürger wichtig ist, ist für den Sozialwissenschaftler überlebenswichtig. Selbstständige und kompetente Entscheidungen aufgrund von statistischen Kennwerten sind in der Psychologie und Medizin notwendig, damit man neue Ergebnisse und wissenschaftliche Entwicklungen objektiv und fundiert bewerten und hieraus Empfehlungen für die Praxis ableiten kann. Blindes Vertrauen in die Statistik kann durch eine solide Basisausbildung in den methodischen Fächern vermieden werden. Mit einer klaren Darstellung der statistischen Grundkenntnisse soll dieses Buch dazu beitragen.

Das vorliegende Buch ist im Laufe mehrerer Veranstaltungen zu Statistik I und II am Institut für Psychologie der Universität Freiburg entstanden. Ich versuche mit diesem Buch, die Grundlagen der Statistik zu verdeutlichen und grundlegende Sachverhalte klar darzustellen. An manchen Stellen beschreibe ich meine Sicht der Statistik und weiche in einigen Punkten vielleicht von den Darstellungen anderer Lehrbuchautoren ab. Durch die Vermittlung meiner Sichtweise versuche ich, das Fach Statistik näher an die Studentinnen und Studenten heranzubringen und hoffe, dass mir dies gelungen ist. Allerdings wäre es vermessen, davon auszugehen, dass dieses Buch nicht verbesserungsfähig ist. Verschiedene Abschnitte in diesem Buch könnten vermutlich klarer dargestellt werden. Ich selbst sehe dieses Buch nicht als endgültig an, sondern werde es auch weiterhin überarbeiten und erweitern. Über eine E-Mail mit Kritik und Verbesserungsvorschläge an *leonhart@psychologie.uni-freiburg.de* würde ich mich sehr freuen. Korrekturen werde ich unter http://www.psychologie.uni-freiburg.de/signatures/leonhart/ veröffentlichen. Auf dieser Internetseite besteht auch Zugriff auf Beispieldateien und interessante Links zu diesem Buch.

Über den Umgang mit diesem Buch

Das vorliegende Buch soll den Einstieg in das Fach Statistik erleichtern. Hierzu werden zusätzlich verschiedene didaktische Hilfsmittel eingesetzt.

Mehrheitlich werden zum Beginn der Kapitel wichtige Begriffe unter dem Begriff **Schlagworte** aufgeführt. Zumindest die Bedeutung dieser Begriffe sollte dem Studenten nach dem Lesen des Kapitels deutlich geworden sein.

> Wichtige Definitionen und Formeln werden durch diese schattierten Boxen hervorgehoben.

Verschiedene Abschnitte der einzelnen Kapitel werden durch eine Reihe von Zeichen am äußeren Rand des Buches herausgestellt.

Voraussetzungen des dargestellten statistischen Verfahrens und häufig Fehler werden durch dieses Zeichen hervorgehoben.

Herleitungen bestimmter mathematischer Gleichungen symbolisiert dieses Zeichen. Dem Leser wird die Wahl gelassen, ob er diese für sein Verständnis benötigt oder ob er über sie überspringen will.

Definitionen und Voraussetzungen werden mit einer Reihe von **Beispielen** oder beispielhaften Berechnungen vertieft. Sie sind durch dieses Zeichen leicht zu identifizieren und dienen der Veranschaulichung und dem Transfer von der Theorie in die Praxis.

In den einzelnen Kapiteln wird immer wieder ein Abschnitt mit der Überschrift **Wieso? Weshalb? Warum?** auftauchen. In diesen Abschnitten sollen Zusammenhänge mit Hilfe tiefergehender Erörterungen verdeutlicht werden.

Zur Verbesserung des Verständnisses werden manche Zusammenhänge mit Hilfe von **Mindmaps** dargestellt. Diese kurze graphische **Zusammenstellung** aller relevanten Inhalte rundet jedes Kapitel ab.

Am Ende der Kapitel folgen **Übungsaufgaben**, welche das Verständnis vertiefen und eine Möglichkeit zur Lernkontrolle geben sollen. Die **Musterlösungen** sind im Anhang ausführlich dargestellt.

Anmerkung: Sofern bei den verschiedenen Begrifflichkeiten in diesem Buch das Geschlecht keine spezifische Rolle spielt, werden Begriffe wie Proband oder Psychologe immer geschlechterneutral verwandt. Damit der Text verständlich bleibt, wurde auf das große "I" (PsychologiestudentInnen), Doppelnennungen oder Schrägstrichlösungen verzichtet. Auf keine Fall ist eine Benachteiligung eines der Geschlechter in diesem Buch beabsichtigt.

Danksagung

An der Entwicklung dieses Buches waren viele Personen beteiligt, ohne deren Hilfe es nicht entstanden wäre. Bei allen diesen Menschen möchte ich mich ganz herzlich bedanken. Das vorliegende Buch und die vorherigen Versionen als Skript zur Übung wurden von vielen Helferinnen und Helfern intensiv gelesen. Es wurde konstruktiv kritisiert und es gingen Vorschläge zur Verbesserung ein. Die Arbeit dieser Personen ist schwer zu bewerten und zu gewichten. Deshalb möchte ich hier einige von ihnen in alphabetischer Reihenfolge aufführen. Mein Dank gilt Dipl. Psych. Nadine Behnam, Dipl. Psych. Mona Drmola, Prof. Dr. Jochen Fahrenberg, Dipl. Math. Fritz Foerster, Dr. Stephanie Lichtenberg, Dr. Fehmi Özkan und cand. psych. Sabine Zimmermann. Viele Studentinnen und Studenten haben mir im Laufe meiner Lehrveranstaltungen und bei der Entstehung dieses Buches durch ihre Fragen gezeigt, wie die Klarheit und Verständlichkeit des Buches verbessert werden können.

Für die gute Zusammenarbeit und Betreuung beim Huber-Verlag möchte ich mich bei Herrn Dr. Peter Stehlin sehr bedanken. Er hat mich bei meinem ersten eigenständigen Buchprojekt immer mit einer Vielzahl von konstruktiven Vorschlägen auf den richtigen Weg gebracht.

Die Entstehung dieses Lehrbuchs wurde durch die Unterstützung von Prof. Dr. Hans Spada im wissenschaftlichen Beirat des Huber-Verlags und die positive Rückmeldungen von Prof. Dr. Jürgen Rost und Prof. Dr. Kurt Pawlik auf die Manuskriptentwürfe gefördert. Besonders Prof. Dr. Hans Spada möchte ich für seine Unterstützung während der verschiedenen Entstehungsphasen dieses Buches danken. Die Arbeit wurde auch durch die zeitlichen Freiräume gestützt, die mir Prof. Dr. Dr. Jürgen Bengel einräumte.

Der Inhalt dieses Buches entstand auch durch die vielen fachlichen Diskussionen über Statistik mit Dr. Peter Zimmermann und Dr. Markus Wirtz. Beide haben zur inhaltlichen Klärung vieler Punkte beigetragen. Große Unterstützung habe ich besonders bei Dr. Peter Zimmermann in meiner Zeit als Tutor erhalten. Auch möchte ich mich an dieser Stelle herzlich für die ausführlichen Rückmeldungen zu meinem Manuskript durch Dipl. Psych. Stephan Jeff Rustenbach bedanken.

Für ihre unterstützende Tätigkeit bei meinem Kampf mit den Regeln der deutschen Rechtschreibung und der Verbesserung meines Sprachstils gebührt cand. psych. Bettina Gomer, M.A., ein herzliches Dankeschön.

Besonders hervorheben möchte ich die Arbeit von zwei Personen. Dank ihrer Hilfe hat die Fertigstellung dieses Buches Spaß gemacht. Dipl. Psych. Jana Groß Ophoff hat sich primär um die Erstellung von Grafiken und Mindmaps zum besseren Verständnis der Inhalte bemüht, und ohne die kritischen Rückmeldungen sowie die vielen Verbesserungsvorschläge von Dipl. Psych. Katrin Schornstein wäre dieses Buch nicht zu dem geworden, was es jetzt ist.

Zum Schluss noch ein Dankeschön an Kathrin, die auf mich an vielen Abenden und Wochenenden verzichten musste und trotzdem viel Verständnis für mich gezeigt hat.

Rainer Leonhart

Statistik !

Wer naturwissenschaftliche Fragen ohne Hilfe der Mathematik behandeln will, unternimmt etwas Unausführbares.

          Galileo Galilei

Jede Wissenschaft bedarf der Mathematik, die Mathematik bedarf keiner.

          Jakob Bernoulli

Vor allem fand ich an den mathematischen Wissenschaften wegen ihrer (...) Klarheit Gefallen.

          René Descartes

Die Mathematik ist es, die uns vor dem Trug der Sinne schützt und uns den Unterschied zwischen Schein und Wahrheit kennen lehrt.

          Leonhard Euler

Erstaunlich und entzückend ist die Macht zwingender Beweise, und so sind allein die mathematischen geartet.

          Galileo Galilei

Nichts ist so praktisch wie eine gute Theorie.

          Hermann von Helmholtz

Statistik ?

Alles, was lediglich wahrscheinlich ist, ist wahrscheinlich falsch.

          René Descartes

Trennen und Zählen lag nicht in meiner Natur.

          Johann Wolfgang von Goethe

Einstein did not need help in physics. But contrary to popular belief, Einstein did need help in mathematics.

          John Kemeny

Es bleibt mir eine unerschöpfliche Quelle des Erstaunens, wenn ich sehe, wie ein paar Kritzeleien auf einer Tafel oder auf einem Blatt Papier den Lauf menschlicher Angelegenheiten verändern können.

          Stanislaw Ulam

Der Blick des Forschers fand nicht selten mehr, als er zu finden wünschte.

          Gotthold Ephraim Lessing

Ich ehre die Mathematik als die erhabenste und nützlichste Wissenschaft, so lange man sie da anwendet, wo sie am Platze ist.

          Johann Wolfgang von Goethe

Inhaltsverzeichnis

I Einführung   1

1 Über den Umgang mit Statistik   3
    1.1   Grundsätzliches 3
    1.2   Panik bei positiven Testergebnissen 4
    1.3   Wahrscheinlichkeit versus Kausalität 6
    1.4   Darstellung statistischer Ergebnisse 7
    1.5   Der Glaube an die Genauigkeit expliziter Zahlen 8
    1.6   Eine undifferenzierte Betrachtungsweise 9
    1.7   Fehlinterpretation von Querschnittstudien 10
    1.8   Die Interpretation von Zusammenhängen 11
    1.9   Das Gesetz der großen Zahl 12
    1.10 Zusammenfassung 13

II Deskriptive Statistik   15

2 Messen und Skalenniveau   17
    2.1   Deskriptive Statistik 17
    2.2   Messen 18
    2.3   Definition des Skalenniveaus 22
    2.4   Transformationen 27
    2.5   Zusammenfassung 30
    2.6   Aufgaben 30

3 Maße der zentralen Tendenz und der Dispersion   31
    3.1   Häufigkeiten und Kategorien 31
    3.2   Maße der zentralen Tendenz 36
    3.3   Maße der Dispersion 43
    3.4   Schiefe und Exzess einer Verteilung 52
    3.5   Normalverteilung 55
    3.6   Transformationen 56
    3.7   Normierung und Normalisierung 60
    3.8   Zusammenfassung 62
    3.9   Aufgaben 62

4 Grafische Darstellungen   **65**
     4.1   Allgemeine Anmerkungen zur Erstellung von Grafiken 65
     4.2   Verschiedene Darstellungsformen 66
     4.3   Zusammenfassung 75
     4.4   Aufgaben 75

III   Inferenzstatistik   77

5 Wahrscheinlichkeitstheorie   **79**
     5.1   Grundlagen 79
     5.2   Begriffserklärung 81
     5.3   Mehrere Zufallsereignisse 86
     5.4   Kombinatorik 92
     5.5   Wahrscheinlichkeitsfunktionen 97
     5.6   Die Binomialverteilung 100
     5.7   Poisson-Verteilung 103
     5.8   Hypergeometrische Verteilung 103
     5.9   Normalverteilung 104
     5.10 χ^2-Verteilung 105
     5.11   t-Verteilung 106
     5.12   F-Verteilung 106
     5.13   Zusammenfassung 107
     5.14   Aufgaben 107

6 Stichprobentheorie   **109**
     6.1   Auswahlverfahren 109
     6.2   Zufallsgesteuerte Auswahlverfahren 110
     6.3   Nichtzufallsgesteuerte Auswahlverfahren 112
     6.4   Schätzungen 113
     6.5   Schätzung bei qualitativen Merkmalen 115
     6.6   Schätzung bei quantitativen Merkmalen 116
     6.7   Standardfehler 118
     6.8   Zusammenfassung 118
     6.9   Aufgaben 119

7 Einführung in die inferenzstatistische Hypothesenprüfung   **121**
     7.1   Hypothesen 122
     7.2 α-Niveau 125
     7.3   Ein- oder zweiseitige Testung 127
     7.4   Fehler beim Hypothesentesten 128
     7.5   Beeinflussung des β-Fehlers 132
     7.6   Optimaler Stichprobenumfang 137
     7.7   Inferenzstatistische Prüfverfahren der zentralen Tendenz 139
     7.8   Zusammenfassung 141
     7.9   Aufgaben 141

8 Parametrische Testverfahren   143
    8.1 Ein Überblick zu den Testverfahren 143
    8.2 z-Test 144
    8.3 t-Test für eine Stichprobe 145
    8.4 t-Test für abhängige Stichproben 147
    8.5 Prüfung auf Varianzhomogenität bei unabhängigen Stichproben . . . 149
    8.6 t-Test für homogene Varianzen 151
    8.7 t-Test für heterogene Varianzen 152
    8.8 Zusammenfassung 155
    8.9 Aufgaben 155

9 Nicht-parametrische Testverfahren   157
    9.1 Binomial-Test 158
    9.2 χ^2-Test 159
    9.3 McNemar-Test 163
    9.4 Q-Test von Cochran 165
    9.5 Mediantest 167
    9.6 U-Test von Mann-Whitney 169
    9.7 Vorzeichentest 172
    9.8 Vorzeichenrangtest von Wilcoxon 173
    9.9 H-Test von Kruskal & Wallis 175
    9.10 Friedman-Test 177
    9.11 Kolmogorov-Smirnow-Test 180
    9.12 Zusammenfassung 181
    9.13 Aufgaben 181

IV Korrelation und Regression   183

10 Produkt-Moment-Korrelation   185
    10.1 Varianzadditionssatz 185
    10.2 Kovarianz 187
    10.3 Korrelation 189
    10.4 Determinationskoeffizient 195
    10.5 Mittelwerte von Korrelationen 196
    10.6 Signifikanztest für Korrelationskoeffizienten 198
    10.7 Gleichheit von zwei Korrelationen 200
    10.8 Zusammenfassung 201
    10.9 Aufgaben 201

11 Weitere Korrelationskoeffizienten   203
    11.1 Überblick zu den Korrelationskoeffizienten 203
    11.2 Spearmans Rangkorrelation 206
    11.3 Kendalls τ 209
    11.4 Punktbiseriale Korrelation 211
    11.5 Biseriale Korrelation 212
    11.6 Biseriale Rangkorrelation 214

11.7	Punkttetrachorische Korrelation (φ-Koeffizient)	218
11.8	Tetrachorische Korrelation	220
11.9	Polychorische Korrelation	221
11.10	Odds Ratio und Yules Y	222
11.11	ν-Koeffizient	223
11.12	Kontingenzkoeffizient CC	225
11.13	Cramérs Index	226
11.14	Zusammenfassung	228
11.15	Aufgaben	228

12 Lineare Regression   229

12.1	Kausale Zusammenhänge	229
12.2	Herleitung der Regressionsgleichung	230
12.3	Güte der Vorhersage	236
12.4	Kreuzvalidierung	240
12.5	Regressionseffekt	241
12.6	Einengung der Streubreite	242
12.7	Zusammenfassung	243
12.8	Aufgaben	243

13 Multiple Korrelation und multiple Regression   245

13.1	Partialkorrelation $r_{xy.z}$	246
13.2	Semipartialkorrelation $r_{x(y.z)}$	247
13.3	Multiple Korrelation	249
13.4	Verschiedene Formen korrelativer Zusammenhänge	249
13.5	Das Allgemeine Lineare Modell (ALM)	254
13.6	Multiple Regression	255
13.7	Strategien bei der multiplen Regression	262
13.8	F-Test bei multipler Korrelation und Regression	264
13.9	Zusammenfassung	266
13.10	Aufgaben	266

V Varianzanalyse   269

14 Einfaktorielle Varianzanalyse mit festen Effekten   271

14.1	Anwendung	271
14.2	Modell I: Feste Effekte	276
14.3	Hypothesen	283
14.4	Quadratsummenzerlegung	284
14.5	Mittlere Quadratsummen	286
14.6	F-Test	288
14.7	Kontraste	293
14.8	post-hoc-Tests	297
14.9	Zusammenfassung	300
14.10	Aufgaben	300

15 Zweifaktorielle Varianzanalyse mit festen Effekten — 303
- 15.1 Zweifaktorielle Versuchspläne 303
- 15.2 Effekte bei der zweifaktoriellen Varianzanalyse 305
- 15.3 Hypothesen 308
- 15.4 Quadratsummenzerlegung 309
- 15.5 Mittlere Abweichungsquadrate 310
- 15.6 F-Tests 312
- 15.7 Interaktionsformen 312
- 15.8 Kontraste 320
- 15.9 post-hoc-Tests 323
- 15.10 Zusammenfassung 324
- 15.11 Aufgaben 324

16 Varianzanalyse mit zufälligen Effekten — 327
- 16.1 Einfaktorielle Varianzanalyse mit zufälligen Effekten 327
- 16.2 Zweifaktorielle Varianzanalyse mit zufälligen Effekten 331
- 16.3 Zweifaktorielle Varianzanalyse mit gemischten Effekten 333
- 16.4 Zusammenfassung 337
- 16.5 Aufgaben 337

17 Varianzanalyse mit Messwiederholungen — 339
- 17.1 Einfaktorielle Varianzanalyse mit Messwiederholungen 339
- 17.2 Zweifaktorielle Varianzanalyse mit Messwiederholungen 344
- 17.3 Zusammenfassung 353
- 17.4 Aufgaben 353

18 Kovarianzanalyse und Theorie zur Varianzanalyse — 355
- 18.1 Kovarianzanalyse 355
- 18.2 Mehr Theorie zur Varianzanalyse 361
- 18.3 Zusammenfassung 365

VI Multivariate Analysemethoden und Effektgrößen — 367

19 Faktorenanalyse — 369
- 19.1 Fragestellung und Überblick 369
- 19.2 Explorative und konfirmatorische Faktorenanalyse 370
- 19.3 Inhaltlicher Ablauf 371
- 19.4 Mathematischer Ablauf 373
- 19.5 Zusammenfassung 383
- 19.6 Aufgaben 384

20 Multivariate Verfahren — 385
- 20.1 Diskriminanzanalyse 385
- 20.2 Clusteranalyse 389
- 20.3 Pfadanalyse 391
- 20.4 Multidimensionale Skalierunge 394
- 20.5 Zusammenfassung 396

21 Effektgrößenberechnung **397**

21.1 Problemstellung 397
21.2 Definition 398
21.3 Optimaler Stichprobenumfang 399
21.4 Zusammenfassung 401

VII Statistikprogramme und Epilog **403**

22 Verschiedene Statistikprogramme **405**

22.1 Standardsoftware 405
22.2 Spezielle Programme 408
22.3 Zusammenfassung 410

23 Studiendurchführung und Ergebnisdarstellung **411**

23.1 Methodik 411
23.2 Ergebnisse 414
23.3 Analyse 414
23.4 Diskussion 417
23.5 Zusammenfassung 417

VIII Anhang **419**

A Mathematische Grundlagen **421**

A.1 Das Rechnen mit dem Summenzeichen Σ 421
A.2 Matrizenrechnung 422
A.3 Erwartungswerte 426
A.4 Aufgaben 430
A.5 Zusammenfassung 431

B Zeichenerklärung und Tabellen **433**

C Lösungen der Übungsaufgaben **467**

Literatur **485**

Index **487**

Teil I

Einführung

1 Über den Umgang mit Statistik

1.1 Grundsätzliches

Einleitend sollen dem Leser einige grundsätzliche Überlegungen zum Thema Statistik nahe gebracht werden. Durch diese Darstellung werden allgemeine Ursachen nicht korrekten Umgangs mit statistischen Verfahren bei der Berechnung, Darstellung und Interpretation verdeutlicht und der Leser zu einem kritischen Umgang mit diesem Thema angeregt. Nach folgendem Zitat scheint der Ruf der Statistik schlecht zu sein:

> "Es gibt drei Arten der Lüge, die gewöhnliche Lüge, die Statistik und der Wetterbericht."
>
> George Bernhard Shaw

Auch gibt es da noch jenes berühmte Zitat:

> "Ich glaube keiner Statistik, die ich nicht selbst gefälscht habe."
>
> Winston Churchill[1]

Doch woher kommt dieser schlechte Ruf der Statistik? Ist die Statistik wirklich ein Instrument, das jedem dienstbar ist und für jeden Zweck die gewünschten und "richtigen" Ergebnisse liefert? Oder liegt es schlicht an der falschen Anwendung und Interpretation statistischer Methoden?

Nachfolgend soll an einfachen Beispielen[2] gezeigt werden, dass nicht die Statistik an sich für ihren schlechten Ruf verantwortlich ist, sondern die Personen, die sich ihrer bedienen. So werden oft wissentlich oder unwissentlich die Methoden der Statistik falsch angewendet. Es soll gezeigt werden, dass die Statistik nur ein Werkzeug ist, das richtig oder falsch angewendet und interpretiert werden kann.

---

[1] Nach Krämer, Trenkler und Krämer (2001) ist der Ausspruch von Winston Churchill übrigens eine Erfindung von Joseph Goebbels, der hiermit den englischen Premierminister als notorischen Lügner darstellen wollte. Churchill hatte immer größten Respekt vor Statistik, legte stets Wert auf Fakten und hatte immer Statistiker unter seinen engen Beratern.

[2] Viele Beispiele wurden Beck-Bornholdt und Dubben (2001) und Krämer und Trenkler (1998) entnommen.

1.2 Panik bei positiven Testergebnissen

Stellen Sie sich vor, es sei die folgende Situation gegeben:

Sie haben kürzlich Urlaub in einem tropischen Land gemacht. Sie erfahren, dass dort gerade eine seltene Tropenkrankheit umgeht, gegen die Sie nicht geimpft wurden. Außerdem erhalten Sie die Information, dass bei Früherkennung der Erkrankung sehr große Heilungschancen bestehen. Nach Ihrer Rückkehr suchen Sie sofort einen Arzt auf, um einen entsprechenden Test zu machen. Der Arzt weist Sie auf die folgenden vier Tatsachen hin:

1. Der durchgeführte Test ist sehr zuverlässig und fällt bei 99% aller Erkrankten positiv aus; somit wird nur bei 1% der Erkrankten die Krankheit nicht erkannt (falsch negative Diagnose).

2. Andererseits werden von 100 Nichtinfizierten lediglich 98 als gesund eingestuft und somit werden 2 Gesunde fälschlicherweise als infiziert diagnostiziert (falsch positive Diagnose).

3. Die Ansteckung ist relativ selten, nur jeder tausendste Tourist erkrankt.

4. Falls Ihr Test positiv ausfällt, erfolgt ein leichter chirurgischer Eingriff mit dreitägigem Klinikaufenthalt.

Die Früherkennung scheint sehr zuverlässig zu sein, die Wahrscheinlichkeiten postiv oder negativ diagnostiziert zu werden liegen jeweils fast bei 100 Prozent. Leider teilt Ihnen ihr Arzt mit, dass der Test bei Ihnen positiv ausgefallen ist. Wie hoch schätzen Sie nun die Wahrscheinlichkeit ein, dass Sie wirklich an dieser Krankheit leiden (in Prozent)?

☐ 99%
☐ 98%
☐ etwa 95%
☐ etwa 50%
☐ etwa 5%
☐ 2%
☐ 1%

Die richtigen Lösung wird Sie vermutlich überraschen, Sie leiden an dieser Krankheit trotz positivem Ergebnis nur mit einer Wahrscheinlichkeit von ca. 5%. Wie kommt es zu diesem Ergebnis? Zur Herleitung des Ergebnisses sind die erwarteten Häufigkeiten für positive und negative Diagnosen bei Erkrankung und Nicht-Erkrankung in Tabelle 1.1 dargestellt.

Tabelle 1.1: Bestimmung einer Erkrankungswahrscheinlichkeit beim ersten positiven Test anhand der erwarteten Häufigkeiten

	Personen	Test positiv	Test negativ
Krank	100	99	1[b]
Gesund	99900	1998[a]	97902
Summe	100000	2097	97903

[a] Hier stehen die Gesunden mit falsch positiver Diagnose.
[b] Hier stehen die Kranken mit falsch negativer Diagnose.

Angenommen, 100.000 Menschen haben das exotische Land bereist. Da nur jeder Tausendste erkrankt, bleiben 99.900 Personen gesund (siehe Tabelle 1.1). Nun wird bei 99 der 100 Erkrankten die Krankheit festgestellt, aber auch 1998 Gesunde (ca. 2%) erhalten ein positives Testergebnis. Insgesamt wurden somit 2097 Personen als erkrankt bestimmt, von denen jedoch lediglich 99 wirklich erkrankt sind. Die Wahrscheinlichkeit, dass eine positiv diagnostizierte Person zu den 99 Erkrankten gehört, liegt bei

$$p(A) = \frac{99}{2097} = 0.0472 \tag{1.1}$$

Damit ergibt sich eine Wahrscheinlichkeit von 4.7%, dass Sie wirklich erkrankt sind. Wie verändert sich die Wahrscheinlichkeit für eine Erkrankung, wenn der Test wiederholt wird? Da wahrscheinlich nur die positiv getesteten Personen einen zweiten Test machen, ergibt sich folgende Häufigkeitsverteilung:

Tabelle 1.2: Bestimmung der Erkrankungswahrscheinlichkeit beim zweiten positiven Test anhand der erwarteten Häufigkeiten

	Personen	Test positiv	Test negativ
Krank	99	98	1[b]
Gesund	1998	40[a]	1958
Summe	2097	138	1959

[a] Hier stehen die Gesunden mit falsch positiver Diagnose.
[b] Hier stehen die Kranken mit falsch negativer Diagnose.

Nach Tabelle 1.2 liegt die Wahrscheinlichkeit einer Erkrankung bei positivem Testergebnis bei

$$p(B) = \frac{98}{138} = 0.71 \tag{1.2}$$

oder bei 71%. Sollte Ihr zweiter Test ebenfalls positiv ausfallen, sollten Sie sich ernsthaft Sorgen um Ihre Gesundheit machen. Sind Sie allerdings ein optimistischer Mensch, so können Sie immer noch darauf hoffen, dass Sie zu den 29% falsch positiv Getesteten gehören [3].

---

[3] Auf jeden Fall sollten Sie vor der Operation einen dritten Test durchführen, damit Sie wirklich sicher sein können, dass ein Eingriff notwendig ist.

1.3 Wahrscheinlichkeit versus Kausalität

Am Beispiel der Häufigkeit von hypothetisch beobachteten Leukämieerkrankungen bei Kindern in der Umgebung möglicher Krankheitsverursacher wird ein Zufallsexperiment vorgestellt. Hierzu wird ein 6 x 6 = 36 Felder großes Versuchsfeld (siehe Abbildung 1.1), ein weißer und ein schwarzer Würfel benötigt. Auf diesem Versuchsfeld werden ein Kernkraftwerk (KKW), eine Mülldeponie (Müll), ein Elektrizitätswerk (E-Werk) und eine Chemiefabrik (Chemie) zufällig verteilt. Durch einen Wurf wird nun innerhalb dieses Planes zufällig ein hypothetischer Leukämiefall bestimmt, beispielsweise durch das Werfen einer weißen Vier und einer schwarzen Zwei. Durch den weißen Würfel wird die Zeile und durch den schwarzen Würfel die Spalte jener Tabellenzelle bestimmt, in welcher der hypothetische Todesfall durch Leukämie stattfand.

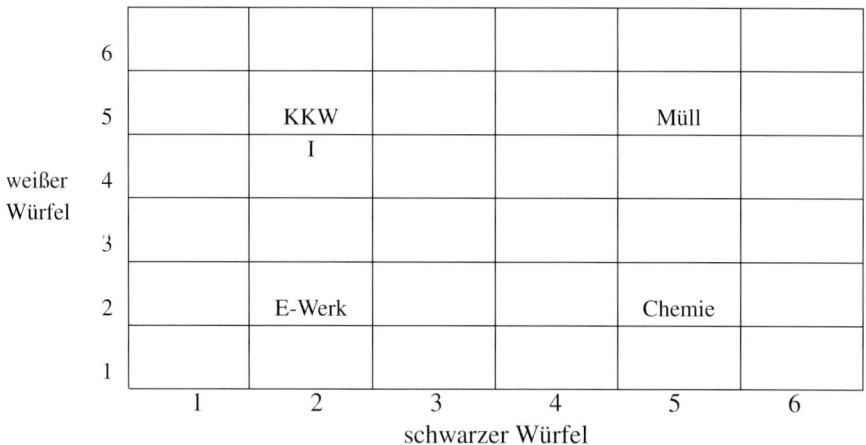

Abbildung 1.1: Versuchsfeld mit einem hypothetisch beobachteten Leukämiefall

Mit weiteren 35 Würfen werden nun insgesamt 36 hypothetisch beobachtete Krankheitsfälle auf dem Plan des Zufallsexperimentes eingezeichnet (siehe Abbildung 1.2).

Wie ist nun die Verteilung der hypothetisch beobachteten Leukämieerkrankungen in Abbildung 1.2 zu interpretieren? Die geringste Zahl hypothetischer Leukämieerkrankungen sind in der Umgebung der Mülldeponie mit nur vier Fällen aufgetreten. Eine mittlere Anzahl der Erkrankungen ist in der Nähe der Chemie-Fabrik (8 Fälle) und in der Nähe des Elektrizitätswerks (10 Fälle) zu beobachten. Die meisten Erkrankungen liegen allerdings in der Nähe des Kernkraftwerkes. Dort ist die Gefahr einer Erkrankung 3,5-mal so hoch als in der Umgebung der Mülldeponie. Je nach Intention des Forschers kann aus diesen Daten Unterschiedliches geschlossen werden. Ist man von vornherein gegen Atomstrom eingestellt, so kann mit diesen Daten die Gefahr der Atomenergie belegt werden. Ein Makler könnte hingegen Werbung für Grundstücke in der Nähe der Mülldeponie machen, da man den Ergebnissen dieses Zufallsexperimentes nach dort in Bezug auf eine Leukämieerkrankung am gesündesten leben kann.

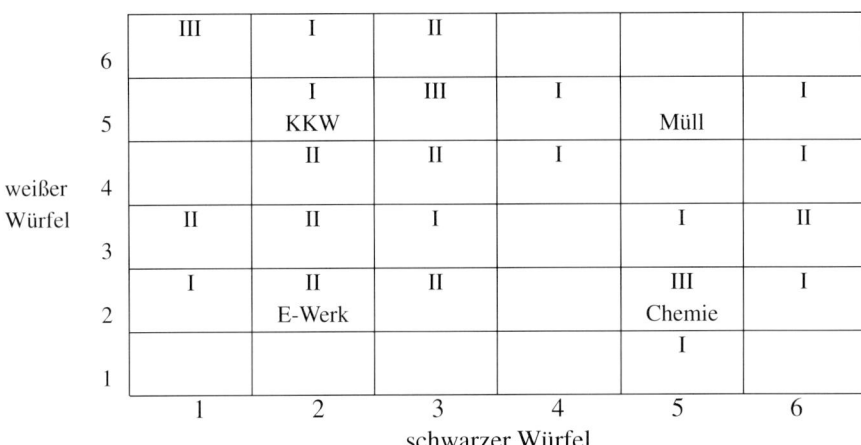

Abbildung 1.2: Versuchsfeld mit 36 hypothetisch beobachteten Leukämiesfällen

Wenn Sie selbst dieses Experiment durchführen, werden Sie vermutlich auf ein ganz anderes Ergebnis kommen. Aber wahrscheinlich werden Sie um eine der vier möglichen "Ursachen" der Leukämie eine Häufung von Erkrankungsfällen finden. Und dies, obwohl sich die Erkrankungsfälle nur zufällig verteilen[4]!

Anmerkung: Das Problem kausaler Interpretation von Zusammenhängen wird in Kapitel 10.3 (Seite 193) ausführlich diskutiert.

1.4 Darstellung statistischer Ergebnisse

Die Darstellung und Interpretation empirischer Befunde ist sehr oft von der Wahl des Bezugsmaßes abhängig. Dies soll am Beispiel des Flugzeugs als sicherstes aller Verkehrsmittel verdeutlicht werden. Folgende Ergebnisse belegen offenbar die Sicherheit des Flugzeuges gegenüber der Bahn (Krämer & Trenkler, 1998):

- **Bahn:** 9 Todesopfer pro 10 Milliarden Passagierkilometer
- **Flugzeug:** 3 Todesopfer pro 10 Milliarden Passagierkilometer

Diesem Befund folgend, scheint das Flugzeug ein relativ sicheres Verkehrsmittel zu sein. Autounfälle als häufigste Todesursache im Straßenverkehr wurden in diese Statistik nicht berücksichtigt. Werden jedoch nicht die zurückgelegten Kilometer sondern die Zeit im jeweiligen Verkehrsmittel zugrunde gelegt, ergibt sich folgendes Bild:

---

[4] Keinesfalls soll die Gefahren der Atomenergie oder anderer umweltbelastender Einrichtungen heruntergespielt werden. Allerdings benötigt man zur Interpretation solcher Daten immer grundlegende statische Kenntnisse, welche dieses Buch vermitteln will.

- **Bahn:** 7 Todesopfer pro 10 Millionen Passagierstunden

- **Flugzeug:** 24 Todesopfer pro 10 Millionen Passagierstunden

Die Wahrscheinlichkeit, innerhalb einer Stunde mit dem Flugzeug einen tödlichen Unfall zu erleiden ist dreimal höher als bei einer Fahrt mit dem Zug. Somit kann ein derartiger Vergleich in Abhängigkeit von der Wahl des Bezugsmaßes sehr unterschiedlich ausfallen.

Ein anderes Problem bei der Darstellung statistischer Ergebnisse soll am Phänomen des "eierlegenden Hundes" beschrieben werden. Zu diesem kommt es, wenn man bei der Ergebnisdarstellung nur mit Prozentangaben arbeitet (Beck-Bornholdt & Dubben, 2001). Stellen Sie sich vor, bei Ihnen zu Hause auf dem Küchentisch liegen vier Eier (40%) und sechs Fische (60%). Nun kommt zufällig ein Hund in die Küche und frisst fünf Fische auf. Es liegen also weiterhin vier Eier, aber nur noch ein Fisch auf dem Tisch. Damit hat sich folglich der Anteil der Eier von 40% auf 80% erhöht. Was aber hat diese Vermehrung der Eier bewirkt? Nun, eigentlich war ja nur der Hund im Raum. Also muss er die Ursache für die Vermehrung der Eier sein: Wir haben also einen Hund gefunden, der Eier legen kann! In diesem Beispiel scheint die "Vermehrung" der Eier recht unglaubwürdig. Werden bei empirischen Untersuchungen die Ergebnisse ausschließlich mit prozentuale Angaben dargestellt, kann diese Phänomen der Fehlinterpretation jedoch leicht erzeugt werden. Deshalb sollte man neben den prozentualen Angaben auch die absolute Anzahl der Fälle berücksichtigen. Ansonsten vermehren sich die "eierlegenden Hunde" ziemlich schnell.

1.5 Der Glaube an die Genauigkeit expliziter Zahlen

Ein weiteres faszinierendes Phänomen ist der weit verbreitete Glaube an die Korrektheit präziser Zahlen. Im Allgemeinen gilt, je genauer die Zahl, desto größer der Glaube an sie. Der Behauptung: "Im Zweiten Weltkrieg sind 13.165.233 Zivilpersonen umgekommen" (Britisches Statistisches Zentralamt, zitiert nach Krämer und Trenkler (1998)) wird kritiklos geglaubt, obwohl wahrscheinlich keine dieser acht Ziffern exakt ist. Niemand kann wirklich die tatsächlichen Todesopfer eines Krieges bestimmen, in dem Hunderttausende vermisst oder während eines Bombenangriffs verschüttet wurden.

Dieser Glaube an die Genauigkeit expliziter Zahlen rührt daher, dass eine runde Zahl (fast) immer falsch erscheint. Daraus wird der Umkehrschluss abgeleitet, jede nicht runde Zahl muss richtig sein. Trotz dieses Trugschlusses wird diesen Phantasieziffern immer wieder geglaubt, obwohl oft nur die erste Stelle und oft nicht einmal diese richtig ist. Meistens sind diese Werte überhaupt nicht zählbar, da derartige Daten niemals vollständig zu erheben sind, sonder nur geschätzt werden können.

1.6 Eine undifferenzierte Betrachtungsweise

Die Annahme, dass die Anzahl der durch Krebs verursachten Sterbefälle ständig zunimmt, ist heute weit verbreitet. Betrachtet man nur die absolute Anzahl der Sterbefälle, so scheint sich dieses auch zu bestätigen. Aber ist dem wirklich so? Generell ist hier eine differenzierte statistische Betrachtungsweise notwendig. Es sind nicht nur die Sterbefälle im Allgemeinen zu betrachten, auch die Anzahl der Krebstoten pro Altersgruppe muss berücksichtigt werden. Unterteilt nach Altersgruppen ergibt sich das folgende Bild, hier auch nach Männern und Frauen differenziert (siehe Tabelle 1.3):

Tabelle 1.3: Krebsbedingte Sterbefälle pro hunderttausend Menschen in der Bundesrepublik (Westdeutschland)

Alter	Männer		Frauen	
	1970	1995	1970	1995
0–4	8	4	7	3
5–9	7	3	6	3
10–14	5	2	4	2
15–19	8	4	6	4
20–24	10	6	8	4
25–29	15	8	12	7
30–34	20	11	21	15
35–39	30	24	45	32
40–44	80	59	84	66
45–49	111	118	144	110
50–54	211	230	219	182
55–59	381	376	305	244
60–64	670	609	415	369
65–69	1087	948	601	505
70–74	1549	1346	850	719
75–79	1968	1856	1183	967
80–84	2295	2502	1644	1373
$\geq$85	2458	3289	1758	1801

Über alle Alterskategorien aufsummiert ist die Wahrscheinlichkeit, an Krebs zu sterben, in den Jahren zwischen 1970 und 1995 angestiegen. Dies ist aber hauptsächlich daran zurückzuführen, dass 1970 nur 280000 Menschen über 85 Jahren und 1995 schon mehr als eine Million Menschen in dieser Alterskategorie erfasst wurden. Möglicherweise sterben mehr Menschen an Krebs, weil die effektivere Behandlung anderer Todesursachen zu einer höheren Lebenserwartung führt. Auch ist dieser demographische Faktor nur ein Beispiel für viele mögliche Einflüsse, welche man berücksichtigen muss. Somit ergibt sich durch eine differenzierte Betrachtungsweise ein genaueres Bild.

1.7 Fehlinterpretation von Querschnittstudien

In der sozialwissenschaftlichen Forschung unterscheidet man zwei Arten der Datenerhebung in Studien: Es wird zwischen Längs- und Querschnittstudien unterschieden.

Sollen Veränderungen in der Bevölkerung über einen längeren Zeitraum erfasset werden, verwenden Psychologen oft Längsschnittstudien. Hierbei wird dieselbe Gruppe von Menschen mehrmals zum Beispiel alle fünf oder zehn Jahre untersucht und alle relevanten Merkmale innerhalb dieser Stichprobe werden erfasst. Längstschnittstudien haben einen großen Nachteil: Da sie sich über mehrere Dekaden erstrecken, dauert es oft sehr lange, bis alle für die Forschung relevanten Daten erhoben und die Ergebnisse zur Verfügung gestellt werden können.

Deshalb wird oft eine andere Vorgehensweise angewendet, die Querschnittstudie. Hierbei werden Daten beispielsweise innerhalb der Gruppe der Zwanzig-, Dreißig- und der Vierzigjährigen erhoben. Dadurch wird der Datensatz schneller verfügbar, der den Verlauf über mehrere Jahrzehnte beschreiben soll. Allerdings hat auch dieses Vorgehen spezifische Nachteile, wie am folgenden Beispiel deutlich werden soll.

Weit verbreitet ist das Vorurteil, das Linkshändigkeit nicht "normal" sei und aus diesem Grund Linkshänder eine höhere Anfälligkeit für Unfälle und eine geringere Lebenserwartung hätten (Krämer & Trenkler, 1998). Auf den ersten Blick scheinen die Fakten diese Auffassung zu stützen. In der Altersgruppe zehnjähriger US-Amerikaner sind beispielsweise 15% Linkshänder, in der Altergruppe der Fünfzigjährigen nur noch 5% und in der Gruppe der Achtzigjährigen sinkt der Anteil der Linkshänder auf 1%. Ist die Lebenserwartung der Linkshänder wirklich geringer, wie diese "harten statistischen Fakten" scheinbar belegen? Ist die Unfallgefahr bei Linkshändern im Arbeitsleben wirklich größer?

Nun, auf den ersten Blick ließen sich die höheren Unfallzahlen mit einer primär auf Rechtshänder ausgerichteten Arbeitswelt begründen. Diese Interpretation der Daten ist jedoch noch zu oberflächlich. Die relativ geringe Anzahl der Linkshänder in höheren Altersgruppen liegt wohl eher an der Tatsache, dass Kinder in der Grundschule früher auf die "richtige" rechte Hand umerzogen wurden.

Ein weiteres Beispiel für die Fehlinterpretation von Ergebnissen von Querschnittstudien zeigt die Meldung der Londoner Times, dass 60% aller zivilen Luftfahrtpiloten noch vor ihrem 65. Lebensjahr sterben. Dies kann durch das Durchschnittsalter aller verstorbenen Piloten belegt werden. Diese Nachricht beinhaltet ebenfalls einen statistischen Fehlschluss: Methodisch korrekt wäre es, das Durchschnittsalter aller noch lebenden Piloten bei der Interpretation dieser Daten zu berücksichtigen. Auch dieses liegt unter dem Durchschnitt der Allgemeinbevölkerung, da durch das Wachstum der zivilen Luftfahrt nach dem Zweiten Weltkrieg erst seit einigen Jahrzehnten die Mehrzahl der zivilen Luftfahrtpiloten ihren Dienst angetreten hat. Somit ist der Großteil der Piloten noch relativ jung und im aktiven Dienst. Stirbt einer dieser jungen Piloten, dann vorzeitig durch Unfall, Mord oder Krankheit. Piloten sind generell noch nicht so alt, wie dies nach der allgemeinen Lebenserwartung zu erwarten wäre. Das Ergebnis dieser Querschnittstudie wird über eine Längsschnittstudie in den nächsten

Jahrzehnten wahrscheinlich stark korrigiert werden müssen und wird wohl eher zeigen, dass viele Piloten im hoffentlich hohen Alter eines natürlichen Todes sterben. Das Durchschnittsalter wird sich wohl eher dem Durchschnittalter der Normalbevölkerung annähern. Vermutlich wird dann die Londoner Times melden: "Zivile Luftfahrtpiloten werden immer älter!"

Es zeigt sich also, dass eine Interpretation von statistischen Ergebnissen zu falschen Schlussfolgerungen führen kann.

1.8 Die Interpretation von Zusammenhängen

Ein häufiger Fehler bei der Interpretation einer Statistik ist der Glaube, dass aus einem Zusammenhang, einer Korrelation, immer eine Kausalität ableitbar ist. Zwei Variablen sind dann korreliert, wenn ein hoher Wert in der einen Variablen typischerweise mit einem hohen Wert in der anderen Variablen auftritt und umgekehrt. Beispielsweise wiegen große Menschen mehr als kleine, was auch heißt, dass ein Mann mit 65kg im Allgemeinen kleiner als ein Mann mit 95kg ist. Kausalität hingegen ist definiert als Beziehung zwischen Ereignissen oder Objekten, wobei man von vorausgehender Ursache und nachfolgender Wirkung ausgehen kann.

Es gibt nun bei zwei Variablen A und B die folgenden Möglichkeiten:

- A beeinflusst B, A → B
- B beeinflusst A, B → A
- A und B beeinflussen sich gegenseitig, A ↔ B
- A und B werden von einer Drittvariablen C beeinflusst, A ← C → B
- A beeinflusst B, wobei B wiederum die Variablen C beeinflusst, A → B → C
- der Zusammenhang zwischen A und B ist rein zufällig

Die folgenden Beispielen sollen Fehlinterpretationen von Zusammenhängen verdeutlichen.

Nach Krämer und Trenkler (1998) fand der amerikanische Statistiker Darell Huff bei den Bewohnern der Neuen Hebriden im südlichen Pazifik eine negative Korrelation zwischen der Anzahl der Kopfläuse und der Körpertemperatur. Eine negative Korrelation bedeutet, dass Personen mit vielen Läusen im Allgemeinen eine geringere Körpertemperatur haben als Personen mit wenig Läusen auf dem Kopf. Die Bewohner der Inseln haben daraus den Schluss gezogen, dass Läuse, da sie das Fieber senken, gut für die Gesundheit seien. In Wahrheit ist der Schluss ein anderer: In einem Experiment konnte nachgewiesen werden, dass hohes Fieber die Läuse vertreibt. Die hohe Temperatur ist also die Ursache und nicht die Wirkung.

Ein weiteres Beispiel für eine Fehlinterpretation eines Zusammenhangs ist die Behauptung, dass Ehemänner länger leben als unverheiratete, weil sie verheiratet sind.

Ehemänner leben im Schnitt fünf bis fünfzehn Jahre länger als Witwer oder Junggesellen. Aber leben sie länger, weil sie Ehemänner sind? Nein, sie sind vermutlich verheiratet, weil sie körperlich und psychisch gesund sind und aufgrund ihrer Konstitution länger leben (Krämer & Trenkler, 1998). Der Engländer William Farr formulierte diesen Zusammenhang schon 1858 in einer Studie über Tod und Ehe in Frankreich:

> "Kretins heiraten nicht; Idioten heiraten nicht, faule Herumtreiber rotten sich zusammen, aber heiraten selten. Menschen mit einer angeborenen oder anerzogenen kriminellen Neigung heiraten kaum ... Kinder aus Familien mit Fällen von Schwachsinn halten sich in weitaus größerem Maße als andere vom Eheleben fern; und so manche Erbkrankheiten schließen praktisch die Schranken vor dem Ehestand. Die Schönen, Guten und Gesunden ziehen sich gegenseitig an, und ihre Verbindungen werden in Frankreich von den Eltern gefördert."

So oder so ähnlich ist es möglicherweise heute noch. Hier sind Ursache und Wirkung schwer zu trennen. Fest steht aber, dass die Ehe nicht nur Ursache für ein langes Leben ist, sondern auch die Folge eines langen Lebens. Wer lange lebt, heiratet vermutlich. Personen, die verheiratet sind, führen meist ein regelmäßigeres Leben, haben eine gesündere Ernährung, zeigen ein geringeres Riskoverhalten im Straßenverkehr und werden vom Partner sozial unterstützt. Auch besteht der begründete Verdacht, dass es eine oder mehrere Drittvariablen gibt, die eventuell beide Variablen beeinflussen. So ist die Wahrscheinlichkeit höher, dass gut sozial integrierte Personen eher heiraten und aufgrund dieser guten sozialen Integration auch länger leben.

Diese Beispiele sollten die eventuell falschen Schlussfolgerungen aus statistischen Zusammenhängen verdeutlichen. Besondere Vorsichtig ist beim Interpretieren von Kausalrichtungen angezeigt, wenn man durch seine "Alltagserfahrung" schon "ganz genau" weiß, was "Ursache" und was "Wirkung" ist.

1.9 Das Gesetz der großen Zahl

Das Gesetz der großen Zahl besagt, dass sich die relative Häufigkeit eines Ereignisses bei vielen Wiederholungen, zum Beispiel beim mehrfachen Werfen einer Münze, der wahren Auftretenswahrscheinlichkeit dieses Ereignis annähert.

Allerdings wird dieses Gesetz oft falsch interpretiert. So verlor beispielsweise ein Mathematiker in Frankfurt seinen Führerschein, weil er nicht mit zwei Alkoholkontrollen an einem Abend rechnete (Krämer & Trenkler, 1998). Bei der ersten Kontrolle machten die Beamten den Mathematiker noch vor dem Einsteigen darauf aufmerksam, dass er in seinem alkoholisierten Zustand nicht fahren dürfte. Als der Mathematiker versicherte, dass er sich von seiner Frau nach Hause fahren lassen würde und sein Auto abschloss, fuhren die beiden Polizisten weiter. Als sie aber wenige Minuten später an derselben Stelle vorbeikamen, sahen sie ihn davonfahren. "Mit einer solchen Kontrolle hatte ich nicht gerechnet", entschuldigte sich der Mathematiker.

"Vorhin wurde ich zum allerersten Mal überhaupt kontrolliert, der Wahrscheinlichkeitsrechnung zufolge sollte die nächste Kontrolle erst in hundert Jahren stattfinden."

Die Wahrscheinlichkeit, ein zweites Mal an einem Abend kontrolliert zu werden, ist allerdings statistisch gesehen genauso hoch wie die "normale" Wahrscheinlichkeit für die einfache Kontrolle. Es hat auch keinen Zweck, eine Bombe mit in das Flugzeug zu nehmen, weil die Wahrscheinlichkeit für zwei Bomben in einem Flugzeug geringer sei. Beim Lottospielen "muss" keine Zahl aufholen, weil sie weniger häufig gezogen wurde. Bei diesen Beispielen handelt es sich um unabhängige Ereignisse, da da Eintreffen eines der beiden Ereignisse die Autretenswahrscheinlichkeit für das andere Ereignis nicht beeinflusst. Mehr zu abhängigen und unabhängigen Ereignissen ist im Kapitel 5.3 (Seite 87) zu finden.

Bei der falschen Anwendung des Gesetz der großen Zahl wird immer vergessen, dass die Kugeln beim Lotto nur bei unendlich vielen Ziehungen gleich oft fallen. Und was sind schon zehntausend Lottoziehungen gegen die Unendlichkeit. Nach dem französischen Mathematiker Joseph Bertrand haben Würfel und Lottokugeln "weder Gewissen noch Gedächtnis". Sie fallen immer mit der gleichen Wahrscheinlichkeit, egal ob zuvor im Spielkasino 4-mal Rot, 20-mal Rot oder 17-mal Schwarz gefallen ist.

1.10 Zusammenfassung

In den vorherigen Abschnitten wurde verdeutlicht, dass nicht immer die Statistik fehlerhaft ist, sondern auch sehr oft der Umgang mit ihr. Nicht die Ergebnisse einer statistischen Berechnung sind die Ursache für falsche Aussagen, sondern die mangelnden Kenntnisse bei Anwendung, Interpretation und Schlussfolgerung aus statistischer Verfahren und die meist noch geringeren Kenntnisse bei den Lesern der Ergebnisse in einer Veröffentlichung.

Auch sollte bereits vor der Datenerhebung eine Beschäftigung mit der Statistik erfolgen, um eine angemessene Auswertung zu gewährleisten, wie dieses Zitat belegt:

> "Die Beratung durch einen Statistiker sollte jedoch schon in der Planungsphase einer Studie in Betracht gezogen werden. Statistiker sind ungemein hilfreich und haben dazu beigetragen, dass sowohl Design als auch Analyse der klinischen Studien verbessert wurden. Man kann allerdings nicht von ihnen erwarten, dass sie eine schlecht geplante Studie noch retten können." (Hall, 1998, S.12)

Die Statistik ist in erste Linie ein Instrument, um eine große Menge von Daten zu strukturieren, zu organisieren und zu bewerten. Dabei muss sowohl das statistische Verfahren selbst, als auch die Interpretation der Ergebnisse immer kritisch betrachtet werden.

Studierende des Faches Psychologie und anderer empirischer Wissenschaften wird nahe gelegt, sich sowohl theoretisch als auch praktisch intensiv mit der Statistik zu beschäftigen. Nur wer über grundlegendes Wissen im Fach Statistik verfügt, kann beurteilen, ob statistische Methoden richtig oder falsch angewendet wurde. Dieses methodische Wissen hilft bei der Entscheidung, ob an den Ergebnissen einer wissenschaftlichen Untersuchung fachliche Kritik geübt werden kann oder nicht, ob die Ergebnisse richtig interpretiert wurden oder ob eine ganze Untersuchung in Frage zu stellen ist. Dieses Buch soll eine Hilfestellung geben. Seine Inhalte sind allerdings genauso zu hinterfragen und sollten nicht kritiklos ohne Reflexion übernommen werden.

Dieses Kapitel soll mit dem folgenden Zitat enden, das ein grundlegendes Problem im Umgang mit Statistik beschreibt:

> "Data-analysis is an aid to thought, not a substitute." (Green & Hall, 1984, S.52)

Teil II

Deskriptive Statistik

2 Messen und Skalenniveau

Schlagworte
- Merkmale
- Variablen
- diskret
- kontinuierlich
- Operationalisierung
- Messen
- Homomorphismus
- Nominalskala
- Ordinalskala
- Intervallskala
- Verhältnisskala
- Transformationen

2.1 Deskriptive Statistik

Im folgenden Kapitel werden die Grundlagen der deskriptiven Statistik behandelt. Die deskriptive Statistik liefert zusammenfassende Informationen über erfasste Merkmale eines Untersuchungsgegenstands (Einzelpersonen, Gruppen, Institutionen oder Gegenstände), indem sie die Einzelwerte des untersuchten Merkmals zu statistischen Kennwerten zusammenfasst.

> **Definition:** Unter **deskriptiver Statistik** versteht man ein Gruppe statistischer Methoden zur Beschreibung von Daten anhand statistischer Kennwerte, Graphiken, Diagrammen und/oder Tabellen.

Die deskriptive Statistik beschreibt und analysiert Merkmalseigenschaften in einer bestimmten Stichprobe zum Erhebungszeitpunkt der Daten, so dass Aussagen über genau jene Objekte gemacht werden, welche tatsächlich untersucht wurden.

Beispiel: Wenn das Alter aller Patienten eines Allgemeinkrankenhauses an einem Tag des Jahres erhoben wurde, können mit Hilfe der deskriptiven Statistik Aussagen über das Alter der Patienten in genau diesem Krankenhaus an genau diesem Tag gemacht werden.

Im Gegensatz dazu wird bei der schließenden Statistik, der Inferenzstatistik, mit den über eine Stichprobe erhobenen und anschließend analysierten Werten auf die Werte in der Population geschlossen. Diese Schätzung ist allerdings nur mit einer bestimmten Fehlerwahrscheinlichkeit möglich.

Beispiel: Mit Hilfe der Inferenzstatistik kann von den Daten der Stichprobe des Allgemeinkrankenhauses auf die Daten von Patienten in anderen Allgemeinkrankenhäusern zu anderen Zeitpunkten geschlossen werden.

Auf die schließende Statistik wird in Kapitel 6 (Seite 109) eingegangen.

2.2 Messen

Statistik im Bereich der Sozialwissenschaften beschäftigt sich in erster Linie mit der Auswertung erhobener Daten. Diese empirisch in der realen Welt gemessenen Werte werden dann mit Hilfe der Statistik analysiert und anschließend interpretiert. Es sollen Gruppen statistisch beschrieben werden.

Beispiel: Wie groß ist Frauenanteil im in der Gruppe der Psychologiestudierenden?

Um eine statistische Auswertung überhaupt möglich zu machen, ist eine Umwandlung von Merkmalsausprägungen in Variablen notwendig. Beim vorherigen Beispiel muss das Merkmal Geschlecht in eine Variable übertragen werden, indem jedem Studierenden eine Zahl zuordnen wird (weiblich=1; männlich=0).

Was ist ein Merkmal?

> **Definition:** Ein **Merkmal** ist eine Eigenschaft, die zu einem Objekt oder einer Person gehört und eine bestimmte Anzahl von Merkmalsausprägungen hat.

Es wird versucht, diese Merkmale durch eine Messung in Zahlen zu überführen. Merkmale, die in Zahlen überführt worden sind, werden als Variablen bezeichnet.

Beispiele für Merkmale: Geschlecht, Alter, Parteizugehörigkeit, Abitur-Noten, Bildungsniveau, Einkommen, Blutdruck, Cholesterinwert, Fehler in einem Test etc.

Es wird zwischen zwei Arten von Merkmalen unterschieden:

1. **Qualitative Merkmale:**
   Mit qualitativen Merkmalen wird die Zugehörigkeit zu der Kategorie eines Merkmals beschrieben. Zum Beispiel gibt es beim Merkmal Geschlecht nur die Möglichkeit, in einer der beiden Merkmalskategorien zu sein (weiblich oder männlich). Zwischenwerte gibt es nicht. Jede Person gehört zu genau einer Kategorie.

2. **Quantitative Merkmale:**
   Quantitative Merkmale beschreiben den Ausprägungsgrad eines Objektes oder einer Person in diesem Merkmal. Dies geschieht auf einem Kontinuum von Werten. So hat zum Beispiel beim Merkmal Körpergröße jede untersuchte Person genau einen Wert, wobei dieser Wert zwischen den verschiedenen Personen und Messzeitpunkten unterschiedlich ausgeprägt sein kann.

Messvorschrift für ein Merkmals beeinflusst das Skalenniveau, welches wiederum die Möglichkeiten der statistischen Auswertung beeinflusst.

Beispiel: Die Aussage: "Durch das Medikament A wird der Blutdruck im Mittel um 12,35 mmHq gesenkt" ist differenzierter als die Aussage: "Der Blutdruck ist nach der Medikamentengabe geringer".

Eine weiter Unterscheidung kann noch zwischen manifesten und latenten Merkmalen getroffen werden.

1. **Manifeste Merkmale:**
   Manifeste Merkmale können direkt beobachtet werden. So sind beispielsweise die Merkmale Geschlecht, Wohnort oder Körpergröße direkt beobachtbar.

2. **Latente Merkmale:**
   Viele Merkmale sind nur indirekt messbar, da es sich hierbei um hypothetische Konstrukte handelt. Bei diesen Konstrukten muss aus manifesten Merkmalsausprägungen auf latente Merkmale geschlossen werden. Beispielsweise ist das latente Merkmal "Studienmotivation" nicht direkt zugänglich und muss zum Beispiel über dafür entwickelte Fragebögen erhoben werden.

Zur Erhebung eines Merkmals muss dieses operationalisiert werden.

Was ist eine Operationalisierung?

Die Operationalisierung eines Merkmals sollte besonders bei latenten Variablen immer theoretisch untermauert sein.

> **Definition:** Die **Operationalisierung** beschreibt eine Menge von Operationen zur Erfassung eine Merkmals.

Bei manifesten Variablen wird beispielsweise mit Hilfe einer Personenwaage das Gewicht eines Individuums operationalisiert. Bei latenten Variablen handelt es sich um die Verknüpfung eines theoretischen Begriffs, einer nicht direkt beobachtbaren Variablen, mit einer mit ihr verbundenen, gut beobachtbaren Variablen. So wird zum Beispiel das Merkmal Angst mit der Punktezahl eines Patienten in einem Angstfragebogen, erhöhte Herzrate und/oder dem Vermeidungsverhalten verknüpft. Mehr zum Begriff der Operationalisierung beispielsweise bei Bortz und Döring (1995).

Durch die Operationalisierung entstehen verschiedene Variablentypen.

Was ist eine Variable?

> **Definition:** Wenn durch eine Operationalisierung die Ausprägung eines Merkmals in Zahlen überführt wird, handelt es sich um die zugehörige **Variable**.

Es gibt parallel zu qualitativen und quantitativen Merkmalen auch zwei Arten von Variablen:

1. **Diskrete Variablen:**
   Merkmale bei denen nur endlich viele, bzw. abzählbar unendlich viele Ausprägungen möglich sind werden in diskrete Variablen überführt. Diese Variablen sind diskontinuierlich. Es gibt keine Zwischenstufe zwischen zwei Kategorien.
   Beispiel: Parteizugehörigkeiten, Berufe, Studienorte, Pflanzenarten etc.
   Es gibt zwar sehr viele Pflanzenarten, aber für jede Art kann eine Kategorie gebildet werden.

2. **Kontinuierliche Variablen:**
   Kontinuierliche (stetige) Variablen können (zumindest theoretisch) auf einem beliebig genauen Kontinuum beschrieben werden.

   Beispiel: Körpergröße, Gewicht, Reaktionszeiten, etc.

   Das Gewicht kann, zumindest theoretisch, beliebig genau angegeben werden und die Variablen liegen auf einem Kontinuum ohne Abstufungen vor. Man kann das Gewicht eine Person auf das Kilogramm (58kg) oder auf das Gramm (58,213kg) genau angeben.

Was ist eine Messung?

Mit der Definition des Begriffs Messung haben sich viele Wissenschaftstheoretiker beschäftigt, was zu einer Vielzahl von Definitionen geführt hat.

> **Eine mögliche Definition: Messen** ist eine Zuordnung von Zahlen zu Objekten oder Ereignissen, sofern diese Zuordnung eine homomorphe Abbildung eines empirischen Relatives in ein numerisches Relativ ist (Orth, 1983).

Was ist ein empirisches Relativ?

Ein empirisches Relativ ist eine Menge von Objekten in der Empirie (zum Beispiel Personen, Eigenschaften etc.), in der es eine Relation, ein Vergleichsinstrument, gibt (zum Beispiel größer als, schwerer als etc.).

Beispiel: Die Menge {Stefan, Glenn, Philipp und David} und die Relation "ist größer als": Damit können Aussagen abgeleitet werden wie "Philipp ist größer als Stefan".

Was ist ein numerisches Relativ?

Ein numerisches Relativ ist eine Menge von Zahlen, beispielsweise $\{1, 2\frac{2}{3}, 0.\bar{3}, \ldots\}$, mit einer mathematische Relation (zum Beispiel $<$, $>$, $\leq$, $\geq$ etc.).

Beispiel: $1,90 > 1,74$.

Was ist eine homomorphe Abbildung?

Eine homomorphe Abbildung ist eine Funktion, die jedem Objekt in der Menge des empirischen Relatives genau eine Zahl des numerischen Relativs zuordnet. Ist diese Zuordnung des Objekts zu einer Zahl eindeutig, spricht man von einem Homomorphismus. In Abbildung 2.1 wird jedem Objekt der linken Menge (empirisches Relativ) genau eine Zahl der rechten Menge, des numerischen Relativs, zugeordnet.

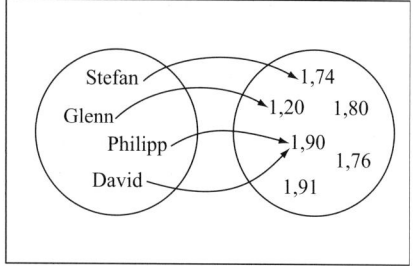

Abbildung 2.1: Messen bildhaft dargestellt; Homomorphismus

Beispiel: Wenn die Größe von Stefan gemessen wird, muss dabei eine einzige Zahl das Ergebnis sein und es darf zumindest theoretisch auch bei mehrmaliger Abbildung nur ein Wert dabei ermittelt werden.

> **Definition:** Eine Abbildung ist **homomorph**, wenn für jedes Element der Ursprungsmenge genau ein Element in der Abbildungsmenge gefunden wird und die Relationen der Ursprungsmenge auch in der Abbildungsmenge gültig sind.

Beispiel: Philipp ist größer als Stefan (empirisches Relativ)
1,90 m > 1,74 m (numerisches Relativ)
Größe(Philipp)=1,90 m und Größe(Stefan)=1,74 m (homomorphe Abbildungen)

Abbildung 2.1 zeigt, dass nicht jedem Element im numerischen Relativ ein Element im empirischen Relativ entsprechen muss. So wurde bei dieser Messung beispielsweise keine Person mit einer Größe von 1,80 m gemessen. Ein Wert im numerischen Relativ kann zudem mehrere Elemente des empirischen Relativs repräsentieren.

Beispiel: Philipp und David sind gleich groß (jeweils 1,90 m), aber Stefan kann nicht gleichzeitig 1,74 m und 1,80 m groß sein.

Teilweise wird bei der Definition von Messen den Begriff des **Isomorphismus** verwendet. Gemeint ist hiermit eine eineindeutige Abbildung, in der für jedes Element des numerischen Relatives eindeutig nur ein zugehöriges Element des empirischen Relatives existiert. Es ist also für jedes in das numerische Relativ abgebildete Element genau ein Element der Ursprungsmenge vorhanden. Allerdings scheint Isomorphie als Definition einer

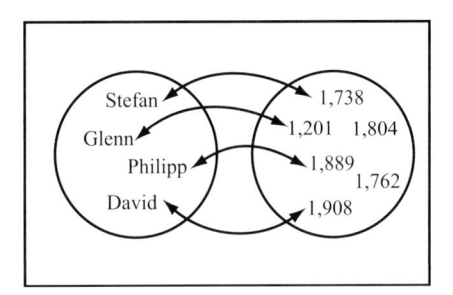

Abbildung 2.2: Isomorphismus

Messung in den Sozialwissenschaften nicht besonders sinnvoll zu sein, da meistens mehrfach vorkommende Personenmerkmale existieren. Beispielsweise gibt es mehr als eine Frau auf diesem Planeten, so dass die Messung der Variable "Geschlecht" ein Homomorphismus und kein Isomorphismus ist.

Weitere Definitionen

Messen ist ein grundlegendes Problem der Sozialwissenschaften und beeinflusst jedes weitere statistische Vorgehen der bei Auswertung einer Untersuchung. Schon seit den Anfängen der empirischen Forschung werden mögliche Definitionen von Messen diskutiert. Campbell gibt eine etwas andere Definition des Messens:

> "Messen besteht im Zuordnen von Zahlen zu Objekten, so dass bestimmte Relationen zwischen den Zahlen analoge Relationen zwischen den Objekten reflektieren."
>
> Campbell (1938), zitiert nach Zimmermann (1997)

Andere Wissenschaftler definieren den Begriff des Messens hingegen in einem engeren oder weiteren Sinn. Beispielsweise definiert Stevens (1951), zitiert nach Clauß, Finze und Partzsch (1995), eine Messung folgendermaßen:

> "Messen entspricht der Zuordnung von Zahlen zu Beobachtungen / Objekten nach bestimmten Regeln."

Alle diese Definitionen haben eine Gemeinsamkeit: Durch die Messung werden Daten erhoben und durch die Definition der Meßvorschrift werden die folgenden statistischen Auswertungsmöglichkeiten beeinflusst (mehr hierzu in Abschnitt 2.3, Seite 22). In der Abbildung 2.3 wird mit Hilfe einer Mindmap der Begriff des Messens nochmals verdeutlicht.

Wieso? Weshalb? Warum?

Warum hat die Messung einen Einfluss auf die statischen Auswertungsmöglichkeiten?

Verschiedene statische Auswertungsmethoden haben unterschiedliche Voraussetzung für deren Einsatz. Für die Anwendung einer statistischen Auswertungsmethode muss überprüft werden, ob die jeweiligen Voraussetzungen erfüllt worden sind. Da viele Auswertungsverfahren ein bestimmtes Datenniveau voraussetzen, sollte man sich **immer vor** der Datenerhebung Gedanken über die Auswertung der Daten machen.

Beispiel: Es gibt unterschiedliche Operationalisierungsmöglichkeiten für die Messung des Merkmals Depressivität. Einerseits können Patienten den Kategorien "depressiv" oder "nicht depressiv" zugeordnet werden. Andererseits kann mittels eines Fragebogens, eines Depressionsinventars, der Ausprägungsgrad der Depression feststellt werden. Im ersten Fall kann man nur Aussagen über den prozentualen Anteil der Depressiven in der Stichprobe machen (zum Beispiel 10%), während man im zweiten Fall den Mittelwert der Werte nach dem Depressionsinventar bestimmen könnte (beispielsweise 7,34).

Können Fragestellungen aufgrund einer unzulänglichen Operationalisierung nur anhand eines neuen Datensatzes beantwortet werden, bedeutet dies einen Verlust von Zeit, Geld und Motivation des Forschenden und der Versuchsteilnehmer.

2.3 Definition des Skalenniveaus

Bei einer Messung wird der erhobenen Variablen durch die Güte der Messung ein Skalentyp zugeordnet. Es werden vier Skalentypen mit verschiedener Wertigkeit unterschieden. Je höherwertig das jeweilige Skalenniveau ist, desto mehr und präzisere statistische Verfahren können angewendet werden. Man sollte versuchen, bei einer Messung das höchstmögliche Skalenniveau zu erreichen und zu bewahren. Das Skalenniveau entscheidet darüber, welche statistische Auswertung sinnvoll und erlaubt ist und welche nicht.

2.3 Definition des Skalenniveaus

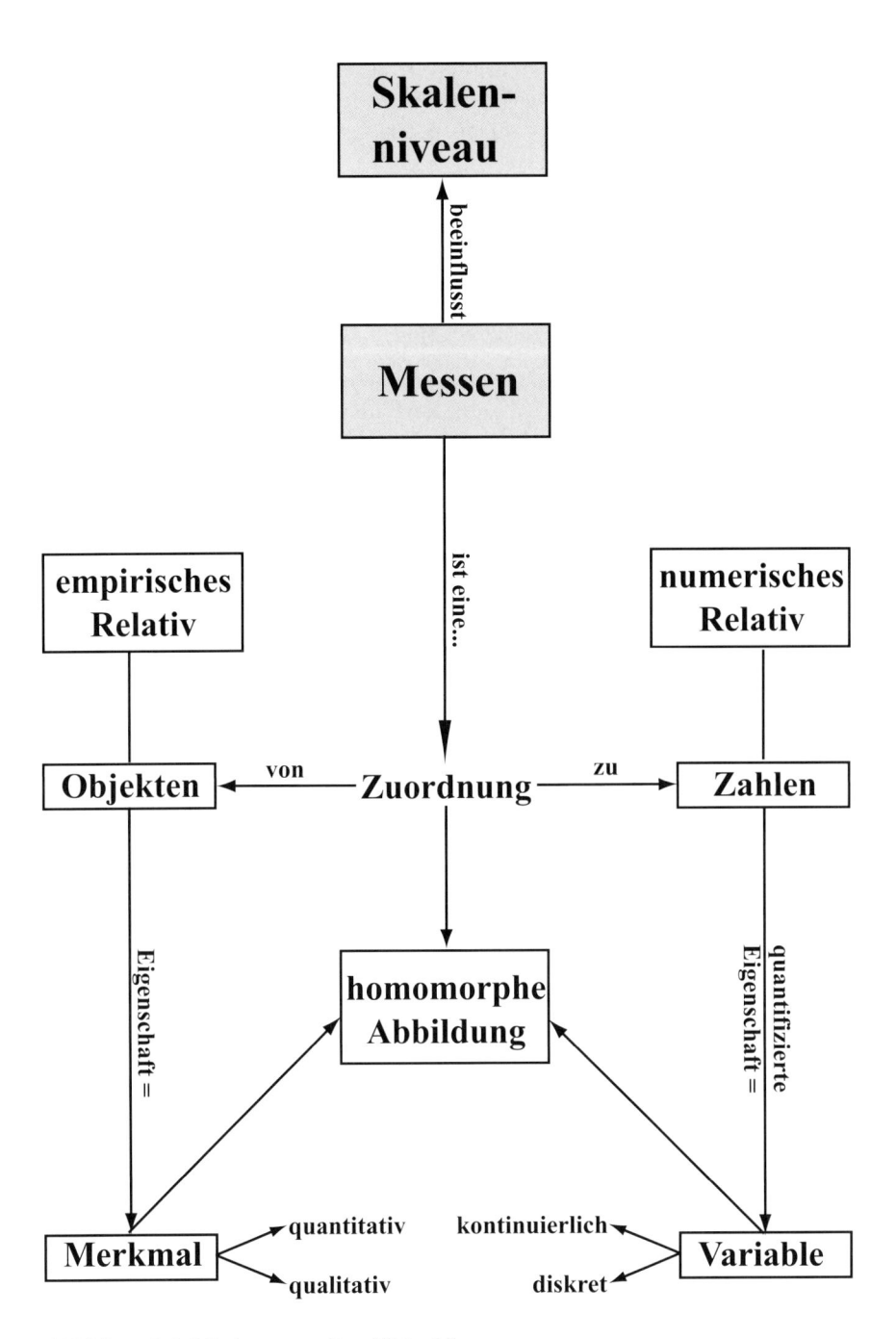

Abbildung 2.3: Mindmap zum Begriff des Messens

Beispiel: Gibt man nach der Durchführung eines Leistungstests den Mittelwert der Fehler in der Stichprobe und den Wert jedes Kandidaten bekannt, so kann der Einzelne besser seine Leistung mit den Werten anderer vergleichen, als bei der Bekanntgabe des prozentualen Anteils der Durchgefallen.

Eine kurze Beschreibung der Skalen

Hier sollen die vier Skalentypen kurz vorgestellt werden, bevor mit Hilfe von Tabelle 2.1 ein detaillierter Überblick gegeben wird.

Das "niedrigste" Skalenniveau ist die **Nominalskala**. Hier kann einer Kategorie, einer Gruppe von Personen oder Objekten beispielsweise, nur ein **Name** gegeben werden.

Beispiel: Bei einer Messung der Parteipräferenz findet keine Wertung der Parteien statt. Es kann zwar bestimmt werden, welche Partei präferiert wird, aber man kann keine Rangreihe der Parteien (besser als, schlechter als) vornehmen.

Beim nächsthöheren Skalenniveau, der **Ordinalskala** kann eine **Ordnung** (Reihenfolge) der verschiedenen Werte bestimmt werden.

Beispiel: Bei einer Messung der Rangreihenfolge im 1000-m-Lauf (Schulsport) sind die Einlaufzeiten der Läufer nicht bekannt. Es liegt nur die Platzierung der einzelnen Läufer vor.

Bei der **Intervallskala** sind die **Intervalle** zwischen den Werten bestimmbar.

Beispiel: Die Ankunftszeit der Studenten in der Mensa ist intervallskaliert, da hierbei kein absoluter Nullpunkt gesetzt werden kann. Es kann nur das Intervall zwischen den Ankunftszeiten bestimmt werden, nicht aber das Verhältnis zwischen diesen Ankunftszeiten.

Bei der **Verhältnisskala** (metrische Skala, Rationalskala) können die Werte in ein **Verhältnis** gesetzt werden. Es gibt somit einen absoluten Nullpunkt, welcher nicht unterschritten werden kann.

Beispiel: Das Körpergewicht der Untersuchungsteilnehmer. A wiegt 1,5 mal soviel wie B.

Die in Tabelle 2.1 dargestellten Eigenschaften der einzelnen Skalen werden im Folgenden besprochen:

Die **Eigenschaften des numerischen Relativs** sind je nach Niveau einer Skala unterschiedlich. Auf Nominalskalenniveau können nur Aussagen über die **Identität** getroffen werden. Es ist also nur möglich, die Gleichheit oder Ungleichheit der Merkmalsausprägung zweier Objekte zu bestimmen. Ob beispielsweise zwei Personen gleich oder ungleich groß sind kann festgestellt werden, indem man sie nebeneinander stellt.

Die **Geordnetheit** kommt beim Ordinalskalenniveau hinzu. Diese Ordnung der Kategorien beziehungsweise Ausprägungen erlaubt das Erzeugen einer Rangreihe. Im Beispiel der Körpergröße könnte man mehrere Personen nach ihrer Größe sortieren. Ergebnis der Messung wäre eine Größer-als-Relation.

Tabelle 2.1: Ein Überblick zu den vier Skalentypen

	Nominalskala	Ordinalskala	Intervallskala	Verhältnisskala
Beispiel:	Geschlecht, Parteien, Postleitzahl, Muttersprache	Siegerlisten, Schulnoten, Ratings	Temperatur in Celsius oder Fahrenheit, Datum nach christlicher Zeitrechnung[a]	Körpergröße, Reaktionszeit, Gehalt, Länge, Gewicht, Temperatur in Kelvin, Datum nach jüdischer Zeitrechnung[b]
Eigenschaft des numerischen Relativs:	Identität	Identität und Geordnetheit	Identität, Geordnetheit und Definiertheit der Abstände	Identität, Geordnetheit, Definiertheit der Abstände und Existenz des Nullelements
Ableitbare Interpretationen:	Gleichheit oder Verschiedenheit von zwei Objekten	Gleichheit und Größer-Kleiner-Relationen ($>$, $<$)	Gleichheit, Relationen und Gleichheit/Verschiedenheit von Intervallen	Gleichheit, Relationen, Gleichheit/Verschiedenheit von Intervallen und Gleichheit/Verschiedenheit von Verhältnissen.
Skalenniveau erhaltende Transformationen:	umkehrbar eindeutige (eineindeutige) Transformationen	streng monotone Transformationen	positive lineare Transformationen	Transformationen durch Multiplikation mit positiven Zahlen
Beispiel:	weiblich = rosa männlich = blau	quadrierte Ränge $y = x^2$ mit $x \geq 0$	$y = a \cdot x + b$ mit $a, b \in \mathbf{R}$, $a > 0$	$y = a \cdot x$ mit $a \in \mathbf{R}$, $a > 0$
Zu erhaltende Eigenschaft:	Eindeutigkeit der Messwerte	Rangordnung der Messwerte	Verhältnisse der Intervalle	Verhältnisse der Messwerte
Beispiele für zulässige statistische Kennwerte:	Modalwert	Modalwert Median	Modalwert Median arithmetisches Mittel, Varianz	Modalwert Median arithmetisches Mittel, Varianz

[a] Die christliche Zeitrechnung hat keinen absoluten Nullpunkt, da Jahresangaben vor und nach Christi Geburt möglich sind.

[b] Die jüdische Zeitrechnung besitzt einen absoluten Nullpunkt, da sie mit der Erschaffung der Welt beginnt. Der 28.09.2003 war beispielsweise der Neujahrstag des Jahres 5763 nach jüdischem Kalender.

Beim Intervallskalenniveau kommt noch die **Definition von Intervallen** hinzu. Wenn im gegebenen Beispiel die Größenunterschiede mit einem abgebrochenen Zollstock gemessen wird, so kann man feststellen, dass der Größenabstand von A zu B doppelt so groß ist wie der von A zu C). Es liegt allerdings, da der Zollstock abgebrochen ist, kein absoluter Nullpunkt vor.

Beim Verhältnisskalenniveau ist dieser absolute Nullpunkt vorhanden (**Existenz des Nullelementes**), so dass die Körpergrößen zueinander in ein Verhältnis gesetzt werden können. Einen funktionsfähiger Zollstock erlaubt Aussagen wie A ist doppelt so groß wie B.

Es gibt eine Reihe möglicher Datentransformationen, welche im nächsten Abschnitt erläutert werden. Eine fahrlässige Transformation kann einen Skalenverlust zur Folge haben. Deshalb ist das Wissen über **zulässige Transformationen** wichtig.

Ob bestimmte statistischen Kennwerte berechnet werden dürfen, hängt unter anderem vom Skalenniveau ab. Ein Mittelwert sollte nur bei Intervall- oder Verhältnisskalenniveau berechnet werden, da beispielsweise der Mittelwert aller Parteien im Bundestag nicht nur falsch, sondern auch unsinnig ist. Die genaue Bedeutung dieser Werte wird in Kapitel 3 ab Seite 31 besprochen.

Probleme bei der Skalenbestimmung

Das Skalenniveau vieler psychologisch interessierender Variablen ist häufig nicht eindeutig bestimmbar.

Beispiele:

1. Sind diese sieben Antwortmöglichkeiten eines Items
   - - -   - -   -   0   +   + +   + + +
   aus einem Einstellungsfragebogen ordinal- oder intervallskaliert?

2. Sind Fragebogendaten der folgenden Art nominal- oder ordinalskaliert?
   "Ich bin der Meinung das die Erziehung von Kindern auch körperliche Strafen beinhalten muss! Ja / Nein"
   Ist die Antwort auf diese Frage in einem Messinstrument zum Erziehungsverhalten schon ordinalskaliert, da hier die Antwort Nein "besser" im Sinne einer sozialen Erwünschtheit ist, oder liegt nur eine Nominalskala vor?

Diese Fragen können nicht immer eindeutig geklärt werden. Im Zweifelsfall sollte immer das niedrigere Datenniveau zugrunde gelegt werden und jene statistischen Verfahren Verwendung finden, die deren Voraussetzungen auch bei geringerem Datenniveau erfüllt sind.

2.4 Transformationen

> **Definition:** Unter einer **Transformation** wird eine Umwandlung von Variablenwerten durch eine mathematische Funktion verstanden, welche die ursprünglichen Werte in jeweils neue Werte überführt.

Je nach Skalenniveau erhalten folgende Transformationen die Eigenschaft der Skala:

1. Umkehrbar eindeutige (eineindeutige) Transformationen
   Beispiel: 1 = A, 2 = B, ...
2. Streng monotone Transformationen
   Beispiele: $f(x) = x^2, f(x) = \sqrt{x}$ (für $x > 0$)
3. Lineare Transformationen
   Beispiel: $f(x) = a \cdot x + b$ (für $a > 0$)
4. Multiplikative Transformationen
   Beispiel: $f(x) = a \cdot x$ (für $a > 0$)

Bei der Durchführung einer das Skalenniveau nicht erhaltenden Transformation erfolgt eine Herabstufung auf ein niedrigeres Skalenniveau. Ein höheres Skalenniveau kann durch Transformation **nie** erreicht werden. Ein Überblick zu den Folgen der Transformationen wird Tabelle 2.2 gegeben.

Tabelle 2.2: Erhaltende und nicht erhaltende Transformationen

Transformation	Nominal	Ordinal	Intervall	Verhältnis
umkehrbar eindeutig	+[a]	-[b]	-	-
streng monoton	+	+	-	-
linear	+	+	+	-
multiplikativ	+	+	+	+

Anmerkung:
[a] erlaubt, bzw. bleibt das Skalenniveau erhalten
[b] nicht erlaubt, bzw. Skalenniveauverlust um mindestens ein Niveau

Der Verlust eines Niveaus widerspricht jedoch dem Versuch, bei jeder Messung ein möglichst hohes Skalenniveau zu erreichen und zu erhalten. Je höher das Skalenniveau, desto mehr und exaktere statistische Berechnungen sind möglich (siehe auch Tabelle 2.1). Viele statistische Verfahren verlangen zumindest ein Intervallskalenniveau.

Eine nicht erlaubte, beziehungsweise skalenniveaureduzierende Transformation kann das Niveau einer Verhältnisskala bis auf Nominalskalenniveau herunter transformieren. Beispielsweise sorgt die Transformation von Zeiten bei einem Marathon in Rangplätze für den Verlust des Skalenniveaus von Verhältnisskala zur Ordinalskala. Die Folgen der Anwendung erlaubter und nicht erlaubter Transformationen werden anhand von Tabelle 2.3 verdeutlicht.

Tabelle 2.3: Beispiele für Skalenniveaus vor und nach einer Transformation

vor der Transformation	Transformation	nach der Transformation
Verhältnisskala	$f(x) = \frac{1}{3} \cdot x + 17$	Intervallskala
Intervallskala	$f(x) = \frac{x^2}{4} + 7 \cdot x$ für $x \geq 0$	Ordinalskala
Ordinalskala	$f(x) = \sqrt{\frac{x}{10}}$ für $x \geq 0$	Ordinalskala
Verhältnisskala	$f(x) = x^2$ für $x > 0$	Ordinalskala
Intervallskala	$f(x) = \frac{3}{4}x + 12$	Intervallskala
Nominalskala	$f(x) = x + 1$	Nominalskala
Nominalskala	$f(x) = 4$	keine Skala
Ordinalskala	$f(x) = 1$, wenn $x \leq 5$ $f(x) = 2$, wenn $x > 5$	Nominalskala

Beispiel: Die Skalentransformationen sollen anhand eines Beispiels nochmals erläutert werden. Ein Reiseunternehmen möchte Reisen in Hauptstädte des Währungsgebietes des Euros in seinen Reisekatalog aufnehmen. Die durchschnittliche Temperatur stellt hierbei ein wichtiges Kriterium für die Auswahl der Städte dar. Der Geschäftsführer beauftragt einen Mitarbeiter mit der Auswahl der Hauptstädte mit der höchsten Durchschnittstemperatur in der Euro-Zone. Der Mitarbeiter gibt die Aufgabe an eine Aushilfskraft, einen nebenberuflich tätigen Physikstudenten weiter. Dieser zieht den Juli zur Bestimmung der Temperaturwerte heran. Nach intensiver Recherche im Internet kommt er zu folgender alphabetischen Aufstellung der Länder:

Tabelle 2.4: Temperaturen der Hauptstädte in Grad Kelvin

Land	Hauptstadt	Kelvin	Land	Hauptstadt	Kelvin
Belgien	Brüssel	290,8°	Irland	Dublin	288,6°
Deutschland	Berlin	291,6°	Luxemburg	Luxemburg	290,5°
Finnland	Helsinki	290,3°	Niederlande	Amsterdam	291,0°
Frankreich	Paris	290,7°	Österreich	Wien	291,3°
Griechenland	Athen	301,3°	Portugal	Lissabon	295,2°
Italien	Rom	298,3°	Spanien	Madrid	287,4°

Als Physikstudent hat er die Gradangaben selbstverständlich in Grad Kelvin vorgenommen. Temperaturbestimmung in Kelvin hat den Vorteil des Verhältnisskalenniveaus. Somit sind beispielsweise Aussagen wie: in Athen ist es 1,044 mal wärmer als in Dublin möglich, da diese Skala einen absoluten Nullpunkt hat.

Allerdings ist es keine alltäglich verwendete Skala, der durchschnittliche Mitteleuropäer kann in der Regel mit den dargestellten Werten nicht viel anfangen. Angesichts seines ratlos schauenden Vorgesetzten transformiert der Student die Werte in Grad Celsius. Die Transformation erfolgt über folgende Gleichung:

$$\text{Grad Celsius} = \text{Grad Kelvin} - 273{,}1 \qquad (2.1)$$

Hierdurch ergibt sich die folgende Liste:

Tabelle 2.5: Temperaturen der Hauptstädte in Grad Celsius

Land	Hauptstadt	Celsius	Land	Hauptstadt	Celsius
Belgien	Brüssel	17,7°	Irland	Dublin	15,5°
Deutschland	Berlin	18,5°	Luxemburg	Luxemburg	17,4°
Finnland	Helsinki	17,2°	Niederlande	Amsterdam	17,9°
Frankreich	Paris	17,6°	Österreich	Wien	18,2°
Griechenland	Athen	28,2°	Portugal	Lissabon	22,1°
Italien	Rom	25,2°	Spanien	Madrid	14,3°

Durch die lineare Transformation wurde das Skalenniveau reduziert. Der absolute Nullpunkt ging verloren, Temperaturwerte im Minusbereich sind möglich. Direkte Vergleiche wie "doppelt so warm" sind hier unmöglich. Die Intervalle der Temperaturunterschiede zwischen den Hauptstädten können aber weiterhin verglichen werden. Der Temperaturunterschied zwischen Dublin und Lissabon mit 6,6 Grad ist beispielsweise dreimal so groß wie der Temperaturunterschied zwischen Dublin und Brüssel mit 2,2 Grad. Dies ist jedoch nur eine Aussage über das Verhältnis zwischen den Intervallen. Die Aussage, dass es in Lissabon 1,4 mal so warm ist wie in Dublin, ist nicht möglich.

Mit dieser Liste geht der Mitarbeiter zum Geschäftsführer. Dieser findet die Liste allerdings zu unübersichtlich und fordert den Mitarbeiter auf, die Aufstellung lediglich als sortierte Auflistung der Städte vorzunehmen. Dies ergibt dann die folgende Aufstellung:

Tabelle 2.6: Rangreihe der Hauptstädte nach der Temperatur

Platz	Hauptstadt	Platz	Hauptstadt
1.	Griechenland (Athen)	7.	Belgien (Brüssel)
2.	Italien (Rom)	8.	Frankreich (Paris)
3.	Portugal (Lissabon)	9.	Luxemburg (Luxemburg)
4.	Deutschland (Berlin)	10.	Finnland (Helsinki)
5.	Österreich (Wien)	11.	Irland (Dublin)
6.	Niederlande (Amsterdam)	12.	Spanien (Madrid)

Mit Hilfe dieser Liste entscheidet der Geschäftsführer, das Reiseunternehmen solle Reisen in die sechs wärmsten Hauptstädte der Euro-Zone anbieten. So erscheinen im Katalog des Reisebüros Städtereisen nach Amsterdam, Athen, Berlin, Lissabon Rom und Wien. Der Kunde des Unternehmens weiß nun, dass diese sechs Städte im Katalog angebotenen "wärmsten Städte in der Euro-Zone" wärmer sind als die anderen sechs Städte der Euro-Zone (Brüssel, Dublin, Helsinki, Luxemburg, Madrid und Paris). Allerdings sind für den Kunden nur noch Vergleiche in der Form "gehört zu den angebotenen Reisen" oder "gehört nicht zu den angebotenen Reisen" möglich.

Im Laufe dieser Katalogerstellung wurden drei Transformationen durchgeführt, die stets den Verlust eines Skalenniveaus zur Folge hatten. Selbstverständlich wäre auch einen Sprung direkt von den Werten in Kelvin (Verhältnisskala) zum Katalog (Nominalskala) möglich gewesen. Schon eine Transformation kann zum Verlust mehrerer Skalenniveaus führen.

2.5 Zusammenfassung

In diesem Kapitel wurde die **Definition einer Messung** als eine homomorphe Abbildung von einem empirischen Relativ in ein numerisches Relativ dargestellt. Die Messung bestimmt das **Skalenniveau: Nominalskala, Ordinalskala, Intervallskala** und **Verhältnisskala (metrische Skala)**. Auf jedem Skalenniveau gibt es erhaltende und nicht erhaltende **Transformationen**. Einer nicht erhaltenden Transformation folgt immer ein Verlust des Skalenniveaus um mindestens eine Stufe.

2.6 Aufgaben

Es folgen Aufgaben zur Vertiefung und Überprüfung des Verständnisses. Die Lösungen hierzu befinden sich im Anhang (Seite 467).

1. Wie wird Messung definiert?

2. Welches Skalenniveau haben die folgenden Variablen:

    a) Militärische Ränge

    b) Krankheitsklassifikationen

    c) Reaktionszeiten

    d) Antworten bei einem Fragebogen
       ☐ ja   ☐ weiß nicht   ☐ nein

    e) Abitur bestanden / nicht bestanden

    f) Semesterzahl

    g) Postleitzahl des Wohnortes

    h) Alkoholgehalt im Blut in Promille

    i) Anzahl der Arztbesuche pro Jahr

3. Bitte vervollständigen Sie die folgende Tabelle:

Tabelle 2.7: Folgen von Transformationen auf das Skalenniveau

	Skala vorher	Transformation	Skala nachher
a)	Verhältnis		Intervall
b)	Intervall	$f(x) = b^2 + 4 \cdot x - \sqrt{c}$	
c)	Intervall		Ordinal
d)	Nominal	$f(x) = \frac{1}{4} \cdot x^2 + 20 (x > 0)$	

4. Legen Sie dieses Buch zur Seite, gehen Sie nach draußen und beobachten Sie ihre Umwelt. Überlegen Sie sich zehn psychologisch interessante Variablen und bestimmen Sie das jeweilige Skalenniveau einer Messungen dieser Variablen.

3 Maße der zentralen Tendenz und der Dispersion

Schlagworte
- ▷ Kategorien
- ▷ scheinbare Grenzen
- ▷ wahre Grenzen
- ▷ Modalwert
- ▷ Median
- ▷ Arithmetisches Mittel
- ▷ Range
- ▷ Varianz
- ▷ Standardabweichung
- ▷ Streuung
- ▷ Schiefe
- ▷ Exzess
- ▷ Normalverteilung
- ▷ z-Transformation
- ▷ Normierung
- ▷ Normalisierung

In diesem Kapitel werden Verfahren zur Beschreibung der Verteilung der Messwerte einer Variablen dargestellt. Als verteilungsbeschreibende Statistiken werden sowohl die Maße der zentralen Tendenz, das heißt die Maße der "Mitte", als auch die Maße der Dispersion, die Maße der Variabilität einer Verteilung, betrachtet. Für die zusammenfassende Beschreibung einer Stichprobe werden jeweils Maße aus beide Maßklassen benötigt. Im folgenden werden die **Maße der zentralen Tendenz** (Modalwert, Median und Arithmetisches Mittel), **Maße der Dispersion** (Spannweite, Quartile, AD-Streuung, Varianz, Standardabweichung und Variationskoeffizient) und die **Maße zur Charakterisierung der Verteilungsform** (Schiefe und Exzess, Normalität) vorgestellt. Die Maße der Verteilungsform beschreiben das Erscheinungsbild der Verteilungskurve. Zunächst wird die Darstellung von Häufigkeiten und die Bildung von Kategorien vorgestellt.

3.1 Häufigkeiten und Kategorien

Werden die Ausprägung eines Merkmals in einer Stichprobe erhoben, so erhält man eine Auflistung aller Werte dieser Stichprobe. Diese Auflistung wird als **Urliste** bezeichnet.

Beispiel: Bei der Messung der Variablen Geschlecht in bei den Teilnehmern eines Statistik-Tutorates erhält man die folgende Liste von Merkmalsausprägungen (w = weiblich, m = männlich):

w,w,w,m,w,m,w,w,w,m,w,w,w,m,w,m,w,w,w,w,w,w,w,w,w,w,w

Aus dieser Liste lässt sich die absolute Anzahl der Personen pro Merkmalsausprägung bestimmen. Es wurden die Merkmalsausprägungen von 28 Personen erhoben, von denen 23 weiblichen Geschlechts und 5 männlichen Geschlechts waren. Diese Werte können auch als prozentuale Anteile an der Stichprobe dargestellt werden. Der prozentuale Anteil der Frauen liegt bei 82,1% und der prozentuale Anteil der Männer liegt bei 17,9%. Diese Kennwerte werden in Tabelle 3.1 zusammengefasst.

Tabelle 3.1: Geschlecht der Teilnehmer eines Statistik-Tutorats

Kategorie	$f(x)$	$cumf(x)$	%	$cum\%$
weiblich	23	23	82,1	82,1
männlich	5	28	17,9	100,0

Neben den absoluten Häufigkeiten (f(x)) und den relativen Häufigkeiten in Prozent (%) werden für beide Häufigkeiten noch die kumulierten Werte angegeben. In der Spalte $cumf(x)$ werden die **kumulierten absoluten Häufigkeiten** dargestellt. Dabei handelt es sich um die Anzahl aller Merkmalsträger in der Stichproben der gleichen oder einer bereits aufgelisteten Kategorie. Analog zu den kumulierten absoluten Häufigkeiten werden in der letzten Spalte die kumulierten relativen Häufigkeiten in Prozent aufgelistet.

Problem: Gerade bei Merkmalen mit sehr vielen Merkmalsausprägungen wie beispielsweise der Reaktionszeit in Millisekunden, ist es nicht immer hilfreich, alle Werte einzeln aufzuführen. Würde man in einem Bericht sämtliche mittlere Reaktionszeiten der Versuchspersonen darstellen, würde dies eine eher unübersichtliche Reihe von einzelnen Werten ergeben.

Lösung: Man bildet Gruppen, sogenannte Kategorien, in denen die beobachteten Daten aus bestimmten Wertbereichen zusammenfasst werden. Hierdurch erhöht sich die Übersichtlichkeit der Ergebnisdarstellung.

> **Definition:** Unterteilt man die Werte einer stetigen Variablen in einer Stichprobe in einzelne Gruppen mit definierten Grenzwerten, innerhalb derer man die Häufigkeit der beobachteten Fälle der jeweiligen Gruppe aufsummiert, so spricht man von **Kategorien**.

Beispiel: In einem diagnostischen Test zur Messung von Reaktionszeiten werden Zeiten zwischen 300 und 950 ms gemessen. Zur Ergebnisdarstellung werden die folgenden Kategorien (Gruppen) der beobachteten Werte gebildet:

- $300 \leq x < 400$
- $400 \leq x < 500$
- ...
- $900 \leq x < 1000$

Es entstehen sieben Kategorien, innerhalb derer die Anzahl der zugehörigen Fälle zusammengefasst wird. Allerdings bedingt die Verbesserung der Übersichtlichkeit eine Reduktion der Informationen.

Anmerkung: Im Folgenden soll eine weitere Schreibweise angeführt werden:

- $x \in [300, 400)$

- $x \in [400, 500)$

- ...

- $x \in [900, 1000)$

Die eckige Klammer "[" schließt den jeweiligen Wert mit ein, die runde Klammer ")" aus. Damit gehört ein Objekt mit dem Wert 399,9 der ersten Kategorie an, während ein Objekt mit dem Wert 400 der zweite Kategorie zugeordnet wird.

Regeln zur Bestimmung von Kategorienbreite und -anzahl:

1. Kategorien sind disjunkt (einander ausschließend) zu definieren. Das heißt, jeder Wert kann nur einer Kategorie zugeordnet werden.

2. Kategorien müssen benachbart konzipiert sein, es darf keine "Lücke" zwischen zwei Kategorien entstehen, in der ein Wert liegen könnte.

3. Bei Ausreißern und Extremwerten im unteren und oberen Bereich der Verteilung wird empfohlen, offene Kategorien zu bilden. Eine Kategorie wird als offen bezeichnet, wenn es keine obere oder untere Grenze für diese Kategorie gibt (beispielsweise $x \leq 300$). Die Begriffe Ausreißer und Extremwerte werden im Abschnitt 4.2 (Seite 70) genau definiert.

   Anmerkung: Teilweise werden in der Literatur die Begriffe Ausreißer und Extremwerte synonym benutzt.

4. Geschlossenen Kategorien müssen gleich breit sein.

5. Je größer die Anzahl der Elemente in der Stichprobe ist (= N), desto kleiner sind die Kategorienbreiten zu wählen.

6. Die maximale Anzahl von Kategorien sollte die Zahl 20 nicht überschreiten.

7. Nach einer Faustregel ist die sinnvolle Anzahl zu bildender Kategorien bei N Werten über $m = 1 + 3{,}32 \cdot lg(N)$ zu bilden.

   Beispiel: Für N = 25 Personen sollen $m = 1 + 3{,}32 \cdot lg(25) = 5{,}64$, also 6 Kategorien gebildet werden.

8. Die Breite der Kategorien wird über die Spannweite (Differenz von maximalem und minimalem Wert) bestimmt, indem die Spannweite durch die sinnvolle Anzahl der Kategorien geteilt wird.

Scheinbare und wahre Kategoriengrenzen

Die Grenzen einzelner Kategorien können als **scheinbare Kategoriengrenzen** in Abhängigkeit von der Messgenauigkeit definiert oder als **wahre Kategoriengrenzen** mathematisch exakt dargestellt werden.

> **Definition: Scheinbare Kategoriengrenzen** erlauben in Abhängigkeit von der Ungenauigkeit der Messung eine zweifelsfreie Zuordnung der Messwerte zu den Kategorien. Durch die Messungenauigkeit existieren keine Werte zwischen einzelnen Kategorien und es kann somit kein Wert zwischen zwei Kategorien fallen.

Beispiel: IQ-Werte (Intelligenzquotienten) werden immer in ganzen Zahlen angegeben. Daher sind Kategorien von 90 - 94, 95 - 99 etc. möglich. Da beispielsweise der IQ-Wert 94,5 nicht vorkommen kann, kann auch kein Wert "zwischen" die beiden Kategorien 90 - 94 und 95 - 99 fallen.

> **Definition: Wahre Kategoriengrenzen** geben die Intervalle der jeweilige Kategorien unabhängig von der Messgenauigkeit des Merkmals mathematisch exakt an. Hier gibt es keine "Lücke" zwischen den Kategorien.

Beispiel: Bei Angabe der Körpergröße in cm können die folgenden Kategorien gebildet werden: $175 \leq x < 180$, $180 \leq x < 185$, ... Werte von 175,0 bis $179,\bar{9}$ können der ersten Kategorie, die Werte von 180,0 bis $184,\bar{9}$ der zweiten Kategorie zugeordnet. Somit kann kein Wert zwischen zwei Kategorien fallen.

Bei Ausreißern und Extremwerten gibt es die Möglichkeit, offene Kategorien zu bilden.

> **Definition: Offene Kategorien** werden in der Form $x <$ obere Grenze der unterste Kategorie und $x >$ untere Grenze der höchste Kategorie angegeben. Somit hat die unterste Kategorie nur einen maximalen Wert als Obergrenze, während die oberste Kategorie nur einen minimalen Wert als Untergrenze hat.

Häufigkeiten und Kategorienbildung

In diesem Abschnitt soll die Berechnung von Häufigkeiten und die Bildung von Kategorien an einem praktischen Beispiel besprochen werden. Hierzu dient ein Datensatz mit den Körpergrößen der Teilnehmer eines Statistik-Tutorates. Nach einer kurzen Umfrage ergab sich die folgende Liste von Körpergrößen:

1,57	1,77	1,65	1,64	1,74	1,68	1,68
1,80	1,70	1,75	1,64	1,60	1,80	1,70
1,95	1,70	1,89	1,64	1,60	1,70	1,71
1,68	1,69	1,70	1,80	1,67	1,72	1,74

Als erster Schritt werden die N = 28 Werte der Größe nach sortiert, so dass die folgende sortierte Liste entsteht:

1,57	1,60	1,60	1,64	1,64	1,64	1,65
1,67	1,68	1,68	1,68	1,69	1,70	1,70
1,70	1,70	1,70	1,71	1,72	1,74	1,74
1,75	1,77	1,80	1,80	1,81	1,89	1,95

Anschließend werden die Kategorien definiert. Es müssen mehrere Parameter berücksichtigt werden. Zunächst bestimmt man mit der Differenz aus maximalem und minimalem Wert (1,95 - 1,57) die Spannweite der Werte. Danach ermittelt man über die Schätzformel zur Anzahl von Kategorien (siehe Gleichung 7, Seite 33) einen Vorschlag für die Kategorienanzahl:

$$
\begin{align}
m &= 1 + 3{,}32 \cdot lg(N) \tag{3.1} \\
&= 1 + 3{,}32 \cdot lg(28) \tag{3.2} \\
&= 5{,}8 \tag{3.3}
\end{align}
$$

Da bei der Definition der Anzahl, der Breite und der unteren Grenze der ersten Kategorie stets die praktische Relevanz berücksichtigt werden sollte, werden in dieses Beispiel fünf Kategorien mit einer Kategorienbreite von 0,10 m gebildet.

Tabelle 3.2: Körpergrößen der Teilnehmer eines Statistik-Tutorats

Kategorie	$f(x)$	$cumf(x)$	%	$cum\%$
$1{,}5 \leq x < 1{,}6$	1	1	3,6	3,6
$1{,}6 \leq x < 1{,}7$	11	12	39,3	42,9
$1{,}7 \leq x < 1{,}8$	11	23	39,3	82,1
$1{,}8 \leq x < 1{,}9$	4	27	14,3	96,4
$1{,}9 \leq x < 2{,}0$	1	28	3,6	100,0

In Tabelle 3.2 beschreibt die Spalte $f(x)$ die **absolute Häufigkeit** der Personen mit der Merkmalsausprägung, welche diese Kateogrie beinhaltet. In der nächsten Spalte $cumf(x)$ werden dann die **kumulierten Häufigkeiten** angegeben. Dabei handelt es sich um die Anzahl der Personen, die in der gleichen oder einer niedrigeren Kategorie sind. In den beiden folgenden Spalten wird dies dann jeweils prozentual dargestellt (%, beziehungsweise cum%).

Zur Bestimmung von Kategorienzahl und den Kategoriengrenzen sollten die oben genannten Regeln der Kategorienbildung berücksichtigt werden. Die Einteilung muss jedoch auch inhaltlich sinnvoll sein. Im Allgemeinen wird diese Einteilung von einem Statistik-Programm (SPSS, SAS etc.) automatisch durchgeführt.

Aus den Häufigkeiten eines beobachteten Merkmals lässt sich die Häufigkeitsverteilung des Merkmals ableiten.

> **Definition:** Die **empirische Verteilung** eines Merkmals beschreibt die Häufigkeit unterschiedlicher Merkmalsausprägungen.

Die Häufigkeitsverteilung kann auch als kumulierte Häufigkeitsverteilung dargestellt werden. Bevor nun die Maßklassen der zentralen Tendenz und der Dispersion vorgestellt werden, wird der Zweck beider Maßklassen erläutert.

Wieso? Weshalb? Warum?

Warum sind die Maße der zentralen Tendenz und der Dispersion so wichtig?

Die Relevanz dieser Maßklassen wird am Beispiel einer Urlaubsreise erläutert. Sie planen eine Reise in ein exotisches Land und überlegen sich, ob Sie eher Kleidung für heiße Tage oder eher Kleidung für kalte Tage einpacken sollen. Da Sie sich nicht sicher sind, lassen Sie sich durch das zuständige Fremdenverkehrsamt die täglichen Temperaturen der letzten 20 Jahre in Ihrem Reisemonat übermitteln.

In einem ersten Auswertungschritt berechnen Sie den Mittelwert der Temperaturen über die 20 Jahre hinweg. Mit diesem Maß aus der **Maßklasse der zentralen Tendenz** bekommen Sie eine gute Schätzung für jene Temperatur, welche Sie höchstwahrscheinlich erwarten wird. Damit Sie sicher sein können, dass Sie auf jeden Fall die richtige Kleidung dabei haben, bestimmen Sie mit der minimalsten und der maximalsten Temperatur in den letzten Jahren auch noch die Spannweite der Temperaturen. Diese Maß aus der **Maßklasse der Dispersion** gibt an, wie sehr sich die beobachteten Werte unterscheiden. Durch diese Auswertung können Sie die Konstanz der beobachteten Werte analysieren. Ist die Variabilität der Wert hoch, sollte Kleidung für warme und kalte Tage eingepackt werden.

Nur durch die Berechnung von Maßen der zentralen Tendenz und Maßen der Dispersion kann die "richtige" Kleidung für den geplanten Urlaub bestimmt werden. Von den Maßen der zentralen Tendenz wird meistens der Mittelwert und von dem Maßen der Dispersion wird in der Regel die Standardabweichung angegeben. Die Auswahl eines Maßes ist allerdings vom Skalenniveau abhängig.

3.2 Maße der zentralen Tendenz

Modalwert

> **Definition:** Der **Modalwert** (Mo) ist derjenige Wert einer Verteilung, welcher am häufigsten besetzt ist.

Der Modalwert ist ein Schätzungwert, der mit großer Wahrscheinlichkeit mit dem wahren Messwert einer Versuchsperson übereinstimmt.

Vorteil: Der Modalwert ist sehr stabil gegenüber Extremwerten.

1. In einer graphischen Darstellung ist er am Maximum (Peak) der Verteilung.
2. Bei kategorisierten Daten wird die Mitte der Kategorie angegeben, die am häufigsten besetzt ist.
3. **Vorsicht:** Es ist möglich, dass eine Verteilung mehrere Modalwerte aufweist. Manche Statistik-Programme, wie beispielsweise SPSS, geben dann allerdings nur den kleinsten dieser Werte und eine zusätzliche Warnung aus! Existieren

mehrere Modalwerte, wird eine Verteilung als bimodal (= zwei Modalwerte) oder multimodal (= mehr als zwei Modalwerte) bezeichnet.

4. Insbesondere bei nominalskalierten Variablen oder nicht symmetrischen Verteilungen (siehe Abschnitt 3.4, Seite 52). empfiehlt sich die Beschreibung der Stichprobe mit Hilfe der Modalwerte. Es ist beispielsweise nicht sinnvoll, den Mittelwert über die Variable "Parteizugehörigkeit" oder "Studienfach" zu berechnen. Statt dessen kann anhand des Modalwertes die am häufigsten gewählte Partei oder das beliebteste Studienfach bestimmen.

Voraussetzungen: Der Modalwert ist auf allen Skalenniveaus berechenbar.

Der Modalwert wird über die Auszählung der Häufigkeiten der untersuchten Merkmalsausprägungen bestimmt.

Ein Rechenbeispiel zur Bestimmung des Modalwert ist auf Seite 38 dargestellt.

Median

Definition: Der **Median** (Md) ist derjenige Wert der die geordnete Reihe der Messwerte in die oberen und unteren 50 Prozent aufteilt. Somit ist die Anzahl der Messwerte über und unter dem Median gleich.

Berechnung:

Für ungerades N:
$$\text{Md} = x_{\frac{N+1}{2}} \qquad (3.4)$$

Für gerades N:
$$\text{Md} = \frac{x_{\frac{N}{2}} + x_{\frac{N}{2}+1}}{2} \qquad (3.5)$$

Für gruppierte Daten:
$$\text{Md} = \text{untere Grenze} f_k + \frac{\frac{N}{2} - \text{cum} f_{k-1}}{f_k} \cdot \text{Kategorienbreite} \qquad (3.6)$$

mit
x_i : der gemessener Wert der i-ten Versuchsperson in der geordneten Rangreihe
f_k : absolute Häufigkeit in der Kategorie k, in der der Median liegt
$\text{cum} f_k$: kumulierte absolute Häufigkeit der Kategorie k des Medians

Vorteil: Der Median ist ebenfalls stabil gegenüber Extremwerten.

Bei einer ungeraden Anzahl von Objekten ist der Median das mittlere Objekt in der geordneten Reihe. Bei 17 Personen ist es somit die neunte Person in der Rangreihe. Bei einer gerade Zahl von Objekten wird der Mittelwert zwischen den beiden Objekten gebildet, die nahe der Mitte der Rangreihe sind. Bei 16 Personen wird der Median also über den Mittelwert zwischen der achten und neunten Person in der Rangreihe berechnet.

Voraussetzung: Es muss mindestens Ordinalskalenniveau vorliegen.

Eigenschaft: Die Summe der absoluten Abweichungen von den individuellen Werten $\sum_{i=1}^{N} |x_i - a|$ nimmt für $a = Md$ ein Minimum an.

Beispiel: Die Berechnung des Modalwerts und des Medians wird am folgenden Beispiel erläutert.

Gegeben sei die folgende Rohdaten-Liste der Körpergrößen einer Gruppe von Psychologiestudenten in Metern:

1,57	1,77	1,65	1,64	1,74	1,68	1,80	1,70
1,75	1,64	1,60	1,80	1,95	1,70	1,89	1,64
1,60	1,70	1,68	1,69	1,70	1,80	1,67	1,72
1,68	1,70	1,71	1,74				

Berechnung ohne Kategorienbildung

Als erster Schritt werden die N = 28 Werte der Größe nach sortiert, so dass die folgende Liste entsteht:

1,57	1,64	1,68	1,70	1,70	1,74	1,80
1,60	1,64	1,68	1,70	1,71	1,75	1,81
1,60	1,65	1,68	1,70	1,72	1,77	1,89
1,64	1,67	1,69	1,70	1,74	1,80	1,95

Zuerst sollen nun Modalwert und Median für die nicht kategorisierten Daten ermittelt werden. Zur Berechnung des Modalwertes sind letztlich die Häufigkeiten der einzelnen Wert zu bestimmen Dies kann per Computer oder einfach per Hand über eine Strichliste erfolgen:

Tabelle 3.3: Stichliste

1,57	1	1,68	3	1,74	2	1,89	1
1,60	2	1,69	1	1,75	1	1,95	1
1,64	3	1,70	5	1,77	1		
1,65	1	1,71	1	1,80	2		
1,67	1	1,72	1	1,81	1		

Der Modalwert ist der am häufigsten auftretende Wert: $Mo = 1{,}70$.

Der Median wird bei N=28 Personen als Mittelwert der beiden an Platz 14 und 15 stehenden Personen berechnet (siehe Formel 3.5): $Md = \frac{1{,}70+1{,}70}{2} = 1{,}70$

Berechnung mit Kategorienbildung

Nun folgt die Berechnung der beiden Kennwerte Modalwert und Median bei kategorisierten Daten. Da mit 1,95 - 1,57 = 0,38 ein Spannbreite von fast 40 cm vorliegt, können beispielsweise acht Kategorien mit 5 cm Breite gebildet werden:

Tabelle 3.4: Kategorienbildung

Kategorie	Anzahl	Kategorie	Anzahl
$1{,}56 \leq x < 1{,}61$	3	$1{,}76 \leq x < 1{,}81$	3
$1{,}61 \leq x < 1{,}66$	4	$1{,}81 \leq x < 1{,}86$	1
$1{,}66 \leq x < 1{,}71$	10	$1{,}86 \leq x < 1{,}91$	1
$1{,}71 \leq x < 1{,}76$	5	$1{,}91 \leq x < 1{,}96$	1

Der Modalwert liegt in der Mitte der am stärksten besetzten Kategorie, also in der Kategorie $1{,}66 \leq x < 1{,}71$, das heißt bei 1,685.

Im konkreten Beispiel ist die untere Grenze der Kategorie die den Median enthält bei 1,66. Die Kategorienbreite ist 0,05. Insgesamt werden die Größen von N= 28 Personen gemessen. 10 Personen fallen in die Kategorie mit dem Modalwert, während sich in den beiden darunterliegenden Kategorien insgesamt 7 Personen befinden (3 + 4). Nach Formel 3.6 wird der Median folgendermaßen berechnet:

$$Md = 1{,}66 + \frac{\frac{28}{2} - 7}{10} \cdot 0{,}05 \tag{3.7}$$

$$= 1{,}66 + \frac{7}{10} \cdot 0{,}05 \tag{3.8}$$

$$= 1{,}66 + 0{,}035 \tag{3.9}$$

$$= 1{,}695 \tag{3.10}$$

Arithmetisches Mittel

Definition: Das **arithmetische Mittel** (AM, $\bar{x}$) ist die Summe aller Messwerte geteilt durch deren Anzahl N. Beim arithmetischen Mittel handelt es sich um den Durchschnitt aller Messwerte.

Berechnung:

$$\bar{x} = \frac{\sum_{i=1}^{N} x_i}{N} \tag{3.11}$$

Das Summenzeichen Σ (sprich Sigma) und die Regeln zum Rechnen mit diesem Summenzeichen werden in Anhang A.1 (Seite 421) vorgestellt. Für ein besseres Verständnis dieses und der folgenden Kapitel wird dem Leser, der mit dem Summenzeichen noch nicht vertraut ist, ein kurzer "Ausflug" in den Anhang empfohlen.

Bei gruppierten Daten mit unterschiedlich großen Teilgruppen ist das arithmetischen Mittels verzerrt. Zur Vermeidung dieser Verzerrung sollte mit ungruppierten Daten (Rohdaten) gerechnet oder das Gewichtete Arithmetische Mittel gebildet werden (siehe Seite 41).

Eigenschaften:

1. Die Summe der Zentralen Momente $\sum_{i=1}^{N}(x_i - \bar{x})$ ergibt Null.
   $(x_i - \bar{x})$ wird als Zentrales Moment erster Ordnung bezeichnet und ist die Abweichung der individuellen Werte vom arithmetischen Mittel.

2. Die Summe der Zentralen Momente zweiter Ordnung
   $\sum_{i=1}^{N}(x_i - a)^2$ ergibt für $a = \bar{x}$ ein Minimum.

3. Mittelwerte sind additiv, das heißt, wenn $z_i = x_i + y_i$, dann gilt auch $\bar{z} = \bar{x} + \bar{y}$.

Nachteil: Das Arithmetische Mittel ist, insbesondere bei kleinen Stichproben, gegenüber Extremwerten empfindlich.

Voraussetzung: Für die Berechnung des Arithmetischen Mittels muss mindestens Intervallskalenniveau vorliegen.

Alle drei Eigenschaften des Arithmetischen Mittels lassen sich, wie im Folgenden kurz dargestellt, beweisen.

Beweis der ersten Eigenschaft: $\sum_{i=1}^{N}(x_i - \bar{x})$ ergibt Null.

$$\sum_{i=1}^{N}(x_i - \bar{x}) = \sum_{i=1}^{N} x_i - \sum_{i=1}^{N} \bar{x} \tag{3.12}$$

$$= \sum_{i=1}^{N} x_i - N \cdot \bar{x} \tag{3.13}$$

$$= \sum_{i=1}^{N} x_i - N \cdot \frac{\sum_{i=1}^{N} x_i}{N} \tag{3.14}$$

$$= \sum_{i=1}^{N} x_i - \sum_{i=1}^{N} x_i \tag{3.15}$$

$$= 0 \tag{3.16}$$

Beweis der zweite Eigenschaft: Die Summe der quadrierten zentralen Momente $\sum_{i=1}^{N}(x_i - a)^2$ ergibt für $a = \bar{x}$ ein Minimum. Der Beweis erfolgt durch die Bestimmung der Nullstelle der ersten Ableitung:

$$f(a) = (\sum_{i=1}^{N}(x_i - a)^2) \tag{3.17}$$

Man bildet die erste Ableitung, indem man die innere Ableitung mit der äußeren Ableitung multipliziert[1]:

$$f(a)' = (\sum_{i=1}^{N}(x_i - a)^2)' \tag{3.18}$$

$$= \sum_{i=1}^{N} -1 \cdot 2 \cdot (x_i - a) \tag{3.19}$$

$$= -2 \cdot \sum_{i=1}^{N}(x_i - a) \tag{3.20}$$

Die erste Ableitung wird gleich Null gesetzt:

---
[1] Mehr zur Differentialrechnung bei Forster (1989), Barner und Flohr (1991) oder Heuser (1991)

$$0 = -2 \cdot \sum_{i=1}^{N}(x_i - a) \tag{3.21}$$

$$= \sum_{i=1}^{N}(x_i - a) \tag{3.22}$$

$$= \sum_{i=1}^{N} x_i - \sum_{i=1}^{N} a \tag{3.23}$$

$$= \sum_{i=1}^{N} x_i - N \cdot a \tag{3.24}$$

$$N \cdot a = \sum_{i=1}^{N} x_i \tag{3.25}$$

$$a = \frac{\sum_{i=1}^{N} x_i}{N} \tag{3.26}$$

$$= \bar{x} \tag{3.27}$$

Somit gilt, dass für $a = \bar{x}$ ein Minimum gegeben ist.

Beweis für die dritte Eigenschaft: Wenn $z_i = x_i + y_i$, dann gilt auch $\bar{z} = \bar{x} + \bar{y}$.

$$\bar{z} = \frac{\sum_{i=1}^{N} z_i}{N} \tag{3.28}$$

$$= \frac{\sum_{i=1}^{N}(x_i + y_i)}{N} \tag{3.29}$$

$$= \frac{\sum_{i=1}^{N} x_i + \sum_{i=1}^{N} y_i}{N} \tag{3.30}$$

$$= \frac{\sum_{i=1}^{N} x_i}{N} + \frac{\sum_{i=1}^{N} y_i}{N} \tag{3.31}$$

$$= \bar{x} + \bar{y} \tag{3.32}$$

Gewichtetes Arithmetisches Mittel

Problem: Wie berechnet man ein arithmetisches Mittel aus Mittelwerten unterschiedlich großer Teilgruppen?

Beispiel: Der Gesamtmittelwert der Körpergröße der Teilnehmer dreier Statistik-Tutorate mit einer Stichprobengröße von 10, 20 und 40 Teilnehmern soll berechnet werden. Hierbei fallen die Mittelwerte je nach Gruppengröße stärker oder schwächer "in's Gewicht", so dass es zu einer Verzerrung kommt. Ein Teilnehmer des ersten Tutorates würde bei einer ungewichteten Berechnung über die drei Gruppenmittelwerte doppelt so stark berücksicht werden wie ein Teilnehmer des zweiten Tutorates. Gegenüber einem Teilnehmer des dritten Tutorates würde er sogar vierfach in den Gesamtmittelwert einfließen.

Lösung: Durch das gewichtete arithmetische Mittel (GAM) kann diese Verzerrung vermieden werden.

Definition: Beim **gewichteten arithmetischen Mittel** (GAM) werden die einzelnen Gruppenmittelwerte an der jeweiligen Gruppengrößen gewichtet.

Berechnung:

$$GAM = \frac{\sum_{j=1}^{k} n_j \cdot \bar{x}_j}{\sum_{j=1}^{k} n_j} \qquad (3.33)$$

mit
n_j : Größe der Gruppe j
$\bar{x}_j$: Mittelwerte der Gruppe j

Beispiel: Für die Berechnung mit drei Gruppen gilt:

$$GAM = \frac{n_1 \cdot \bar{x}_1 + n_2 \cdot \bar{x}_2 + n_3 \cdot \bar{x}_3}{n_1 + n_2 + n_3} \qquad (3.34)$$

Das gewichtete arithmetische Mittel erlaubt also die Berechnung des arithmetischen Mittels unter Berücksichtigung der jeweiligen Gruppengrößen.

Verteilungsformen

Die Form einer Verteilung kann mittels des dritten und vierten Zentralen Moments (siehe 3.4, Seite 52) exakt definiert werden. Doch auch ohne diese detaillierten Maße sind schon Aussagen zur Verteilungsform über einen Vergleich der Maße der zentralen Tendenz (Median, Modalwert und Arithmetisches Mittel) möglich. Man spricht von symmetrischen, linkssteilen (=rechtsschiefen) und rechtssteilen (=linksschiefen) Verteilungsformen.

Abbildung 3.1: Linkssteile Verteilung

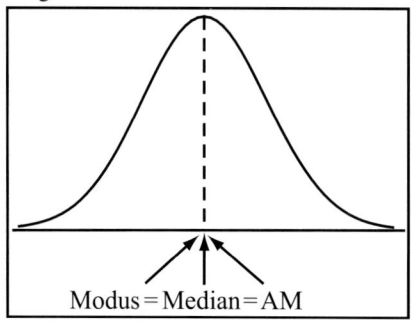

Abbildung 3.2: Symmetrische Verteilung

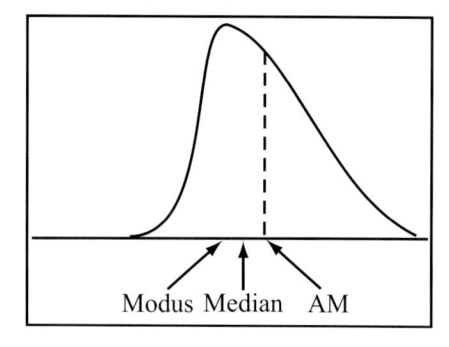

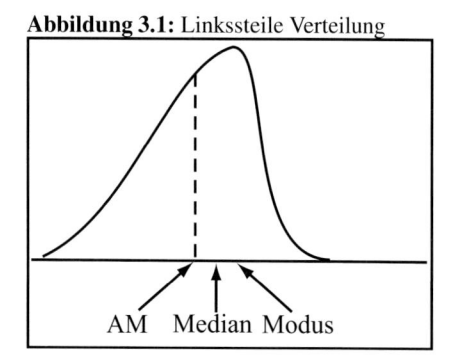

Abbildung 3.3: Rechtssteile Verteilung

3.3 Maße der Dispersion

Nachdem nun Maße der Mitte einer Verteilung eingeführt wurden, sind Kennwerte für die Variabilität einer Verteilung zu definieren. Falls beispielsweise ein psychologisches Testverfahren eine große Streuung hat, können mit Hilfe des untersuchten Merkmals gut diagnostische Aussagen über die einzelnen Versuchsteilnehmer gemacht werden. Falls aber alle Untersuchungsteilnehmer identische Merkmalsausprägungen hätten, wäre eine Differenzierung durch dieses Merkmal zwischen den Untersuchungsteilnehmern nicht möglich.

Beispiel: Ein Religionslehrer hat aus Protest gegen die strenge Notengebung in der Schule allen Schülern eine Zwei, ein "Gut" im Abschlusszeugnis gegeben. Im Gegensatz dazu hat ein Mathematiklehrer an derselben Schule das Notenspektrum von der Eins bis zur Fünf vollständig ausgeschöpft. Mit der Religionsnote kann man die Schüler nicht in gute oder schlechte Schüler aufteilen, während durch die Mathematiknote eine Aufteilung in sehr gut, gut, befriedigend, ausreichend und ungenügend möglich ist. Je größer die Variabilität ist, desto stärker differenziert das untersuchte Merkmal.

Im Folgenden werden die Maße der Dispersion eingeführt.

Variationsbreite (Range, Spannweite)

> **Definition:** Der **Range**, die **Spannweite**, beschreibt bei kontinuierlichen Daten die Größe des Intervalls, in welchem die unterschiedlichen Werte einer Variablen liegen. Bei nominalskalierten Variablen gibt der Range die Anzahl der Kategorien an.
>
> **Berechnung:**
>
> - für kontinuierliche Daten: Range = maximaler Wert - minimaler Wert
> - für diskrete Daten: Range = maximaler Wert - minimaler Wert + 1

Nachteile:

1. Der Range berücksichtigt bei kontinuierlichen Daten nur die minimalsten und maximalsten Messwerte. Er macht keine Aussagen über die Verteilung der restlichen Werte.

2. Der Range ist gegenüber Extremwerten sehr empfindlich. Ein Ausreißer wirkt sich stark auf den Range aus.

Diese Nachteile des Range treten nicht bei Quartilen auf.

Quartile, Interquartilsabstand

> **Definition:** Als **Quartile** werden jene Punkte Q_1, Q_2 und Q_3 bezeichnet, welche eine Verteilung in vier gleich große Abschnitte aufteilen. Das mittlere Quartil Q_2 entspricht dabei dem Median (Prozentrang von 50), während das unter Quartil Q_1 einen Prozentrang von 25 und das obere Quartil Q_3 einen Prozentrang von 75 erfasst. Die Differenz der beiden Quartile Q_1 und Q_3 wird als **Interquartilsabstand** (IQA) bezeichnet:
>
> $$IQA = Q_3 - Q_1 \tag{3.35}$$

Vorteil: Ausreißer wirken sich nicht so sehr auf diese Kennwerte aus, da mit den Quartilen Q_1 und Q_3 nur die mittleren 50 % der Verteilung berücksichtigt werden.

Nachteil: Da die Werte außerhalb der Quartilen Q_1 und Q_3, des Interquartilabstands, nicht berücksichtigt werden, gehen nur die Informationen der mittleren 50 Prozent der Verteilung in diese Kennwerte ein.

Sollen jedoch sämtliche Werte der Stichprobe in die Bestimmung der Dispersion einbezogen werden, ist dies eventuell über die zentralen Moment möglich. Beim zentralen Moment erster Ordnung wird der individuellen Wert einer Person am Mittelwert relativiert. So kann beispielsweise eine Schulnote relativ zur Leistung der anderen Schüler dieser Klasse gesehen werden. Bei einem Notendurchschnitt in der Schulklasse von 3,4 wäre eine 2 eine sehr gute Note, während dieselbe Note bei einem Notendurchschnitt von 1,8 unterdurchschnittlich wäre.

Problem: Für einen individuellen Wert kann man mit Hilfe des zentralen Moments erster Ordnung eine Aussage treffen. Da aber die Summe der Zentralen Momente erster Ordnung immer Null ist (siehe Eigenschaften des arithmetischen Mittels, Seite 39), ist dies kein sinnvoller Kennwert für die Dispersion eines Merkmals in einer Stichprobe.

Lösung: Die AD-Streuung.

AD-Streuung ("average deviation")

> **Definition:** Die AD-Streuung gibt den Durchschnitt der absoluten Abweichungen aller Messwerte vom Mittelwert an.
>
> **Berechnung:**
>
> $$AD = \frac{\sum_{i=1}^{N} | x_i - \bar{x} |}{N} \tag{3.36}$$

Es entsteht ein Maß, das Aussagen über die Variabilität erlaubt. Die aufsummierten Werte sind immer positiv. Je größer die AD-Streuung ist, desto größer ist die Variabilität der Variablenwerte. Da bei diesem Maß viele kleine Abweichung vom Mittelwert einen ähnlichen Einfluss haben können wie eine große Abweichung, wurde über die Quadratur des ersten zentralen Momentes ein weiterer Kennwert, die Varianz, entwickelt.

Varianz

Die Varianz und die später daraus abgeleitete Standardabweichung sind wichtige Maße zur Kennzeichnung der Variabilität einer Werteverteilung.

> **Definition:** Die Varianz wird durch Summierung der quadrierten Abweichungen der einzelnen Messwerte vom Mittelwert und teilen durch die Stichprobengröße, beziehungsweise den Freiheitsgrad, berechnet.
>
> **Berechnung der Varianz in der Population:**
>
> $$\sigma_x^2 = \frac{\sum_{i=1}^{N}(x_i - \mu)^2}{N} \quad (3.37)$$
>
> Bei der Berechnung der Populationsvarianz wird durch N geteilt.
>
> **Berechnung der Varianz in der Stichprobe:**
>
> $$s_x^2 = \frac{\sum_{i=1}^{N}(x_i - \bar{x})^2}{N - 1} \quad (3.38)$$
>
> Durch die Berechnung der Stichprobenvarianz soll die Populationsvarianz geschätzt werden. Für diese Schätzung wird die quadrierten Abweichungen der Messwerte vom Mittelwert am Freiheitsgrad (degree of freedom) relativiert.

Wieso? Weshalb? Warum?

Warum wird zwischen Population und Stichprobe unterschieden?
Warum werden griechische und lateinische Buchstaben benutzt?

In der Statistik wird versucht, Aussagen über Populationen zu treffen. Aus Zeit- und Kostengründen kann aber nicht die vollständige Populationen erheben. Deshalb wird versucht, durch die Kennwerte einer Stichprobe auf die Kennwerte der Population zu schließen. In der Notation der Statistik wird zwischen Population und Stichprobe durch die Verwendung von griechischen beziehungsweise lateinischen Buchstaben unterschieden.

griechisch	↔	lateinisch
Population		Stichprobe
$\mu, \sigma_x^2, \ldots$		$\bar{x}, s_x^2, \ldots$

Warum wird bei der Varianz die Differenz der individuellen Werte zum Mittelwert quadriert?

Durch Quadratur entsteht das zentrale Moment zweiter Ordnung, bei welchem die Summe aller Werte nicht Null sein muss, wie dies beim zentralen Moment erster Ordnung der Fall ist (siehe Eigenschaften des arithmetischen Mittels, Seite 39). Somit gibt es ein Maß, welches bei unterschiedlichen Stichproben verschieden ausfallen kann.

Welche Folgen hat das Quadrieren der Differenz der individuellen Werte zum Mittelwert für die Interpretation dieses Kennwerts?

Ein weiterer Hintergrund für das Quadrieren der Abweichungen ist, dass kleinere Abweichungen vom arithmetischen Mittel eher zufällig entstehen und somit größere Abweichungen vom Mittelwert statistisch bedeutsamer sind, da sie für eine größere Variablilität in der Stichprobe sprechen. Durch das Quadrieren werden die größeren Abweichungen stärkerer berücksichtigt.

Beispiel: Geringe Schwankungen des Körpergewichts innerhalb einer Person bei Messungen im Verlauf eines Monats sind eher auf einen Messfehler oder natürliche Gewichtsschwankungen zurückzuführen, während demgegenüber größere Schwankungen einen Hinweis auf eine Essstörung sein können.

Was sind eigentlich Freiheitsgrade?

Wie der **Freiheitsgrad** von N-1 entsteht, wird durch folgende Überlegung klar: Bei einer Stichprobe mit N Personen sei der Mittelwert $\bar{x}$ bekannt. Bei der korrekten Berechnung des Mittelwertes können die individuellen Werte der ersten N-1 Personen frei (= beliebig) gewählt werden. Der Wert der N-ten Person ist jedoch nicht frei wählbar, da über die Summe aller Werte der Mittelwert berechnet wird. Zur Erinnerung:

$$\bar{x} = \frac{x_1 + x_2 + \ldots + x_{N-1} + x_N}{N} \qquad (3.39)$$

In dieser Gleichung können also bei bekanntem $\bar{x}$ die Variablen x_1 bis x_{N-1} beliebig (= frei) gewählt werden, wobei x_N gebunden (= unfrei) ist. Die Freiheitsgrade ergeben sich somit aus der Stichprobengröße, welche um die Anzahl der als bekannt vorausgesetzten Kennwerte (hier ein Mittelwert) reduziert wird.

Erklärendes Beispiel: Vier Freunde sitzen an einem Tisch und haben um Geld gepokert. Der Erste sagt, er habe 20 Euro gewonnen, der Zweite behauptet 10 Euro verloren zu haben und der Dritte sagt, er habe 10 Euro gewonnen. Damit die "Rechnung" aufgeht, muss der vierte Spieler 20 Euro verloren haben (+20 -10 +10 +x = 0). Hierbei können ebenfalls die ersten drei (vier minus eins) Spieler freie Beträge angeben, während der Wert des letzten unfrei ist. Dieser Wert unterliegt der Bedingung, das die Summe aller vier Werte Null ergibt.

3.3 Maße der Dispersion

Warum wird die Quadratsumme durch die Freiheitsgrade (N-1) und nicht durch N geteilt?

In der Regel werden Stichprobenwerte verwendet, um Populationswerte zu schätzen. Da es sich bei der Schätzung der Varianz um keine erwartungstreue Schätzung handelt, besteht die Gefahr einer Unterschätzung der Populationsvarianz. Um diesem Problem entgegenzusteuern, wird nicht durch N, sondern durch N-1, dem Freiheitsgrad, geteilt. Dies führt zu einer konservativen (=vorsichtigen) Bestimmung des Wertes. Mit zunehmender Stichprobengröße wird allerdings der Einfluss dieser Korrektur verschwindend gering.

Anmerkung: Da eigentlich immer eine Populationsvarianz σ_x^2 geschätzt wird, wird die Summe der zentralen Momente zweiter Ordnung generell durch die Freiheitsgrade geteilt. Dies widerspricht zwar der Darstellung in einigen Lehrbüchern (zum Beispiel Bortz (1999)), soll aber mit einem Hinweis auf Clauß et al. (1995) beibehalten werden. Sollen nur Aussagen über die Stichprobe gemacht werden, ist eine Korrektur durch die Freiheitsgrade nicht notwendig.

Wie verändern Skalentransformationen die Varianz?

Mit der Varianz wurde ein Maß gefunden, das Aussagen über die Variabilität innerhalb einer Stichprobe zulässt. Allerdings stellt sich die Frage, ob die Varianz ähnlich wie der Mittelwert von der jeweiligen Maßeinheit abhängt. Analog zu den verschiedenen Mittelwerten, beispielsweise bei der Messung der Körpergröße in Metern oder in Zentimetern, gibt es eventuell je nach Messinstrument Unterschiede in der Varianz.

Beispiel: Drei Klimaforscher untersuchen die Temperatur an einem Ort im Verlauf eines Jahres und verwenden die folgenden drei Temperatureinheiten: Grad Kelvin, Grad Celsius und Grad Rankine. Man kann diese drei Temperaturskalen relativ einfach ineinander überführen:

$$°\text{Celsius} = °\text{Kelvin} - 273.15 \qquad (3.40)$$
$$°\text{Rankine} = °\text{Kelvin} \cdot 1{,}8 \qquad (3.41)$$

Durch die Verwendung der verschiedenen Temperatureinheiten würden sich verschiedene Mittelwerte für die Messungen ergeben. Wird auch die Varianz durch die Verwendung der verschiedenen Einheiten beeinflusst?

Frage: Wie verändert sich die Varianz der Messwerte x_i, wenn

1. zu den Messwerten eine Konstante a addiert wird (Von Kelvin nach Celsius)?
2. diese Messwerte mit einer Konstanten a multipliziert werden (Von Kelvin nach Rankine)?

Antwort:

1. Bei Addition einer Konstanten a ändert sich die Varianz nicht.

2. Bei Multiplikation mit einer Konstanten a ($a > 0$) vergrößert sich die Varianz um den Faktor a^2.

Dies soll mit Hilfe der folgenden Tabellen beispielhaft gezeigt werden. Hierbei werden von den drei Klimaforschern zu sechs identischen Messzeitpunkten sechs Messwerte erhoben.

Tabelle 3.5: Auswirkung einer linearen Transformation auf die Varianz, Teil 1

	Kelvin	Celsius	Rankine
x_1	293,15	20,00	527,67
x_2	295,15	22,00	531,27
x_3	297,15	24,00	534,87
x_4	299,15	26,00	538,47
x_5	301,15	28,00	542,07
x_6	303,15	30,00	545,67
$\bar{x}$	298,15	25,00	536,67

In einem ersten Schritt müssen die Differenzen der individuellen Werte zu den zugehörigen Mittelwerten berechnet werden.

Tabelle 3.6: Auswirkung einer linearen Transformation auf die Varianz, Teil 2

	Kelvin	Celsius	Rankine
$x_1 - \bar{x}$	293,15-298,15	20,00-25,00	527,67-536,67
$x_2 - \bar{x}$	295,15-298,15	22,00-25,00	531,27-536,67
$x_3 - \bar{x}$	297,15-298,15	24,00-25,00	534,87-536,67
$x_4 - \bar{x}$	299,15-298,15	26,00-25,00	538,47-536,67
$x_5 - \bar{x}$	301,15-298,15	28,00-25,00	542,07-536,67
$x_6 - \bar{x}$	303,15-298,15	30,00-25,00	545,67-536,67

Mit Hilfe der quadrierten Differenzen können die jeweiligen Quadratsummen und Varianzen berechnet werden.

Tabelle 3.7: Auswirkung einer linearen Transformation auf die Varianz, Teil 3

	Kelvin	Celsius	Rankine
$(x_1 - \bar{x})^2$	-5^2	-5^2	$-9,0^2$
$(x_2 - \bar{x})^2$	-3^2	-3^2	$-5,4^2$
$(x_3 - \bar{x})^2$	-1^2	-1^2	$-1,8^2$
$(x_4 - \bar{x})^2$	1^2	1^2	$1,8^2$
$(x_5 - \bar{x})^2$	3^2	3^2	$5,4^2$
$(x_6 - \bar{x})^2$	5^2	5^2	$9,0^2$
$\sum_{i=1}^{N}(x_i - \bar{x})^2$	70	70	226,8
s_x^2	$\frac{70}{5} = 14$	$\frac{70}{5} = 14$	$\frac{226,8}{5} = 45,4$

Die Ergebnisse dieser Berechnungen in Tabelle 3.7 zeigen den Einfluss der Addition und der Multiplikation einer Konstanten auf die Varianz.

1. Die Varianz einer Messreihe ändert sich durch die Addition mit einer Konstanten a (siehe Transformation von Grad Kelvin in Grad Celsius) nicht. Die Messreihe wird lediglich auf der x-Achse der Verteilungsgrafik verschoben. Jeder einzelne Wert wird zwar um die Konstante a erhöht, aber auch zum Mittelwert $\bar{x}$ wird die Konstante a hinzuaddiert. Es gilt:

$$s_x'^2 = s_x^2 \qquad (3.42)$$

Herleitung:

$$s_x'^2 = \frac{\sum_{i=1}^{N}(x'_i - \bar{x}')^2}{N-1} \qquad (3.43)$$

mit $x'_i = x_i + a$ und $\bar{x}' = \bar{x} + a$ gilt:

$$s_x'^2 = \frac{\sum_{i=1}^{N}[(x_i + a) - (\bar{x} + a)]^2}{N-1} \qquad (3.44)$$

$$= \frac{\sum_{i=1}^{N}(x_i + a - \bar{x} - a)^2}{N-1} \qquad (3.45)$$

$$= \frac{\sum_{i=1}^{N}(x_i - \bar{x})^2}{N-1} \qquad (3.46)$$

$$= s_x^2 \qquad (3.47)$$

2. Die Varianz einer Messreihe ändert sich nach Multiplikation mit einem Faktor a (siehe anhand des Beispiels einer Transformation von Grad Kelvin in Grad Rankine). Es gilt:

$$s_x'^2 = a^2 \cdot s_x^2 \qquad (3.48)$$

Herleitung:

$$s_x'^2 = \frac{\sum_{i=1}^{N}(x'_i - \bar{x}')^2}{N-1} \qquad (3.49)$$

mit $x'_i = a \cdot x_i$ und $\bar{x}' = a \cdot \bar{x}$ gilt

$$s_x'^2 = \frac{\sum_{i=1}^{N}(a \cdot x_i - a \cdot \bar{x})^2}{N-1} \qquad (3.50)$$

$$= \frac{\sum_{i=1}^{N}[a \cdot (x_i - \bar{x})]^2}{N-1} \qquad (3.51)$$

$$= a^2 \cdot \frac{\sum_{i=1}^{N}(x_i - \bar{x})^2}{N-1} \qquad (3.52)$$

$$= a^2 \cdot s_x^2 \qquad (3.53)$$

Für a>1 wirkt bei gleicher Skalierung der X-Achse des Graphen die Verteilung breitgipfliger, für $0 < a < 1$ wirkt sie schmalgipfliger.

Frage: Wenn nun ein vierter Forscher die Temperatur in Fahrenheit gemessen hätte, wie würde sich das auf die Varianz auswirken?

Anmerkung: Es gilt die folgende Umrechnung von Kelvin in Fahrenheit[2]:

$$°\text{Fahrenheit} = \frac{9}{5} \cdot ° \text{Kelvin} + 459{,}67 \tag{3.54}$$

Lösung: Da die additive Konstante 459,67 keinen Einfluss auf die Varianz hat, erhöht nur die multiplikative Konstante von $\frac{9}{5}$ die Varianz um den Faktor $(\frac{9}{5})^2$.

Standardabweichung

Durch das Quadrieren der Werte bei der Berechnung der Varianz entsteht ein schwierig interpretierbarer Kennwert, da verschiedene Varianzen als quadratische Maßzahlen nicht leicht und anschaulich verglichen werden können. Deshalb wird aus der Varianz wieder die Wurzel gezogen und so die Standardabweichung (oder Streuung des Mittelwerts) berechnet. Die Standardabweichung eignet sich besser zum direkten Vergleich der Variabilität der Werte in mehreren Stichproben und sollte deshalb zur Beschreibung einer Stichprobe neben dem Mittelwert angegeben werden.

Definition: Die Standardabweichung entspricht der Wurzel aus der Varianz.
Berechnung der Standardabweichung in der Population:

$$\sigma_x = \sqrt{\sigma_x^2} = \sqrt{\frac{\sum_{i=1}^{N}(x_i - \mu)^2}{N}} \tag{3.55}$$

Berechnung der Standardabweichung in der Stichprobe:

$$s_x = \sqrt{s_x^2} = \sqrt{\frac{\sum_{i=1}^{N}(x_i - \bar{x})^2}{N-1}} \tag{3.56}$$

Eigenschaften der Standardabweichung werden im Laufe dieses Kapitels noch erläutert.

Variationskoeffizient

Als letztes Maß der Dispersion soll der Variationskoeffizient als Maß für Variablen auf Verhältnisskalenniveau eingeführt werden.

Beispiel: Zwei Psychologen entwickeln unabhängig voneinander zwei Fragebögen

---

[2] Nach einer Anekdote entwickelte Fahrenheit die Temperaturskala folgendermaßen: Auf dem Wege zu einer "normierten" Skala bestimmte Fahrenheit an einem ziemlich kalten Winterabend ($-16\frac{7}{9}$ Grad Celsius) den Nullpunkt seiner Temperaturskala. Er konnte sich keine kältere Temperatur vorstellen. Zusätzlich wollte er die normale Körpertemperatur eines Menschen zu 100 Normieren. Da er aber an diesem Tage leichtes Fieber hatte, wurden 100 Grad Fahrenheit bei $37\frac{7}{9}$ Grad Celsius festgelegt.

zur Messung des Merkmals sozialen Kompetenz. Beide Fragebögen ergeben einen verhältnisskalierten Messwert und werden an der gleichen Stichprobe evaluiert. Es ergeben sich bei der Auswertungen verschiedene Mittelwerte und Standardabweichungen. Um zu bestimmen, bei welchem Fragebogen mehr Variabilität abgebildet wird, werden die beiden Variationskoeffizienten herangezogen.

> **Definition:** Der Variations- oder Variabilitätskoeffizient gibt an, wieviel Prozent des arithmetischen Mittels die Standardabweichung beträgt.
>
> **Berechnung:**
>
> $$\text{Variationskoeffizient} = \frac{s_x}{\bar{x}} \cdot 100 \qquad (3.57)$$

Voraussetzung: Zur Berechnung des Variationskoeffizient muss die analysierte Variable auf Verhältnisskalenniveau vorliegen.

Im oben angeführten Beispiel zur sozialen Kompetenz würde der Fragebogen mit dem größeren Variationskoeffizienten als besser differenzierendes Maß bevorzugt werden.

Ein Überblick zu den Maßen

Die folgende Tabelle 3.8 soll einen Überblick zu den vorausgesetzten Skalenniveaus bei den verschiedenen Lage- und Streuungsmaßen geben (modifiziert nach Harms (1998)):

Tabelle 3.8: Skalenniveaus und Maße

Maß	Nominal	Ordinal	Intervall	Verhältnis
Häufigkeit	+	+	+	+
Modalwert	+	+	+	+
Range	+	+	+	+
kumulierte Häufigkeit	-	+	+	+
Quartile	-	+	+	+
Perzentile	-	+	+	+
Median	-	+	+	+
AD-Streuung	-	-	+	+
Arithmetisches Mittel	-	-	+	+
Varianz	-	-	+	+
Standardabweichung	-	-	+	+
Variationskoeffizient	-	-	-	+

Anmerkung: Bei einem Plus darf das Maß beim jeweiligen Skalenniveau verwendet werden, bei einem Minus sind die Voraussetzungen für diesen Kennwert nicht gegeben.

3.4 Schiefe und Exzess einer Verteilung

Zur Bestimmung von Schiefe und Exzess (Breite) einer Verteilung werden die zentralen Momente der dritten und vierten Ordnung verwendet. Als zentrales Moment wird die Differenz eines individuellen Werts vom Mittelwert bezeichnet.

$$(x_i - \bar{x})^a \tag{3.58}$$

Der Exponent a bestimmt die Ordnung des zentralen Momentes. Im Folgenden finden die zentralen Momente dritter (Schiefe) und vierter Ordnung (Exzess, Breite) ihre Anwendung.

Schiefe

> **Definition:** Die **Schiefe** einer Verteilung wird über das dritte Zentrales Moment berechnet:
>
> $$a_3 = \frac{\sum_{i=1}^{N}(x_i - \bar{x})^3}{N \cdot s_x^3} \tag{3.59}$$

In Abhängigkeit vom dritten zentralen Moment wird die Schiefe folgendermaßen klassifiziert:

- $a_3 < 0$ rechtssteil (linksschief)
- $a_3 = 0$ symmetrisch
- $a_3 > 0$ linkssteil (rechtsschief)

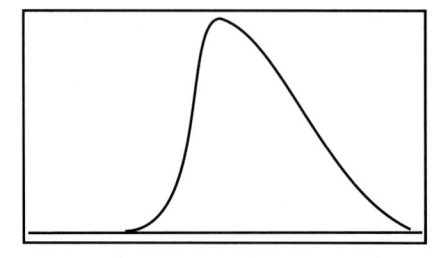

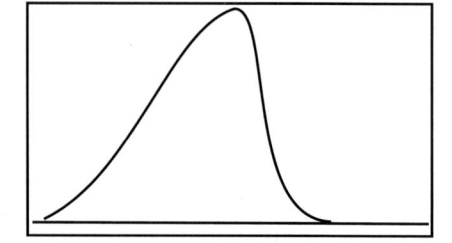

Abbildung 3.4: Eine linkssteile (rechtsschiefe) Verteilung

Abbildung 3.5: Eine rechtssteile (linksschiefe) Verteilung

Der Verlauf des Liniendiagramms in Abbildung 3.4 zeigt deutlich, wie von links kommend die Werte steil ansteigen um dann anschließend nach dem Modalwert der Verteilung wieder langsam abzufallen. Dann spricht man von einer linkssteilen oder rechtsschiefen Verteilung. Spiegelbildlich hierzu verläuft das Liniendiagramm in Abbildung 3.5 zuerst langsam ansteigend (linksschief) und dann steil abfallend (rechtssteil).

3.4 Schiefe und Exzess einer Verteilung

Anmerkung: Sollte der Leser die Ausgabe verschiedener Statistik-Programme von Hand überprüfen wollen, so wird er feststellen, dass beispielsweise SPSS oder Statistica die Schiefe mit Hilfe der folgenden Formel berechnen:

$$\text{Schiefe} = \frac{N \cdot \sum_{i=1}^{N}(x_i - \bar{x})^3}{(N-1) \cdot (N-2) \cdot s_x^3} \qquad (3.60)$$

Exzess

Definition: Der **Exzess**, die Breite einer Verteilung, wird über das viertes Zentrale Moment berechnet:

$$a_4 = \frac{\sum_{i=1}^{N}(x_i - \bar{x})^4}{N \cdot s_x^4} \qquad (3.61)$$

Eine Klassifikation des Exzess nach dieser Berechnung ist folgendermaßen möglich:

- $a_4 < 3{,}0$ platykurtisch (breitgipflig)
- $a_4 = 3{,}0$ normal
- $a_4 > 3{,}0$ leptokurtisch (schmalgipflig)

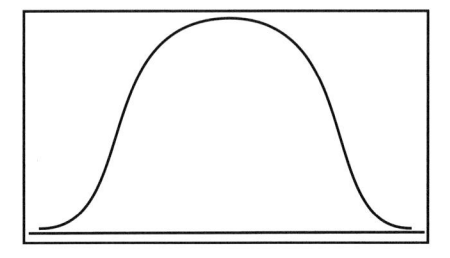

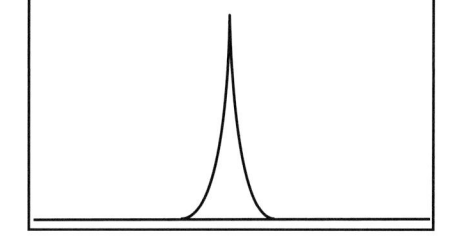

Abbildung 3.6: Eine breitgipflige Verteilung

Abbildung 3.7: Eine schmalgipflige Verteilung

In Abbildung 3.6 kann man deutlich die Breite der Verteilung beobachten, während in Abbildung 3.7 eine schmalgipflige Verteilung dargestellt ist.

Anmerkung: Manche Computerprogramme, wie beispielsweise SPSS, berechnen den Exzess (Kurtosis) über das vierte zentrale Moment mit folgender Korrekturformel:

$$\text{Kurtosis} = \frac{N \cdot (N+1) \cdot \sum_{i=1}^{N}(x_i - \bar{x})^4 - 3 \cdot \left(\sum_{i=1}^{N}(x_i - \bar{x})^2\right)^2 \cdot (N-1)}{(N-1) \cdot (N-2) \cdot (N-3) \cdot s_x^4} \qquad (3.62)$$

Nach dieser Berechnung steht der Wert Null für einen normalen Exzess und nicht wie beim vierten Zentralen Moment der Wert 3. Kleinere Werte deuten auf eine breitgipflige Verteilung, größere Werte auf eine schmalgipflige hin.

Beispiel: An fiktiven Daten von 10 Versuchspersonen werden nun über die zentralen Momente zweiter bis vierter Ordnung die Streuung, die Schiefe und der Exzess berechnet. Der Mittelwert in der Stichprobe ist $\bar{x} = 9{,}2$.

Tabelle 3.9: Berechnung der zentralen Momente

	x_i	$(x_i - \bar{x})$	$(x_i - \bar{x})^2$	$(x_i - \bar{x})^3$	$(x_i - \bar{x})^4$
	10,00	0,80	0,64	0,51	0,41
	11,00	1,80	3,24	5,83	10,50
	9,00	0,20	0,04	-0,01	0,00
	9,00	0,20	0,04	-0,01	0,00
	8,00	1,20	1,44	-1,73	2,07
	8,00	1,20	1,44	-1,73	2,07
	9,00	0,20	0,04	-0,01	0,00
	12,00	2,80	7,84	21,95	61,47
	7,00	2,20	4,84	-10,65	23,43
	9,00	0,20	0,04	-0,01	0,00
Σ	92	0,00	19,6	14,16	99,95

Aus dem zweiten zentralen Moment ($a_2 = 19{,}6$) kann nun die Varianz in der Stichprobe berechnet werden (siehe Gleichung 3.38):

$$s_x^2 = \frac{\sum_{i=1}^{N}(x_i - \bar{x})^2}{N - 1} \tag{3.63}$$

$$= \frac{19{,}6}{9} \tag{3.64}$$

$$= 2{,}18 \tag{3.65}$$

Durch das Ziehen der Wurzel berechnet sich die Streuung des Merkmals (siehe Gleichung 3.55):

$$s_x = \sqrt{s_x^2} \tag{3.66}$$

$$= \sqrt{2{,}18} \tag{3.67}$$

$$= 1{,}48 \tag{3.68}$$

Die Schiefe wird über das dritte Zentrale Moment berechnet (siehe Gleichung 3.59):

$$a_3 = \frac{\sum_{i=1}^{N}(x_i - \bar{x})^3}{N \cdot s_x^3} \tag{3.69}$$

$$= \frac{14{,}16}{10 \cdot 1{,}48^3} \tag{3.70}$$

$$= 0{,}44 \tag{3.71}$$

Somit ist die Verteilung linkssteil (rechtsschief).

Über das vierte Zentrale Moment erfolgt die Berechnung des Exzess der Verteilung (siehe Gleichung 3.61):

$$a_4 = \frac{\sum_{i=1}^{N}(x_i - \bar{x})^4}{N \cdot s_x^4} \tag{3.72}$$

$$= \frac{99{,}95}{10 \cdot 1{,}48^4} \tag{3.73}$$

$$= 2{,}11 \tag{3.74}$$

Da dieser Wert kleiner 3 ist, handelt es sich um eine breitgipflige (platykurtische) Verteilung.

3.5 Normalverteilung

Die Gauß'sche Normalverteilung wird bei vielen psychologisch interessanten Variablen vorausgesetzt. Es wird davon ausgegangen, dass sich bei einer großen Zahl von Versuchspersonen die Verteilung der Messwerte einer Variablen an eine Normalverteilung annähert. Bei der Normalverteilung handelt es sich um eine unimodale, symmetrische Verteilung, die sich asymptotisch der Abszisse annähert.

> **Definition:** Die Gauß'sche Normalverteilung ist durch die folgende Funktionsgleichung bestimmt:
>
> $$f(x) = \frac{1}{\sigma_x \cdot \sqrt{2 \cdot \pi}} \cdot e^{-\frac{(x-\mu)^2}{2 \cdot \sigma_x^2}} \tag{3.75}$$

Wieso? Weshalb? Warum?

Welchen Nutzen hat die Funktionsgleichung der Gauß'sche Normalverteilung?

Durch die Definition der Funktionsgleichung ist es möglich, das Integral, die Fläche, unter der Kurve, zu berechnen. Mit dieser Fläche kann man dann Intervalle bestimmen, in denen gewisse Prozentanteile der Stichprobe mit hoher Wahrscheinlichkeit enthalten sind.

Durch die Bestimmung der Funktionswerte der Gleichung 3.75 ergibt sich die nebenstehende Grafik. Wenn ein Merkmal X mit einem Mittelwert $\bar{x}$ und einer Standardabweichung s_x normalverteilt ist, gilt:

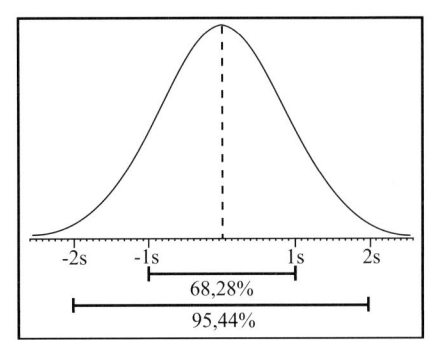

Abbildung 3.8: Normalverteilungskurve

Im Intervall von $\bar{x} - s_x$ bis $\bar{x} + s_x$ liegen 68,26% der Werte. An diesen beiden Stellen des Graphen befinden sich die Wendetangenten.

Im Intervall von $\bar{x} - 2 \cdot s_x$ bis $\bar{x} + 2 \cdot s_x$ liegen 95,44% der Werte.

Es kann also für ein Vielfaches der Standardabweichung die Größe des Integrals bestimmt werden, so dass prozentuale Anteile von verschiedenen Intervallen an der Stichprobe bestimmt werden können.

Beispiel: Der HAWIE (Hamburg - Wechsler - Intelligenztest für Erwachsene) besitzt einen Mittelwert von $\bar{x} = 100$ IQ-Punkten und eine Standardabweichung von $s_x = 15$ IQ-Punkten. Dies bedeutet, dass 4,56% der Bevölkerung einen IQ von unter 70 oder über 130 IQ-Punkten haben.

Vorsicht! Im Intervall von $\bar{x} - 2 \cdot s_x$ bis $\bar{x} + 2 \cdot s_x$ liegen genau 95,44% der Werte. Sollte das 95%-Intervall bestimmen werden, ist dieser Faktor zu ungenau.

Normalität

Unter "Normalität" wird jenes Intervall verstanden, in dem 95 % der Stichprobenwerte liegen. Die "statistische Normalität" wird über

$$\bar{x} \pm 1{,}96 \cdot s_x \tag{3.76}$$

definiert. Warum hier 1,96 als Koeffizienten gewählt wird, wird im folgenden Abschnitt zur z-Transformation deutlich werden.

3.6 Transformationen

z-Transformation

Problem: Wie kann man Messwerte aus unterschiedlichen Stichproben vergleichen? Wie ist zum Beispiel ein Vergleich der Punkte zweier Abiturjahrgänge möglich, bei denen sowohl die Mittelwerte als auch die Streuungen verschieden sind?

Lösung: Wenn die jeweiligen Mittelwerte und Standardabweichungen beider Stichproben bekannt sind, kann eine sogenannte z-Transformation der Rohwerte durchgeführt werden. Hierdurch entstehen zwei vergleichbare Maßzahlen.

Definition: Eine z-Transformation ist bestimmt durch:

$$z_i = \frac{x_i - \bar{x}}{s_x} \tag{3.77}$$

Eigenschaften: Durch diese **Normierung** entsteht eine z-Verteilung mit dem Mittelwert von 0 und einer Varianz von 1. Die Fläche unter dem z-Wert-Graphen beträgt 1 oder 100%. Mit ihrer Hilfe ist der Prozentrang ablesbar. Der **Prozentrang**

beschreibt, wieviel Prozent aller Individuen einer Stichprobe theoretisch einen kleineren oder gleich großen Wert in einem untersuchten Merkmal X erreichen. Mit Hilfe des Prozentrangs können Individuen aus verschiedenen Stichproben besser verglichen werden.

Die z-Verteilung wird in sehr feinen Abstufungen in Tabelle B.8 bis B.15 (Seite 440 bis 447) dargestellt. Dort können die standardisierten Prozenträngen zu den jeweiligen z-Wert ermittelt werden und umgekehrt.

Die z-Werte-Tabelle besteht aus drei Spalten:

1. **z:** Der durch die z-Tranformation ermittelte z-Wert.

2. **Fläche:** Die Fläche unter der Kurve von $-\infty$ bis zum ermittelten z-Wert.

3. **Ordinate:** Die Wert der Funktionskurve beim jeweiligen z-Wert.

Wird der Wert der Spalte "Fläche" mal 100 genommen, erhält man den Prozentrang für den jeweiligen z-Wert. Ein Wert von 0,69 in dieser Spalte bedeutet also einen Prozentrang von 69. Dann erreichen 69 Prozent aller Personen der Stichprobe einen geringeren oder gleich hohen Wert.

Anmerkung: Bei z-transformierten Werten ist immer zu bedenken, was hohe beziehungsweise niedrige Ergebnisse in einem Test bedeuten. Wird bei einem Leistungstest beispielsweise die Anzahl der richtigen Lösungen gewertet, so ist ein hoher z-Wert ein gutes Ergebnis. Würde bei diesem Test die Anzahl der Fehler als Kriterium herangezogen, so ist ein niedriger z-Wert erstrebenswert. Dies muss bei der Interpretation von Ergebnissen berücksichtigt werden.

Beispiel: Zwei Erstsemester aus verschiedenen Bundesländern wollen ihre Abiturnoten vergleichen. Student A hat sein Abitur in Hessen ($\bar{x}_{Hessen} = 1,9$; $s_{x,Hessen} = 0,4$) und Student B in Brandenburg ($\bar{x}_{Brandenburg} = 2,0$; $s_{x,Brandenburg} = 0,3$) gemacht. Student A behauptet, dass er mit einem Schnitt von 1,3 viel besser als Student B mit einem Schnitt von 1,5 ist. Stimmt das?

$$z_i = \frac{x_i - \bar{x}}{s_x} \tag{3.78}$$

$$z_A = \frac{1,3 - 1,9}{0,4} = -1,5 \tag{3.79}$$

$$z_B = \frac{1,5 - 2,0}{0,3} = -1,\bar{6} \tag{3.80}$$

Für Student A ergibt sich ein z-Wert von $-1,5$ und somit ein Prozentrang von 6,68%. Student B erreicht dagegen mit einem z-Wert von $-1,\bar{6}$ einen Prozentrang von 4,85%. Also hat der Student aus Brandenburg das bessere Abitur gemacht. Nur 4,85% aller Studenten seines Bundeslandes haben eine bessere oder eine gleich gute Note im Abitur.

Weitere Transformationen

Neben der z-Transformation sind weitere lineare Transformationen möglich. Diese Transformationen sind notwendig, da bei psychologischer Diagnostik die z-Werte bei der Interpretation der Untersuchungsergebnisse schwer vermittelbar sind. Zum einen sind negative Werte in der Umgangssprache mit einer negativen Bedeutung assoziiert und zum anderen sind die Dezimalstellen der z-Werte für eine psychologische Klassifikation oft zu detailliert. Deshalb werden die Ergebnisse vieler Testverfahren nicht in z-Werten dargestellt, sondern in andere Skalen transformiert. Im folgenden sollen die wichtigsten dieser Transformationen nach Lienert und Raatz (1994) dargestellt werden.

Z-Werte

Die Z-Transformation ist definiert durch:

$$Z = \frac{10}{s_x} \cdot x_i + \left(100 - \frac{10}{s_x} \cdot \bar{x}\right) \qquad (3.81)$$

oder

$$Z = 100 + 10 \cdot \frac{x_i - \bar{x}}{s_x} \qquad (3.82)$$

$$= 100 + 10 \cdot z_i \qquad (3.83)$$

Die Transformation bewirkt eine Normierung der Orginalverteilung auf eine Verteilung mit dem Mittelwert $\mu = 100$ und einer Standardabweichung von $\sigma_x = 10$. Diese Werte werden zum Beispiel beim Intelligenz-Struktur-Test IST-70 von Amthauer (1970) verwendet, allerdings unter der Bezeichnung "SW".

Anmerkung: Durch die Einführung des Z-Wertes besteht die Gefahr, dass man diesen mit dem z-Wert verwechselt. Deshalb sollte man stets eine korrekte Schreibweise beachten.

T-Wert-Äquivalente

Die T-Werte sind den Z-Werten sehr ähnlich:

$$T = 50 + 10 \cdot \frac{x_i - \bar{x}}{s_x} \qquad (3.84)$$

$$= 50 + 10 \cdot z_i \qquad (3.85)$$

T-Werte nach McCall haben einen Mittelwert von $\mu = 50$ und eine Standardabweichung von $\sigma_x = 10$. Sie werden fast ausschließlich in Schulleistungstests verwendet. McCall benannte den T-Wert nach Terman, seinem Mentor.

Anmerkung: Der hier berechnete T-Wert unterscheidet sich vom t-Wert eines t-Tests, der in Kapitel 8.1 (Seite 143) besprochen wird. Leider unterscheidet SPSS in seiner aktuellen Version 11 nicht zwischen (kleinen) t-Werten und (großen) T-Werten.

C-Werte

In den USA werden häufig die sogenannten Centil-Normen verwendet. Diese sind durch

$$C = 5 + 2 \cdot \frac{x_i - \bar{x}}{s_x} \tag{3.86}$$

$$= 5 + 2 \cdot z_i \tag{3.87}$$

definiert. Die C-Verteilung hat einen Mittelwert von $\mu = 5$ und eine Standardabweichung von $\sigma_x = 2$. Werden bei dieser Skala die C-Werte von -1 bis 1 zur 1 und die Werte von 9 bis 11 zur 9 zusammengezogen, so wird aus der ursprünglich 13-stufigen Skala eine 9-stufige. Diese wurde im 2. Weltkrieg von der US-Luftwaffe als sogenannte "stanine-scale" (von "standard" und "nine") verwendet. Die Stanine-Werte finden beispielsweise Anwendung im Freiburger Persönlichkeitsinventar (FPI) von Fahrenberg, Hampel und Selg (2001).

Transformation in Standardwerte

Die Transformation in **Standardwerten** im Alltag soll an zwei Beispielen verdeutlicht werden. Diese Berechnungen können beispielsweise mit jedem selbstentwickelten Test durchgeführt werden.

Schulnoten

Man kann aus Schulnoten Standardwerte berechnen. Mit der Transformation

$$SN = 3 - \frac{x_i - \bar{x}}{s_x} \tag{3.88}$$

$$= 3 - z_i \tag{3.89}$$

wird eine "Standardschulnote" mit Mittelwert von $\mu = 3$ und einer Standardabweichung von $\sigma_x = 1$ erstellt.

Intelligenzquotienten

Mit der folgenden Formel erfolgt in der Regel die Umrechnung von Punktwerten eines Intelligenztests in IQ-Werte. Für Erwachsene gilt:

$$IQ = 100 + 15 \cdot \frac{x_i - \bar{x}}{s_x} \tag{3.90}$$

$$= 100 + 15 \cdot z_i \tag{3.91}$$

Für Kinder gilt hingegen:

$$IQ = 100 + 17 \cdot \frac{x_i - \bar{x}}{s_x} \tag{3.92}$$

$$= 100 + 17 \cdot z_i \tag{3.93}$$

Bei den Kindern ist die Verwendung einer größer Streuung notwendig, um eine vergleichbar breite Verteilung der IQ-Werte zu erreichen. Der Grund liegt darin, dass die Werte der Kinder in der Regel stärker streuen als die Erwachsenen.

Anmerkung: Zur Erleichterung der Transformation von Testnormen wurden die Tabelle B.4 und B.5 (Seite 436 und 437) in Anhang erstellt. Dort ist eine direkte Transformation der verschiedenen Werte möglich.

Unterschiede zwischen den Transformationen

Die nebenstehende Abbildung 3.9 stellt die verschiedenen Skalen einander gegenüber. Hierbei handelt es sich um
A: die Rohwerteverteilung,
B: die z-Verteilung (Standardnormalverteilung),
C: die T-Skala,
D: die IQ-Skala des Hamburg-Wechsler Intelligenztests,
E: die Standardwerte des Intelligenzstrukturtests (IST),
F: die C-Skala und
G: die Stanine-Skala.
Bei allen Skalen wird immer eine Normalverteilung zugrundegelegt.

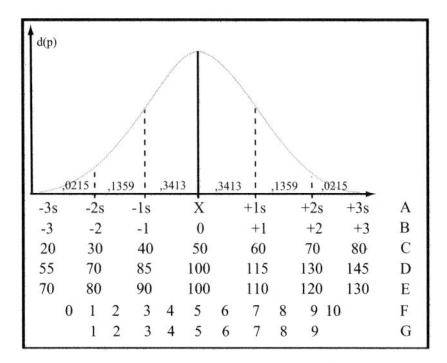

Abbildung 3.9: Übersicht zu den verschiedenen Transformationen

3.7 Normierung und Normalisierung

In diesem Abschnitt werden die beiden Begriffen Normierung und Normalisierung differenziert.

> **Definition:** Unter Normierung wird eine lineare Transformation (vergleiche Kapitel 2.4, Seite 27) verstanden. Bei einer z-Transformation handelt es sich um die Transformation einer Normalverteilung in die Standardnormalverteilung ($\mu = 0, \sigma_x = 1$). Somit sind die Werte von Personen aus verschiedenen Stichproben oder Messinstrumenten vergleichbar (normiert).

> **Definition:** Unter Normalisierung versteht man im Gegensatz zur Normierung eine nicht-lineare Flächentransformation (vergleiche Abbildung 3.10). Bei der Normalisierung wird durch "Verbiegen" eine schiefe Verteilung in eine Normalverteilung überführt. Diese nicht-lineare Transformation verändert allerdings das Skalenniveau.

3.7 Normierung und Normalisierung

Anmerkung: Oft sind die Rohwerte psychologischer Testverfahren nicht normalverteilt. Dann wird, wie im folgenden Abschnitt an einem Beispiel dargestellt, eine Normalisierung der schiefen Verteilungen vorgenommen. In Abbildung 3.10 ist zu erkennen, wie mit Hilfe einer nicht-linearen Transformation die untere, schiefe Verteilung in die obere, symmetrische Verteilung transformiert wird. Hierbei ergeben gleich großen Intervalle in den Rohwerten unterschiedlich große Intervalle in der neuen Verteilung. Zur übersichtlichen Darstellung wurden die Rohwerte an der X-Achse (Abszisse) gespiegelt. Eventuell stammen T-Werte, IQ-Werte im HAWIE und IST-70, C- und Stanine-Werte aus ursprünglich schiefen Verteilungen.

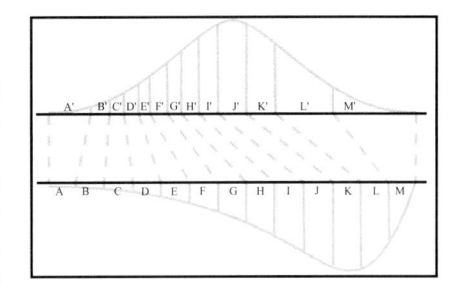

Abbildung 3.10: Grafische Verdeutlichung einer Normalisierung

Beispiel: Die Rohwerte eines Leistungstests (Anzahl der Richtigen) seien nicht normalverteilt, sondern linkssteil. Um eine symmetrische Verteilung der Ergebnisse dieses Tests im Testmanual zu erhalten, soll die Verteilung mittels einer nicht-linearen Transformation in eine Normalverteilung (meistens T-Werte) überführt werden. Hierzu wird für jeden möglichen Punktewert des Leistungstest der dazugehörige Prozentrang bestimmt. Danach werden die Rohwerte den Normwerten so zugeordnet, das die Normwerte normalverteilt sind. Praktisch bedeutet dies, dass im rechten (steilen) Teil dieser Verteilung ein kleiner Unterschied der Rohwerte zu einem größeren Sprung in den Normwerten führen wird als im linken (flachen) Bereich der Verteilung. Somit bleibt das Verhältnis der Intervalle zwischen den Rohwerten nicht erhalten. Das Skalenniveau verschiebt sich zum Ordinalskalenniveau. Für die Auswertung dieses diagnostischen Tests hat dies zur Folge, dass zur Berechnung eines T-Wertes oder eines Prozentranges für einen Rohwert in der Tabelle des Testmanual nachgeschlagen werden kann.

Vorteil der Normalisierung: Nach einer Normalisierung werden die individuellen Ergebnisse eines Tests besser interpretierbar. Durch die Normalisierung entsteht die Möglichkeit, die Abstände von Rohwerten (beispielsweise in einem Leistungstest) zwischen den einzelnen Personen besser in eine Relation zu bringen.

Nachteil der Normalisierung: Die Normalisierung von intervallskalierten Daten führt zum Verlust des Skalenniveaus. Auch kann die Korrektur von schiefen Verteilungen bei einem Test mit Decken- oder Bodeneffekten dazu führen, dass kleine Differenzen in den Rohdaten große Sprünge in den standardisieren Werten bewirken können. Dem Anwender eines unzureichend konstruierten Intelligenztests wird so möglicherweise nicht klar, das eine einzige Antwort darüber entscheidet, ob der IQ bei 120 oder 130 Punkten liegt.

3.8 Zusammenfassung

In diesem Kapitel wurden die **Maße der zentralen Tendenz** (Modalwert, Median und arithmetisches Mittel) sowie die **Maße der Dispersion** (Range, Varianz und Standardabweichung) und die Schiefe und der Exzess besprochen.

Das **arithmetische Mittel** ist das wichtigste Maß der zentralen Tendenz. Mit dem arithmetischen Mittel kann bestimmt werden, welchen Merkmalsausprägung eine "durchschnittliche" Versuchsperson hat. Mit Modalwert und Median kann die Schiefe der Verteilung geschätzt werden. Bei nominal- und ordninalskalierten Variablen ist die Berechnung des arithmetischen Mittels nicht sinnvoll. Dort sollte der Modalwert als Maß der zentralen Tendenz bestimmt werden.

Varianz und Standardabweichung sind die beiden wichtigsten Maße der Dispersion. Durch die Standardabweichung kann ein Intervall um den Mittelwert bestimmt werden, in dem 95 % aller Versuchspersonen erwartet werden. Durch dieses sogenannte Konfidenzintervall wird bestimmt, was die "Normalität" darstellt (hierzu siehe auch Abschnitt 6.4, Seite 113).

Die **z-Transformation** normiert eine Verteilung. Es entsteht eine Verteilung mit standardisiertem Mittelwert ($\bar{x} = 0$) und standardisierter Standardabweichung ($s_x = 1$). Dadurch werden Werte aus verschiedenen Stichproben miteinander vergleichbar. Man spricht dann von einer Standardnormalverteilung.

3.9 Aufgaben

1. Was sollte bei der Festlegung der Kategorienbreite, beziehungsweise Kategorienanzahl, beachtet werden?

2. Wann ist die Einführung offener Kategorien sinnvoll und welche Nachteile ergeben sich dadurch?

3. Worin unterscheiden sich wahre und scheinbare Kategoriengrenzen?

4. Berechnen Sie aus zwei Stichproben ($n_1 = 10, \bar{x}_1 = 9; n_2 = 5, \bar{x}_2 = 12$) den Gesamtmittelwert.

5. Welchen Vorteil bietet der Median als Kennwert der zentralen Tendenz gegenüber dem arithmetischen Mittel?

6. Das Alter der diesjährigen Studienanfängerinnen im Fach Orientalistik verteilt sich folgendermassen: 19, 23, 34, 30, 19, 27, 30, 24, 23, 32, 61, 34, 25, 21, 24, 23, 29, 32, 21, 21, 35, 21, 23, 37, 32, 21, 22, 37, 43, 27.

    a) Wie alt ist die durchschnittliche Studentin in diesem Semester?

    b) Wie alt ist eine typische Studentin?

    c) Wie alt muss eine Studentin sein, damit gleich viele ihrer Kommilitoninnen sowohl älter als auch jünger sind als sie?

3.9 Aufgaben

7. Welche Maße der zentralen Tendenz eignen sich zur Charakterisierung schiefer Verteilungen?

8. Bitte kreuzen Sie die richtigen Antworten an. Die Standardabweichung

    a) ist die Quadratwurzel aus der Varianz.

    b) ist ein Variablilitätsmaß.

    c) wird von Extremwerten kaum beeinflusst.

    d) hängt von allen Messwerten der Verteilung ab.

9. In einem Praktikum arbeiten 10 Studentinnen zusammen. Folgende Informationen über das Alter der Studentinnen und die Häufigkeit der Teilnahme an dem Praktikum sind bekannt:

Tabelle 3.10: Werte der Praktikumsgruppe

Studentin	Alter	Häufigkeit	Studentin	Alter	Häufigkeit
1	28	7	6	26	10
2	20	8	7	28	8
3	22	10	8	24	9
4	22	10	9	26	7
5	30	6	10	24	9

   a) Bestimmen Sie das mittlere Alter der Studentinnen sowie Varianz und Standardabweichung der Altersverteilung.

   b) Bestimmen Sie Range, Median und Modalwert der Variable "Häufigkeit der Teilnahme". Ist diese Variable normalverteilt?

10. Der Term $\frac{\sum_{i=1}^{N}(x_i-\bar{x})^2}{N-1}$ entspricht

    a) dem arithmetischen Mittel.   b) der Standardabweichung.
    c) dem Median für gruppierte Daten.   d) der Populationsvarianz.
    e) der Stichprobenvarianz.

11. Welche der folgenden Verteilungskennwerte sind gegenüber Abweichungen in den Extrembereichen relativ unempfindlich?

    a) Modalwert   b) Median
    c) Mittelwert   d) Range
    e) Standardabweichung

12. In einem Forschungsbericht wird die Varianz des Gewichts einer Stichprobe von Studentinnen angeben. Bei welchem Wert würden Sie nicht den Verdacht haben, dass dem Verfasser ein Fehler unterlaufen ist?

    a) 1 %   b) 10 %   c) 50 %   d) 1 kg
    e) 10 kg   f) 1 kg^2 g) 100 kg^2 h) 600 kg^2

13. Eine Datenreihe x ist durch die Funktion $y = a \cdot x + b$ linear transformiert worden. Unterscheiden sich Mittelwert und Varianz der linear transformierten Daten vom Mittelwert und Varianz der Ausgangsdaten?

14. Worin liegt der Unterschied zwischen Linkssteilheit und positiver Schiefe?

15. Durch welche Parameter ist eine Verteilung eindeutig bestimmt?

16. Eine Psychologiestudentin hat in zwei Klausuren die folgende Punktzahlen erreicht: Klausur A 25 Punkte ($\bar{x} = 18, s_x = 3$) und Klausur B 22 Punkte ($\bar{x} = 18, s_x = 4$). In welcher Klausur erreicht sie einen höheren Prozentrang?

17. In der letzten Klausur erreichten Psychologiestudierende durchschnittlich 17 Punkte. Die Varianz der Klausurergebnisse betrug 9 Punkte. Welches Ergebnis musste erzielt werden, um zu den besten 10% des Jahrganges zu gehören?

18. Kreuzen Sie die richtigen Aussagen an:

    a) Eine z-transformierte Verteilung hat einen Mittelwert von $\bar{x} = 0$ und eine Varianz von $s_x^2 = 1$.

    b) Eine z-transformierte Verteilung hat einen Mittelwert von $\bar{x} = 0$ und eine Streuung von $s_x = 1$.

    c) Ein z-Wert ist die an der Streuung s_x relativierte Abweichung eines Messwertes x_i vom Mittelwert $\bar{x}$.

    d) Eine z-Transformation wird in der Regel vorgenommen, um Daten vergleichbar zu machen.

    e) Durch eine z-Transformation können schmal- und breitgipflige Verteilungen normalisiert werden.

19. Bei einem Sportkletterwettkampf über 800 Höhenmeter am El Capitan (Yosemite) benötigt Martin 13 Stunden. Er brauchte 2,5 Stunden länger als die anderen 14 Teilnehmer. Diese benötigten durchschnittlich 10,5 Stunden. Die Streuung aller Kletterzeiten beträgt 4 Stunden. Bei einem weiteren Sportkletterwettkampf zum Saisonausgang am Gardasee überwindet er eine 20 Meter hohe Felswand in 8 Minuten. Die Teilnehmer dieses Wettkampfs benötigen durchschnittlich 7 Minuten. Die Varianz beträgt 4 Minuten². In welchem Wettkampf schnitt Martin besser ab? Begründen Sie Ihre Antwort!

4 Grafische Darstellungen

Schlagworte
- ▷ Polygon
- ▷ Histogramm
- ▷ Balkendiagramm
- ▷ Kreisdiagramm
- ▷ Stem-and-Leaf-Plot
- ▷ Box-Plot
- ▷ Scatter-Plot

4.1 Allgemeine Anmerkungen zur Erstellung von Grafiken

Der Mensch ist es gewohnt, viele Informationen visuell aufzunehmen. Die Illustration von Informationen über Grafiken kann das Erfassen der Ergebnisse einer Stichprobenziehung unterstützen. Es ist somit sinnvoll, statistische Ergebnisse anhand grafischer Darstellungen zu verdeutlichen. Aber auch bei der Erstellung von Grafiken sind einige Grundregeln einzuhalten, die die Illustration möglichst frei von subjektivem Entscheidungen und Verzerrungen halten. Früher wurden Anzahl und Auswahl der Kategorien einer Variablen vom Auswertenden bestimmt. Diese Rechenschritte sind aufgrund von SPSS® (Statistic Package for Social Science) und anderer Statistikprogramme (SYSTAT, Statistica etc.) heute automatisiert worden. Diese Programme führen die notwendigen Berechnungen zur Erstellung von Grafiken im Allgemeinen selbständig durch. Allerdings besteht auch heute noch die Gefahr, dass mit Hilfe einer "günstigen" Kategorienwahl eine "geschönten" Darbietungsform des erhobenen Datensatz entsteht. Deshalb folgen hier ein paar "alte" Regeln zur Datendarstellung.

Bei der grafischen Illustration wird zwischen der Darstellung einzelner Variablen, der Darstellung von Vergleichen mehrerer Gruppen und der Darstellung vom Zusammenhängen zwischen zwei oder mehreren Variablen unterschieden. Die Eignung einer Darbietungsform ist ebenfalls vom Skalenniveau der jeweiligen Variablen abhängig. Eine "Patentlösung" für die "beste" Form kann oft jedoch nicht gegeben werden.

Grafiken sollten nur eingesetzt werden, wenn sie statistische Ergebnisse verdeutlichen können; zu viele Grafiken können das Verständnis der Befunde eines Textes auch erschweren. Man sollte sich also immer über den Zweck einer Grafik im Klaren sein. Sie sollte einen Text ergänzen und nicht ersetzen. Die Beschriftung der Grafik (Legende) muss verständlich und vollständig gestaltet sein, insbesondere sollten die jeweiligen Maßeinheiten aufgeführt werden.

Bevor ein Überblick zu den Darstellungsmöglichkeiten gegeben werden kann, sind die Begriffe **unabhängige** und **abhängige Variable** zu klären.

> **Definition:** Eine **unabhängige Variable** bezeichnet jene Variablen, deren Einfluss auf die anderen Variablen, die **abhängigen Variablen** untersucht werden soll. Die unabhängige Variable kann vom Versuchsleiter systematisch beeinflusst werden.

Die Begriffe abhängige und unabhängige Variable kommen aus dem "klassischen" Experiment, bei welchem nach der systematische Manipulation einer Variablen (unabhängige Variable, uV) die Veränderung der zweiten Variablen (abhängige Variable, aV) erfasst wird.

Beispiel: Es wird der Einfluss der unabhängigen Variablen "Studienmotivation" auf die abhängige Variable "Fehlstunden" untersucht. In dieser Untersuchung geht man davon aus, dass die Studienmotivation zu einer unterschiedlichen Anzahl von Fehlstunden im Semester führt. Die Personen mit unterschiedlicher Studienmotivation können vom Untersucher gewählt werden, während die Anzahl der Fehlstunden von der Studienmotivation der ausgewählten Personen abhängt.

4.2 Verschiedene Darstellungsformen

Ein kurzer Überblick zur grafische Darstellung

Es folgt ein Überblick über die verschiedenen Darstellungsmöglichkeiten mit einer kurzen Beschreibung der jeweiligen Eigenschaften dieser Grafiken. Im Anschluss daran wird genauer auf die einzelnen Grafiken mit Hilfe von Beispielen eingegangen.

1. Darstellung einer einzelnen stetigen Variablen:

    - **Polygon**
      Das Polygon zeigt alle Ausprägungen einer Variablen aller Stichprobenmitglieder. Diese Darstellung empfiehlt sich bei einer stetigen Variablen nur bei einer begrenzten Anzahl an Werten, beispielsweise die Werte der Skala "Offenheit" des Freiburger Persönlichkeitsinventars (FPI). Hier können nur Werte zwischen eins und neun erreicht werden.

    - **Histogramm**
      Das Histogramm für stetige Variablen zeigt eine Verteilung der beobachteten Werte der Stichprobe in Balkenform. Hierbei wird eine stetige Variable, zum Beispiel Reaktionszeiten, in Kategorien zusammengefasst.

      Ist die Anzahl der Werte sehr groß und kommen identische Werte selten vor, würde ein Polygonzug vermutlich parallel zur X-Achse verlaufen. Ein Histogramm stellt diese Information übersichtlicher dar.

- **Stem-and-Leaf-Plot**
  Der Stem-and-Leaf-Plot (Stängel-Blatt-Diagramm) verknüpft eine übersichtliche Darstellung der einzelnen Rohwerte mit einer grafischen Darstellung der Verteilungskurve. Hierzu werden die Daten ähnlich wie beim Histogramm in einzelne Kategorien zusammengefasst.

2. Darstellung einer einzelnen diskreten Variablen:

   - **Balken- und Kreisdiagramm**
     Mit Hilfe dieser beiden Diagrammtypen lässt sich beispielsweise die Geschlechterverteilung in einer Stichprobe verdeutlichen. Die Entscheidung, ob ein Kreis- oder ein Balkendiagramm verwendet wird, ist meist eine inhaltliche und keine statistische. Zudem gibt es auch noch andere Formen wie das Halbkreisdiagramm für die Verteilung der Parteien im Parlament.

3. Stichprobenvergleiche bei stetigen Variablen

   - **Box-Plot**
     Es werden in einer Grafik statistischen Kennwerte der zentralen Tendenz und der Dispersion dargestellt. Meistens werden hierbei der Median und die Quartile der Gruppen verglichen.

   - **Balkendiagramm**
     Über Balkendiagramme ist auch ein Vergleich der Maße der zentralen Tendenz, meist von Mittelwerten, möglich.

4. Zusammenhang zweier stetiger Variablen:

   - **Scatter-Plot**
     Der Zusammenhang zwischen zwei stetigen Variablen wird durch ein sogenanntes Streudiagramm verdeutlicht. Es werden Merkmalspaare dargestellt, so dass über die Form der entstehenden Punktewolke Vermutungen über einen beobachteten Zusammenhang gemacht werden können.

Diese Zusammenfassung gibt nur die am häufigsten verwendeten Darstellungsformen wieder und kann noch erweitert werden. Allerdings soll an dieser Stelle nur einleitend ein Überblick gegeben werden.

Polygonzug

Der **Polygonzug** verbindet die Punkte einer kontinuierlichen Variablen und lässt so eine Verteilungskurve entstehen. Es werden auf der Abszisse, der X-Achse des Koordinatensystems, die in der Stichprobe vorhandenen Ausprägungen des untersuchten Merkmals aufgetragen, während die Ordinate, die Y-Achse des Koordinatensystems, die absolute Häufigkeit des untersuchten Merkmals in der jeweiligen Ausprägung zum Ausdruck bringt. Diese einzelnen Ausprägungen werden dann mit einer Linie, dem Polygonzug, verbunden.

Beispiel: In Abbildung 4.1 sieht man die Altersverteilung eines Erstsemesterjahrganges der Psychologie zur Erläuterung dieses Grafiktyps. Deutlich ist zu erkennen, dass die Verteilung ihren Hochpunkt (Peak, Modalwert) bei 20 Jahren hat. Dieses Alter wurde also am häufigsten beobachtet. Im Bereich über 30 Jahren verläuft diese Darstellung eher "flach", wobei der Eindruck einer Kontinuität entstehen kann, welcher in der Realität nicht vorhanden ist. Bei der Interpretation müssen die "Lücken" zwischen den Ausprägungen der Variablen Alter bei den Stichprobenmitgliedern über 30 berücksichtigt werden.

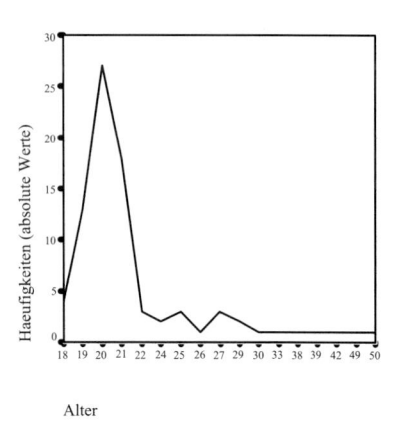

Abbildung 4.1: Altersverteilung dargestellt in Form eines Polygons

Histogramm

Die Werte aus dem obigen Beispiel können alternativ über ein **Histogramm** dargestellt werden (siehe Abbildung 4.2). Die Roh-Werte werden nun in Kategorien zusammengefasst. Im Allgemeinen übernimmt das jeweilige Statistik-Programm diese Aufgabe. In der nebenstehenden Grafik wird nur die Mitte der jeweiligen Kategorien zur Beschriftung der X-Achse verwendet. Durch die Differenz dieser Kategorienmitten kann man die Kategorienbreite, in diesem Beispiel 5, bestimmen. Mit der Kategorienmitte von 20,0 und einer Kategorienbreite von 5 Jahren wird somit eine Kategorie von 17,5 bis 22,5 Jahren gebildet. Gerade bei sehr vielen unterschiedlichen Rohwerten empfiehlt sich die Verwendung eines Histogramms.

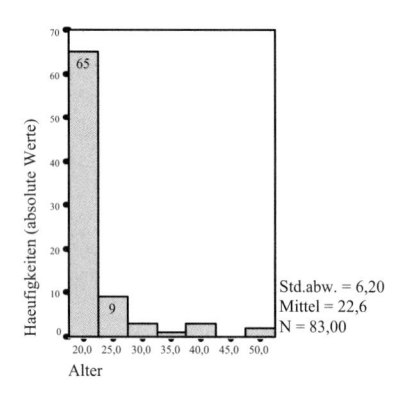

Abbildung 4.2: Altersverteilung dargestellt in Form eines Histogramms

Stem-and-Leaf-Plot

Der **Stem-and-Leaf-Plot** (Stängel-Blatt-Diagramm) ist eine Methode, Messwerte in eine Grafik umzuwandeln, so dass neben der Verteilungsform auch die einzelnen Werte der Stichprobe ablesbar sind. Dies soll an einem Beispiel erklärt werden.

Beispiel: Die Körpergrößen eines Tutorats als sortierte Liste:

1,57	1,60	1,60	1,64	1,64	1,64	1,65	1,67	1,68	1,68
1,68	1,69	1,70	1,70	1,70	1,70	1,70	1,71	1,72	1,74
1,74	1,75	1,77	1,80	1,80	1,81	1,89	1,95		

Die Werte lassen sich dann folgendermaßen grafisch darstellen:

Tabelle 4.1: Beispiel für ein Stem-and-Leaf-Plot

```
1,5 |  7
1,6 |  00444578889
1,7 |  00000124457
1,8 |  0019
1,9 |  5
```

Die Darstellung in Form eines Stem-and-Leaf-Plots ermöglicht einen grafischen Überblick über die Werteverteilung in der Stichprobe, bei welchem die ursprünglichen Rohwerte erhalten bleiben (siehe Tabelle 4.1). So wurden zum Beispiel in der Kategorie 1,80 bis 1,89 zwei Personen mit 1,80 beobachtet. Sie werden durch die beiden Nullen (00) dargestellt. Im gleichen Stem folgt eine Person mit 1,81 (1) und eine Person mit 1,89 (9). Daraus ergibt sich die Zahlenfolge 0019. Es sind sowohl die Anzahlen der beobachteten Personen in der Kategorie als auch die einzelnen Werte innerhalb der Kategorie ablesbar. Zu dem grafischen Eindruck analog zum Histogramm ist ein Einblick in die Rohdaten beziehungsweise in die Verteilung innerhalb der Kategorien möglich. Diese Information geht bei einem einfachen Histogramm verloren.

Balken- und Kreisdiagramm

Diskrete Daten können anschaulich mit Hilfe von **Balken-** oder **Kreisdiagrammen** graphisch dargestellen werden. Als Beispiel soll die nominalskalierte Variable Geschlecht dargestellt werden (siehe Abbildungen 4.3 und 4.4).

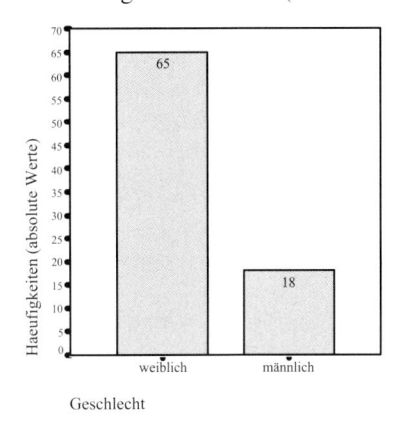

Abbildung 4.3: Vergleich in Form eines Balkendiagramms

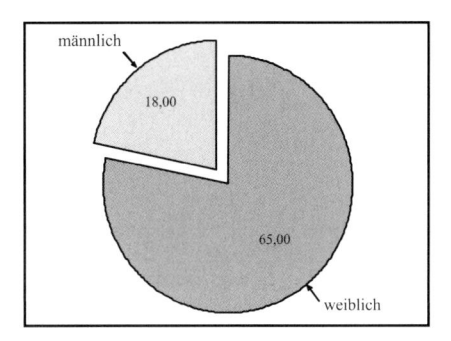

Abbildung 4.4: Ein Vergleich in Form eines Kreisdiagramms

Die Wahl einer dieser beiden Darstellungsformen ist eher von inhaltlichen als von statistischen Gründe abhängig. Bei mehr als zwei möglichen Ausprägungen ist eventuell ein Balkendiagramm sinnvoller, da hier durch einen direkten Vergleich die Merkmalsausprägung deutlich wird, welche Ausprägung am häufigsten vertreten ist. Andererseits wird beispielsweise bei der Häufigkeitsverteilung von Parteisitzen in den verschiedenen Parlamenten oft ein Kreisdiagramm gewählt. Hierdurch ist leichter erkennbar, welche Koalitionsgruppen gemeinsam die einfache oder auch die absolute Mehrheit erreicht haben.

Box-Plot

Der **Box-Plot** wird verwendet, wenn der Vergleich von Maßen der zentralen Tendenz zu wenig über die Werteverteilungen innerhalb verschiedener Stichproben aussagt und deshalb diesen Maßen auch Maße der Dispersion mit einbezogen werden sollen.

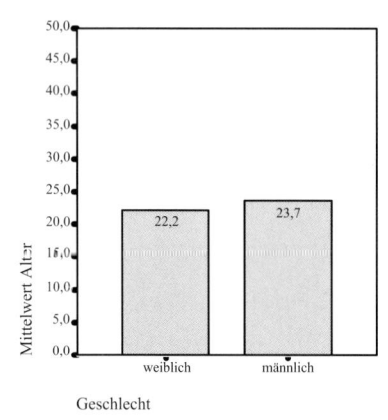

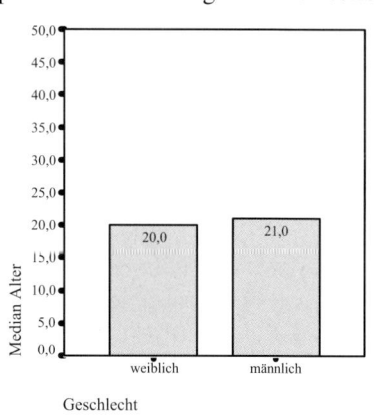

Abbildung 4.5: Mittelwerte   **Abbildung 4.6:** Mediane

Es wurden beispielsweise Männer und Frauen in der Variablen "Alter" verglichen. Aus beide obenstehenden Grafiken können lediglich Aussagen über die Mitte der jeweiligen Verteilung abgeleitet werden. Im linken Balkendiagramm (Abbildung 4.5) wird der Mittelwert verwendet, während in der rechten Grafik (Abbildung 4.6) der Median dargestellt wird. Im hier dargestellten Beispiel sind Median und Mittelwert je Geschlecht nicht identisch sondern nur ähnlich.

Beide Darstellungsformen ermöglichen jedoch keine Aussagen über die Variabilität der Werte innerhalb der beiden Stichproben. Ob die Merkmale innerhalb beider Stichproben ähnlich streuen oder eine unterschiedliche Verteilungform haben, ist beiden Grafiken nicht zu entnehmen. Über den Boxplot hingegen ist eine informativere Darstellung möglich.

4.2 Verschiedene Darstellungsformen

Da es sich beim Boxplot um eine komplexe Darstellungsform handelt, wird hier der Aufbau eines solchen Plots in mehreren Schritten besprochen. Dies soll das Verständnis beim Leser erhöhen.

Im Boxplot werden, wie beim obige Balkendiagramm, die beiden Mediane als Maße der Zentralen Tendenz der Stichprobenverteilung dargestellt. Dies geschieht in der nebenstehenden Grafik mit zwei horizontalen Linien (siehe Abbildung 4.7).

Anmerkung: Bei einigen Statistik-Programmen ist alternativ die Darstellung des Boxplots über die Mittelwerte möglich, hier soll jedoch die allgemein übliche Darstellungsform über die Mediane erläutert werden.

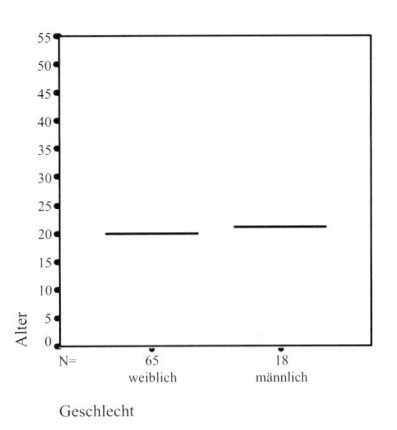

Abbildung 4.7: Boxplot, Teil 1

Um den Median wird anschließend eine "Box" gelegt, welche über die mittleren 50 Prozent der Werteverteilung, der Interquartilsabstand, definiert wird. Das untere Ende der Box wird durch den Wert der kumulierten 25 Prozent der Werteverteilung und das obere Ende der Box durch dem Wert der kumulierten 75 Prozent der Werteverteilung definiert. Somit beschreibt die Höhe der Box die mittleren 50 Prozent, den Interquartilsabstand. Anhand dieser Box können Aussagen über die Form der Verteilung getroffen werden. Liegt der Median in der Mitte der Box, so ist die Verteilung symmetrisch. Liegt er nicht in der Mitte der Box, so ist

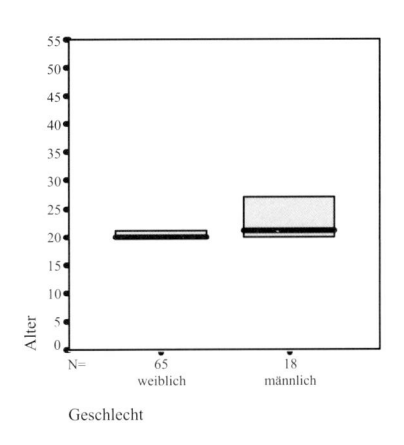

Abbildung 4.8: Boxplot, Teil 2

von einer nicht symmetrischen und somit schiefen Verteilung auszugehen. Eine kleinen Box deutet auf wenig Variabilität, eine größere Box auf mehr Variabilität hin. Unterscheiden sich die Größen beider Boxen, deutet dies auf unterschiedliche Variabilitäten innerhalb der beiden Stichproben hin. Anhand der Beispielsgrafik wird deutlich, dass die mittleren 50 Prozent der Frauen ein sehr ähnliches (homogenes) Alter aufweisen, während die größere Box der Männer für eine stärkere Variabilität in dieser Gruppe spricht.

Die Spanne der Verteilungen ohne Ausreißer und Extremwerte wird mittels dünner Linien verdeutlicht. Diese "whiskers", zu deutsch Schnurrhaare einer Katze, geben dieser Darstellungsform auch die etwas längere Bezeichnung "Box-and-Whisker-Plot". Hierbei wird unterhalb der Box der minimalste und oberhalb der Box der maximalste Wert im Bereich ohne Ausreißer oder Extremwerte definiert. Ausreißer und Extremwerte sind in der nebenstehenden Grafik noch nicht eingezeichnet. Die Länge der Box wird über den Interquartilsabstand definiert. Legt man nun das 1,5-fache des Interquartilsabstandes oben und unten an

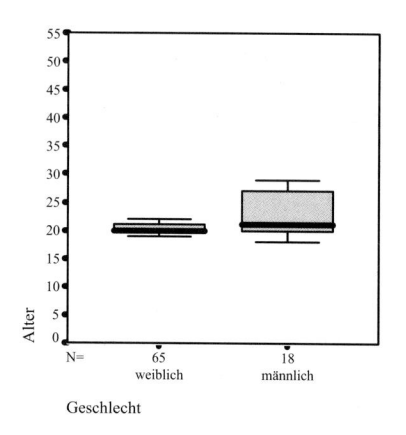

Abbildung 4.9: Boxplot, Teil 3

die beiden Kanten der Box an, so erhält man den Bereich, in dem die statistisch noch normalen Werte liegen. Somit liegen im Bereich von vier Quartilsabstände die statisch normalen Werte der Verteilung. Die beiden "whisker" werden nun mit Hilfe des minimalsten und maximalsten Wertes in diesem Bereich der Werteverteilung definiert. Mehr zur Definition von statistischer Normalität im Abschnitt 3.5 (Seite 56).

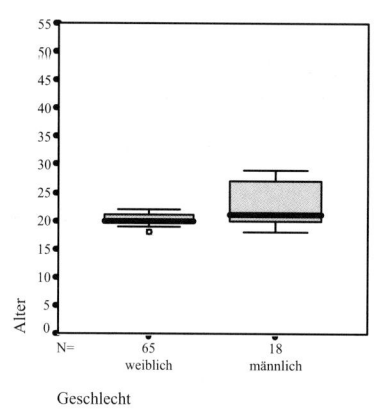

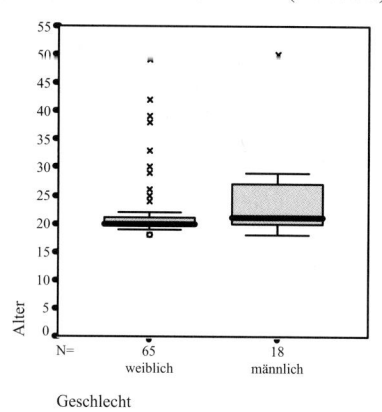

Abbildung 4.10: Ausreißer

Abbildung 4.11: Extremwerte

Im Bereich zwischen 1,5- und 3-facher Kantenlänge liegen die **Ausreißer**. Diese werden in der linken Grafik mit einem kleinen Kreis gekennzeichnet (siehe Abbildung 4.10).

In der rechten Grafik kommen nun die **Extremwerte** hinzu (siehe Abbildung 4.11). Als Extremwert werden alle Werte bezeichnet, die mehr als die dreifache Kantenlänge vom unteren beziehungsweise oberen Rand der Box entfernt sind. Extremewerte werden mit einem kleinen Stern gekennzeichnet.

Wichtig: Die Bestimmung von Ausreißern und Extremwerten ist bereits bei der ersten Durchsicht der Daten wichtig. Hierbei kann beispielsweise festgestellt werden, ob bei der Datenerfassung möglicherweise fehlerhafte Werte eingegeben wurden. Außerdem könnten Versuchspersonen absichtlich oder unabsichtlich falsche Werte angegeben haben. Auf jeden Fall sollte die Identifikation von Personen mit den Extremwerten zu einer Überprüfung der Rohdaten führen.

Scatter-Plot

Eine Darstellungform für die Verdeutlichung eines möglichen Zusammenhangs zwischen zwei Variablen ist der **Scatter-Plot**. Dabei werden die Wertepaare sämtlicher Versuchspersonen zweidimensional abgetragen, wobei die X-Achse die Werte in der ersten Variablen und die Y-Achse die Werte in der zweiten Variablen beschreibt. Durch die Form der entstehenden Punktewolke können Aussagen über die Art des Zusammenhanges abgeleitet werden. Als Beispiel sei der Zusammenhang zwischen der Relevanzeinschätzung von Statistik in der Psychologie und dem Alter aus einer Erhebung in einem Studienjahrgang dargestellt (siehe Abbildung 4.12). Weitere Beispiele mit den Möglichkeiten von statistischen Auswertungen sind im Kapitel 10.3 auf Seite 191 zu finden.

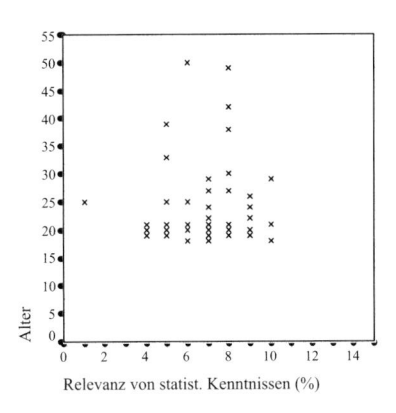

Abbildung 4.12: Beschreibung eines Zusammenhanges über einen Scatter-Plot

Grundsätzliches

Bei der Entscheidung zwischen den verschiedenen Darstellungsformen (z.B. Histogramm oder Kreisdiagramm) ist a priori und in Abhängigkeit des Skalenniveaus abzuschätzen, welche Darstellungsform den Inhalt der Datenreihe bestmöglich vermitteln kann. Für die Häufigkeitsdarstellung von Altersgruppen oder von Reaktionszeiten ist ein Histogramm meistens besser geeignet als ein Kreisdiagramm. Das Kreisdiagramm ist hingegen bei der Darstellung von Verteilungen in der Variablen Geschlecht oder Parteipräferenz eventuell günstiger.

Wichtig: Die Y-Achse, die Ordinate, sollte immer bei Null beginnen. Ist dies aus inhaltlichen Gründen nicht sinnvoll, sollte diese Veränderung durch eine Markierung verdeutlicht werden, da sonst die vorhandenen Unterschiede überproportional betont werden. Beispielsweise macht es einen großen Unterschied bei der Darstellung des Verlaufs des Deutschen Aktien Index (DAX) über eine Jahr hinweg, ob die Y-Achse des Liniendiagramms bei Null oder bei 3000 Punkten beginnt.

Eine gut gewählte graphische Darstellung kann einen Sachverhalt verdeutlichen und dem Leser näherbringen, während eine schlechte Darstellung die Größe eines Unterschieds oder die Höhe eines Zusammenhangs überproportional betonen kann. In einer wissenschaftlichen Arbeit sollte letzteres auf jeden Fall vermieden werden.

Die folgende Mindmap gibt nochmals eine Übersicht verschiedener Möglichkeiten der grafischen Darstellung von Variablenverteilungen.

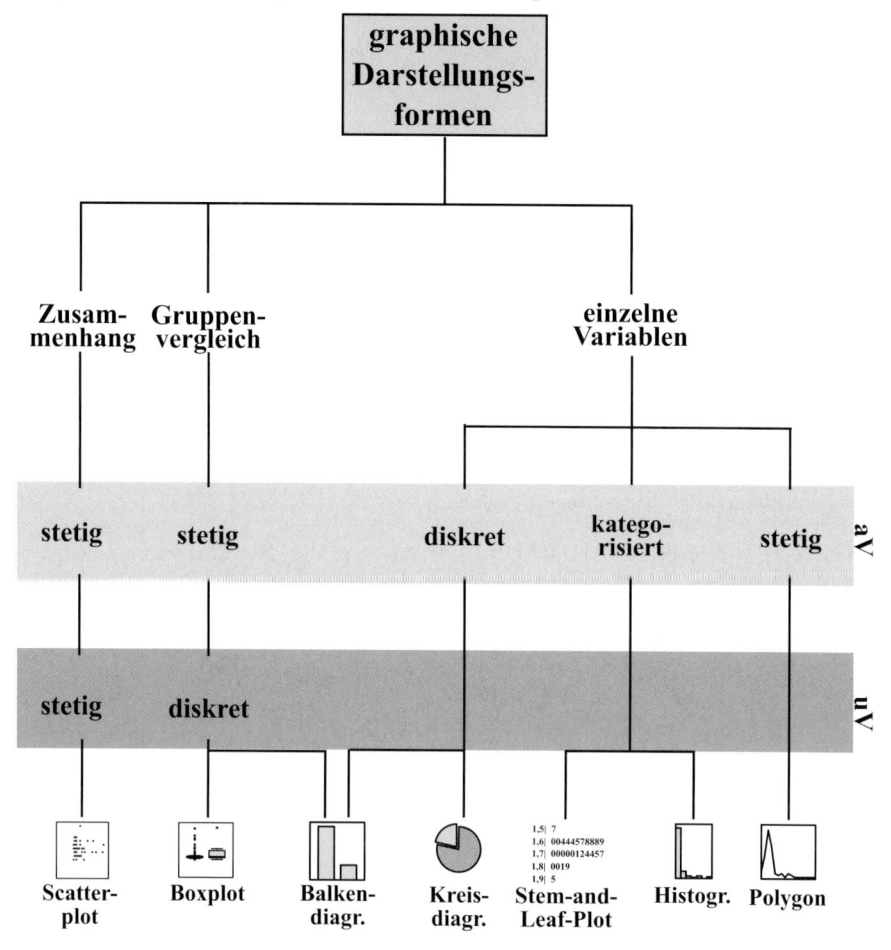

Abbildung 4.13: Mindmap zu den grafischen Darstellungsmöglichkeiten

Hilfreich ist es, bei der Entscheidung für eine Darstellungsform die folgenden Aspekte zu berücksichtigen:

- Sollen innerhalb einer Gruppe eine Variable beschrieben werden oder mehrere Gruppen miteinander verglichen werden?
- Soll ein kontinuierliche oder eine diskrete Variable dargestellt werden?

Die hier vorgestellten Grafiken sind nur ein kleiner Ausschnitt aus der Gesamtheit der möglichen Darstellungsformen. Mit aktueller Auswertungssoftware sind der grafischen Verteilungsdarstellung scheinbar keine Grenzen mehr gesetzt.

4.3 Zusammenfassung

Bei der graphischen Darstellung von Wertenverteilungen sollte a priori entschieden werden, welche Darstellungsform dem Betrachter der Grafik relevante Informationen liefert. Es ist beispielsweise wenig sinnvoll, die Verteilung verschiedener Alterskategorien in einem einzelnen Kreisdiagramm darzustellen. Ein Grafik sollte nur verwendet werden, wenn sie das Verständnis einer Variablen in einem Text erhöht.

4.4 Aufgaben

1. Wann sollte bei der graphischen Darstellung ein Polygon, ein Histogramm, ein Balkendiagramm beziehungsweise ein Kreisdiagramm verwendet werden?

2. Welche Form der graphischen Darstellung würden Sie wählen, um die unten angeführten Sachverhalte möglichst übersichtlich darzustellen?

    a) Die Sitzverteilung im Bundestag

    b) Die Verteilung der Abiturnoten im Fach Deutsch eines Jahrgangs im Bundesland Baden-Württemberg

3. Gegeben sei eine Liste mit Gewichtswerten: 68, 58, 65, 68, 51, 60, 62, 69, 65, 70, 52, 59, 54, 67, 64, 62, 55, 53, 57, 59, 63, 60, 57, 62, 59, 65, 61, 63, 53

    a) Welche Klasseneinteilung ist für eine Darstellung der Häufigkeiten sinnvoll? Erstellen Sie eine Tabelle, in welcher die Klassengrenzen, die Klassenmitten, die Häufigkeiten und die kumulierten Häufigkeiten, die prozentualen Häufigkeiten und die kumulierten prozentualen Häufigkeiten ersichtlich sind.

    b) Welche Form der grafischen Darstellung sollte für die Präsentation der Ergebnisse gewählt werden und warum?

4. Welchen Vorteil hat die grafische Darstellung einer Verteilung mittels eines Boxplots gegenüber dem Balkendiagramm?

Teil III

Inferenzstatistik

5 Wahrscheinlichkeitstheorie

Überblick
- Ereignis
- Laplace
- Bernoulli
- disjunkte Ereignisse
- unabhängige Ereignisse
- Additionstheorem
- Multiplikationstheorem
- bedingte Wahrscheinlichkeit
- Theorem von Bayes
- Kombinatorik
- Binomialverteilung
- Poissonverteilung

In den folgenden Abschnitten sollen die Grundbegriffe der Wahrscheinlichkeitstheorie erklärt werden. Zu Beginn erfolgt eine Darstellung der Grundlagen der Wahrscheinlichkeitsrechnung und anschließend werden verschiedene Wahrscheinlichkeitsverteilungen eingeführt. Diese dienen dem Verständnis der in den späteren Kapiteln behandelten Inferenzstatistik. Die Beschäftigung mit der Wahrscheinlichkeitstheorie ist aus mehreren Gründen von Bedeutung. Einerseits soll von Stichprobenkennwerten im Rahmen der Inferenzstatistik auf Populationskennwerte geschlossen werden, wobei dieser Schluss immer nur mit einer bestimmten Wahrscheinlichkeit korrekt ist. Andererseits sind viele Zusammenhänge in der Psychologie und der Medizin nur stochastische Zusammenhänge. So geht man beispielsweise bei Rauchern von einer erhöhten Wahrscheinlichkeit aus, dass diese an Lungenkrebs erkranken.

Die folgenden Darstellungen orientieren sich an Bauer (1991) und Krengel (1991).

5.1 Grundlagen

Die Bestimmung der Wahrscheinlichkeit für ein Ereignis kann über zwei verschiedene Wege erfolgen. Einerseits besteht die Möglichkeit der Wahrscheinlichkeitsberechnung nach Laplace, bei welcher schon vor der Durchführung eines Zufallsexperiments, a priori, die Anzahl der möglichen Ausgänge bekannt ist. Bei der Berechnung nach Bernoulli kann a posteriori die Wahrscheinlichkeiten andererseits erst nach der Durchführung vieler Experimente bestimmt werden. Ein Zufallsexperiment ist ein Experiment, dessen Ergebnis aus einer Menge von möglichen Ereignissen besteht, deren Auftretenswahrscheinlichkeit bestimmbar ist.

Wahrscheinlichkeit nach Laplace

Die Wahrscheinlichkeit nach Laplace beschreibt die sogenannte **"a priori"** Wahrscheinlichkeit, also jene Wahrscheinlichkeit, welche vor der Durchführung eines Zufallsexperimentes bestimmt werden kann. Somit sind vor einem Experiment schon alle möglichen Ereignisse (Ausgänge des Zufallsexperiments) bekannt. Jedes Elementarereignis, jeder mögliche Ausgang eines Zufallsexperiments, hat dieselbe Auftretenswahrscheinlichkeit. Aus der Menge der Elementarereignisse kann die Menge der günstigen Ereignisse bestimmt werden. Als günstige Ereignisse wird die Menge der Elementarereignisse bezeichnet, deren Wahrscheinlichkeit von Interesse ist, wie etwa beim Werfen eines Würfels eine Sechs zu werfen.

> **Definition:** Die **Wahrscheinlichkeit nach Laplace** $p(A)$ eines Ereignisses A wird über die relative Häufigkeit seines Auftretens berechnet:
>
> $$p(A) = \frac{n_A}{N_{gesamt}} = \frac{\text{Anzahl der günstigen Ereignisse}}{\text{Anzahl der möglichen Ereignisse}} \quad (5.1)$$

Die Wahrscheinlichkeit wird also durch das Verhältnis der günstigen Ereignisse zu allen möglichen Ereignissen bestimmt, wobei die Anzahl der günstigen Ereignisse und die Anzahl der möglichen Ereignisse klar bestimmt werden kann. N_{gesamt} beschreibt die Anzahl der Elemente in der Menge aller möglichen Ausgänge und wird groß geschrieben, während man mit n_A die günstige Teilmenge bezeichnet. Die Notation für Teilmengen oder Teilstichproben erfolgt zukünftig in Kleinbuchstaben.

Beispiel: Bei einem Kartenspiel kann man die Anzahl aller günstigen Ereignisse und die Anzahl aller möglichen Ereignisse berechnen. Ein komplettes Spiel mit 32 Karten hat beispielsweise 16 rote Karten, so dass sich die folgende Wahrscheinlichkeit nach Laplace für das Ziehen einer roten Karte ergibt:

$$p(A) = \frac{\text{Anzahl der roten Karten}}{\text{Anzahl aller Karten}} \quad (5.2)$$

$$= \frac{16}{32} \quad (5.3)$$

$$= \frac{1}{2} \quad (5.4)$$

Der **Ereignisraum**, das heißt die Menge der möglichen Ereignisse, ist bei der Berechnung der Wahrscheinlichkeit nach Laplace immer abzählbar. Außerdem ist die Wahrscheinlichkeit für das Ziehen einer bestimmten Karte genauso groß wie die Wahrscheinlichkeit für das Ziehen einer beliebigen anderen Karte. Das bedeutet, dass die Wahrscheinlichkeit für ein "Herz As" der Wahrscheinlichkeit für die "Karo Sieben" entspricht. Aus dieser Formel folgt demnach, dass die Wahrscheinlichkeit nur Werte zwischen 0 (**unmögliches Ereignis**) und 1 (**sicheres Ereignis**) annehmen kann.

Wahrscheinlichkeit nach Bernoulli

Nicht in allen Fällen ist die Anzahl aller möglichen Ereignisse abzählbar, so dass eine "a priori" Berechnung nach Laplace möglich wäre. Wenn der Ereignisraum vor dem Zufallsexperiment nicht genau bestimmt werden kann, kann nur **"a posteriori"** die Wahrscheinlichkeit bestimmt werden. Für diese Fälle hat Bernoulli ein Theorem aufgestellt:

> **Theorem:** Die Wahrscheinlichkeit für ein Ereignis A kann über den Limes (Grenzwert) der relativen Häufigkeit geschätzt werden:
>
> $$\pi(A) = \lim_{N \to \infty} \frac{n_A}{N} \tag{5.5}$$

Die Wahrscheinlichkeit für ein Ereignis in der Population $\pi(A)$ wird über die relative Häufigkeit seines Auftretens $\frac{n_A}{N}$ nach sehr vielen Durchgängen eines Zufallsexperimentes geschätzt. Weiter wird davon ausgegangen, dass die Schätzung um so genauer wird, je mehr N gegen unendlich geht ($N \to \infty$). Dies bezeichnet man auch als das **Gesetz der Großen Zahl**. Da man hier die Wahrscheinlichkeit für die Population schätzt, spricht man von π und nicht von p, wobei hier π einen Populationsparameter und nicht die Kreiszahl π (3,14) bezeichnet.

Beispiel: Es soll untersucht werden, wie hoch die Wahrscheinlichkeit für Anorexia nervosa (Magersucht) in der Population der Frauen ist. In einer allgemeinärztlichen Praxis wird das Gewicht von 10 Frauen gemessen. 2 Frauen erhalten die Diagnose untergewichtig:

$$\pi(\text{Anorexie}) = \frac{2}{10} \to 20\% \tag{5.6}$$

Da diese Zahl sehr hoch scheint, wird die Stichprobe um 100 Frauen erweitert, von denen nur 3 Frauen Untergewicht haben. Mit dieser Vergrößerung der Stichprobe ist eine sicherere Schätzung des wahren Wertes in der Population erreicht. Von insgesamt 110 untersuchten Frauen sind 5 magersüchtig.

$$\pi(\text{Anorexie}) = \frac{5}{110} \to 4,5\% \tag{5.7}$$

Es werden weitere 890 Frauen untersucht und 5 weitere untergewichtige Frauen gefunden. Damit konnten unter 1000 Frauen 10 Magersüchtige diagnostiziert werden:

$$\pi(\text{Anorexie}) = \frac{10}{1000} \to 1\% \tag{5.8}$$

Dies konnte dem wahren Wert in der Population der Frauen, welche unter Anorexia nervosa leiden, sehr nahe (Comer, 2001).

5.2 Begriffserklärung

Im Folgenden werden einige grundlegende Begriffe der Wahrscheinlichkeitsrechnung kurz erläutert. Für eine mathematische Einführung siehe beispielsweise Krengel (1991) oder Lehmann (2002).

Zufallsexperiment

Definition: Ein Zufallsexperiment ist ein Experiment, das beliebig oft wiederholt werden kann und zu unterschiedlichen Ergebnissen führen kann. Für ein mögliches Ergebnis gibt es eine bestimmte Wahrscheinlichkeit p (=probability).

Beispiel: Die Wahrscheinlichkeit, mit einem Würfel die Augenzahl 6 zu werfen, liegt bei p("sechs") = $\frac{1}{6}$, das heißt sie beträgt $0,1\bar{6}$.

Ereignisraum Ω

Definition: Der Ereignisraum Ω (sprich Omega) beschreibt die Menge aller möglichen Ereignisse eines Zufallsexperimentes.

Die nebenstehende Grafik zeigt den Ereignisraum in Form eines Rahmens. Jeder Punkt innerhalb des Rahmens repräsentiert ein mögliches Ereignis.

Beispiel: Die möglichen Ereignisse (Ausgänge) nach einmaligen Werfen mit einem sechsseitigen Würfel sind die Zahlen eins, zwei, drei, vier, fünf und sechs. Damit ist der Ereignisraum mit Ω = $\{1,2,3,4,5,6\}$ definiert.

Abbildung 5.1: Der Ereignisraum Ω

Elementarereignis

Definition: Ein Elementarereignis ist einer von mehreren möglichen Ausgängen eines Zufallsexperimentes.

Elementarereignisse werden im allgemeinen mit Buchstaben (A, B, C, etc.) bezeichnet (siehe Abbildung 5.2) und sind immer ein Bestandteil des Ereignisraumes Ω.

Beispiele: Im vorherigen Beispiel des Würfels wäre das Werfen einer Sechs ein Elementarereignis.

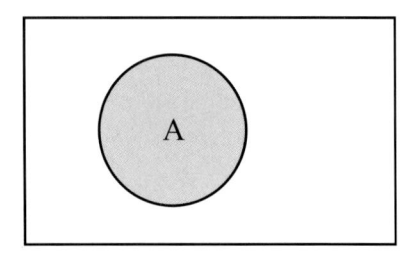

Abbildung 5.2: Ein Elementarereignis A

Andere Beispiele für Elementarereignisse sind das Ziehen des As-Königs aus einem Skatblatt oder das Werfen der Zahlseite bei einem Münzewurf.

Ereignisse können sich aus einer Kombination von mehreren Elementarereignissen zusammensetzen, beispielsweise das Ziehen einer roten Spielkarte aus einem Skatblatt setzt sich aus den Elementarereignissen aller Herz- und Karo-Karten zusammen. Somit erscheinen diese Ereignisse als Teilmengen der Menge Ω.

Das logische UND

Definition: Das logische UND beschreibt die Schnittmenge, die durch das gleichzeitige Auftreten zweier Ereignisse entsteht.

Das logischen UND kann über die Schnittmenge im Ereignisraum verdeutlicht werden. Das mathematische Symbol für die Schnittmenge ist "$\cap$". Somit wird in der Grafik das Eintreffen der Ereignisse A **und** B ($A \cap B$) beschrieben.

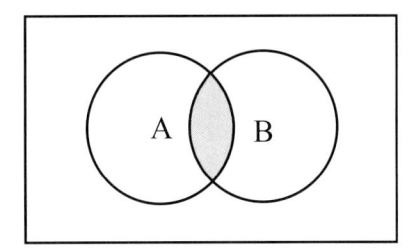

Beispiele: Bei einem Experiment mit einem Würfel wäre es das Ereignis A, eine durch zwei teilbare Zahl zu werfen (2, 4 und 6) und das Ereignis B, eine durch drei teilbare Zahl zu werfen (3 und 6). In der Schnittmenge beider Ereignisse ist nur die Zahl sechs, da nur diese Zahl durch zwei UND drei teilbar ist.

Abbildung 5.3: Die Schnittmenge

Ein weiteres Beispiel wäre die Ziehung einer roten Karte und einer Königskarte aus einem Skatblatt. Nur zwei Elemente ("Herz-König" und "Karo-König") sind in dieser Schnittmenge enthalten.

Das logische ODER

Definition: Das logische ODER beschreibt die Vereinigungsmenge, die durch das Auftreten eines von zwei möglichen Ereignissen entsteht.

Das logische ODER wird über die Vereinigungsmenge im Ereignisraum deutlich. Das mathematische Symbol für die Vereinigungsmenge ist "$\cup$". Zu dieser Menge gehören alle Elemente, welche entweder der Menge A oder der Menge B angehören.

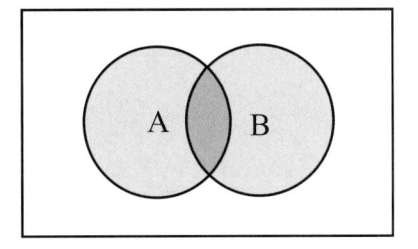

Beispiel: Beim Würfelbeispiel mit dem Mengen A (durch zwei teilbar, 2, 4, 6) und B (durch drei teilbar, 3, 6) besteht die Vereinigungsmenge $A \cup B$ aus der Menge aller Zahlen des Würfels, die durch zwei **oder** drei teilbar sind (2, 3, 4 und 6).

Abbildung 5.4: Die Vereinigungsmenge

Ein weiteres Beispiel ist das Ereignis einen König ODER eine rote Karte zu ziehen. Bei 16 roten Karten und zwei schwarzen Könige besteht die Vereinigungsmenge aus insgesamt 18 Karten.

Das sichere Ereignis

> **Definition:** Das sichere Ereignis hat die Wahrscheinlichkeit von p(A) = 1 und umfasst alle Elemente des Wahrscheinlichkeitsraumes Ω.

Das sogenannte sichere Ereignis tritt in jeden Fall ein, wie in Abbildung 5.5 durch die komplett eingefärbte Fläche verdeutlicht wird. Das Ereignis A umfasst somit die ganze Fläche. Obwohl die Definition dieses Ereignisses auf den ersten Blick nicht besonders sinnvoll erscheint, ist sie in der Wahrscheinlichkeitstheorie unentbehrlich. So kann beispielsweise bei der Berechnung der Vereinigungsmenge, dem logischen ODER, ein sicheres Ereignis berechnet werden.

Abbildung 5.5: Das sichere Ereignis

Beispiele: Ein sicheres Ereignis ist der Wurf eine Zahl zwischen eins und sechs mit einem Würfel, beziehungsweise das Werfen einer geraden oder einer ungeraden Zahl.

Das sichere Ereignis A besteht immer aus verschiedenen Teilereignissen, deren Berechnung eigentlich von Interesse ist. Der Sinn und Zweck des sicheren Ereignisses wird bei der später folgenden Erläuterung des Komplementärereignisses deutlich werden.

Das unmögliche Ereignis

> **Definition:** Das unmögliche Ereignis trifft nie ein und hat die Wahrscheinlichkeit von p(A) = 0.

Das unmögliche Ereignis ist ein Ereignis, welches nie auftritt. Dies ist beispielsweise die Schnittmenge zweier sich gegenseitig ausschließender Ereignisse.

Beispiel: Das Ereignis mit einem sechsseitigen Würfel eine Zahl zu werfen, die kleiner drei UND durch vier teilbar ist, ist unmöglich. Die Wahrscheinlichkeit für dieses Ereignis ist Null.

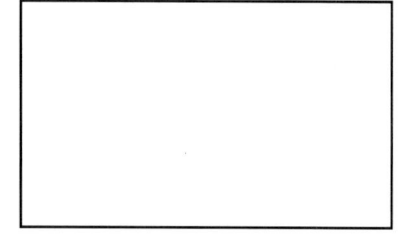

Abbildung 5.6: Das unmögliche Ereignis

Das Komplementärereignis

Definition: Zum Komplementärereignis $\bar{A}$ gehören alle Elementarereignisse, die nicht zum Ereignis A gehören.

Das Komplementärereignis $\bar{A}$ ist somit als "Gegenteil" des Ereignisses A definiert.

Beispiel: Ist A das Ereignis, eine Sechs zu werfen, dann ist $\bar{A}$ das Ereignis keine Sechs zu werfen. Diese Menge umfasst alle anderen Zahlen (also 1, 2, 3, 4 oder 5). Es gilt für den Zusammenhang der Wahrscheinlichkeiten für das Ereignis A und das Komplementärereignis $\bar{A}$ die folgende Gleichung:

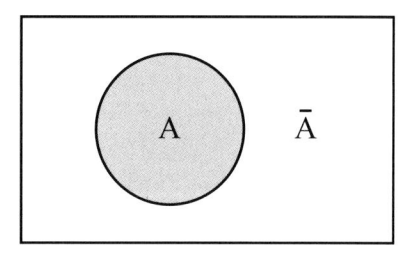

Abbildung 5.7: Das Komplementärereignis

$$p(A) = 1 - p(\bar{A}) \tag{5.9}$$

mit

$$p = 1 - q, \tag{5.10}$$

wobei p die Wahrscheinlichkeit für das Ereignis A und q die Wahrscheinlichkeit für das Komplementärereignis $\bar{A}$ repräsentiert.

Anmerkung: p ist in diesem Fall eine Variable, die den Wert einer Wahrscheinlichkeit beinhaltet, während p(A) die Wahrscheinlichkeit für das Ereignis A beschreibt.

Disjunkte Ereignisse

Definition: Zwei Ereignisse A und B werden disjunkt genannt, wenn sie einander ausschließen, das heißt, dass A und B nicht gleichzeitig eintreffen können.

Abbildung 5.8 zeigt die beiden disjunkten Ereignisse A und B, deren Flächen sich nicht überschneiden. Somit kann es kein Element geben, das zu beiden Ereignissen gehört.

Beispiel: Beim einmaligen Würfeln mit nur einem Würfel eine "Eins" und eine "Vier" zu werfen, ist unmöglich.

Somit sind zwei Ereignisse A und B disjunkt, wenn die Schnittmenge $A \cap B$ der leeren Menge $\emptyset$ entspricht.

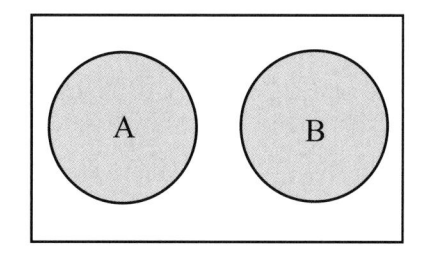

Abbildung 5.8: Disjunkte Ereignisse

Nicht-disjunkte Ereignisse

Definition: Zwei Ereignisse A und B sind nicht-disjunkt, wenn die Wahrscheinlichkeit für das gleichzeitige Auftreten dieser Ereignisse größer Null ist.

Die nebenstehende Abbildung 5.9 zeigt als zwei überlappende Kreise zwei Ereignisse. Somit gibt es Elementarereignisse, die sowohl zu A als auch zu B gehören.

Beispiel: Beim Würfeln eine Zahl größer als 3 (4,5 oder 6) oder eine gerade Zahl (2,4 oder 6) zu werfen.

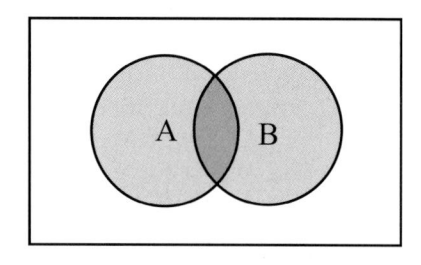

Nicht-disjunkten Ereignissen haben eine nicht leere Schnittmenge ($A \cap B \neq \emptyset$).

Abbildung 5.9: Nicht-disjunkte Ereignisse

Anmerkung: Die Disjunktheit oder Non-Disjunktheit der Ereignisse A und B muss bei der Berechnung der Auftretenswahrscheinlichkeit des Ereignisses A berücksichtigt werden, wenn das Eintreffen des Ereignisses B bekannt ist und dieses einen Einfluss auf die Auftretenswahrscheinlichkeit des Ereignisses A haben kann.

5.3 Mehrere Zufallsereignisse

Die Beziehung zwischen Ereignissen

Die folgenden Abschnitte beschäftigen sich mit dem Auftreten von bestimmten Ereigniskonstellationen. Diese drei Konstellationen sind möglich:

- das Auftreten eines bestimmten Ereignisses, nachdem ein anderes vorausgegangen oder bekannt ist
  $\Rightarrow$ bedingte Wahrscheinlichkeit (Seite 87),

- das Auftreten von mindestens einem von mehreren möglichen Ereignissen
  $\Rightarrow$ Additionssatz (Seite 89),

- das gleichzeitige Auftreten von mehreren Ereignissen
  $\Rightarrow$ Multiplikationssatz (Seite 89).

Bedingte Wahrscheinlichkeit

Definition: Die bedingte Wahrscheinlichkeit $p(A|B)$ wird folgendermaßen bestimmt:

$$p(A|B) = \frac{p(A \cap B)}{p(B)} \tag{5.11}$$

beziehungsweise

$$p(B|A) = \frac{p(A \cap B)}{p(A)}, \tag{5.12}$$

wobei $p(A|B)$ nur berechnet werden kann, wenn $p(B) > 0$ (beziehungsweise $p(B|A)$ wenn $p(A) > 0$).

$p(A|B)$ wird als "p von A unter der Bedingung B" gelesen und bezeichnet die Wahrscheinlichkeit für das Ereignis A unter der Bedingung, dass das Ereignis B bereits eingetroffen ist[1]. Allerdings muss bedacht werden:

$$p(A|B) \neq p(B|A) \tag{5.13}$$

Beispiel: Die Wahrscheinlichkeit im Laufe des Lebens an einer Depression zu erkranken, liegt unter der Bedingung "weiblich" bei 26% und unter der Bedingung "männlich" bei 12% (Boyd & Weissman, 1981). Somit kann über $p(\text{Depression}|\text{weiblich}) = .26$ und $p(\text{Depression}|\text{männlich}) = .12$ die Auftretenswahrscheinlichkeit einer Depression bei einem Patienten im Laufe eines Lebens in Abhängigkeit von seinem Geschlecht bestimmt werden.

Stochastische Unabhängigkeit

Mit dem Begriff der bedingten Wahrscheinlichkeit ist der Begriff der stochastischen Unabhängigkeit eng verknüpft. Mit der bedingten Wahrscheinlichkeit kann überprüft werden, ob die beiden Ereignisse A und B stochastisch abhängig oder unabhängig sind.

Definition: Zwei Ereignisse A und B sind stochastisch unabhängig, wenn das Eintreffen oder Nichteintreffen des Ereignisses B die Wahrscheinlichkeit für ein Ereignis A nicht verändert. Das bedeutet:

$$p(A) = p(A|B) \tag{5.14}$$

Beispiel: Die Wahrscheinlichkeit beim Ziehen einer Karte aus einem vollständigen

---
[1] Viele praktische Beispiele zur bedingten Wahrscheinlichkeit im Alltag sind bei Beck-Bornholdt und Dubben (2003) zu finden.

Kartenspiel mit 32 Karten einen König zu ziehen, ist $p(A) = \frac{4}{32} = \frac{1}{8}$. Wenn bekannt ist, dass es sich bei der gezogenen Karte um eine Herzkarte handelt, liegt die Wahrscheinlichkeit für die Ziehung eines Herz-Königs aus acht Herzkarten bei ebenfalls $p(A) = \frac{1}{8}$. Bei einem vollständigen Kartenspiel sind somit die beiden Ereignisse voneinander unabhängig.

Wieso? Weshalb? Warum?

Gibt es einen Zusammenhang zwischen Abhängigkeit und Disjunktheit zweier Ereignissen?

Disjunkte Ereignisse sind immer abhängig außer in dem theoretisch möglichen aber praktisch unsinnigen Fall von $p(A) = 0$ oder $p(B) = 0$. Wurde beim Würfeln eine gerade Zahl geworfen, so ist in Abhängigkeit von diesem Wissen die Wahrscheinlichkeit für das Ereignis eine Fünf zu werfen gleich Null.

Nicht-disjunkte Ereignisse hingegen können stochastisch abhängig sein. Die Abhängigkeit beziehungsweise Unabhängigkeit von Ereignissen ist über die bedingte Wahrscheinlichkeit zu prüfen. Werden beispielsweise vier Herz-Karten (ohne den König) aus einem Kartenspiel gezogen, so steigt unter der Bedingung, dass erneut eine Herzkarte gezogen wird, die Wahrscheinlichkeit für einen Herz-König. Ohne die Kenntnis der Kartenfarbe liegt die Wahrscheinlichkeit bei $p(A) = \frac{4}{28} = \frac{1}{7}$, während die Wahrscheinlichkeit bei Kenntnis der Farbe Herz $p(A|B) = \frac{1}{4}$ ist, da nur noch vier Herzkarten im Stapel sind.

Beispiel 1: Gegeben sei eine Urne mit 20 Kugeln, von denen 10 weiß und 10 rot sein. Von den weißen Kugeln sind 6 groß und von den Roten hingegen nur 4.

$$p(\text{weiß}) = \frac{1}{2} \tag{5.15}$$

$$p(\text{weiß}|\text{groß}) = \frac{p(\text{weiß} \cap \text{groß})}{p(\text{groß})} \tag{5.16}$$

$$= \frac{\frac{6}{20}}{\frac{1}{2}} \tag{5.17}$$

$$= \frac{3}{5} \tag{5.18}$$

Da $p(\text{weiß}) \neq p(\text{weiß}|\text{groß})$ sind die beiden Ereignisse stochastisch abhängig.

Beispiel 2: Gegeben sei wieder eine Urne mit 20 Kugeln. 15 davon sind weiß, 5 rot. Von den weißen Kugeln sind 3 groß, von den roten nur 1 Kugel.

$$p(\text{weiß}) = \frac{3}{4} \tag{5.19}$$

$$p(\text{weiß}|\text{groß}) = \frac{p(\text{weiß} \cap \text{groß})}{p(\text{groß})} \tag{5.20}$$

$$= \frac{\frac{3}{20}}{\frac{4}{20}} \tag{5.21}$$

$$= \frac{3}{4} \tag{5.22}$$

Da $p(\text{weiß}) = p(\text{weiß}|\text{groß})$, sind die beiden Ereignisse stochastisch unabhängig.

Das Additionstheorem

Theorem: Die Wahrscheinlichkeit für das Auftreten der Ereignisse A oder B ist bei einem Zufallsexperiment folgendermaßen zu berechnen:

- bei nicht-disjunkten Ereignissen:

$$p(A \cup B) = p(A) + p(B) - p(A \cap B) \tag{5.23}$$

Da die Wahrscheinlichkeit der Schnittmenge beider Ereignisse A und B doppelt eingeht, muss diese Wahrscheinlichkeit subtrahiert werden.

- bei disjunkten Ereignissen:

$$p(A \cup B) = p(A) + p(B) \tag{5.24}$$

wobei hier nach der Definition von disjunkten Ereignissen $p(A \cap B) = 0$ ist.

Allgemein gilt für disjunkte Ereignisse innerhalb eines Ereignisraumes: Die Wahrscheinlichkeit p, dass von k einander ausschließenden Ereignissen eines eintrifft, ist gleich der Summe der Einzelwahrscheinlichkeiten für das Auftreten der k Ereignisse.

$$p = p_1 + p_2 + p_3 + \ldots + p_k = \sum_{i=1}^{k} p_i \tag{5.25}$$

Das Multiplikationstheorem

Theorem: Wenn beide Ereignisse A und B stochastisch unabhängig sind, gilt für die Wahrscheinlichkeit des gemeinsamen Auftretens der Ereignisse A und B:

$$p(A \cap B) = p(A) \cdot p(B) \tag{5.26}$$

Die Wahrscheinlichkeit p, dass k voneinander unabhängige Ereignisse gemeinsam auftreten, ist gleich dem Produkt der Einzelwahrscheinlichkeiten p_i.

$$p = p_1 \cdot p_2 \cdot p_3 \cdot \ldots \cdot p_k = \prod_{i=1}^{k} p_i \tag{5.27}$$

Mit dem Zeichen $\prod$ wird analog zum Summenzeichen die Notation für das Produkt verschiedener Elemente eingeführt.

Theorem: Sind zwei Ereignisse stochastisch abhängig, so gilt:

$$p(A \cap B) = p(A|B) \cdot p(B) \tag{5.28}$$
$$p(A \cap B) = p(B|A) \cdot p(A) \tag{5.29}$$

Beispiel: Eine Urne enthalte $\frac{1}{3}$ rote und $\frac{2}{3}$ weiße Kugeln. Von den roten Kugeln sind $\frac{1}{4}$ groß und von den weißen Kugeln $\frac{1}{2}$ klein. Wie groß ist die Wahrscheinlichkeit, eine Kugel zu ziehen, die rot und groß ist?

$$p(\text{groß} \cap \text{rot}) = p(\text{rot}) \cdot p(\text{groß}|\text{rot}) \tag{5.30}$$
$$= \frac{1}{3} \cdot \frac{1}{4} \tag{5.31}$$
$$= \frac{1}{12} \tag{5.32}$$

Die Wahrscheinlichkeit für eine große, rote Kugel ist somit $\frac{1}{12}$.

Wie groß ist die Wahrscheinlichkeit, eine Kugel zu ziehen, die weiß und klein ist?

$$p(\text{klein} \cap \text{weiß}) = p(\text{weiß}) \cdot p(\text{klein}|\text{weiß}) \tag{5.33}$$
$$= \frac{2}{3} \cdot \frac{1}{2} \tag{5.34}$$
$$= \frac{1}{3} \tag{5.35}$$

Die Wahrscheinlichkeit eine kleine, weiße Kugel zu ziehen beträgt $\frac{1}{3}$.

Das Theorem von Bayes

Das Theorem von Bayes ist direkt aus der bedingten Wahrscheinlichkeit ableitbar.

Herleitung:
Es gilt

$$p(A|B) = \frac{p(A \cap B)}{p(B)} \tag{5.36}$$
$$p(B|A) = \frac{p(A \cap B)}{p(A)} \tag{5.37}$$

Durch Umstellung folgt:

$$p(A \cap B) = p(B) \cdot p(A|B) \tag{5.38}$$
$$p(A \cap B) = p(A) \cdot p(B|A) \tag{5.39}$$

Also gilt nach Gleichsetzen:

$$p(B) \cdot p(A|B) = p(A) \cdot p(B|A) \tag{5.40}$$
$$p(A|B) = \frac{p(A) \cdot p(B|A)}{p(B)} \tag{5.41}$$

Theorem: Nach dem Theorem von Bayes gilt:

$$p(A|B) = \frac{p(A) \cdot p(B|A)}{p(B)} \tag{5.42}$$

oder

$$p(B|A) = \frac{p(B) \cdot p(A|B)}{p(A)} \tag{5.43}$$

Mit diesem Theorem kann eine unbekannte bedingte Wahrscheinlichkeit aus den beiden Wahrscheinlichkeiten der Ereignisse A und B und der "inversen" bedingten Wahrscheinlichkeit berechnet werden.

Beispiel: Nach einer Untersuchung von Schmidt (1988) gelten die folgenden Wahrscheinlichkeiten in der Population:

$$p(\text{männlich}) = .50 \tag{5.44}$$
$$p(\text{alkoholabhängig}) = .10 \tag{5.45}$$
$$p(\text{abhängig}|\text{männlich}) = .15 \tag{5.46}$$

Wie groß ist die Wahrscheinlichkeit für eine Person innerhalb der Gruppe der Alkoholerkrankten, männlich zu sein?

$$p(\text{männlich}|\text{abhängig}) = \frac{p(\text{männlich}) \cdot p(\text{abhängig}|\text{männlich})}{p(\text{abhängig})} \tag{5.47}$$
$$= \frac{.50 \cdot .15}{.10} \tag{5.48}$$
$$= .75 \tag{5.49}$$

Dies bedeutet, dass in der Gruppe der Alkoholiker (z.B. in einer Entzugsgruppe einer psychiatrischen Klinik) 75 % der Patienten männlich sind. Weiter lässt sich daraus ableiten, dass die Wahrscheinlichkeit für einen Mann, alkoholkrank zu werden, dreimal so hoch ist wie bei einer Frau.

5.4 Kombinatorik

Die Kombinatorik als Teilgebiet der Wahrscheinlichkeitstheorie formuliert Regeln zur Bestimmung der Anzahl möglicher Kombinationen bestimmter Ereignisse. Diese Rechenregeln werden benötigt, um sowohl die Anzahl der möglichen als auch die Anzahl der günstigen Ereignisse zu berechnen. Beide Werte können dann zur Berechnung der Wahrscheinlichkeit nach Laplace verwendet werden.

Beispiel: Wie viele Möglichkeiten gibt es bei der Ziehung der Lottozahlen am Samstagabend (6 aus 49)?

Bei den folgenden Regeln zur Kombinatorik sind bei der Entscheidung für die richtige Regel die Antworten auf diese Fragen hilfreich:

1. Ist die Reihenfolge der günstigen Ergebnis relevant?
2. Handelt es sich um ein Ziehen mit oder ohne Zurücklegen?
3. Zusätzlich gibt es bei einigen Regeln noch Detailfragen wie beispielsweise:
    a) Sind Teilereignisräume relevant?
    b) Sind die Untergruppen gleich groß?
    c) Wird eine Ziehung vollständig oder nur teilweise durchgeführt?

Mit diesen Fragen kann leicht die entsprechende Kombinatorikregel gewählt werden. Auf Seite 96 werden in Tabelle 5.1 alle im folgenden erläuterten Regeln der Kombinatorik im Überblick dargestellt.

1. Variationsregel

Anmerkung: In Reihenfolge, mit Zurücklegen, gleich große Teilereignisräume

Ein Teilereignisraum ist der Ereignisraum bei einer von mehreren aufeinanderfolgenden Ziehungen.

> **Definition:** Wenn bei jedem Ziehen jedes von a sich gegenseitig ausschließenden (unabhängigen) Ereignissen auftreten kann, so gibt es bei k Versuchen a^k verschiedene mögliche Ereignisabfolgen.

Beispiele:

1. 3 maliges Werfe eines Würfels jeweils 6 möglichen Ausgängen:
   Es sind $6^3 = 216$ verschiedene Ereignisabfolgen möglich.
2. 8 maliger Münzewurf:
   Da es 2 mögliche Ausgänge bei jedem Wurf (Kopf oder Zahl) gibt, sind insgesamt $2^8 = 256$ verschiedene Ereignisabfolgen möglich.

3. Die Wahrscheinlichkeit, bei 4-maligem Werfen einer Münze die Reihenfolge Kopf, Zahl, Kopf, Zahl zu erhalten, ist $p = \frac{1}{2^4} = \frac{1}{16} = .0625$. Man stellt in diesem Beispiel einen günstigen Ausgang in Relation zu 16 möglichen Ausgängen.

4. Die Wahrscheinlichkeit, in einer Klausur bei 5 Multiple-choice-Fragen mit je 4 Antwortmöglichkeit nur durch Raten sämtliche Aufgabe richtig zu lösen, ist $p = \frac{1}{4^5} = \frac{1}{1024} = .0009766$.

2. Variationsregel

Anmerkung: In Reihenfolge, mit Zurücklegen, unterschiedlich große Teilereignisräume

Definition: Bei n voneinander unabhängigen Ereignissen mit n verschieden großen Ereignisräumen $a_1, \ldots, a_n$ sind $a_1 \cdot a_2 \cdot a_3 \cdot \ldots \cdot a_n$ verschiedene Ereignisabfolgen möglich.

Beispiele:

1. Wie viele mögliche Ereignisabfolgen gibt es, wenn zuerst eine Münze und anschließend ein Würfel geworfen werden?
   Es gibt $a_1 \cdot a_2 = 2 \cdot 6 = 12$ mögliche Ausgänge.

2. Wie groß ist die Wahrscheinlichkeit, in einem Multiple-choice-Test durch Raten alle Fragen richtig zu haben, wenn dieser aus 4 Fragen mit 3, 4, 5 und wieder 4 Antwortmöglichkeiten besteht?
   $p = \frac{1}{3 \cdot 4 \cdot 5 \cdot 4} = \frac{1}{240} = .00417$

Permutationsregel

Anmerkung: In Reihenfolge, ohne Zurücklegen, vollständige Ziehung

Definition: n verschiedene Objekte können in n! unterschiedlichen Abfolgen angeordnet werden.

Anmerkung: $n!$ wird als n Fakultät bezeichnet und es gilt:
$n! = n \cdot (n-1) \cdot (n-2) \cdot \ldots \cdot 2 \cdot 1$.

Beispiele:

1. Wieviele Möglichkeiten von unterschiedlichen Reihenfolgen sind bei 5 verschiedene Tests möglich?
   Es gibt $5! = 5 \cdot 4 \cdot 3 \cdot 2 \cdot 1 = 120$ Möglichkeiten.

2. In wievielen Reihenfolgen können 25 Studenten nacheinander in einem Seminarraum erscheinen?
   Es gibt $25! = 1,551121 \cdot 10^{25}$ Möglichkeiten.

1. Kombinationsregel

Anmerkung: In Reihenfolge, ohne Zurücklegen, teilweise Ziehung

Definition: Werden aus n verschiedenen Objekten r Objekte zufällig ausgewählt, so ergeben sich $\frac{n!}{(n-r)!}$ verschiedene Reihenfolgen für die r Objekte.

Beispiel: Frank wählt mit verbundenen Augen 5 T-Shirts von den insgesamt 12 aus seinem Schrank aus. Wieviele Kombinationen sind möglich, wenn die Reihenfolge der gezogenen T-Shirts berücksichtigt wird?

$$\frac{n!}{(n-r)!} = \frac{12!}{(12-5)!} \tag{5.50}$$

$$= \frac{12!}{7!} \tag{5.51}$$

$$= \frac{12 \cdot 11 \cdot \ldots \cdot 1}{7 \cdot 6 \cdot \ldots \cdot 1} \tag{5.52}$$

$$= 12 \cdot 11 \cdot 10 \cdot 9 \cdot 8 \tag{5.53}$$

$$= 95040 \text{ Kombinationen} \tag{5.54}$$

Wenn Frank die Reihenfolge der gezogenen T-Shirts berücksichtigt, gibt es 95040 Kombinationsmöglichkeiten.

2. Kombinationsregel

Anmerkung: Ohne Reihenfolge, ohne Zurücklegen, teilweise Ziehung

Definition: Werden aus n verschiedenen Objekten r Objekte zufällig ausgewählt und wird die Reihenfolge dieser r Objekte außer Acht gelassen, so ergeben sich für die r ausgewählten Objekte $\binom{n}{r}$ Möglichkeiten.

Anmerkung: $\binom{n}{r}$ wird als "n über r" bezeichnet und ist folgendermaßen definiert:

$$\binom{n}{r} = \frac{n!}{r! \cdot (n-r)!} \tag{5.55}$$

Beispiel: Frank zieht wiederum 5 T-Shirts von insgesamt 12 aus seinem Schrank, die er in einen Koffer packt. Bei der Frage, welche Kombination er mit auf eine Reise genommen hat ist die Reihenfolge der T-Shirts irrelevant.

$$\binom{n}{r} = \frac{n!}{r! \cdot (n-r)!} \tag{5.56}$$

$$= \frac{12!}{5! \cdot (12-5)!} \tag{5.57}$$

$$= \frac{12!}{5! \cdot 7!} \tag{5.58}$$

$$= 792 \tag{5.59}$$

Es gibt 792 mögliche Kombinationen von T-Shirts.

Ein weiteres Beispiel für die 2. Kombinationsregel ist die Ziehung der Lottozahlen. Dort werden 6 Kugeln aus 49 gezogen.

$$\binom{n}{r} = \frac{n!}{r! \cdot (n-r)!} \tag{5.60}$$

$$= \frac{49!}{6! \cdot (49-6)!} \tag{5.61}$$

$$= 13983816 \tag{5.62}$$

Somit gibt es über 13 Millionen Möglichkeiten für das Ausfüllen eines Lottoscheins.

3. Kombinationsregel

Anmerkung: Ohne Reihenfolge, ohne Zurücklegen, verschieden große Untergruppen

Definition: Die Anzahl der Möglichkeiten, n Objekte in i Untergruppen der Größe $r_1, r_2, \ldots, r_i$ aufzuteilen, wird über den Multinominalkoeffizienten berechnet:

$$\frac{n!}{r_1! \cdot r_2! \cdot \ldots \cdot r_i!} \tag{5.63}$$

Möglichkeiten.

Beispiel: Wieviele Möglichkeiten gibt es, 10 Personen in eine Zweier-, eine Dreier- und eine Fünfergruppe aufzuteilen?

$$\frac{n!}{r_1! \cdot r_2! \cdot \ldots \cdot r_i!} = \frac{10!}{2! \cdot 3! \cdot 5!} \tag{5.64}$$

$$= \frac{3628800}{2 \cdot 6 \cdot 120} \tag{5.65}$$

$$= 2520 \tag{5.66}$$

Es gibt also 2520 Möglichkeiten zur Bildung von Untergruppen.

Ziehen ohne Reihenfolge mit Zurücklegen

Der Vollständigkeit halber soll auch noch dieser letzte Fall dargestellt werden.

> **Definition:** Werden aus n Objekten r gezogen und das gezogene Objekt immer wieder zurückgelegt, so berechnet sich die Anzahl der Möglichkeiten ohne Berücksichtigung der Reihenfolge wie folgt:
>
> $$\binom{n+r-1}{r} = \frac{(n+r-1)!}{r! \cdot (n-1)!} \qquad (5.67)$$

Beispiel: Wie würde sich die Anzahl der Möglichkeiten beim Lotto (6 aus 49) verändern, wenn jede gezogene Kugel wieder in die Urne kommen würde?

$$\binom{49+6-1}{6} = \binom{54}{6} \qquad (5.68)$$

$$= \frac{54!}{6! \cdot 48!} \qquad (5.69)$$

$$= 25827165 \qquad (5.70)$$

Die Anzahl der Möglichkeiten steigt von 13983816 beim Ziehen ohne Zurücklegen auf 25827165 Möglichkeiten beim Ziehen mit Zurücklegen.

Überblick zum Thema Kombinatorik

Tabelle 5.1 stellte die Regeln der Kombinatorik im Überblick zusammen.

Tabelle 5.1: Eine Entscheidungshilfe zur Kombinatorik

	zurückgelegt	nicht zurückgelegt
in Reihenfolge	identische Teilereignisseräume	teilweise Ziehung
	a^k	$\frac{n!}{(n-r)!}$
	verschiedene Teilereignisseräume	vollständige Ziehung
	$\prod_{i=1}^{n} a_i$	$n!$
ohne Reihenfolge	$\binom{n+r-1}{r}$	$\binom{n}{r}$
		verschiedene Teilgruppen
		$\frac{n!}{r_1! \cdot r_2! \cdot \ldots \cdot r_i!}$

5.5 Wahrscheinlichkeitsfunktionen

In diesem Abschnitt werden mathematische Funktionen zur Bestimmung von Wahrscheinlichkeitsfunktionen und Verteilungsfunktionen für Zufallsvariablen definiert.

Zufallsvariable X

Die möglichen Ausgänge eines Zufallsexperiments können durch eine mathematische Funktion, eine Zufallsvariable, dargestellt werden. Diese Zufallsvariable X ist eine Funktion, die den Ergebnissen eines Zufallsexperiments eine reelle Zahl zuordnet. Diese Ergebnisse können Elementarereignisse oder Ereignisse sein.

Beispiel: Die Augenzahl nach einmaligem Werfen eines Würfels:
$X = \{1,2,3,4,5,6\}$
$p(1) = \frac{1}{6}, \quad p(2) = \frac{1}{6}, \quad p(3) = \frac{1}{6}, p(4) = \frac{1}{6}, \quad p(5) = \frac{1}{6}, \quad p(6) = \frac{1}{6}$

Diese Zufallsvariablen können diskret oder stetig sein. Zufallsvariablen sind diskret, wenn die Ergebnisse eines Zufallsexperiments gezählt werden können und stetig, wenn die Werte beliebig genau sein können.

In der Inferenzstatistik werden die Ergebnisse aus den Ziehen einer Stichprobe als Ausgänge eines Zufallsexperimentes gesehen. **Stichprobenergebnisse**, wie beispielsweise die Größe des $\bar{x}$-Wertes (Mittelwertes) in einer zufällig gezogenen Stichprobe stellt eine Realisierung einer Zufallsvariable X dar. Die Größe des $\bar{x}$-Wertes hängt von der zufälligen Zusammensetzung der Stichprobe ab. Wenn beispielsweise eine Gruppe von Versuchspersonen ein Medikament zur Steigerung der Konzentrationsfähigkeit einnimmt und dann eine bessere Leistung als eine Kontrollgruppe (ohne Medikament) erzielt, sind zwei Ursachen möglich:

1. Das Medikament hatte eine Wirkung.

2. Zufällig wurden die Versuchspersonen mit der besseren Konzentrationsfähigkeit der Untersuchungsgruppe zugeordnet.

Zur Bestimmung der Auftretenswahrscheinlichkeit einer bestimmten Realisierung der Zufallsvariablen benötigt man die zugrundeliegende Wahrscheinlichkeitsfunktion. Es werden zwei Arten von Wahrscheinlichkeitsverteilungen unterschieden:

- die diskrete Wahrscheinlichkeitsverteilung
  (Binomialverteilung, Bernoulliverteilung, Hypergeometrische Verteilung)

- die stetige Wahrscheinlichkeitsverteilung
  (Normalverteilung, Standardnormalverteilung, χ^2-Verteilung, t-Verteilung, F-Verteilung)

Der Unterschied zwischen den beiden Verteilungenarten ist analog zum Unterschied zwischen diskreten und stetigen Variablen.

Diskrete Wahrscheinlichkeitsverteilung

Die Ergebnisse eines Zufallsexperiments mit einer diskreten Variablen sind abzählbar beziehungsweise können kategorisiert werden. Beispielsweise ist es beim Werfen eines Würfels nur möglich eine Zahl aus der Menge $X = \{1,2,3,4,5,6\}$ zu werfen. Der Wurf eine 2,6 ist hingegen nicht realisierbar. Die Anzahl der Seiten eines Würfels können gezählt und kategorisiert werden. Daher handelt es sich hierbei um eine diskrete Verteilung.

Definition: $f(X)$ sei die Wahrscheinlichkeitsfunktion einer diskreten Zufallsvariablen. Für diese gilt:

$$f(X) = \begin{cases} p_i & : \text{ für } X = x_i \\ 0 & : \text{ für alle übrigen } x. \end{cases} \qquad (5.71)$$

mit

$$\sum_{i=1}^{N} f(x_i) = 1 \qquad (5.72)$$

Beispiel: Abbildung 5.10 stellt eine diskrete Wahrscheinlichkeitsfunktion für die Summe der Augenzahlen beim gleichzeitigen Werfen zweier Würfel dar. Es ergeben sich verschiedene Kombinationen für die einzelnen Summen. So kann die Augensumme 4 mit den Kombinationen 1-3, 2-2 und 3-1 erreicht werden, während die Augensumme 12 nur mit der Kombination 6-6 erreicht werden kann. Die möglichen Summen sind auf der Abszisse eingetragen, während die Auftretenswahrscheinlichkeiten jeder Summe auf der Ordinate abgetragen sind.

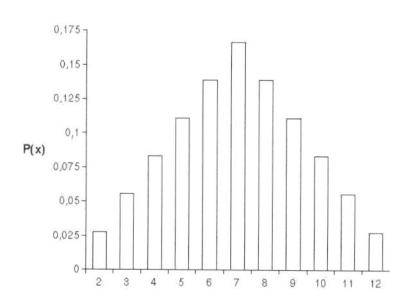

Abbildung 5.10: Diskrete Wahrscheinlichkeitsverteilung

X beschreibt die Menge aller möglichen Summen beim gleichzeitigen Werfen von 2 Würfeln:

$$X = \{\text{"Summe der Augenzahl"}\} \qquad (5.73)$$
$$= \{2,3,4,5,6,7,8,9,10,11,12\} \qquad (5.74)$$

x_i beschreibt den Ausgang eines Experiments, wie zum Beispiel:

$$x_i = \{6\} \qquad (5.75)$$

Für jedes Ereignis wurde eine Wahrscheinlichkeit p berechnet.

Nachdem die stetige Wahrscheinlichkeitsverteilung erläutert wurde, werden später in diesem Kapitel die Binomialverteilung, die Bernoulliverteilung und hypergeometrische Verteilung vorgestellt.

Stetige Wahrscheinlichkeitsverteilung

Stetige Wahrscheinlichkeitsfunktionen beschreiben die Ergebnisse eines Zufallsexperiments in dem unendlich viele Elementarereignisse realisiert werden können. So entsteht eine stetige **Dichtefunktion** der Wahrscheinlichkeitsverteilung. Im Gegensatz zur diskreten Wahrscheinlichkeitsverteilung weist die Funktion in Abbildung 5.11 keine "Lücken" zwischen möglichen Ereignissen auf.

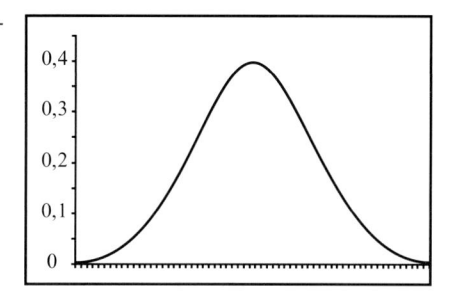

Abbildung 5.11: Dichtefunktion einer stetigen Wahrscheinlichkeitsverteilung

Beispiel: Der Messung von Gewicht, Zeit oder Körpergröße kann eine stetige Wahrscheinlichkeitsfunktion zugrundeliegen.

Die Betrachtung eines einzelnen Ereignisses in einer stetigen Wahrscheinlichkeitsverteilung ist nicht sinnvoll, da die Wahrscheinlichkeit für ein Elementarereignis immer gegen Null geht. Es ist sehr unwahrscheinlich, dass ein Student mit genau 63,793 kg an einer Lehrveranstaltung teilnimmt.

Deshalb bestimmt man die Wahrscheinlichkeit für Intervalle zwischen zwei Elementarereignissen. So kann beispielsweise die Wahrscheinlichkeit für ein Körpergewicht zwischen 60 und 65 kg berechnen werden. Die Wahrscheinlichkeit entspricht der Fläche (dem Integral) der Dichtefunktion der stetigen Wahrscheinlichkeitsverteilung in diesen Grenzen. Diese Fläche ist in der nebenstehenden Grafik zwischen den beiden Linien gelegen und kann über die folgende Gleichung berechnen werden.

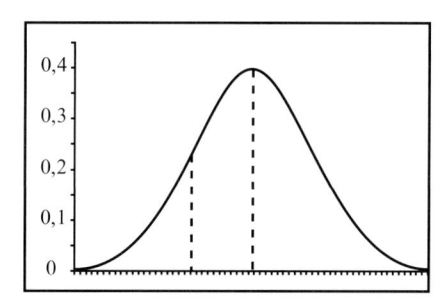

Abbildung 5.12: Wahrscheinlichkeit für ein Intervall bei einer stetigen Verteilung

Definition Es gilt:

$$p(a < X < b) = \int_a^b f(X)dX \qquad (5.76)$$

mit

$$\int_{-\infty}^{\infty} f(X)dX = 1 \qquad (5.77)$$

mit
$f(X)$: Dichtefunktion der stetigen Wahrscheinlichkeitsverteilung
a,b: untere, beziehungsweise obere Grenze des Intervalls

Im Folgenden werden zuerst verschiedene diskrete und anschließend verschiedene stetige Verteilungen kurz vorgestellt.

5.6 Die Binomialverteilung

Die Binomialverteilung beschreibt die Auftretenswahrscheinlichkeit zweier alternativer Ereignisse, wie zum Beispiel beim Münzwurf (Kopf oder Zahl, gleich wahrscheinlich) oder beim Werfen eines Würfels (6 oder keine 6 geworfen, ungleich wahrscheinlich). Sie wird durch ein **Bernoulli-Prozess** erzeugt. Dies ist eine Folge von voneinander unabhängigen Ereignissen mit jeweils 2 möglichen Ausgängen. Die Wahrscheinlichkeiten für die einzelnen Ereignisse sind dabei jeweils konstant (p beziehungsweise q=1-p).

Die Funktion der Binomialverteilung beschreibt die Wahrscheinlichkeit des k-maligen Eintreffen eines Ereignisses X bei n Ereignissen. Die Reihenfolge der Einzelereignisse wird hierbei nicht beachtet. Eine wichtige Eigenschaft der Binomialverteilung ist, dass unter Verwendung der Werte einzelner Ereignisse auch die Wahrscheinlichkeit berechnet werden kann, ob ein Ereignis k-mal oder weniger auftritt ($f(X \leq k|n)$).

Definition: Die Binomialverteilung ist gegeben durch:

$$f(X = k|n) = \binom{n}{k} \cdot p^k \cdot q^{n-k} \tag{5.78}$$

Diese Gleichung setzt sich aus drei Faktoren zusammen:

1. $\binom{n}{k}$ (sprich n über k) gibt die Anzahl aller möglichen Reihenfolgen an, die zu dem erwünschten Ereignis führen. Diesen Faktor wird als **Binomialkoeffizienten** bezeichnet. (Hierzu mehr im nächsten Abschnitt.).

2. p^k ist die Wahrscheinlichkeit für das k-malige Eintreten der "positiven" Fälle, sprich des k-maligen Eintretens des erwünschten Ereignisses.

3. q^{n-k} ist die Wahrscheinlichkeit für das (n-k)-malige Eintreffen des alternativen Ereignisses. Das Alternativereignis ist ebenfalls zu bestimmen, da beispielsweise bei 10 Würfen mit einer Münze neben 8 mal "Kopf" auch 2 mal "Zahl" eintreffen muss.

Die Binomialverteilung hat die folgenden **Eigenschaften**:

1. Sie ist unimodal und für p = q = 0,5 symmetrisch.
2. $\mu_p = n \cdot p$
3. $\sigma_p^2 = n \cdot p \cdot q$
4. Bei $n \cdot p \cdot q \geq 9$ ist die Binomialverteilung in eine Normalverteilung überführbar.

5. Bei sehr kleinem p und großem n ist sie durch die Poisson-Verteilung (siehe nächster Abschnitt) approximierbar (abschätzbar).

Über die Summe der Wahrscheinlichkeiten für einzelne Ereignisse kann die Wahrscheinlichkeit für das mehr als k-malig Auftreten ($f(X > k|n)$) bestimmt werden. Die Einzelwahrscheinlichkeiten werden in der Dichtefunktion der Binomialverteilung zusammenfasst:

$$f(X > k|n) = f(X = k+1|n) + \ldots + f(X = n-1|n) + f(X = n|n) \qquad (5.79)$$

$f(X > k|n)$ bezeichnet die Wahrscheinlichkeit für mehr als k günstige Ereignisse bei n-maligem Ziehen, während mindestens k-maligem als ($f(X \geq k|n)$) bezeichnet wird.

Analog kann die Wahrscheinlichkeit für weniger als k-maliges Auftreten (($f(X < k|n)$)) und für höchstens k-maliges Auftreten (($f(X \leq k|n)$)) bestimmt werden.

Diese Berechnungen lassen sich über die Gegenwahrscheinlichkeit vereinfachen.

Beispiel: Wie groß ist die Wahrscheinlichkeit, bei 20 Würfen mit einem sechsseitigen Würfel mindestens 2-mal eine "Eins" zu werfen?

Es gibt für diese Aufgabe zwei Lösungsmöglichkeiten:

1. Einerseits kann die Wahrscheinlichkeit über die verschiedenen Einzelwahrscheinlichkeiten berechnet werden, indem die Wahrscheinlichkeit 2-mal, 3-mal, 4-mal, ..., 20-mal eine "Eins" zu werfen bestimmt und summiert wird:

$$f(X \geq 2|20) = f(X = 2|20) + f(X = 3|20) + \ldots + f(X = 20|20) \quad (5.80)$$

   Dies ist allerdings ein extrem zeit-, fehler- und arbeitsaufwendiger Weg.

2. Andererseits kann die Aufgabe über die Gegenwahrscheinlichkeit $\bar{A}$ gelöst werden.

$$p(A) = 1 - p(\bar{A}) \qquad (5.81)$$
$$f(X \geq 2|20) = 1 - (f(X = 1|20) + f(X = 0|20)) \qquad (5.82)$$

Da die Summe aller Binomialkoeffizienten eins ergeben muss, kann über die Gegenwahrscheinlichkeit die interessierende Wahrscheinlichkeit bestimmt werden. Bei diesem Rechenweg müssen nur zwei und keine neunzehn der insgesamt einundzwanzig Binomialkoeffizienten bestimmt werden. Allerdings darf bei der Berechnung der Fall keine "Eins" zu werfen nicht vergessen werden.

Das Pascal'sche Dreieck

Zur vereinfachten Ermittlung des Binomialkoeffizienten hat der Mathematiker Blaise Pascal das sogenannte Pascal'sche Dreieck entwickelt, mit dem der Binomialkoeffizient $\binom{n}{k}$ leicht bestimmt werden kann:

	0				1		
1 $\binom{1}{x}$			1	1			
2 $\binom{2}{x}$			1	2	1		
3 $\binom{3}{x}$		1	3	3	1		
4 $\binom{4}{x}$	1	4	6	4	1		
5 $\binom{5}{x}$	1	5	10	10	5	1	

Über diesen Baum können die möglichen Ausgänge des Zufallsexperiments mit einer binomialverteilten Variablen bestimmt werden. Der Wert einer neuen Stufe ergibt sich, indem die beiden äußersten Zellen mit einer 1 versehen und die übrigen Zellen durch Addition der beiden nahestehenden Zellen ermittelt werden.

	0				1		
1 $\binom{1}{x}$			1	1			
2 $\binom{2}{x}$			1	2	1		
3 $\binom{3}{x}$		1	3	3	1		
4 $\binom{4}{x}$	1	4	6	4	1		
5 $\binom{5}{x}$	1	5	10	10	5	1	
6 $\binom{6}{x}$	1	1+5	5+10	10+10	10+5	5+1	1

Es ergeben sich somit die folgenden Werte für die letzt Zeile:

	0				1		
1 $\binom{1}{x}$			1	1			
2 $\binom{2}{x}$			1	2	1		
3 $\binom{3}{x}$		1	3	3	1		
4 $\binom{4}{x}$	1	4	6	4	1		
5 $\binom{5}{x}$	1	5	10	10	5	1	
6 $\binom{6}{x}$	1	6	15	20	15	6	1

Beispielsweise ergeben sich bei einem Experimenten mit 4 Durchgängen 6 Möglichkeiten für das 2-malige Auftreten des Ereignisses. In der 4. Zeile werden mit der Zahlenfolge 1, 4, 6, 4, 1 die Anzahl der jeweils möglichen Kombinationen für das 0-, 1-, 2-, 3- oder 4-malige Auftreten eines Ereignisses bestimmt. Hierbei ist die Reihenfolge des Auftretens nicht relevant.

Ein Sonderfall der Binomialverteilung ist die **Bernoulliverteilung**, welche eine diskrete Zufallsverteilung mit den Ergebnissen 0 und 1 beschreibt, wobei 0 die Wahrscheinlichkeit q und 1 die Wahrscheinlichketi p = 1-q hat. Diese Verteilung hat die folgenden Eigenschaften:

1. $\mu_p = p$

2. $\sigma_p = p \cdot q$

5.7 Poisson-Verteilung

Problem: Ist die Anzahl der Ereignisse N sehr groß und die Auftretenswahrscheinlichkeit p (p < .05) sehr klein, so ist der Berechnungsaufwand für die Binomialverteilung sehr groß.

Lösung: Es kann eine Approximation über die **Poisson-Verteilung** berechnet werden, da die Binomialverteilung bei sehr großem n und sehr kleinem p in die Poisson-Verteilung übergeht. Bei der Poisson-Verteilung handelt es sich um eine unendliche diskrete Verteilung.

> **Definition:** Die Poisson-Verteilung ist definiert durch:
>
> $$f(X = k|\mu) = \frac{\mu^k}{e^\mu \cdot k!} \qquad (5.83)$$
>
> mit
> $\mu = N \cdot p$
> $e = 2{,}718$ (Basis des natürlichen Logarithmus)

5.8 Hypergeometrische Verteilung

Bei der Binomialverteilung und der Poisson-Verteilung handelt es sich jeweils um ein Ziehen mit Zurücklegen bei einer unbegrenzten Anzahl von Möglichkeiten. Ist die Anzahl der Möglichkeiten begrenzt und handelt es sich um eine Ziehung ohne Zurücklegen, so muss die hypergeometrische Verteilung bestimmt werden.

> **Definition:** Die Hypergeometrische Verteilung wird durch die folgenden Parameter definiert:
>
> $$f(X = k|N,K,n) = \frac{\binom{K}{k} \cdot \binom{N-K}{n-k}}{\binom{N}{n}} \qquad (5.84)$$
>
> wobei
> N = die Anzahl aller Objekte (Population),
> n = die Anzahl der Beobachtungen (Stichprobengröße),
> K = die Anzahl aller Objekte mit dem günstigen Merkmal und
> k = die Anzahl der günstigen Beobachtungen darstellt.

Diese Form der Berechnung ist notwendig, da sich nach jeder Ziehung eines Merkmals die Wahrscheinlichkeit für die nächste Ziehung verändert.

Beispiel: Beim Skatspiel erhält jeder der drei Spieler zehn Karten aus einem Spiel mit 32 Karten. Der "Skat" mit 2 Karten wird beiseite gelegt. Es gibt 4 Asse. Wie groß ist die Wahrscheinlichkeit, dass der erste Spieler genau 3 Asse erhält?

Es sind N = 32 Karten vorhanden, von den dieser Spieler n = 10 erhält. K = 4 Karten sind günstig Ausgänge (Asse), von denen soll der Spieler k = 3 erhalten. Somit ist die gesuchte Wahrscheinlichkeit:

$$f(X = 3 | 32, 4, 10) = \frac{\binom{4}{3} \cdot \binom{32-4}{10-3}}{\binom{32}{10}} \tag{5.85}$$

$$= \frac{\binom{4}{3} \cdot \binom{28}{7}}{\binom{32}{10}} \tag{5.86}$$

$$= \frac{66}{899} \tag{5.87}$$

5.9 Normalverteilung

Für die im Abschnitt 3.5 (Seite 55) angesprochenen Normalverteilung kann auch eine Dichtefunktion bestimmt werden:

Definition: Für die Gauß'sche Normalverteilung ergibt sich die folgende Dichtefunktion:

$$p(x < a) = \int_{-\infty}^{a} \frac{1}{\sigma_x \cdot \sqrt{2 \cdot \pi}} \cdot e^{-\frac{(x-\mu)^2}{2 \cdot \sigma_x^2}} dx \tag{5.88}$$

Von den unendlich vielen möglichen Normalverteilungen wird nur die Dichtefunktion einer Normalverteilung bestimmt. Dies Normalverteilung wird über $\mu = 0$ und $\sigma = 1$ definiert und als **Standardnormalverteilung** bezeichnet. Alle anderen möglichen Normalverteilungen sind durch die z-Transformation (siehe Gleichung 3.77, Seite 56) in eine Standardnormalverteilung überführbar. Hierdurch reduziert sich die Dichtefunktion zu folgender Gleichung:

Definition: Für die Standardnormalverteilung ergibt sich die folgende Dichtefunktion:

$$p(x < a) = \int_{-\infty}^{a} \frac{1}{\sqrt{2 \cdot \pi}} \cdot e^{-\frac{x^2}{2}} dx \tag{5.89}$$

Die Werte dieser Dichtefunktion sind in den Tabellen B.8 bis B.15 (Seite 440 bis 447) dargestellt.

Die Standardnormalverteilung ist das mathematische Verteilungsmodell, welches vielen statistischen Kennwerten zugrundeliegt. Auch sind viele psychologisch relevante Merkmale annähernd normalverteilt. Grundlegend ist die Normalverteilung auch, weil sich weitere wichtige Verteilungen aus ihr ableiten lassen (beispielsweise χ^2-Verteilung, t-Verteilung).

5.10 χ^2-Verteilung

Aus der Standardnormalverteilung lässt sich als weitere stetige Wahrscheinlichkeitsverteilung die χ^2-Verteilung (sprich Chi) ableiten.

> **Definition:** Das Quadrat einer Zufallsvariable z aus einer Standardnormalverteilung ergibt eine nicht-normalverteilte χ^2-Verteilung.
>
> $$\chi_1^2 = z^2 \qquad (5.90)$$

Durch unendliche viele Ziehungen wird eine Dichtefunktion bestimmt. Für die Summe von zwei unabhängigen, standardnormalverteilten Zufallsvariablen ergibt sich der folgende χ^2-Wert.

$$\chi_2^2 = z_1^2 + z_2^2 \qquad (5.91)$$

Werden m unabhängige, standardnormalverteilte Zufallsvariablen herangezogen, ergibt sich diese χ_m^2-verteilte Zufallsvariable:

$$\chi_m^2 = z_1^2 + z_2^2 + \ldots + z_m^2 \qquad (5.92)$$
$$= \sum_{i=1}^{n} z_i^2 \qquad (5.93)$$

Die Anzahl der unabhängigen Zufallsvariablen definiert den Freiheitsgrad der Dichtefunktion, wobei diese in Abhängigkeit von den Freiheitsgraden definiert ist.

> **Definition:** Wenn die stetige Zufallsgröße X χ^2-verteilt ist und m Freiheitsgrade (df) hat, dann gilt für ihre Dichte $f_X(x)$:
>
> $$f_X(x) = \begin{cases} 0 & \text{für } x \leq 0 \\ \frac{1}{c_m} \cdot x^{\frac{m}{2}-1} \cdot e^{-\frac{x}{2}} & \text{für } x > 0 \end{cases} \qquad (5.94)$$
> $$(5.95)$$
>
> mit den Normierungskonstanten $c_1 = \sqrt{2 \cdot \pi}, c_2 = 2, c_m = 2 \cdot 2 \cdot 4 \cdot \ldots \cdot (m-2)$ bei geradem $m > 3$ und $c_m = \sqrt{2 \cdot \pi} \cdot 1 \cdot 3 \cdot \ldots \cdot (m-2)$ bei ungeradem $m > 2$.

Die χ^2-verteilte Zufallsgröße hat einen Modalwert von df - 2, wobei der Erwartungswert der Zufallsgröße dem Freiheitsgrad entspricht. Somit handelt es sich um eine linkssteile Funktion.

Die Dichtefunktion der χ^2-Verteilung dient im Kapitel 9.2 dem non-parametrischen χ^2-Test als mathematische Grundlage für inferenzstatistische Entscheidungen.

5.11 t-Verteilung

Aus der χ^2-Verteilung und der Standardnormalverteilung lässt sich wiederum die t-Verteilung ableiten. Die t-Verteilung besteht aus einem Quotienten, bei dem im Zähler eine standardnormalverteilte Zufallsgröße X_1 und im Nenner eine davon unabhängige χ^2-verteilte Zufallsgröße Y ist, welch noch durch die Anzahl der m Freiheitsgrade dividiert wird. Es gilt als:

$$X = \frac{X_1}{\sqrt{\frac{Y}{m}}} \tag{5.96}$$

Hierzu kann wieder eine Wahrscheinlichkeitsdichte definiert werden.

> **Definition:** Eine stetige Zufallsgröße X, welche t-verteilt ist mit m Freiheitgraden, hat eine Wahrscheinlichkeitsdichte von:
>
> $$f_X(x) = \frac{1}{c_m} \cdot (1 + \frac{x^2}{m})^{-\frac{m+1}{2}} \tag{5.97}$$
>
> mit einer Normierungskonstanten $c_1 = \pi, c_2 = 2 \cdot \sqrt{2}$, und $c_m = \frac{2 \cdot 4 \cdot \ldots \cdot (m-2)}{1 \cdot 3 \cdot \ldots \cdot (m-1)} \cdot 2 \cdot \sqrt{m}$ für gerades $m > 2$ und $c_m = \frac{1 \cdot 3 \cdot \ldots \cdot (m-2)}{2 \cdot 4 \cdot \ldots \cdot (m-1)} \cdot \pi \cdot \sqrt{m}$ für ungerades $m > 2$.

Wie die Standardnormalverteilung ist die t-Verteilung unimodal und symmetrisch. Sie hat bei m Freiheitsgraden eine Streuung von $\sigma = \sqrt{\frac{m}{m-2}}$ und geht für m gegen ∞ in eine Standardnormalverteilung über. Die Werte der Dichteverteilung dieser Funktion sind in den Tabellen B.6- B.7 (Seite 438 bis 439) zu finden.

5.12 F-Verteilung

Die F-Verteilung wird durch zwei χ^2-Verteilungen mit zwei Freiheitsgraden m_1 und m_2 definiert. Sie entsteht als Quotient zweier unabhängiger χ^2-Verteilungen Y_1 und Y_2, welche jeweils durch die Anzahl der Freiheitsgrade dividiert werden:

$$X = \frac{\frac{Y_1}{m_1}}{\frac{Y_2}{m_2}} \tag{5.98}$$

> **Definition:** Die Dichtefunktion für die F-Verteilung lautet:
>
> $$f_X(x) = \begin{cases} 0 & \text{für } x \leq 0 \\ \frac{1}{c_{m_1,m_2}} \cdot x^{\frac{m_1}{2}-1} \cdot (m_1 \cdot x + m_2)^{-\frac{m_1+M_2}{2}} & \text{für } x > 0 \end{cases} \quad (5.99)$$
>
> $$(5.100)$$
>
> Auf die Angaben der Normierungskonstanten soll wegen ihrer Komplexität an dieser Stelle verzichtet werden.

Die Anwendungsmöglichkeiten der F-Verteilung wird bei den Erläuterungen zur Varianzanalyse deutlich werden (siehe Kapitel 14 und folgende ab Seite 271).

5.13 Zusammenfassung

In diesem Kapitel wurde die Wahrscheinlichkeit für das Eintreten eines Ereignisses definiert. Es ist zwischen der **Wahrscheinlichkeit nach Laplace ("a priori"-Wahrscheinlichkeit)** und der **Wahrscheinlichkeit nach Bernoulli ("a posteriori"-Wahrscheinlichkeit)** zu unterscheiden.

Mit dem **Additions-** und dem **Multiplikationstheorem** können die Auftretenswahrscheinlichkeiten für verknüpfte Ereignisse entsprechend dem logischen **Oder** beziehungsweise dem logischen **Und** bestimmt werden.

Die **bedingte Wahrscheinlichkeit** und das **Theorem von Bayes** erlauben Aussagen über die Auftretenswahrscheinlichkeit für ein Ereignis B unter Berücksichtigungen von Wissen über das Auftreten des Ereignisses A.

Mit Hilfe der **Kombinatorik** kann die Anzahl der Möglichkeiten von Kombinationen mehrerer Elementen bestimmt werden, wobei berücksichtigt wird, ob es sich um eine Ziehen mit oder ohne Zurücklegen handelt und ob die Reihenfolge der Ziehung relevant ist oder nicht.

Für **diskrete Wahrscheinlichkeitsverteilungen** (Binomialverteilung, Bernoulliverteilung, Hypergeometrische Verteilung) und für **stetige Wahrscheinlichkeitsverteilung** (Normalverteilung, Standardnormalverteilung, χ^2-Verteilung, t-Verteilung, F-Verteilung) können mathematische Dichtefunktionen bestimmt werden, welche Entscheidungsgrundlage der Inferenzstatistik sind.

5.14 Aufgaben

1. Wie groß ist die Wahrscheinlichkeit für das Komplementärereignis $\bar{A}$ von A, wenn p(A) = .25 ist?

2. Welcher Sachverhalt gilt für zwei disjunkte Ereignisse A und B?

3. Was bedeutet der Ausdruck $p(A|B)$? Bitte geben Sie die algebraische Gleichung an und erläutern Sie die inhaltliche Bedeutung der Gleichung.

4. Wie groß ist die Wahrscheinlichkeit, mit einem Würfel 3-mal nacheinander eine 5 zu werfen?

5. a) Gegeben sei ein Skatblatt mit 32 Karten, das 4 Asse enthält. Wie groß ist die Wahrscheinlichkeit nacheinander 3 Asse abzuheben?

   b) Wie groß ist diese Wahrscheinlichkeit, wenn vor jedem Ziehen die zuvor gezogene Karte wieder in den Stapel gemischt wird?

6. Ein Fragebogen hat 18 Fragen mit den Antwortkategorien "ja", "nein" und "ich weiß nicht". Wieviele verschiedene Möglichkeiten gibt es, den Bogen zu beantworten?

7. Student Martin hat 4 Psychologiebücher gekauft. Wieviele Kombinationsmöglichkeiten hat er, sie in seinem Regal aufzustellen?

8. Sie wollen eine Untersuchung über soziale Prozesse in Gruppen unterschiedlicher Größe durchführen. Wieviele Möglichkeiten gibt es, 15 Versuchspersonen in eine Dreier, eine Fünfer und eine Siebener- Gruppe einzuteilen?

9. Wie groß ist die Wahrscheinlichkeit, dass die ersten 6 Studentinnen eines Tutorats nach der Größe geordnet ankommen?

10. Ein Mann behauptet Grafologe zu sein. Er ordnet 5 Handschriften 5 verschiedenen Fotografien zu. Wie groß ist die Wahrscheinlichkeit, dass er die richtige Zuordnung durch Zufall findet?

11. Wie groß ist die Wahrscheinlichkeit, nacheinander aus einem Skatblatt das "Kreuz-As" zu ziehen, eine "Sechs" zu würfeln und im Münzwurf "Zahl" zu werfen?

12. Wie wird eine Folge zufälliger, von einander unabhängiger Ereignissen mit konstanter Auftretenswahrscheinlichkeit p bezeichnet?

13. Wie groß ist die Wahrscheinlichkeit, bei 8-maligem Würfeln höchstens einmal eine "Sechs" zu werfen?

14. In einem Statistik-Tutorat sind 30 Studentinnen anwesend. Die Tutorin stellt 30 Fragen, wobei die befragte Person zufällig ausgewählt wird. Wie groß ist die Wahrscheinlichkeit ...

    a) als Studentin kein einziges Mal aufgerufen zu werden?

    b) mindestens 1-mal aufgerufen zu werden?

    c) genau 3-mal aufgerufen zu werden?

15. 70% aller angehenden Diplom-Psychologen sind weiblich. 75% aller Diplom-Psychologen streben nach dem Abschluss eine Ausbildung zum Therapeuten an. Unter den Psychologinnen machen 90% eine Ausbildung zur Therapeutin. Wieviel groß ist der Frauenanteil unter den Therapeuten?

6 Stichprobentheorie

Schlagworte
- ▷ Uneingeschränkte Zufallsauswahl
- ▷ Geschichtete Zufallsauswahl
- ▷ Mehrstufige Zufallsauswahl
- ▷ Klumpenauswahl
- ▷ Quotenauswahl
- ▷ Ad hoc-Auswahl
- ▷ theoriegeleitete Auswahl
- ▷ Vertrauensintervall
- ▷ zentraler Grenzwertsatz
- ▷ Standardfehler

6.1 Auswahlverfahren

Bevor in einer empirischen Studie Messungen durchführen werden können, muss die zu untersuchende Stichprobe mit Hilfe eines Auswahlverfahren bestimmt werden. Dieses Auswahlverfahren und die daraus resultierende Auswahl der Stichprobenmitglieder hat eine entscheidende Bedeutung für das weitere Vorgehen, da hierdurch der Grad der statistische **Repräsentativität** der untersuchten Stichprobe bestimmt wird. Aus methodischer Sicht ist eine Stichprobe repräsentativ, wenn alle Mitglieder der untersuchten Stichprobe zufällig aus der Population um Teilnahme gebeten wurden. Man spricht nur dann von einer hohen **externen Validität** (=Gültigkeit für die Population). Der Grad der Repräsentativität der Stichprobe für die Population bestimmt die Reichweite und auch die Grenzen möglicher Schlussfolgerungen aus statistischen Analysen.

Beispiel: In einer Studie zum Umweltbewusstsein der Bundesbürger sollten die zu untersuchenden Personen zufällig ausgewählt werden, damit die Chancen aller Bundesbürger an der Befragung teilzunehmen, gleich sind. Wird hingegen eine analoge Fragebogenaktion auf dem Campus einer Universität durchgeführt, ist immer mit einen sogenannten **Bias**, einer Verzerrung, in eine bestimmte Richtung zu rechnen. Haben also nur Studierenden eine Chance, an der Befragung teilzunehmen, ist die Generalisierung (=Verallgemeinerung) der Studienergebnisse auf alle Bundesbürger in Frage zu stellen.

Nur über die Auswahl eines angemessen Verfahrens zur Stichprobenziehung und dessen konsequente Umsetzung wird eine solche Verzerrung der Untersuchungsergebnisse vermieden.

Anmerkung: Bei vielen psychologischen Untersuchungen können aus organisatorischen und finanziellen Gründen nur Studierende des Grundstudiums als Probanden gewonnen werden. Diese sind psychologischen Untersuchungen gegenüber sehr aufgeschlossen und sind an vielen Universitäten auch verpflichtet eine bestimmte Anzahl sogenannter Versuchspersonenstunden ableisten. Die Übertragbarkeit der Ergebnisse derartiger Untersuchungen auf die Population aller Bundesbürger muss für die jeweilige Untersuchung diskutiert werden.

Es werden zwei Gruppen von Auswahlverfahren (Stichprobenziehungen) mit verschiedenen Subtypen unterschieden:

1. Zufallsgesteuerte Auswahlverfahren:
    a) Uneingeschränkte Zufallsauswahl
    b) Geschichtete Zufallsauswahl
    c) Mehrstufige Zufallsauswahl
    d) Klumpenauswahl

2. Nichtzufallsgesteuerte Auswahlverfahren:
    a) Quotenauswahl
    b) Ad hoc-Auswahl
    c) theoriegeleitete Auswahl

Zufallsgesteuerte Auswahlverfahren sollten verwendet werden, da viele statistischen Verfahren eine Zufallsstichprobe voraussetzen (Diehl & Kohr, 1977). Auch maximieren zufallsgesteuerte Auswahlverfahren die Validität einer Untersuchung, da durch die Wahl dieses Verfahrens ein Selektionsbias vermieden wird.

6.2 Zufallsgesteuerte Auswahlverfahren

Uneingeschränkte Zufallsauswahl

Die uneingeschränkte Zufallsauswahl gewährleistet die Repräsentativität einer Stichprobe. Jedes Mitglied der Population hat gleich große Chancen, in die Stichprobe aufgenommen zu werden. Dies setzt die Kenntnis aller Mitglieder der Population in eine Art "Zentralregister" voraus. Aus diesem können beispielsweise mit Hilfe eines Zufallsprogramms die Personen gezogen werden.

Beispiel: Das Einwohnermeldeamt der Stadt Freiburg oder das zentrale Amt zur Registrierung aller Kraftfahrer in Flensburg haben solche Zentralregister, aus denen zufällig bestimmte Mitglieder gezogen und der Stichprobe zugeordnet werden.

Anmerkung: Das zufällige Ziehen einer Stichprobe erfolgt in der Praxis meistens über softwaregenerierte **Zufallslisten**. Aber auch bei computergestützten Selektionsverfahren muss überprüft werden, ob eine der Gruppen nicht überzufällig oft belegt wird.

Geschichtete Zufallsauswahl

Da diese Zentralregister oft nicht vorhanden oder zugänglich sind, wird die Stichprobe oft aus einer Teilpopulation gezogen. Bei der geschichteten Zufallsauswahl wird eine Stichprobe so bestimmt, dass die für die Untersuchung relevanten Merkmalen wie in der Population geschichtet sind.

Beispiel: Für eine Untersuchung zur Studienmotivation an Universitäten stehen unterschiedliche Gruppen von Studenten zur Verfügung. Die Gruppe der Hydrologiestudierenden ist sicherlich kleiner als die Gruppe der angehenden Juristen und es wird angenommen, dass sich diese beiden Gruppen hinsichtlich der Studienmotivation unterscheiden. Diese Unterschiede des Gruppenumfangs sind durch "Schichtung" der Stichprobe zu berücksichtigen, indem das Verhältnis der Studentenzahl in den jeweiligen Fächer auf die Stichprobe übertragen wird.

Vorteil: Homogeneren Merkmalsverteilungen in den Teilpopulationen implizieren einen kleineren Standardfehler und somit eine präzisere Schätzung.

Wieso? Weshalb? Warum?

Warum ist bei den Auswahlverfahren der Standardfehler so interessant?

Der **Standardfehler** ist ein Maß für die Genauigkeit der Schätzung eines Populationsparameters. Aus dem Standardfehler kann ein Toleranzbereich abgeleitet werden, in dem mit einer bestimmten Wahrscheinlichkeit der wahre Populationsparameter liegt. Der Standardfehler und somit auch dieser Toleranzbereich sollte möglichst klein sein. Zur Berechnung des Standardfehlers müssen einige Voraussetzungen erfüllt sein. Beispielsweise muss es sich um eine zufällige Ziehung handeln. Die Berechnung des Standardfehlers des Mittelwertes wird später in diesem Kapitel erläutert.

Mehrstufige Zufallsauswahl

Zur Reduzierung des Organisations- und Kostenaufwands empfiehlt sich die mehrstufige Zufallsauswahl. Hierbei werden durch Zufallsauswahl zunächst Teilpopulationen aus der Gesamtpopulation gezogen, in denen weiter "stufenweise" Teilpopulationen ausgewählt werden.

Beispiel: Bei einer Untersuchung zur Analyse des Einflusses eines Herzinfarkts auf das Freizeitverhalten nach dem Infarkt wird zuerst aus der Menge aller Städte mit Kliniken zufällig eine Stadt ausgewählt. Anschließend werden in dieser Stadt zufällig eine der Kliniken bestimmt und dort schließlich die Patienten nochmals zufällig ausgewählt.

Nachteil: Ist die Merkmalsverteilung in den Teilpopulationen nicht mit der Merkmalsverteilung der Gesamtpopulation identisch, nimmt der Standardfehler zu.

Klumpenauswahl

Die Klumpelauswahl ist ein Spezialfall der mehrstufigen Zufallsauswahl. Ein Klumpen ist eine Teilpopulationen, welche vollständig erhoben wird. Bei einer Klumpenauswahl kann es mehrere Klumpen geben.

Beispiele: In mehreren zufällig ausgesuchten Landkreisen auf der Schwäbischen Alb werden alle Bauernhöfe hinsichtlich ihrer Einstellung zur EU befragt. Somit repräsentieren die Landkreise die Teilpopulationen, in denen eine Totalerhebung stattfindet.
Ein weiteres Beispiel ist die Microzensustudie des Statistischen Bundesamtes[1]. Die Studie integriert jährlich 1% aller Haushalte in Deutschland (laufende Haushaltsstichprobe). Insgesamt nehmen rund 370 000 Haushalte mit 820 000 Personen teil (davon etwa 160 000 Personen in rund 70 000 Haushalten in den neuen Bundesländern und Berlin-Ost). Alle Haushalte der Bundesrepublik haben hier die gleiche Auswahlwahrscheinlichkeit (Zufallsstichprobe). Es wird eine einstufige geschichtete Flächenstichprobe durchgeführt: Aus dem gesamten Bundesgebiet werden Flächen (Auswahlbezirke) ausgewählt, in denen **sämtliche** Haushalte und Personen befragt werden. Die Auswahlbezirke werden aus dem Material der Volkszählung 1987 gebildet, wobei jährlich ein Viertel der in der Stichprobe enthaltenen Haushalte (bzw. Auswahlbezirke) ausgetauscht wird. Es bleibt jeder Haushalt vier Jahre in der Stichprobe (Verfahren der partiellen Rotation).

6.3 Nichtzufallsgesteuerte Auswahlverfahren

Quotenauswahl

Bei der Quotenauswahl wird eine Stichprobe so erhoben, dass die prozentualen Anteile von als relevant betrachteten Merkmale wie Alter, sozialer Status, Bildung etc. den Anteilen in der Population entsprechen. Die Quotenmerkmale werden gewöhnlich mehr oder weniger theoriegeleitet gewählt ohne einen statistischen Beleg für einen Einfluss dieser Merkmale auf die untersuchten Variablen. Die Auswahl ist innerhalb der Quoten relativ willkürlich. Im Allgemeinen funktioniert diese Form der Auswahl zwar recht gut, aber es handelt sich hierbei um **keine** Zufallsauswahl. Die Quotenauswahl wird typischerweise von Meinungsforschungsinstituten angewendet.

Beispiel: Bei Wahlvorhersagen wird in der Regel eine Quotenauswahl getroffen. Je nach Übereinstimmungsgrad mit dem Wahlergebnis wird die Quotenstichprobe anschließend (bis zur nächsten Wahl) modifiziert.

Nachteil: Die Voraussetzungen für die Berechnung des Standardfehlers sind nicht gegeben.

---

[1] Mehr dazu unter http://www.destatis.de/themen/d/thm_mikrozen.htm

Ad hoc-Auswahl

Bei der Ad hoc-Auswahl werden die ersten N zur Verfügung stehenden Personen in die Stichprobe aufgenommen. Dies ist selbstverständlich keine zufällige Auswahl, sondern eine sogenannte **Gelegenheitsstichprobe**.

Beispiel: Eine Befragung der ersten 100 Personen, die nach 9 Uhr morgens durch das Brandenburger Tor in Berlin gehen, wäre eine "ad hoc" Stichprobe. Gerade an diesem Ort wird man allerdings eher Touristen und weniger Berufstätige antreffen. Es wird auch einen Einfluss auf die Untersuchungsergebnisse haben, ob man zufällig eine Reisegruppe aus Hamburg oder Oberbayern "erwischt". Ein Wahlvorhersage aufgrund dieser Ad hoc-Stichprobe wird kaum eine befriedende Schätzung liefern.

Nachteil: Die Voraussetzungen des Standardfehlers sind nicht erfüllt.

Theoriegeleitete Auswahl

Die theoriegeleitete Stichproben wird nach theoretischen Vorüberlegungen des Forschenden bestimmt. Durch die Auswahl sehr typischer oder sehr untypischer Fälle werden oft in der qualitativen Forschung, beispielsweise bei Einzelfalluntersuchungen, neue Erkenntnisse gewonnen.

6.4 Schätzungen

Nach der Auswahl einer Stichprobe erfolgt die Messung der relevanten Merkmale. Die erhobenen Daten dienen einerseits zur Bestimmung der Stichprobenkennwerte, während anderseits mit Hilfe der Inferenzstatistik eine Schätzung der entsprechenden Populationskennwerte durchgeführt wird. Durch die Inferenzstatistik können weitere Erkenntnisse aus den Daten abgeleitet werden. Die Testung von Hypothesen über Unterschiede zwischen Gruppen wird in den folgenden Kapiteln behandelt. An dieser Stelle soll zunächst auf die Schätzung von Populationsparametern durch die in einer Stichprobe ermittelten statistischen Kennwerte eingegangen werden. Hierbei gelten die Stichprobenkennwerte als Schätzmaße für den Populationsmittelwert. An ein Schätzmaß gibt es eine Reihe von Anforderungen. Harms (1998) und Bortz (1999) definieren am Beispiel des Populationsmittelwertes μ einer Normalverteilung diese Anforderungen an einen Schätzwert:

1. **Erwartungstreue**
   Der Schätzer soll eine unverzerrte Schätzung liefern (unbiased estimation), das heißt, es liegen keine systematischen Verzerrungen (bias) vor. Dies trifft bei einer Normalverteilung für Median, Modalwert und Mittelwert zu. Bei diesen drei Kennwerten entspricht der jeweilige Erwartungswert[2] dem zugehörigen Populationsparameter.

---
[2]Eine Einführung in die Theorie der Erwartungswerte ist im Anhang A.3, Seite 426, zu finden.

2. **Konsistenz**
Ein konsistenter Schätzer sollte mit steigender Stichprobengröße eine präzisere Schätzung abgeben. Auch dies trifft für Median, Modalwert und arithmetisches Mittel zu.

3. **Effizienz**
Die Schätzung sollte möglichst "wirksam" erfolgen. Das heißt, die Streuung des Schätzers sollte möglichst gering ausfallen. Das arithmetische Mittel $\bar{x}$ ist der effizienteste Schätzer für die Maße der zentralen Tendenz, da die Standardfehler von Modalwert und Median größer sind als der Standardfehler des arithmetisches Mittels (Genaueres hierzu siehe Tabelle 6.1, Seite 118).

4. **Exhaustivität**
Ein Schätzwert ist exhaustiv (erschöpfend), wenn sämtliche Daten berücksichtigt werden, so dass durch die Berechnung eines weiteren statistischen Kennwertes keine zusätzlichen Informationen mehr gewonnen werden.

Es gibt generell zwei Arten von Schätzungen, die Punkt- und die Intervallschätzung.

> **Definition:** Wird zur Schätzung eines Populationsparameters nur ein Stichprobenkennwert angegeben, so handelt es sich um eine **Punktschätzung**. Wird bei einer Schätzung aber neben dem Kennwert noch ein **Konfidenzintervall** bestimmt, in welchem mit einer bestimmten Wahrscheinlichkeit der Populationswert liegt, so handelt es sich um eine **Intervallschätzung**.

Ein solches Konfidenzintervall wird bei bekanntem Mittelwert und bekannter Standardabweichung zur Bestimmung der sogenannten "normalen[3]" Bevölkerung verwendet:

$$\mu_x \pm z \cdot \sigma_x \qquad (6.1)$$

Der jeweiligen z-Wert ist den Tabellen B.8 bis B.15 (Seite 440 bis 447) zu entnehmen. Der z-Wert für das 95%-Intervall beträgt ±1,96.

Beispielsweise ist das Konfidenzintervall für den IQ ($\mu_x = 100, \sigma_x = 15$):

- untere Grenze: $\mu_x - z \cdot \sigma_x = 100 - 1{,}96 \cdot 15 = 70{,}6$ IQ-Punkte
- obere Grenze: $\mu_x + z \cdot \sigma_x = 100 + 1{,}96 \cdot 15 = 129{,}4$ IQ-Punkte

---

[3] Mit "normal" ist, wie schon beschrieben, die statistische Normalität gemeint. Liegt eine Person außerhalb dieser Norm, hat dies nicht automatisch eine negative Konnotation. So findet ein Sportler, der Leistungen außerhalb dieser Normalität bringt, Anerkennung. Außerdem muss man sich die Frage stellen, ob bei manchen Merkmalen wie beispielsweise dem Körpergewicht, eine Definition über die statistische Normalität in unserer übergewichtigen Gesellschaft sinnvoll ist. In den Vereinigten Staaten würde sich zeigen, dass bei diesem Vorgehen das "normale" Körpergewicht bei Jugendlichen sich ständig erhöhen würde.

Hiermit wird eine Aussage über die Mitglieder der untersuchten Stichprobe getroffen. Im folgenden soll aber eine Schätzung von Populationsparametern (beispielsweise dem Populationsmittelwert) erfolgen. Hierbei wird ebenfalls ein Intervall um den Stichprobenwert gelegt, in dem aber mit einer Wahrscheinlichkeit von 95% der wahre Wert der Population liegt. Die Größe dieses Konfidenzintervalls hängt stark von der Stichprobengröße ab. Je größer das N der Stichprobe, desto kleiner ist das Intervall. Je kleiner das Intervall um den geschätzten Populationswert ist, desto präziser ist die Schätzung.

Das statistische Vorgehen bei Parameterschätzungen wird auch im Alltag intuitiv angewendet. Beispielsweise werden zur Abschätzung der finanziellen Bedürfnisse die Ausgaben mehrerer Monate gemittelt. Auch die Ermittlung des Kraftstoffverbrauchs eines Fahrzeugs würde über mehrere Tankfüllungen erfolgen. Je mehr Tankfüllungen beziehungsweise Kilometer der Berechnung zugrundeliegen, desto größer ist die intuitive und auch statistische Präzision der Ergebnisse.

Bevor näher auf die einzelnen Parameterschätzungen eingegangen wird, soll zuerst ein Überblick gegeben werden. Es wird einerseits zwischen qualitativen und quantitativen Merkmalen differenziert. Wird ein qualitatives Merkmal wie zum Beispiel Geschlecht oder das Auftreten eines bestimmten Krankheitsbildes geschätzt, so erfolgt dies anhand der relativen Häufigkeiten p. Wird ein quantitatives Merkmal wie zum Beispiel der IQ, geschätzt, so dient der Mittelwert $\bar{x}$ als Parameterschätzer. Durch diese beiden Unterscheidungen ergibt sich der folgender Überblick:

- qualitative Merkmale (relative Häufigkeiten)
  - Schätzung des Populationsparameters π
  - Schätzung des Stichprobenparameters p
- quantitative Merkmale (Mittelwerte)
  - Schätzung des Populationsparameters μ_x
  - Schätzung des Stichprobenparameters $\bar{x}$

Diese vier Schätzungen werden im Folgenden einzelnen erläutert.

6.5 Schätzung bei qualitativen Merkmalen

Bei der Schätzung des qualitativen Populationsparameters wird mit dem Stichprobenparameter p auf den Populationsparameter π geschlossen. Diese Parameter können Werte zwischen 0 und 1 annehmen.

Das Konfidenzintervall wird auch als Vertrauens- oder Mutungsintervall bezeichnet. Ist der wahre Wert in der Population nicht bekannt, so wird bei der Intervallschätzung ein Konfidenzintervall um den Stichprobenkennwert p geschätzt:

$$CL \;=\; p \pm z_{95\%} \cdot s_p \tag{6.2}$$

mit

$$s_p = \sqrt{\frac{p \cdot (1-p)}{N}} \tag{6.3}$$

Bei Intervallschätzung mit kleinen Stichproben ($N < 30$, besser $N < 100$) sollte statt der Standardnormalverteilung (z-Werte) die Verteilung der t-Werte zugrunde gelegt werden.

$$p \pm t_{95\%, df} \cdot s_p \tag{6.4}$$

Die t-Verteilung ist vom Freiheitsgraden (df = N - 1) abhängig. Somit bezeichnet $t_{95\%,10}$ den t-Wert für eine Verteilungsdichte von 95% bei einer Stichprobengröße von 11 Personen ($df = 11-1 = 10$). Je kleiner die Anzahl der Freiheitsgrade, desto größer ist der t-Wert (siehe Tabellen B.6- B.7, Seite 438 bis 439). Somit wird bei kleinen Stichproben konservativ (=vorsichtiges Vorgehen) ein größeres Intervall gewählt.

Ist hingegen der wahre Populationsparameter π bekannt, so kann mit $\pi \pm z_{95\%} \cdot \sigma_\pi$ jenes Konfidenzintervall bestimmt werden, in welchem 95% aller Stichprobenkennwerte liegen.

$$\pi \pm z_{95\%} \cdot \sigma_\pi \tag{6.5}$$

$$\sigma_\pi = \sqrt{\frac{\pi \cdot (1-\pi)}{N_{St}}} \cdot \sqrt{\frac{N_{Pop} - N_{St}}{N_{Pop} - 1}} \tag{6.6}$$

6.6 Schätzung bei quantitativen Merkmalen

Für quantitative Merkmale wird nach der Einführung des Zentralen Genzwertsatzes die Definition des Konfidenzintervalls für Mittelwerte erfolgen.

Zentraler Grenzwertsatz

Wird ein Populationsparameter geschätzt, kann die Schätzung über zwei Vorgehensweisen präzisiert werden:

1. Erhöhung des Stichprobenumfangs
2. Mittelung von vielen Stichprobenmittelwerten

Je mehr Stichproben erhoben werden und / oder je größer die Gesamtstichprobe ausfällt, desto sicherer ist die Schätzung. Dies definiert auch der zentrale Grenzwertsatz:

> **Definition:** In einer Population mit einer endliche Varianz σ_x^2 und einen Mittelwert μ_x nähert sich die Verteilung der Mittelwerte aus gleichgroßen Stichproben mit N unabhängigen Beobachtungen einer Normalverteilung an. Diese Verteilung hat eine Varianz von $\frac{\sigma_x^2}{N} = \sigma_{\bar{x}}^2$ und einen Mittelwert μ_x. Ist N sehr groß, so sind $\bar{x}_j$-Werte annähernd normalverteilt.

Wieso? Weshalb? Warum?

Was ist die Bedeutung des zentralen Grenzwertsatzes?

1. Es wird vorausgesetzt, dass das untersuchte Merkmal eine endliche Varianz σ_x^2 und einen Mittelwert μ_x aufweist.
2. Wurden viele Stichproben gezogen, so nähert sich der Mittelwert der einzelnen Stichprobenmittelwerten $\bar{x}_j$ dem wahren Populationsparameter μ_x.
3. Die Varianz der $\bar{x}$-Verteilung ist durch den Standardfehler der Mittelwerteverteilung bestimmt. Dieser Standardfehler des Mittelwerts lautet:

$$\sigma_{\bar{x}} = \frac{\sigma_x}{\sqrt{N}} \tag{6.7}$$

4. Die Größe des Standardfehlers sinkt, je mehr Beobachtungen in seine Bestimmung eingehen. Dieser Zusammenhang ist jedoch nicht proportional. Bei doppelter Stichprobengröße wird der Standardfehler nur um den Faktor $\sqrt{2}$ verringert.
5. Geht der Standardfehler der Mittelwerte gegen Null, so entspricht der Mittelwert der Stichproben $\bar{x}_j$ dem wahren Populationsparameter μ_x.

Der **Standardfehler des Mittelwerts** ist nicht mit der **Standardabweichung** (siehe Abschnitt 3.3, Seite 50) und dem später beschriebenen **Standardschätzfehler** der Regression (siehe Kapitel 12, Seite 229) zu verwechseln.

Nach der Einführung des Zentralen Grenzwertsatzes soll für quantitative Merkmal die Schätzung des Intervalls für Mittelwerte erfolgen. Beim Konfidenzintervall wird ein Intervall um den Stichprobenmittelwert bestimmt, in dem mit 95%-iger Wahrscheinlichkeit der wahre Populationsmittelwert μ_x liegt. Dieses Intervall wird bei kleinen Stichproben ($N < 30$, besser $N < 100$) definiert durch:

$$\bar{x} \pm t_{95\%, df} \cdot s_{\bar{x}} \tag{6.8}$$

mit

$$s_{\bar{x}} = \frac{s_x}{\sqrt{N}} \tag{6.9}$$

Hierbei ist s_x die Streuung des Merkmals und $s_{\bar{x}}$ der Standardfehler des Merkmals. Je kleiner dieses Intervall, desto besser lässt sich der wahre Wert in der Population vorhersagen. Bei kleinen Stichproben sollte der t-Wert verwendet werden, bei Stichproben größer 100 entspricht der z-Wert dem t-Wert.

Soll hingegen ein Vertrauensintervall bestimmt werden, in dem bei wiederholter Erhebung von Stichproben 95% aller Stichprobenmittelwerte $\bar{x}_j$ liegen, so kann bei bekanntem Populationsmittelwert μ_x ein Vertrauensintervall um den wahren Populationsmittelwert μ_x bestimmt werden:

$$\mu_x \pm z_{95\%} \cdot \sigma_{\bar{X}} \tag{6.10}$$

6.7 Standardfehler

Zuvor wurde der Standardfehler des Mittelwerts als statistischer Kennwert eingeführt. Für andere Populationskennwerte (Median, relative Häufigkeit) einer Merkmalsverteilung gelten jeweils andere Populationsstreuungen. Zur Schätzung dieser Parameter wird für jeden Kennwert ein eigener Standardfehler benötigt. In Tabelle 6.1 sind einige Standardfehler aufgeführt.

Tabelle 6.1: Einige wichtige Standardfehler

	Populationkennwert	Stichprobekennwert	Standardfehler
Relative Häufigkeit	π	p	$\sigma_p = \sqrt{\frac{p \cdot (1-p)}{N}}$
Median	Md_{Pop}	Md_{St}	$\sigma_{Md} = \frac{1{,}253 \cdot \sigma_x}{\sqrt{N}}$
Arithmetisches Mittel	μ_x	$\bar{x}$	$\sigma_{\bar{X}} = \frac{\sigma_x}{\sqrt{N}}$
Standardabweichung	σ_x	s_x	$\sigma_{s_x} = \frac{\sigma_x}{\sqrt{2 \cdot N}}$

Wenn also Modalwert, Median, Arithmetisches Mittel und Streuung in einer Stichprobe bekannt sind, kann mit diesen statistischen Kennwerten der individuelle Wert einer Person geschätzt (vorhergesagt) werden.

Was sind nun die Vor- und Nachteile dieser drei Schätzmaße?

1. Der Modalwert gewährleistet die meisten Treffer.

2. Der Median als Schätzungmaß weist die geringste Abweichung vom tatsächlichen Wert auf.

3. Das Arithmetische Mittel als Schätzungmaß gewährleistet die kleinste quadratische Abweichung des tatsächlichen Wertes.

Im Allgemeinen wird das Arithmetische Mittel als Schätzmaß verwendet, da bei diesem Schätzer große Abweichungen vom Populationswert vermieden werden.

6.8 Zusammenfassung

In diesem Kapitel wurden **zufallsgesteuerte Auswahlverfahren** (uneingeschränkte, geschichtete und mehrstufige Zufallsauswahl, Klumpenauswahl) und **nichtzufallsgesteuerte Auswahlverfahren** (Quoten-, Ad hoc- und theoriegeleitete Auswahl) definiert. Nach Möglichkeit sollte immer ein zufallsgesteuertes Verfahren herangezogen werden.

Beim **Konfidenzintervall** wird ein Intervall (=Bereich) um einen Stichprobenparameter bestimmt, in dem mit einer spezifischen Wahrscheinlichkeit (meist 95%) der Populationsparameter anzunehmen ist.

6.9 Aufgaben

1. a) Definieren Sie eine "zufallsgesteuerte" Stichprobenziehung.
   b) Welche Bedeutung hat der Stichprobenumfang für die Repräsentativität?
   c) Welches Kriterium der Stichprobenauswahl ist Voraussetzung für inferenzstatistische Aussagen?

2. Bei welchen dieser Auswahlverfahren sind die Voraussetzungen für die Berechnung des Standardfehlers des Mittelwertes gegeben?

    a) Uneingeschränkte Zufallsauswahl
    b) Klumpenauswahl
    c) Quotenauswahl
    d) Ad hoc-Auswahl

3. Zur Untersuchung der Einkommensverhältnisse in bäuerlichen Betrieben in Baden-Württemberg wird eine Zufallsauswahl von 200 bäuerlichen Gemeinden getroffen. In diesen Gemeinden werden jeweils 10% der bäuerlichen Betriebe zufällig erfasst. Um welches Verfahren der Stichprobenauswahl handelt es sich?

4. Was ist eine Klumpenstichprobe? Welche Nachteile bringt sie?

5. Was sind Vor- und Nachteile einer Quotenauswahl?

6. Was ist eine Ad hoc-Stichprobe? Welche Nachteile können sich ergeben? Geben Sie bitte ein Beispiel!

7. Welche Aussagen können mit Hilfe von Konfidenzintervalle abgeleitet werden?

8. Was unterscheidet eine Punkt- von einer Intervallschätzung?

9. Sie haben einen Test mit 25 Personen durchgeführt, bei welchem sich ein Mittelwert von $\bar{x} = 45$ Punkten mit einer Standardabweichung von $s_x = 5$ ergab. In welchem Intervall vermuten Sie den wahren Wert μ der Population?

10. Von welchen Kennwerten hängt die Größe des Standardfehlers des Mittelwerts ab?

11. Wie wirkt sich eine Erhöhung der Stichprobengröße von N = 100 auf N = 400 auf den Standardfehler aus?

12. Was besagt der Zentrale Grenzwertsatz?

7 Einführung in die inferenzstatistische Hypothesenprüfung

Schlagworte
- Alternativhypothese
- Nullhypothese
- gerichtete Hypothese
- ungerichtete Hypothese
- α-Niveau
- α-Fehler
- β-Fehler
- Teststärke
- optimaler Stichprobenumfang

Nachdem in Kapitel 6 die Stichprobenziehung und die Schätzung von Populationsparametern erörtert wurden, folgen hier Grundlagen für die inferenzstatistische Hypothesenprüfung, während in den folgenden Kapiteln 8 und 9 Einblicke in einfache inferenzstatistische Verfahren gegeben werden. Zur Erleichterung der Auswahl eines dieser Prüfverfahren wird am Ende dieses Kapitels ein tabellarischer Überblick gegeben.

Die inferenzstatistische Hypothesenprüfung hat die Aufgabe, anhand von Stichprobenkennwerten Hypothesen für die Population zu testen. Hierbei kann geprüft werden, ob Stichproben aus einer Population stammen oder ob sie möglicherweise aus zwei verschiedenen Populationen gezogen worden sind, die sich bedeutsam unterscheiden. Auch ist es möglich, den Zusammenhang zwischen Variablen zu untersuchen.

> **Definition:** Die inferenzstatistische Hypothesenprüfung erlaubt Aussagen über Hypothesen in einer Population, aus welcher die untersuchten Stichproben gezogen wurden. Hierbei schätzt man über Stichprobenkennwerte Populationskennwerte und führt mit Hilfe dieser Schätzungen Hypothesenprüfungen durch.

Ob eine theoriegeleitete Annahme (=Hypothese) aufrechterhalten oder verworfen wird, kann hierbei nur mit einer bestimmten Irrtumswahrscheinlichkeit bestimmt werden. Mit Hilfe von empirisch erhoben Daten wird anhand von Wahrscheinlichkeitsverteilungen eine Entscheidung getroffen.

7.1 Hypothesen

Am Beginn einer Studie sollte über eine Fragestellung eine durch Theorien geleitete wissenschaftliche Behauptung in Form einer Hypothese dargestellt werden. Hierzu muss zuerst die Fragestellung anhand des wissenschaftlichen Hintergrunds in Fachbegriffen präzisiert werden, damit die Menge der relevanten Variablen definiert werden kann. Im Gegensatz zur Punkt- oder Intervallschätzung wird bei der inferenzstatistischen Hypothesenprüfung getestet, ob die beobachteten Daten mit den theoriegeleiteten Erwartungen vereinbar sind. Diese Erwartungen können Unterschiede zwischen Gruppen oder Zusammenhänge zwischen Variablen sein.

Die Einführung der statistischen Hypothesen wird in diesem Kapitel vorrangig am einfachen Mittelwertsvergleich zwischen zwei Stichproben erläutert. In anderen Kapiteln werden die Hypothesen für die Unterschiede zwischen mehr als zwei Gruppen oder Hypothesen über Zusammenhänge von Merkmalen dargestellt.

> **Definition:** Es werden immer gegensätzliche, einander ausschließende Hypothesen definiert, nämlich die **Nullhypothesen** und die **Alternativhypothesen**.
>
> 1. **Nullhypothese:**
>   Diese "Negativhypothese" behauptet immer, dass es keine Unterschiede beziehungsweise keine Zusammenhänge in der Population gibt. Es wird davon ausgegangen, dass eventuell in Stichproben auftretende Unterschiede oder Zusammenhänge nur zufällig sind. In abgekürzter Schreibform wird sie als H_0 bezeichnet. Die Nullhypothese steht komplementär zur Alternativhypothese.
>
> 2. **Alternativhypothese:**
>   Diese besagt, dass ein Unterschied oder ein Zusammenhang in der Population existiert. Die Alternativhypothese sollte immer aus der Theorie abgeleitet sein. Die Alternativhypothese wird mit H_1 abgekürzt.

Der Grundgedanke der Hypothesenprüfung ist einfach darzustellen. Mit der Nullhypothese wird die Grundlage für die inferenzstatistische Hpothesenprüfung formuliert. So wird beispielsweise bei der Testung von Mittelwertsunterschieden die Wahrscheinlichkeit berechnet, dass unter der Gültigkeit der Nullhypothese - beide Stichproben stammen aus einer identischen Population - ein Unterschied zwischen zwei Stichprobenmittelwerten $\bar{x}_1$ und $\bar{x}_2$ gefunden werden kann. Liegt die Wahrscheinlichkeit für den beobachteten oder einen noch größeren Unterschied bei gültiger H_0 unter einem festgelegten Grenzwert (α-**Niveau**), so wird die H_0 verworfen und die H_1 angenommen. Dieser Grenzwert wird meistens mit 5% festgelegt ($\alpha < .05$). Auf das α-Niveaus wird im Laufe dieses Kapitels noch näher eingegangen.

Die grundlegende Idee ist also die folgende:

1. Es gibt für ein untersuchtes Merkmal einen bestimmten Populationsmittelwert μ_x.

2. Die Mittelwerte zufällig aus der Population gezogener Stichproben $\bar{x}_i$ streuen um diesen Populationsmittelwert. Dies wird mit dem zentralen Grenzwertsatz begründet. Hierdurch kann man eine theoretische Verteilung der Kennwerte definieren und es sind inferenzstatistische Aussagen unter der Voraussetzung der Gültigkeit der H_0 möglich.

3. Sind zwei Stichprobenmittelwerte sehr ähnlich, ist es sehr wahrscheinlich, dass sie aus einer identischen Population stammen.

4. Sind beide Stichprobenmittelwerte jedoch sehr unterschiedlich, so stammen sie möglicherweise nicht aus einer identischen Population. Je größer die Differenz zwischen den Stichprobenmittelwert $\bar{x}_1$ und $\bar{x}_2$, desto unwahrscheinlicher ist es, dass die beiden Stichproben aus einer identischen Population stammen.

5. Mit Hilfe einer Wahrscheinlichkeitsverteilung wird die bedingte Wahrscheinlichkeit für die Differenz der Stichprobenmittelwerte bei Gültigkeit der H_0 ($p(\text{Differenz}|H_0)$) berechnet.

6. Liegt nun diese berechnete Wahrscheinlichkeit $p(\text{Differenz}|H_0)$ unter einem gewissen Grenzwert (α-Niveau), so ist die beobachtete Differenz nur schwer mit der Nullhypothese zu vereinbaren und die Stichproben stammen wahrscheinlich nicht aus einer identischen Population, sondern eher aus zwei unterschiedlichen Populationen, die sich bedeutsam (=signifikant) unterscheiden.

An dieser Stelle nun nochmals das Vorgehen kurz zusammengefasst.

> **Vorgehensweise:** Die Grundlage der Hypothesenprüfung ist immer die Nullhypothese. Wenn die Gültigkeit der Nullhypothese sehr unwahrscheinlich wird, wird die Gültigkeit der Alternativhypothese angenommen. Da immer nur die Nullhypothese getestet wird, können nur bei einer sehr unwahrscheinlichen (=verworfenen) Nullhypothese statistische Aussagen über die Alternativhypothese gemacht werden. Die formulierten Hypothesen sollten hierbei immer die inhaltlichen Fragestellung bestmöglich wiedergeben.

Bei der **Alternativhypothese** wird zwischen ungerichteter und gerichteter Hypothese unterschieden.

> **Definition:** Ungerichtete Alternativhypothesen wird davon ausgegangen, dass es lediglich einen Unterschied zwischen zwei Stichprobenkennwerten gibt.

Es werden bei ungerichteten Alternativhypothesen keine Aussagen über die "Richtung" des Unterschiedes, welche Gruppe möglicherweise höhere / niedrigere Kennwerte hat, gemacht.

Beispiel: In einer klinischen Studie soll die mittlere Intelligenzleistung bei einer Gruppe 17-jähriger Mädchen mit Anorexie mit der "Normalbevölkerung" verglichen werden. Es wird lediglich vermutet, dass es einen Unterschied in der Leistung gibt. Ob aber anorektische Mädchen einen höheren oder niederen IQ-Wert als die Normstichprobe erreichen, ist ohne Voruntersuchungen nicht abschätzbar.

> **Definition:** Eine gerichtete Alternativhypothese gibt die "Richtung" eines Unterschieds zwischen Stichprobenkennwerten an.

Vor der Untersuchung wird, eventuell durch Voruntersuchungen begründet, definiert, bei welcher Stichprobe ein höherer / niedriger Gruppenmittelwert vermutet wird. Geht die Differenz der anschließend erhobenen Stichprobenkennwerte in die andere Richtung, so muss auf jeden Fall die Nullhypothese beibehalten werden. Dieser theoriegeleiteten Vorgehensweise wird ein höherer Stellenwert eingeräumt, da sie nur auf Basis vorhergehender Untersuchungen durchgeführt werden kann.

Beispiel: In vorhergehenden Untersuchungen wurde eine Verminderung der Reaktionszeit bei depressiven Patienten festgestellt. Bei einer weiteren Untersuchung wird die gerichtete Hypothese formuliert, dass die mittlere Reaktionszeit von depressiven Patienten in der Testbatterie zur Aufmerksamkeitsprüfung (TAP) höher ausfällt als die einer nicht-depressiven Kontrollgruppe.

Anmerkung: Der Sinn von ungerichteten Hypothesen wird im Moment noch kontrovers diskutiert. Ungerichteten Hypothesen bezeichnen ein exploratives Vorgehen und werden teilweise begrüßt, während andere sie als falsch und unwissenschaftlich betrachten, da mit zu geringem theoretischen Hintergrund empirische Daten untersucht werden. Dies sollte nie ohne vorherige intensive Literaturrecherche geschehen. Kann nicht genügend Evidenz für eine gerichtete Hypothese gefunden werden, so sind nur ungerichtete Hypothesen definierbar. Es sollte mit dem Begriff des explorativen Vorgehens nie einem Mangel an Vorüberlegungen und theoretischer Fundierung kaschiert werden.

Formulierung von statistischen Hypothesen

Die Formulierung von statistischen Hypothesen bei Mittelwertsvergleichen zwischen zwei Stichproben erfolgt gewöhnlich in standardisierter Form.

> **Definition der Standardformulierung:**
> Es sei μ_1 die mittlere (...) in der Population der (...) und es sei μ_2 die mittlere (...) in der Population der (...).
> Dann gilt:
>
> $$H_0 : \mu_1 = \mu_2 \quad \text{(Nullhypothese)}$$
>
> und
>
> $$H_1 : \mu_1 \neq \mu_2 \quad \text{(ungerichtete Alternativhypothese)}$$
>
> oder
>
> $$H_1 : \mu_1 < \mu_2 \quad \text{(gerichtete Alternativhypothese)}$$
> $$(\mu_1 > \mu_2 \quad \text{entgegengesetzt gerichtete Alternativhypothese)}$$
>
> bei einem α-Niveau von 5%.

Selbstverständlich taucht immer nur eine Form der Alternativhypothese auf. (...) ist ein Platzhalter für die spezifischen Parameter der jeweiligen Hypothesen. Bei der Hypothesenformulierung werden **immer** die Populationsparameter in griechischen Buchstaben verwendet, da nur Aussagen über die Population gemacht werden. Ob sich Stichprobenmittelwerte unterscheiden ist nicht von Interesse, da keine Aussagen über Stichproben, sondern über die Population gemacht werden sollen. Diese Standardformulierung wird am folgenden Beispiel verdeutlicht.

Beispiel: Es sei μ_1 die mittlere Reaktionszeit auf akustische Reize in der Population der Frauen und es sei μ_2 die mittlere Reaktionszeit auf akustische Reize in der Population der Männer. Dann gilt:

$$H_0 : \mu_1 = \mu_2$$
$$H_1 : \mu_1 \neq \mu_2$$

bei einem α-Niveau von 5%.

Man versucht in diesem Beispiel über die Differenz der beiden Stichprobenmittelwerte (Reaktionszeiten der Frauen und der Männer) eine Wahrscheinlichkeit für die Gültigkeit der Nullhypothese zu bestimmen. Bei diesem Beispiel handelt es sich um eine ungerichtete Alternativhypothese. Eine gerichtete Alternativhypothese muss folgendermaßen definiert werden:

$$H_1 : \mu_1 < \mu_2$$

Hier wird davon ausgegangen, dass Frauen eine niedrigere (bessere) Reaktionszeit erreichen als Männer.

Das für die Beibehaltung oder Ablehnung einer Nullhypothese wichtige α-Niveau wird im Folgenden näher beschrieben.

7.2 α-Niveau

> **Definition:** Das α-Niveau legt in Abhängigkeit von Stichprobengröße und zugrundeliegender theoretischer Verteilung einen Grenzwert für ein Konfidenzintervall fest. Liegt der empirisch ermittelte Kennwert einer erhobenen Stichprobe ausserhalb dieses Intervalls, so wird die Nullhypothese verworfen.

Mit der Definition des α-Niveaus wird sozusagen eine obere Grenze für den vom Untersucher tolerierten Fehler angegeben, mit dem eine Nullhypothese fälschlicherweise abgelehnt wird. Mehr zu den Folgen dieses Fehlers im Abschnitt 7.4 (Seite 128). Bei jeder inferenzstatistischen Auswertung besteht immer ein Restrisiko für eine Fehlentscheidung gegen eine gültige Nullhypothese (α-Fehler). Somit bleibt immer eine Irrtumswahrscheinlichkeit erhalten.

Die Irrtumswahrscheinlichkeit wird im allgemeinen auf 5% festgelegt. Bei manchen Fragestellungen sind die Konsequenzen eines α-Fehlers zu gravierend, so dass dieses

Niveau auf 1% oder sogar 0,1% festgelegt wird. Gelegentlich kann es sinnvoll sein, ein α-Niveau von 10% anzunehmen. Bortz (1999) spricht bei einem α-Niveau von 5% von einem signifikanten Ergebnis, bei einem α-Niveau von 1% von einem sehr signifikanten Ergebnis. Das α-Niveau sollte vor der Untersuchung festgelegt und bei den statistischen Hypothesen erwähnt werden. Ein nachträgliches Verändern ist nicht zulässig. Somit darf das Niveau weder bei sehr großen gefunden Mittelwertsunterschieden herunter noch bei geringen Mittelwertsunterschieden herauf gesetzt werden.

> **Definition:** Liegt die Wahrscheinlichkeit für die Vereinbarkeit eines Mittelwertsunterschiedes unter der Bedingung der Nullhypothese unterhalb des α-Niveaus, handelt es sich um einem signifikanten Unterschied.

Wird die Wahrscheinlichkeit für die Gültigkeit der Nullhypothese bei einer vorliegenden Stichprobenmittelwertsdifferenz gering, so wird die Alternativhypothese bedeutsamer (=signifikant).

Wichtig: Abbildung 7.1 zeigt die theoretische Verteilungskurve möglicher Stichprobenmittelwerte. Diese wird durch den **Standardfehler** definiert und **nicht** durch die **Streuung**, die **Standardabweichung** des Merkmals (siehe auch Abschnitt 6.6, Seite 116). Diese Verteilungskurve wird somit bei größer werdender Stichprobe und konstanter Merkmalsstreuung immer schmaler.

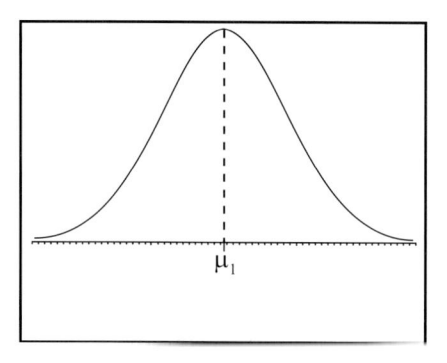

Abbildung 7.1: Theoretische Verteilung der Stichprobenmittelwerte

An Abbildung 7.2 wird das α-Niveau grafisch verdeutlicht. Es wird untersucht, ob zwei Stichprobenmittelwert $\bar{x}_1$ und $\bar{x}_2$ aus einer Population mit dem Mittelwert μ stammen. Hier wird mit Hilfe der Stichprobenmittelwerte der Populationsmittelwert und die Verteilungskurve aller möglichen Stichprobenmittelwerte nach dem zentralen Grenzwertsatz abgeleitet. Anschließend wird das α-Niveau in Abbildung 7.2 bei zweiseitiger Testung (= ungerichtete Fragestellung) bestimmt. Ist die Differenz der beiden Stichprobenmittelwert ($\bar{x}_1 - \bar{x}_2$) so gering, dass sie innerhalb des Annahmebereiches liegt, so unterscheiden sich die beiden Stichproben nicht signifikant und stammen aus einer identischen Population. Die H_0 ist beizubehalten. Liegt die Differenz der beiden Stichprobenparameter außerhalb des Annahmebereiches, so wird die H_0 verworfen und die H_1 angenommen. Der grau schattierte Ablehnungsbereich beschreibt insgesamt 5% (2 · 2,5%) der Fläche der theoretischen Verteilungskurve der Stichprobenkennwerte.

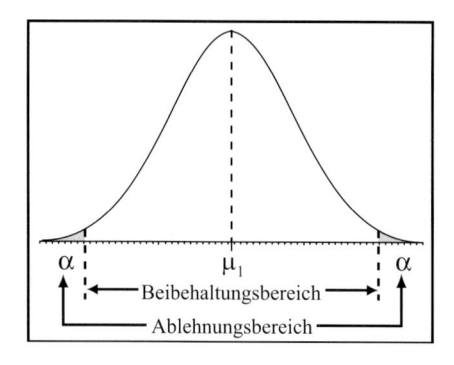

Abbildung 7.2: Das α-Niveau

Diese Form der Kurve der theoretischen Stichprobenkennwerteverteilung ändert sich mit zunehmenden Stichprobenumfang. **Wichtig** ist hierbei, dass sich mit zunehmendem Stichprobenumfang die Streuung in der Stichprobe nur geringfügig ändert. Allerdings wird dann der Standardfehler des Mittelwertes $\sigma_{\bar{x}} = \frac{\sigma_x}{\sqrt{N}}$ durch die Vergrößerung der Stichprobe immer kleiner, so dass der Beibehaltungsbereich für die Nullhypothese folglich kleiner wird. Die Fläche des Ablehnungsbereichs der Nullhypothese bleibt selbstverständlich bei 5%, sie rückt mit

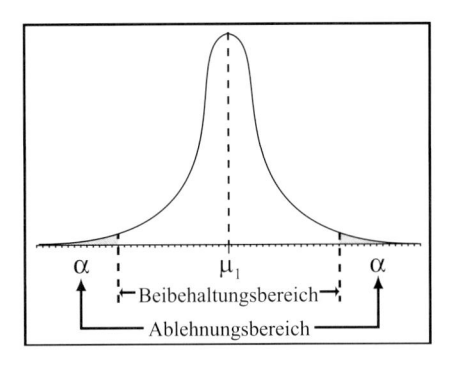

Abbildung 7.3: Das α-Niveau bei einer größeren Stichprobe

kleiner werdendem Standardfehler des Mittelwertes jedoch immer näher an den Populationsmittelwert μ heran. Damit werden mit größer Stichprobe kleiner Mittelwertsdifferenzen signifikant.

7.3 Ein- oder zweiseitige Testung

Analog zu gerichteter und ungerichteter Hypothese kann die Hypothesentestung auf zwei Arten erfolgen:

- einseitige Testung = gerichtete Hypothese
- zweiseitige Testung = ungerichtete Hypothese

Die einseitige Testung

Der einseitigen Testung liegt eine gerichtete Hypothese zugrunde. Es wird davon ausgegangen, dass die Richtung des Mittelwertunterschieds aus einer Theorie oder einer Voruntersuchungen ableitbar ist. Da das Vorzeichen des Mittelwertsunterschiedes somit definierbar ist, kann bei einer gerichteten Testung der Ablehnungsbereich auf eine Seite (Richtung) der Verteilung legt werden.

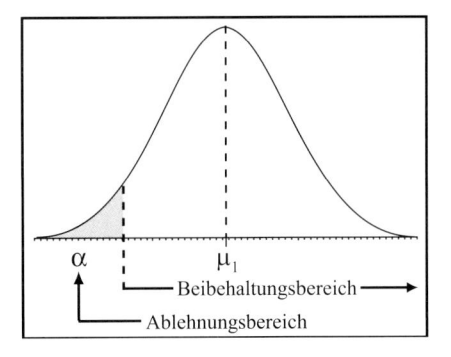

Abbildung 7.4: Das α-Niveau bei einseitiger Testung

Beispiel: Eine Hypothese zum mittleren Größenunterschied zwischen den Geschlechtern kann gerichtet definiert werden, da die Hypothese "Männer haben größere Füße als Frauen", aus der aus Voruntersuchungen bekannten Tatsachen, dass Männer allgemein einen größeren Körperbau haben, abgeleitet werden kann.

Ein **Vorteil** der einseitigen Testung in die "richtige" Richtung ist, dass ein Mittelwertsunterschied bei einseitiger Testung schon bei geringerer Mittelwertsdifferenz signifikant wird als bei zweiseitigen Testung. Auch ist diese Art der Hypothesenformulierung als wissenschaftlicher anzusehen, da gerichtete Hypothesen aus der Literatur abgeleitet sind. Eine gerichtete Hypothese kann nicht als "Schuss ins Blaue" bezeichnet werden.

Die zweiseitige Testung

Eine zweiseitige Testung ergibt sich aus einer ungerichteten Hypothese. In diesem Fall ist keine Aussage über die Richtung des Mittelwertsunterschieds nicht möglich. Der Mittelwertsunterschied zwischen den beiden Stichproben muss nur groß genug sein.

Beispiel: Es gibt möglicherweise einen Unterschied in der mittleren Lerndauer für männliche und weibliche Studenten im Fach Statistik. Hier kann aufgrund fehlender Evidenz keine gerichtete Hypothese formuliert werden.

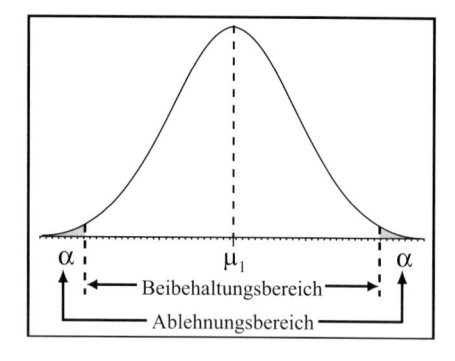

Abbildung 7.5: Das α-Niveau bei zweiseitiger Testung

Ein **Vorteil** ist hierbei, dass explorativ auf Unterschiede getestet werden kann, auch wenn es keine ausreichende theoretische Grundlage für gerichtete Hypothesen gibt.

7.4 Fehler beim Hypothesentesten

Gerade weil Aussagen der schließenden Statistik auf bedingter Wahrscheinlichkeitsberechnung beruhen, unterliegen diese Aussagen einem Restrisiko. Aufgrund von Unsicherheiten bei der Stichprobenziehung besteht die Gefahr eines falschen Schlusses auf die Population. Es wird zwischen zwei möglichen Fehler bei der Testung einer Hypothese unterschieden.

Es gibt zwei mögliche Fehler beim Hypothesentesten:

1. α-Fehler: **Ablehnung** der "richtigen" Nullhypothese bei gültiger Nullhypothese (Fehler erster Art)

2. β-Fehler: **Beibehaltung** der "falschen" Nullhypothese bei gültiger Alternativhypothese (Fehler zweiter Art)

Die beiden Fehler verhalten sich gegenläufig.

Die folgende Tabelle 7.1 gibt einen Überblick zu den möglichen Entscheidungen und den damit verbunden Fehlern des Hypothesentestens.

7.4 Fehler beim Hypothesentesten

Tabelle 7.1: Mögliche Entscheidungen beim Hypothesentesten

	Entscheidung aufgrund der Stichprobenkennwerte	
	zugunsten der H_0	zugunsten der H_1
In Population gilt H_0	richtig	α-Fehler
In Population gilt H_1	β-Fehler	richtig

In zwei Fällen wird eine richtige Entscheidung getroffen. Wenn aufgrund der statistischen Ergebnisse für die H_0 entschieden wurde und diese in der Population gilt, wurde auf Grundlage der Auswertung eine richtige Entscheidung getroffen. Wurde mit Hilfe der statistischen Analyse für die H_1 entschieden, die auch tatsächlich in der Population gilt, so wurde ebenfalls eine richtige Entscheidung getroffen.

Die anderen beiden Fällen führen allerdings zu Fehlern, welche hier mit Beispielen verdeutlicht werden.

Beispiel für einen α-Fehler: In einer Krebstherapiestudie wird in einer groß angelegten multizentrischen Untersuchung ein neues Medikament getestet. Die statischen Analysen belegen scheinbar einen größeren Therapieerfolg als bei vergleichbaren Medikamenten. Leider kam es zu diesem signifikanten Ergebnis nur durch die sehr große Stichprobe und den daraus resultierenden kleinen Standardfehler des Mittelwertes. In der Population gibt es keinen besseren Therapieeffekt. Aufgrund dieses α-Fehlers werden Patienten nun mit einem möglicherweise teuren und eventuell mit stärkeren Nebenwirkungen behafteten Medikament behandelt, obwohl dieses keinen größeren Erfolg als andere Medikamente zeigt.

Anmerkung: Manchmal wird in der Literatur für den α-Fehler auch die Bezeichnung Fehler erster Art verwendet.

Beispiel für einen β-Fehler: In einer Studie mit zehn Personen soll der Einfluss des Telefonierens mit einem Mobiltelefon auf die Aufmerksamkeit des Fahrers während des Führens eines PKW untersucht werden. Hierbei ergeben die statistischen Analysen, dass dies keinen signifikanten Einfluss hat. Leider kam es bei dieser Untersuchung aufgrund der geringen Stichprobengröße zu einem β-Fehler. In der Realität zeigt die Population der Telefonierenden eine geringere Aufmerksamkeit als die Population der Nicht-Telefonierenden. Aufgrund dieses β-Fehlers würde das Telefonieren während der Fahrt erlaubt werden, was möglicherweise eine Vielzahl von tödlichen Unfällen zur Folge hätte.

Anmerkung: Den β-Fehler kann man auch als Fehler zweiter Art bezeichnen.

Es ist also nicht allgemein festgelegt, welcher der beiden Fehler schwerwiegendere Folgen hat. Dies ist in Abhängigkeit von der jeweiligen Fragestellung eingehend zu prüfen. Die beiden Fehlerarten und auch der Zusammenhang zwischen ihnen lassen sich anschaulich an einem Beispiel verdeutlichen.

Beispiel: Ein statistischer Test ist eigentlich sehr gut mit einem Feuermelder vergleichbar. Auch bei einer Feuermeldung sind zwei mögliche Fehler denkbar. Beim ersten gibt es einen Alarm, obwohl es nicht brennt. Beim zweiten Fehler brennt es und kein Alarm wird gegeben. Gibt es also einen Alarm, obwohl es nicht brennt, so hat der Melder einen α-Fehler begangen. Er hat angeschlagen, ohne das es eine Ursache dafür gegeben hätte. Brennt es allerdings und der Feuermelder schlägt nicht Alarm, so entsteht ein β-Fehler. Es wird fälschlicherweise angenommen, das es nicht brennt. An diesem Beispiel wird auch die gegenseitige Abhängigkeit beider Fehler deutlich. Will man einen Alarm ohne Brandursache vermeiden, so stellt man den Melder so ein, das er beispielsweise nur auf eine starke Rauchentwicklung reagiert. Diese Senkung des α-Fehlers hat allerdings eine Erhöhung des β-Fehlers zur Folge. Der Feuermelder reagiert bei einem Brand möglicherweise gar nicht, da nicht genügend Rauchentwicklung vorliegt, um den Melder auszulösen. Bei der Justierung des Rauchsensors sind also zwei Kriterien abzuwägen: Einerseits die hohen Kosten für einen Fehlalarm bei der Feuerwehr (bis zu 25.000 Euro), andererseits die noch höheren Kosten des Schadens durch ein abgebranntes Gebäude.

In direkter Abhängigkeit vom β-Fehler wird die Teststärke als ein weiterer statistischer Kennwert definiert.

> **Definition:** Die **Teststärke** ist die Wahrscheinlichkeit, dass ein in der Population vorhandener Unterschied bei statistischer Testung entdeckt wird. Die Teststärke $(1 - \beta)$ verläuft gegenläufig zum β-Fehler.

Die Teststärke ("power") beschreibt also die "Chance" des Forschenden, einen vorhandenen Unterschied zu finden. Diese Wahrscheinlichkeit erhöht sich beispielsweise bei größer werdendem Stichprobenumfang. Sollte es dem Forschenden, beispielsweise im Rahmen einer Diplomarbeit, nicht möglich sein, eine entsprechend große Stichprobe zu erhalten, so muss die Relevanz dieser Arbeit diskutiert werden. Die Teststärke wird neben der Stichprobengröße vom β-Fehler und der Auswahl des jeweiligen statistischen Testverfahrens beeinflusst. Die Teststärke eines Verfahrens ist um so größer, je besser der vom jeweiligen Test verwendete Informationsgehalt der Ausgangsdaten (Häufigkeiten, Rangdaten oder Messwerte) ist und je mehr Voraussetzungen über die Verteilung der Werte (Normalverteilung, Varianzhomogenität) gemacht werden. Tests mit Voraussetzungen an die Verteilung der Merkmale sind im allgemeinen teststärker. Auf die verschiedenen Einflussfaktoren auf den β-Fehler und somit auch auf die Teststärke wird in Abschnitt 7.5 (Seite 132) eingegangen.

Wieso? Weshalb? Warum?

Wie kann man sich die beiden Fehler vorstellen?

Im folgenden sollen die beiden Fehler grafisch in kleinen Schritten verdeutlicht werden. Es wird beispielhaft untersucht, ob die Mittelwerte aus zwei Stichproben aus einer identischen Population stammen. Für eine möglichst einfache Darstellung wird von einer einseitigen Testung ausgegangen.

7.4 Fehler beim Hypothesentesten

Zuerst wird die theoretische Verteilung der Mittelwertsdifferenzen dargestellt. Bei gültiger Nullhypothese wird davon ausgegangen, dass der Populationsmittelwert μ_1 den beiden Stichprobenmittelwerten $\bar{x}_1$ und $\bar{x}_2$ entspricht. Ein α-**Fehler** entsteht, wenn die Nullhypothese in der Population gilt und diese fälschlicherweise abgelehnt wird. Wenn beide Stichprobenmittelwerte aus zwei Zufallsstichproben einer identischen Population

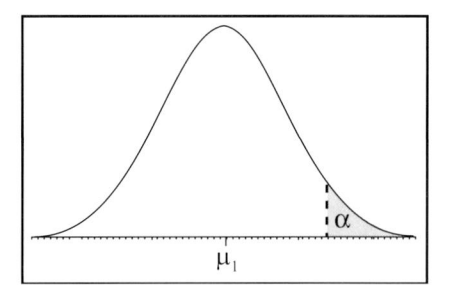

Abbildung 7.6: α- und β-Fehler, Teil 1

stammen, so ist eine große Differenz der beiden Stichprobenkennwerte eher unwahrscheinlich. Liegt aber die Differenz der Mittelwerte $\bar{x}_2 - \bar{x}_1$ im Ablehnungsbereich, muss die H_0 verworfen und die H_1 angenommen werden.

Beim Vorliegen eines β-**Fehlers** stammen die beiden Mittelwerte aus zwei unterschiedlichen Populationen und nur fälschlicherweise wird die Nullhypothese beibehalten. Somit ergibt sich für die zweite Population der Populationswertmittelwert μ_2-Wert. In diesem Beispiel liegt der zweite Populationsmittelwert im Beibehaltungsbereich der Nullhypothese. Nur, wenn die Nullhypothese beibehalten wird, ist ein β-Fehler möglich. In Gra-

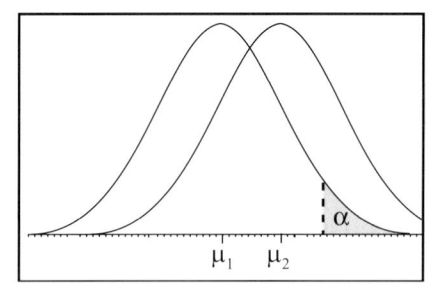

Abbildung 7.7: α- und β-Fehler, Teil 2

fik 7.7 wird um μ_2 eine theoretische Verteilung der Mittelwertsdifferenzen gelegt, welche unter der Voraussetzung der Alternativhypothese gilt. Die Wahrscheinlichkeit für diese Entscheidung ist durch die Fläche unter der zweiten Kurve berechenbar. Diese Fläche wird durch den kritischen Testwert bestimmt, der das α-Niveau der ersten Kurve definiert.

In Abbildung 7.8 wird der β-Fehler als dunklere Fläche verdeutlicht. Beide Fehlerarten verhalten sich umgekehrt proportional zueinander. Als "Faustregel" für das übliche Verhältnis von β-Fehler zu α-Fehler wird 4 zu 1 angenommen. Damit sollte bei einem α-Fehler von 5% ein β-Fehler von 20% angestrebt werden. Bei einem α von 1% ist dementsprechend ein β von 4% erwünscht. Allerdings sollte die Wahl der akzeptierbaren Fehlergren-

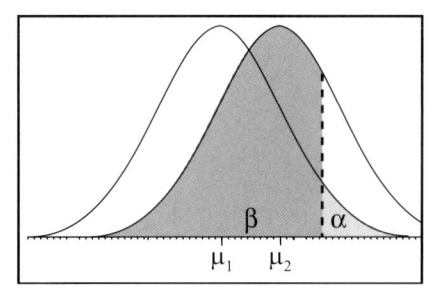

Abbildung 7.8: α- und β-Fehler, Teil 3

zen bei jeder statistischen Analyse in Abhängigkeit von den jeweiligen Konsequenzen diskutiert werden. Wie der β-Fehler kontrolliert werden kann, wird im nächsten Abschnitt dargestellt.

7.5 Beeinflussung des β-Fehlers

Die Höhe des α-Niveaus wird immer mit dem Aufstellen der Hypothesen festgelegt und darf dann nachträglich nicht mehr verändert werden. Es ist nicht erlaubt, das α-Niveau im Nachhinein beispielsweise von 1 auf 5% anzuheben. Somit kann man nur Einfluss auf den β-Fehler nehmen. Bevor diese Einflussfaktoren im einzelnen besprochen werden, sollen ein paar grundlegende Gedankengänge den Einstieg in diese Thematik erleichtern.

Die in diesem Kapitel dargestellten Verteilungskurven der Mittelwertsdifferenzen hängen von der Streuung dieser Differenzen ab. Ähnlich wie der Standardfehler des Mittelwerts kann auch ein Standardfehler für Mittelwertsdifferenzen gebildet werden. Bei diesem Standardfehler hat neben der Streuung der Differenzen auch die Stichprobengröße und die Merkmalsstreuung einen entscheidenden Einfluss auf die Signifikanz einer Untersuchung. Es gilt:

1. Je größer die Stichprobe, desto eher wird ein vorhandener Mittelwertsunterschied signifikant. Der Standardfehler wird mit größer werdender Stichprobe immer kleiner.

2. Je ähnlicher die Stichprobenteilnehmer im untersuchten Merkmal sind, desto weniger streuen die Werte in dieser Stichprobe. Dies reduziert ebenfalls den Standardfehler und erhöht somit die Chance auf ein signifikantes Ergebnis.

Die Streuung des Merkmals hat auch einen entscheidenden Einfluss auf die von Cohen (1988) definierte Effektstärke.

> **Definition:** Unter der **Effektgröße**, beziehungsweise **Effektstärke**, wird die Differenz zwischen zwei Mittelwerten verstanden, welche an der Streuung relativiert wird. Damit ist die Effektgröße d gegeben mit
>
> $$d = \frac{\mu_1 - \mu_2}{\sigma_x} \tag{7.1}$$

An dieser Stelle soll nur eine kurze Einführung zum Thema Effektgrößen erfolgen. Mehr zur Effektgrößenberechnung findet man in Kapitel 21 auf Seite 397. Über die Effektgröße kann feststellt werden, ob ein statistischer Effekt auch eine praktische Relevanz hat.

Die vorhandenen Konventionen für den α-Fehler (5% oder 1%) sind wichtige Einflussfaktoren auf den β-Fehler, die bei der Planung und Ausführung einer Studie berücksichtigt werden sollten. Bevor weitere Einflussgrößen auf den β-Fehler besprochen werden, werden abhängige und unabhängige Stichproben definiert.

> **Definition:** Bei einer **unabhängigen Stichprobe** ist die Zuordnung eines Individuums zu einer Stichprobe nicht von der Zuordnung eines Individuums der anderen Stichprobe beeinflusst. Hat die Zusammenstellung einer Stichprobe einen Einfluss auf die Zusammenstellung einer zweiten Stichprobe, handelt es sich um eine **abhängige Stichprobe**.

Beispiel: Wenn die Arbeitnehmer in mehreren Zweigwerken eines Unternehmens untersuchen werden und die Ziehung der Stichprobe im Zweigwerk A keinen Einfluss auf die Ziehung der Stichprobe im Zweigwerk B hat, so handelt es sich um eine unabhängige Stichprobe. Würde hingegen die Arbeitszufriedenheit der Mitarbeiter vor und nach einer Umstrukturierungsmaßnahme in einem Werk untersuchen werden, so könnte durch die Bildung von Messwertpaaren (Wert vor der Maßnahme und Wert nach der Maßnahme) eine abhängige Stichprobe erzeugt werden.

Nachdem die unabhängige und die abhängige Stichprobe definiert wurden, werden die Einflussfaktoren des β-Fehlers zuerst kurz erläutert und anschließend detailliert besprochen. Der β-Fehler wird durch die folgenden Faktoren beeinflusst:

1. **Höhe des α-Niveaus**
   Je höher das α-Niveau a priori festgelegt wurde, desto geringer fällt der β-Fehler aus. Somit wird die Wahrscheinlichkeit für einen β-Fehler bei einer Testung auf einem α-Niveau von 5% geringer als bei einem α-Niveau von 1%.

2. **Ein- oder zweiseitige Testung**
   Eine zweiseitige Testung hat einen höheren β-Fehler zur Folge als die einseitige Testung. Man sollte also immer eine einseitige Testung verwenden, wenn inhaltlich begründbar gerichtete Hypothesen definiert werden können.

3. **Homogenität der Merkmalsverteilung** (= Streuung des Merkmals σ_x)
   Je geringer das untersuchte Merkmal streut, desto geringer fällt der β-Fehler aus, da die Streuung des Merkmals den Standardfehler beeinflusst. Wenn beispielsweise nur eine Altersgruppe oder ein Geschlecht untersucht wird und innerhalb dieser Subgruppe eine geringere Merkmalsstreuung vorliegt, kann mit ebenfalls geringerem Standardfehler eine geringere Wahrscheinlichkeit für den β-Fehler erlangt werden.

4. **Stichprobenumfang**
   Je größer die Stichprobe ist, desto geringer fällt der β-Fehler aus, da auch die Stichprobengröße den Standardfehler beeinflusst. Bezüglich des β-Fehlers sollte die Stichprobe möglichst groß sein.

5. **Größe des statistischen Effekts**
   Je größer der statistische Effekt ist, desto geringer fällt der β-Fehler aus. Durch große Unterschiede in den Versuchsbedingungen tritt möglicherweise ein größerer Mittelwertsunterschied im untersuchten Merkmal ($\mu_1 - \mu_2$) auf. Wenn beispielsweise bei einer Medikamententestung die Gabe von hohe Dosen eines Medikaments geplant werden, steigt die Wahrscheinlichkeit, eine Beeinflussung der Fahrtüchtigkeit festzustellen.

6. **Abhängige versus unabhängige Stichproben**
   Bei abhängigen Stichproben ist der β-Fehler geringer als bei unabhängigen Stichproben, da bei ersteren ein Unterschied zwischen den zwei Stichprobenkennwerten allein auf die Untersuchungsbedingung zurückführbar ist. Würden

diese Kennwerte aus zwei unabhängigen Stichprobe getestet, so könnten beispielsweise Mittelwertsunterschiede auch auf eine nicht zufällige Ziehung der beiden Gruppen zurückführbar sein[1].

7. **Teststärke** $(1 - \beta)$
   Bei gleichen Voraussetzungen können verschiedene statistische Prüfverfahren alternativ eingesetzt werden, welche allerdings unterschiedlich effizient sind. Auch stehen für unterschiedliche Skalenniveaus verschiedenen Testverfahren zur Verfügung, welche unterschiedliche Teststärken haben. Bei erfüllten Voraussetzungen gilt: Je höher das Skalenniveau, desto besser ist die Teststärke der statistischen Prüfverfahren.

Alle Faktoren, die den β-Fehler senken, erhöhen die Teststärke $(1 - \beta)$. β-Fehler und Teststärke verhalten sich ihrer Definition nach gegenläufig.

Die Höhe des α-Niveaus, die ein- oder zweiseitige Fragestellung und die Teststärke sind durch a priori zu fällende **statistischen Entscheidungen** beeinflussbar, während **versuchsplanerisch** die Homogenität der Merkmalsverteilung, der Stichprobenumfang, die Effektgröße und die Stichprobenziehung (abhängig oder unabhängig) verändert werden können.

Anmerkung: In Kapitel 8 und 9 werden einige parametrische und nonparametrische Verfahren besprochen. Die Kenntnis einiger der dort behandelten Verfahren wird im folgenden benötigt. Falls der Leser noch keine Kenntnisse in inferenzstatistischen Prüfverfahren hat, wird ihm eine vorgezogene Erarbeitung dieser Kapitel empfohlen, damit er anschließend zu den folgenden Ausführungen zurückzukehren kann.

Anhand eines Beispiels werden die Einflussfaktoren des β-Fehlers nochmals verdeutlicht.

Beispiel: Zur Erläuterung dient ein fiktiver Evaluationsdatensatz einer "Diät". Es liegen folgende Werte der Teilnehmer vor und nach einer Diät vor.

Tabelle 7.2: Fiktiver Datensatz einer Diätgruppe

Vp	vor der Diät	nach der Diät
1	82	75
2	75	70
3	92	88
4	76	77
5	88	88
6	96	90
7	69	71
8	75	72
9	90	85

---

[1]Vergleiche hierzu den t-Test für abhängige Stichproben (Kapitel 8.4, Seite 147) und die Varianzanalyse mit Meßwiederholung (Kapitel 17.1, Seite 339).

Höhe des α-Niveaus

Der Einfluss des α-Niveaus auf den β-Fehler ist in den vorherigen Abschnitten herausgearbeitet worden. Da α- und β-Fehler sich gegenläufig verhalten, sollte das α-Niveau nicht zu niedrig angesetzt werden. Zur Minimierung der Wahrscheinlichkeit für einen β-Fehler sollte die Hypothese auf einem α-Niveau von 5% statt von 1% getestet werden. Eine niedrigeres α-Niveau hätte einen höheren kritischen Testwert zur Folge. Dieser höhere Prüfwert erhöht seinerseits wieder die Wahrscheinlichkeit für den β-Fehler. Gerade bei kleine Stichproben kann diese Entscheidung einen starken Einfluss auf den β-Fehler haben.

Ein- oder zweiseitige Testung

Die zweiseitige Testung führt zu einer höheren Wahrscheinlichkeit für einen β-Fehler, da der kritische Testwert dann höher ausfällt. So liegt der kritische Testwert der z-Verteilung bei einem ($\alpha = 5\%$) bei einseitiger Testung bei 1,65, während er bei zweiseitiger Testung bei 1,96 liegt. Beim Beispiel mit der Diätgruppe kann davon ausgegangen werden, dass die Teilnehmer des Diätprogrammes ihr Gewicht reduzieren müssten. und somit a priori eine gerichtete Hypothese aufgestellt werden kann.

Homogenität der Merkmalsverteilung

Die Streuung des untersuchten Merkmals σ_X hat ebenfalls einen Einfluss auf den β-Fehler. Je geringer die Streuung des Merkmals ausfällt, desto geringer ist der β-Fehler. Würde im Beispieldatensatz die Versuchsperson mit dem geringsten Gewicht vor der Diät das Diätprogramm abbrechen, so hätte dies einen Einfluss auf die Streuung des Merkmals. Diese Person wurde in der Tabelle 7.3 fett markiert.

Tabelle 7.3: Fiktiver Datensatz einer Diätgruppe mit Eliminierung eines Ausreißers

Vp	vor der Diät	nach der Diät	$x_{1i} - x_{2i} = x_{D_i}$	$(x_{D_i} - \bar{x}_D)^2$
1	82	75	7	16
2	75	70	5	4
3	92	88	4	1
4	76	77	-1	16
5	88	88	0	9
6	96	90	6	9
7	**69**	**71**	**-2**	**25**
8	75	72	3	0
9	90	85	5	4
Gesamt			27	84

Durch die Berechnung zweier t-Tests wird der Einfluss dieser Person deutlich. Beim vollständigen Datensatz gibt sich bei einer Mittelwertsdifferenz von 3,0 kg ein t-Wert von 2,778. Beim Wegfallen der siebten Person ergibt sich bei einer Mittelwertsdifferenz von 3,63 kg durch den kleineren Standardfehler ein größerer t-Wert (t=3,629).

Somit ist die Wahrscheinlichkeit für einen β-Fehler kleiner. Wenn Stichproben mit homogenen Merkmalsverteilungen untersucht werden, ist die Wahrscheinlichkeit für das Finden signifikanter Mittelwertsdifferenzen größer als bei Stichproben mit heterogenen Merkmalsverteilungen. Allerdings muss dann die Frage nach der Generalisierbarkeit dieser Ergebnisse diskutiert werden. So hat vermutlich eine Untersuchung zum Risikoverhalten im Straßenverkehr bei verheirateten Männern mit Kindern im Angestelltenverhältnis (=kleine Merkmalsstreuung) vor und nach einer Schulungsmaßnahme zur Verkehrssicherheit eine geringerer Aussagekraft als eine Untersuchung, welche alle Gruppen von Autofahrern einschließt und vermutlich eine größere Merkmalsstreuung hat.

Stichprobenumfang

Je größer die Stichprobe gewählt wird, desto geringer ist die Wahrscheinlichkeit für einen β-Fehler, da durch die Stichprobengröße der Standardfehler beeinflusst wird. Wenn im gegebenen Beispiel aus didaktischen Gründen der Datensatz mit identischen Daten verdoppelt werden würde, ergäbe sich keine größere Mittelwertsdifferenz, wohl aber ein kleinerer Standardfehler. Es würde sich bei einem Freiheitsgrad von df = 17 ein berechneter t-Wert von 4,049 ergeben[2], wobei sich auch, bedingt durch die höhere Anzahl an Freiheitsgraden, der kritische t-Wert reduziert.

Größe des statistischen Effekts ($\mu_1 - \mu_2$)

Je größer die Differenz zwischen den beiden Mittelwerten ist, desto geringer fällt der β-Fehler aus. Eine Vergrößerung der Differenz zwischen den beiden Mittelwerten könnte durch eine Verlängerung der Diät erreicht werden. Wenn sich beispielsweise bei einer um 12 Wochen verlängerten Diät die Mittelwertsdifferenz um 5kg erhöhen würde, so läge der t-Wert bei 7,407.

Abhängige versus unabhängige Stichproben

Bei Untersuchungen mit abhängigen Stichproben ist der β-Fehler geringer. Wenn von zwei unabhängigen Gruppen (beispielsweise Diätgruppe und Kontrollgruppe) ausgegangen wird, würde sich bei einem Vergleich der beiden Mittelwerte durch einen t-Test für unabhängige Stichproben ein kritischer t-Wert von 0,727 ergeben. Somit wäre diese Mittelwertsdifferenz nicht signifikant.

Teststärke ($1 - \beta$)

Verschiedene statistische Prüfverfahren haben unterschiedliche Effizienzen. Wäre bei dem gegebenen Diätbeispiel nicht die Gewichtsveränderung (intervallskaliert), sondern der Erfolg/ Misserfolg der Diät (nominalskaliert) erhoben worden, ergäbe sich die letzte Spalte der folgenden Tabelle:

---

[2] Auf eine ausführliche Berechnung der jeweiligen t-Werte wird in diesem Kapitel verzichtet

Tabelle 7.4: Fiktiver Datensatz einer Diätgruppe, Auswertung mit dem Binomialtest

Vp	vor der Diät	nach der Diät	Ergebnis
1	82	75	+
2	75	70	+
3	92	88	+
4	76	77	-
5	88	88	-
6	96	90	+
7	69	71	-
8	75	72	+
9	90	82	+

Bei 6 Personen verlief die Diät positiv, bei 3 Personen negativ (keine Gewichtsreduktion). Ein Binomialtest würde hier mit einem p-Wert von .508 nicht signifikant werden. Dieser Test für Daten auf Nominalskalenniveau hat eine geringere Teststärke. Prinzipiell sollten Daten immer mit einem möglichst hohen Skalenniveau erhoben werden, so dass immer die teststärksten Verfahren zur maximalen Informationsauswertung verwendet werden können.

7.6 Optimaler Stichprobenumfang

Wie bereits erläutert, hat der Stichprobenumfang einen entscheidenden Einfluss auf die beiden Fehlerarten. Zu kleine Stichproben erschweren die statistische Absicherung eines praktisch relevanten Effekts, während zu große Stichproben praktisch unbedeutende Effekte bedeutsam machen. Die Bestimmung der günstigen Stichprobengröße hat somit eine zentrale Rolle bei der Planung einer Untersuchung.

> **Definition:** Ein optimaler Stichprobenumfang ist gegeben, wenn die Stichprobe gerade groß genug gewählt wird, um einen für die Praxis relevanten Effekt abzusichern. Dieser Stichprobenumfang kann a priori bestimmt werden, wenn zuvor der erwartende Effekt, der α- und der β-Fehler definiert worden sind.

Anmerkung: Der Begriff des optimalen Stichprobenumfanges täuscht allerdings vor, das die optimale Stichprobe genau diese Größe haben sollte und unter keinen Umständen größer sein darf. Aus statistischer Sicht ist die optimale Stichprobengröße eigentlich eher die Mindestgröße für eine statistische Auswertung, denn mit zunehmender Stichprobengröße verbessert sich die Schätzung von Populationsparameter auf Stichprobenparameter. Der optimale Stichprobenumfang gibt auch eine ökonomisch sinnvolle Obergrenze an. So müssen nicht 2000 Personen untersuchen werden, wenn der vermutete Gruppenunterschied schon bei einer Stichprobe von 50 Personen erkennbar ist. Bei Untersuchungen mit großen Stichproben muss immer berücksichtigt werden, ob resultierende Effekte trotz vorhandener Signifikanz noch eine praktische Relevanz (Effektgröße) haben.

Der optimale Stichprobenumfang kann in Abhängigkeit von α- und β-Fehler und der Größe des zu erwartenden Effekts bestimmt werden. Es ergibt sich folgende Effektgröße bei der Differenz zweier Gruppen:

$$d = \frac{\mu_1 - \mu_2}{\sigma_x} \tag{7.2}$$

Die Einteilung der Effektgröße für die Differenz zweier Gruppen wird von Cohen (1988) in kleine Effekte (d $\geq$ 0,20), mittlere Effekte (d $\geq$ 0,50) und große Effekte (d $\geq$ 0,80) vorgeschlagen.

Cohen (1988) beschreibt die Bestimmung des optimalen Stichprobenumfangs nach Festlegung der Effektgröße. Die Abbildung 7.9 soll die notwendige Stichprobengröße bei einem großen Effekt (d=0,80) bei einem α-Niveau von 5% verdeutlichen.

Anmerkung: Statistikprogramme, wie das hier verwendete SYSTAT, ermöglichen die Berechnung des optimalen Stichprobenumfangs. Andere Programme wie g-power sind frei im Internet erhältlich[3]. Cohen (1988) veröffentlichte ein Tabellenwerk mit optimalen Stichprobenumfängen in Abhängigkeit von Effektstärke, α- und β-Fehler.

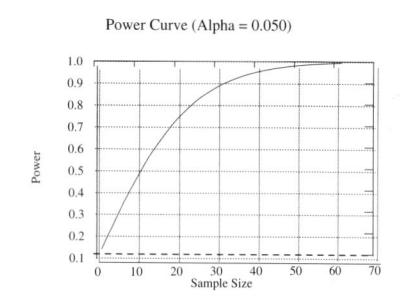

Abbildung 7.9: Teststärkenverlauf mit einer Effektgröße von d = 0,80 (α = .05)

Für verschiedene Stichprobengrößen wird anschließend die Teststärke (Power) bei einer Effektgröße von d = 0,80 und einem α-Niveau von 5% berechnet. Die Ergebnisse dieser Berechnungen sind in der folgenden Tabelle dargestellt:

Tabelle 7.5: Berechnete Teststärke für d = 0,80 und α = .05

Stichprobengröße Gruppe 1	Stichprobengröße Gruppe 2	Power
23	23	0.756
24	24	0.774
25	25	0.791
26	26	0.807

Insgesamt würde man also bei einem relativ großen zu erwartenden Effekt von d = 0,80 nur 52 Versuchspersonen benötigen, um diesen Effekt inferenzstatistisch absichern zu können.

---

[3] Download unter http://www.psycho.uni-duesseldorf.de/aap/projects/gpower/how_to_use_gpower.html

Was passiert nun, wenn der zu erwartende Effekt nur eine mittlere Größe hat (d = 0,50)? Die Teststärkenkurve ist in der Abbildung 7.10 dargestellt. Nun würden pro Gruppe schon 64 Personen, also insgesamt 128 Teilnehmer benötigen werden, um eine in der Population geltende H_1 bei analogen Wahrscheinlichkeiten für einen α- und β-Fehler bestätigen zu können.

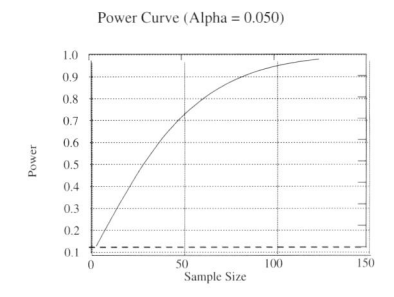

Abbildung 7.10: Teststärkenverlauf mit einer Effektgröße von d = 0,50 (α = .05)

Anmerkung: Diese Zahl ist nicht direkt aus der Kurve ablesbar, sondern muss gesondert berechnet werden. Da dieser Abschnitt nur ein grundlegendes Verständnis fördern soll, wird auf die komplexe Darstellung dieser Berechnungen verzichtet.

Bei einem nur geringen zu erwartenden Effekt (d = 0,20), wie er beispielsweise bei Therapievergleichsstudien durchaus üblich ist, wird eine relativ große Stichprobe benötigt. In diesem Fall würde pro Gruppe 394 Personen, also insgesamt mit 788 Personen fast 800 Personen benötigen werden, damit dieser Effekt bei einem α-Niveau von 5% mit einer Wahrscheinlichkeit von .80 nachweisbar ist.

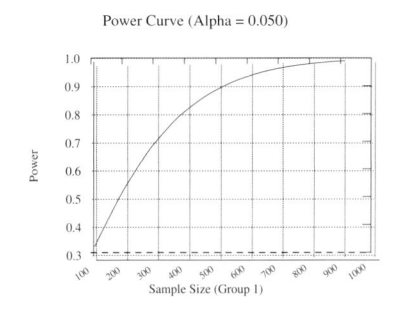

Abbildung 7.11: Teststärkenverlauf mit einer Effektgröße von d = 0,20 (α = .05)

Eine Reduzierung des β-Fehlers von 20% auf 5% würde die benötigte Stichprobengröße ebenfalls erhöhen. Dann würden sich die Stichprobengröße von 52 auf 84 Personen (d = 0,80, α = .05) erhöhen. Bei einem kleinen Effekt (d = 0,20) erhöht sich die optimale Stichprobengröße von 788 auf 1320. Dies würde den zeitlichen und finanziellen Rahmen vieler psychologischer Untersuchungen sprengen.

Dieser Abschnitt sollte den Einfluss der Stichprobengröße auf den β-Fehler nochmals verdeutlichen. Eine zu kleine Stichprobe verhindert das Aufspüren relevanter Ergebnissen, eine zu große Stichprobe weist jeden beliebig kleinen und somit eventuell praktisch irrelevanten Effekt als statistisch signifikant aus.

7.7 Inferenzstatistische Prüfverfahren der zentralen Tendenz

Im vorherigen Abschnitt wurde die Theorie zur Inferenzstatistik dargestellt. In Abhängigkeit verschiedener Voraussetzungen gibt es eine Vielzahl von Prüfverfahren für die Maße der zentralen Tendenz. Diese Verfahren sind in Tabelle 7.6 zusammengefasst. Da die Verfahren Anforderungen an die Datenqualität stellen, dienen die folgenden Fragen als Hilfe zur Entscheidung für ein Verfahren:

- Welches Skalenniveau weist die zu prüfende Variable auf? Liegt eine nominal-, ordinal- oder intervallskalierte Variable vor?
- Die Kennwerte der zentralen Tendenz aus wieviele Stichproben sollen miteinander verglichen werden? Gibt es eine, zwei oder mehr als zwei Stichproben?
- Wurden die Kennwerte in voneinander abhängigen oder unabhängigen Stichproben erhoben?
- Wie groß sind die einzelnen Stichproben? Wieviele Personen werden pro Gruppe untersucht?

Tabelle 7.6: Übersicht zu den inferenzstatistischen Prüfverfahren der zentralen Tendenz

Anzahl der Stichproben	Skalenniveau		
	Nominalskala	**Ordinalskala**	**Intervallskala**
eine Stichprobe	Binomial-Test (9.1)		z-Test (8.2)
			t-Test für eine Stichprobe (8.3)
zwei Stichproben			
unabhängig	Vierfelder-χ^2-Test (9.2)	Mediantest (9.5)	t-Test für homogene Varianzen (8.6)
		U-Test von Mann-Whitney (9.6)	t-Test für heterogene Varianzen (8.7)
abhängig	McNemar-Test (9.3)	Vorzeichen-Test (9.7)	t-Test für abhängige Stichproben (8.4)
		Vorzeichenrangtest von Wilcoxon (9.8)	
> zwei Stichproben			
unabhängig	kxm-Felder-χ^2-Test (9.2)	H-Test von Kruskal & Wallis (9.9)	Varianzanalyse (14)
abhängig	Cochran-Test (9.4)	Friedman-Test (9.10)	Varianzanalyse für Meßwiederholung (17.1)

Anmerkung: Eine Spalte für das Verhältnisskalenniveau ist nicht dargestellt, da die vorgestellten Verfahren höchsten Intervallskalenniveau voraussetzen.

Bei den Testverfahren für Daten auf Nominal- und Ordinalskalenniveau handelt es sich um nonparametrische (verteilungsfreie) Testverfahren. Die Testverfahren auf Intervallskalenniveau werden als parametrisch bezeichnet, da sie eine bekannte theoretische Verteilung der untersuchten Variablen voraussetzen.

An dieser Stelle erfolgt nur ein grober Überblick zu den Verfahren. Vor der Anwendung der einzelnen Verfahren müssen die jeweiligen Voraussetzungen überprüft werden.

7.8 Zusammenfassung

Die **inferenzstatistische Hypothesenprüfung** dient der Testung verschiedener Fragestellungen über Populationsverhältnisse. Diese Testung erfolgt über die **Nullhypothese**, unter deren Gültigkeit theoretische Verteilungen statistischer Stichprobenkennwerte in der Population vorausgesetzt werden können. Hierbei wird davon ausgegangen, dass es keinen Mittelwertsunterschied beziehungsweise keinen Zusammenhang in der Population gibt. Die **Alternativhypothese** stellt die gegenläufige Behauptung auf. Es gibt zwei Arten von Alternativhypothesen, die **gerichtete** und die **ungerichtete** Alternativhypothese. Getestet wird in der Inferenzstatistik allerdings immer die **Nullhypothese**, so dass auch nur Aussagen über diese möglich sind.

Bei der Hypothesentestung können immer zwei verschiedene Fehler begangen werden. Der α-**Fehler** (Fehler erster Art) ist eine **Ablehnung** einer richtigen Nullhypothese. Der β-**Fehler** (Fehler zweiter Art) ist dagegen eine **Beibehaltung** einer falschen Nullhypothese. Während das α-Niveau immer fest definiert wird, hängt die Größe des β-Fehlers von sieben Faktoren ab (Höhe des α-Niveaus, ein- oder zweiseitige Testung, Homogenität der Merkmalsverteilung, Stichprobenumfang, Effektstärke, abhängige versus unabhängige Stichproben und Teststärke des Verfahrens). Diese Faktoren sind teils mit statistischen, teils versuchsplanerischen Maßnahmen a priori zu beeinflussen. Mehr zum Zusammenhang zwischen α-, β-Fehler, Teststärke und Signifikanz ist in Kapitel 18.2 auf Seite 361 zu finden.

7.9 Aufgaben

1. Was besagt die Nullhypothese und warum spielt sie eine zentrale Rolle in der Prüfstatistik?

2. Die Fragestellung einer Untersuchung lautet, dass introvertierte Personen einen höheren Ängstlichkeitsgrad aufweisen als extravertierte Personen. Wie lauten die H_0 und H_1?

3. Ein Verhaltensgenetiker möchte die Lernfähigkeit von zwei unterschiedlichen Rattenstämmen untersuchen. Wie lauten die inhaltlichen und statistischen Hypothesen, wenn das untersuchte Merkmal die Anzahl benötigter Durchläufe durch ein Labyrinth bis zum ersten fehlerfreien Durchlauf ist?

4. Durch ein pharmakologisches Experiment soll abgesichert werden, dass die Einnahme eines Präparates nicht zu einer Beeinträchtigung des Fahrverhaltens aufgrund verlangsamter Reaktionszeiten führt. Welcher Fehler sollte möglichst klein gehalten werden?

5. Finden Sie beispielhafte Fragestellungen bei denen

   a) ein α-Fehler gravierendere Folgen hat als ein β-Fehler.

   b) ein β-Fehler gravierendere Folgen hat als ein α-Fehler.

6. Was ist Teststärke und welches sind die Determinanten der Teststärke?

7. Welche Beziehung besteht zwischen dem Fehler 1. Art und dem Fehler 2. Art?

8. Ein α-Niveau von 5% bedeutet:

   a) Die H_0 wird mit 5%-iger Wahrscheinlichkeit abgelehnt, wenn die H_1 richtig ist.

   b) Die H_1 wird mit 5%-iger Wahrscheinlichkeit abgelehnt, wenn die H_0 richtig ist.

   c) Die H_0 wird mit 5%iger Wahrscheinlichkeit abgelehnt, wenn die H_0 richtig ist.

9. Wie können α- und β-Fehler minimiert werden?

10. Bitte ergänzen Sie: Die Nullhypothese und die Alternativhypothese stellen inhaltlich ... Aussagen über einen empirischen Sachverhalt dar. Die Logik des statistischen Hypothesentestens besteht darin, dass auf die ... geschlossen werden kann, wenn die gefundenen Ergebnisse auf der Basis der ... höchstens mit einer Wahrscheinlichkeit von ... (bzw. ...) zu erwarten sind.

11. Eine Rehabilitationsklinik möchte die Frage klären, ob durch ein neues Aufmerksamkeitsprogramm die Konzentrationsfähigkeit von Patienten mit einem Schädel-Hirn-Trauma verbessert werden kann. Formulieren Sie für diese Fragestellung die inhaltlichen und statistischen Hypothesen.

12. Wie ändert sich das Konfidenzintervall um den Mittelwert

    a) bei Erhöhung des Konfidenzkoeffizienten?

    b) bei Erhöhung des Stichprobenumfangs?

    c) bei Erhöhung der Populationsstreuung?

13. Ergänzen Sie folgende Aussagen:

    a) Eine Erhöhung des α-Niveaus bewirkt eine ... der Teststärke.

    b) Je größer der Standardfehler, desto ... der β-Fehler.

    c) Die Teststärke steht für die Wahrscheinlichkeit, sich ... für eine H_1 zu entscheiden.

    d) Mit zunehmender Effektstärke ... das Risiko eines Fehlers 2. Art.

8 Parametrische Testverfahren

Schlagworte
- ▷ z-Test
- ▷ F-Test
- ▷ t-Test
- ▷ Welch-Test

In diesem Kapitel sollen die einfacheren der sogenannten parametrischen Testverfahren besprochen werden. Bei diesen Tests handelt es sich um einen Teilbereich der in Tabelle 7.6 (Seite 140) vorgestellten Verfahren.

> **Definition:** Unter den Begriff der parametrischen Testverfahren fasst man jene inferenzstatistischen Tests zusammen, die eine Verteilung, meist eine Normalverteilung, des untersuchten Merkmals voraussetzen und anhand dieser theoretischen Verteilung auf Signifikanz prüfen.

8.1 Ein Überblick zu den Testverfahren

In diesem Abschnitt soll ein kurzer Überblick zu den gängigen parametrischen Verfahren mit Hilfe eines Entscheidungsbaums gegeben werden (siehe Abbildung 8.1, Seite 144). Einer der am häufigsten verwendeten Tests ist der t-Test. Der Begriff des t-Tests umfasst mehrere Verfahren zur inferenzstatistischen Prüfung von Mittelwertsunterschieden bei ein oder zwei Stichproben. Welcher spezifische Test verwendet wird, hängt vom folgenden Fragen ab:

- Handelt es sich um eine Stichprobe oder zwei Teilstichproben?

- Wenn es sich um eine Stichprobe handelt, ist dann der Stichprobenumfang größer als N=30?

- Wenn es zwei Teilstichproben gibt, sind die beiden Teilstichproben unabhängig voneinander?

- Falls die Teilstichproben unabhängig voneinander sind, besteht Varianzhomogenität in diesen Teilstichproben?

Dieser Fragenkatalog wird mit Hilfe des folgenden Entscheidungsbaums nochmals übersichtlich dargestellt.

Entscheidungsbaum

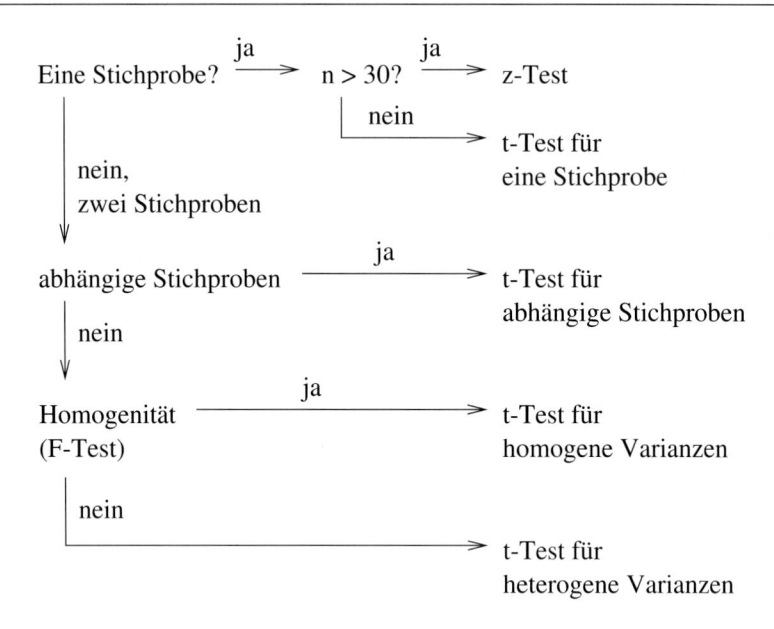

```
Eine Stichprobe?  --ja-->  n > 30?  --ja-->  z-Test
                              |
                             nein
                              --> t-Test für
                                  eine Stichprobe
     |
    nein,
    zwei Stichproben
     |
     v
abhängige Stichproben  --ja-->  t-Test für
                                abhängige Stichproben
     |
    nein
     |
     v
Homogenität  --ja-->  t-Test für
(F-Test)              homogene Varianzen
     |
    nein
     |
     --> t-Test für
         heterogene Varianzen
```

Abbildung 8.1: Entscheidungsbaum zum z-Test und den t-Tests

Diese Tests werden nachfolgend einzeln besprochen.

8.2 z-Test

Der z-Test dient zum Vergleich des Mittelwertes einer Stichprobe mit einem bekannten Populationsmittelwert. Der z-Test ermöglicht die Entscheidung, ob eine Stichprobe der zugrunde gelegten Population entstammt oder nicht.

Voraussetzung: Der z-Test setzt eine Stichprobengröße von mindestens 30 Personen voraus. Diese Personen müssen Elemente einer Zufallsstichprobe sein und das Merkmal muss sowohl mindestens intervallskaliert als auch normalverteilt sein.

Definition: Der z-Test wird folgendermaßen durchgeführt:

$$z = \frac{\bar{x} - \mu_x}{\sigma_{\bar{x}}} \tag{8.1}$$

mit

$$\sigma_{\bar{x}} = \frac{\sigma_x}{\sqrt{N}} \tag{8.2}$$

Die Differenz zwischen Stichprobenmittelwert und Populationsmittelwert wird an dem durch die Populationsstreuung gegeben Standardfehler des Mittelwertes relativiert.

Ist der Betrag eines berechneten z-Werts größer als der gewählte kritische z-Wert der Standardnormalverteilung (siehe Tabelle B.8 bis B.15, Seite 440 bis 447), liegt der berechnete z-Wert im Ablehnungsbereich der Nullhypothese. Somit wird die H_0 verworfen und die H_1 angenommen. Der Stichprobenmittelwert entstammt einer anderen Population.

Wichtig: Bei den Tabellen B.8 bis B.15, Seite 440 bis 447 wird immer von einer gerichteten Hypothese ausgegangen, so dass bei einer gerichteten Hypothese und einem α-Niveau von 5% ein kritischer z-Wert von 1,645 relevant wird. Wurde eine ungerichtete Hypothese aufgestellt, so verteilt sich die Fläche des α-Niveaus auf die beiden Enden der Verteilungskurve. Da sich somit 2,5% Fläche pro Seite befinden, muss in diesem Falle der kritische z-Wert in der Spalte mit einer Fläche von 97,5% abgelesen werden. Der kritische z-Wert bei einer ungerichteten Hypothesen mit einem α-Niveau von 5% liegt somit bei 1,96.

Beispiel: Untersucht werden soll, ob sich eine Gruppe von Psychiatrie-Patientinnen in ihrer Reaktionszeit bedeutsam von der sogenannten Normalbevölkerung unterscheidet. In der Normalpopulation wird eine durchschnittliche Reaktionszeit von 550 ms mit einer Varianz von 2500 ms² angenommen. Die 110 Patientinnen haben eine mittlere Reaktionszeit von 560 ms.

Lösung:

$$\sigma_{\bar{x}} = \frac{\sigma_x}{\sqrt{N}} \qquad (8.3)$$

$$= \frac{50}{\sqrt{110}} \qquad (8.4)$$

$$= 4,767 \qquad (8.5)$$

$$z = \frac{\bar{x} - \mu_x}{\sigma_{\bar{x}}} \qquad (8.6)$$

$$= \frac{560 - 550}{4,767} \qquad (8.7)$$

$$= 2,0976 \qquad (8.8)$$

Nach der z-Werte-Tabelle B.9 (Seite 441) liegt der kritische z-Wert für eine ungerichtete Hypothese bei 1,96. Da der berechnete z-Wert mit 2,0976 im Ablehnungsbereich ist, liegt ein signifikanter Unterschied zwischen den beiden Populationen vor.

8.3 t-Test für eine Stichprobe

Bei kleinen Stichproben darf der z-Test nicht verwendet werden, da hier nicht die Normalverteilung des Merkmals angenommen werden kann. Nach Bortz (1999) ist eine Stichprobe mit N < 30 eine kleine Stichprobe. Zimmermann (1997) geht konservativer, das heißt vorsichtiger vor, indem er eine Stichprobe mit N < 100 Personen noch als klein betrachtet.

Anmerkung: Ist die Normalverteilung eines Merkmals fraglich, sollte auf jeden Fall bei einer Stichprobe mit N < 100 den t-Test für eine Stichprobe angewendet werden.

8 Parametrische Testverfahren

Voraussetzung: Auch der t-Test für eine Stichprobe kann nur bei einer Zufallsstichprobe eingesetzt werden. Das untersuchte Merkmal muss mindestens intervallskaliert sein.

Definition: Der t-Test für eine Stichprobe wird über

$$t_{N-1} = \frac{\bar{x} - \mu_x}{\sigma_{\bar{x}}} \tag{8.9}$$

mit

$$\sigma_{\bar{x}} = \frac{\sigma_x}{\sqrt{N}} \tag{8.10}$$

und einem Freiheitsgrad (df) von N-1 durchgeführt.

Der Freiheitsgrad wird im Folgenden mit df abgekürzt ("degree of freedom"). Der Freiheitsgrad ist wichtig beim Ablesen des entsprechenden t-Werts in den Tabellen B.6 bis B.7 (Seite 438 bis 439).

Definition: Der Freiheitsgrad beschreibt die Anzahl der "frei wählbaren" Werte, welche in die Berechnung eines statistischen Kennwertes eingehen. Er ergibt sich aus der Stichprobengröße, welche um die Anzahl der als bekannt vorausgesetzten Kennwerte reduziert wird.

Beim t-Test für eine Stichprobe wird der Freiheitsgrad $N - 1$ über die Stichprobengröße N und den einen als bekannt vorausgesetzten Stichprobenmittelwert definiert. Auf den Begriff des Freiheitsgrades wurde schon im Abschnitt 3.3 (Seite 46) näher eingegangen.

Beispiel: Untersucht wird eine zweite Gruppe von Psychiatrie-Patientinnen. Auch in diesem Beispiel liegt eine durchschnittliche Reaktionszeit von 550 ms bei einer Varianz von 2500 ms^2 in der Population vor. Die Patientinnen haben ebenfalls eine mittlere Reaktionszeit von 560 ms. Allerdings werden nur 25 Patientinnen untersucht.

Lösung:

$$\sigma_{\bar{x}} = \frac{\sigma_x}{\sqrt{N}} \tag{8.11}$$

$$= \frac{50}{\sqrt{25}} \tag{8.12}$$

$$= 10 \tag{8.13}$$

$$t_{N-1} = \frac{\bar{x} - \mu_x}{\sigma_{\bar{x}}} \tag{8.14}$$

$$= \frac{560 - 550}{10} \tag{8.15}$$

$$= 1 \tag{8.16}$$

Nach der Tabelle der t-Werte B.7 (Seite 439) liegt der kritische t-Wert bei einer ungerichteten Hypothese mit df = 25 - 1 = 24 bei 2,064. Somit kann hier kein signifikanter

Unterschied abgesichert werden. Der Betrag des berechneten t-Werts ist kleiner als der kritische t-Wert. Die Nullhypothese wird beibehalten.

Anmerkung: Vergleicht man beide Beispiele, so erkennt man den Einfluss des Stichprobengröße auf die Signifikanz. Obwohl die gleichen Populationswerte vorliegen und die Mittelwertsdifferenzen bei beiden Fragestellungen somit identisch sind, kommt es beim z-Test zu einem signifikanten, beim t-Test für eine Stichprobe dagegen zu keinem statistisch bedeutsamen Unterschied. Dies durch die unterschiedlich großen Stichproben und deren Einfluss auf den Standardfehler begründet.

8.4 t-Test für abhängige Stichproben

Bei abhängigen Stichproben geht man davon aus, dass Paare von Messwerten vorliegen. Diese Paare sind durch **Messwiederholung**, **Parallelisierung** oder **Matching** entstanden. Abhängige Stichproben werden auch als korrelierte Stichproben bezeichnet. Die Nullhypothese besagt in diesem Fall, dass die Differenz der Paare Null ist.

> **Definition:** Stichproben werden als abhängig bezeichnet, wenn die Ziehung eines Merkmalsträgers in die erste Stichprobe die Zugehörigkeit eines Merkmalsträgers zur zweiten Stichprobe beeinflusst.

Voraussetzung: Für die Durchführung eines t-Tests für abhängige Stichproben muss eine mindestens intervallskalierte Variable in Messwertpaaren vorliegen, wobei die Differenzen der Meßwertpaare in der Grundgesamtheit normalverteilt sein müssen.

> **Definition:** Beim t-Test für abhängige Stichproben wird nur mit den Differenzen der Messwertpaare gerechnet. Es gilt:
>
> $$t_{N-1} = \frac{\bar{x}_D}{\frac{s_D}{\sqrt{N}}} \quad (8.17)$$
>
> mit
>
> $$x_{D_i} = x_{1i} - x_{2i} \quad (8.18)$$
> $$\bar{x}_D = \bar{x}_1 - \bar{x}_2 \quad (8.19)$$
> $$s_{\bar{x}_D} = \frac{s_D}{\sqrt{N}} \quad (8.20)$$
> $$s_D = \sqrt{\frac{\sum_{i=1}^{N}(x_{D_i} - \bar{x}_D)^2}{N-1}} \quad (8.21)$$
>
> Hier bezeichnet N die Anzahl der Messungen in der Stichprobe, also die Anzahl der Messwertpaare.

Der t-Test für abhängige Stichproben ist teststärker als der später vorgestellte t-Test für unabhängige Stichproben.

Beispiel: Eine einschlägiges Beispiel für einen t-Test für abhängigen Stichproben ist die Untersuchung eines Diätprogramms mit der Messung des Gewichts der Teilnehmer vor und nach der Diät. Die Ergebnisse der Studie sind der Tabelle 8.1 zu entnehmen.

Tabelle 8.1: Fiktiver Datensatz einer Diätgruppe (Gewicht in kg), Teil 1

vor der Diät	nach der Diät
82	75
75	70
92	88
76	77
88	88
96	90
69	71
75	72
90	85

Aus der Differenz der Werte zu den beiden Meßzeitpunkten kann nun die individuelle und die mittlere Gewichtsveränderung berechnet werden. Zur Berechnung der Streuung der Gewichtsveränderung wird die quadrierte Differenz zwischen individueller und mittlerer Gewichtsveränderung benötigt.

Tabelle 8.2: Fiktiver Datensatz einer Diätgruppe (Gewicht in kg), Teil 2

vor der Diät	nach der Diät	$x_{1i} - x_{2i}$	$(x_{D_i} - \bar{x}_D)^2$
82	75	7	16
75	70	5	4
92	88	4	1
76	77	-1	16
88	88	0	9
96	90	6	9
69	71	-2	25
75	72	3	0
90	85	5	4
Gesamt		27	84

Im Mittel haben die Teilnehmer $\frac{27}{9}$ = 3kg abgenommen. Allerdings war die Diät nicht bei allen Teilnehmern erfolgreich. Einige haben zugenommen oder ihr Gewicht gehalten.

Als nächstes ist nun die Streuung der Differenzen zu bestimmen.

$$S_D = \sqrt{\frac{\sum_{i=1}^{N}(x_{D_i} - \bar{x}_D)^2}{N-1}} \tag{8.22}$$

$$= \sqrt{\frac{84}{9-1}} \tag{8.23}$$

$$= \sqrt{10{,}5} \tag{8.24}$$

$$= 3{,}24 \tag{8.25}$$

Schließlich wird mit Hilfe des Standardfehlers der t-Wert berechnet.

$$t_{9-1} = \frac{\bar{x}_D}{\frac{s_D}{\sqrt{N}}} \quad (8.26)$$

$$t_8 = \frac{3}{\frac{3{,}24}{\sqrt{9}}} \quad (8.27)$$

$$= \frac{3}{1{,}08} \quad (8.28)$$

$$= 2{,}777 \quad (8.29)$$

Ein Blick in die Tabelle der t-Werte zeigt, dass der berechnete t-Wert größer als der kritische t-Wert von 2,306 bei einem Freiheitsgrad von 8 ist. Damit wird die H_0 verworfen und die H_1 angenommen. Da man bei einer Diät immer annehmen kann, dass die Teilnehmer vermutlich abnehmen, konnte man in diesem Beispiel vor der Datenerhebung eine gerichtete Hypothese aufstellen. Der kritische t-Wert mit einem Freiheitsgrad von 8 läge in diesem Fall bei 1,860. Die H_0 wird verworfen, die H_1 angenommen.

Anmerkung: Dieses Beispiel zeigt, dass ein signifikanter Mittelwertsunterschied nur bedeutet, dass sich das Gewicht der Teilnehmer im Mittel unterscheidet. Es ist keine Garantie dafür, dass die Diät bei jedem Teilnehmer zum Erfolg geführt hat. Die Inferenzstatistik erlaubt nur die Aussage, dass die Teilnehmer dieser Diät im Durchschnitt abgenommen haben.

8.5 Prüfung auf Varianzhomogenität bei unabhängigen Stichproben

Bei unabhängigen Stichproben wird davon ausgegangen, dass keine Zuordnung der Messwerte zu Paaren aus beiden Gruppen möglich ist.

> **Definition:** Man spricht von unabhängigen Stichproben, wenn das Zuordnen eines Merkmalsträgers in die erste Stichprobe keinen Einfluss auf die Zuordnung eines Merkmalsträgers für die zweiten Stichprobe hat.

Bevor einer der beiden t-Tests für unabhängige Stichproben durchgeführt wird, muss die Voraussetzung der Varianzhomogenität überprüft werden. **Varianzhomogenität** ist gegeben, wenn die Varianzen in beiden unabhängigen Stichproben gleich sind, beziehungsweise sich nur zufällig voneinander unterscheiden.

Zur Überprüfung dieser Varianzhomogenität soll hier zuerst der **F-Test nach Fisher** erläutert werden. Die Überprüfung, ob die Varianzen zweier unabhängiger Stichproben homogen sind, erfolgt über die folgende Gleichung:

> **Definition:** Der F-Test nach Fisher ist definiert durch
>
> $$F = \frac{\sigma_1^2}{\sigma_2^2} \tag{8.30}$$
>
> mit den jeweiligen Zähler- und Nenner-Freiheitsgraden beider Varianzen.
>
> $$df_1 = n_1 - 1 \tag{8.31}$$
> $$df_2 = n_2 - 2 \tag{8.32}$$

σ_1^2 ist beim F-Test zur Überprüfung der Varianzhomogenität immer als die größere der beiden Varianzen definiert. Beide Freiheitsgrade, sowohl für die Zähler- als auch für die Nennervarianz, sind zur Ermittlung des kritischen F-Wertes in den Tabellen B.37 bis B.42 (Seite 462 bis 464) notwendig. Die Tabellen B.37 bis B.39 beziehen sich auf ein α-Niveau von 95% und in Tabellen B.40- B.42 auf ein α-Niveau von 99%. Der F-Test wird immer einseitig durchgeführt, da ein F-Wert nach der Definition der F-Verteilung nie im negativen Bereich liegen kann. Die Überprüfung der Varianzhomogenität mittels F-Test entspricht einer gerichteten Hypothese. Ein hoher F-Wert spricht in Abhängigkeit von den jeweiligen Freiheitsgraden für Varianzheterogenität. Je nach Ergebnis des F-Tests wird dann ein t-Test für unabhängige Stichproben bei homogenen oder heterogenen Varianzen verwendet.

Anmerkung: SPSS berechnet zur Überprüfung der Varianzhomogenität nicht den F-Test nach Fisher, sondern den F-Test nach Levene. Dieser ist in seiner Berechnung anspruchsvoller und konservativer wie der F-Test nach Fisher. Das heißt, er wird nicht so leicht signifikant. Hier soll dieser Test nur kurz erläutert werden, damit Unstimmigkeiten durch Unterschiede zwischen der Berechnung des F-Test nach Fisher "von Hand" und den Ergebnissen des F-Test nach Levene einer Statistik-Software nicht zu großem Kopfzerbrechen führen.

> **Definition:** Der F-Test nach Levene ist eine einfaktorielle Varianzanalyse über den Betrag der Differenz zwischen dem Wert des Individuums und dem zugehörigen Gruppenmittelwert. Der dabei berechnete F-Wert liegt meist unter dem F-Wert nach Fisher (Erläuterungen zur Varianzanalyse siehe Kapitel 14 (Seite 271)).

Beispiel: Die Varianzhomogenität in zwei Stichproben eines Diätprogrammes soll getestet werden. Die eine Stichprobe mit 10 Personen hat eine Standardabweichung von 8, die andere mit 16 Personen eine Standardabweichung von 5.

$$F = \frac{\sigma_1^2}{\sigma_2^2} \tag{8.33}$$
$$= \frac{8^2}{5^2} \tag{8.34}$$
$$= \frac{64}{25} \tag{8.35}$$
$$= 2{,}56 \tag{8.36}$$

Nach den Tabellen B.37 bis B.39 der F-Werte ist bei einem Zählerfreiheitsgrad von 9 und einem Nennerfreiheitsgrad von 15 der kritische F-Wert 2,59. Somit ist der berechnete F-Test nicht signifikant und die H_0 wird beibehalten. Es kann von Varianzhomogenität ausgegangen werden.

Bei dem t-Test für unabhängige Stichproben wird nach dem Ergebnis des F-Tests der t-Test für homogene oder der t-Test für heterogene Varianzen, auch Welch-Test genannt, durchgeführt.

8.6 t-Test für homogene Varianzen

Der t-Test bei homogenen Varianzen dient der Prüfung von Mittelwertsdifferenzen zweier unabhängiger Stichproben.

Voraussetzungen: Dieser t-Test kann berechnet werden, wenn ein mindestens intervallskaliertes Merkmal in zwei unabhängigen Zufallsstichproben erhoben wurde. Die Varianzen in beiden Stichproben müssen homogen sein.

Definition: Der t-Test für unabhängige Stichproben mit homogenen Varianzen ist definiert über

$$t = \frac{\bar{x}_1 - \bar{x}_2}{\sqrt{\frac{(n_1-1)\cdot s_1^2 + (n_2-1)\cdot s_2^2}{n_1+n_2-2} \cdot \left(\frac{1}{n_1} + \frac{1}{n_2}\right)}} \quad (8.37)$$

mit

$$df = n_1 + n_2 - 2. \quad (8.38)$$

Da bei diesem t-Test von homogenen Varianzen ausgegangen wird, ist für s_1^2 und s_2^2 die folgende gewogene mittlere Schätzung einzusetzen:

$$s_1^2 \approx s_2^2 \approx \frac{(n_1-1)\cdot s_1^2 + (n_2-1)\cdot s_2^2}{n_1+n_2-2} \quad (8.39)$$

$$= \frac{df_1 \cdot s_1^2 + df_2 \cdot s_2^2}{df_1 + df_2} \quad (8.40)$$

Beispiel: Der t-Test für homogene Varianzen soll an dem Beispieldatensatz aus Abschnitt 8.5 durchgeführt werden. Dort wurden bereits die Varianzen der beiden Stichproben verglichen, wobei dieser Test nicht signifikant wurde. Die Frage ist nun, ob die Differenz der Mittelwerte signifikant ist, wenn das intervallskalierte Merkmal der ersten Gruppe einen Mittelwert von $\bar{x}_1 = 10,2$ ($s_1 = 8, n_1 = 10$) und der zweiten Gruppe einen Mittelwert von $\bar{x}_2 = 16,5$ ($s_2 = 5, n_2 = 16$) hat.

Zur Beantwortung dieser Frage wird über den folgenden t-Test für homogene Varianzen der t-Wert bestimmt.

$$t = \frac{\bar{x}_1 - \bar{x}_2}{\sqrt{\frac{(n_1-1)\cdot s_1^2 + (n_2-1)\cdot s_2^2}{n_1+n_2-2} \cdot \left(\frac{1}{n_1} + \frac{1}{n_2}\right)}} \qquad (8.41)$$

$$= \frac{10,2 - 16,5}{\sqrt{\frac{(10-1)\cdot 8^2 + (16-1)\cdot 5^2}{10+16-2} \cdot \left(\frac{1}{10} + \frac{1}{16}\right)}} \qquad (8.42)$$

$$= \frac{-5,3}{\sqrt{\frac{9\cdot 64 + 15\cdot 25}{24} \cdot \left(\frac{16}{160} + \frac{10}{160}\right)}} \qquad (8.43)$$

$$= \frac{-5,3}{\sqrt{\frac{576+375}{24} \cdot \frac{26}{160}}} \qquad (8.44)$$

$$= \frac{-5,3}{\sqrt{\frac{24726}{3840}}} \qquad (8.45)$$

$$= \frac{-5,3}{\sqrt{6,4381}} \qquad (8.46)$$

$$= \frac{-5,3}{2,5375} \qquad (8.47)$$

$$= -2,0886 \qquad (8.48)$$

Da dieser Wert im Betrag größer als der kritische t-Wert von 2,064 (df = 24) ist, kann die H_0 verworfen und die H_1 angenommen werden. Es kann also davon ausgegangen werden, dass die Diät einen bedeutsamen Einfluss auf das durchschnittliche Gewicht hat.

8.7 t-Test für heterogene Varianzen

Der t-Test für heterogene Varianzen dient ebenfalls zur Prüfung von Mittelwertsdifferenzen zweier unabhängiger Stichproben. Allerdings wird bei diesem Verfahren Varianzhomogenität **nicht** vorausgesetzt.

Voraussetzungen: Dieser t-Test wird durchgeführt, wenn ein mindestens intervallskaliertes Merkmal in zwei unabhängigen Zufallsstichproben erhoben wurde. Die Varianzen dieser beiden Stichproben müssen nicht homogen sein.

8.7 t-Test für heterogene Varianzen

Definition: Der t-Test für unabhängige Stichproben mit heterogenen Varianzen ist definiert über

$$t = \frac{\bar{x}_1 - \bar{x}_2}{\sqrt{\left(\frac{s_1^2}{n_1} + \frac{s_2^2}{n_2}\right)}} \tag{8.49}$$

mit

$$df = \frac{(n_1 - 1) \cdot (n_2 - 1)}{(n_2 - 1) \cdot c^2 + (n_1 - 1) \cdot (1 - c)^2} \tag{8.50}$$

und

$$c = \frac{\frac{s_1^2}{n_1}}{\frac{s_1^2}{n_1} + \frac{s_2^2}{n_2}} \tag{8.51}$$

Beispiel: Das bisherige Beispiel soll hier weiterhin verwendet werden. Das intervallskalierte Merkmal weist in der ersten Gruppe einen Mittelwert von $\bar{x}_1 = 10{,}2$ ($s_1 = 8, n_1 = 10$) und in der zweiten Gruppe einen Mittelwert von $\bar{x}_2 = 16{,}5$ ($s_2 = 5, n_2 = 16$) auf. Der F-Test zur Prüfung der Varianzhomogenität fiel zwar nicht signifikant aus, aber didaktisch begründet soll hier mit diesen Werten ein t-Test für heterogene Varianzen durchgeführt werden.

Die Berechnung des t-Wertes fällt auf den ersten Blick einfacher als beim t-Test für homogene Varianzen aus:

$$t = \frac{\bar{x}_1 - \bar{x}_2}{\sqrt{\left(\frac{s_1^2}{n_1} + \frac{s_2^2}{n_2}\right)}} \tag{8.52}$$

$$= \frac{10{,}3 - 16{,}5}{\sqrt{\left(\frac{8^2}{10} + \frac{5^2}{16}\right)}} \tag{8.53}$$

$$= \frac{-5{,}3}{\sqrt{\left(\frac{64}{10} + \frac{25}{16}\right)}} \tag{8.54}$$

$$= \frac{-5{,}3}{\sqrt{\left(\frac{1024}{160} + \frac{250}{160}\right)}} \tag{8.55}$$

$$= \frac{-5{,}3}{\sqrt{\frac{1274}{160}}} \tag{8.56}$$

$$= \frac{-5{,}3}{\sqrt{7{,}9625}} \tag{8.57}$$

$$= \frac{-5{,}3}{2{,}8218} \tag{8.58}$$

$$= -1{,}8782 \tag{8.59}$$

Der berechnete t-Wert ist im Betrag zu klein, um die Nullhypothese abzulehnen. Diese muss beibehalten werden.

Zur Interpretation des t-Wertes ist jedoch eine Korrektur der Freiheitsgrade vorzunehmen. Zuerst wird c nach Gleichung 8.51 berechnet.

$$c = \frac{\frac{s_1^2}{n_1}}{\frac{s_1^2}{n_1} + \frac{s_2^2}{n_2}} \qquad (8.60)$$

$$= \frac{\frac{8^2}{10}}{\frac{8^2}{10} + \frac{5^2}{16}} \qquad (8.61)$$

$$= \frac{\frac{64}{10}}{\frac{64}{10} + \frac{25}{16}} \qquad (8.62)$$

$$= \frac{\frac{64}{10}}{\frac{64}{1024} + \frac{250}{160}} \qquad (8.63)$$

$$= \frac{\frac{64}{10}}{\frac{1274}{160}} \qquad (8.64)$$

$$= \frac{64}{10} \cdot \frac{160}{1274} \qquad (8.65)$$

$$= \frac{10240}{12740} \qquad (8.66)$$

$$= \frac{512}{637} \qquad (8.67)$$

Somit ergibt sich nach Gleichung 8.50 der folgende korrigierte Freiheitsgrad:

$$df = \frac{(n_1 - 1) \cdot (n_2 - 1)}{(n_2 - 1) \cdot c^2 + (n_1 - 1) \cdot (1 - c)^2} \qquad (8.68)$$

$$= \frac{(10 - 1) \cdot (16 - 1)}{(16 - 1) \cdot \left(\frac{512}{637}\right)^2 + (10 - 1) \cdot \left(1 - \frac{512}{637}\right)^2} \qquad (8.69)$$

$$= \frac{9 \cdot 15}{15 \cdot \left(\frac{512}{637}\right)^2 + 9 \cdot \left(\frac{125}{637}\right)^2} \qquad (8.70)$$

$$= \frac{135}{15 \cdot \frac{262144}{405769} + 9 \cdot \frac{15625}{405769}} \qquad (8.71)$$

$$= \frac{135}{\frac{3932160}{405769} + \frac{140625}{405769}} \qquad (8.72)$$

$$= \frac{135}{\frac{4072785}{405769}} \qquad (8.73)$$

$$= 13{,}45 \qquad (8.74)$$

Durch die Korrektur der Freiheitsgrade wird die Heterogenität der Varianzen berücksichtigt. Dies führt zu einer Erhöhung des kritischen t-Wertes auf 2,160 (ungerichtet Hypothese, df=13).

Anmerkung: Im Allgemeinen wird ein t-Test mit Hilfe eines der vielen Statistikprogramme (SPSS, SYSTAT, SAS oder S Plus) durchgeführt. Allerdings sollte ein

8.8 Zusammenfassung

Beim **t-Test** handelt es sich um mehrere Verfahren zur inferenzstatistischen Prüfung von Mittelwertsdifferenzen. Zur Prüfung der Vereinbarkeit eines Stichprobenmittelwerts $\bar{x}$ mit einem Populationsmittelwert μ wird bei großen Stichproben (N>30, konservativer N>100) der **z-Test** und bei kleinen Stichproben der **t-Test für eine Stichprobe** verwendet. Bei der Untersuchung zweier Mittelwerte aus abhängigen Stichproben kommt der **t-Test für abhängige Stichproben** zum Einsatz. Bei der Prüfung der Vereinbarkeit von Mittelwerten aus unabhängigen Stichproben muss zunächst mit einem **F-Test** nach Fisher oder Levene entschieden werden, ob der **t-Test für homogene Varianzen** oder der **t-Test für heterogene Varianzen** angewendet wird.

8.9 Aufgaben

1. In einer Studie soll untersucht werden, ob Psychologiestudentinnen überdurchschnittlich intelligent sind. In der Population wird ein durchschnittlicher IQ von $\mu_x = 100$ ($\sigma_x = 15$) angenommen. Bei einer Stichprobe mit N=21 wird ein Mittelwert von $\bar{x} = 105$ gefunden. Berechnen Sie mit Hilfe eines t-Tests, ob die Hypothese belegt werden kann.

2. In einer Untersuchung wollen Sie den Einfluss eines Schulungsprogramms auf die Disziplin von Diabetespatienten im Umgang mit ihrer Krankheit überprüfen. Gemessen wird der durchschnittliche Blutzuckerwert in mmol/l vor und nach einer Schulung (N = 27). Welchen statistischen Test würden Sie hier zur Auswertung einsetzen?

3. Sie untersuchen eine Gruppe von Patienten (N = 115) mit koronarer Herzkrankheit. Sie wollen wissen, ob sich der ermittelte durchschnittliche Blutdruck vom bekannten Populationsmittelwert unterscheidet. Welchen statistischen Test verwenden Sie?

4. Der Erfolg einer Schulungsmaßnahme des Personals eines Kaufhauses soll überprüft werden. Hierzu wird der Umsatz pro Verkäufer in einer Abteilung ohne Schulung und in einer Abteilung mit einer Schulung erhoben. Welchen statistischen Test würden Sie einsetzen, um den Erfolg der Schulungsmaßnahme zu belegen?

5. Warum sollte in Verbindung mit einem t-Test für unabhängige Stichproben immer einen F-Test durchgeführt werden?

6. Sie wollen untersuchen, ob die Reaktionszeiten auf optische und akustische Reize unterschiedlich lang sind. Hierzu werden 50 Versuchspersonen beide

Reize abwechselnd dargeboten und die Zeit in ms gemessen. Welches Testverfahren würden Sie hier einsetzen?

7. Beim t-Test für abhängige Stichproben wird über die Mittelwertsdifferenz in einen t-Wert berechnet. Dies geschieht mit Hilfe

    a) des "kritischen" t-Werts.

    b) der Konfidenzzahl.

    c) der Standardabweichung der Mittelwertsdifferenz.

    d) des Standardfehlers der Mittelwertsdifferenz.

    e) der t-Verteilung.

    f) des F-Tests.

9 Nicht-parametrische Testverfahren

Schlagworte
- Binomial-Test
- χ^2-Test
- Fisher-Yates
- McNemar-Test
- Q-Test
- Median-Test
- U-Test
- Vorzeichentest
- Vorzeichenrangtest
- H-Test
- Friedman-Test
- Kolmogorov-Smirnow-Test

Nachdem im vorherigen Kapitel parametrische Verfahren, wie zum Beispiel der t-Test, erläutert wurden, werden in diesem Kapitel nicht-parametrische Testverfahren behandelt.

> **Definition:** Für nicht-parametrische Testverfahren müssen die untersuchten Variablen keiner theoretischen Prüfverteilung unterliegen. Man spricht deshalb auch von den verteilungsfreien oder non-parametrischen Verfahren.

Für eine Vielzahl von Merkmalen ist keine theoretische Verteilungkurve für die untersuchte Variable bekannt. Nominalskalierte Variablen wie beispielsweise das Geschlecht oder die Berufsgruppe lassen sich mit parametrischen Verfahren nicht statistisch auswerten, da diesen Merkmalen keine theoretische Normalverteilung zugrundeliegt. Für solche Fälle wurden die nicht-parametrischen Verfahren entwickelt.

Bei sehr kleinen Stichproben ist ebenfalls die Verteilungsvoraussetzung, meist der Normalverteilung, nicht zu gewährleisten. Es sind dann die in diesem Kapitel vorgestellten Verfahren einzusetzen. Allerdings sind die nicht-parametrischen Verfahren in der Regel nicht so teststark wie die parametrischen.

Um einen Überblick über die nachfolgend erläuterten nicht-parametrischen Verfahren zu erleichtern wird hier nochmals ein Ausschnitt von Tabelle 7.6 (Seite 140) gegeben.

Tabelle 9.1: Übersicht zu den nicht-parametrischen Testverfahren der zentralen Tendenz

Anzahl der Stichproben	Skalenniveau	
	Nominalskala	**Ordinalskala**
eine Stichprobe	Binomial-Test (9.1)	
zwei Stichproben		
unabhängig	Vierfelder-χ^2-Test (9.2)	Mediantest (9.5)
		U-Test von Mann-Whitney (9.6)
abhängig	McNemar-Test (9.3)	Vorzeichen-Test (9.7)
		Vorzeichenrangtest von Wilcoxon (9.8)
> zwei Stichproben		
unabhängig	kxm-Felder-χ^2-Test (9.2)	H-Test von Kruskal & Wallis (9.9)
abhängig	Cochran-Test (9.4)	Friedman-Test (9.10)

9.1 Binomial-Test

Anwendung: Der Binomial-Test wird eingesetzt, um für ein dichotomes Merkmal (zwei Merkmalsausprägungen) die Wahrscheinlichkeit zu berechnen, dass eine Merkmalsausprägung x mal oder häufiger (beziehungsweise seltener) auftritt.

Voraussetzungen: Für das untersuchte nominalskalierte Merkmal ist der Populationsparameter π bekannt, wobei die Elementarereignisse in zwei sich ausschließende Klassen einteilbar sind. Die Wahrscheinlichkeit π für einzelne Ereignisklassen ist konstant und die Ereignisse sind voneinander unabhängig.

Beispiel: Der Männeranteil unter den Studierenden im Fach Psychologie an der Universität Freiburg liegt bei 20% ($\pi = .2$). In einem Seminar im Fach Entwicklungspsychologie sind unter den insgesamt 25 Teilnehmenden nur zwei Männer. Wird damit dieses Seminar nur unterdurchschnittlich von Männern besucht?

Herleitung: Über den Binomialkoeffizienten wird die Wahrscheinlichkeit für ein Ereignis definiert. Der Binomialkoeffizient wurde in Abschnitt 5.6 (Seite 100) eingeführt.

$$p(x) = \binom{N}{x} \cdot \pi^x \cdot (1-\pi)^{N-x} \quad (9.1)$$

Durch die folgende Formel wird auch die Wahrscheinlichkeit für das Ereignis x und alle noch weniger wahrscheinlichen Ereignisse berechnet.

$$p = \sum_{i=0}^{x} \binom{N}{i} \cdot \pi^i \cdot (1-\pi)^{N-i} \quad (9.2)$$

Im gegebenen Beispiel ist die Wahrscheinlichkeit für die Anwesenheit von keinem, einem und zwei Männern zu berechnen.

Berechnung: In diesem Beispiel ergäbe sich die folgende Wahrscheinlichkeit für die Anwesenheit von zwei oder weniger Männern im Seminar.

$$p = \sum_{i=0}^{2} \binom{25}{i} \cdot 0.2^i \cdot 0.8^{25-i} \tag{9.3}$$

$$= \binom{25}{0} \cdot 0.2^0 \cdot 0.8^{25} + \binom{25}{1} \cdot 0.2^1 \cdot 0.8^{24} + \binom{25}{2} \cdot 0.2^2 \cdot 0.8^{23} \tag{9.4}$$

$$= .1171 \tag{9.5}$$

Der berechnete p-Wert liegt bei einer Binomialverteilung mit $\pi = .2$, N = 25 und x = 2 über dem α-Niveau von 5 %, die H_0 muss beibehalten werden. Männer sind also nicht unterdurchschnittlich in diesem Seminar vertreten.

Anmerkung: Für $\pi = .5$ können die Werte auch einfach in den Tabellen der Verteilungsfunktion des Binomialtests (Tabelle B.18 und B.19, Seite 450 und 451) abgelesen werden.

9.2 χ^2-Test

Anwendungen: Der χ^2-Test ist eine Klasse von Verfahren für Nominaldaten, wobei die Verteilung der beobachteten Häufigkeiten auf zwei mehrfach gestuften Variablen betrachtet wird. Mit dem χ^2-Test berechnet man, ob es Unterschiede zwischen den beobachteten und den nach der Nullhypothese zu erwartenden Häufigkeiten gibt.

Voraussetzungen: Es müssen Beobachtungen aus unabhängigen Zufallsstichproben vorliegen, wobei die erwarteten Häufigkeiten in den Zellen nicht zu klein sein dürfen. Das Verfahren sollte nur eingesetzt werden, wenn

1. weniger als $\frac{1}{5}$ aller Zellen eine erwartete Häufigkeit kleiner 5 haben und
2. keine Zelle eine erwartete Häufigkeit kleiner 1 aufweist.

Falls diese beiden Voraussetzungen nicht erfüllt sind, sollte der exakte Test nach Fisher-Yates eingesetzt werden (siehe Seite 162).

Beispiel: In der Freiburger Innenstadt wurden Männer und Frauen beobachtet und gezählt, wie viele bei Regen einen Schirm benutzten oder nicht.

Tabelle 9.2: 4-Felder-Tafel der Beobachtung im Beispiel

	Frauen	Männer	Zeilensumme
mit Schirm	30	15	45
ohne Schirm	20	55	75
Spaltensumme	50	70	120

Frage: Ist dieser Unterschied in den Häufigkeiten der Schirmbenutzung bei Frauen und Männern signifikant oder zufällig?

Herleitung: Beim χ^2-Test werden zunächst bei Gültigkeit der Nullhypothese über die Randsummen die bei Gleichverteilung zu erwartenden Häufigkeiten geschätzt. Es ergibt sich die folgende Tabelle:

Tabelle 9.3: Darstellung der Randsummen

	Frauen	Männer	Zeilensumme
mit Schirm			45
ohne Schirm			75
Spaltensumme	50	70	120

Die nach der Nullhypothese zu erwartenden Häufigkeiten für die einzelnen Zellen sind über die folgende Gleichung zu berechnen:

$$f_{e(j,k)} = f_{erwartet(j,k)} \tag{9.6}$$

$$= \frac{\text{Anzahl } A_j}{N} \cdot \frac{\text{Anzahl } B_k}{N} \cdot N \tag{9.7}$$

$$= \frac{\text{Zeilensumme}(j) \cdot \text{Spaltensumme}(k)}{N} \tag{9.8}$$

Die Anzahl A_j beschreibt die absolute Häufigkeit für die j-te Kategorie des ersten Merkmals. A_1 ist somit die absolute Häufigkeit für das Tragen eines Schirms mit 45 Beobachtungen. Analog dazu beschreibt der Anzahl B_k die Häufigkeiten für das Geschlecht. Somit ergeben sich pro Zelle jeweils die folgenden Erwartungswerte:

Tabelle 9.4: Erwartete Häufigkeiten bei vorausgesetzter Nullhypothese

	Frauen	Männer	Zeilensumme
mit Schirm	$\frac{45 \cdot 50}{120} = 18.75$	$\frac{45 \cdot 70}{120} = 26.25$	45
ohne Schirm	$\frac{75 \cdot 50}{120} = 31.25$	$\frac{75 \cdot 70}{120} = 43.75$	75
Spaltensumme	50	70	120

Vergleicht man die erwarteten Häufigkeiten $f_{e(j,k)}$ mit den beobachteten Werten $f_{b(j,k)}$, so zeigt sich zellenweise eine Differenz. Mit Hilfe des χ^2-Tests kann nun bestimmt werden, ob diese Unterschiede signifikant sind.

Anmerkung: Der hier vorgestellte Vierfelder-χ^2 ist auf beliebig viele Felder erweiterbar. So könnte auch untersucht werden, ob sich Psychologie-, Jura- und Germanistikstudierende in der relativen Häufigkeit des Schirmtragens unterscheiden.

9.2 χ^2-Test

Definition: Die allgemeine Formel des χ^2-Tests lautet:

$$\chi^2 = \sum_{j=1}^{p} \sum_{k=1}^{q} \frac{(f_{b(j,k)} - f_{e(j,k)})^2}{f_{e(j,k)}} \tag{9.9}$$

mit

$f_{b(j,k)}$: beobachtete Häufigkeiten und $f_{e(j,k)}$: erwartete Häufigkeiten.

Für den Freiheitsgrad gilt :

$$df = (p-1) \cdot (q-1) \tag{9.10}$$

p beschreibt die Anzahl der Zeilen, q die Anzahl der Spalten.

Die Freiheitsgrade lassen sich über die Anzahl der Zellen mit frei variierbaren Häufigkeiten veranschaulichen. Da innerhalb einer Spalte die Summe der Zeilen immer der Randsumme entsprechen muss, sind $p-1$ Zeilensummen frei variierbar. Analog dazu sind $q-1$ Spaltensummen frei wählbar, da auch hier pro Zeile die Summe der Spalten die jeweilige Randsumme ergeben muss. Damit sind $(p-1) \cdot (q-1)$ Zellenhäufigkeiten frei.

Im Beispiel ergibt sich folgender χ^2-Wert:

$$\chi^2 = \frac{(30-18{,}75)^2}{18{,}75} + \frac{(15-26{,}25)^2}{26{,}25} + \frac{(20-31{,}25)^2}{31{,}25} + \frac{(55-43{,}75)^2}{43{,}75} \tag{9.11}$$

$$= 6{,}75 + 4{,}82 + 4{,}05 + 2{,}30 \tag{9.12}$$

$$= 17{,}92 \tag{9.13}$$

Bei einem Freiheitsgrad von $(2-1) \cdot (2-1) = 1$ ist den χ^2-Tabellen B.16 und B.17 (Seite 448 und 449) bei einem α-Niveau von 5% ein kritischer Wert von 3,84146 zu entnehmen. Da der berechnete χ^2-Wert größer als der kritische Wert in der Tabelle ausfällt, ist in diesem Beispiel auf signifikante Unterschiede in der Häufigkeit der Schirmbenutzung zwischen Männern und Frauen zu schließen.

Anmerkung: Da beim χ^2-Test ausschließlich bei einem Freiheitsgrad von 1 gerichtete Hypothesen möglich sind, wurden diese Tabellen für ungerichtete Hypothesen erstellt. Soll bei einem Freiheitsgrad von 1 eine gerichtete Hypothesen getestet werden, so ist bei einem α-Niveau von 5% der kritische χ^2-Wert der Fläche von 0.90 zugrundezulegen.

Die Hypothesen für den Vier-Felder-χ^2-Test werden am Beispiel näher erläutert, wobei die aus den beobachteten Häufigkeiten abgeleiteten relative Häufigkeit benötigt werden:

$$\pi_{j,k} = \frac{f_{b(j,k)}}{f_{gesamt}} \qquad (9.14)$$

Diese relative Häufigkeit kann Werte zwischen 0 und 1 annehmen.

Inhaltliche Nullhypothese:
H_0 : Die Häufigkeit des Tragens eines Regenschirms ist unabhängig vom Geschlecht. Das heißt, es gibt keine Geschlechterunterschiede in der Häufigkeit des Tragens von Regenschirmen.

Inhaltliche Alternativhypothese:
H_1 : Zwischen der Häufigkeit des Tragens eines Regenschirms und der Geschlechterzugehörigkeit besteht ein Zusammenhang (ungerichtete Alternativhypothese). Das heißt, es gibt Geschlechterunterschiede in der Häufigkeit des Tragens eines Regenschirms.

Statistische Hypothesen:
Es sei
$\pi_{1,1}$ die relative Häufigkeit des Tragens eines Regenschirmes bei Frauen,
$\pi_{1,2}$ die relative Häufigkeit des Tragens eines Regenschirmes bei Männern,

$$H_0 : \pi_{1,1} = \pi_{1,2} \qquad (9.15)$$
$$H_1 : \pi_{1,1} \neq \pi_{1,2} \qquad (9.16)$$

bei einem α-Niveau von 5%.

Es genügt beim Vier-Felder-χ^2-Test, dass nur für eine Zeile die Hypothesen aufgestellt werden. Im Beispiel wurde nur für das Tragen der Regenschirme die Hypothese aufgestellt. Die zweite Zeile, das Nicht-Tragen der Regenschirme, folgt aus dieser ersten Zeile.

Wie schon beschrieben, können bei einem χ^2-Test mit Freiheitsgrad 1 auch gerichtete Alternativhypothesen definiert werden. Bei einem Freiheitsgrad größer 1 sind nur ungerichtete Hypothesen möglich.

Fisher-Yates-Test

Sollten nicht alle Voraussetzungen des χ^2-Tests erfüllt worden sein, ist der exakte Test nach Fisher-Yates durchzuführen. Zum Verständnis der Berechnungsvorschrift wird die Schematik in der folgenden Tabelle eingeführt:

Tabelle 9.5: Vierfeldertafel

	Kategorie 1	Kategorie 2	Zeilensumme
Stichprobe 1	a	b	a+b
Stichprobe 2	c	d	c+d
Spaltensumme	a+c	b+d	N

Mit dem exakten Fisher-Yates-Test wird die exakte Auftretenswahrscheinlichkeit der beobachteten Zellenhäufigkeiten unter der Voraussetzung der Nullhypothese folgendermaßen berechnet:

$$p = \frac{(a+b)! \cdot (c+d)! \cdot (a+c)! \cdot (b+d)!}{N! \cdot a! \cdot b! \cdot c! \cdot d!} \quad (9.17)$$

Hierbei werden nach den Regeln der Kombinatorik alle möglichen Kombinationen der gegeben Randsummen berücksichtigt. Diese Wahrscheinlichkeit müsste für die beobachteten und alle gegen die Nullhypothese sprechenden noch extremeren Häufigkeitskombinationen berechnet und summiert werden.

9.3 McNemar-Test

Anwendung: Analog zum χ^2-Test wird beim McNemar χ^2-Test von nominalen Daten ausgegangen. Allerdings wird hier ein zweifach gestuftes (dichotomes) Merkmal in einer abhängigen Stichprobe, beispielsweise bei einer Messwiederholung, überprüft.

Voraussetzung: In zwei abhängigen Zufallsstichproben wird ein dichotomes Merkmal erhoben. Die erwartete Häufigkeit für dieses Merkmal sollte nicht kleiner 5 sein. Falls die Häufigkeit zu klein ist, sollte der Binomialtest verwendet werden. Beim Binomialtest erfolgt dann die Signifikanztestung über die positiven, beziehungsweise nicht positiven Veränderungen zwischen den beiden Messzeitpunkten.

Beispiel: Ein Lehrer will den Einfluss seiner Anti-Raucher-Kampagne auf das Rauchverhalten seiner Oberstufenschüler untersuchen. Hierzu erhebt er die Anzahl der Raucher und Nichtraucher in einer Klassestufe. Dann zeigt er über den Zeitraum von vier Wochen verschiedene abschreckende Filme über die schädlichen Folgen des Tabakkonsums (Raucherbein, Lungenkrebs etc.). Anschließend führt er eine zweite Befragung zum Rauchverhalten durch. Es ergibt sich die folgende Häufigkeitstabelle:

Tabelle 9.6: Eine fiktive Erhebung zum Nikotinkonsum

		Untersuchung II		Zeilen-
		Nichtraucher	Raucher	summe
Untersuchung I	Nichtraucher	33	3	36
	Raucher	18	21	39
	Spaltensumme	51	24	75

Von den 75 Schülern der Jahrgangsstufe waren bei der ersten Untersuchung 36 (33+3) Nichtraucher. Drei davon begannen im Untersuchungszeitraum zu rauchen. Von den 39 Rauchern zum ersten Meßzeitpunkt (18+21) hörten 18 mit dem Rauchen auf, während 21 weiterhin zur Zigarette griffen.

Frage: Hatte die Intervention einen signifikanten Einfluss auf das Rauchverhalten in der Klassenstufe?

Herleitung: Zunächst wird die sogenannte McNemar-Tafel zur Beschreibung der Felder eingeführt.

Tabelle 9.7: Definition der Felder einer McNemar-Tafel

		Untersuchung II	
		+	-
Untersuchung I	+	a	b
	-	c	d

Von Interesse sind im McNemar-Test lediglich die Felder b und c, da in den Feldern a und d keine Veränderung abgebildet wird. Die Personen im Feld a sind zu beiden Zeitpunkten Nichtraucher, während die Personen im Feld d zu jedem Befragunszeitpunkt rauchten.

Für die Felder b und c wird unter der Nullhypothese eine symmetrische Häufigkeitsverteilung, eine Gleichverteilung, erwartet. Wenn das Treatment keinen Einfluss hat, muss die Häufigkeit des Aufhörens mit dem Rauchen der Häufigkeit des Beginns in diesem Zeitraum entsprechen. Damit gilt für die Erwartungswerte e_b und e_c:

$$e_b = e_c = \frac{b+c}{2} \tag{9.18}$$

Zum Vergleich der erwarteten und beobachteten Häufigkeiten wird folgender χ^2-Wert berechnet:

$$\chi^2 = \frac{\left(b - \frac{b+c}{2}\right)^2}{\frac{b+c}{2}} + \frac{\left(c - \frac{b+c}{2}\right)^2}{\frac{b+c}{2}} \tag{9.19}$$

Nach Umformen dieser Gleichung ergibt sich die Formel für den McNemar-Test:

Definition: Der McNemar-Test wird berechnet über

$$\chi^2 = \frac{(b-c)^2}{b+c} \tag{9.20}$$

mit
df = 1: Freiheitsgrad.
b: Anzahl der Personen, die bei der ersten Untersuchung Merkmalsträger waren, es bei der zweiten Untersuchung aber nicht mehr sind.
c: Anzahl der Personen, die bei der ersten Untersuchung nicht Merkmalsträger waren, es jedoch zur zweiten Untersuchung sind.

Berechnung: Für das Beispiel ergibt die Berechnung des McNemar-Tests folgendes:

$$\chi^2 = \frac{(3-18)^2}{3+18} \tag{9.21}$$

$$= \frac{225}{21} \tag{9.22}$$

$$= 10{,}71 \tag{9.23}$$

Da der Lehrer von einer Reduktion des Rauchverhaltens durch seine Intervention ausgeht, testet er die Ergebnisse seiner Untersuchung einseitig.

Zur Erinnerung: Bei einem χ^2-Test mit Freiheitsgrad df = 1 können gerichtete Hypothesen definiert werden, und beim McNemar-Test handelt es sich auch um einen χ^2-Test. Der kritische χ^2-Wert laut χ^2-Tabelle B.16 und B.17 (Seite 448 und 449) beträgt 2,71. Da der beobachtete χ^2-Wert größer als der kritische χ^2-Wert ist, hat das Treatment einen signifikanten Einfluss auf das Rauchverhalten.

9.4 Q-Test von Cochran

Anwendung: Der im Abschnitt 9.3 vorgestellte McNemar-Test ist ausschließlich bei zweimaliger Messung zu verwenden. Wurde eine Untersuchung aber über mehrere Messzeitpunkte durchgeführt, kann der Q-Test von Cochran zur Auswertung herangezogen werden. Es sind Veränderungen über beliebig viele Messzeitpunkte analysierbar.

Voraussetzungen: In den abhängigen Stichproben werden Daten dichotomer Merkmale erhoben.

Beispiel: Es soll ein Therapieverlauf bei 10 Patienten über 4 Messzeitpunkte untersucht werden. Es wurde nur eine Veränderung der Symptomatik in den beiden Kategorien Erfolg/Misserfolg (+/-) registriert.

Tabelle 9.8: Eine hypothetische Erhebung zum Therapieverlauf über 4 Meßzeitpunkte

Pat.	Untersuchungszeitraum (Messung in Wochen)			
	4	8	12	16
1	-	-	-	+
2	-	+	+	+
3	-	-	+	+
4	+	+	+	+
5	-	-	+	+
6	-	-	-	-
7	+	+	+	+
8	-	-	+	+
9	-	-	-	+
10	-	+	+	-

Die Steigerung des Therapieerfolges über die Zeit ist deutlich erkennbar. Allerdings wurde auch eine Patienten ohne Therapieerfolg (Patient 6) und ein Patienten mit einem Rückfall (Patient 10) beobachtet.

Herleitung: Beim Q-Test von Cochran wird ein Q-Wert berechnet und mit einem entsprechenden kritischen χ^2-Wert in der χ^2-Tabelle B.16 und B.17 (Seite 448 und 449) verglichen.

Definition: Nach Cochran bestimmt sich der Q-Wert über

$$Q = \frac{(m-1) \cdot \left[m \cdot \sum_{j=1}^{m} T_j^2 - \left(\sum_{j=1}^{m} T_j\right)^2\right]}{m \cdot \sum_{i=1}^{N} L_i - \sum_{i=1}^{N} L_i^2} \quad (9.24)$$

mit
df = m-1: Freiheitsgrad
N: Anzahl der Personen
m: Anzahl der Messzeitpunkte
L_i: Anzahl der positiven Reaktionen des Individuums i (Zeilensumme)
T_j: Anzahl der positiven Reaktionen beim Messzeitpunkt j (Spaltensumme)

Berechnung: Für die Durchführung des Q-Tests ist es sinnvoll, die Zwischenergebnisse der folgenden Tabelle zu bestimmen:

Tabelle 9.9: Zwischenergebnisse zur Bestimmung des Q-Wertes

Pat.	Untersuchungszeitraum in Wochen				L_i	L_i^2
	4	8	12	16		
1	-	-	-	+	1	1
2	-	+	+	+	3	9
3	-	-	+	+	2	4
4	+	+	+	+	4	16
5	-	-	+	+	2	4
6	-	-	-	-	0	0
7	+	+	+	+	4	16
8	-	-	+	+	2	4
9	-	-	-	+	1	1
10	-	+	+	-	2	4
	2	4	7	8	21	59
	T_1	T_2	T_3	T_4	$\sum L_i$	$\sum L_i^2$

Zur Berechnung des Q-Werts werden in einem nächsten Schritt diese Zwischenergebnisse aufbereitet:

$$\sum_{j=1}^{m} T_j^2 = 2^2 + 4^2 + 7^2 + 8^2 \quad (9.25)$$

$$= 4 + 16 + 49 + 64 \quad (9.26)$$

$$= 133 \quad (9.27)$$

$$\left(\sum_{j=1}^{m} T_j\right)^2 = (2 + 4 + 7 + 8)^2 \quad (9.28)$$

$$= 21^2 \quad (9.29)$$

$$= 441 \quad (9.30)$$

Damit ist der folgende Q-Wert leicht zu bestimmen:

$$Q = \frac{(4-1) \cdot \left[4 \cdot (133) - 441\right]}{4 \cdot 21 - 59} \tag{9.31}$$

$$= \frac{3 \cdot (532 - 441)}{25} \tag{9.32}$$

$$= \frac{273}{25} \tag{9.33}$$

$$= 10{,}92 \tag{9.34}$$

Da der Freiheitsgrad mit df = m - 1 beim Q-Test nach Cochran größer als 1 ist, können nur ungerichtete Hypothesen analysiert werden. In diesem Beispiel liegt der berechnete Q-Wert über dem kritischen χ^2-Wert von 7,82 (df = 3, $\alpha \leq 0{,}05$, siehe Tabelle B.16 und B.17, Seite 448 und 449). Damit hatte die Therapie einen signifikanten Einfluss auf die Patienten.

9.5 Mediantest

Anwendung: Werden in einer Untersuchung an zwei Teilstichproben Daten in Ordinalskalenniveau (Rangreihen) erhoben, so empfiehlt sich der Mediantest. Gerade bei eher größeren Gruppen mit Ausreißern innerhalb der Rangdaten ist dieser Test das geeignete Verfahren. Allerdings ist der Mediantest weniger teststark als der Mann-Whitney-U-Test (siehe Abschnitt 9.6, Seite 169), bei dem alle Ranginformationen berücksichtigt werden.

Voraussetzungen: Es handelt sich um zwei unabhängige Zufallsstichproben mit einer Variable auf Ordinalskalenniveau.

Beispiel: Jugendliche wurden zufällig zwei unterschiedlichen Gruppen zugeordnet, in denen mit verschiedenen pädagogischen Führungsstilen gearbeiteten wurde. Nach einem Jahr wird das soziale Verhalten der Jugendlichen auf einer 5-stufigen Likert-Skala bewertet. Ein hohes Rating entspricht hierbei einem guten sozialen Verhalten. Da diese Ratings innerhalb der einzelnen Gruppen nicht normalverteilt sind und auch nicht von einem Intervallskalenniveau der erhobenen Daten auszugehen ist, wird hier der Mediantest eingesetzt. Es wird davon ausgegangen, dass Jugendliche unter partnerschaftlichem Führungsstil höhere Werte im Rating des sozialen Verhaltens erreichen als Jugendliche unter autoritätem Führungsstil.

Tabelle 9.10: Auswirkung des Führungsstils

Erziehungsstil	Rating
A: Autoritär ($n_A = 9$)	1, 3, 1, 2, 1, 5, 2, 2, 1
B: Partnerschaftlich ($n_B = 11$)	3, 4, 4, 1, 2, 3, 5, 1, 3, 4, 5

Insgesamt haben 6 Jugendliche ein Rating von 1 sowie 4 Jugendliche ein Rating von 2 erreicht. Der Median liegt bei 20 Personen zwischen dem 10. und 11. Individuum, hier also zwischen einem Rating von 2 und 3. Der Median in der Gesamtstichprobe hat somit einen Wert von 2,5. Also liegen die Jugendlichen mit den Werten 1 und 2 unter dem Median und die Jugendlichen mit den Werten 3, 4 und 5 über ihm.

Es ergibt sich die folgende Vier-Felder-Tafel:

Tabelle 9.11: Vier-Felder-Tafel für den Mediantest

	Gruppe A	Gruppe B	Σ
> Median	2	8	10
< Median	7	3	10
Σ	9	11	20

☞ **Herleitung:** Aus der allgemeinen Formel für den χ^2-Test

$$\chi^2 = \sum_{j=1}^{p} \sum_{k=1}^{q} \frac{(f_{b_{(j,k)}} - f_{e_{(j,k)}})^2}{f_{e_{(j,k)}}} \tag{9.35}$$

lässt sich für den Vier-Felder-Tafel des Mediantests die folgende Gleichung ableiten:

Definition: Der Vier-Felder-χ^2-Test für den Mediantest lautet:

$$\chi^2 = \frac{N \cdot (a \cdot d - b \cdot c)^2}{(a+b) \cdot (c+d) \cdot (a+c) \cdot (b+d)} \tag{9.36}$$

mit
df = 1: Freiheitsgrad
a: Anzahl der Elemente in der ersten Gruppe mit einem Wert über dem Median
b: Anzahl der Elemente in der zweiten Gruppe mit einem Wert über dem Median
c: Anzahl der Elemente in der ersten Gruppe mit einem Wert unter dem Median
d: Anzahl der Elemente in der zweiten Gruppe mit einem Wert unter dem Median

---

Berechnung: Für das konkrete Beispiel ergibt sich:

$$\chi^2 = \frac{20 \cdot (2 \cdot 3 - 8 \cdot 7)^2}{(2+8) \cdot (7+3) \cdot (2+7) \cdot (8+3)} \tag{9.37}$$

$$= \frac{20 \cdot 2500}{10 \cdot 10 \cdot 9 \cdot 11} \tag{9.38}$$

$$= \frac{50000}{9900} \tag{9.39}$$

$$= 5,05 \tag{9.40}$$

Da es sich hierbei um einen Vier-Felder-χ^2-Test handelt, kann bei einem Freiheitsgrad von df = 1 auch von einer einseitigen Fragestellung ausgegangen werden. Der entsprechende kritische χ^2-Wert bei $\alpha \leq 0,05$ ist 2,71 (siehe Tabelle B.16 und B.17, Seite 448 und 449). Somit ist die H_0 zu verwerfen und die H_1 anzunehmen. Der partnerschaftlicher Erziehungsstil führt zu besserem Sozialverhalten als der autoritäre.

Anmerkung: Bei sehr schwach besetzten Zellen sollte auch hier der exakte Fisher-Yates-Test verwendet werden.

9.6 U-Test von Mann-Whitney

Anwendung: Der U-Test von Mann-Whitney dient dem Vergleich der zentralen Tendenz zweier Teilstichproben in einem ordinalskalierten Merkmal. Der Vorteil des Mann-Whitney-U-Tests gegenüber dem Mediantest (siehe Abschnitt 9.5, Seite 167) ist, dass sämtliche Ranginformationen berücksichtigt werden. Bei Ausreißern innerhalb der Teilstichproben sollte zur Vermeidung eines verzerrten Ergebnisses allerdings der Mediantest bevorzugt werden.

Voraussetzung: Es müssen zwei unabhängige Zufallsstichproben vorliegen, in denen ein ordinalskaliertes Merkmal erhoben wurde.

Das folgende Beispiel zeigt die Anwendung des U-Tests.

Beispiel: Beim Wettrennen zwischen zwei Schulklassen ist aufgrund eines technischen Defekts leider die Stoppuhr ausgefallen. So konnten anstatt der Einlaufzeiten im Ziel nur die Rangplätze der einzelnen Schüler ermittelt werden. Hierbei ergab sich die folgende Platzierung:

Tabelle 9.12: Rangplätze der Schulklassen im Beispiel

Klasse	Platz (Rang)
A ($n_1 = 10$)	1, 6, 7, 10, 11, 14, 15, 19, 20, 21
B ($n_2 = 11$)	2, 3, 4, 5, 8, 9, 12, 13, 16, 17, 18

Obwohl die Einlaufzeiten nicht festliegen, soll festgestellt werden, welche der beiden Klassen im Rennen besser abschnitt.

Herleitung: Beim U-Test wird die Summe der Rangplätze zu einer Gruppensumme (T_1 beziehungsweise T_2) addiert. Die Summe $T_1 + T_2$ entspricht der Summe der Ränge von 1 bis N. Es gilt:

$$\sum_{i=1}^{N} i = \frac{N \cdot (N+1)}{2} \tag{9.41}$$

Die Berechnung von T_1 und T_2 kann folgendermaßen überprüft werden:

$$T_1 + T_2 = \frac{N \cdot (N+1)}{2} \tag{9.42}$$

Definition: Aus den Rangsummen T_1 und T_2 werden dann die U-Werte berechnet:

$$U_1 = n_1 \cdot n_2 + \frac{n_1 \cdot (n_1 + 1)}{2} - T_1 \tag{9.43}$$

$$U_2 = n_1 \cdot n_2 + \frac{n_2 \cdot (n_2 + 1)}{2} - T_2 \tag{9.44}$$

mit

n_1, n_2: Anzahl der Elemente in der ersten beziehungsweise zweiten Gruppe
T_1, T_2: Summe der Ränge in der ersten beziehungsweise zweiten Gruppe

Auch hier ist eine Kontrolle möglich:

$$U_1 + U_2 = n_1 \cdot n_2 \tag{9.45}$$

Für den Signifikanztest wird nun der kleinere der beiden bestimmten U-Werte herangezogen.

$$U = min(U_1, U_2) \tag{9.46}$$

Anhand der U-Werte-Tabelle (siehe Seite 452 bis 458) erfolgt eine Prüfung auf Signifikanz. Beim Mann-Whitney-U-Test ist die Nullhypothese -beide Klassen sind gleich gut- bestätigt, wenn beide U-Werte gleich ausfallen. Unterscheiden sich diese stark, wird ein U-Wert sehr klein und somit der andere U-Wert sehr groß. Wenn ein beobachteter U-Wert kleiner als der kritische U-Wert der jeweiligen Tabelle ist, unterscheiden sich U_1 und U_2 bedeutsam.

Für große Stichproben, die in den meisten Tabellen nicht mehr aufgeführt werden, ist auch eine Approximation (Schätzung) über die Standardnormalverteilung möglich:

$$\mu_U = \frac{n_1 \cdot n_2}{2} \tag{9.47}$$

$$\sigma_U = \sqrt{\frac{n_1 \cdot n_2 \cdot (n_1 + n_2 + 1)}{12}} \tag{9.48}$$

Nachdem Mittelwert und Streuung geschätzt wurden, ist der U-Wert in einen Standardnormalverteilung überführbar.

$$z_u = \frac{U - \mu_U}{\sigma_U} \tag{9.49}$$

Sollte dieser Wert im Betrag größer als der kritische z-Wert sein (siehe Tabellen B.8 bis B.15, Seite 440 bis 447), unterscheiden sich beide Gruppen signifikant.

Berechnung: Aus den Beispieldaten ergeben sich die Rangsummen $T_1 = 124$ und $T_2 = 107$. Die berechneten Rangsummen sind überprüfbar:

$$T_1 + T_2 = \frac{N \cdot (N+1)}{2} \tag{9.50}$$

$$124 + 107 = \frac{21 \cdot (21+1)}{2} \tag{9.51}$$

$$231 = 231 \tag{9.52}$$

Nachdem sicher ist, dass bisher kein Rechenfehler vorliegt, folgt die Berechnung der U-Werte:

$$U_1 = n_1 \cdot n_2 + \frac{n_1 \cdot (n_1 + 1)}{2} - T_1 \tag{9.53}$$

$$= 10 \cdot 11 + \frac{10 \cdot (10 + 1)}{2} - 124 \tag{9.54}$$

$$= 110 + 55 - 124 \tag{9.55}$$

$$= 41 \tag{9.56}$$

$$U_2 = n_1 \cdot n_2 + \frac{n_2 \cdot (n_2 + 1)}{2} - T_2 \tag{9.57}$$

$$= 10 \cdot 11 + \frac{11 \cdot (11 + 1)}{2} - 107 \tag{9.58}$$

$$= 110 + 66 - 107 \tag{9.59}$$

$$= 69 \tag{9.60}$$

Auch hier ist eine Kontrolle der Berechnung angezeigt:

$$U_1 + U_2 = n_1 \cdot n_2 \tag{9.61}$$

$$41 + 69 = 10 \cdot 11 \tag{9.62}$$

$$110 = 110 \tag{9.63}$$

Der kleinere Wert ($U_1 = 41$) wird zur Signifikanzprüfung herangezogen. Laut U-Werte-Tabelle B.32 (Seite 458) liegt bei zweiseitiger Testung, einem α-Niveau von 5% und $n_1 = 10$, $n_2 = 11$ der kritische U-Wert bei 26. Der berechnete U-Wert unterschreitet diesen kritischen Wert **nicht**, die beiden Schulklassen nicht unterscheiden sich somit nicht in ihrer zentralen Tendenz.

Anmerkungen: Differieren die beiden Stichprobenumfänge n_1 und n_2 stark, so empfiehlt sich eine Kontinuitätskorrektur des U-Wert:

$$z_u = \frac{|U - \mu_U| - \frac{1}{2}}{\sigma_U} \tag{9.64}$$

Liegen bei einer Studie gleiche Messwerte in beiden Stichproben vor, so führt dies zu einer Verzerrung der U-Werte, da hierdurch deren Varianz reduziert wird. Bei einer geringen Anzahl von gleichen Messwerten muss dies nicht berücksichtigt werden. Liegt jedoch eine große Anzahl von gleichen Werten vor (verbundene Ränge), so sollte der folgende korrigierte Standardfehler verwendet werden:

$$\sigma_{u(corr)} = \sqrt{\frac{n_1 \cdot n_2}{N \cdot (N-1)} \cdot \sum_{i=1}^{N} R_i^2 - \frac{n_1 \cdot n_2 \cdot (N+1)^2}{4 \cdot (N-1)}}, \tag{9.65}$$

wobei R_i den Rangplatz der eingehenden Messwerte bezeichnet.

9.7 Vorzeichentest

Anwendung: Beim Vorzeichentest handelt es sich um den wahrscheinlich ältesten statistischen Test überhaupt. Ausgehend von einer Binomialverteilung mit $\pi = 0.5$ wird jeweils die Anzahl der positiven (+) und negativen (-) Ergebnisse einer Untersuchung zusammengefasst. Beide Untersuchungsausgänge sind gleich wahrscheinlich. Durch eine Wertung in positive und negative Ergebnisse liegen die Daten auf Ordinalskalenniveau vor. Bei abhängigen Stichproben wird die Veränderung zwischen zwei Messzeitpunkten verglichen. Es können so die Ergebnisse eines Tests oder einer Messwiederholung in die Berechnung eingehen. Der Vorzeichentest ist einfacher, aber auch testschwächer als der Vorzeichenrangtest von Wilcoxon (vergleiche Abschnitt 9.8, Seite 173). Allerdings ist er weniger empfindlich gegenüber Ausreißerwerten, da der Ausgang einer Untersuchung in positive oder negative Ausgänge zusammengefasst wird.

Voraussetzungen: Bei abhängigen Stichproben liegen Messwertpaar vor, die dichotom als positiv oder negativ klassifiziert werden können.

Beispiel: Über eine Fremdbeobachtung wurde erhoben, inwieweit sich 20 Personen nach Teilnahme an einem sozialen Kompetenztraining in ihrer Fähigkeit zur sozialen Interaktion gegenüber den Fähigkeiten vor dem Training verbessert haben (abhängige Stichprobe). Positive Veränderungen der Interaktionsfähigkeit werden mit einem Plus (+), negative oder gleichgebliebene mit einem Minus (-) bewertet. Das Ergebnis kann folgendermaßen dargestellt werden:

+ + − + − − + + − + + − + − + + + − + +

Herleitung: Es wird die absolute Häufigkeit der positiven und negativen Werte bestimmt und als Prüfgröße (x) die Häufigkeit des seltener vorkommenden Vorzeichens gewählt. Die Nullhypothese geht von einer Gleichverteilung der Ergebnisse aus.

Die Prüfgrößen x und N dienen über den Binomialtest mit $\pi = 0.5$ zur Bestimmung der Signifikanz. Für kleine Stichproben (N < 25) sind die Tabellen für den Binomialtest (Tabelle B.18 und B.19, Seite 450 und 451) zum einfacheren Nachschlagen aufgeführt. Hier kann ohne statistische Berechnungen ein inferenzstatistischer Vergleich durchgeführt werden. Die Werte der Tabelle beziehen sich auf eine einseitige Testung und sind für eine zweiseitige Testung zu verdoppeln.

Anmerkung: Bei größeren Stichproben (N > 25) kann auch der χ^2-Test eingesetzt werden.

Berechnung: Im Beispiel wurden bei insgesamt N = 20 Messungen 13 positive und 7 negative Ausgängen beobachtet. Die entscheidende Prüfgröße x ist somit 7.

Laut Tabelle B.18 ist bei N = 20, x = 7 der p-Wert mit p = 0,132 größer als .05. Das Ergebnis ist somit nicht signifikant. Es gab keine signifikante Veränderung zwischen den beiden Meßzeitpunkten.

9.8 Vorzeichenrangtest von Wilcoxon

Anwendungen: Der Vorzeichenrangtest überprüft, ähnlich wie der Vorzeichentest (vergleiche Abschnitt 9.7, Seite 172), ob sich zwei abhängige Stichproben signifikant in ihrer zentralen Tendenz unterscheiden. Er ist teststärker als der Vorzeichentest, da hier die vollständigen Ranginformationen in die Analyse einbezogen werden. Allerdings kann es bei Ausreißerwerten zu einer Verzerrung kommen.

Voraussetzungen: Eine abhängige Zufallsstichprobe mit Messwerten einer Variablen auf Ordinalskalenniveau.

Beispiel: Zur Überprüfung einer neuen Unterrichtsmethode wurde in einer abhängigen Stichproben vor und nach einem Sommerlager die Leistung im Fach Physik erhoben. Während des Ferienaufenthaltes fand ein integrierter Nachhilfekurs in Physik statt. Dies Messung der Physikleitung ergab die folgenden Werte (siehe Tabelle 9.13):

Tabelle 9.13: Ergebnisse des Leistungstests vor und nach dem Nachhilfekurs

vorher	nachher	vorher	nachher
22	40	26	38
26	22	22	24
12	28	24	32
20	30	40	20
22	16	40	26

Herleitung: Zum Vergleich der Rangplätze über die beiden Messzeitpunkte werden die Absolutbeträge der Messwertpaardifferenzen herangezogen. Nach der Größe dieses Absolutbetrages werde Rangplätze vergeben.

$$d_i = x_{1i} - x_{2i} \tag{9.66}$$

Die niedrigste Differenz erhält den Rangwert 1, die zweitniedrigste Differenz den Rangwert 2 und so weiter.

Anschließend wird die Summe der Ränge aller Veränderungen mit negativem Vorzeichen T_- und die Summe der Ränge aller Veränderungen mit positivem Vorzeichen T_+ berechnet. Unter der Nullhypothese wird erwartet, dass beide Summen gleich groß sind. Dies würde für die Beibehaltung der Nullhypothese sprechen, dass die Lehrmethode keinen Effekt zeigt. Unterscheiden sich T_- und T_+, so dient als Prüfgröße T die kleinere der beiden Rangsummen.

$$T = min(T_-, T_+) \tag{9.67}$$

Beispiel: Zuerst wird also über den Absolutbetrag der Differenzen der Leistungstestergebnisse jedes Schülers vor und nach dem Nachhilfekurs die Rangreihe festgelegt.

Tabelle 9.14: Bestimmung der Rangreihe über die Differenzen

vorher	nachher	d_i	Rang
22	40	(-)18	9
26	22	(+) 4	2
12	28	(-)16	8
20	30	(-)10	5
22	16	(+) 6	3
26	38	(-)12	6
22	24	(-) 2	1
24	32	(-) 8	4
40	20	(+)20	10
40	26	(+)14	7

Danach findet eine Aufspaltung dieser Rangplätze in der Gruppe der positiven und in der Gruppe der negativen Veränderungen statt. Anschließend werden die Rangwerte innerhalb jeder der beiden Gruppen getrennt aufsummiert.

Tabelle 9.15: Berechnung der Rangwertesummen bei positiven und negativen Veränderungen

vorher	nachher	positiv	negativ
22	40		9
26	22	2	
12	28		8
20	30		5
22	16	3	
26	38		6
22	24		1
24	32		4
40	20	10	
40	34	7	
		$T_+=22$	$T_-=33$

Als Prüfgröße T ist der kleinere $T_+ = 22$ zu verwenden. Da die Gesamtsumme der Ränge in diesem Beispiel 55 ist, wird unter der Voraussetzung der Nullhypothese ein Rangplatz von 27,5 erwartet. Der kritische Wert laut Tabelle B.34 (Seite 459) für den Vorzeichenrangtest bei N=10 Meßwertpaaren und ungerichteter Hypothese (α_2) beträgt 8. α_2 ist für die zweiseitige Testung und α_1 für die einseitige Testung heranzuziehen. Der beobachtete T-Wert unterschreitet den kritischen T-Wert nicht, somit ist der Unterschied zwischen den Testzeitpunkten nicht signifikant und der Sommerkurs hat keinen Effekt auf die Leistung der Schüler in Physik.

Anmerkung: Der berechnete Wert muss gleich oder kleiner als der in der Tabelle angegebene kritische T-Wert sein, damit ein signifikanter Unterschied belegt werden kann.

Tabelle B.35 und B.36 (Seite 460 und 461) ermöglichen die p-Werte direkt abzulesen. Es ergibt sich ein p-Wert von p = 0,312, der über der Signifikanzgrenze von .05 liegt

Anmerkung: Bei N > 50 kann asymptotisch über die Standardnormalverteilung getestet werden. Der Erwartungswert für T entspricht der halben Rangsumme:

$$\mu_T = \frac{\frac{N \cdot (N+1)}{2}}{2} = \frac{N \cdot (N+1)}{4} \tag{9.68}$$

Die Standardabweichung ist über

$$\sigma_T = \sqrt{\frac{N \cdot (2 \cdot N + 1) \cdot (N+1)}{24}} \tag{9.69}$$

zu bestimmen. Der z-Wert der Standardnormalverteilung ergibt sich über:

$$z_T = \frac{T - \mu_T}{\sigma_T} \tag{9.70}$$

Für eine Stichprobengröße kleiner 60 empfiehlt sich die folgende Kontinuitätskorrektur:

$$z_T = \frac{|T - \mu_T| - \frac{1}{2}}{\sigma_T} \tag{9.71}$$

9.9 H-Test von Kruskal & Wallis

Anwendung: Der H-Test von Kruskal und Wallis ist ein Verfahren für den Vergleich der zentralen Tendenz einer ordinalskalierten Variablen, die in mehr als zwei unabhängigen Stichproben erhoben wurde. Der H-Test ist eine Erweiterung des Mediantests und wird auch als Rangvarianzanalyse bezeichnet, da dieses Verfahren weitgehend der parametrischen Varianzanalyse entspricht.

Voraussetzungen: Es muss sich um mehr als zwei unabhängige Zufallsstichproben und eine ordinalskalierte Variable handeln.

Beispiel: In einer Studie werden nicht nur wie beim Beispiel für den Mediantest zwei, sondern vier Erziehungsstile (A bis D) verglichen. Vierzig Untersuchungsteilnehmer werden zufällig auf vier Gruppen mit jeweils zehn Personen verteilt und im Bezug auf ihr beobachtetes Sozialverhalten in eine Rangreihe mit insgesamt 40 Rangplätzen gebracht. Hohe Werte bezeichnen positives Sozialverhalten. Es soll statistisch überprüft werden, ob sich die vier unabhängigen Gruppen mit unterschiedlicher Erziehung im Sozialverhalten signifikant unterscheiden.

Tabelle 9.16: Auswirkung von vier Erziehungsstilen auf das Sozialverhalten

A	B	C	D
7	15	32	21
9	16	17	31
3	35	22	26
5	14	24	37
8	10	19	40
2	13	28	25
12	34	23	33
6	36	11	27
1	4	20	29
18	39	30	38

Herleitung: Beim Test nach Kruskal und Wallis wird ein H-Wert berechnet und mit dem zugehörigen kritischen Wert aus der χ^2-Tabelle verglichen.

Definition: Der H-Test ist definiert durch:

$$H = \frac{12}{N \cdot (N+1)} \cdot \sum_{j=1}^{k} \frac{T_j^2}{n_j} - 3 \cdot (N+1) \tag{9.72}$$

mit

N: Stichprobengröße

T_j: Rangsumme innerhalb der Gruppe j

n_j: Größe der Gruppe j

Der berechnete H-Wert wird mit dem kritischen χ^2-Wert bei einem Freiheitsgrad von df = k - 1 verglichen, wobei k die Anzahl der Gruppen beschreibt.

Werden manche Rangplätze mehrfach vergeben (verbundene Ränge), erfolgt eine Korrektur des H-Wertes. Die Korrekturformel lautet:

$$H_{corr} = \frac{H}{C} \tag{9.73}$$

mit

$$C = 1 - \frac{\sum_{i=1}^{m}(T_i^3 - T_i)}{N^3 - N}, \tag{9.74}$$

wobei m die Anzahl der übereinstimmenden Rangplätze bezeichnet.

Berechnung: Zuerst ist für jede Gruppe die Summe der Ränge zu berechnet (siehe Tabelle 9.17).

Tabelle 9.17: Auswirkung von vier Erziehungsstilen auf das Sozialverhalten

	A	B	C	D
	7	15	32	21
	9	16	17	31
	3	35	22	26
	5	14	24	37
	8	10	19	40
	2	13	28	25
	12	34	23	33
	6	36	11	27
	1	4	20	29
	18	39	30	38
Σ	71	216	226	307

Der H-Wert ist dann durch Einsetzen in die Gleichung 9.72 zu bestimmen:

$$H = \frac{12}{N \cdot (N+1)} \cdot \sum_{j=1}^{k} \frac{T_j^2}{n_j} - 3 \cdot (N+1) \quad (9.75)$$

$$= \frac{12}{40 \cdot (40+1)} \cdot \left(\frac{71^2}{10} + \frac{216^2}{10} + \frac{226^2}{10} + \frac{307^2}{10} \right) - 3 \cdot (40+1) \quad (9.76)$$

$$= \frac{12}{40 \cdot 41} \cdot \left(\frac{5041}{10} + \frac{46656}{10} + \frac{51076}{10} + \frac{94249}{10} \right) - 3 \cdot 41 \quad (9.77)$$

$$= \frac{12}{1640} \cdot \frac{197022}{10} - 123 \quad (9.78)$$

$$= \frac{2364264}{16400} - 123 \quad (9.79)$$

$$= 144,162 - 123 \quad (9.80)$$

$$= 21,162 \quad (9.81)$$

Der kritische χ^2-Wert bei einem Freiheitsgrad von df = 3 und einem α-Niveau von 5 % ist 9,348 (siehe Tabelle B.16 und B.17, Seite 448 und 449). Da der berechnete Wert höher als der kritische χ^2-Wert ist, kann von einem signifikanten Unterschied im Sozialverhalten aufgrund der vier Erziehungsstile ausgegangen werden.

9.10 Friedman-Test

Anwendung: Die Rangvarianzanalyse von Friedman erlaubt einen Vergleich von k abhängigen Stichproben im Bezug auf ihre zentrale Tendenz in einer Variablen auf Ordinalskalenniveau. Der Friedman-Test ist eine Erweiterung des Vorzeichentests.

Voraussetzung: Es muss sich um eine abhängige Stichprobe mit einer ordinalskalierten Variablen handeln.

Beispiel: Der Erfolg einer Rehabilitationsmaßnahme wird an N = 10 Patienten im

Verlauf eines Klinikaufenthaltes zu vier Messzeitpunkten erhoben. Um die unterschiedlichen Teststärken des H-Tests von Kruskal und Wallis und des Friedmann-Tests zu verdeutlichen, wird der Datensatz des letzten Abschnitts hier nochmals verwendet.

Tabelle 9.18: Leistungswerte zu vier Meßzeitpunkten

T_1	T_2	T_3	T_4
7	15	32	21
9	16	17	31
3	35	22	26
5	14	24	37
8	10	19	40
2	13	28	25
12	34	23	33
6	36	11	27
1	4	20	29
18	39	30	38

Beim Friedman-Test wird ein χ_k^2-Wert berechnet und mit einem kritischen χ^2-Wert verglichen.

Definition: Der Friedman-Test wird folgendermaßen berechnet:

$$\chi_k^2 = \frac{12}{N \cdot k \cdot (k+1)} \cdot \sum_{j=1}^{k} T_j^2 - 3 \cdot N \cdot (k+1) \qquad (9.82)$$

mit
T_j : Rangsumme innerhalb der Gruppe j
k : Anzahl der Gruppen
N : Stichprobengröße

Dieser berechnete χ_k^2-Wert wird mit einem χ^2-Wert bei einem Freiheitsgrad von df = k - 1 verglichen.

Anmerkung: Wenn die Daten einer Person nicht in einer individuellen Rangreihe vorliegen, so müssen sie zeilenweise pro Person transformiert werden. Dabei erhält der niedrigste Wert einer Person immer den Rang 1.

Falls manche Rangplätze mehrmals vergeben werden (Rangbindung), erfolgt eine Korrektur des berechneten χ^2-Wertes. Die Korrekturformel lautet:

$$\chi_{k(corr)}^2 = \frac{\chi_k^2}{1-c} \qquad (9.83)$$

mit

$$c = \frac{1}{N \cdot k \cdot (k^2-1)} \cdot \sum_{i=1}^{m}(T_i^3 - T_i), \qquad (9.84)$$

wobei m die Anzahl der übereinstimmenden Rangplätze bezeichnet.

Berechnung: Zunächst werden personenweise die Rangplätze über die Zeitpunkte vergeben.

Tabelle 9.19: Erfolg einer Rehabilitationsmaßnahme, Transformation der Rohwerte in personenbezogene Rangreihen

	T_1	T_2	T_3	T_4
Rohwert	7	15	32	21
Rangreihe	1	2	4	3
Rohwert	9	16	17	31
Rangreihe	1	2	3	4
Rohwert	3	35	22	26
Rangreihe	1	4	2	3
Rohwert	5	14	24	37
Rangreihe	1	2	3	4
Rohwert	8	10	19	40
Rangreihe	1	2	3	4
Rohwert	2	13	28	25
Rangreihe	1	2	4	3
Rohwert	12	34	23	33
Rangreihe	1	4	2	3
Rohwert	6	36	11	27
Rangreihe	1	4	2	3
Rohwert	1	4	20	29
Rangreihe	1	2	3	4
Rohwert	18	39	30	38
Rangreihe	1	4	2	3

Zur übersichtlicheren Darstellung werden zu weiteren Berechnungen nur noch die Rangreihen betrachtet. Im nächsten Schritt werden die Summen der Ränge pro Meßzeitpunkt bestimmt.

Tabelle 9.20: Erfolg einer Rehabilitationsmaßnahme in Rangreihen und Summierung der Rangplätze pro Messzeitpunkt

	T_1	T_2	T_3	T_4
	1	2	4	3
	1	2	3	4
	1	4	2	3
	1	2	3	4
	1	2	3	4
	1	2	4	3
	1	4	2	3
	1	4	2	3
	1	2	3	4
	1	4	2	3
Σ	10	28	28	34

Über diese Rangsummen lässt sich der χ^2-Wert berechnen.

$$\chi^2_k = \frac{12}{N \cdot k \cdot (k+1)} \cdot \sum_{j=1}^{k} T_j^2 - 3 \cdot N \cdot (k+1) \tag{9.85}$$

$$= \frac{12}{10 \cdot 4 \cdot (4+1)} \cdot (10^2 + 28^2 + 28^2 + 34^2) - 3 \cdot 10 \cdot (4+1) \tag{9.86}$$

$$= \frac{12}{40 \cdot 5} \cdot (100 + 784 + 784 + 1156) - 30 \cdot 5 \tag{9.87}$$

$$= \frac{12}{200} \cdot 2824 - 150 \tag{9.88}$$

$$= 169{,}44 - 150 \tag{9.89}$$

$$= 19{,}44 \tag{9.90}$$

Dieser Wert wird mit dem kritischen χ^2-Wert (df = 3) verglichen (siehe Tabelle B.16 und B.17, Seite 448 und 449). In diesem Beispiel liegt bei einem Freiheitsgrad von 3 der berechnete Wert über dem kritischen χ^2-Wert, was signifikante Unterschiede über die Messzeitpunkte belegt. Da aber beim Friedmann-Test die Ordinaldaten in Ränge zwischen den Versuchspersonen heruntergebrochen werden, ist dieses Verfahren für abhängige Stichproben hier weniger teststark als der Test nach Kruskal und Wallis für unabhängige Stichproben.

9.11 Kolmogorov-Smirnow-Test

Anmwendung: Der Kolomogorov-Smirnow-Anpassungstest vergleicht eine empirisch beobachtete Verteilung mit einer bekannten theoretischen Verteilung. Meistens wird eine Stichprobenverteilung mit der Normalverteilung verglichen.

Voraussetzung: Es gibt Daten aus einer Zufallsstichprobe in Form von Rohwerten oder in Form einer Häufigkeitenverteilung.

Berechnung: Prinzipiell wird beim Kolmogorov-Smirnow Test immer der Absolutbetrag der größten Differenz zwischen empirischer und theoretischer Verteilung gesucht. Aufgrund der Größe dieser Differenz wird dann entschieden, ob die H_0 beizubehalten oder zu verwerfen ist. Da diese Berechnung "von Hand" sehr mühsam ist und der Tests mittels vieler Statistik-Programme leicht auszuführen ist, wird hier auf die Berechnungsformel verzichtet und kein Beispiel dargestellt.

Anmerkung: Der Kolmogorov-Smirnow-Test prüft immer die Nullhypothese, dass die empirische Verteilung beispielsweise einer Normalverteilung entspricht. Wird der Test signifikant, liegen signifikante Abweichungen von der Normalverteilung vor und das untersuchte Merkmal kann nicht mehr als normalverteilt gelten. Allerdings besteht bei großen Stichproben mit mehr als 500 Personen die Gefahr, dass der Test zu sensitiv ist und somit unbedeutende Abweichungen signifikant werden.

9.12 Zusammenfassung

Der **Binomialtest** erlaubt die Signifikanzprüfung eines dichotomen Merkmals und wird über den Binomialkoeffizienten bestimmt.

Beim χ^2-**Test** handelt es sich um eine Verfahrensklasse zur Auswertung von Nominaldaten. Es werden **erwartete** und **beobachtete Häufigkeiten** miteinander verglichen. Nur bei einem Freiheitsgrad von df=1 können gerichtete Alternativhypothesen aufgestellt werden. Bei einem höheren Freiheitsgrad sind nur ungerichtete Hypothesen möglich. Wenn die Voraussetzungen des χ^2-Tests nicht gegeben sind, muss eine Korrektur nach **Fisher-Yates** erfolgen.

Der **McNemar-Test** ist ein Sonderfall des χ^2-Tests. Er wird bei zweifacher Messung in einer abhängigen Stichprobe eingesetzt.

Der **Q-Test nach Cochran** ist eine Erweiterung des McNemar-Tests für Messwiederholung für beliebig viele Messzeitpunkte.

Mit dem **Mediantest** können Unterschiede in der zentralen Tendenz zwischen zwei Teilstichproben bei Ordinaldaten analysiert werden, indem eine ordinalskalierte Variablen anhand des Medians dichotomisiert wird.

Der **U-Test von Mann-Whitney** ist teststärker als der Mediantest und berücksichtigt sämtliche Informationen der Rangplätze.

Zu den einfachsten Tests gehört der **Vorzeichentest**. Beim Vorzeichentest wird von einer Binomialverteilung mit $\pi = 0{,}5$ ausgegangen und die Anzahl der positiven und negativen Ergebnisse einer abhängigen Stichprobe ausgezählt.

Der **Vorzeichenrangtest nach Wilcoxon** berücksichtigt neben der Richtung des Unterschieds auch noch die Größe des Unterschieds bei einer ordinalskalierten Variablen. Deshalb ist er exakter als der einfache Vorzeichentest.

Der **H-Test nach Kruskal und Wallis** erweitert den Mediantest auf mehr als zwei unabhängige Gruppen und erlaubt die Untersuchung der Maße der zentralen Tendenz dieser Gruppen.

Der **Friedman-Test** ist eine Erweiterung des Vorzeichentests auf mehr als zwei Gruppen und erlaubt die Untersuchung von k abhängigen Gruppen im Bezug auf ihre Maße der zentralen Tendenz.

Der **Kolmogorov-Smirnow-Test** vergleicht eine empirische und eine theoretische Verteilung miteinander.

9.13 Aufgaben

1. In einer kleine Gemeinde soll ein Heim für Behinderte gebaut werden. Leider ist ein Teil der Einwohner dagegen. Eine Aufklärungsveranstaltung soll die Vorurteile der Gegner aus dem Weg räumen. Sie messen die Zustimmung und Ablehnung der Besucher vor und nach der Informationsveranstaltung. Welchen statistischen Test würden Sie einsetzen?

2. Sie wollen überprüfen, ob im Fach Psychologie die Geschlechterzugehörigkeit einen entscheiden Einfluss auf die Abbruchquote bei den Studierenden hat. Hierzu erheben Sie am Ende des zweiten Semesters die Anzahl der Studiumsabbrecher und die Anzahl der weiterhin Studierenden nach Geschlechterzugehörigkeit unterteilt. Welchen statistischen Test würden Sie hier einsetzen?

3. Es soll untersucht werden, ob Kamele (K) sich besser als Pferde (P) als Reittiere in Naturschutzparks eignen. Hierzu wurde eine Rennen zwischen mehreren Kamelen und Pferden durchgeführt, welches ein Kamel gewann. Es ergab sich der Zieleinlauf in dieser Reihenfolge:

K, K, P, P, K, P, P, K, P, K, K, P, K, K, P

Die Pferdefreunde behaupten nun, dass Pferde im Grunde doch schneller sind als Kamele. Mit welchem Testverfahren würden Sie dies überprüfen?

4. In einer psychiatrischen Klinik wird untersucht, welche Veränderungen eine psychotherapeutische Therapie hinsichtlich der Schlafstörungssymptomatik bei depressiven Patienten erbringt. Hierbei wird bei einer Anzahl von Patienten vor und nach der Therapie erfasst, ob sie unter einer Schlafstörung leiden oder nicht. Welches statistische Verfahren würden Sie hier einsetzen?

5. Sie wollen den Erfolg eines Raucherentwöhnungsprogramms über ein halbes Jahr untersuchen. Hierzu erheben Sie in einer Trainingsgruppe am Ende jedes Monats die Variable Raucher (ja/nein). Welches Testverfahren eignet sich zur Auswertung dieser Daten?

6. Der Erfolg einer Therapiemaßnahme wurde mit Hilfe dreier Antwortmöglichkeiten erfolgreich, teilweise erfolgreich und nicht erfolgreich erhoben. Es soll nun untersucht werden, ob es Unterschiede zwischen Männern und Frauen gibt. Welcher statistische Test sollte hier berücksichtigt werden?

7. Ein Wissenschaftler behauptet, dass er nicht-parametrische Testverfahren nicht benötigt, da er bei Fragebögen immer eine Ratingskala mit mindestens sieben Stufen verwendet. Stimmt diese Behauptung?

8. In einem Seminar wird am Ende eine Abschlußklausur geschrieben. Es soll geprüft werden, ob zwischen den Geschlechtern (28 Frauen, 2 Männer) signifikante Unterschiede im Ergebnis dieser Klausur bestehen. Es sind 5 Frauen und 1 Mann durchgefallen. Welchen Test würde Sie für eine statistische Auswertung heranziehen?

9. Unter welchen Umständen ist bei Prüfung auf Unterschiede in der zentralen Tendenz bei Daten auf Intervallskalenniveau ein nicht-parametrisches Verfahren einem parametrischen Verfahren vorzuziehen?

Teil IV

Korrelation und Regression

10 Produkt-Moment-Korrelation

Schlagworte
▷ Kovarianz
▷ Korrelation
▷ Varianzadditionssatz
▷ Homoskedastizität
▷ Determinationskoeffizient

Im ersten Teil dieses Buches wurden die deskriptiven Möglichkeiten zur Beschreibung der Verteilung einer einzelnen Variablen dargestellt, während darauf folgend überwiegend statistische Verfahren zu Prüfung der Kennwerte der zentralen Tendenz und der Prüfung auf Unterschieden zwischen Kennwerten von Teilstichproben erläutert wurden.

In diesem Kapitel rücken mit der **Kovarianz** und der **Korrelation** nun Maße eines Zusammenhanges zwischen zwei Variablen in den Vordergrund. Zeigen beispielsweise überdurchschnittlich gute Psychologiestudierende auch überdurchschnittliche soziale Kompetenz? Das hieße, es gibt einen positiven Zusammenhang zwischen diesen beiden Variablen. Auch könnten die überdurchschnittlichen Studenten so viel Zeit mit Lernen verbracht haben, dass sie nun eine unterdurchschnittliche soziale Kompetenz ausweisen. Dann würde man von einem negativen Zusammenhang sprechen. Wie derartige Zusammenhänge statistisch berechnet werden können, soll im Folgenden erläutert werden.

10.1 Varianzadditionssatz

Zur Herleitung eines Maßes zur Bestimmung die Größe eines Zusammenhangs zwischen zwei Variablen wird zunächst der **Varianzadditionssatz** erläutert.

Über den Varianzadditionssatz wird gezeigt, wie die Varianz einer Variablen Z bestimmt werden kann, welche durch die Addition zweier Variablen (X und Y) entstanden ist.

Beispiel: Die Gesamtpunktzahl in einem Intelligenztest (Z) setzt sich aus der Punktesumme eines verbalen Teiltests (X) und eines mathematisch-räumlichen Teiltests (Y) zusammen.

> **Definition:** Wenn sich eine Variable Z aus zwei Variablen X und Y zusammensetzt
>
> $$z_i = x_i + y_i, \tag{10.1}$$
>
> dann gilt für die Streuung der Variablen in der Population
>
> $$\sigma_z^2 = \sigma_x^2 + \sigma_y^2 + 2 \cdot \sigma_{xy}, \tag{10.2}$$
>
> beziehungsweise in der Stichprobe
>
> $$s_z^2 = s_x^2 + s_y^2 + 2 \cdot s_{xy}. \tag{10.3}$$
>
> Diese Formel bezeichnet man als den Varianzadditionssatz.

Der Ausdruck σ_{xy}, beziehungsweise s_{xy}, wird als **Kovarianz** der beiden Variablen X und Y bezeichnet. Die Kovarianz wird meistens als cov_{xy} abgekürzt.

☞ **Herleitung:** Wenn für die einzelnen Werte gilt

$$z_i = x_i + y_i, \tag{10.4}$$

dann folgt daraus für die Mittelwerte

$$\bar{z} = \bar{x} + \bar{y}. \tag{10.5}$$

Durch Einsetzen in die Formel für die Stichprobenvarianz folgt:

$$s_z^2 = \frac{\sum_{i=1}^{N}(z_i - \bar{z})^2}{N-1} \tag{10.6}$$

$$= \frac{\sum_{i=1}^{N}(x_i + y_i - (\bar{x} + \bar{y}))^2}{N-1} \tag{10.7}$$

$$= \frac{\sum_{i=1}^{N}(\overbrace{x_i - \bar{x}}^{u_i} + \overbrace{y_i - \bar{y}}^{v_i})^2}{N-1} \tag{10.8}$$

Durch das Ersetzen der jeweiligen ersten zentralen Momente (u_i und v_i) wird die algebraische Gleichung übersichtlicher.

$$s_z^2 = \frac{\sum_{i=1}^{N}(u_i + v_i)^2}{N-1} \tag{10.9}$$

$$= \frac{\sum_{i=1}^{N}(u_i^2 + 2 \cdot u_i \cdot v_i + v_i^2)}{N-1} \tag{10.10}$$

Durch Auseinanderziehen des Terms folgt:

$$s_z^2 = \frac{\sum_{i=1}^{N} u_i^2}{N-1} + 2 \cdot \frac{\sum_{i=1}^{N} u_i \cdot v_i}{N-1} + \frac{\sum_{i=1}^{N} v_i^2}{N-1} \qquad (10.11)$$

Durch Einsetzen der ursprünglichen Variablen ergibt sich:

$$s_z^2 = \frac{\sum_{i=1}^{N}(x_i - \bar{x})^2}{N-1} + 2 \cdot \frac{\sum_{i=1}^{N}(x_i - \bar{x}) \cdot (y_i - \bar{y})}{N-1} + \frac{\sum_{i=1}^{N}(y_i - \bar{y})^2}{N-1} \qquad (10.12)$$

$$= s_x^2 + 2 \cdot s_{xy} + s_y^2 \qquad (10.13)$$

Somit läßt sich beweisen, dass die Varianz der Variablen Z in die Varianzen der beiden Variablen X und Y sowie in die Kovarianz beider Variablen zerlegt werden kann.

10.2 Kovarianz

Die **Kovarianz** ist ein Maß für den linearen **Zusammenhang** zwischen den Variablen X und Y. Sie beschreibt das Ausmaß gleichläufiger, beziehungsweise gegenläufiger Variation in beiden Variablen.

Definition: Die Kovarianz in der Population wird berechnet über:

$$cov_{xy} = \frac{\sum_{i=1}^{N}(x_i - \mu_x) \cdot (y_i - \mu_y)}{N} \qquad (10.14)$$

Die Kovarianz in einer Stichprobe wird hingegen geschätzt über:

$$cov_{xy} = \frac{\sum_{i=1}^{N}(x_i - \bar{x}) \cdot (y_i - \bar{y})}{N-1} \qquad (10.15)$$

Die Kovarianz kann theoretisch unendlich große positive oder negative Werte annehmen. Zwar stellt sie ein Maß für den linearen Zusammenhang zwischen zwei Variablen dar, es stellt sich jedoch die Frage, wie dieser Zusammenhang interpretieren werden kann. Diese Interpretation soll mit Hilfe einiger **Beispiele** erläutert werden.

Ein **positiver Zusammenhang** ist vorhanden, wenn mit höherer Ausprägung in der Variablen X auch eine höhere Ausprägung in der Variablen Y gegeben ist und umgekehrt. Ein Beispiel dafür wäre der Zusammenhang zwischen dem Alter und der benutzten Wortmenge bei Kleinkindern. Mit höherem Alter verwenden Kinder mehr Wörter in ihrem alltäglichen Sprachgebrauch. Somit gilt für eine untersuchte Sichprobe, dass überdurchschnittlich alte Kinder mehr Wörter verwenden als durchschnittliche Kinder. Im Gegensatz dazu sind Kinder, die weniger Wörter als der Durchschnitt verwenden, vermutlich auch unter dem Altersdurchschnitt.

Ein **negativer Zusammenhang** ist gegeben, wenn bei höherer Ausprägung in der Variablen X eine niedrigere die Ausprägung in der Variablen Y vorliegt und umgekehrt. Ein Beispiel dafür könnte der Zusammenhang zwischen der Vorbereitungszeit auf eine Klausur und Fehleranzahl in derselben sein. Mit einer im Bezug auf eine Stichprobe überdurchschnittlichen Lernzeit haben die Studierenden in der untersuchten Stichprobe eine unterdurchschnittliche Fehlerzahl.

Kein Zusammenhang ist vorhanden, wenn eine Ausprägung in der Variablen X keine Aussage über die Ausprägung in der Variablen Y erlaubt. Beispielsweise gibt es wohl keinen Zusammenhang zwischen der Körpergröße und der Intelligenz Erwachsener.

Vorsicht: Kovarianzen erlauben nur Aussagen über stochastische Zusammenhänge zwischen Variablen. Es können aus Kovarianzen **keine** Kausalaussagen abgeleitet werden. Folgende Aussagen sind somit nur durch eine Kovarianz begründet **nicht zulässig**:

- Je höher die Ausprägung im Merkmal A, desto höher muss auch die Ausprägung im Merkmal B sein.
- Je höher die Ausprägung im Merkmal B, desto höher muss auch die Ausprägung im Merkmal A sein.

Ein kausaler Schluss darf nur aufgrund einer inhaltlichen Begründung oder einer experimentellen Bestätigung erfolgen. Nur durch eine Kovarianz begründet können nicht Ursache und Wirkung eines Zusammenhangs bestimmt werden. Außerdem kann eine sogenannten Drittvariable (Moderatorvariable) beide Variablen kausal beeinflussen. Es gibt bei zwei Variablen A und B die folgenden Möglichkeiten eines Zusammenhangs:

- A beeinflusst B, A → B
- B beeinflusst A, B → A
- A und B beeinflussen sich gegenseitig, A ↔ B
- A und B werden von einer Drittvariablen C beeinflusst, A ← C → B
- A beeinflusst C, wobei C wiederum die Variablen B beeinflusst, A → C → B
- der Zusammenhang zwischen A und B ist rein zufällig

Frage: Die Kovarianz ist stark vom "Maßstab" der Daten abhängig. So macht es einen großen Unterschied, ob das Gewicht der Versuchspersonen in Gramm, Kilo, Zentnern oder Tonnen angegeben wird. Dies beeinflusst neben der Varianz der Variablen "Gewicht" auch die gemeinsame Varianz, die Kovarianz, beispielsweise mit der Variablen "Körpergröße".

Antwort: Man standardisiert, ähnlich wie bei der z-Transformation (Kapitel 3.6, Seite 56), die Kovarianz s_{xy} an den Standardabweichungen der beiden Variablen. Daraus folgt der **Korrelationskoeffizient** r_{xy}.

10.3 Korrelation

Die Korrelation ist ein standardisiertes Maß für den linearen Zusammenhang zwischen zwei Variablen.

Definition: Die standardisierte Kovarianz ergibt den Korrelationskoeffizienten.

$$r_{xy} = \frac{cov_{xy}}{s_x \cdot s_y} \tag{10.16}$$

$$cov_{xy} = r_{xy} \cdot s_x \cdot s_y \tag{10.17}$$

Vorteil: Die Korrelation nimmt sets Werte zwischen -1 und +1 an. Damit sind Korrelationskoeffizienten normierte Kennwerte, die somit besser zu vergleichen sind als Kovarianzen und ausserdem besser interpretierbar sind.

Definition: Algebraischer Ausdruck der **Produkt-Moment-Korrelation** in der Stichprobe:

$$r_{xy} = \frac{\sum_{i=1}^{N}(x_i - \bar{x}) \cdot (y_i - \bar{y})}{(N-1) \cdot s_x \cdot s_y} \tag{10.18}$$

Und in der Population:

$$\rho_{xy} = \frac{\sum_{i=1}^{N}(x_i - \mu_x) \cdot (y_i - \mu_y)}{N \cdot \sigma_x \cdot \sigma_y} \tag{10.19}$$

Die Variable ρ (sprich Rho) bezeichnet die Populationskorrelation.

Voraussetzungen zur Bestimmung der Produkt-Moment-Korrelation:

1. Beide Variablen müssen mindestens intervallskaliert sein.

2. Beide Variablen müssen normalverteilt sein (oder zumindest unimodal und symmetrisch).

3. Der Zusammenhang zwischen beiden Variablen sollte linear sein.

4. Die Verteilung der y_i-Werte muss für alle Gruppen von Individuen i mit festem x_i die gleiche Varianz haben oder mindestens normalverteilt sein. Man spricht dann von **Homoskedastizität**.

Die Voraussetzungen werden allerdings oft nicht genügend beachtet. Zunächst werden nur die ersten beiden Voraussetzungen nach "Augenschein" geprüft. Die dritte Voraussetzung des linearen Zusammenhanges wird selten in Frage gestellt, da sich ein linearer Zusammenhang in einer hohen Produkt-Moment-Korrelation widerspiegelt. Ist ein linearer Zusammenhang nicht vorhanden, fällt die Produkt-Moment-Korrelation ohnehin sehr klein aus. So wird beispielsweise bei U-förmigen Zusammenhängen die Korrelation gegen Null gehen, obwohl ein (nicht-linearer) Zusammenhang zwischen zwei Variablen vorhanden ist. Die vierte Voraussetzung der **Homoskedastizität** soll im folgenden Abschnitt erläutert werden.

Da der Begriff der Homoskedastizität den meisten Studierenden große Verständnisprobleme bereitet, soll er anhand einer praktischen Aufgabe erläutert werden. Diese Aufgabe wird an diesem Beispiel theoretisch erläutert, kann aber vom Leser auch in Form einer praktischen statistischen Übung durchgeführt werden. Als erstes sind zwei intervallskalierte Variablen zu wählen, die beide leicht zu erheben sind. Als Beispiel sollen hier die Körpergröße und das Gewicht dienen, die in einer Stichprobe, beispielsweise einer Seminargruppe, erhoben wurden.

In einem zweiten Schritt ist eine entsprechend große Menge von N Bausteinen bei einem jüngeren Geschwister, Kind etc. auszuleihen[1]. Als nächstes werden für beide Variablen eine Anzahl von Kategorien gebildet und ein schachbrettartiges Muster entwickelt (siehe Abbildung 10.1).

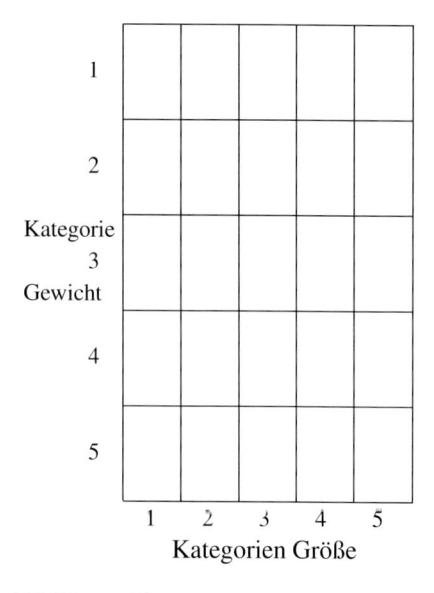

Abbildung 10.1: Zweidimensionales Feld zur Erläuterung von Homoskedastizität

Auf diesem Schachbrett werden nun "Türme" gebaut, indem Bauklötze auf den jeweiligen Feldern nach einem bestimmten Schema gestapelt werden. Jedes Schachbrettfeld beschreibt eine "Kombination" einer Größenkategorie mit einer Gewichtskategorie. Je häufiger eine bestimmte Kombination vorkommt, desto höher wird der entsprechende Turm. Es entsteht ein Gebilde, über das eine Art Zelt in Form einer Glocke oder eines Tropenhelms gestülpt werden kann (siehe Abbildung 10.2). Gelingt die Bildung dieses Tropenhelms und hat man keinen "Knick im Hut", spricht man von Homoskedastizität. Die Form der Glocke ist von der Größe des Korrelationskoeffizienten abhängig. Ein runder Tropenhelm

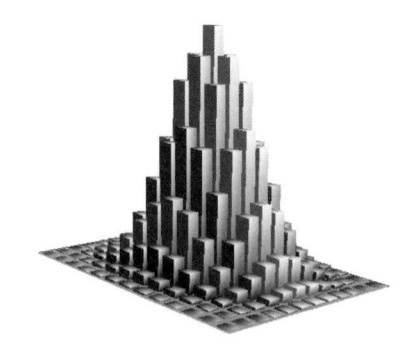

Abbildung 10.2: Häufigkeiten bei zwei kategorisierten Variablen

---

[1] Ohne Werbung machen zu wollen, muss angemerkt werden, dass sich die Produkte der Firma LEGO besonders für diese Übung eignen. Auf jeden Fall sollten die Baustein die gleiche Größe haben.

entsteht nur bei einer Korrelation von r = 0. Schaut man senkrecht von oben auf das Schachbrett, so hat man eine runde Punkteswolke vor sich (siehe beispielsweise auch Abbildung 10.6, Seite 192). Je größer die Korrelation wird, desto schmaler wird der mit Hilfe der Baustein entstehende Hut (siehe auch Abbildung 10.7, Seite 192).

Bei Homoskedastizität müssen nun für jede Kategorie der Variablen X die Werte der zugehörigen Variablen Y normalverteilt sein. Die Abbildung 10.3 verdeutlicht, wie ein solcher Ausschnitt der sogenannten **Array-Verteilung** aussieht. Mit dem Begriff Array-Verteilung wird eine Reihe (Zeile oder Spalte) des "Schachbretts" bezeichnet. Man schneidet sozusagen aus der Glocke eine Reihe des Schachbretts heraus und nimmt somit

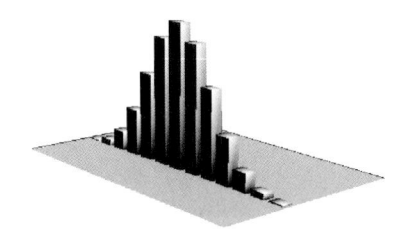

Abbildung 10.3: Ausschnitt aus dem "Tropenhelm", eine Array-Verteilung

für die Kategorie der ersten Variablen x alle zugehörigen Werte der zweiten Variablen [2] y. Für alle Kategorien der ersten Variable und anschließend für alle Kategorien der zweiten Variablen werden solche Schnitte erstellt. Die Verteilungen in diesen verschiedenen Reihen der Variablen x und y sollten homogen Varianzen aufweisen und bivariat normalverteilt sein, damit die Voraussetzung der Homoskedastizität erfüllt ist.

Interpretation des Korrelationskoeffizienten

Wie kann man sich eine positive beziehungsweise negative Korrelation bildhaft vorstellen und wie ist diese zu interpretieren? Die folgenden Abbildungen verdeutlichen verschiedene Zusammenhänge. Eine Korrelation kann Werte zwischen r = -1 und r = +1 annehmen. Die Variablen in den folgenden Abbildungen wurden z-transformiert, so dass jede Variable den Mittelwert von 0 und eine Standardabweichung von 1 hat. Damit liegt das Zentrum der Punktewolke immer im Ursprung des Koordinatenkreuzes.

Abbildung 10.4 zeigt die Korrelation $\rho = -1$, einen absolut perfekten negativen Zusammenhang. Alle Werte liegen auf der Winkelhalbierenden mit negativer Steigung. Dieser Wert ist in der sozialwissenschaftlichen Praxis eigentlich kaum zu beobachten. Er ist beispielsweise nur erreichbar, wenn die Körpergröße (zum Beispiel 1,80 m) mit der "Kopffreiheit" der Personen in einem Zimmer, also dem Abstand von der Zimmerdecke (bei

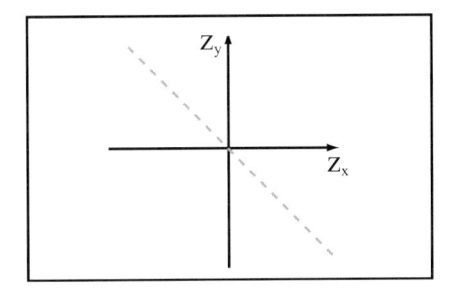

Abbildung 10.4: $\rho = -1$

---

[2]Wenn man beim Beispiel des Schachbrettes bleibt, hieße dies, man schaut sich alle Felder an die in Schachnotation beispielsweise mit einem E bezeichnet werden oder, von der anderen Variablen ausgehend, alle Felder, die mit einer 5 bezeichnet werden.

einem 2,50 m hohen Raum wären dies 0,70m) korrelieren würde, wobei die Berechnung dieser Korrelation unsinnig wäre.

Hat eine Korrelationen einen Wert im negativen Bereich ($-1 < \rho < 0$), so ist auch der Zusammenhang negativ. Dieser zeigt sich eventuell beim Zusammenhang zwischen dem Intelligenzquotienten und der Lösungzeit einer mittelschweren Logikaufgabe. Je größer der gemessene Intelligenzquotient, desto geringer ist die Lösungszeit. Die "Richtung" eines Korrelationskoeffizient (das Vorzeichen) hängt immer auch von der Polung der Skala ab.

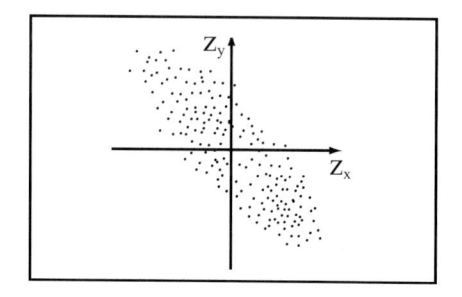

Abbildung 10.5: $-1 < \rho < 0$

So sollten in zeitlich begrenzten Tests soviele Aufgabe wie möglich bearbeitet werden, während andererseits so wenig Fehler wie möglich auftreten sollten. Wird beispielsweise die Variable "Vorbereitungszeit auf den Test" mit der Anzahl der gelösten Aufgaben korreliert, so ergibt sich wahrscheinlich eine hohe positive Korrelation, während sich bei der Korrelation mit der Anzahl der Fehler eine negative Korrelation zeigen sollte.

Bei $\rho = 0$ existiert kein Zusammenhang zwischen den Werten beider Variablen. Der Zusammenhang zwischen dem Intelligenzquotienten und der Schuhgröße bei Erwachsenen geht theoretisch gegen Null. Personen mit überdurchschnittlich großen Füßen werden teilweise überdurchschnittliche, teilweise unterdurchschnittliche oder durchschnittliche Werte bei einem Intelligenztest haben. Das geleicht gilt auch für Personen mit kleinen Füßen. Die in Abbildung 10.6 dargestellt Punktewolke verdeutlicht durch die Kreisform einen Blick "von oben" auf den vorhin beschriebenen Tropenhelm.

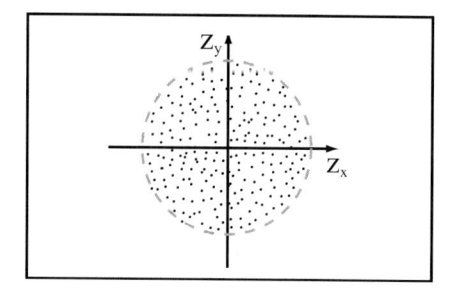

Abbildung 10.6: $\rho = 0$

Bei einem Korrelationskoeffizienten von $0 < \rho < 1$ wird ein positiver Zusammenhang erfasst. Als Beispiel soll der Zusammenhang zwischen Körpergewicht und Körpergröße dienen. Dieser Zusammenhang ist sicherlich positiv, da größere Personen meistens mehr Körpervolumen aufweisen und somit auch mehr wiegen.

Die Korrelation zwischen Körpergröße und Gewicht wird bei der Operationalisierung von Über- und Untergewicht im sogenannten Bodymass-Index (BMI) berücksichtigt. Im BMI wird das Körpergewicht in Kilogramm durch die quadratierte Körpergröße in Metern geteilt.

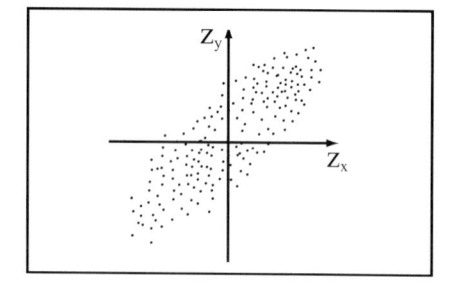

Abbildung 10.7: $0 < \rho < 1$

Eine Korrelation von $\rho = 1$, ein absolut perfekter positiver Zusammenhang, wird ebenfalls in der Praxis nahezu nie beobachtet. Sämtliche Werte liegen auf der Winkelhalbierenden mit positiver Steigung.

Aus einer Korrelationen zwischen zwei Variablen können nicht Aussagen in kausaler Form abgeleitet werden. Gefundene Zusammenhänge sind immer mit großer Vorsicht zu interpretieren und möglichst durch eine Kreuzvalidierung (Kapitel 12.4, Seite 240) oder ein experimentelles Vorgehen zu bestätigen. Eine Korrelation, die zu nur einem Zeitpunkt und nur in einer Stichprobe erhoben wurde, ist keinesfalls kausal zu interpretieren.

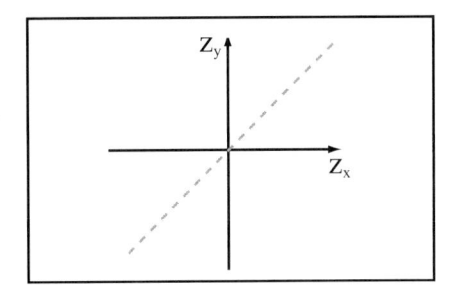

Abbildung 10.8: $\rho = 1$

Falsche Interpretation einer Korrelation

Dennoch werden aus Korrelationskoeffizienten manchmal falsche kausale Schlüsse abgeleitet. Im ersten Kapitel wurde anhand eines Beispiels des amerikanische Statistikers Darell Huff eine solcher Fehlschluss schon dargestellt (siehe Kapitel 1.8, Seite 11). Aus einer negativen Korrelation zwischen der Anzahl der Läuse und der Körpertemperatur wurde der Schluss gezogen, dass die Läuse die Körpertemperatur niedrig halten. An diesem Beispiel ist dem Leser sofort klar, das die Richtung des Schlusses falsch war. Experimentell kann bestätigt werden, dass nicht die Läuse das Fieber, sondern das Fieber die Läuse vertreibt. Es gibt aber auch noch weitere Beispiele für Fehlinterpretationen von Zusammenhängen.

1. *Je größer die Anzahl der Feuerwehrleute bei einem Brand, desto größer der Schaden, der entsteht!*
   Bei einer Auswertung aller Einsatzberichte der Freiburger Berufsfeuerwehr im Laufe eines Jahres wird mit Entsetzen festgestellt, dass mit steigender Anzahl der Feuerwehrleute bei der jeweiligen Brandbekämpfung auch die Höhe des finanziellen Schadens bedeutsam zunahm. Somit scheint "wissenschaftlich" belegt, dass bei einem Brand möglichst wenige Feuerwehrleute erscheinen sollten, um den Schaden gering zu halten. Das geballtes Auftreten gar von mehreren Löschzügen sorgt für eine derart gewaltige Schadenssumme, so dass es sinnvoll erscheint, die Anzahl der Feuerwehrautos in Freiburg zu senken.

2. *Je größer eine Person, desto höher ihr Gehalt!*
   In einer Studie über alle Altergruppen hinweg konnte belegt werden, das kleine Menschen ein geringeres Gehalt bekommen als große Menschen. Somit wurde "statistisch" belegt, das nicht die Ausbildung, die Intelligenz oder der Fleiß einer Person sein Gehalt beeinflusst, sondern lediglich seine Körpergröße. Gerade in der Altersgruppe der 10- bis 20-Jährigen, beziehungsweise noch extremer

in der Gruppe der Personen unter 10 Jahren, wurde mit Entsetzen festgestellt, dass das Einkommen oft unter dem Existenzminimum liegt[3].

Dem Leser ist vermutlich klar geworden, dass die Schlussfolgerungen aus diesen Beispielstudien unsinnig sind. Im ersten Beispiel ist eine Kausalität mit ein wenig Logik zwar zu finden, aber sie geht vermutlich in die andere Richtung. Bei einer auf einem Baum festsitzenden Katze wird die Feuerwehr wohl kaum mit fünf Löschzügen ausrücken, während sie bei einem Großbrand sicherlich alle Fahrzeuge zum Einsatz bringen wird, damit der sicherlich große Schaden nicht noch größer wird. Allerdings kann die Kausalität nur aufgrund logischer Überlegungen abgeleitet werden, nicht allein durch die Berechnung eines Korrelationskoeffizienten.

Die Kausalität könnte durch folgendes Experiment geprüft werden: Ein Forscher führt eine Beobachtung in der Telefonzentrale der Freiburger Feuerwache durch. Bei den Anrufen werden zunächst die verschieden schweren Einsätze, von der Katze auf dem Baum bis zum Großbrand im Industriegebiet, und anschiessend die Stärke der zum Einsatz befohlenen Feuerwehr notiert. Da hier die zeitliche Reihenfolge, zuerst der Anruf aufgrund eines Brandes und dann der Einsatzbefehl (Umfang) erhoben werden, ist Kausalität ableitbar.

Im zweiten Beispiel ist einerseits die Einbeziehung von Kindern in eine Gehaltsstatistik nicht sinnvoll, da diese im Allgemeinen kein Gehalt beziehen, während andererseits leider immer noch Frauen, welche meist etwas kleiner als die Männer sind, schlechter bezahlt werden. Dies ist einerseits bei ähnlicher Arbeitsstelle der Fall, während andererseits "typische" Frauenberufe oft schlechter bezahlt werden als "typische" Männerberufe.

In diesen Beispielen erscheint es einfach, mögliche und unmögliche Kausalbeziehungen zwischen zwei Variablen zu finden. Trotzdem wird immer wieder eine Kausalität unterstellt, wenn diese dem eigenen Weltbild entspricht. Diesen "Wahrnehmungsfilter" haben auch Wissenschaftler, und so findet man auch in der wissenschaftlichen Literatur Beispiele für scheinbar "logische und klare" aber dennoch unzulässiger Kausalschlüsse (Beck-Bornholdt & Dubben, 2001):

1. *Eine lange Verweildauer im Krankenhaus ist schädlich!*
   Je länger eine Person im Krankenhaus ist, desto kränker wird sie. Einer langen Aufenthaltsdauer folgt immer eine schwere Erkrankung. Deshalb sollten die Ärzte immer darauf achten, dass die Patienten möglichst schnell behandelt und möglichst schnell entlassen werden. Nach dem Einsetzen eines künstlichen Hüftgelenks sollte beispielsweise im Idealfall sofort nach der Operation, am besten am Operationstag mit der Krankengymnastik und den ersten Gehversuchen begonnen werden. Richtig ist aber eher, dass eine schwere Erkrankung eine längere Behandlung erfordert und die Patienten deshalb länger in der Klinik sind. Somit ist die Schwere der Erkrankung die Ursache für den langen Krankenhausaufenthalt. Andererseits ist zu bedenken, dass im Krankenhaus die

---

[3]In diesen Altersgruppen liegt das Einkommen meist nur bei einem oft viel zu niedrig bemessenen Taschengeld, welches die von Armut geprägten Kinder nur mit Arbeiten im Form von Rasenmähen und ähnlichem aufbessern können.

Infektionsgefahr sehr hoch ist, so dass die Gefahr von Erkrankungen als Folge eines Krankenhausaufenthaltes besteht.

2. *Eine Strahlentherapie sollte in einem möglichst kurzen Behandlungszeitraum verabreicht werden!*
Je mehr Behandlungsintervalle eine Strahlentherapie zur Krebsbekämpfung aufweist, desto schlechter ist die Prognose. Patienten, die nur wenige Male bei der Strahlentherapie waren, haben eine viel höhere Überlebenschance als Personen, die sehr oft bestrahlt werden. Deshalb sollte eine Strahlentherapie möglichst einmalig in sehr hoher Dosis erfolgen. In der Praxis wird bei fortgeschrittener Krebserkrankung meist eine höhere Gesamtdosis in kleineren Portionen gegeben. Patienten mit einem positiven Krankheitsverlauf benötigen jedoch meist nur eine geringere Strahlendosis, die an wenigen Terminen erfolgen kann. Bei Neubildungen nach erster Behandlung wird der Krebs wieder mit einer Strahlentherapie bekämpft. Somit ist die fortgeschrittene Krebserkrankung möglicherweise die Ursache für die längere Dauer der Strahlentherapie und nicht umgekehrt.

Bei möglichen Wirkrichtungen zweier Variablen A und B wurden schon zu Beginn dieses Kapitels angesprochen.

10.4 Determinationskoeffizient

Frage: Wieviel Varianz kann mit einer Korrelation von $r_{xy} = .50$ aufgeklärt werden? Doppelt soviel wie mit $r_{xy} = .25$? Wie können Korrelationskoeffizienten miteinander verglichen werden?

Lösung: Der Determinationskoeffizient als Maßzahl für die Stärke eines Zusammenhanges erlaubt einen Vergleich von Korrelationskoeffizienten.

> **Definition:** Der Determinationskoeffizient r_{xy}^2 ist der quadrierte Korrelationskoeffizient r_{xy}. Er beschreibt den Anteil der gemeinsamen Varianz beider Merkmal an der Gesamtvarianz von 1.

Anmerkung: Man kann diese gemeinsame Varianz auch als Varianz des Merkmals X, die durch das Merkmal Y "erklärt" werden kann, betrachten. Diese Eigenschaft der Korrelation spielt im Kapitel 12 (Seite 229) zur Regression eine wichtige Rolle. Die nebenstehende Grafik verdeutlicht den Determinationskoeffizienten. Die überlappende Fläche im Venn-Diagramm beschreibt über die Relation zur Gesamtfläche die Größe des Zusammenhanges.

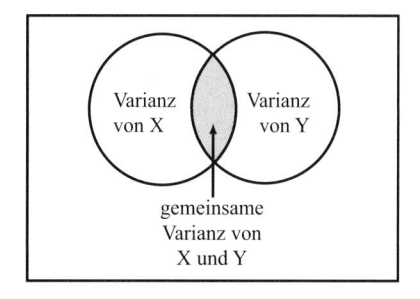

Abbildung 10.9: Determinationskoeffizient im Venn-Diagramm

Ein Korrelationskoeffizient von $r_{xy} = .50$ erklärt also nur von 25% ($r_{xy}^2 = .25$) von der Gesamtvarianz beider Variablen. Ein Korrelationskoeffizient von $r_{xy} = .10$ beschreibt nur eine gemeinsame Varianz von 1%. Das Verhältnis beider Korrelationskoeffizienten ist zwar 5 zu 1, das Verhältnis der jeweils erklärten Varianzanteile aber 25 zu 1. Auch kann der Korrelationskoeffizienten nicht als intervallskaliertes Maß gelten, sondern nur als ordninalskaliertes Maß. Es sind nur Aussagen wie "größer als" und "kleiner als" möglich. Die Differenz von $r_{xy} = .70$ zu $r_{xy} = .90$ ist jedoch weitaus bedeutsamer als der Sprung von $r_{xy} = .10$ zu $r_{xy} = .30$, obwohl der Differenzwert jeweils bei .20 liegt.

Bei der Interpretation von Zusammenhänge muss berücksichtigt werden, dass auch kleine Korrelationskoeffizienten eine hohe praktische Relevanz haben können. Der Begriff **erklärte Varianz** ist auch bei der Varianzanalyse (Kapitel 14.6, Seite 291) von entscheidender Bedeutung. Für die Herleitung des Determinationskoeffizienten werden die Grundlagen der Regressionsanalyse vorausgesetzt. Deshalb wird er erst im Kapitel 12.3 (Seite 237) hergeleitet.

10.5 Mittelwerte von Korrelationen

Frage: In verschiedenen Untersuchungen wurden in mehreren gleich großen Schulklassen der Zusammenhang zwischen der Anzahl wöchentlicher Stunden vor dem Fernseher und schulischer Leistung berechnet. Da sich diese Korrelationskoeffizienten unterscheiden, soll eine mittlere Korrelation zur besseren Schätzung der Populationskorrelation ermittelt werden.

Wie im vorherigen Abschnitt dargelegt, sind Korrelationskoeffizienten nicht intervallskaliert. Sie müssen vor der Bildung des arithmetischen Mittels normalisiert werden.

Lösung: Über den 'Umweg' der **Fishers Z-Transformation** wird r asymptotisch normalisiert, das heißt, die schiefe Verteilung der Korrelationen wird durch eine Abbildung von $r \in (-1, +1)$ nach $Z \in (-\infty, +\infty)$ in eine Normalverteilung überführt.

> **Definition:** Fishers Z wird ermittelt über:
>
> $$Z = \frac{1}{2} \cdot \ln\left(\frac{1+r}{1-r}\right) \qquad (10.20)$$
>
> mit
> r: Korrelationskoeffizienten
> ln: logarithmus naturalis (Logarithmus mit der eulerschen Zahl e = 2,718 als Basis)

Die Transformation sorgt dafür, dass bei einer Mittelwertsberechnung hohe Korrelationen stärker und niedrige Korrelationen schwächer berücksichtigt werden. Zur einfachen Bestimmung eines Z-Wertes befindet sich die Tabelle B.44 (Seite 466) im Anhang.

10.5 Mittelwerte von Korrelationen

Wichtig: Fishers Z-Transformation ist nicht mit der z-Transformation zur Berechnung eines Prozentrangs (Kapitel 3.6, Seite 57) oder mit dem z-Test (Kapitel 8.2, Seite 144) zu verwechseln. Die z-Transformation transformiert eine Normalverteilung in eine Standardnormalverteilung mit einem Mittelwert von 0 und einer Standardabweichung von 1, während der z-Test zum Vergleich eines Stichprobenparamters mit einem Populationsparameter dient.

Bei der Berechnung einer mittleren Korrelationen ist folgendermaßen vorzugehen:

1. Z-Transformation der Korrelationskoeffizienten
2. Berechnung des arithmetischen Mittels der Z-Werte
3. Rücktransformation dieses Wertes

Wichtig: Bei ungleichen Stichprobenumfängen sind die Korrelationen zu gewichten. Dies geschieht über die folgende Gleichung, wobei sich die Gewichtung anhand des approximierten Standardfehlers herleiten läßt:

$$\bar{Z} = \frac{\sum_{j=1}^{k}(n_j - 3) \cdot Z_j}{\sum_{j=1}^{k}(n_j - 3)} \tag{10.21}$$

Beispiel: In zwei gleich großen Stichproben wurde der Zusammenhang zwischen dem IQ der Eltern und dem der Kinder berechnet. Dabei ergab sich in der ersten Stichprobe eine Korrelation von $r_1 = .4$ und in der zweiten Stichprobe eine Korrelation von $r_2 = .7$. Wie lautet der Mittelwert dieser Korrelationskoeffizienten?

Berechnung:

1. Fishers Z - Transformation beider Korrelationskoeffizienten per Berechnung oder einfacher über Tabelle B.44 (Seite 466):
   $Z_1 = 0{,}424; \quad Z_2 = 0{,}867$

2. Berechnung des Mittelwerts beider Z-Werte:
   $\bar{Z} = \frac{0{,}424 + 0{,}867}{2} = 0{,}6455$

3. Rücktransformation des Z-Wertes über Tabelle:
   $\bar{r} \approx .57$

Der über Fishers-Z-Transformation berechnete Korrelationskoeffizient ist mit .57 größer als der "einfache" Mittelwert der beiden Korrelationskoeffizienten von $\frac{.4+.7}{2} = .55$. Dies ist mit der stärkeren Gewichtung der höheren Korrelation von .7 bei der Z-Transformation begründbar.

Manche Autoren halten Fishers-Z-Transformation bei der Mittelung von Korrelationen für unnötig wie beispielsweise Bortz und Döring (1995). Ein Vergleich der beiden Berechnungsformen zeigt jedoch, dass sich gerade bei größeren beziehungsweise sehr unterschiedlichen Korrelationen immer eine Fishers-Z-Transformation empfiehlt, da die wahre mittlere Korrelation sonst unterschätzt wird.

10.6 Signifikanztest für Korrelationskoeffizienten

Frage: Ab welchem Betrag kann ein Korrelationskoeffizient als statistisch signifikant betrachtet werden?

Lösung: Mittels eines t-Tests kann die Signifikanz eines Korrelationskoeffizienten überprüft werden. Hierzu muss zuvor die Populationskorrelation festgelegt werden, welche als Vergleichsbasis in die Signifikanzprüfung eingeht. Es wird unterschieden, ob eine Populationskorrelation von $\rho = 0$ oder eine Populationskorrelation von $\rho \neq 0$ zugrundegelegt wird. Zunächst wird die üblichere Signifikanzprüfung bei der Annahme $\rho = 0$ vorgestellt.

Signifikanztest für $\rho = 0$

Frage: Unterscheidet sich eine Stichprobenkorrelation $r \neq 0$ signifikant von einer Populationskorrelation $\rho = 0$?

Lösung: Signifikanzprüfung über den t-Tests, da sich Korrelationen (zumindest theoretisch) aus unendlich vielen Stichproben annähernd normal um Null verteilen.

> **Definition:** Ob eine Korrelation sich signifikant von $\rho = 0$ unterscheidet oder nicht, wird über den folgenden t-Test berechnet:
>
> $$t_{N-2} = \frac{r \cdot \sqrt{N-2}}{\sqrt{1-r^2}} \tag{10.22}$$
>
> mit
> r als Korrelationskoeffizienten
> N als Stichprobengröße

Anmerkung: Hohe Korrelationskoeffizienten werden schon bei einer relativ kleinen Stichprobe bedeutsam, niedrige Korrelationskoeffizienten erst bei großer Stichprobe. Deshalb sollte bei großen Stichproben und niedrigen Korrelationskoeffizienten auch die praktische Relevanz berücksichtigt werden (siehe auch Kapitel 21, Seite 397). Der t-Test wurde in Kapitel 8.1 (Seite 143) vorgestellt.

Signifikanztest bei $\rho \neq 0$

Frage: Die Populationskorrelation ρ ist ungleich 0. Für inferenzstatistische Prüfungen werden r ($\neq 0$) und ρ ($\neq 0$) verglichen. Es ergibt sich aber für $\rho > 0$ eine rechtssteile Stichprobenkennwerteverteilung und für $\rho < 0$ eine linkssteile Verteilungen der Korrelationskoeffizienten.

Lösung: Zunächst wird die Korrelation durch Fishers Z-Transformation (Tabelle B.44, Seite 466) adjustiert. Anschließend prüft man über einen z-Test auf Signifikanz.

10.6 Signifikanztest für Korrelationskoeffizienten

Definition: Der z-Test zur Signifikanzprüfungen bei Korrelationen $\rho \neq 0$ lautet:

$$z = \frac{Z - \mu_z}{\sigma_z} \quad (10.23)$$

mit

$$\sigma_z = \sqrt{\frac{1}{N-3}} \quad (10.24)$$

und

$$\mu_z = \frac{1}{2} \ln\left(\frac{1+\rho}{1-\rho}\right) \quad (10.25)$$

mit
Z als nach Fisher transformierten Korrelationskoeffizienten
N als Stichprobengröße
ρ als Populationskorrelation

Ist der Betrag des berechneten z-Werts größer als der kritische z-Wert von 1,96 (α = .05), weicht die Stichprobenkorrelation r signifikant von ρ ab.

Beispiel: Es sei ein Populationszusammenhang zwischen dem Körpergewicht der Eltern und dem Körpergewicht der Kinder mit $\rho = .5$ gegeben. In einer Stichprobe von N = 20 Patientinnen liegt dieser Zusammenhang bei r = .2. Unterscheidet sich dieser Wert signifikant von der Populationskorrelation?

Lösung:

1. Berechnung von σ_z:

$$\sigma_z = \sqrt{\frac{1}{N-3}} \quad (10.26)$$

$$= \sqrt{\frac{1}{20-3}} \quad (10.27)$$

$$= \sqrt{\frac{1}{17}} \quad (10.28)$$

$$= 0{,}2425 \quad (10.29)$$

2. Berechnung von μ_z und Z, beziehungsweise Anwendung der Fishers Z-Werte-Tabelle:

$$\mu_z = 0{,}549 \quad (10.30)$$
$$Z = 0{,}203 \quad (10.31)$$

3. Berechnung des z-Wertes

$$z = \frac{Z - \mu_z}{\sigma_z} \tag{10.32}$$

$$= \frac{0{,}203 - 0{,}549}{0{,}2425} \tag{10.33}$$

$$= -1{,}4268 \tag{10.34}$$

Der berechnete z-Wert liegt noch innerhalb des Intervalls $\pm 1{,}96$. Es kann kein signifikanter Unterschied zwischen den beiden Korrelationen belegt werden.

10.7 Gleichheit von zwei Korrelationen

Frage: Wie können zwei Stichprobenkorrelationen auf Signifikanz getestet werden?

Lösung: Über den z-Test für Z-transformierte Korrelationskoeffizienten erfolgt die Signifikanzprüfung.

Definition: Der z-Test für nach Fishers-Z-transformierte Korrelationen ist:

$$z = \frac{Z_1 - Z_2}{\sigma_{(Z_1 - Z_2)}} \tag{10.35}$$

mit

$$\sigma_{(Z_1 - Z_2)} = \sqrt{\frac{1}{n_1 - 3} + \frac{1}{n_2 - 3}} \tag{10.36}$$

mit
Z_1, Z_2 : Z-transformierte Korrelationen r_1 und r_2
n_1, n_2 : Größe der jeweiligen Stichproben

Anmerkung: Bei kleinen Stichproben (kleiner 30) sollte bevorzugt der t-Test verwendet werden.

Beispiel: In einem bayerischen Alpendorf wurde in einer Stichprobe von $n_1 = 39$ ein Zusammenhang von $r_1 = .6$ zwischen der Intelligenz der Eltern und ihrer Kinder gefunden. In Hamburg konnte allerdings an einer Stichprobe von $n_2 = 48$ nur ein Korrelationskoeffizient von $r_2 = .5$ ermittelt werden. Unterscheiden sich die beiden Korrelationskoeffizienten aus Hamburg und Bayern signifikant?

Berechnung:

1. Fishers Z-Transformation der Korrelationen:

$$Z_1 = 0{,}693 \tag{10.37}$$

$$Z_2 = 0{,}549 \tag{10.38}$$

2. Berechnung von $\sigma_{(Z_1-Z_2)}$:

$$\sigma_{(Z_1-Z_2)} = \sqrt{\frac{1}{n_1 - 3} + \frac{1}{n_2 - 3}} \tag{10.39}$$

$$= \sqrt{\frac{1}{39 - 3} + \frac{1}{48 - 3}} \tag{10.40}$$

$$= \sqrt{0,05} \approx 0,2236 \tag{10.41}$$

3. Berechnung des z-Wertes:

$$z = \frac{Z_1 - Z_2}{\sigma_{(Z_1-Z_2)}} \tag{10.42}$$

$$= \frac{0,693 - 0,549}{0,2236} \tag{10.43}$$

$$= 0,644 \tag{10.44}$$

Der berechnete z-Wert liegt unter dem kritischen z-Wert von 1,96, somit kann kein signifikanter Unterschied zwischen den beiden Korrelationskoeffizienten belegt werden.

10.8 Zusammenfassung

Kovarianz und **Korrelation** sind zwei Maße, die den Zusammenhang zwischen den Werten zweier Variablen beschreiben. Die Korrelation ist die an den Standardabweichungen der beiden Variablen normierte Kovarianz. Alleinig aus Korrelationen (r_{xy}) und Kovarianzen (cov_{xy}) darf keine kausale Interpretation der Zusammenhänge erfolgen.

Das Vorzeichen des Korrelationskoeffizienten bestimmt, ob ein positiver oder ein negativer Zusammenhang zwischen zwei Variablen existiert. Der quadrierte Korrelationskoeffizient beschreibt als **Determinationskoeffizient** den gemeinsamen Anteil beider Variablen an der Gesamtvarianz.

Korrelationskoeffizienten sind nicht intervallskaliert und nicht normalverteilt. Deshalb müssen Korrelationskoeffizienten zur Mittelwertsberechnung oder inferenzstatistischen Prüfung einer **Fishers-Z-Transformation** unterzogen werden.

10.9 Aufgaben

1. Ein Wissenschaftler hat festgestellt, dass über die letzten vierzig Jahre hinweg eine hohe positive Korrelation zwischen der Anzahl jährlicher Geburten pro 100.000 Einwohner und der Anzahl im gleichen Jahr brütenden Weißstorchpaare bestand. Auf Grund dieser Korrelation geht er davon aus, dass doch der Klapperstorch die Kinder bringt. Wie widersprechen Sie dieser Theorie?

2. Gegeben seien folgende Daten von 10 Versuchspersonen:

Tabelle 10.1: Daten der Stichprobe

Vpn.-Nr.	X	Y	Vpn.-Nr.	X	Y
1	2	10	6	2	10
2	5	8	7	6	12
3	7	13	8	7	9
4	8	9	9	5	12
5	4	8	10	4	9

Berechnen Sie den Korrelationskoeffizienten r.

3. Wie verhalten sich Kovarianz und Korrelation zueinander?

4. Gegeben seien $r = .5, s_x = 3.2$ und $cov_{xy} = 4$. Wie groß ist s_y?

5. Wie ist die algebraische Definition des Varianzadditionssatzes?

6. Was versteht man unter Kovarianz?

7. Welche minimalen und maximalen Werte können der Korrelationskoeffizient und die Kovarianz annehmen?

8. Gegeben seien die folgenden Daten:

Tabelle 10.2: Ergebnisse zweier Tests

Vpn	A	B	C	D	E	F	G	H	I
Konzentrationsleistung	7	6	8	3	2	9	8	5	6
Gedächtnisleistung	14	13	17	10	9	12	11	10	12

Wie groß ist die durch diese Stichprobe geschätzte Korrelation und die Kovarianz der beiden Variablen?

9. Ist der Korrelationskoeffizient ein beschreibendes oder ein erklärendes Zusammenhangsmaß? Worin besteht der Unterschied zwischen beschreibenden und erklärenden Maßen?

10. Was versteht man unter einer z-Transformation? Wie wird sie durchgeführt?

11. In drei verschiedenen Stichproben (jeweils N = 20) wurden die folgenden Korrelationen zwischen Alter und verbaler Intelligenz ermittelt: $r_1 = .1, r_2 = .9$ und $r_3 = .5$. Das arithmetische Mittel dieser Werte ist eine mittlere Korrelation von r=.5. Welcher Fehler bei der Bestimmung der mittleren Korrelation wurde hier begangen und wie kann eine Korrektur erfolgen?

12. Welche Aussagen über Fishers Z-Werte treffen zu?

    a) Fishers Z-Werte sind ordinalskaliert.
    b) Fishers Z-Werte werden berechnet über: $z = \frac{x_i - \bar{X}}{s_x}$
    c) Fishers Z-Transformation ist bei der Signifikanzprüfung der Unterschiede zwischen zwei Korrelationen zu verwenden.
    d) Fishers Z-Werte haben immer einen Mittelwert von 0 und eine Streuung von 1.

11 Weitere Korrelationskoeffizienten

Schlagworte
- Produkt-Moment-Korrelation
- Spearmans Rangkorrelation
- Kendalls τ
- punktbiseriale Korrelation
- biseriale Korrelation
- biseriale Rangkorrelation
- Punkttetrachorische Korrelation (φ-Koeffizient)
- tetrachorische Korrelation
- polychorische Korrelation
- Odds Ratio
- Yules Y
- ν-Koeffizient
- Kontingenzkoeffizient CC
- Cramérs Index

11.1 Überblick zu den Korrelationskoeffizienten

Im vorherigen Kapitel wurde die Produkt-Moment-Korrelation als Maß für den Zusammenhang zwischen zwei Variablen vorgestellt. Dieser Koeffizient setzt Intervallskalenniveau, bivariate Normalverteilung, einen linearen Zusammenhang und Homoskedastizität voraus.

Problem: Wie wird der Zusammenhang zwischen zwei Variablen berechnet, wenn die Voraussetzungen für die Produkt-Moment-Korrelation nicht gegeben sind? Dies ist zum Beispiel der Fall, wenn ein Merkmal nicht auf Intervallskalenniveau erhoben werden kann, wie beispielsweise das Merkmal "Wohnort" oder "Bundesland". Ein anderer, vermeidbarer Grund ist eine schlecht konstruierte Messvorschrift, welche zu einem niedrigen Skalenniveua führt. Die Messung der didaktischen Qualität eines Seminars nur über die Kategorien "gut" und "schlecht" unterscheidet sich von der Messung der Qualität auf einer zehnstufigen Likert-Skala. Zudem beeinflussen auch Ausreißer oder asymmetrische Verteilungsformen die Wahl des angemessenen Korrelationskoeffizienten. Die gegebenen Voraussetzungen und das Skalenniveau beeinflussen die Entscheidung für ein spezielles Korrelationsmaß.

Lösung: Je nach Skalenniveau, Voraussetzung und Intention des Korrelationsmaßes stehen unterschiedliche Korrelationskoeffizienten zur Verfügung, die im folgenden erläutert werden. Zuerst soll jedoch eine Übersicht gegeben werden.

Tabelle 11.1: Ein Überblick zu den Korrelationskoeffizienten in Abhängigkeit vom Skalenniveau beider Variablen

		intervall-skaliert	ordinal-skaliert	nominalskaliert dichotom künstlich	nominalskaliert dichotom natürlich	nominalskaliert polytom
intervallskaliert		Produkt-Moment-Korrelation (10.3)	Spearmans Rangkorrelation[A] (11.2) Kendalls τ (11.3) polychorische Korrelation (11.9)	punktbiseriale Korrelation[A] (11.4) biseriale[S] Korrelation (11.5)	punktbiseriale Korrelation[A] (11.4)	Eta-Koeffizient (η, 14.6)
ordinalskaliert			Spearmans Rangkorrelation[A] (11.2) Kendalls τ (11.3) polychorische Korrelation (11.9)	biseriale Rangkorrelation[S] (11.6) polychorische Korrelation (11.9)	biseriale Rangkorrelation[S] (11.6)	Cramérs Index (11.13)
dichotom	künstlich			punkttetrachorische Korrelation[A] (φ-Koeffizient, 11.7) tetrachorische[S] Korrelation (11.8)	punkttetrachorische Korrelation[A] (φ-Koeffizient, 11.7) ν-Koeffizient (11.11)	Cramérs Index (11.13)
dichotom	natürlich				punkttetrachorische Korrelation[A] (φ-Koeffizient, 11.7) Yules Y (11.10)	Cramérs Index (11.13)
polytom						Cramérs Index (11.13) Kontingenzkoeffizient CC (11.12)

Anmerkung: Die grau unterlegten Koeffizienten dienen zur Berechnung von latenten Zusammenhängen. Der Begriff latent wird im folgenden definiert.
[A] Ableitung aus der Produkt-Moment-Korrelation
[S] Schätzung der Produkt-Moment-Korrelation

Die Tabelle 11.1 wurde aus Wirtz und Nachtigall (2002) übernommen und erweitert. Die Angaben hinter den Koeffizienten beziehen sich auf die jeweiligen Ausführungen in den Abschnitten dieses Buchs. Auf die Darstellung der Produkt-Moment-

Korrelation wird hier mit einem Hinweis auf Kapitel 10.3 (Seite 189) verzichtet. Kann ein Korrelationskoeffizient direkt aus der Produkt-Moment-Korrelation abgeleitet werden, handelt es sich um eine präzisere Bestimmung als bei Koeffizienten, die lediglich eine Schätzung des Koeffizienten erlauben.

Im Laufe dieses Kapitels werden diese Koeffizienten nacheinander vorgestellt. Zuvor werden jedoch kurz einige grundlegende Begriffe erläutert. Zunächst wird zwischen manifesten und latenten Merkmalen differenziert.

> **Definition:** Manifeste Merkmale sind direkt beobachtbar und messbar.

Beispiel: Werte wie Blutdruck, Körpergröße oder Geschlecht sind direkt messbare Merkmale.

> **Definition:** Latente Merkmale sind nicht direkt messbar, sie können lediglich indirekt über assoziierte manifeste Merkmale gemessen werden. Somit wird immer anhand eines manifesten Merkmals auf ein latentes Merkmal geschlossen.

Beispiel: Viele psychologisch interessante Merkmale sind als latent zu bezeichnen. Das Konstrukt "Angst" ist beispielsweise nicht direkt messbar und wird über mehrere manifeste Merkmale operationalisiert. So kann Angst über physiologische Werte, Befragung und Beobachtung erfasset werden, wobei über diese manifesten Merkmale dann die Ausprägung des latenten Merkmals "Angst" geschätzt wird.

Korrelationskoeffizienten für latente Merkmale werden auch eingesetzt, wenn aufgrund einer schlechten Operationalisierung der Messung das Spektrum der Variablen nur teilweise erfasst hat. Würden beispielsweise Studierende nach ihrem Lernaufwand für Statistik pro Woche befragt werden und nur die Antwortmöglichkeiten "viel - wenig - kein" erlauben sein, liegt dieser Messung ein latent intervallskaliertes Merkmal zugrunde.

Ein weiteres Kriterium zur Auswahl eines Korrelationskoeffizienten bei nominalskalierten Variablen ist die Unterscheidung zwischen künstlich und natürlich dichotomen Variablen.

> **Definition:** Die Bildung zweier Variablenausprägungen durch die Aufteilung (splitting) eines intervall- oder ordinalskalierten Merkmals in Kategorien beispielsweise in Werte über und unter dem Median wird als **künstliche Dichotomisierung** bezeichnet.
> Liegen die Eigenschaften der Variablenausprägung des Merkmals ursprünglich in zwei Ausprägungen vor, wird dies **natürlich dichotom** genannt.

Beispiele: Wird bei einem Rechtschreibtest mit 60 möglichen Punkten zwischen den guten Tests mit mehr als 40 Punkten und den schlechten Tests mit bis zu 40 Punkten unterschieden, so ist dies eine künstliche Dichotomisierung. Im Gegensatz dazu ist die Variable Geschlechtszugehörigkeit natürlich dichotom, da das zugrundeliegende Merkmal nur diese beiden Ausprägungen annehmen kann.

11.2 Spearmans Rangkorrelation

Voraussetzungen: Spearmans Rangkorrelation wird unter folgenden Bedingungen zur Bestimmung der Größe eines Zusammenhangs zweier Variablen eingesetzt:

1. Die beiden manifesten Variablen x und y liegen in Form einer Rangreihe vor. Hat eine Variable Ordinalskalenniveau und ist die zweite Variable intervallskaliert, dann wird die intervallskalierte Variable in eine Rangreihe, auf Ordinalskalenniveau, transformiert.

2. Wenn bei kleinen Stichprobegrößen ($N < 20$) und intervallskalierten Variablen die Voraussetzung der Normalverteilung nicht gegeben ist.

3. Liegen multimodale oder asymmetrische Verteilungen vor, wie beispielsweise bei einer intervallskalierten Variablen mit einer schiefen Verteilung oder mit Ausreißern, sind die intervallskalierten Rohdaten in Rangreihen zu transformieren und dann Spearmans Rangkorrelation zu berechnen.

Spearmans Rangkorrelation sollte unter den folgenden Bedingungen **nicht** bestimmt werden:

1. Spearmans Rangkorrelation reagiert sehr sensitiv gegenüber Verbundrängen (Rangbindungen). Als alternatives Verfahren steht Kendalls τ (sprich Tau) zu Verfügung (Abschnitt 11.3, Seite 209). Verbundränge liegen vor, wenn Rangplätze von mehreren Individuen gleichzeitig besetzt sind.

2. Beim Vorliegen von Ausreißer in den Rangwerten, empfiehlt sich die Berechnung von Kendalls τ oder die Transformation der ursprünglichen Rangreihe zu einer neuen Rangreihe ohne Ausreißer. Ausreißer oder Extremwerte unter den Rangplätzen entstehen durch große "Lücken" in den Rangreihen.

Die Formel für Spearmans Rangkorrelation leitet sich direkt aus der Produkt-Moment-Korrelation ab. Auch ergeben sich bei einer mittlerer Stichprobengröße ($N > 50$) nur in zweiter oder dritter Dezimalstelle abweichende Ergebnisse im Vergleich zum Produkt-Moment-Korrelationskoeffizienten. Spearmans Rangkorrelation wird lediglich mit den Rangwerten beider Variablen bestimmt, was zu einer Vereinfachung der Formel für die Produkt-Moment-Korrelation führt.

Definition: Über die Differenzen der Ränge $d_i = Rang_{xi} - Rang_{yi}$ wird die Rangkorrelation bestimmt:

$$r_s = 1 - \frac{6 \cdot \sum_{i=1}^{N} d_i^2}{N \cdot (N^2 - 1)} \qquad (11.1)$$

mit
N: Anzahl der Versuchspersonen

11.2 Spearmans Rangkorrelation

Signifikanztest: Die Signifikanzprüfung wird über den F-Test durchgeführt:

$$F = \frac{r_s^2}{\frac{1-r_s^2}{N-2}} \qquad (11.2)$$

mit

$$df_{\text{Zähler}} = 1 \qquad (11.3)$$

und

$$df_{\text{Nenner}} = N - 2 \qquad (11.4)$$

Analog dazu ist auch eine Überprüfung mit dem t-Test möglich:

$$t = \frac{r_s}{\sqrt{\frac{1-r_s^2}{N-2}}} \qquad (11.5)$$

mit

$$df = N - 2 \qquad (11.6)$$

Beispiel: Gegeben sei die Rangreihe von N = 10 Versuchspersonen in zwei verschiedenen Testverfahren.

Tabelle 11.2: Beispiel zur Berechnung von Spearmans Rangkorrelation, Teil 1

Vpn-Nr.	Test 1	Test 2
1	2	4
2	3	5
3	1	2
4	6	8
5	7	6
6	10	9
7	4	1
8	5	3
9	9	7
10	8	10

Zunächst werden die Rangdifferenzen versuchspersonenweise zwischen beiden Testverfahren berechnet. Nachfolgend werden diese quadriert und anschließend die Summe der Quadrate berechnet.

Tabelle 11.3: Beispiel zur Berechnung von Spearmans Rangkorrelation, Teil 2

Vpn-Nr.	Test 1	Test 2	d_i	d_i^2
1	2	4	-2	4
2	3	5	-2	4
3	1	2	1	1
4	6	8	-2	4
5	7	6	1	1
6	10	9	1	1
7	4	1	3	9
8	5	3	2	4
9	9	7	2	4
10	8	10	-2	4
				$\sum d_i = 36$

Über die Summe der quadrierten Abweichungen erfolgt dann die Berechnung von Spearmans Rangkorrelationskoeffizienten.

$$r_s = 1 - \frac{6 \cdot \sum_{i=1}^{N} d_i^2}{N \cdot (N^2 - 1)} \tag{11.7}$$

$$= 1 - \frac{6 \cdot 36}{10 \cdot (10^2 - 1)} \tag{11.8}$$

$$= 1 - \frac{216}{990} \tag{11.9}$$

$$= 1 - 0{,}2\overline{18} \tag{11.10}$$

$$= 0{,}7\overline{81} \tag{11.11}$$

Der Signifikanztest erfolgt über einen t-Test:

$$t_{N-2} = \frac{r_s}{\sqrt{\frac{1-r_s^2}{N-2}}} \quad \text{mit} \quad df = N - 2 \tag{11.12}$$

$$t_8 = \frac{0{,}7\overline{81}}{\sqrt{\frac{1-0{,}7\overline{81}^2}{10-2}}} \tag{11.13}$$

$$= \frac{0{,}7\overline{81}}{\sqrt{0{,}0486}} \tag{11.14}$$

$$= 3{,}5466 \tag{11.15}$$

Der beobachtete Wert liegt bei einem α-Niveau von 5% über dem kritischen t-Wert von 2,306 (zweiseitige Testung, siehe Tabelle B.7, Seite 439). Damit unterscheidet sich der Korrelationskoeffizient signifikant von der Nullhypothese ($\rho_s = 0$).

Anmerkung: Ergeben sich innerhalb einer oder beider Variablen Verbundränge, ist Spearmans Rangkorrelations in Abhängigkeit von der Anzahl und Länge der Rangbindungen zu adaptieren:

$$r_s = \frac{2 \cdot \left(\frac{N^3-N}{12}\right) - T - U - \sum_{i=1}^{N} d_i^2}{2 \cdot \sqrt{\left(\frac{N^3-N}{12} - T\right) \cdot \left(\frac{N^3-N}{12} - U\right)}} \tag{11.16}$$

mit

$$T = \sum_{i=1}^{b} \frac{t_i^3 - t_i}{12} \tag{11.17}$$

und

$$U = \sum_{i=1}^{c} \frac{u_i^3 - u_i}{12} \tag{11.18}$$

Wobei t die Länge der b Rangbindungen der ersten Variablen und u als Länge der c Rangbindungen der zweiten Variablen definiert.

11.3 Kendalls τ

Voraussetzung: Kendalls τ (sprich Tau) wird unter folgenden Bedingungen zur Berechnung eines Zusammenhangs zwischen zwei Variablen eingesetzt:

1. Bei mindestes einer der beiden ordinalskalierten Variablen liegen Ausreißerwerte vor.
2. Es gibt erhebliche Rangbindungen bei zwei ordinalskalierten Variablen.

Definition: Für die Berechnung von Kendalls τ gilt

$$\tau = \frac{S}{\frac{N \cdot (N-1)}{2}} \quad (11.19)$$

mit

$$S = P - I \quad (11.20)$$

mit
P: Anzahl der Proversionen eines Rangplatzes
I: Anzahl der Inversionen eines Rangplatzes
N: Anzahl der Rangwerte

Hierbei sind die Daten nach einem als "unabhängig" angenommen ersten Merkmal geordnet. Diese Rangreihe dient als sogenannte Ankerreihe, während die Rangreihe des zweiten, "abhängigen" Merkmals die Vergleichreihe darstellt.

Anmerkung: Zur Bestimmung von Proversionen und Inversionen werden alle möglichen Paare von Rängen miteinander verglichen. Nachdem die Daten nach den Rängen der Ankerreihe (erste Variable) aufsteigend sortiert wurden, wird jeder Rang der zweiten Rangreihe mit den folgenden Rangplätzen vergleichen. Eine Proversion liegt vor, wenn die folgenden Rangplätze einer aufsteigenden Ordnung entsprechen, eine Inversion ist gegeben, wenn die folgenden Rangplätze in absteigender Ordnung vorliegen.

Signifikanzprüfung: Kendalls τ wird bei N < 40 anhand Tabelle B.43 (Seite 465) auf Signifikanz getestet. Ist der berechnete S-Wert größer als der kritsche Tabellen-Wert, ist Kendalls τ einseitig signifikant. Bei zweiseitiger Testung sind die α-Werte zu verdoppeln.

Bei N > 40 erfolgt die Testung über einen z-Test:

$$z = \frac{S}{\sigma_S} \quad (11.21)$$

mit

$$\sigma_S = \sqrt{\frac{N \cdot (N-1) \cdot (2 \cdot N + 5)}{18}} \quad (11.22)$$

11 Weitere Korrelationskoeffizienten

Der berechnete z-Wert wird mit dem kritischen z-Wert in Tabelle B.8 bis B.9 (Seite 440 bis 441) verglichen.

Beispiel: Obwohl die Voraussetzungen der Spearman'schen Rangkorrelation erfüllt sind, sollen die Daten des vorherigen Abschnitts erneut als Beispiel dienen. Zunächst werden die Daten nach den Rangplätzen der ersten Rangreihe (Ankerreihe) geordnet.

Tabelle 11.4: Beispiel zur Berechnung von Kendalls τ, Teil 1

Vpn-Nr.	Test 1	Test 2
3	1	2
1	2	4
2	3	5
7	4	1
8	5	3
4	6	8
5	7	6
10	8	10
9	9	7
6	10	9

Für jeden Rang der dritten Spalte (Test 2) ist lediglich zu bestimmen, ob nachfolgende Rangplätze höher (Proversion) oder niedriger (Inversion) ausfallen. Ist diese Rangreihe mit der Ankerreihe (Spalte 2) identisch, entspricht dies einem perfekten Zusammenhang zwischen den beiden Variablen.

Tabelle 11.5: Beispiel zur Berechnung von Kendalls τ, Teil 1

Vpn-Nr.	Test 1	Test 2								
3	1	2								
1	2	4	+							
2	3	5	+	+						
7	4	1	−	−	−					
8	5	3	+	−	−	+				
4	6	8	+	+	+	+	+			
5	7	6	+	+	+	+	+	−		
10	8	10	+	+	+	+	+	+	+	
9	9	7	+	+	+	+	+	−	+	−
6	10	9	+	+	+	+	+	+	+	−	+

Proversionen werden mit einem Plus (+) und die Inversionen mit einem Minus (−) markiert. Dieses Vorgehen soll anhand der vierten Spalte der Tabelle beispielhaft erörtert werden. Zuerst wird die 2 als erster Rang der Vergleichsreihe mit dem zweiten Rang (4) verglichen. Da hier eine aufsteigende Rangreihe vorliegt, fällt der Vergleich positiv aus (Proversion, +). Dann wird der erste Rangplatz der Vergleichsreihe (2) mit dem dritten Rangplatz der Vergleichsreihe (5) verglichen, wobei ebenfalls eine Proversion (+) vorliegt. Der nächste Vergleich des ersten Rangplatzes (2) mit dem vierten Rangplatz (1) zeigt allerdings einen Verstoß gegen die aufsteigende Rangreihe (Inversion, −). Die übrigen Vergleiche innerhalb dieser Rangreihe (3,8,6,...) fallen sämtliche positiv aus.

Analog werden diese Vergleiche in den anderen Spalten durchgeführt. Anschließend werden die Summe der Proversionen (+) und die Summe der Inversionen (-) gebildet. Es ergeben sich hier 36 Proversionen und 9 Inversionen. Diese werden in die Formel für Kendall's τ eingesetzt:

$$S = P - I \tag{11.23}$$
$$= 36 - 9 \tag{11.24}$$
$$= 27 \tag{11.25}$$
$$\tau = \frac{S}{\frac{N \cdot (N-1)}{2}} \tag{11.26}$$
$$= \frac{27}{\frac{10 \cdot (10-1)}{2}} \tag{11.27}$$
$$= \frac{27}{45} \tag{11.28}$$
$$= 0{,}6 \tag{11.29}$$

Kendall's τ fällt in diesem Beispiel geringer aus als die Spearman'sche Rangkorrelation mit $r_s = 0{,}78\overline{1}$. Da in diesem Beispiel keine Ausreißerwerte vorliegen und keine Rangbindung gegeben ist, ist die Berechnung nach Spearman zu bevorzugen.

11.4 Punktbiseriale Korrelation

Voraussetzungen: Eine punktbiseriale Korrelation r_{pbis} wird unter folgenden Voraussetzungen berechnet:

1. Es soll der Zusammenhang zwischen einer intervallskalierten Variablen und einer nominalskalierten natürlich dichotomen Variablen berechnet werden. Natürlich dichotome Merkmale sind beispielsweise die Geschlechtszugehörigkeit.

2. Liegt eine künstlich dichotomisierte, ursprünglich normalverteilte Variable vor, ist zur Bestimmung des Zusammenhangs mit einer intervallskalierten Variablen ebenfalls eine punktbiseriale Korrelation heranzuziehen.

Bei einer latenten normalverteilten Variablen, die künstlich dichotomisiert worden ist, ist hingegen ein biseriale Korrelation (siehe Abschnitt 11.5, Seite 212) zu berechnen.

Definition:

$$r_{pbis} = \frac{\bar{y}_2 - \bar{y}_1}{s_{ges}} \cdot \sqrt{\frac{n_1}{N} \cdot \frac{n_2}{N}} \tag{11.30}$$

Mit
$\bar{y}_1, \bar{y}_2$: Mittelwerte der intervallskalierten Variablen innerhalb der beiden Gruppen
s_{ges}: Streuung der intervallskalierten Variablen in der Gesamtstichprobe
n_1, n_2: Anzahl der Personen in Gruppe 1 und 2
N: Stichprobenumfang

Signifikanztest: Die Signifikanzprüfung erfolgt über einen t-Test:

$$t = \frac{r_{pbis}}{\sqrt{\frac{1-r_{pbis}^2}{N-2}}} \tag{11.31}$$

mit

$$df = N - 2 \tag{11.32}$$

Beispiel: Korreliert die Punktzahl in der Statistik-Klausur mit dem Geschlecht der Kandidaten? Die Frauen ($n_1 = 69$) haben eine mittlere Punktzahl von $\bar{y}_1 = 22{,}45$ und die Männer ($n_2 = 16$) eine mittlere Punktzahl von $\bar{y}_2 = 20{,}58$ erreicht. In der Gesamtstrichprobe streuen die Testwerte mit $s_x = 4{,}3$. Es ergibt sich folgender Korrelationskoeffizient:

$$r_{pbis} = \frac{\bar{y}_2 - \bar{y}_1}{s_{ges}} \cdot \sqrt{\frac{n_1}{N} \cdot \frac{n_2}{N}} \tag{11.33}$$

$$= \frac{20{,}58 - 22{,}45}{4{,}3} \cdot \sqrt{\frac{69}{85} \cdot \frac{16}{85}} \tag{11.34}$$

$$= \frac{-1{,}87}{4{,}3} \cdot \sqrt{\frac{1104}{7225}} \tag{11.35}$$

$$= -0{,}43 \cdot 0{,}39 \tag{11.36}$$

$$= -0{,}17 \tag{11.37}$$

Der Zusammenhang zwischen Geschlechtszugehörigkeit und der Punktzahl in der Statistik-Klausur ist gering. Über die negative Korrelation wird belegt, dass die Männer (mit einer 2 kodiert), schlechter bei der Klausur abgeschnitten haben als die Frauen (hier mit einer 1 kodiert).

Anmerkung: Die punktbiseriale Korrelation kann direkt aus der Produkt-Moment-Korrelation ableitet werden.

11.5 Biseriale Korrelation

Voraussetzungen: Der biseriale Korrelationskoeffizient r_{bis} ist unter den folgenden Voraussetzungen zu wählen:

1. Es kann theoretisch begründet werden, dass ein latentes, intervallskaliertes und normalverteilte Merkmal über eine dichotome, manifeste Variable erfasst wurde. Beispielsweise ist die Erfassung des manifesten Merkmals "Zufriedenheit mit diesem Lehrbuch" (ja/nein) eine dichotome Erfassung des latenten, intervallskalierten Merkmals "Zufriedenheit".

2. Eine von zwei intervallskalierten normalverteilten Variablen wurde aus inhaltlichen Gründen künstlich dichotomisiert (gesplittet), bei beispielsweise das Merkmal Alter an der Rentenaltersgrenze.

> **Definition:**
>
> $$r_{bis} = \frac{\bar{y}_2 - \bar{y}_1}{s_{ges}} \cdot \frac{n_1}{N} \cdot \frac{n_2}{N} \cdot \frac{1}{\delta} \qquad (11.38)$$
>
> mit
> $\bar{y}_1, \bar{y}_2$: Mittelwerte der intervallskalierten Variablen in beiden Gruppen
> s_{ges}: Streuung der intervallskalierten Variablen in der Gesamtstichprobe
> n_1, n_2: Anzahl der Personen in beiden Gruppen
> N: Stichprobengröße
> δ: (sprich Delta) Ordinate der Normalverteilung an dem Punkt des dichotomen Splits (siehe Tabelle B.8 bis B.15, Seite 440 bis 447).

Signifikanztest: Die Signifikanzprüfung für den bivariaten Zusammenhang ist über einen t-Tests für zwei unabhängige Gruppen (siehe Kapitel 8, Seite 143) durchzuführen.

Beispiel: In einer Untersuchung Jugendlicher und junger Erwachsener zur Nutzung des Internets werden Angaben der Nutzungsdauer (in Minuten) pro Woche erhoben, wobei das Alter künstlich in die beiden Kategorien bis 18 Jahre und volljährig dichotomisiert wird. Bei 54 Personen unter 18 Jahren wird eine mittlere Internetnutzung von 223,8 Minuten festgestellt, während die volljährigen Personen ($n_2 = 31$) das Internet im Schnitt 247,9 Minuten nutzen. Die Standardabweichung des Merkmals "Internetnutzung" beträgt insgesamt 44,5 Minuten. Den beiden Alterskategorien liegt die latente, normalverteilte Variable "Alter" zugrunde.

Zuerst soll die Bestimmung des δ-Werts erläutert werden. 54 der 85 Personen sind unter 18 (63,5%). Aus Tabelle B.12 (Seite 444) ist bei einer Fläche von 0,635 ein z-Wert von 0,35 und ein Ordinatenwert ($= \delta$) von 0,3752 abzulesen. Der biseriale Korrelationskoeffizienten wird somit folgendermaßen bestimmt:

$$r_{bis} = \frac{\bar{y}_2 - \bar{y}_1}{s_{ges}} \cdot \frac{n_1}{N} \cdot \frac{n_2}{N} \cdot \frac{1}{\delta} \qquad (11.39)$$

$$= \frac{247,9 - 223,8}{44,5} \cdot \frac{54}{85} \cdot \frac{31}{85} \cdot \frac{1}{0,375} \qquad (11.40)$$

$$= \frac{24,1}{44,5} \cdot \frac{1674}{7225} \cdot \frac{1}{0,375} \qquad (11.41)$$

$$= ,3346 \qquad (11.42)$$

Es wird ein positiver Zusammenhang zwischen dem Alter (1 = jugendlich, 2 = volljährig) und der Internetnutzung festgestellt. Ältere Personen nutzen das Internet häufiger.

Anmerkung: Die biseriale Korrelation ermöglicht nur eine Schätzung der Produkt-Moment-Korrelation, da aufgrund der künstlichen Dichotomisierung nur ein Teil der zugrundeliegenden Informationen berücksichtigt werden kann.

11.6 Biseriale Rangkorrelation

Voraussetzung: Die biseriale Rangkorrelation $r_{s(bis)}$ wird unter den folgenden Voraussetzungen angewendet:

1. Der Zusammenhang zwischen einem ordinalskalierten Merkmal x und einem natürlich dichotomen Merkmal y soll ermittelt werden.

2. Der Zusammenhang zwischen einem ordinalskalierten Merkmal x und einem künstlich dichotomen, ursprünglich nicht normalverteilten Merkmal y soll untersucht werden.

Bei einem künstlich dichotomen, latent normalverteilten Merkmal y muss die polychorische Korrelation (vergleiche Abschnitt 11.9, Seite 221) bestimmt werden.

Definition: Die biseriale Rangkorrelation wird berechnet über

$$r_{s(bis)} = \frac{\frac{1}{12} \cdot (N^3 - N + 3 \cdot n_1 \cdot n_2 \cdot N) - \sum_{i=1}^{N} d_i^2}{\sqrt{\frac{1}{12} \cdot n_1 \cdot n_2 \cdot N \cdot (N^3 - N)}} \qquad (11.43)$$

mit
N: Stichprobengröße
n_1, n_2: Gruppegröße
d_i: Differenz der Ränge

Signifikanzprüfung: Die Signifikanzprüfung einer biseriale Rangkorrelation erfolgt über den Mann-Whitney-U-Test (siehe Abschnitt 9.6, Seite 169).

Anmerkung: Bei Rangbindungen ist ein korrigierter Korrelationskoeffizient nach der folgenden Gleichung zu berechnen:

$$r_{s(bis)} = \frac{\frac{1}{12} \cdot (N^3 - N + 3 \cdot n_1 \cdot n_2 \cdot N - C) - \sum_{i=1}^{N} d_i^2}{\sqrt{\frac{1}{12} \cdot n_1 \cdot n_2 \cdot N \cdot (N^3 - N - C)}} \qquad (11.44)$$

mit

$$C = \sum_{j=1}^{b}(t_j^3 - t_j) \qquad (11.45)$$

Die Variable b bezeichnet die Anzahl der vorhandenen Rangplätze und t_j die jeweilige Anzahl der Personen mit dem Rangplatz j.

Beispiel: Die Berechnung der biserialen Rangkorrelation $r_{s(bis)}$ soll an einer fiktiven Patientenbefragung verdeutlicht werden. Es wird der Zusammenhang zwischen der Variablen "Geschlechtszugehörigkeit" und der Bewertung des Klinikpersonals auf einer vierstufigen Likert-Skala erhoben. In einem ersten Schritt werden die Variablen nach Rangplätzen der ordinalskalierten Variablen sortiert. Dann werden den Individuen durchgängige Nummern von 1 bis N zugewiesen.

Tabelle 11.6: Beispiel zur Berechnung einer biserialen Rangkorrelation, Teil 1

Vpn	x	y
1	1	m
2	1	m
3	1	m
4	1	w
5	2	m
6	2	m
7	2	m
8	3	w
9	3	w
10	3	m
11	3	w
12	4	m
13	4	w
14	4	w
15	4	w
16	4	w

Zur Verdeutlichung zusammengehöriger Rangplätze sind diese in der Tabelle durch Linien getrennt dargestellt. Nachfolgend werden mittlere Ränge für die ordinalskalierte Variable x (Zufriedenheit) pro Ranggruppe bestimmt, indem die niedrigsten und der höchsten Wert der Individuennummern pro Ranggruppe addiert und durch 2 geteilt werden. Hierdurch ergeben sich für die vier Rangplätze folgende durchschnittliche Ränge:

$$\bar{R}_{1,x} = \frac{1+4}{2} \tag{11.46}$$
$$= 2{,}5 \tag{11.47}$$

Der Rang 1 wird von der ersten bis zur vierten Person belegt, was einen durchschnittlichen Rangplatz von 2,5 ergibt. Analog dazu wird dies für den Rang 2, der von Person 5 bis Person 7 belegt wird, durchgeführt.

$$\bar{R}_{2,x} = \frac{5+7}{2} \tag{11.48}$$
$$= 6 \tag{11.49}$$

Der Rang 3 wird von 4 Personen (8. bis 11. Person) belegt, während der vierte Rang von der 12. bis zur 16. Person belegt wird.

$$\bar{R}_{3,x} = \frac{8+11}{2} \tag{11.50}$$
$$= 9{,}5 \tag{11.51}$$

$$\bar{R}_{4,x} = \frac{12+16}{2} \tag{11.52}$$
$$= 14 \tag{11.53}$$

Die mittleren Ränge ersetzen die Orginalränge, so dass sich folgende Tabelle ergibt:

Tabelle 11.7: Beispiel zur Berechnung einer biserialen Rangkorrelation, Teil 2

Vpn-Nr.	x	y	$R_{i,x}$
1	1	m	2,5
2	1	m	2,5
3	1	m	2,5
4	1	w	2,5
5	2	m	6
6	2	m	6
7	2	m	6
8	3	w	9,5
9	3	w	9,5
10	3	m	9,5
11	3	w	9,5
12	4	m	14
13	4	w	14
14	4	w	14
15	4	w	14
16	4	w	14

Als nächstes erfolgt eine analoge Berechnung der mittleren Ränge für das dichotome Merkmals y (Geschlechtszugehörigkeit). Der ersten bis zur n_1-ten Person wird der erste Rangplatz zugeordent, den übrigen Personen der zweite Rangplatz. Es ergeben sich somit die folgende mittleren Rangplätze:

$$\bar{R}_{1,y} = \frac{1+n_1}{2} \tag{11.54}$$
$$= \frac{1+8}{2} \tag{11.55}$$
$$= 4,5 \tag{11.56}$$
$$\bar{R}_{2,y} = \frac{n_1+1+N}{2} \tag{11.57}$$
$$= \frac{8+1+16}{2} \tag{11.58}$$
$$= 12,5 \tag{11.59}$$

Die mittleren Ränge der Variablen y werden den ursprünglichen Werten zugeordnet.

11.6 Biseriale Rangkorrelation

Tabelle 11.8: Beispiel zur Berechnung einer biserialen Rangkorrelation, Teil 3

Vpn-Nr.	x	y	$R_{i,x}$	$R_{i,y}$
1	1	m	2,5	4,5
2	1	m	2,5	4,5
3	1	m	2,5	4,5
4	1	w	2,5	12,5
5	2	m	6	4,5
6	2	m	6	4,5
7	2	m	6	4,5
8	3	w	9,5	12,5
9	3	w	9,5	12,5
10	3	m	9,5	4,5
11	3	w	9,5	12,5
12	4	m	14	4,5
13	4	w	14	12,5
14	4	w	14	12,5
15	4	w	14	12,5
16	4	w	14	12,5

In einem nächsten Schritt werden die Rangdifferenzen bestimmt und quadriert.

Tabelle 11.9: Beispiel zur Berechnung einer biserialen Rangkorrelation, Teil 4

Vpn-Nr.	x	y	$R_{i,x}$	$R_{i,y}$	d_i	d_i^2
1	1	m	2,5	4,5	-2	4
2	1	m	2,5	4,5	-2	4
3	1	m	2,5	4,5	-2	4
4	1	w	2,5	12,5	-10	100
5	2	m	6	4,5	1,5	2,25
6	2	m	6	4,5	1,5	2,25
7	2	m	6	4,5	1,5	2,25
8	3	w	9,5	12,5	-3	9
9	3	w	9,5	12,5	-3	9
10	3	m	9,5	4,5	5	25
11	3	w	9,5	12,5	-3	9
12	4	m	14	4,5	9,5	90,25
13	4	w	14	12,5	1,5	2,25
14	4	w	14	12,5	1,5	2,25
15	4	w	14	12,5	1,5	2,25
16	4	w	14	12,5	1,5	2,25
						$\sum d_i^2 = 270$

Schließlich wird die Summe der quadrierten Rangdifferenzen mit 270 bestimmt. Es wird noch der Korrekturkoeffizient C zu ermitteln.

$$C = \sum_{j=1}^{b} (t_j^3 - t_j) \qquad (11.60)$$

$$= (4^3 - 4) + (3^3 - 3) + (4^3 - 4) + (5^3 - 5) \qquad (11.61)$$

Die bivariate Rangkorrelation ergibt somit:

$$r_{s(bis)} = \frac{\frac{1}{12} \cdot (N^3 - N + 3 \cdot n_1 \cdot n_2 \cdot N - C) - \sum_{i=1}^{N} d_i^2}{\sqrt{\frac{1}{12} \cdot n_1 \cdot n_2 \cdot N \cdot (N^3 - N - C)}} \tag{11.64}$$

$$= \frac{\frac{1}{12} \cdot (16^3 - 16 + 3 \cdot 8 \cdot 8 \cdot 16 - 264) - 270}{\sqrt{\frac{1}{12} \cdot 8 \cdot 8 \cdot 16 \cdot (16^3 - 16 - 264)}} \tag{11.65}$$

$$= \frac{\frac{1}{12} \cdot (4080 + 3072 - 264) - 270}{\sqrt{1024 \cdot 318}} \tag{11.66}$$

$$= \frac{\frac{1}{12} \cdot 6888 - 270}{\sqrt{325632}} \tag{11.67}$$

$$= \frac{574 - 270}{570{,}642} \tag{11.68}$$

$$= {,}5327 \tag{11.69}$$

Es besteht ein positiver Zusammenhang zwischen der Geschlechtszugehörigkeit und der Zufriedenheit. Da Männer mit einer 1 und Frauen mit einer 2 kodiert sind, ist ersichtlich, dass Frauen eine höhere Zufriedenheit mit dem Klinikpersonal angeben als Männer.

11.7 Punkttetrachorische Korrelation (φ-Koeffizient)

Voraussetzungen: Die punkttetrachorische Korrelation r_{ptet}, auch φ-Korrelation bezeichnet (sprich Fi), findet in zwei Fällen Anwendung.

1. Es liegen zwei natürlich dichotome nominalskalierte Variablen vor.

2. Mindestens eine der beiden Variablen wurde künstlich dichotomisiert, wobei ursprünglich keine Normalverteilung zugrunde lag.

Die punkttetrachorische Korrelation sollte in den folgenden Fällen **nicht** berechnet werden:

1. Bei ungleichen Randsummen sollte besser Yules Y berechnet werden (siehe Abschnitt 11.10, Seite 222), da die punkttetrachorische Korrelation sehr sensitiv auf ungleiche Randsummen reagiert.

2. Ist eine der beiden Variablen eine manifeste Ausprägung einer normalverteilten latenten Variablen, sollte der ν-Koeffizienten ermittelt werden (siehe Abschnitt 11.11, Seite 223).

11.7 Punkttetrachorische Korrelation (φ-Koeffizient)

3. Sind beide Variablen als latent und normalverteilt zu betrachten, so sollte die tetrachorische Korrelation berechnet werden (siehe Abschnitt 11.8, Seite 220).

4. Für Variablen mit jeweils mehr als zwei Abstufungen muss Cramérs Index (siehe Abschnitt 11.13, Seite 226) bestimmt werden.

Die punkttetrachorischen Korrelation mit jeweils zwei Kategorien wird analog zum 2x2-Felder-χ^2-Test nach folgendem 4-Felder-Schema ermittelt.

Tabelle 11.10: 4-Felder-Schema

Variablen	y_1	y_2	Σ
x_1	n_{11}	n_{12}	$n_{1.}$
x_2	n_{21}	n_{22}	$n_{2.}$
Σ	$n_{.1}$	$n_{.2}$	N

Definition:

$$r_{ptet} = \sqrt{\frac{\chi^2}{N}} \quad (11.70)$$

oder alternativ

$$r_{ptet} = \frac{n_{11} \cdot n_{22} - n_{12} \cdot n_{21}}{\sqrt{n_{1.} \cdot n_{2.} \cdot n_{.1} \cdot n_{.2}}} \quad (11.71)$$

Signifikanztest: Die Signifikanzprüfung erfolgt wahlweise über den F-Test oder den 4-Felder-χ^2-Test (siehe Abschnitt 9.2, Seite 159).

Beispiel: In einem Seminar wird untersucht, ob es einen Zusammenhang zwischen dem Geschlecht und der Variablen "Hauptfach- oder Nebenfachstudium" gibt. Gegeben sei die folgende fiktive Verteilung in einem Seminar für Entwicklungspsychologie. Die Variable x beschreibt die Geschlechterzugehörigkeit (weiblich = 1 / männlich = 2), die Variable y, ob eine Person im Haupt- (1) oder im Nebenfachstudium (2) studiert.

Tabelle 11.11: Fiktiver Datensatz zur Verteilung von Geschlecht und Fach

Variablen	y_1	y_2	Σ
x_1	11	7	18
x_2	9	3	12
Σ	20	10	30

Es kann über die folgende Berechnung die punkttetrachorische Korrelation bestimmt werden:

$$r_{ptet} = \frac{n_{11} \cdot n_{22} - n_{12} \cdot n_{21}}{\sqrt{n_{1.} \cdot n_{2.} \cdot n_{.1} \cdot n_{.2}}} \quad (11.72)$$

$$= \frac{11 \cdot 3 - 7 \cdot 9}{\sqrt{18 \cdot 12 \cdot 20 \cdot 10}} \quad (11.73)$$

$$= \frac{33 - 63}{\sqrt{43200}} \quad (11.74)$$

$$= \frac{-30}{207{,}8} \tag{11.75}$$

$$= -{,}1443 \tag{11.76}$$

Relativ gesehen werden unter den männlichen Seminarteilnehmern weniger Nebenfachstudierende beobachtet als bei den weiblichen Seminarteilnehmerinnen.

Anmerkung: Die punkttetrachorische Korrelation ist eine direkte Ableitung aus der Produkt-Moment-Korrelation.

11.8 Tetrachorische Korrelation

Voraussetzungen: Bei zwei künstlich dichotomisierte Variablen x und y, die den Zusammenhang zwischen zwei latenten Merkmalen beschreiben, wird die tetrachorische Korrelation r_{tet} berechnet. Die beiden Variablen müssen jedoch in der Population ursprünglich normalverteilt und intervallskaliert vorliegen.

Die künstliche Dichotomisierung führt zum im vorherigen Abschnitt vorgestellt 4-Felder Schema (siehe Tabelle 11.10).

Definition: Da die Berechnung des tetrachorischen Korrelationskoeffizienten sehr komplex ist, wird eine Näherungsformel für $N > 100$ dargestellt.

$$r_{tet} = \cos \frac{180^o}{1 + \sqrt{\frac{n_{11} \cdot n_{22}}{n_{12} \cdot n_{21}}}} \tag{11.77}$$

$$= \cos\left(180^o \cdot \frac{\sqrt{n_{12} \cdot n_{21}}}{\sqrt{n_{12} \cdot n_{21}} + \sqrt{n_{11} \cdot n_{22}}}\right) \tag{11.78}$$

Signifikanztest: Die Signifikanzprüfung erfolgt über einen z-Test.

$$z = \frac{r_{tet}}{\sigma_{tet}} \tag{11.79}$$

mit

$$\sigma_{tet} = \sqrt{\frac{p_{1.} \cdot p_{2.} \cdot p_{.1} \cdot p_{.2}}{N}} \cdot \frac{1}{\delta_1 \cdot \delta_2} \tag{11.80}$$

wobei

$p_{1.}, p_{2.}$: relative Häufigkeit beider Merkmalsausprägungen in der ersten Variablen ($\frac{n_{1.}}{N}$, $\frac{n_{2.}}{N}$)

$p_{.1}, p_{.2}$: relative Häufigkeit beider Merkmalsausprägungen in der zweiten Variablen ($\frac{n_{.1}}{N}$, $\frac{n_{.2}}{N}$)

δ_1: Ordinate der Normalverteilung an dem Punkt, an dem die dichotome Variable 1 geteilt wurde (z-Werte-Tabelle B.8 bis B.15, Seite 440 bis 447)

δ_2: Ordinate der Normalverteilung an dem Punkt, an dem die dichotome Variable 2 geteilt wurde (z-Werte-Tabelle B.8 bis B.15, Seite 440 bis 447)

Beispiel: Besteht ein Zusammenhang zwischen dem Lebensalter (x) und dem Einkommen (y)? Hierzu werden die beiden Variablen in jeweils zwei Kategorien eingeteilt. Das Alter wird in die beiden Kategorien bis einschließlich 65 und über 65 Jahren und das Einkommen in die Kategorien unter und über dem Existenzminimum dichotomisiert. Hierbei wird von der Voraussetzung ausgegangen, dass beide Merkmale normalverteilt sind. Zugrundegelegt werden die folgenden fiktiven Daten:

Tabelle 11.12: Fiktiver Datensatz zur Verteilung von Alter und Einkommen

Variablen	Y_1	Y_2	Σ
x_1	30	40	70
x_2	15	45	60
Σ	45	85	130

Die Berechnung der tetrachorischen Korrelation erfolgt über:

$$r_{tet} = \cos\left(180^o \cdot \frac{\sqrt{n_{12} \cdot n_{21}}}{\sqrt{n_{12} \cdot n_{21}} + \sqrt{n_{11} \cdot n_{22}}}\right) \quad (11.81)$$

$$= \cos\left(180^o \cdot \frac{\sqrt{40 \cdot 15}}{\sqrt{40 \cdot 15} + \sqrt{30 \cdot 45}}\right) \quad (11.82)$$

$$= \cos\left(180^o \cdot \frac{\sqrt{600}}{\sqrt{600} + \sqrt{1350}}\right) \quad (11.83)$$

$$= \cos(180^o \cdot 0.4) \quad (11.84)$$

$$= \cos(72^o) \quad (11.85)$$

$$= 0{,}309 \quad (11.86)$$

Somit haben ältere Personen ein höheres Einkommen.

Anmerkung: Die tetrachorischen Korrelation ist nur eine Schätzung der Produkt-Moment-Korrelation.

11.9 Polychorische Korrelation

Voraussetzung: Die polychorische Korrelation dient zur Schätzung eines Zusammenhanges von latenten Merkmalen über manifeste, mehrfach gestufte nominalskalierte oder ordinalskalierten Variablen.

Anmerkung: Dieser Korrelationskoeffizient wird hier nur der Vollständigkeit halber aufgeführt, da die Berechnung sehr komplex ist. Die polychorische Korrelation wird über einen iterativen Vorgang geschätzt. Hierbei findet also eine Annäherung an den wahren Wert des Zusammenhanges über mehrere Wiederholungen der Berechnung statt. Programme wie PRELIS oder kostenlos erhältliche Programm wie beispielsweise von John Uebersax[1] ermöglichen die Berechnung dieses Koeffizienten. Eine ausführliche Darstellung ist bei Drasgow (1988) zu finden.

---
[1] Download unter http://ourworld.compuserve.com/homepages/jsuebersax/tetra.htm

11.10 Odds Ratio und Yules Y

Anwendung: Da die punkttetrachorische Korrelation (φ-Koeffizient) sehr sensitiv auf ungleiche Randsummenverteilungen reagiert, empfiehlt es sich in diesem Falle den Zusammenhang zwischen zwei Variablen mittels Yules Y zu ermitteln.

Zur Erläuterung von Yules Y wird an dieser Stelle das Odds Ratio eingeführt. Mit dem Odds Ratio wird die bedingte Wahrscheinlichkeit für das Auftreten eines Ereignisses in Abhängigkeit von einer zweiten Variablen bestimmt. Zur Berechnung von Odds Ratio dient wieder ein Vier-Felder-Schema:

Tabelle 11.13: Variablenschema zu Berechnung des Odds Ratio

	Merkmal B	Merkmal $\bar{B}$	Zeilensumme
Merkmal A	a	b	a+b
Merkmal $\bar{A}$	c	d	c+d
Spaltensumme	a+c	b+d	N

Definition: Das Odds Ratio wird berechnet über

$$OR = \frac{a \cdot d}{b \cdot c} \tag{11.87}$$

Signifikanzprüfung: Die Signifikanzprüfung erfolgt über den χ^2-Test nach Pearson, Mantel und Haenszel:

$$\chi^2_{PMH} = \frac{(N-1) \cdot (a \cdot d - b \cdot c)^2}{(a+b) \cdot (c+d) \cdot (a+c) \cdot (b+d)} \tag{11.88}$$

Der berechnete χ^2-Wert wird anhand der Tabellen B.16 und B.17 (Seite 448 und 449) überprüft.

Beispiel: Auch hier dient die fiktive Erhebung des Beispiels aus Abschnitt 9.2 zur Demonstration:

Tabelle 11.14: Eine fiktive Erhebung zum Lungenkrebs bei Rauchern

	Raucher	Nichtraucher	Zeilensumme
Lungenkrebs	30	15	45
kein Lungenkrebs	20	55	75
Spaltensumme	50	70	120

Das folgende Odds-Ratio kann ermittelt werden:

$$OR = \frac{a \cdot d}{b \cdot c} \tag{11.89}$$

$$= \frac{30 \cdot 55}{15 \cdot 20} \tag{11.90}$$

$$= \frac{1650}{300} \tag{11.91}$$

$$= 5{,}5 \tag{11.92}$$

Somit ist die Wahrscheinlichkeit für Lungenkrebs unter der Bedingung Raucher 5,5-mal so hoch wie unter der Bedingung Nichtraucher.

Anmerkung: Das Odds Ratio ist nicht direkt mit einem Korrelationskoeffizienten vergleichbar. Dieser Vergleich wird erst durch eine Normierung auf Yules Y ermöglicht.

> **Definition:** Yules Y wird berechnet über:
>
> $$Yules\ Y\ =\ \frac{\sqrt{OR}-1}{\sqrt{OR}+1} \tag{11.93}$$

Im gegebenen Beispiel ergibt sich der folgende Zusammenhang:

$$\begin{align}
Yules\ Y &= \frac{\sqrt{OR}-1}{\sqrt{OR}+1} \tag{11.94}\\
&= \frac{\sqrt{5,5}-1}{\sqrt{5,5}+1} \tag{11.95}\\
&= \frac{1,345}{3,345} \tag{11.96}\\
&= 0,402 \tag{11.97}
\end{align}$$

Der Zusammenhang zwischen Lungekrebs und Rauchenverhalten kann somit als Korrelationskoeffizient dargestellt werden.

11.11 ν-Koeffizient

Das Odds Ratio kann zur Berechnung des ν-Koeffizienten (sprich Nü) herangezogen werden.

Voraussetzung: Es liegt ein natürlich dichotomes und ein künstlich dichotomisiertes intervallskaliertes Merkmal vor (siehe Wirtz und Nachtigall (2002)). Hierbei ist das künstlich dichotomisierte Merkmal latent normalverteilt.

> **Definition:** Der Korrelationsschätzer ν wird berechnet über:
>
> $$\nu\ =\ \frac{\ln(OR)}{\sqrt{1+\frac{2,89}{p_{.1}\cdot p_{.2}}}} \tag{11.98}$$
>
> mit
> $\ln(OR)$ als natürlichem Logarithmus des Odds Ratio
> $p_{.1}, p_{.2}$ als relative Häufigkeiten der Stufen des natürlich dichotomen Merkmals, welche über $\frac{n_{.1}}{N}$, beziehungsweise $\frac{n_{.2}}{N}$ geschätzt werden.

Anmerkung: Die Berechnung dieses Koeffizienten entspricht der Logik der tetrachorischen Korrelation.

Beispiel: Es soll der Zusammenhang zwischen der Geschlechtszugehörigkeit und dem Einkommen, welches lediglich als über oder unter dem Existenzminimum liegend erhoben wurde, ermittelt werden. Folgender fiktiver Datensatz gibt die Verteilungen in den Variablen "Geschlechtszugehörigkeit" (x, weiblich = 1, männlich = 2) und "Einkommen" (y, unter = 1 beziehungsweise über = 2 dem Existenzminimum) an.

Tabelle 11.15: Fiktive Verteilung von Geschlechtszugehörigkeit und Einkommen

Variablen	y_1	y_2	Σ
x_1	12	58	70
x_2	3	77	80
Σ	15	135	150

In einem ersten Zwischenschritt wird Odds ratio ermittelt:

$$OR = \frac{a \cdot d}{b \cdot c} \qquad (11.99)$$

$$= \frac{12 \cdot 77}{58 \cdot 3} \qquad (11.100)$$

$$= \frac{924}{174} \qquad (11.101)$$

$$= 5{,}31 \qquad (11.102)$$

Die relativen Häufigkeiten der Stufen des natürlich dichotomen Merkmals Geschlechtszugehörigkeit lassen sich leicht aus dem Verhältnis der Zeilensummen zur Stichprobengröße berechnen:

$$p_{.1} = \frac{70}{150} \qquad (11.103)$$

$$= 0{,}467 \qquad (11.104)$$

$$p_{.2} = \frac{80}{150} \qquad (11.105)$$

$$= 0{,}533 \qquad (11.106)$$

$p_{.1}$ bezeichnet hierbei die relative Häufigkeit des Merkmals "weiblich", $p_{.2}$ die relative Häufigkeit des Merkmals "männlich": Werden diese Werte in die Berechnungsvorschrift für ν einfügt, ergibt sich ein Zusammenhang von:

$$\nu = \frac{ln(OR)}{\sqrt{1 + \frac{2{,}89}{p_{.1} \cdot p_{.2}}}} \qquad (11.107)$$

$$= \frac{ln(5{,}31)}{\sqrt{1 + \frac{2{,}89}{0{,}467 \cdot 0{,}533}}} \qquad (11.108)$$

$$= \frac{1{,}6696}{\sqrt{1 + 11{,}6106}} \qquad (11.109)$$

$$= \frac{1{,}6696}{3{,}551} \tag{11.110}$$
$$= 0{,}4702 \tag{11.111}$$

Die leider immer noch geltende Tatsache, dass es einen Zusammenhang zwischen der Geschlechterzugehörigkeit und dem Einkommen gibt, wird auch hier ermittelt. Frauen haben ein geringeres Einkommen.

11.12 Kontingenzkoeffizient CC

Voraussetzungen: Der Kontigenzkoeffizient CC dient der Erfassung des Zusammenhangs zwischen zwei mehrfach gestuften nominalskalierten Variablen. Er unterliegt nicht den Einschränkungen der bisher vorgestellten Korrelationskoeffizienten für dichotome Merkmale.

Anmerkung: Da der Kontingenzkoeffizient sensitiv auf ungleiche Verteilungen der Randsummen reagiert, direkt von der Stichprobengröße N abhängt und nicht den maximalen Wert eines Korrelationskoeffizienten von 1 erreichen kann, empfiehlt sich stets die Berechnung von Cramérs Index (siehe Abschnitt 11.13, Seite 226).

Definition:

$$CC = \sqrt{\frac{\chi^2}{\chi^2 + N}} \tag{11.112}$$

wobei

$$\chi^2 = \sum_{i=1}^{k}\sum_{j=1}^{l} \frac{(f_{b(i,j)} - f_{e(i,j)})^2}{f_{e(i,j)}} \tag{11.113}$$

mit
N: Stichprobengröße
$f_{b(i,j)}$: beobachtete Zellenhäufigkeit
$f_{e(i,j)}$: erwartete Zellenhäufigkeit (siehe auch χ^2-Test, Abschnitt 9.2, Seite 159)

Signifikanztest: Der Kontingenzkoeffizient CC wird über eine χ^2-Test mit einem Freiheitsgrad von $df = (k-1) \cdot (l-1)$ auf Signifikanz geprüft (siehe Tabelle B.16 und B.17, Seite 448 und 449).

Beispiel: In den vier Wahlkreisen Freiburg, Nordfriesland, Rostock und Passau[2] soll ermittelt werden, ob im Wahljahr 2002 ein Zusammenhang zwischen dem Bundesland und dem Wahlverhalten bestand. Es wurden jeweils zirka 1000 Personen pro zufällig ausgewähltem Wahlbezirk in den verschiedenen Bundesländern befragt. Um übersichtlich zu bleiben, beschränkt sich dieses Beispiel nur auf vier Bundesländer.

---
[2]Die Daten wurden von der Homepage des Bundestages (www.bundestag.de) abgerufen.

Tabelle 11.16: Bundesländer und Wahlverhalten der Bundestagswahl 2002

Partei	Freiburg	Nordfriesland	Rostock	Passau	Σ
CDU	305	400	215	675	1595
SPD	334	424	485	217	1460
Die Grünen	250	65	50	42	407
FDP	70	82	46	38	236
PDS	17	11	182	4	214
Sonstige	24	18	20	26	88
Σ	1000	1000	998	1002	4000

Der χ^2-Wert in diesem Beispiel beträgt 1136,69 und ist bei einem Freiheitsgrad von df = 15 signifikant[3]. Die Berechnung des Kontigenzkoeffizienten erfolgt über

$$CC = \sqrt{\frac{\chi^2}{\chi^2 + N}} \qquad (11.114)$$

$$= \sqrt{\frac{1136,69}{1136,69 + 4000}} \qquad (11.115)$$

$$= \sqrt{0,2213} \qquad (11.116)$$

$$= 0,470 \qquad (11.117)$$

Es bestand also einen relativ hoher Zusammenhang zwischen dem Bundesland und dem Wahlverhalten.

Anmerkung: Der Kontingenzkoeffizent CC ist nicht aus der Produkt-Moment-Korrelation abgeleitet und stellt auch keine Schätzung dieses Koeffizienten dar. Es handelt sich hierbei lediglich um ein Maß, welches den χ^2-Wert an der Stichprobengröße relativiert und nur bei unendlich vielen Feldern der k x l-Tabelle gegen 1 gehen kann. Deshalb empfiehlt sich zu Interpretation des CC-Wertes ein Vergleich mit dem maximal Kontingenzkoeffizienten:

$$C_{max} = \sqrt{\frac{R-1}{R}} \qquad (11.118)$$

mit R = min(l,l).

11.13 Cramérs Index

Voraussetzung: Es liegen zwei mehrfach abgestufte nominalskalierte Variablen vor. Der Cramérs Index ist gegenüber dem Kontingenzkoeffizienten CC zu bevorzugen.

---

[3]Damit hier eine kompakte Darstellung erfolgen kann, wurde auf eine ausführliche Berechnung des χ^2-Wertes verzichtet. Mehr hierzu ist im Abschnitt 9.2 (Seite 159) zu finden.

11.13 Cramérs Index

Definition:

$$CI = \sqrt{\frac{\chi^2}{N \cdot (L-1)}} \quad (11.119)$$

wobei

$$\chi^2 = \sum_{i=1}^{k}\sum_{j=1}^{l} \frac{(f_{b(i,j)} - f_{e(i,j)})^2}{f_{e(i,j)}} \quad (11.120)$$

mit
N: Stichprobengröße
L: Minimum der Werte k und m, wobei k die Anzahl der Zeilen und m die Anzahl der Spalten der Kontingenztabelle beschreibt
$f_{b(i,j)}$: beobachtete Häufigkeit
$f_{e(i,j)}$: erwartete Häufigkeit (siehe auch χ^2-Test, Abschnitt 9.2, Seite 159)

Signifikanztest: Der Signifikanztest erfolgt über den χ^2-Wert anhand der Tabelle B.16 und B.17 (Seite 448 und 449).

Der Cramérs Index ist die Verallgemeinerung der punkttetrachorischen Korrelation, des φ-Koeffizienten, auf das k x m-Felder-Schemata. Im Falle einer k x 2- oder 2 x m-Tafel ergibt sich ein φ-äquivalenter Wert (φ') mit:

$$CI = \varphi' = \sqrt{\frac{\chi^2}{N}} \quad (11.121)$$

Beispiel: Das Beispiel aus dem vorhergehenden Abschnitt über den Zusammenhang zwischen Bundesland und Wahlverhalten wird für die Darstellung des Kontingenzkoeffizienten CC erneut herangezogen (siehe Tabelle 11.16, Seite 226). Es wurde ein χ^2-Wert von 1136,69 berechnet. Da die Anzahl der Bundesländer geringer als die Anzahl der angegeben Parteien ist, wird dieser Wert für den Parameter L herangezogen. Cramérs Index bestimmt sich folgendermaßen:

$$CI = \sqrt{\frac{\chi^2}{N \cdot (L-1)}} \quad (11.122)$$

$$= \sqrt{\frac{1136,69}{4000 \cdot (4-1)}} \quad (11.123)$$

$$= \sqrt{0,0947} \quad (11.124)$$

$$= 0,3078 \quad (11.125)$$

Cramérs Index fällt stets kleiner als der Kontingenzkoeffizient CC aus. Er reagiert jedoch nicht so sensitiv auf eine ungleiche Verteilung der Randsummen, die in diesem Beispiel durch die geringe Stimmenzahl bei den kleine Parteien (FDP, PDS und Sonstige) gegeben war.

11.14 Zusammenfassung

Wenn die Voraussetzungen zur Berechnung der Produkt-Moment-Korrelation nicht erfüllt sind, müssen spezielle Korrelationskoeffizienten herangezogen werden. Je nach Skalenniveau, Berechnungsintention und anderen Voraussetzungen ist anhand Tabelle 11.1 (Seite 204) der entsprechende Koeffizient zu wählen.

Wichtig bei der Entscheidung für ein Zusammenhangsmaß sind folgende Punkte:

1. Welches Skalenniveau haben die beiden Variablen?
2. Bei ordinalskalierten Variablen ist zu beachten, ob Ausreißer oder verbunden Ränge vorliegen.
3. Bei dichotomen Variablen stellt sich die Frage, ob diese künstlich oder natürlich dichotom sind.
4. Ist eine Variable künstlich dichotom, so muss überlegt werden, ob das zugrundeliegende latente Merkmal normalverteilt ist.

11.15 Aufgaben

1. Welchen Korrelationskoeffizienten würden Sie verwenden, um den Zusammenhang zwischen Geschlechterzugehörigkeit und einem Testergebnis zu technischen Interessen zu bestimmen?

2. Ein Psychologe erhebt den Erfolg einer Schulungsmaßnahme über eine dreistufige Skala mit den Ausprägungen erfolgreich, teilweise erfolgreich und nicht erfolgreich. Als Sie anmerken, das dies eine sehr grobe Abstufung ist, erwidert er, dass er davon ausgeht, dass dieses Merkmal latent normalverteilt ist und er mit den entsprechenden Korrelationskoeffizienten eine gute Schätzung der Zusammenhänge erreichen könnte. Die dreistufige Skala sei ausreichend differenziert. Stimmen Sie dem zu?

3. Welcher der folgenden Korrelationskoeffizienten ist eine Ableitung, welcher eine Schätzung aus der Produkt-Moment-Korrelation?

    a) Spearmans Rangkorrelation
    b) Punktbiseriale Korrelation
    c) Biseriale Korrelation
    d) Puncttetrachorische Korrelation
    e) Tetrachorische Korrelation
    f) Kontingenzkoeffizient CC

12 Lineare Regression

Schlagworte
- Kriterium
- Prädiktor
- Vorhersagefehler
- Residuum
- Standardschätzfehler
- Kreuzvalidierung
- restriction of range

12.1 Kausale Zusammenhänge

Korrelationen dienen zur statistischen Beschreibung von Zusammenhängen zwischen zwei Merkmalen x und y. Die Ableitung einer Kausalaussage aus einem korrelativen Zusammenhang ist nicht erlaubt. Wenn aber, eventuell experimentell begründet, doch kausale Zusammenhänge definiert werden können? Beispielsweise lässt sich durch ein Experiment begründen, dass die Anzahl der Trainingsstunden die körperliche Fitness erhöht.

Frage: Es gibt einen inhaltlich begründbaren kausalen Zusammenhang zwischen den Variablen x und y. Gibt es eine Möglichkeit mit Hilfe von bekannten Werten in der Variablen x die Werte der Variable y vorherzusagen?

Lösung: Mit der **linearen Regression** wird versucht, mit einem **Prädiktor** ein **Kriterium** vorherzusagen. Der Fehler dieser Vorhersage sollte möglichst minimal sein. Im Unterschied zur Korrelation dient eine Regression nicht primär zur Beschreibung von Zusammenhängen, sondern der Vorhersage. Diese Vorhersage ist nur sinnvoll, wenn ein stochastischer Zusammenhang zwischen beiden Variablen besteht.

Beispiele: Eine Vorhersage ist beispielsweise zweckmäßig, wenn ein Merkmal "leichter" als das andere zu erheben ist. Die Variable x ist beispielsweise durch einen Reaktionszeittest leicht (einfach, preiswert, schnell) zu erfassen, aber nicht die Variable y, die nur durch eine teure und lange Untersuchung im Kernspintomografen zu erheben wäre. Somit würde bei einem diagnostischen Screening-Verfahren zuerst der Reaktionszeittest als Vortest eingesetzt und danach nur die dort auffälligen Patienten im Kernspintomografen untersuchen werden. Dies würde bei einer guten Vorhersage Zeit und Geld sparen und einige Patienten vor der Untersuchung in einer engen Stahlröhre bewahren.

Des weiteren ist eine Vorhersage eines zeitlich verzögert auftretenden Merkmals nützlich. Die Variable x kann jetzt erfasst werden, während y erst viel später eintritt. Beispielsweise kann mit Hilfe der Abiturnote die Abschlussnote im Diplomstudium

Psychologie vorhergesagt werden. Somit kann dieses Merkmal zur Studierendenauswahl herangezogen werden.

> **Definition:** Das Ziel einer linearen Regression ist die Vorhersage einer Variablen y durch eine Variable x, die mit der Variablen y korreliert. Die vorherzusagende Variable y wird als **Kriteriumsvariable** bezeichnet, die zur Vorhersage herangezogene Variable x als **Prädiktorvariable**. Die lineare Regression geht von einem **linearen Zusammenhang** zwischen Prädiktor und Kriterium aus, so dass die vorausgesagten (geschätzten) Werte auf einer Geraden darstellbar sind.

Steht kein Prädiktor x zur Verfügung oder ist die Korrelation zwischen Prädiktor und Kriterium $r_{xy} = 0$, so ist der beste Wert für eine Vorhersage der Mittelwert $\bar{y}$ des Merkmals y. Falls jedoch ein Zusammenhang zwischen Prädiktor und Kriterium besteht, ermöglicht die Regressionsanalyse eine exaktere Schätzung der Ausprägung eines Individuums in der Kriteriumsvariablen. Zur Durchführung einer Regressionsanalyse müssen in einer Stichprobe die Ausprägungen in beiden Variablen erhoben werden und es muss ein kausaler Zusammenhang dieser Merkmale vorausgesetzt werden.

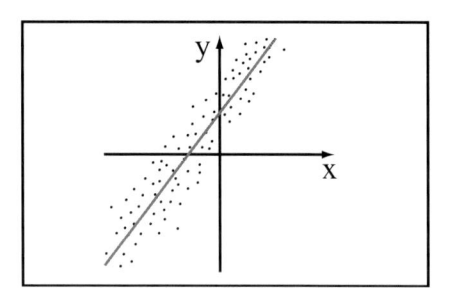

Abbildung 12.1: Eine Vorhersage von Y durch X

Je größer der lineare Zusammenhang zwischen x und y ist, desto besser (sicherer) kann eine Vorhersage erfolgen. Bei der Regression wird versucht, eine Gerade durch den Punkteschwarm zu legen (siehe Abbildung 12.1), die in Y-Richtung eine möglichst geringe Abweichung zu allen Punkten hat. Ist die Punktewolke sehr schmal, ist somit auch diese Abweichung der wahren Werte von der Regressionsgerade sehr gering. Dies bedeutet, dass die Vorhersage sehr präzise gelingt. Je mehr sich die Form der Punktewolke an eine Gerade annähert, desto exakter ist die Vorhersage über eine Regressionsgerade.

12.2 Herleitung der Regressionsgleichung

Anmerkung: In diesem Abschnitt soll die Gleichung der Regressionsgerade schrittweise hergeleitet werden. Je nach Interesse kann der Leser sich auf die Definitionen konzentrieren oder die Herleitung im Detail nachvollziehen.

Da es sich bei der Regression nur um eine Schätzung der wahren Werte handelt, wird im Folgenden von geschätzten y-Werten gesprochen. Diese geschätzen y-Werte werden im Gegensatz zum wahren y_i als $\hat{y}_i$ bezeichnet.

Aus der allgemeinen Gleichung einer Geraden $y = b \cdot x + a$ wird die **Grundgleichung für die lineare Regression** abgeleitet:

$$\hat{y}_i = b_{y.x} \cdot x_i + a_{y.x} \qquad (12.1)$$

mit

$\hat{y}_i$: vorhergesagter y-Wert einer Person i, deren x-Wert x_i bekannt ist
$b_{y.x}$: Regressionskoeffizient (Steigung der Geraden)
x_i: x-Wert der Person i
$a_{y.x}$: additive Konstante (Y-Achsen-Abschnitt)

Es müssen nun der **Regressionskoeffizient** und die additive Konstante bestimmt werden. Theoretisch können unendlich viele beliebige Gerade durch eine Punktewolke gelegt werden. Um eine bestmögliche Vorhersage zu erreichen, sind die Variablen $b_{y.x}$ und $a_{y.x}$ so zu wählen, dass die Regressionsgerade eine optimale Schätzung der wahren y_i-Werte mit minimalem **Vorhersagefehler** liefert.

> **Definition:** Der **Vorhersagefehler** ist die Abweichung der tatsächlichen y_i-Werte vom vorhergesagten $\hat{y}_i$-Wert. Da kleine Abweichungen vom wahren Wert für eine Schätzung weniger ins Gewicht fallen, werden die Abweichungen quadriert, so dass starke Abweichungen stärker berücksichtigt werden. Die Regressionsgerade soll also diejenige Gerade sein, bei welcher die Summe der quadrierten Vorhersagefehler minimal ist:
>
> $$\frac{\sum_{i=1}^{N}(y_i - \hat{y}_i)^2}{N-1} = \text{minimal} \tag{12.2}$$
>
> Dieses Vorgehen wird als die **Methode der kleinsten Quadrate** bezeichnet.

Herleitung: Es folgt die Herleitung für die beiden Koeffizienten $b_{y.x}$ und $a_{y.x}$ der Regressionsgleichung. Nach der Methode der kleinsten Quadrate genügt es, wenn gilt:

$$\sum_{i=1}^{N}(y_i - \hat{y}_i)^2 = \text{minimal} \tag{12.3}$$

Zunächst wird die Grundgleichung der linearen Regression $\hat{y}_i$ mit den beiden momentan noch unbekannten Koeffizienten $b_{y.x}$ und $a_{y.x}$ in die Gleichung der Methode der kleinsten Quadrate eingesetzt:

$$f(a,b) = \sum_{i=1}^{N}[y_i - (b_{y.x} \cdot x_i + a_{y.x})]^2 = \text{minimal} \tag{12.4}$$

Mit f(a,b) wird eine Funktion f in Abhängigkeit der beiden unbekannten Koeffizienten a und b beschrieben. Im Folgenden wird $a_{y.x}$ mit a und $b_{y.x}$ mit b abgekürzt. Durch Bildung der ersten Ableitung der Funktion nach a und b werden nun die Koeffizienten a und b bestimmt, welche die Bedingung der kleinsten Quadrate erfüllen. Es wird das

Minimum für die oben stehende Gleichung gesucht.

$$f(a,b) = \sum_{i=1}^{N}[y_i - (b \cdot x_i + a)]^2 \tag{12.5}$$

$$= \sum_{i=1}^{N}[y_i^2 - 2 \cdot y_i \cdot (b \cdot x_i + a) + (b \cdot x_i + a)^2] \tag{12.6}$$

$$= \sum_{i=1}^{N}(y_i^2 - 2 \cdot b \cdot x_i \cdot y_i - 2 \cdot a \cdot y_i + b^2 \cdot x_i^2 + 2 \cdot a \cdot b \cdot x_i + a^2) \tag{12.7}$$

$$= \sum_{i=1}^{N} y_i^2 - 2 \cdot b \cdot \sum_{i=1}^{N} x_i \cdot y_i - 2 \cdot a \cdot \sum_{i=1}^{N} y_i + b^2 \cdot \sum_{i=1}^{N} x_i^2 + 2 \cdot a \cdot b \cdot \sum_{i=1}^{N} x_i$$
$$+ N \cdot a^2 \tag{12.8}$$

Zunächst erfolgt die Ableitung der Gleichung nach a, später nach b. Die Ableitungsregeln sind der Literatur zur Analysis zu entnehmen, hierzu siehe beispielsweise Forster (1989), Barner und Flohr (1991) oder Heuser (1991).

Die erste Ableitung nach a lautet:

$$\frac{df(a,b)}{da} = 2 \cdot \sum_{i=1}^{N} y_i + 2 \cdot b \cdot \sum_{i=1}^{N} x_i + 2 \cdot N \cdot a \tag{12.9}$$

Der Ausdruck $\frac{df(a,b)}{da}$ bezeichnet die Ableitung der Funktion $f(a,b)$ nach a.

Die erste Ableitung nach b lautet:

$$\frac{df(a,b)}{db} = -2 \cdot \sum_{i=1}^{N} x_i \cdot y_i + 2 \cdot b \cdot \sum_{i=1}^{N} x_i^2 + 2 \cdot a \cdot \sum_{i=1}^{N} x_i \tag{12.10}$$

Nun wird die erste Ableitung nach a aufgelöst, um sie anschließend in die Ableitung von b einzusetzen:

$$0 = -2 \cdot \sum_{i=1}^{N} y_i + 2 \cdot b \cdot \sum_{i=1}^{N} x_i + 2 \cdot N \cdot a \tag{12.11}$$

$$2 \cdot N \cdot a = 2 \cdot \sum_{i=1}^{N} y_i - 2 \cdot b \cdot \sum_{i=1}^{N} x_i \tag{12.12}$$

$$a = \frac{2 \cdot \sum_{i=1}^{N} y_i}{2 \cdot N} - \frac{2 \cdot b \cdot \sum_{i=1}^{N} x_i}{2 \cdot N} \tag{12.13}$$

$$= \frac{\sum_{i=1}^{N} y_i}{N} - b \cdot \frac{\sum_{i=1}^{N} x_i}{N} \tag{12.14}$$

$$= \bar{y} - b \cdot \bar{x} \tag{12.15}$$

12.2 Herleitung der Regressionsgleichung

Dann wird, wie oben schon beschrieben, a in die erste Ableitung nach b eingesetzt. Hierdurch erhält man eine Gleichung mit nur einer Unbekannten, nämlich b.

$$0 = -2 \cdot \sum_{i=1}^{N} x_i \cdot y_i + 2 \cdot b \cdot \sum_{i=1}^{N} x_i^2 + 2 \cdot \left(\frac{\sum_{i=1}^{N} y_i}{N} + b \cdot \frac{\sum_{i=1}^{N} x_i}{N} \right) \cdot \sum_{i=1}^{N} x_i \quad (12.16)$$

$$= -2 \cdot \sum_{i=1}^{N} x_i \cdot y_i + 2 \cdot b \cdot \sum_{i=1}^{N} x_i^2 + 2 \cdot \frac{\sum_{i=1}^{N} y_i}{N} \cdot \sum_{i=1}^{N} x_i + 2 \cdot b \cdot \frac{\sum_{i=1}^{N} x_i}{N} \cdot \sum_{i=1}^{N} x_i \quad (12.17)$$

In einem nächsten Schritt wird die Gleichung auf beiden Seiten durch 2 geteilt.

$$0 = -\sum_{i=1}^{N} x_i \cdot y_i + b \cdot \sum_{i=1}^{N} x_i^2 + \frac{\sum_{i=1}^{N} y_i}{N} \cdot \sum_{i=1}^{N} x_i + b \cdot \frac{\sum_{i=1}^{N} x_i}{N} \cdot \sum_{i=1}^{N} x_i \quad (12.18)$$

Es wird nach b aufgelöst, indem alle Terme mit b auf die linke Seite der Gleichung gebracht werden.

$$b \cdot \sum_{i=1}^{N} x_i^2 - b \cdot \frac{\sum_{i=1}^{N} x_i}{N} \cdot \sum_{i=1}^{N} x_i = \sum_{i=1}^{N} x_i \cdot y_i - \frac{\sum_{i=1}^{N} y_i}{N} \cdot \sum_{i=1}^{N} x_i \quad (12.19)$$

$$b \cdot \left(\sum_{i=1}^{N} x_i^2 - \frac{\sum_{i=1}^{N} x_i}{N} \cdot \sum_{i=1}^{N} x_i \right) = \sum_{i=1}^{N} x_i \cdot y_i - \frac{\sum_{i=1}^{N} y_i}{N} \cdot \sum_{i=1}^{N} x_i \quad (12.20)$$

Wird diese Gleichung auf beiden Seiten durch $\sum_{i=1}^{N} x_i^2 - \frac{\sum_{i=1}^{N} x_i}{N} \cdot \sum_{i=1}^{N} x_i$ geteilt, so folgt:

$$b = \frac{\sum_{i=1}^{N} x_i \cdot y_i - \frac{\sum_{i=1}^{N} y_i \cdot \sum_{i=1}^{N} x_i}{N}}{\sum_{i=1}^{N} x_i^2 - \frac{(\sum_{i=1}^{N} x_i)^2}{N}} \quad (12.21)$$

Dieser recht komplizierte Ausdruck wird durch eine Erweiterung mit N umgewandelt, damit anschließend eine Vereinfachung des Terms erfolgen kann:

$$b = \frac{\frac{\sum_{i=1}^{N} x_i \cdot y_i - \frac{\sum_{i=1}^{N} y_i \cdot \sum_{i=1}^{N} x_i}{N}}{N}}{\frac{\sum_{i=1}^{N} x_i^2 - \frac{(\sum_{i=1}^{N} x_i)^2}{N}}{N}} \quad (12.22)$$

$$= \frac{cov_{x,y}}{s_x^2} \quad (12.23)$$

Da diese letzte Umformung sicherlich nicht spontan einleuchtet, soll diese "einfachere" Gleichung für b in der folgenden Herleitung kurz begründet werden. Zunächst erfolgt eine Umstellung des algebraischen Ausdrucks der Kovarianz $cov_{x,y}$:

$$cov_{x,y} = \frac{\sum_{i=1}^{N}(x_i - \bar{x}) \cdot (y_i - \bar{y})}{N} \quad (12.24)$$

$$= \frac{\sum_{i=1}^{N}(x_i \cdot y_i - x_i \cdot \bar{y} - \bar{x} \cdot y_i + \bar{x} \cdot \bar{y})}{N} \quad (12.25)$$

$$= \frac{\sum_{i=1}^{N} x_i \cdot y_i - \sum_{i=1}^{N} x_i \cdot \bar{y} - \sum_{i=1}^{N} \bar{x} \cdot y_i + \sum_{i=1}^{N} \bar{x} \cdot \bar{y}}{N} \quad (12.26)$$

$$= \frac{\sum_{i=1}^{N} x_i \cdot y_i - \bar{y} \cdot \sum_{i=1}^{N} x_i - \bar{x} \cdot \sum_{i=1}^{N} y_i + \sum_{i=1}^{N} \bar{x} \cdot \bar{y}}{N} \quad (12.27)$$

$$= \frac{\sum_{i=1}^{N} x_i \cdot y_i - \bar{y} \cdot N \cdot \bar{x} - \bar{x} \cdot N \cdot \bar{y} + N \cdot \bar{x} \cdot \bar{y}}{N} \quad (12.28)$$

$$= \frac{\sum_{i=1}^{N} x_i y_i - N \cdot \bar{y} \cdot \bar{x}}{N} \quad (12.29)$$

$$= \frac{\sum_{i=1}^{N} x_i \cdot y_i - N \cdot \frac{\sum_{i=1}^{N} y_i}{N} \cdot \frac{\sum_{i=1}^{N} x_i}{N}}{N} \quad (12.30)$$

$$= \frac{\sum_{i=1}^{N} x_i \cdot y_i - \frac{\sum_{i=1}^{N} y_i \cdot \sum_{i=1}^{N} x_i}{N}}{N} \quad (12.31)$$

Analog dazu lässt sich auch für die Varianz von x zeigen:

$$s_x^2 = \frac{\sum_{i=1}^{N} x_i^2 - \frac{(\sum_{i=1}^{N} x_i)^2}{N}}{N} \quad (12.32)$$

Kehrt man zur ursprünglichen Gleichung 12.22 zurück, folgt:

$$b_{y.x} = \frac{\frac{\sum_{i=1}^{N} x_i \cdot y_i - \frac{\sum_{i=1}^{N} y_i \cdot \sum_{i=1}^{N} x_i}{N}}{N}}{\frac{\sum_{i=1}^{N} x_i^2 - \frac{(\sum_{i=1}^{N} x_i)^2}{N}}{N}} \quad (12.33)$$

$$= \frac{cov_{x,y}}{s_x^2} \quad (12.34)$$

$$= \frac{r_{x,y} \cdot s_x \cdot s_y}{s_x^2} \quad (12.35)$$

$$= r_{xy} \cdot \frac{s_y}{s_x} \quad (12.36)$$

Nachdem $b_{y.x}$ berechnet wurde, ist $a_{y.x}$ durch Einsetzen zu bestimmen:

$$a_{y.x} = \bar{y} - b \cdot \bar{x} \quad (12.37)$$

$$= \bar{y} - r_{xy} \cdot \frac{s_y}{s_x} \cdot \bar{x} \quad (12.38)$$

Es ergibt sich die folgende allgemeine Regressionsgleichung:

12.2 Herleitung der Regressionsgleichung

Definition: Die allgemeine Gleichung der linearen Regression ist gegeben über

$$\hat{y}_i = r_{xy} \cdot \frac{s_y}{s_x} \cdot (x_i - \bar{x}) + \bar{y} \qquad (12.39)$$

Voraussetzungen: Eine lineare Regressionanalyse darf durchgeführt werden, wenn

1. die Unabhängigkeit der Regressionsresiduen gegeben ist,
2. Prädiktor und Kriterium intervallskaliert und normalverteilt sind,
3. Homoskedastizität vorliegt und
4. die Regressionsresiduen normalverteilt sind.

Beispiel: Durch die subjektive Einschätzung der Bedeutsamkeit des Fachs Statistik auf einer zehnstufigen Skala (Variable x) zu Beginn des Studiums soll vorhergesagt werden, wieviele Stunden sich der jeweilige Studierende mit Statistik (Übung, Tutorate und Lerngruppen, Variable y) beschäftigt. Eine Stichprobe von N = 82 Studierende wird während ihres Grundstudiums begleitet. Im ersten Semester wird die subjektive Bedeutsamkeit der Statistik erhoben und am Ende des vierten Semesters der objektive Zeitaufwand abgefragt. Es ergaben sich die folgenden Daten:

$\bar{x} = 6{,}8 \; (s_x = 1{,}7);$
$\bar{y} = 35{,}7 \; (s_y = 14{,}2);$
$r_{xy} = .39$

Hieraus ergibt sich folgende Regressionsgleichung:

$$\begin{aligned}
\hat{y}_i &= r_{xy} \cdot \frac{s_y}{s_x} \cdot (x_i - \bar{x}) + \bar{y} & (12.40) \\
&= .39 \cdot \frac{14{,}2}{1{,}7} \cdot (x_i - 6{,}8) + 35{,}7 & (12.41) \\
&= 3{,}26 \cdot (x_i - 6{,}8) + 35{,}7 & (12.42) \\
&= 3{,}26 \cdot x_i - 22{,}2 + 35{,}7 & (12.43) \\
&= 3{,}26 \cdot x_i + 13{,}5 & (12.44)
\end{aligned}$$

Beispielsweise kann bei einem gegebenen x_i-Wert von 8 ein $\hat{y}_i$-Wert von 39,58 vorhersagen werden:

$$\begin{aligned}
\hat{y}_i &= 3{,}26 \cdot x_i + 13{,}5 & (12.45) \\
&= 3{,}26 \cdot 8 + 13{,}5 & (12.46) \\
&= 39{,}58 & (12.47)
\end{aligned}$$

12.3 Güte der Vorhersage

Es stellt sich nun die Frage, wie genau die Regressionsgleichung die wahren Werte vorhersagt. Beispielsweise ist bei der Vorhersage des Gewinns eines Unternehmens nicht nur der vorhergesagte Wert, sondern auch für die Qualität dieser Vorhersage von Interesse. Eine Regression ist ein Schätzverfahren, das nur bei einer Korrelation von -1 oder +1 eine 100%-ig genaue Schätzung erlauben würde. Der wahre Wert von y_i setzt sich aus der Schätzung $\hat{y}_i$ (vorhersagbarer Anteil, $y_{reg(i)}$) und einem sogenannten "Fehler" e_i (nicht vorhersagbarer Anteil, $y_{res(i)}$) zusammen:

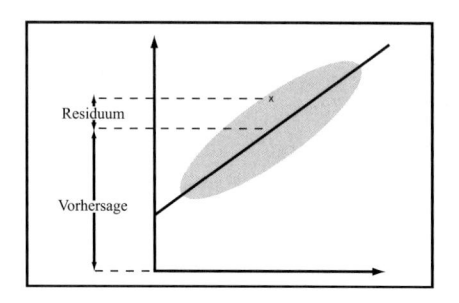

Abbildung 12.2: Vorhersagewert und Vorhersagefehler

$$y_i = \hat{y}_i + e_i \tag{12.48}$$
$$y_i = y_{reg(i)} + y_{res(i)} \tag{12.49}$$

Die Differenz zwischen wahrem Wert y_i und dem durch die Regressionsgleichung vorhergesagtem Wert $y_{reg(i)}$ wird als **Residuum** $y_{res(i)}$ bezeichnet. Aufgrund der Additivität von Mittelwerten gilt, dass sich der Mittelwert der Variablen y aus den Mittelwerten der vorhergesagten Werte und der Residuen zusammensetzt:

$$\bar{y} = \bar{y}_{reg} + \bar{y}_{res} \tag{12.50}$$

Da sich die Vorhersagefehler bei erfüllter Voraussetzung symmetrisch um die Regressionsgerade verteilen, ist sowohl die Summe als auch der Mittelwert der Regressionsresiduen $\bar{y}_{res} = 0$.

Nach dem Varianzadditionssatz gilt für die Varianzen der in vorhergesagte und nichtvorhergesagte Anteile zerlegten Variablen y:

$$s_y^2 = s_{reg}^2 + s_{res}^2 + 2 \cdot s_{reg\,res} \tag{12.51}$$

Da die vorhersagbaren Werte und die Residuen bei erfüllten Voraussetzungen unkorreliert sind, ist die $s_{reg\,res} = 0$. Es gilt:

$$s_y^2 = s_{reg}^2 + s_{res}^2 \tag{12.52}$$
$$1 = \frac{s_{reg}^2}{s_y^2} + \frac{s_{res}^2}{s_y^2} \tag{12.53}$$

Somit ist die Gesamtvarianz des Kriteriums in einen vorhersagbaren und einen nichtvorhersagbaren Anteil aufgeteilt. Je mehr Varianz erklärt werden kann, desto geringer fällt der Vorhersagefehler aus. Im diesem Abschnitt folgt nun die im Kapitel 10.4

(Seite 195) angekündigte Herleitung des Determinationskoeffizienten. Wie dort beschrieben gibt der Determinationskoeffizient r^2 an, wieviel gemeinsame Varianz zwei Variablen haben.

Herleitung: Gefragt ist nach dem Anteil der erklärbaren oder gemeinsamen Varianz zweier Variablen. Dies kann über die folgende Gleichung erfolgen:

$$\frac{s_{reg}^2}{s_y^2} = \frac{\frac{\sum_{i=1}^{N}(\hat{y}_i - \bar{y})^2}{N}}{s_y^2} \tag{12.54}$$

$$= \frac{\frac{\sum_{i=1}^{N}(r_{xy} \cdot \frac{s_y}{s_x}(x_i - \bar{x}) + \bar{y} - \bar{y})^2}{N}}{s_y^2} \tag{12.55}$$

$$= \frac{\frac{\sum_{i=1}^{N}(r_{xy} \cdot \frac{s_y}{s_x}(x_i - \bar{x}))^2}{N}}{s_y^2} \tag{12.56}$$

$$= \frac{\frac{(r_{xy} \cdot \frac{s_y}{s_x})^2 \cdot \sum_{i=1}^{N}(x_i - \bar{x})^2}{N}}{s_y^2} \tag{12.57}$$

$$= \frac{(r_{xy} \cdot \frac{s_y}{s_x})^2 \cdot \frac{\sum_{i=1}^{N}(x_i - \bar{x})^2}{N}}{s_y^2} \tag{12.58}$$

$$= \frac{(r_{xy} \cdot \frac{s_y}{s_x})^2 \cdot s_x^2}{s_y^2} \tag{12.59}$$

$$= \frac{r_{xy}^2 \cdot \frac{s_y^2}{s_x^2} \cdot s_x^2}{s_y^2} \tag{12.60}$$

$$= \frac{r_{xy}^2 \cdot s_y^2}{s_y^2} \tag{12.61}$$

$$= r_{xy}^2 \tag{12.62}$$

Die Bestimmung der erklärbaren Varianz wird über den Determinationskoeffizienten hergeleitet. Es gilt:

$$1 = \frac{s_{reg}^2}{s_y^2} + \frac{s_{res}^2}{s_y^2} \tag{12.63}$$

$$= r_{xy}^2 + (1 - r_{xy}^2) \tag{12.64}$$

Werden beide Seiten der Gleichung mit s_y^2 multipliziert, ergibt sich:

$$\underbrace{s_y^2 \cdot 1}_{Gesamtvarianz} = \underbrace{s_y^2 \cdot r_{xy}^2}_{\text{erklärbare Varianz}} + \underbrace{s_y^2 \cdot (1 - r_{xy}^2)}_{\text{nicht-erklärbare Varianz}} \tag{12.65}$$

Die Kriteriumsvarianz kann in einen vorhersagbaren Varianzanteil ($s_{reg}^2 = s_{\hat{y}}^2$) und in einen nicht-erklärbaren Varianzanteil aufgespalten werden. Der nicht-erklärbare

Varianzanteil wird auch als **Alienationskoeffizient** bezeichnet.

$$s_{reg}^2 = s_y^2 \cdot r_{xy}^2 \tag{12.66}$$
$$s_{res}^2 = s_y^2 \cdot (1 - r_{xy}^2) \tag{12.67}$$

Mit der Hilfe von s_{res}^2 sind Aussagen über die Genauigkeit der Schätzung eines wahren Wertes y_i durch die Regression möglich. s_{res} wird auch als $s_{y.x}$, als Streuung der geschätzten Werte bei einer Vorhersage von y durch x, bezeichnet.

> **Definition:** Die Streuung s_{res} erfaßt den Fehler, der bei der Vorhersage in einer lineare Regression entsteht. Dieser Fehler ist der **Standardschätzfehler** $s_{y.x}$.
>
> $$s_{y.x} = s_y \cdot \sqrt{1 - r_{xy}^2} \tag{12.68}$$
>
> Der Standardschätzfehler kann als die Streuung der tatsächlichen y-Werte um die Regressionsgerade aufgefasst werden.

Anmerkung: Um die Streuung der tatsächlichen y-Werte um die Regressionsgerade in der Population erwartungstreu zu schätzen, ist $s_{y.x}$ mit dem Faktor $\sqrt{\frac{n}{n-2}}$ zu multiplizieren. Das Ergebnis ist eine konservative Schätzung des wahren Intervalls in der Population um die Stichprobenwerte.

Mit der Hilfe des Standardschätzfehlers kann um jeden geschätzten Wert $\hat{y}_i$ ein Konfidenzintervall gelegt werden, in dem mit einer Wahrscheinlichkeit von 95 % der wahre y-Wert liegt.

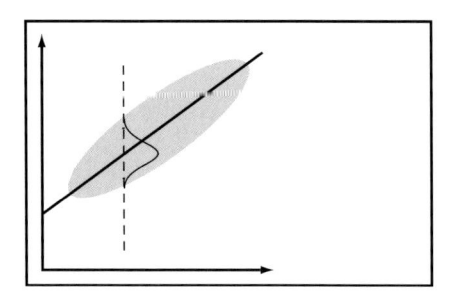

Abbildung 12.3: Standardschätzfehler bei der Regression

$$\hat{y}_i \pm 1.96 \cdot s_{y.x} \tag{12.69}$$

Je kleiner der Standardschätzfehler und somit das Intervall ausfällt, desto präziser ist die Vorhersage. Die Größe des Standardschätzfehlers gibt also Auskunft über die Genauigkeit der Schätzung.

Anmerkung: Dieser Standardschätzfehler ist nicht mit der Standardabweichung oder dem Standardfehler zu verwechseln. Der Standardschätzfehler $s_{y.x}$ beschreibt die Streuung der wahren y_i-Werte um die Regressionsgerade. Die Standardabweichung s_x ist ein Maß für die Streuung der x_i-Werte um $\bar{x}$. Der Standardfehler des Mittelwertes $s_{\bar{x}}$ wird bei der Schätzung eines Populationsmittelwertes verwendet und stellt die Streuung der $\bar{x}_i$ um μ_x dar.

Folgende Größen beeinflussen den Standardschätzfehler:

1. Je größer die Streuung des Kriteriums, desto größer ist der Standardschätzfehler.
2. Je größer die Korrelation zwischen Prädiktor und Kriterium, desto kleiner ist der Standardschätzfehler.
3. Je größer die Streuung des Prädiktors, desto kleiner in der Standardschätzfehler.

Der dritte Punkt dieser Aufzählung lässt sich durch die inverse Wirkung des später in diesem Kapitel dargestellten "restriction of range"-Effekts erklären.

Der zweite Einflussfaktor soll an dieser Stelle genauer erläutert werden. Der Korrelationskoeffizient r_{xy} hat einen sehr starken Einfluss auf die Güte der Regressionsgleichung wie ein Blick auf die Gleichung zur Bestimmung von $b_{y.x}$ zeigt:

$$b_{y.x} = r_{xy} \cdot \frac{s_y}{s_x} \tag{12.70}$$

Da die geschätzten Werte $\hat{y}_i$ über eine lineare Transformation bestimmt werden, ergibt sich durch Einsetzen folgende Gleichung:

$$r_{xy} = r_{\hat{y}y} \tag{12.71}$$

Somit ist die Korrelation zwischen Prädiktor und Kriterium identisch zur Korrelation zwischen wahrem und vorhergesagtem Wert. Je höher eine Korrelation zwischen Prädiktor und Kriterium, desto höher fällt auch die Korrelation zwischen vorhergesagtem und wahrem Wert aus.

Aufgrund der Gleichung 12.70 hängt $b_{y.x}$ direkt von r_{xy} ab. Ist die Korrelation positiv, so ist auch der $b_{y.x}$-Koeffizient positiv. Bei einer Korrelation $r_{xy} = 0$ folgt $b_{y.x} = 0$. Die Gesamtvarianz ist somit in diesem Fall mit der Fehlervarianz identisch, während die vorhergesagte Varianz Null beträgt. Wenn hingegen $r_{xy} = 1$ oder $r_{xy} = -1$, dann ist die Varianz der Residuen Null und die vorhergesagte Varianz ist gleich der Gesamtvarianz. Die Varianz des Kriteriums kann somit vollständig erklärt werden.

Da Korrelation und Kovarianz voneinander abhängen, ist auch ein Zusammenhang zwischen Kovarianz und $b_{y.x}$-Gewicht darstellbar. Es gilt:

$$b_{y.x} = r_{xy} \cdot \frac{s_y}{s_x} \tag{12.72}$$

und

$$r_{xy} = \frac{cov_{xy}}{s_x \cdot s_y} \tag{12.73}$$

Daraus folgt

$$b_{y.x} = \frac{cov_{xy}}{s_x^2} \tag{12.74}$$

Somit ergibt sich folgende alternative Regressionsgleichung:

$$\hat{y}_i = \frac{cov_{xy}}{s_x^2} \cdot (x_i - \bar{x}) + \bar{y} \tag{12.75}$$

12.4 Kreuzvalidierung

Es stellt sich nun die Frage, wie die Generalisierbarkeit einer Regressionsgleichung überprüfen werden kann. Für die Überprüfung der externen Validität einer Regressionsgeraden wird die Kreuzvalidierung verwendet. Dazu werden zwei Stichproben oder eine künstlich aufgeteilte Stichprobe benötigt.

Beispiele: Im aktuellen Studierendenjahrgang wird eine Regressiongleichung zur Vorhersage des Erfolgs in der Statistik-Klausur in Abhängigkeit von der Anzahl der Tutoratsbesuche bestimmt. Diese resultierende Regressionsgleichung wird anschließend mit dem Daten einer weiteren Erhebung des nachfolgenden Jahrganges überprüft.

Bei einer künstlichen Aufteilung wird eine Stichprobe zufällig in zwei Hälften geteilt und anhand der einen Teilstichprobe die Regressionsgleichung aufgestellt. Anschließend wird diese Regressionsgleichung anhand der Daten der zweiten Teilstichprobe überprüft. Allerdings muss hierbei beachtet werden, dass keine Verzerrung beim Ziehen der Teilstichproben entsteht.

> **Definition:** Eine Kreuzvalidierung ist ein Verfahren zur Überprüfung der Validität einer Regressionsgeraden. Die Übertragbarkeit einer empirisch ermittelten Regressionsgleichung auf eine weitere Stichprobe wird hierbei überprüft.

Eine Kreuzvalidierung beinhaltet folgende Schritte:

1. Berechnung einer Regressionsgleichung anhand der Daten der **ersten** Stichprobe.

2. Anwendung der Regressionsgleichung, welche in der der **ersten** Stichprobe ermittelt wurde, zur Vorhersage in der **zweiten** Stichprobe.

3. Vergleich der vorhergesagten mit den wahren Kriteriumswerten in der **zweiten** Stichprobe. Es gilt im Allgemeinen bei der Kreuzvalidierung in der zweiten Stichprobe:

$$r_{xy} \geqslant r_{\hat{y}y} \tag{12.76}$$

Sind beide Korrelationskoeffizienten sehr ähnlich, kann die Regressionsgleichung als valide gelten.

Eine vollständige Kreuzvalidierung erfordert zudem, dass diese drei Schritte noch einmal "über Kreuz" in die andere Richtung durchgeführt werden, wobei umgekehrt von der zweiten Stichprobe auf die erste Stichprobe geschlossen wird. Das Ergebnis einer vollständigen Kreuzvaldierung sind somit zwei Regressionsgleichungen.

Eine Regressionsgleichung sollte nach Möglichkeit immer kreuzvalidiert werden, da die gefundenen Korrelationskoeffizienten von der zufälligen Zusammensetzung der Stichprobe abhängen und die ermittelte Stichprobenkorrelation einen starken Einfluss auf die Steigung der Regressionsgeraden hat. Diese Stichprobenabhängigkeit wird bei einer Kreuzvaldierung kontrolliert.

Problem: Zumeist ergeben sich zwei leicht voneinander abweichende Regressionsgleichungen. Es stellt sich die Frage, welcher Gleichung die höhere Validität zukommt. Zudem stellt sich die Frage, welcher Differenz der beiden Korrelationskoeffizienten r_{xy} und $r_{\hat{y}y}$ Bedeutsamkeit zukommen muss.

Ausblick: Neuere, relativ leicht zu bedienende Statistik-Programme, wie beispielsweise AMOS (Analysis of MOment Structures)[1], erlauben im Rahmen einer Modellentwicklung zwei Regressionsmodelle (Regressionsgleichungen) auf signifikante Unterschiede zu prüfen. Die Ermittlung eines individuellen Modells für jede Stichprobe ist ebenfalls möglich, wobei AMOS auch ein Modell für die Gesamtstichprobe sucht. Anhand der Beurteilung spezifischer FIT-Indizes (Maße der Modellanpassung) ist eine Modellauswahl möglich.

12.5 Regressionseffekt

Problem: Einer Messung mit extrem über- oder unterdurchschnittlichen Messwerten folgen bei erneuter Messung mit hoher Wahrscheinlichkeit Werte mit weniger starker Ausprägung.

Beispiel: Spitzensportler zeigen nach einer Bestleistung oft schlechtere Ergebnisse. Eine Legende des Weitsprungs ist Bob Beamon (USA), der 1968 bei den Olympischen Spielen in Mexiko den bis dahin gültigen Weltrekord von 8,35 Metern auf 8,90 Metern erhöhte, eine Weltbestleistung, an die ein Vierteljahrhundert lang kein Springer, auch er selbst nicht mehr, annähernd heran kam.

Ein solcher Regressionseffekt kann auch bei Personen mit unterdurchschnittlichen Werten beobachtet werden. Personen verbessern sich bei einer zweiten Untersuchung oftmals, wenn sie bei der ersten Untersuchung sehr schlecht waren.

---

[1] Mehr zu AMOS ist auf der Homepage von Smallwaters zu finden (http://www.smallwaters.com). Dort kann zudem unter http://www.smallwaters.com/amos/student.html eine kostenlose, jedoch eingeschränkte Studierendenversion heruntergeladen werden. Diese erlaubt die Berechnung von pfadanalytischen Modellen, konfirmatorischen Faktorenanalysen und vielem mehr.

Definition: Der Regressionseffekt ist die Tendenz zur Mitte, die mit großer Wahrscheinlichkeit auftritt, wenn bei Personen mit extrem hoher oder extrem niedriger Merkmalsausprägung in einer ersten Messung eine zweite Untersuchung durchgeführt wird. Bei der zweiten Untersuchung liegen die Messwerte dieser Personen zumeistens wesentlich näher am Mittelwert. Die wiederholte Messung zeigt eine Tendenz zur Mitte der Verteilung.

Beispiel: Dieser Effekt taucht eventuell auch während einer Psychotherapie auf. Da hauptsächlich akut stark belastete Personen die Hilfe eines Therapeuten suchen, ist die Wahrscheinlichkeit hoch, dass es ihnen nach der Therapie besser geht. Ob es ihnen aufgrund des Regressionseffekts (Tendenz zur Mitte) oder durch die therapeutischen Maßnahme besser geht, kann nur schwer getrennt werden.

Erklärung: Ausprägungen um den Mittelwert einer Verteilung sind wahrscheinlicher als Extremwerte. Die Tendenz zur Mitte, zu einem "durchschnittlichen" Wert, ist viel stärker als zu noch extremeren Werten. Dieser von Galton (1886) gefundenen Effekt muss bei der Ergebnisinterpretation bei einer Untersuchung mit Messwiederholung oder einer Studie mit Extremgruppen berücksichtigt werden.

12.6 Einengung der Streubreite

Problem: Wird bei der Messung die Streuung eines untersuchten Merkmals eingeschränkt (**"restriction of range"**), sinkt zumeist die Korrelation zwischen zwei Merkmalen in der Stichprobe.

Beispiel: Untersucht man den Zusammenhang zwischen Intelligenz und Einkommen in einer Gruppe ehemaliger Hochschulabsolventen, so wird sich hier vermutlich eine geringere Korrelation finden als bei einer Untersuchung der Gesamtbevölkerung mit Absolventen aller Schultypen und verschiedenen, beziehungsweise auch keiner Berufsausbildung.

Definition: Durch eine Variationsbeschränkung ("restriction of range") wird die Streuung eines Merkmals in der Stichprobe künstlich eingeschränkt. Dadurch sinkt zumeist auch die berechnete Korrelation in der Stichprobe und unterschätzt die Korrelation in der Population.

$$s_x < \sigma_x \Rightarrow r_{xy} < \rho_{xy} \tag{12.77}$$

Zur Interpretation eines Korrelationskoeffizienten sind immer auch die Streuungen der beiden Merkmale zu berücksichtigen. Hat eines der beiden Merkmale eine geringe Streuung, besteht immer die Gefahr, dass die Populationskorrelation durch die Stichprobenkorrelation unterschätzt wird. Eine geringe Stichprobenstreuung kann außerdem auch ein Hinweis auf eine Verletzung der Normalverteilungsannahme sein. Ist diese Voraussetzung der Produkt-Moment-Korrelation nicht gegeben, müssen andere Korrelationskoeffizienten berücksichtigt werden (siehe Kapitel 11, Seite 203).

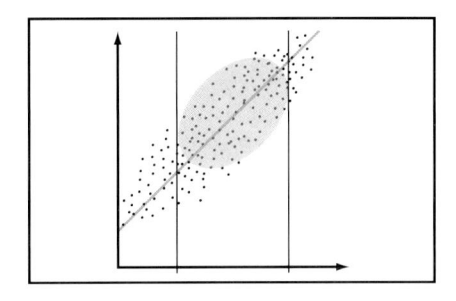

Abbildung 12.4: Einengung der Streubreite

12.7 Zusammenfassung

Die **einfache lineare Regression** dient zur Vorhersage der Ausprägung einer Variablen x über die Ausprägung einer Variablen y. Es wird also durch einen **Prädiktor** ein **Kriterium** vorhergesagt. Diese Schätzung unterliegt dem **Kriterium der kleinsten Quadrate**.

Die Genauigkeit einer Regressionsvorhersage wird über den **Standardschätzfehler** bestimmt. Je kleiner der Standardschätzfehler ist, desto genauer ist die Vorhersage. Die Güte einer Vorhersage hängt von der Korrelation zwischen Prädiktor und Kriterium ab. Je höher die Korrelation, desto mehr Kriteriumsvarianz kann durch den Prädiktor erklärt werden.

Die **Kreuzvalidierung** ermöglicht es, eine ermittelte Regressionsgerade auf ihre Validität zu überprüfen. Hierbei wird an einer Stichprobe eine Regressionsgerade berechnet und an einer anderen Stichprobe überprüft. Dieses Vorgehen wird dann "über Kreuz" wiederholt.

Mit dem **Regressionseffekt** wird eine Tendenz von Extremwerten zur Mitte beschrieben. Es ist wahrscheinlicher, dass extreme Merkmalsausprägungen in einer zweiten Untersuchung in Richtung Mittelwert tendieren, als zu vergleichbaren oder noch extremeren Ausprägungen.

Die Einschränkung der Varianz (**"restriction of range"**) einer Variablen führt zur Unterschätzung der Populationskorrelation durch eine Stichprobenkorrelation.

12.8 Aufgaben

1. Welches Skalenniveau wird für das Kriterium in einer linearen Regression vorausgesetzt?
2. Wie lautet das Kriterium, auf dem die Schätzung der Parameter in der einfachen linearen Regression beruht (mit algebraischem Ausdruck)?

3. Wie verändert sich der Regressionskoeffizient $b_{y.x}$, wenn die Streuung des Prädiktors s_x größer wird und die Korrelation zwischen Prädiktor und Kriterium r_{xy} gleich bleibt?

4. Was unterscheidet Standardfehler und Standardschätzfehler?

5. Was wird unter dem Begriff "restriction of range" verstanden? Was sind die Folgen dieses Effektes? Geben Sie ein Beispiel!

6. In einer Untersuchung wurden die Variablen x_i und y_i erhoben und die folgenden Kennwerte ermittelt:

   $\bar{x} = 2{,}1 \; s_x = 1{,}5 \; \bar{y} = 10{,}5 \; s_y = 3{,}0 \; r_{xy} = .75$

   a) Bestimmen Sie die Regressionsgleichung zur Vorhersage von y durch x.
   b) Wie groß ist die gemeinsame Varianz von x und y?
   c) Bestimmen Sie den Standardschätzfehler für die Vorhersage von y durch x.

7. Ermitteln sie für einen Prädiktorwert von x = 33 den Kriteriumswert einer linearen Regression unter den folgenden Stichprobenkennwerten:

   a) $\bar{x} = 25$ $s_x = 5$ $\bar{y} = 50$ $s_y = 10$ $r_{xy} = 0$
   b) $\bar{x} = 25$ $s_x = 5$ $\bar{y} = 50$ $s_y = 10$ $r_{xy} = 0{,}50$

13 Multiple Korrelation und multiple Regression

Schlagworte
- Partialkorrelation
- Semipartialkorrelation
- Suppressor-Effekt
- Allgemeines lineares Modell
- Multiple Regression
- inkrementelle Validität
- capitalization of chance
- Kreuzvalidierung
- Vorwärtsselektion
- Rückwärtselimination
- schrittweise Regression
- F-Test

Dieses Kapitel befasst sich mit Zusammenhängen zwischen mehr als zwei Variablen und der Regressionsvorhersage mit mehreren Prädiktoren. Da psychologische Fragestellungen in der Regel sehr komplex sind, kann die Frage nach der Beeinflussung relevanter Variablen oft nicht auf einen einfachen Zusammenhang reduziert werden. Daher erfolgt in diesem Kapitel eine Erweiterung der Korrelation zwischen zwei Variablen auf eine Korrelationen mit mehr als zwei Variablen. Analog hierzu erfolgt die Ausweitung der Regression auf eine Vorhersage eines Kriteriums mit mehreren Prädiktoren.

Beispiel: Der Erfolg eines neuen Unterrichtskonzepts hängt vermutlich nicht ausschließlich von der Anzahl der Unterrichtsstunden, sondern auch von der Motivation des Lehrenden, der Vorbildung und der Motivation der Lernenden, der Qualität des Lehrmateriales und vielen anderen Variablen ab. In der nebenstehenden Abbildung sind beispielhaft die Zusammenhänge zwischen dem Erfolg eines Unterrichtskonzeptes (x) und der Motivation der Lehrenden (y) sowie der Qualität des Lehrmateriales (z) dargestellt. Der Erfolg korreliert sowohl mit der Motivation wie auch mit der Qualität des Materials, wobei diese beiden Variablen ebenfalls miteinander korrelieren.

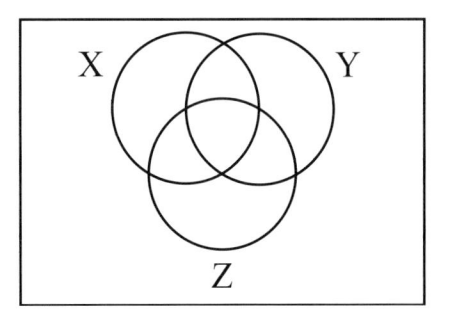

Abbildung 13.1: Ein Venn-Diagramm für den Zusammenhang zwischen drei Variablen

13.1 Partialkorrelation $r_{xy.z}$

Anwendung: Oft gibt es bei psychologischen Untersuchungen das Problem, dass die Korrelation einzelner Variablen miteinander von einer dritten Variablen beeinflusst wird.

Beispiel: Die Anzahl der Ertrinkenden und die Menge konsumierten Speiseeises pro Woche korrelieren sehr hoch miteinander. Es ist jedoch fraglich, ob diese Korrelation noch vorhanden wäre, wenn der Einfluss des Wetters, beispielsweise die über die wöchentliche Durchschnittstemperatur erhoben, neutralisiert werden könnte.

Eine solche "Neutralisierung" kann a priori mit Hilfe experimenteller Konstanthaltung der Drittvariablen oder a posteriori mittels der Partialkorrelation erreicht werden.

Definition: Eine Partialkorrelation beschreibt den linearen Zusammenhang zwischen zwei Variablen, aus dem der Einfluss einer dritten Variablen eliminiert wurde. Sie ist sozusagen eine Korrelation der Variablen x und y, nachdem das Merkmal z aus x und y heraus partialisiert wurde.

Berechnung:

$$r_{xy.z} = \frac{r_{xy} - r_{yz} \cdot r_{xz}}{\sqrt{(1 - r_{yz}^2) \cdot (1 - r_{xz}^2)}} \tag{13.1}$$

Signifikanzprüfung: Die Signifikanzprüfung erfolgt über einen F-Test

$$F = \frac{r_{xy.z}^2}{1 - r_{xy.z}^2} \cdot (N - 3) \tag{13.2}$$

Theorie: Rein mathematisch betrachtet werden zwei Regressionen durchgeführt, bei denen jeweils von der Drittvariablen z auf die Merkmale x und y geschlossen wird. Danach wird die Korrelation der jeweiligen Regressionsresiduen berechnet.

Im Venn-Diagramm zur Veranschaulichung der Varianz bezieht sich die Partialkorrelation auf die Schnittfläche der beiden Kreise für x und y, wenn aus beiden Kreisen die Schnittfläche mit der Variablen z entfernt worden ist. Dies soll mit der Bezeichnung x:z (x ohne z) und y:z verdeutlicht werden. Der quadrierte Partialkorrelationskoeffizient beschreibt den gemeinsamen Varianzanteil von x und y ohne z.

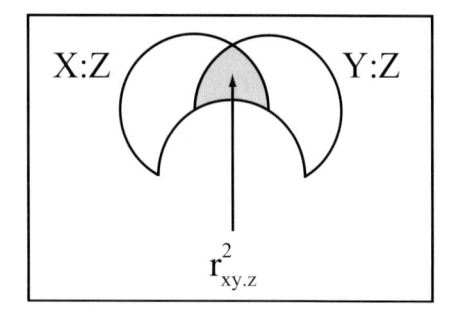

Abbildung 13.2: Partialkorrelation als Venn-Diagramm

Anmerkung: Das Problem der Beeinflussung durch eine Drittvariable könnte

man auch versuchsplanerisch durch Konstanthaltung dieser Variablen lösen. Würde beispielsweise in der zuvor erwähnten Studie zum Zusammenhang zwischen Speiseeiskonsum und Anzahl der Ertrinkenden die Datenerhebung ausschließlich im sonnigen August (über mehrere Jahre hinweg) erfolgen, so würde vermutlich belegt werden können, dass dieser Zusammenhang nahe 0 liegt.

Ist mehr als eine Variable aus dem Zusammenhang zweier Variablen herauszupartialisieren, spricht man von einer **Partialkorrelation höherer Ordnung**. Es ist also möglich, aus dem Zusammenhang zwischen zwei Variablen beliebig viele Variablen herauszupartialisieren. Allerdings wird dies bei höher werdender Ordnung immer aufwendiger.

Folgenden Bezeichnungen für Partialkorrelationen sind üblich:

$r_{xy.z}$ Partialkorrelation erster Ordnung

$r_{xy.12}$ Partialkorrelation zweiter Ordnung

$\vdots$

$r_{xy.123\ldots m}$ Partialkorrelation m-ter Ordnung

Definition: Es kann rekursiv eine allgemeine Formel für den Partialkorrelationskoeffizienten der m-ten Ordnung aufgestellt werden, wobei k die Gesamtanzahl der Variablen beschreibt und somit jeweils ein Partialkorrelationskoeffizient der m (= k-2)-ten Ordnung berechnet wird.

Berechnung:

$$r_{12.34\ldots k} = \frac{r_{12.34\ldots(k-1)} - r_{1k.34\ldots(k-1)} \cdot r_{2k.34\ldots(k-1)}}{\sqrt{(1 - r^2_{1k.34\ldots(k-1)}) \cdot (1 - r^2_{2k.34\ldots(k-1)})}} \quad (13.3)$$

Signifikanztestung:

$$F = \frac{\frac{r^2_{12.34\ldots k}}{k-2}}{\frac{1 - r^2_{12.34\ldots k}}{(N-2-k)}} \quad (13.4)$$

Es müssen also durch eine **Rekursion** sämtliche niedrigeren Partialkorrelationen berechnet werden, bevor die Partialkorrelation der k-ten Ordnung berechnet werden kann. Dies führt bei sehr hoher Ordnung schnell zu einem großen Rechenaufwand und damit verbunden zu einer hohen Wahrscheinlichkeit für Rechenfehler. Derartige Berechnungen sollten immer einem Statistik-Programm überlassen werden.

13.2 Semipartialkorrelation $r_{x(y.z)}$

Anwendung: Es soll geprüft werden, wieviel Varianz der Variablen x durch die Variablen y und z erklärt werden kann. Es wird festgestellt, dass alle drei Variablen, also auch y und z, substanziell miteinander korrelieren. Die Variable z erklärt auf jeden Fall einen Anteil der Varianz von x auf. Über die Semipartialkorrelation kann der Anteil der zusätzlich von y erklärten Varianz ermittelt werden.

> **Definition:** Eine Semipartialkorrelation ist die Korrelation eines Residuums mit einer ursprünglichen Variablen, nachdem z **nur** aus y herauspartialisiert wurde. Mit $r^2_{x(y.z)}$ kann der Varianzanteil bestimmt werden, den eine Variable **allein** am Kriterium erklärt.
>
> **Berechnung:**
>
> $$r_{x(y.z)} = \frac{r_{xy} - r_{xz} \cdot r_{yz}}{\sqrt{1 - r^2_{yz}}} \qquad (13.5)$$

Signifikanztestung: Die Prüfung auf Signifikanz erfolgt analog zur Signifikanzprüfung der Partialkorrelation.

Abbildung 13.2 zeigt den Varianzanteil am Kriterium, welcher allein durch y erklärt wird. Über die Semipartialkorrelation kann bestimmt werden, ob es sinnvoll ist, eine weitere Variable z in die Regressionsgleichung aufzunehmen, da über sie zusätzliche Varianz an x erklärt wird (**inkrementellen Validität**). Der Ausdruck y:z verdeutlicht, dass z aus y herauspartialisiert wurde.

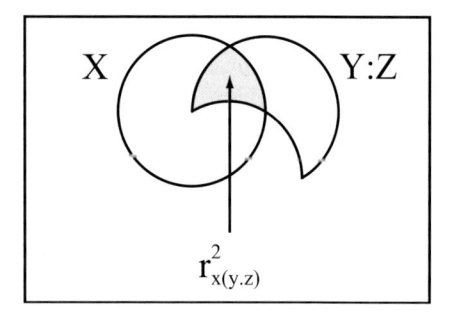

Analog zur Partialkorrelation gibt es **Semipartialkorrelationen höherer Ordnung**.

Abbildung 13.3: Semipartialkorrelation als Venn-Diagramm

> **Definition:** Die Semipartialkorrelation höherer Ordnung wird ebenfalls rekursiv berechnet.
>
> **Berechnung:**
>
> $$r_{1(2.34\ldots k)} = \frac{r_{12.34\ldots(k-1)} - r_{1k.34\ldots(k-1)} \cdot r_{2k.34\ldots(k-1)}}{\sqrt{1 - r^2_{1k.34\ldots(k-1)}}} \qquad (13.6)$$

Signifikanzprüfung: Die Signifikanzprüfung erfolgt auf gleiche Weise wie beim Partialkorrelationskoeffizienten.

$$F = \frac{\frac{r^2_{12.34\ldots k}}{k-2}}{\frac{1-r^2_{12.34\ldots k}}{(N-2-k)}} \qquad (13.7)$$

Anmerkung: Die Semipartialkorrelation wird zur Berechnung der später in diesem Kapitel erläuterten inkrementellen Validität benötigt. Hierbei wird mit Hilfe der Semipartialkorrelation die Frage nach der Größe der zusätzlichen Varianzaufklärung durch eine weitere Variable in der Regressionsgleichung beantwortet. Die Größe des Anstiegs der Varianzerklärung stellt für die Aufnahme zusätzlicher Prädiktoren in der multiplen Regressionanalyse einen wichtigen Kennwert dar.

13.3 Multiple Korrelation

Bisher wurde der Zusammenhang zwischen zwei Variablen mit einer herauspartialisierten dritten Variablen behandelt. Nun soll erläutert werden, wie groß der Zusammenhang einer Variablen y mit zwei Variablen x_1 und x_2 ist.

> **Definition:** Der multiple Korrelationskoeffizient erfasst den Zusammenhang zwischen mehreren Prädiktorvariablen und einem Kriterium. Er entspricht damit der Produkt-Moment-Korrelation zwischen dem vorhergesagten und dem tatsächlichen Kriteriumswert bei der Regression mit mehreren Prädiktorvariablen.
>
> Bei drei Variablen ist die multiple Korrelation definiert durch:
>
> $$R_{y.x_1x_2} = \sqrt{\frac{r_{x_1y}^2 + r_{x_2y}^2 - 2 \cdot r_{x_1x_2} \cdot r_{x_1y} \cdot r_{x_2y}}{1 - r_{x_1x_2}^2}} \quad (13.8)$$
>
> Zur Erweiterung auf mehr als drei Variablen sind sämtliche bivariate Korrelationen mit dem Kriterium im ersten Term des Zählers und sämtliche Korrelationen im zweiten Term des Zählers zu berücksichtigen. Im Nenner wird das Produkt der Determinationskoeffizienten zwischen den Prädiktoren des ersten Terms subtrahiert.

Signifikanzprüfung:

$$F = \frac{\frac{R^2}{df_1}}{\frac{1-R^2}{df_2}} \quad (13.9)$$

mit

$$df_1 = k \text{ (Anzahl der Variablen)} \quad (13.10)$$
$$df_2 = N - k - 1 \quad (13.11)$$

13.4 Verschiedene Formen korrelativer Zusammenhänge

Bevor die multiple Regression näher erläutert wird, werden im Folgenden einige Beispiele für mögliche Zusammenhänge zwischen drei Variablen dargestellt. Diese Beispiele sollen die Interpretation von Korrelationstabellen erleichtern und eine Vorstellung von Zusammenhängen vermitteln.

Null-Korrelation

Tabelle 13.1: Null-Korrelation

	y	x_1	x_2
y	1,00	,00	,00
x_1		1,00	,00
x_2			1,00

In der Korrelationstabelle werden die Korrelationen der drei Variablen y, x_1 und x_2 dargestellt. In diesem Beispiel korrelieren die drei Variablen nicht miteinander, dass heißt sie sind voneinander unabhängig. Weder x_1 noch x_2 ist ein geeigneter Prädiktor für y.

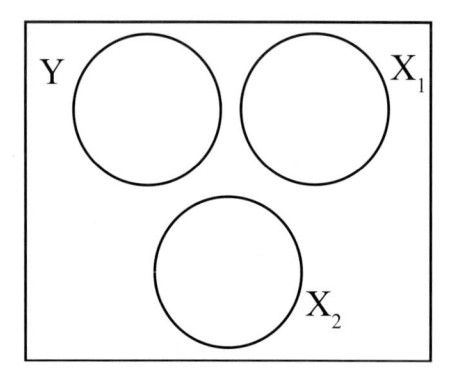

Abbildung 13.4: Nullkorrelationen im Venn-Diagramm

Nur ein sinnvoller Prädiktor

Tabelle 13.2: Ein sinnvoller Prädiktor

	y	x_1	x_2
y	1,00	,60	,00
x_1		1,00	,00
x_2			1,00

Nur x_1 korreliert mit y und ist somit ein sinnvoller Prädiktor. Eine Verbesserung der Vorhersage durch den Prädiktor x_2 ist nicht möglich.

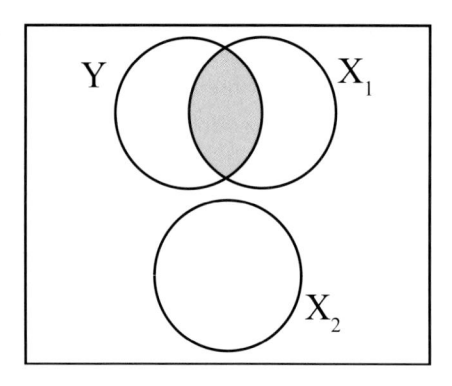

Abbildung 13.5: Nur ein potenzieller Prädiktor korreliert mit dem Kriterium

Inkrementelle Validität

Definition: Eine Variable besitzt inkrementelle Validität, wenn ihre Aufnahme als zusätzlicher Prädiktor in einer Regression mit mehreren Prädiktoren den Anteil der aufgeklärten Varianz im Kriterium signifikant erhöht.

Tabelle 13.3: Inkrementelle Validität

	y	x_1	x_2
y	1,00	,60	,45
x_1		1,00	,30
x_2			1,00

Beiden Prädiktoren x_1 und x_2 korrelieren mit dem Kriterium. x_1 kann als bester Prädiktor gelten, da er einen größeren Anteil ($r^2_{yx_1}$ = .36 %) an der Kriteriumsvarianz erklärt. Durch die Hinzunahme von x_2 als zweiten Prädiktor kann die Vorhersage verbessert werden. x_2 verfügt über **inkrementelle Validität**. Das Ausmaß der inkrementellen Validität eines zweiten Prädiktors ist der Anteil an der Kriteriumsvrianz, der zusätzlich aufklärt wird.

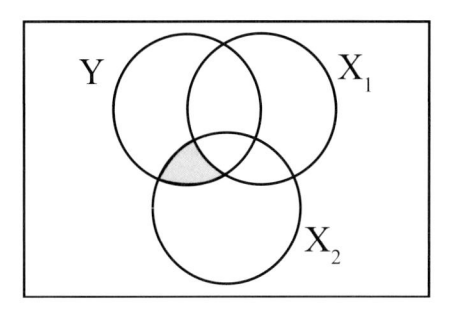

Abbildung 13.6: Zusätzlich erklärte Varianz

Anmerkung: Die dargestellte Vorgehensweise der schrittweisen Aufnahme von Prädiktoren entspricht in SPSS der Methode STEPWISE. Dieses Vorgehen wird folgenden Abschnitt zur multiplen Regression näher erläutert.

Am obigen Beispiel soll nun die Berechnung der multiplen Korrelation und die Berechnung der inkrementelle Validität demonstriert werden.

$$R_{y.x_1x_2} = \sqrt{\frac{r^2_{x_1y} + r^2_{x_2y} - 2 \cdot r_{x_1x_2} \cdot r_{x_1y} \cdot r_{x_2y}}{1 - r^2_{x_1x_2}}} \qquad (13.12)$$

$$= \sqrt{\frac{.60^2 + .45^2 - 2 \cdot .30 \cdot .60 \cdot .45}{1 - .30^2}} \qquad (13.13)$$

$$= \sqrt{\frac{.36 + ,2025 - ,162}{,91}} \qquad (13.14)$$

$$= ,6634 \qquad (13.15)$$

Über die Determinationskoeffizienten zeigt sich, dass x_1 mit $r^2_{yx_1}$ = ,36 allein 36% der Kriteriumsvarianz erklärt, während beide Prädiktoren x_1 und x_2 zusammen mit $R^2_{y.x_1x_2}$ = ,66 ganze 66% der Varianz erklären. Somit hat x_2 inkrementelle Validität und es ist sinnvoll, beide Prädiktoren zu verwenden.

Keine inkrementelle Validität

Tabelle 13.4: Keine inkrementelle Validität

	y	x_1	x_2
y	1.00	,50	,30
x_1		1,00	,50
x_2			1,00

Die beiden Prädiktoren korrelieren mit dem Kriterium und können als Prädiktoren verwendet werden. Es stellt sich allerdings die Frage, ob sich durch die zusätzliche Aufnahme des Prädiktors x_2 mehr Varianz erklären lässt als mit x_1 als einzigem Prädiktor.

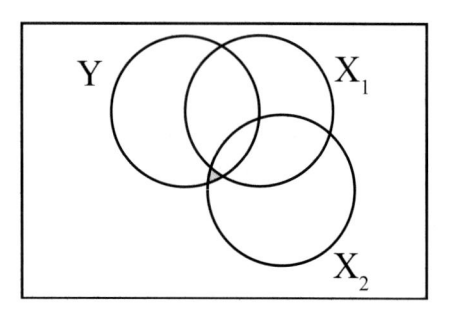

Abbildung 13.7: Unbedeutsame zusätzlich erklärte Varianz

$$R_{y.x_1x_2} = \sqrt{\frac{r_{x_1y}^2 + r_{x_2y}^2 - 2 \cdot r_{x_1x_2} \cdot r_{x_1y} \cdot r_{x_2y}}{1 - r_{x_1x_2}^2}} \qquad (13.16)$$

$$= \sqrt{\frac{,50^2 + ,30^2 - 2 \cdot ,50 \cdot ,50 \cdot ,30}{1 - ,50^2}} \qquad (13.17)$$

$$= \sqrt{\frac{,25 + ,09 - ,15}{,75}} \qquad (13.18)$$

$$= ,5033 \qquad (13.19)$$

Wird x_2 als zusätzlicher zweiter Prädiktor in die Regression aufgenommen, verbessert sich die Vorhersage nicht substanziell. Mit x_1 als einzigem Prädiktoren wird mit $r_{yx_1}^2 = ,25$ 25,0% der Kriteriumsvarianz erklärt, während beide Prädiktoren zusammen mit $R_{y.x_1x_2}^2 = ,253$ 25,3 % der Varianz erklären. Dieser geringe Unterschied stellt keine signifikante Vergrößerung der erklärbaren Varianzanteils dar. Dem zweiten Prädiktor kommt **keine inkrementelle Validität** zu.

Suppressor-Effekt

Definition: Ein Suppressoreffekt ist gegeben, wenn die Hinzunahme einer Variablen x_2 die Vorhersage verbessert, obwohl dieser Prädiktor nicht mit dem Kriterium y korreliert.

13.4 Verschiedene Formen korrelativer Zusammenhänge

Tabelle 13.5: Suppressor-Effekt

	y	x_1	x_2
y	1,00	,55	,00
x_1		1,00	,55
x_2			1,00

Von den beiden Prädiktoren x_1 und x_2 korreliert nur x_1 mit dem Kriterium y. Allerdings wird durch die Einbeziehung von x_2 die Vorhersage verbessert, da x_2 die für die Vorhersage von Y nicht relevante Varianz von x_1 unterdrückt. Durch die Aufnahme von x_2 wird Varianz von x_1 an x_2 gebunden, so dass das Verhältnis zwischen gemeinsamer Varianz von y und x_1 (erklärter Varianz) zur Varianz von x_1 ansteigt.

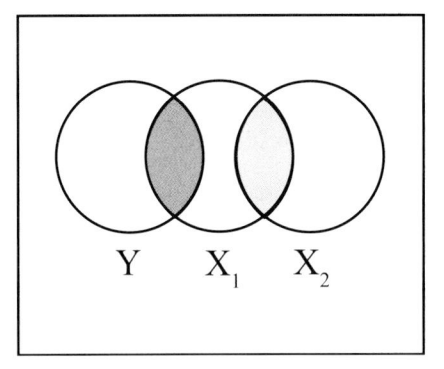

Abbildung 13.8: Suppressoreffekt

Der Suppressor-Effekt kann über die Semipartialkorrelation belegt werden. Im gegebenen Beispiel lässt sich die Semipartialkorrelation folgendermaßen berechnen:

$$r_{y(x_1.x_2)} = \frac{r_{yx_1} - r_{yx_2} \cdot r_{x_1x_2}}{\sqrt{1 - r_{x_1x_2}^2}} \tag{13.20}$$

$$= \frac{,55 - ,0 \cdot ,55}{\sqrt{1 - ,55^2}} \tag{13.21}$$

$$= \frac{,55}{,835} \tag{13.22}$$

$$= 0,6586 \tag{13.23}$$

Die Semipartialkorrelation $r_{y(x_1.x_2)}$ ist größer als r_{yx_1}, was einen Suppressoreffekt belegt. Nach Moosbrugger (1994) gilt im Allgemeinen, dass die Summe der einzelnen Determinationskoeffizienten $r_{y.x_j}^2$ größer ist als der multiple Determinationskoeffizient R^2.

$$R^2 < \sum_{j=1}^{m} r_{y.x_j}^2 \tag{13.24}$$

Bei **Multikollinearität** korrelieren die Prädiktoren miteinander, so dass Varianzanteile des Kriteriums von verschiedenen Prädiktoren erklärt werden können und die Summe der einzelnen Determinationskoeffizienten wegen dieser Überlappungen größer ist als der multiple Determinationskoeffizient.

In seltenen Fällen kommt es aber zu dem eben beschriebenen, paradox erscheinenden Suppressor-Effekt. Dann gilt:

$$R^2 > \sum_{j=1}^{m} r_{y.x_j}^2 \tag{13.25}$$

In diesem Falle gibt es mindestens einen Suppressor X_k, für welchen die folgenden Bedingungen zutreffen:

1. Die Suppressorvariable x_k korreliert nicht oder nur unbedeutend mit dem Kriterium ($r^2_{y.x_k} \approx 0$).

2. Sie korreliert mit mindestens einem anderen Prädiktor x_l sehr deutlich ($r^2_{x_l.x_k} > 0$).

3. Ihr Dekrement, beziehungsweise Inkrement, ist deutlich größer als ihr einfacher Determinationskoeffizient ($R^2_D = R^2_I > r^2_{y.x_k}$).

Das **Inkrement** ist die Zunahme der erklärten Varianz durch Hinzunahme des Prädiktors. Das **Dekrement** ist die Abnahme der erklärten Varianz durch den Wegfall dieses Prädiktors.

13.5 Das Allgemeine Lineare Modell (ALM)

Das **Allgemeinen Linearen Modell (ALM)** ist ein verallgemeinerndes statistisches Modell, dass die wichtigsten Verfahren der Elementarstatistik (zum Beispiel t-Tests), die Korrelations- und Regressionsrechnung, sowie die Varianzanalyse (siehe Kapitel 14, Seite 271) integriert. Das ALM setzt voraus, dass die Ausprägung einer Person in einer abhängigen Variablen durch verschiedene unabhängige Variablen erklärt werden kann.

> **Definition:** Der beobachtete individuelle Wert einer Versuchsperson i in der abhängigen Variablen y_i ist zusammengesetzt aus einer gewichteten Summe anderer Variablen x_j und einem individuellen Fehler e_i. Die Linearkombination des ALM lautet:
>
> $$y_i = a_0 \cdot x_{i0} + a_1 \cdot x_{i1} + a_2 \cdot x_{i2} + \ldots + a_p \cdot x_{ip} + e_i \tag{13.26}$$
>
> Normalerweise nimmt x_{i0} den Wert 1 an.

Beispiel: Die Note im Vordiplom könnte aus einer gewichteten Summe (Linearkombination) aus der Durchschnittsvordiplomnote aller Studierenden, der Abiturnote, dem Alter, der Statistik I - Punktezahl und dem Geschlecht zusammengesetzt werden[1].

Mit dem ALM können unterschiedlich viele Variablen mit verschiedenen Skalenniveaus durch verschiedene statistische Methoden untersucht werden. Bevor das allgemeine lineare Modell weiter erläutert wird, soll hier nochmals auf die Unterscheidung von unabhängigen und abhängigen Variablen hingewiesen werden.

---

[1] Hierbei handelt es sich selbstverständlich nur um eine unbewiesene Hypothese.

> **Definition:** Der Einfluss einer Manipulation einer unabhängigen Variable auf die Ausprägung in einer abhängigen Variablen soll untersucht werden. Die unabhängige Variable kann vom Versuchsleiter beeinflusst werden, während die abhängige Variable die Wirkung der Manipulation der unabhängigen Variaben beschreibt.

Unabhängige Variablen (uVs) sind also jene Variablen, welche die Realisierung des Versuchsplans ausdrücken, zum Beispiel das Geschlecht der Versuchspersonen, das Alter oder die unterschiedliche Stärke des Treatments. Abhängige Variablen (aVs) sind dagegen jene Variablen, die das Ergebnis der Untersuchung darstellen, beziehungsweise die bei der Untersuchung gemessen werden, wie die Anzahl der richtigen Aufgaben oder der gemessene Blutdruck.

Das Skalenniveau der unabhängigen Variablen und die Anzahl der unabhängigen und der abhängigen Variablen hat jedoch einen entscheidenden Einfluss auf die Auswahl des relevanten statistischen Verfahren.

Neben der Anzahl und Art der Variablen ist das Ziel der statistischen Untersuchung für die Bestimmung der Verfahrensgruppe wichtig:

1. **Soll eine Vorhersage einer abhängigen Variable gemacht werden?**
   In einem solchen Fall muss eine Regressionsanalyse durchgeführt werden. Bei einer intervallskalierten unabhängigen Variablen ist das Verfahren der Wahl die lineare Regressionsanalyse (siehe Kapitel 12, Seite 229). Bei einer nominalskalierten unabhängigen Variablen sollte die logistische Regressionsanalyse angewendet werden[2]. Die Regressionsanalyse wird bei mehreren unabhängigen Variablen als eine multiple Regressionsanalyse (siehe Abschnitt 13.6, Seite 255) bezeichnet.

2. **Hat die Zugehörigkeit zu einer Treatmentgruppe einen bedeutsamen Einfluss auf die Ausprägung in einer abhängigen Variablen?**
   Stehen Gruppenvergleiche im Zentrum der Betrachtung muss eine Varianzanalyse durchgeführt werden. Bei einer nominalskalierten unabhängigen Variablen wird zur Varianzaufklärung eine Varianzanalyse für feste Effekte gerechnet (siehe Kapitel 14, Seite 271). Bei einer intervallskalierten unabhängigen Variablen sollte eine Varianzanalyse für Zufallseffekte durchgeführt werden (siehe Kapitel 16, Seite 327). Bei mehreren unabhängigen Variablen findet eine mehrfaktorielle Varianzanalyse (siehe Kapitel 15, Seite 303) Anwendung.

Bei **einer abhängigen Variablen** wird eine sogenannte **univariate** Varianz- oder Regressionsanalyse berechnet, bei **mehreren abhängigen Variablen** eine **multivariaten** Varianz- oder Regressionsanalyse.

13.6 Multiple Regression

Anwendung: Die meisten Kriteriumvariablen hängen nicht nur von einem Prädiktor ab. Psychologische Fragestellung sind meistens komplex, so dass in der Regel viele

---
[2] Die logistische Regressionsanalyse wird in diesem Buch nicht näher erläutert.

mögliche Prädiktoren vorhanden sind und eine einfache Regression nicht sinnvoll erscheint.

Voraussetzung: Die multiple lineare Regression dient zur Vorhersage eines intervallskalierten Kriteriums, wobei mehrere intervallskalierte oder dichotome, beziehungsweise dichotomisierte Prädiktoren vorliegen müssen.

Beispiel: Mit der multiplen Regressionsanalyse ist zu ermitteln, ob der Erfolg in der Statistik II - Klausur von den mathematischen Fähigkeiten, der Anzahl der Vorlesungs- und Tutoratsbesuche, der Anzahl der Arbeitsstunden zu Hause und dem allgemeinen IQ abhängt.

> **Definition:** Die multiple Regression ist eine lineare Regression mit mehreren Prädiktoren. Sie ist somit eine Erweiterung der einfachen linearen Regression. Wie dort wird mit der **Methode der kleinsten Quadrate** die bestmögliche Vorhersage mit einem möglichst geringen Vorhersagefehler angestrebt.

Über das Quadrat der multiplen Korrelation $r_{y.123...k}$ wird der **multiple Determinationskoeffizient** bestimmt, der den Anteil der Kriteriumsvarianz beschreibt der durch alle Prädiktoren vorhergesagt werden kann.

> **Definition:** Die multiple Regressionsgleichung in nicht standardisierter Form lautet:
> $$\hat{Y}_i = b_1 \cdot x_{i1} + b_2 \cdot x_{i2} + \ldots + b_k \cdot x_{ik} + a_{1.23...k} \qquad (13.27)$$
> Die multiple Regressionsgleichung in standardisierter Form lautet:
> $$\hat{z}_{yi} = \beta_1 \cdot z_{i1} + \beta_2 \cdot z_{i2} + \ldots + \beta_k \cdot z_{ik} \qquad (13.28)$$

Es entfällt in der standardisierten Form die Konstante der Regressionsgleichung.

Wie werden nun die β-Koeffizienten bei mehreren Prädiktoren bestimmt? Dies soll an einem Beispiel erläutert werden, wobei in der Regel die Berechnung meistens über ein Statistik-Programm durchgeführt wird.

Beispiel: Gegeben sei ein Kriterium y, das durch die beiden Prädiktoren x_1 und x_2 vorhergesagt werden soll. Es wurden bei 10 Personen die folgenden Daten erhoben[3]:

---
[3] Ein Stichprobe mit N = 10 ist für die Durchführung einer Regressionsanalyse zu klein. Lediglich aus didaktischen Gründen wird an dieser Stelle die Stichprobegröße beschränkt.

13.6 Multiple Regression

Tabelle 13.6: Beispieldatensatz für eine multiple Regression

Vpn-Nr.	y	x_1	x_2
1	3	4	6
2	6	8	5
3	5	5	8
4	4	4	4
5	2	1	1
6	1	4	1
7	5	4	9
8	9	9	8
9	7	6	9
10	5	4	7

Aus diesen Daten ergeben sich die folgenden Korrelationskoeffizienten:

Tabelle 13.7: Korrelationsmatrix Beispiel

	x_1	x_2	y
x_1	1,00	,498	,819
x_2	,498	1,00	,773
y	,819	,773	1,00

Die beiden Prädiktoren korrelieren hoch mit dem Kriterium und sind somit gut zur Vorhersage geeignet. Allerdings korrelieren die beiden Prädiktoren auch hoch untereinander ($r_{x_1x_2} = ,498$). Diese Korrelation wird bei einer multiplen Regression berücksichtigt. Bei der multiplen Regression muss eine Lösung für das folgende lineare Gleichungssystem gefunden werden:

$$\beta_1 + r_{x_1x_2} \cdot \beta_2 = r_{x_1y} \tag{13.29}$$
$$r_{x_2x_1} \cdot \beta_1 + \beta_2 = r_{x_2y} \tag{13.30}$$

Nach dem Einsetzen der Werte aus der Korrelationsmatrix ergibt sich das folgende Gleichungssystem:

$$\beta_1 + ,498 \cdot \beta_2 = ,819 \tag{13.31}$$
$$,498 \cdot \beta_1 + \beta_2 = ,773 \tag{13.32}$$

Die Lösung eines Gleichungssystems mit zwei Unbekannten ist über mehrere Methoden möglich. Im Folgenden wird die Methode der Determinanten verwendet[4]. Es werden die einzelnen Determinanten zur Bestimmung der β-Gewichte ermittelt. Als erstes ist die Determinante der beiden Variablen x_1 und x_2 zu bestimmen.

$$\mathbf{D(X)} = \begin{bmatrix} 1,00 & ,498 \\ ,498 & 1,00 \end{bmatrix} \tag{13.33}$$
$$= 1,00 - (,498 \cdot ,498) \tag{13.34}$$
$$= ,752 \tag{13.35}$$

---
[4]Mehr hierzu bei Forster (1989), Barner und Flohr (1991) oder Heuser (1991).

Als nächstes wird analog die Determinate für x_2 und y ermitteln.

$$\mathbf{D(1)} = \begin{bmatrix} ,819 & ,498 \\ ,773 & 1,00 \end{bmatrix} \tag{13.36}$$
$$= ,819 \cdot 1,00 - (,773 \cdot ,498) \tag{13.37}$$
$$= ,434 \tag{13.38}$$

Aus diesen beiden Determinanten ist das β_1-Gewicht zu bestimmen.

$$\beta_1 = \frac{\mathbf{D(1)}}{\mathbf{D(X)}} \tag{13.39}$$
$$= \frac{,434}{,752} \tag{13.40}$$
$$= ,577 \tag{13.41}$$
$$\tag{13.42}$$

Zur Berechnung von β_2 wird analog verfahren.

$$\mathbf{D(1)} = \begin{bmatrix} 1,00 & ,819 \\ ,498 & ,773 \end{bmatrix} \tag{13.43}$$
$$= 1,00 \cdot ,773 - (,498 \cdot ,819) \tag{13.44}$$
$$= ,365 \tag{13.45}$$

Damit folgt für das β_2-Gewicht:

$$\beta_2 = \frac{\mathbf{D(2)}}{\mathbf{D(X)}} \tag{13.46}$$
$$= \frac{,365}{,752} \tag{13.47}$$
$$= ,485 \tag{13.48}$$

Hieraus kann man dann die standardisierte Regressionsgleichung ableiten:

$$\hat{z}_{yi} = ,365 \cdot z_{i1} + ,485 \cdot z_{i2} \tag{13.49}$$

Um aus der standardisierten Regressionsgleichung die unstandardisierte Regressionsgleichung abzuleiten, muss mit Hilfe der jeweiligen Mittelwerte und Streuungen zurücktransformiert werden.

$$\hat{z}_{yi} = \beta_1 \cdot z_{i1} + \beta_2 \cdot z_{i2} + \ldots + \beta_k \cdot z_{ik} \tag{13.50}$$
$$\frac{\hat{y}_i - \bar{y}}{s_y} = \frac{\beta_1 \cdot (x_{i1} - \bar{x}_1)}{s_{x_1}} + \frac{\beta_2 \cdot (x_{i2} - \bar{x}_2)}{s_{x_2}} + \ldots + \frac{\beta_k \cdot (x_{ik} - \bar{x}_k)}{s_{x_k}} \tag{13.51}$$

13.6 Multiple Regression

Durch Umstellen folgt:

$$\hat{y}_i = \bar{y} + \beta_1 \cdot \frac{s_y}{s_{x_1}} \cdot (x_{i1} - \bar{x}_1) + \beta_2 \cdot \frac{s_y}{s_{x_2}} \cdot (x_{i2} - \bar{x}_2) + \ldots + \beta_k \cdot \frac{s_y}{s_{x_k}} \cdot (x_{ik} - \bar{x}_k) \tag{13.52}$$

$$= \underbrace{(\bar{y} - b_1 \cdot \bar{x}_1 - b_2 \cdot \bar{x}_2 - \ldots - b_k \cdot \bar{x}_k)}_{=a} + b_1 \cdot x_{i1} + b_2 \cdot x_{i2} + \ldots + b_k \cdot x_{ik} \tag{13.53}$$

Somit sind die b_j-Gewichte definiert durch

$$b_j = \beta_j \cdot \frac{s_y}{s_{x_j}} \tag{13.54}$$

während die Konstante a gegeben ist über

$$a = \bar{y} - b_1 \cdot \bar{x}_1 - b_2 \cdot \bar{x}_2 - \ldots - b_k \cdot \bar{x}_k \tag{13.55}$$

$$= \bar{y} - \sum_{j=1}^{k} b_j \cdot \bar{x}_j \tag{13.56}$$

Zur Bestimmung der b-Gewichte benötigt man noch die Mittelwerte und die Streuungen der Variablen, welche in der folgenden Tabelle dargestellt werden.

Tabelle 13.8: Deskriptive Kennwerte des Beispieldatensatzes

	x_1	x_2	y
Mittelwert	4,9	5,8	4,7
Streuung	2,28	3,01	2,36

Daraus ergeben sich die folgenden b-Gewichte:

$$b_j = \beta_j \cdot \frac{s_y}{s_{x_j}} \tag{13.57}$$

$$b_1 = {,}577 \cdot \frac{2{,}36}{2{,}28} \tag{13.58}$$

$$= {,}597 \tag{13.59}$$

$$b_2 = {,}485 \cdot \frac{2{,}36}{3{,}01} \tag{13.60}$$

$$= {,}380 \tag{13.61}$$

Die Konstante a lautet dann:

$$a = \bar{y} - \sum_{j=1}^{k} b_j \cdot \bar{x}_j \tag{13.62}$$

$$= 4{,}7 - {,}597 \cdot 4{,}9 - {,}380 \cdot 5{,}8 \tag{13.63}$$

$$= -{,}429 \tag{13.64}$$

Hieraus ergibt sich die unstandardisierte Regressionsgleichung:

$$\hat{Y}_i = ,597 \cdot x_{i1} + ,380 \cdot x_{i2} + (-,429) \tag{13.65}$$

Nun ist der multiple Korrelationskoeffizienten zu berechnen.

$$R_{y.x_1x_2} = \sqrt{\frac{r_{x_1y}^2 + r_{x_2y}^2 - 2 \cdot r_{x_1x_2} \cdot r_{x_1y} \cdot r_{x_2y}}{1 - r_{x_1x_2}^2}} \tag{13.66}$$

$$= \sqrt{\frac{,819^2 + ,773^2 - 2 \cdot ,498 \cdot ,819 \cdot ,773}{1 - ,498^2}} \tag{13.67}$$

$$= \sqrt{\frac{,671 + ,598 - ,631}{1 - ,248}} \tag{13.68}$$

$$= \sqrt{\frac{,638}{,752}} \tag{13.69}$$

$$= ,921 \tag{13.70}$$

Durch Quadrieren ergibt sich der Determinationskoeffizient $R_{y.x_1x_2}^2$:

$$R_{y.x_1x_2}^2 = ,921^2 \tag{13.71}$$

$$= ,848 \tag{13.72}$$

Somit können durch die beiden Prädiktoren 84,8% der Kriteriumsvarianz erklärt werden.

In den folgenden Abschnitten werden einige Besonderheiten besprochen, die bei der Durchführung einer multiplen Regression zu berücksichtigt sind.

Capitalization of Chance

Bei der Berechnung einer multiplen Regression werden eine Vielzahl von Korrelationskoeffizienten zwischen den einzelnen Prädiktoren und dem Kriterium berücksichtigt. Diese Koeffizienten korrelieren aber möglicherweise auch untereinander (Multikollinearität). Da bei der Bestimmung einer Stichprobenkorrelation immer die Populationskorrelation **überschätzt** wird, kann eine verzerrte Schätzung, ein sogenannter **"biased estimate"**, entstehen. Der Einfluss dieser Verzerrung steigt mit zunehmender Anzahl von Prädiktoren exponentiell an. Die Größe der durch diese "capitalization of chance" bedingten Verzerrung hängt ab von

- der Anzahl der Prädiktoren,
- der Höhe der Korrelationen zwischen den Prädiktoren (Multikollinearität) und
- der Stichprobengröße.

> **Definition:** Bei der Schätzung einer Populationskorrelation durch eine Stichprobenkorrelation entsteht eine Überschätzung des wahren Populationsparameters (= **"biased estimate"**). Bei der multiplen Regressionsanalyse steigt der Einfluss dieser Überschätzung mit zunehmender Anzahl der Prädiktoren (= **capitalization of chance**).

Die Anzahl der k überschätzten Korrelationskoeffizienten kann mit der Gleichung von Gauß beschrieben werden:

$$\sum_{i=1}^{k} i = \frac{k \cdot (k+1)}{2} \tag{13.73}$$

Die Anzahl der möglichen fehlerhaften Schätzungen nimmt also mit der Anzahl der Prädiktoren exponentiell zu.

Anmerkung: Die meisten Fehler bei einer statistischen Analyse im Allgemeinen und einer multiplen Regression im Besonderen werden erzeugt, wenn mit wenig Versuchspersonen und vielen Variablen durch "Herumprobieren" ein signifikantes Ergebnis gesucht wird.

Kreuzvalidierung einer multiplen Regression

Bei der multiplen Kreuzvalidierung wird analog zur einfachen Kreuzvalidierung vorgegangen.

1. Datenerhebung an einer ersten Stichprobe.
2. Durchführung einer (multiplen) Regression.
3. Erhebung einer zweiten Stichprobe.
4. Vorhersage des Kriteriums der zweiten Stichprobe durch die Regressionsgleichung aus der ersten Stichprobe.
5. Vergleich der wahren und vorhergesagten Kriteriumswerte der zweiten Stichprobe. Bei großen Stichproben sollte kein großer Unterschied zwischen der wahren und geschätzten Werte resultieren.

Bei der multiplen Kreuzvaldierung wird ebenfalls von der zweiten Stichprobe ausgehend "über Kreuz" die ermittelte Regressionsgleichung an der ersten Stichprobe validiert.

Anmerkung: Wie bei der Kreuzvalidierung der einfachen linearen Regression schon beschrieben wurde, empfielt sich eine Modellüberprüfung mit Hilfe von Strukturgleichungsmodellen. Das Software-Programm AMOS (Analysis of MOment Structures)[5] bietet beispielsweise im Rahmen eines Modellvergleichs an, zwei Regressionsmodelle (Regressionsgleichungen) auf Unterschiede zu testen, beziehungsweise ein Modell für die Gesamtstichprobe zu finden.

---
[5] Mehr hierzu auf der Homepage von Smallwaters (http://www.smallwaters.com). Dort gibt es auch unter http://www.smallwaters.com/amos/student.html eine freie Version für Studierende.

13.7 Strategien bei der multiplen Regression

Problem: Wie werden bei einer multiplen Regression die "richtigen" Prädiktoren bestimmt? Bei psychologischen Untersuchungen werden eine Vielzahl von potentiellen Prädiktoren erhoben, wobei anschließend geklärt werden muss, welche dieser Variablen in die Regressionsgleichung aufgenommen werden sollen. Grundsätzlich sollte mit möglichst wenig Prädiktoren möglichst viel Kriteriumsvarianz erklärt werden, wobei jedoch jeder Prädiktor den Anteil der erklärten Kriteriumsvarianz bedeutsam erhöhen sollte.

Lösung: Es gibt mehrere Vorgehensweisen zur Bestimmung der aufzunehmenden Prädiktoren:

1. Die **a priori** Auswahl:
   Theorie- und evidenzgeleitet werden inhaltlich bedeutsame Prädiktoren in die Regressionsgleichung aufgenommen.

2. Die **a posteriori** Auswahl:
   Die Prädiktorenauswahl erfolgt über mehrere Regressionsanalysen mit verschiedenen Prädiktorensätzen, wobei iterativ in mehreren Durchgängen aus der Menge der möglichen Prädiktoren die sinnvollen Prädiktoren ausgewählt werden. Es existieren mehrere Verfahrensvarianten:

   a) alle möglichen Untermengen,

   b) Vorwärtsselektion,

   c) Rückwärtselemination,

   d) schrittweise Regression.

Jede dieser Vorgehensweisen hat ihre Vor- und Nachteile.

Inhaltliche Auswahl

Durch Vorwissen und theoretische Überlegungen werden die jeweiligen Prädiktoren festgelegt. Eine Überhöhung der capitalization of chance wie bei den iterativen Verfahren findet nicht statt, da nur eine eine einzige Regressionsanalyse durchgeführt wird. Außerdem gibt es keine Probleme mit einer Erhöhung des α-Fehlers durch eine Vielzahl von berechneten Regressionsanalysen. Aber auch die a priori Definition der Prädiktoren ist nicht umproblematisch. Eventuell werden Prädiktoren in die Regressionsgleichung aufgenommen, die keinen signifikanten Beitrag liefern. Wenn die Prädiktoren hoch miteinander korrelieren (=Multikollinearität) werden eventuell mehr Prädiktoren aufgenommen, als unbedingt für eine valide Vorhersage erforderlich sind. Andererseits werden möglicherweise Prädiktoren übersehen und nicht in die Analyse aufgenommen.

Alle möglichen Untermengen

Bei diesem Verfahren werden aus der Menge aller verfügbaren Prädiktoren alle möglichen Untermengen von Prädiktoren gezogen. Für diese Untermengen wird jeweils eine Regressionsanalyse durchgeführt und die erklärbare Varianz bestimmt. Dieses Verfahren bestimmt innerhalb der Gruppe der iterativen Verfahren die optimalste Kombination von Prädiktoren, wobei für k Prädiktoren 2^k Regressionsanalysen durchzuführen sind. Dies wären bei 10 Prädiktoren schon 1024 Analysen und bei 20 Prädiktoren sogar schon 1048576 notwendige Berechnungen. Eine solche Vielzahl von Iterationen führt sehr leicht zu einer Inflationierung der Irrtumswahrscheinlichkeit und kann auch heute noch einen Standard-PC zeitlichen stark in Anspruch nehmen. Weiter besteht bei dieser multiplen Testung immer die Gefahr der Überschätzung der einzelnen R^2-Werte ("capitalization of chance").

Vorwärtsselektion

Bei der Vorwärtsselektion (forward) werden nacheinander verschiedene Prädiktoren in die Regressionsgleichung aufgenommen. Zunächst wird der Prädiktor mit der höchsten inkrementellen Validität ausgeführt. Danach wird die inkrementelle Validität der restlichen Prädiktoren erneut berechnet und es wird wiederum der Prädiktor mit der höchsten inkrementellen Validität ausgewählt. Dieses Verfahren wird in Iterationen so lange fortgeführt, bis keiner der restlichen Prädiktoren noch inkrementelle Validität besitzt, das heißt, bis der Anteil der erklärbaren Varianz nicht mehr signifikant erhöht werden kann. Ein Vorteil dieses Verfahrens ist, dass bei k möglichen Prädiktoren nur maximal k Regressionsanalysen durchgeführt werden müssen. Ob eine Variable i zu den j schon aufgenommen Variablen hinzugenommen wird, wird über den folgenden F-Test bestimmt:

$$F = max_i \frac{(R^2_{j+i} - R^2_j) \cdot (n - j - 1)}{1 - R^2_{j+i}} > F_{in} \quad (13.74)$$

Über diese Formel wird diejenige Variable i mit dem maximalen (max_i) F-Wert ausgewählt, wobei dieser signifikant sein muss. Dieser F-Test ist mit dem t-Test zur Prüfung der Signifikanz eines neuen β-Gewichtes identisch.

Das Verfahren der Vorwärtsselektion ist sehr ökonomisch, liefert allerdings nur in Ausnahmefällen die optimale Lösung.

Rückwärtselemination

Die Rückwärtselemination (backward) ist im Prinzip nichts anderes als die Umkehrung der Vorwärtsselektion. Zunächst werden alle vorgeschlagenen Variablen in die Regressionsanalyse aufgenommen. Anschließend wird für alle Variablen der jeweilige F-Wert bestimmt und die Variable mit dem geringsten F-Wert eliminiert, wenn sie keine inkrementellen Validität besitzt.

$$F = max_i \frac{(R_j^2 - R_{j-i}^2) \cdot (n-j)}{1 - R_j^2} > F_{out} \tag{13.75}$$

Dieses Verfahren wird dann mit der reduzierten Prädiktorenmenge wiederholt, bis keine Variable mehr einen F-Wert hat, der den F_{out}-Wert unterschreitet. Der F_{out}-Wert ist hierbei in Abhängigkeit vom gewählten Signifikanzniveau und den Freiheitsgraden als Grenzwert für die Bedeutsamkeit eines Prädiktors zu wählen.

Schrittweise Regression

Die schrittweise Regression (stepwise) ist eine Kombination der Vorwärtsselektion und der Rückwärtselemination. Hierbei wird schrittweise nach jeder Aufnahme eines neuen Prädiktors über die forward-Methode mit der backward-Methode untersucht, ob möglicherweise auf einen der aufgenommen Prädiktoren verzichtet werden kann. Es werden abwechselnd forward- und anschließend backward-Regressionsanalysen durchgeführt. Auf diese Weise werden Prädiktoren, die zwar ursprünglich viel Varianz erklärt haben, jedoch durch Hinzunahme weiterer Prädiktoren überflüssig geworden sind, aus der Regressionsgleichung entfernt.

Durch die schrittweise Regression erfolgt die Vorhersage mit einem Minimum an Prädiktoren, da nur Prädiktoren mit signifikanter Varianzaufklärung eingebunden werden. Allerdings wird durch eine Bevorzugung von hoch mit dem Kriterium korrelierenden Prädiktoren eine systematische Erhöhung der "capitalization of chance" in Kauf genommen. Dies hat zur Folge, dass bei einer Kreuzvalidierung die über dieses Verfahren gefundenen Koeffizienten oft nicht bestätigt werden können. Auch ist dieses Verfahren weniger theoriegeleitet.

Bei allen iterativen Verfahren sollte auf jeden Fall eine Kreuzvalidierung zur Überprüfung des Regressionsgleichung vorgenommen werden.

13.8 F-Test bei multipler Korrelation und Regression

Alle gefundenen Korrelationskoeffizienten und Regressionsgleichungen sind mit verschiedenen F-Tests auf statistische Signifikanz zu prüfen. Die jeweiligen F-Tests zur Prüfung auf Signifikanz sind aus dem F-Tests der Varianzanalyse abgeleitet. Grundlegendes zur Varianzanalyse wird in den folgenden Kapiteln (ab Kapitel 14, Seite 271) erläutert. An dieser Stelle sei ausschließlich die hier relevante Darstellung des statistischen Hintergrunds für die Signifikanzprüfung bei multipler Korrelation und Regression gegeben.

Bei der Varianzanalyse wird von einer Quadratsummenzerlegung ausgegangen.

$$SS_{total} = SS_{between} + SS_{within} \tag{13.76}$$

13.8 F-Test bei multipler Korrelation und Regression

Hierbei wird die Quadratsumme (= Gesamtvariablität, SS_{total}) in einen erklärbaren ($SS_{between}$) und einen nicht-erklärbaren Anteil (SS_{within}) zerlegt. Der erklärbare Anteil wird auf Signifikanz geprüft. Auch in der Regressionsanalyse wird die Quadratsumme der vorherzusagenden Variablen in einen durch die Regression erklärbaren SS_{reg} und einen durch die Regression nicht erklärbaren Anteil SS_{res} aufgeteilt.

$$SS_{total} = SS_{reg} + SS_{res} \tag{13.77}$$

Die Signifikanzprüfung über einen F-Test erfolgt in der Varianzanalyse über die mittleren Quadratsummen, die an den Freiheitsgraden relativiert werden:

$$F = \frac{\frac{SS_{between}}{df_1}}{\frac{SS_{within}}{df_2}} \tag{13.78}$$

Anaolg wird der F-Test in der Regressionsanalyse durchgeführt. Es gilt für multiple Korrelationskoeffizienten und für eine multiple Regressionsanalyse:

$$F = \frac{\frac{SS_{reg}}{df_1}}{\frac{SS_{res}}{df_2}} \tag{13.79}$$

$$R^2 = \frac{SS_{reg}}{SS_{reg} + SS_{res}} \tag{13.80}$$

$$SS_{reg} = R^2 \cdot (SS_{reg} + SS_{res}) \tag{13.81}$$

$$SS_{reg} = R^2 \cdot SS_{reg} + R^2 \cdot SS_{res} \tag{13.82}$$

$$SS_{reg} - R^2 \cdot SS_{reg} = R^2 \cdot SS_{res} \tag{13.83}$$

$$(1 - R^2) \cdot SS_{reg} = R^2 \cdot SS_{res} \tag{13.84}$$

$$SS_{reg} = \frac{R^2}{1 - R^2} \cdot SS_{res} \tag{13.85}$$

Durch Wiedereinsetzen in die ursprüngliche Gleichung folgt:

$$F = \frac{\frac{\frac{R^2}{1-R^2} \cdot SS_{res}}{df_1}}{\frac{SS_{res}}{df_2}} \tag{13.86}$$

$$= \frac{\frac{R^2}{1-R^2} \cdot SS_{res}}{df_1} \cdot \frac{df_2}{SS_{res}} \tag{13.87}$$

$$= \frac{\frac{R^2}{1-R^2}}{df_1} \cdot df_2 \tag{13.88}$$

$$= \frac{R^2}{1-R^2} \cdot \frac{df_2}{df_1} \tag{13.89}$$

$$= \frac{\frac{R^2}{df_1}}{\frac{1-R^2}{df_2}} \tag{13.90}$$

mit

$$df_1 = k \qquad (13.91)$$
$$df_2 = N - k - 1 \qquad (13.92)$$

Alle anderen F-Tests zur Signifikanzprüfung sind nach der Bestimmung der Freiheitsgrade ebenfalls berechenbar.

13.9 Zusammenfassung

Die **Partialkorrelation** dient zur statistischen Kontrolle einer Drittvariablen bei der Untersuchung eines Zusammenhangs zwischen zwei Variablen. Der Einfluss der dritten Variablen wird **herauspartialisiert**, so dass die Korrelation der beiden ersten Variablen von dem Einfluss der dritten Variablen bereinigt ist. Versuchsplanerisch wäre dies durch Konstanthaltung der Drittvariablen möglich.

Bei der **Semipartialkorrelation** wird der Einfluss der Drittvariablen nur aus einer der beiden Variablen herauspartialisiert. Damit kann die Frage nach der zusätzlich erklärten Varianz eines weiteren Prädiktors geklärt werden.

Sowohl Partialkorrelationen als auch Semipartialkorrelationen sind in **höherer Ordnung** bestimmbar, welche rekursiv aus den Korrelationskoeffizienten niederer Ordnung ermittelt werden.

Das **Allgemeine Lineare Modell (ALM)** ist die statistische Grundlage für eine Vielzahl von inferenzstatistischen Verfahren, welche den Einfluss von **unabhängigen Variablen (uV)** auf **abhängigen Variablen (aV)** überprüfen.

Bei der **multiplen Regression** gehen mehrere mögliche Prädiktoren in die Regressionsgleichung ein. Diese Prädiktoren können **a priori** oder **a posteriori** bestimmt werden.

Bei den schrittweisen Verfahren der multiplen Regressionsanalyse muss die **Capitalization of Chance** bei der Interpretation der Ergebnisse berücksichtigt werden.

13.10 Aufgaben

1. Nennen Sie Stratgien eine Korrelation zwischen zwei Variablen unter Ausschaltung einer Drittvariablen zu bestimmen? Welcher von beiden ist der statistische, welcher der versuchsplanerische Weg?
2. Worin unterscheiden sich Partial- und Semipartialkorrelation?
3. a) Wozu wird die Semipartialkorrelation genutzt?

   b) Wozu wird die Partialkorrelation genutzt?
4. Was bedeutet "inkrementelle Validität"?
5. Was ist eine Suppressorvariable?

6. Der Quotient $\frac{SS_{reg}}{SS_{tot}}$ bei der multiplen Regression entspricht:

    a) dem Determinationskoeffizienten

    b) der Residualvarianz

    c) der multiplen Korrelation

    d) dem Standardschätzfehler

    e) keiner dieser Antworten, sondern ...

7. Woran liegt es, dass die multiple Korrelation eine verzerrte Schätzung der gemeinsamen Varianz des Kriteriums mit dem Prädiktoren darstellt? Wann ist dieser Bias besonders groß?

8. Mit welchem Verfahren ist der in der vorherigen Aufgabe angesprochene Bias zu überprüfen?

Teil V

Varianzanalyse

14 Einfaktorielle Varianzanalyse mit festen Effekten

Schlagworte
- Dummykodierung
- Effektkodierung
- feste Effekte
- kleinste Quadrate
- Quadratsummenzerlegung
- mean squares
- Erwartungswerte
- F-Test
- Kontraste
- post-hoc-Tests

Anmerkung: Für das Verständnis dieses Kapitels werden grundlegende Kenntnisse der Matrizenrechnung vorausgesetzt. Eine Einführung mit Übungsaufgaben wird in Anhang A.2 (Seite 422) gegeben.

14.1 Anwendung

In Kapitel 8 (Seite 143) wurden einfache parametrische Verfahren (zum Beispiel t-Tests) vorgestellt, mit deren Hilfe signifikante Unterschiede in der zentralen Tendenz zwischen zwei Messungen oder zwei Gruppen belegt werden können. Diese Verfahren setzen eine theoretische Prüfverteilung voraus und dienen zur statistischen Analyse bei intervallskalierten abhängigen Variablen (aV). Wie ist jedoch vorzugehen, wenn mehr als zwei Gruppen hinsichtlich der zentralen Tendenz analysiert werden sollen?

Bei dem Vergleich der Mittelwerte aus mindestens zwei Gruppen kommt die Varianzanalyse zum Einsatz. Bei diesem Verfahren wird die Varianz der abhängigen Variablen in zwei unterschiedliche Varianzkomponenten zerlegt: Ein Teil der Varianz der Messwerte wird auf die Unterschiedlichkeit der Gruppenmittelwerte zurückgeführt, während die andere Varianzkomponente die Fehlervarianz der Messung innerhalb der einzelnen Gruppen beschreibt. Einfacher ausgedrückt bedeutet dies folgendes: Gibt es kaum Unterschiede zwischen den einzelnen Stichprobenmittelwerten, wohl aber eine große Streuung innerhalb der jeweiligen Stichprobe, so spricht dies nicht für einen signifikanten Unterschied zwischen den Gruppen. Wird hingegen innerhalb der einzelnen Gruppen kaum Varianz beobachtet, während sich die Gruppenmittelwerte stark unterscheiden (viel Varianz haben), bestehen signifikante Unterschiede zwischen den verschiedenen Stichproben.

Die Varianzzerlegung und die anschließende Prüfung auf Signifikanz wird im Folgenden schrittweise erläutert. Hierzu werden an einem begleitenden Beispiel wesentliche Eigenschaften des Verfahrens eingehend diskutiert:

1. Anwendungsvoraussetzungen
2. Hypothesenformulierung
3. Varianzzerlegung über die Quadratsummenzerlegung
4. Signifikanzprüfung über den F-Test nach Fisher

Beispiel: Es soll der Einfluss ablenkender Reize auf die Gedächnisleistung untersucht werden. Vier Gruppen mit je 10 Probanden[1] wurden 10 Gegenstände 30 Sekunden lang präsentiert. Diese Gegenstände sollen sie nach weiteren 10 Minuten benennen. Die abhängige Variable (aV) "Gedächtnisleistung" wird als intervallskaliert betrachtet. In der vorliegenden Untersuchung gibt es die folgenden vier Untersuchungsbedingungen:

1. Die erste Gruppe wird während des Einprägens durch Lärm gestört.
2. Die zweite Gruppe wird während der Darbietungszeit mit grellen Lichtreizen abgelenkt.
3. Den Probanden der dritten Gruppe werden hingegen ablenkende Gerüche präsentiert.
4. Die vierte Gruppe, die Kontrollgruppe, kann hingegen ungestört alle Gegenstände betrachten.

Diese vier Gruppen sollen nun auf Mittelwertsunterschiede in der Behaltensleistung verglichen werden. Es könnten hierzu mehrere t-Tests zwischen den einzelnen Gruppen durchgeführt und somit die folgenden paarweisen Vergleiche berechnet werden:

Gruppe 1 $\Longleftrightarrow$ Gruppe 2
Gruppe 1 $\Longleftrightarrow$ Gruppe 3
Gruppe 1 $\Longleftrightarrow$ Gruppe 4
Gruppe 2 $\Longleftrightarrow$ Gruppe 3
Gruppe 2 $\Longleftrightarrow$ Gruppe 4
Gruppe 3 $\Longleftrightarrow$ Gruppe 4

Um alle möglichen Gruppenmittelwerte gegeneinander auf statistische Signifikanz zu prüfen, müssten bei dieser Untersuchung mit nur vier Gruppen schon sechs t-Tests durchgeführt werden.

Problem: Bei jedem einzelnen dieser t-Tests besteht die Gefahr eines α-Fehlers, einer falschen Ablehnung einer richtigen Nullhypothese. Bei mehreren t-Tests führt die

---

[1] Generell sind 10 Probanden pro Gruppe vom Stichprobenumfang zu gering, um ein parametrisches Verfahren einzusetzen. Die kleinen Stichproben ermöglichen jedoch eine übersichtliche Demonstration der Berechnungen.

Summierung dieser Fehler zu einer α-**Fehler-Inflation**. Je mehr t-Tests durchgeführt werden, desto größer ist die Wahrscheinlichkeit, bei mindestens einem dieser t-Test einen α-Fehler zu begehen.

Allgemein lässt sich die Anzahl möglicher paarweiser Vergleiche für p Gruppen durch $m = \binom{p}{2}$ berechnen. p soll im folgenden immer die Anzahl der Gruppen bezeichnen. Bei den 4 Gruppen im Beispiel sind 6 verschiede Vergleiche mittels t-Tests, bei sieben Gruppen sind schon $\binom{7}{2} = 21$ Vergleiche notwendig.

Die Wahrscheinlichkeit für das Auftreten von mindestens einem α-Fehler bei m paarweisen Vergleichen lässt sich folgendermaßen berechnen:

$$p(\text{Fehler}) = 1 - (1 - \alpha)^m \tag{14.1}$$

Für das gegebene Beispiel ergäbe sich nun bei einem α-Niveau von 5% eine Fehlerwahrscheinlichkeit von

$$p(\text{Fehler}) = 1 - (1 - ,05)^6 \tag{14.2}$$
$$= .265 \tag{14.3}$$

Damit würde bei einer Untersuchung mit vier Gruppen die Gefahr für mindestens einen α-Fehler auf 26,5% ansteigen.

Bei 7 Gruppen müsste mit der folgenden Fehlerwahrscheinlichkeit rechnen werden:

$$p(\text{Fehler}) = 1 - (1 - ,05)^{21} \tag{14.4}$$
$$= .659 \tag{14.5}$$

Dieser Wert steigt mit zunehmender Anzahl der Gruppenvergleiche exponentiell an. Wie ist mit der α-Fehler-Inflationierung umzugehen?

Es gibt zwei Lösungsmöglichkeiten:

1. Korrektur des α-Fehlers nach Bonferroni oder Bonferroni-Holmes

2. Berechnung einer Varianzanalyse

Zuerst soll die Korrektur nach Bonferroni vorgestellt werden, bevor die Varianzanalyse erläutert wird.

> **Definition:** Bei der **Bonferronikorrektur** wird das α-Fehlerniveau für jeden einzelnen Test so weit herabgesetzt, dass der **"inflationierte Fehler"** insgesamt nur noch 5% (beziehungsweise 1%) beträgt.

Beispiel: Bei den vier unterschiedlichen Ablenkungsbedingungen sind sechs verschiedene t-Tests durchzuführen. Um die α-Fehler-Inflationierung zu kontrollieren, wird das α-Niveau für jeden einzelnen t-Test adjustiert, indem das angestrebte α-Niveau durch die Anzahl der durchzuführenden Tests geteilt wird:

$$\alpha_{adj.} = \frac{\alpha}{\text{Anzahl der Tests}} \qquad (14.6)$$

Im Beispiel ist jeder einzelne t-Test auf einem α-Niveau von $\frac{5}{6} = 0{,}83\%$ zu prüfen, um insgesamt ein α-Niveau von 5% gewährleisten zu können.

Nachteil: Mit steigender Anzahl möglicher Mittelwertsvergleiche sinkt das adjustierte α-Niveau exponentiell. Bei 7 Gruppen und 21 Vergleichen läge das korrigierte α-Niveau bei 0,0024, so dass es immer "schwieriger" wird, signifikante Mittelwertsunterschiede zu finden. Da bei einer großen Anzahl von Mittelwertsvergleichen durch diese Korrektur das $\alpha_{adj.}$-Niveau für den einzelnen Test sehr gering wird, schlagen Bonferroni und Holm eine andere Form der Korrektur vor.

Bei der Korrektur nach Bonferroni-Holm's werden zunächst alle Vergleiche berechnet. Dann werden die m durchgeführten Vergleiche der Größe ihrer Differenz nach geordnet. Anschließend wird das jeweilige α-Niveau nach folgender Regel adjustiert:

- bei der größten Differenz $\alpha_{adj.} = \frac{\alpha}{m}$
- bei der zweitgrößten Differenz $\alpha_{adj.} = \frac{\alpha}{m-1}$
- bei der drittgrößten Differenz $\alpha_{adj.} = \frac{\alpha}{m-2}$
- ...

Bei dieser Vorgehensweise muss neben einer Vielzahl von t-Tests auch eine große Anzahl von Korrekturen gerechnet werden. Die im folgenden vorgestellte Varianzanalyse erlaubt allerdings einen Mittelwertsvergleich von mehr als zwei Gruppen ohne jegliche Korrektur.

Voraussetzungen:

Definition: Die Voraussetzungen der Varianzanalyse sind:

1. mindestens Intervallskalenniveau und Normalverteilung innerhalb der Stichproben bei der abhängigen Variablen,
2. mindestens 20 Elemente pro Stichprobe (Gruppe, Zelle),
3. ähnlich stark besetzte Gruppen (Zellen),
4. Varianzhomogenität der abhängigen Variablen zwischen den einzelnen Stichproben.

Die dritte Voraussetzung zum Verhältnis der verschiedenen Gruppengrößen wird folgendermaßen überprüft:

$$\frac{n_{max}}{n_{min}} < 1{,}5 \tag{14.7}$$

Damit die folgenden Erläuterungen und algebraischen Formeln nicht zu komplex werden, wird in diesem Kapitel immer von gleich stark besetzten Gruppen (Zellen) ausgegangen. Bei ungleich besetzten Zellen müssen die Mittelwerte gewichtet werden, was die Komplexität der Gleichungen erhöht.

Die vierte Voraussetzung der Varianzhomogenität zwischen den Gruppen (Faktorstufen) kann über verschiedene Testverfahren überprüft werden:

1. Bartlett-Test

2. Levene-Test

3. F_{max}–Statistik (Hartley-Test)

Der Bartlett-Test

> **Definition:** Beim Bartlett-Test wird der folgende χ^2-Test durchgeführt:
>
> $$\chi^2 = \frac{2{.}303}{c} \cdot \left[(N_{ges} - p) \cdot ln(MS_{within}) - \sum_{j=1}^{p} (n_j - 1) \cdot ln(s_j^2) \right] \tag{14.8}$$
>
> mit df = p -1, wobei
>
> $$c = 1 + \frac{1}{3 \cdot (p-1)} \cdot \left(\sum_{j=1}^{p} \frac{1}{n_j - 1} - \frac{1}{N_{ges} - 1} \right) \tag{14.9}$$
>
> mit
> N_{ges}: Gesamtzahl aller Untersuchungsteilnehmer
> n_j: Anzahl der Teilnehmer in der j-ten Gruppe
> p: Anzahl der Gruppen
> MS_{within}: mittlere Quadratsumme innerhalb der Gruppen (siehe Gleichung 14.73, Seite 287)
> s_j^2: Varianz innerhalb der Gruppe j

Der Bartlett-Test ist gegenüber Verletzungen der Normalverteilungsannahme sehr empfindlich und sollte aufgrund dessen nicht eingesetzt werden, allerdings wird er trotzdem von verschiedenen Statistikprogrammen ausgegeben.

Der Levene-Test

> **Definition:** Der Levene-Test wurde im Zusammenhang mit dem t-Test (Kapitel 8.5, Seite 150) beschrieben. Es wird eine einfaktorielle Varianzanalyse über den Betrag der Abweichungen vom Gruppenmittelwert $|y_{ij} - \bar{y}_j|$ durchgeführt.

Das Verständnis des Vorgehens im Levene-Test setzt die Kenntnis der Varianzanalyse voraus. Die Varianzanalyse wird dem Leser jedoch erst im Laufe dieses Kapitels vorgestellt. Der Levene-Test ist gegenüber Verletzungen der Normalverteilung sehr stabil und wird deshalb von einigen Statistikprogrammen wie beispielsweise SPSS bevorzugt verwendet.

Die F_{max}-Statistik (Hartley-Test)

> **Definition:** Die F_{max}-Statistik (oder Hartley-Test) kann ausschließlich bei gleich großen Stichprobenumfängen durchgeführt werden. Bei diesem Test werden die größte und die kleinste Varianz der Faktorstufen ins Verhältnis gesetzt:
>
> $$F_{max} = \frac{s^2_{max}}{s^2_{min}} \qquad (14.10)$$
>
> mit
> s^2_{max} : größte Varianz in den Gruppen
> s^2_{min} : kleinste Varianz in den Gruppen
> df_1 = p: Zählerfreiheitsgrad
> df_2 = n-1: Nennerfreiheitsgrad
> p : Anzahl der Gruppen
> n : Anzahl der Untersuchungsteilnehmer in einer Gruppe

14.2 Modell I: Feste Effekte

Auf den folgenden Seiten wird die Durchführung einer einfaktoriellen Varianzanalyse für feste Effekte erläutert. Der Begriff der festen Effekte wird im Kapitel 16 (Seite 327) im Vergleich zu Varianzanalyse mit Zufallseffekten erläutert. Der Begriff einfaktoriell verdeutlicht, das es einen Faktor gibt, durch welchen die verschiedenen Teilstichproben definiert werden. Im gegeben Beispiel wäre dies der Faktor "Ablenkung". Die Stufen dieses Faktors werden auf signifikante Unterschiede untersucht.

Mit dem Effekt einer Gruppe (Faktorstufe) wird die Auswirkung dieser Untersuchungsbedingung auf die abhängige Variable im Verhältnis zu den übrigen Faktorstufen beschrieben.

> **Definition:** Ein Effekt ist die Abweichung eines Gruppenmittelwerts vom Gesamtmittelwert. Durch die Größe des Effekts wird verdeutlicht, wie stark sich eine Teilgruppe von der Gesamtgruppe unterscheidet.

Beispiel: In der Untersuchung mit den vier Gruppen ergeben sich die in Tabelle 14.1 genannten Werte der einzelnen Untersuchungsteilnehmer[2].

Tabelle 14.1: Beispieldatensatz einer einfaktoriellen Varianzanalyse mit vier Faktorstufen

	Gruppe 1	Gruppe 2	Gruppe 3	Gruppe 4
y_{1j}	1	3	4	6
y_{2j}	3	3	4	6
y_{3j}	4	3	3	4
y_{4j}	1	5	6	5
y_{5j}	1	4	6	6
y_{6j}	2	4	4	4
y_{7j}	4	2	3	6
y_{8j}	2	5	5	8
y_{9j}	3	3	4	5
y_{10j}	2	4	6	6
Mittelwert	2,3	3,6	4,5	5,6

Anmerkung: Mit y_{ij} wird der Wert der abhängigen Variablen der i-ten Person in der j-ten Gruppe beschrieben. Bei y_{42} handelt es sich beispielsweise um den Wert der vierten Person in der zweiten Gruppe. Im gegeben Beispiel ist $y_{42} = 5$.

Über die vier Gruppenmittelwerte kann - da die Gruppen gleich groß sind - der Gesamtmittelwert berechnet werden:

$$\bar{y}_1 = 2,3 \tag{14.11}$$

$$\bar{y}_2 = 3,6 \tag{14.12}$$

$$\bar{y}_3 = 4,5 \tag{14.13}$$

$$\bar{y}_4 = 5,6 \tag{14.14}$$

$$\bar{y} = \frac{2,3 + 3,6 + 4,5 + 5,6}{4} = 4 \tag{14.15}$$

Definition: Effekte sind die Differenz zwischen Gruppenmittelwerten und Gesamtmittelwert. Es gilt für die Stichprobe

$$a_j = \bar{y}_j - \bar{y} \tag{14.16}$$

und für die Population

$$\alpha_j = \mu_{yj} - \mu_y \tag{14.17}$$

---

[2] Dieser Datensatz ist als SPSS- und EXCEL-Datenfile unter http://www.psychologie.uni-freiburg.de/signatures/leonhart/ abrufbar.

Für das Beispiel ergeben sich die folgenden Effekte:

$$a_1 = 2{,}3 - 4 = -1{,}7 \tag{14.18}$$
$$a_2 = 3{,}6 - 4 = -0{,}4 \tag{14.19}$$
$$a_3 = 4{,}5 - 4 = 0{,}5 \tag{14.20}$$
$$a_4 = 5{,}6 - 4 = 1{,}6 \tag{14.21}$$

Über diese Effekte kann nun bestimmt werden, ob eine Gruppe über oder unter dem Gesamtmittelwert liegt. Außerdem kann mit Hilfe der Effekte, auch **Gewichte** genannt, im Rahmen des Allgemeinen Linearen Modells (siehe auch Abschnitt 13.5, Seite 254) eine Strukturgleichung zur Beschreibung eines individuellen Wertes einer Versuchsperson aufstellt wurden. Zur Erinnerung folgt hier die Grundgleichung des Allgemeinen Linearen Modells:

> **Definition:** Der beobachtete individuelle Wert einer Versuchsperson i in der abhängigen Variablen y_i ist zusammengesetzt aus einer gewichteten Summe der Werte weiterer Variablen x_j (Prädiktoren) und einem individuellen Fehler e_i:
>
> $$y_i = a_0 \cdot x_{i0} + a_1 \cdot x_{i1} + \ldots + a_p \cdot x_{ip} + e_i \tag{14.22}$$
>
> Normalerweise nimmt x_{i0} den Wert 1 an.

In der Varianzanalyse nehmen die x-Werte als Indikatorvariablen immer nur die Werte 0 oder 1 an, wobei a_0 immer gegeben ist und je nach Gruppenzugehörigkeit ein Effekt a_1 bis a_p hinzukommt. Hieraus kann die Strukturgleichung für die einfaktorielle Varianzanalyse mit festen Effekten abgeleitet werden.

> **Definition:** In der einfaktoriellen Varianzanalyse mit festen Effekten gilt zur Bestimmung des Wertes y_{ij} einer Versuchsperson i der Gruppe j in der abhängigen Variablen y die folgende Strukturgleichung für die Stichprobe:
>
> $$y_{ij} = a_0 + a_j + e_{ij} \tag{14.23}$$
> $$= \bar{y} + (\bar{y}_j - \bar{y}) + e_{ij} \tag{14.24}$$
>
> Für die Population gilt:
>
> $$y_{ij} = \mu_y + \alpha_j + \epsilon_{ij} \tag{14.25}$$
> $$= \mu_y + (\mu_{yj} - \mu_y) + \epsilon_{ij} \tag{14.26}$$

Somit ist über die Strukturgleichungen analog zur Regressionsanalyse auch eine Vorhersage möglich. Die beste Schätzung für die Ausprägung in der abhängigen Variable einer Person ist:

$$\hat{y}_{ij} = a_0 + a_j \tag{14.27}$$

14.2 Modell I: Feste Effekte

Für die Effekte und die Strukturgleichungen gilt bei der Definition der Effekte über die Mittelwertsdifferenzen folgendes:

1. Die Varianz der Fehler e_i soll so klein wie möglich sein. Somit gilt das Kriterium der kleinsten Quadrate:

$$\sum_{i=1}^{N} \frac{e_i^2}{N} = minimal \qquad (14.28)$$

Da mit dem Faktor der Varianzanalyse analog wie bei der Regressionsanalyse möglichst viel Varianz aufgeklärt werden soll, muss der quadratische Fehler dieser Aufklärung möglichst klein sein.

2. Die Summe und somit auch der Mittelwert der Fehler ist gleich 0.

$$\bar{e} = 0 \qquad (14.29)$$

3. Die Summe und der Mittelwert der Effekte ist gleich 0.

$$\bar{a} = 0 \qquad (14.30)$$

Die letzten beiden Punkte lassen sich leicht beweisen.

Herleitung für $\bar{e} = 0$ innerhalb einer Gruppe:

$$\bar{e} = \frac{\sum_{i=1}^{N} e_i}{N} \qquad (14.31)$$

$$= \frac{\sum_{i=1}^{N}(y_{ij} - \bar{y}_j)}{N} \qquad (14.32)$$

$(y_{ij} - \bar{y}_j)$ ist das Zentrale Moment erster Ordnung. Wie schon im Abschnitt 3.2 (Seite 39) zum Arithmetischen Mittel gezeigt wurde, ist die Summe der Zentralen Momente erster Ordnung immer 0. Es folgt, dass auch $\bar{e}$ immer 0 ist.

Herleitung von $\bar{a} = 0$: Diese erfolgt analog zur Herleitung oben.

$$\bar{a} = \frac{\sum_{j=1}^{p} a_j}{p} \qquad (14.33)$$

$$= \frac{\sum_{j=1}^{p}(\bar{y}_j - \bar{y})}{p} \qquad (14.34)$$

Auch hier gilt, dass die Summe der Zentralen Momente erster Ordnung immer gleich 0 ist. Wenn man nun beispielsweise feststellt, dass Psychologiestudentinnen überdurchschnittlich gute Leistungen im Vordiplom erbringen, könnte man daraus ableiten, dass deshalb Psychologiestudenten unterdurchschnittliche Leistungen erbringen müssten.

Nachdem nun der Begriff des Effektes geklärt worden ist, soll über die Kodierung des Datensatzes die allgemeine Strukturgleichung in Matrizenschreibweise eingeführt werden. Bevor man mit den Daten eine einfaktorielle Varianzanalyse durchführen kann, müssen diese in einer bestimmten kodierten Form vorliegen. Die Kodierung der Daten erfolgt über die x-Wert des Allgemeinen Linearen Modells. Die unabhängige Variable wird mit Hilfe von **Indikatorvariablen** kodiert. In der einfaktoriellen Varianzanalyse nimmt man an, dass jeder Proband nur an einer einzigen Untersuchungsbedingung teilnimmt. Im gegeben Beispiel würde das bedeuten, dass jemand in dem Versuch unter Bedingung 1 **oder** Bedingung 2 **oder** Bedingung 3 **oder** Bedingung 4 untersucht wird, aber nicht an verschiedenen Bedingungen gleichzeitig oder nacheinander. Es ergibt sich die folgende gekürzte **Designmatrix** für die vier Gruppen (x_{i1} bis x_{i4}) und die abhängige Variable Gedächtnisleistung y_i.

Tabelle 14.2: Designmatrix

Vpn.	Gruppe	x_{i0}	x_{i1}	x_{i2}	x_{i3}	x_{i4}	y_{ij}
1	1	1	1	0	0	0	1
2	1	1	1	0	0	0	3
⋮							
10	1	1	1	0	0	0	2
1	2	1	0	1	0	0	3
⋮							
10	2	1	0	1	0	0	4
1	3	1	0	0	1	0	4
⋮							
10	3	1	0	0	1	0	6
1	4	1	0	0	0	1	6
⋮							
10	4	1	0	0	0	1	6

In der Tabelle 14.2 werden beispielsweise in der zweiten Zeile die Werte für die zweite Versuchsperson in der ersten Gruppe aufgeführt. Diese hat in der abhängigen Variablen y den Wert 3. Alle y-Werte wurden Tabelle 14.1 (Seite 277) entnommen. Allerdings enthält die Tabelle mit der Designmatrix einige Redundanzen, wie da die Information der Spalte x_{i4} aus den vorherigen Spalten abgeleitet werden können. Diese entfallen bei der folgenden Matrix der **Dummykodierung** (siehe Tabelle 14.3).

Die Information in der Spalte x_{i4} kann aus den drei vorherigen Spalten x_{i1} bis x_{i3} hergeleitet werden, da jeder Proband an nur eine Untersuchungsbedingung teilnimmt. Auch die Spalte mit den Versuchspersonen und Gruppennummern entfällt. Bei der **Dummykodierung** wird also die letzte Spalte der Indexvariablen (x_{i4}) und die Spalten für die Versuchspersonen- und die Gruppenkodierung weggelassen. Dies wäre ein typisches Kontrollgruppendesign, bei dem davon ausgegangen wird, dass in der Kontrollgruppe keinerlei Wirkung zu erwarten ist.

Tabelle 14.3: Dummykodierung

x_{i0}	x_{i1}	x_{i2}	x_{i3}	y_i
1	1	0	0	1
1	1	0	0	3
⋮				
1	1	0	0	2
1	0	1	0	3
⋮				
1	0	1	0	4
1	0	0	1	4
⋮				
1	0	0	1	6
1	0	0	0	6
⋮				
1	0	0	0	6

Wie wird jedoch der Effekt a_p der letzten Gruppe berücksichtigt? Da die Summe der Effekt immer Null ist, gilt für die Effekte:

$$\sum_{j=1}^{p} a_j = 0 \tag{14.35}$$

$$a_1 + a_2 + \ldots + a_p = 0 \tag{14.36}$$

$$a_p = -a_1 - a_2 - \ldots - a_{p-1} \tag{14.37}$$

Am Beispiel mit den vier Gruppen würde das bedeuten:

$$a_4 = -(-1{,}7) - (-0{,}4) - 0{,}5 \tag{14.38}$$
$$= 1{,}6 \tag{14.39}$$

Eine weitere Kodierung, die **Effektkodierung**, berücksichtigt den Effekt der letzten Gruppe, indem den Gruppenangehörigen in den Indikatorvariablen ($x_{ij}, j < p$) der Wert -1 zugewiesen wird (siehe Tabelle 14.4).

Bei der Effektkodierung wird davon ausgegangen, dass in **jeder** Gruppe ein Effekt vorliegt. Der Effekt der letzten Gruppe ist, wie oben gezeigt, über die Effekte der anderen Gruppen berechenbar.

Tabelle 14.4: Effektkodierung

x_{i0}	x_{i1}	x_{i2}	x_{i3}	y_i
1	1	0	0	1
1	1	0	0	3
⋮				
1	1	0	0	2
1	0	1	0	3
⋮				
1	0	1	0	4
1	0	0	1	4
⋮				
1	0	0	1	6
1	-1	-1	-1	6
⋮				
1	-1	-1	-1	6

Diese Tabelle ist ein zentraler Bestandteil der Strukturgleichung in Matrizenschreibweise für die wahren Werte in der Stichprobe in ausführlicher Effektkodierung.

$$\begin{pmatrix} y_{11} \\ \vdots \\ y_{n1} \\ y_{12} \\ \vdots \\ y_{n2} \\ \vdots \\ y_{1p-1} \\ \vdots \\ y_{np-1} \\ y_{1p} \\ \vdots \\ y_{np} \end{pmatrix} = \begin{pmatrix} 1 & 1 & 0 & \ldots & 0 \\ \vdots & \vdots & \vdots & \ddots & \vdots \\ 1 & 1 & 0 & \ldots & 0 \\ 1 & 0 & 1 & \ldots & 0 \\ \vdots & \vdots & \vdots & \ddots & \vdots \\ 1 & 0 & 1 & \ldots & 0 \\ \vdots & \vdots & \vdots & \ddots & \vdots \\ 1 & 0 & 0 & \ldots & 1 \\ \vdots & \vdots & \vdots & \ddots & \vdots \\ 1 & 0 & 0 & \ldots & 1 \\ 1 & -1 & -1 & \ldots & -1 \\ \vdots & \vdots & \vdots & \ddots & \vdots \\ 1 & -1 & -1 & \ldots & -1 \end{pmatrix} \cdot \begin{pmatrix} \bar{y} \\ a_1 \\ \vdots \\ a_{p-1} \end{pmatrix} + \begin{pmatrix} e_{11} \\ \vdots \\ e_{n1} \\ e_{12} \\ \vdots \\ e_{n2} \\ \vdots \\ e_{1p-1} \\ \vdots \\ e_{np-1} \\ e_{1p} \\ \vdots \\ e_{np} \end{pmatrix}$$

(14.40)

Diese lässt sich auch in kompakter Matrizenschreibweise darstellen.

$$Y = X \cdot A + E \tag{14.41}$$

Über dieses Gleichungssystem werden die Effekte definiert, die auf statistische Signifikanz der Mittelwertsunterschiede getestet werden.

14.3 Hypothesen

Vor der Überprüfung auf Signifikanz müssen immer die zu testenden Hypothesen genannt werden. In der Literatur finden sich verschiedene Formen der Definition.

Nullhypothese

> **Nullhypothese:** Es besteht zwischen den Teilstichproben keine Mittelwertsunterschiede in der Population.
>
> $$H_0 \; : \; \mu_1 = \mu_2 = \ldots = \mu_p \tag{14.42}$$

Da ein Effekt α_j über die Differenz der Mittelwerte ($\mu_{yj} - \mu_y$) definiert ist, kann die Nullhypothese auch noch alternativ über die Effekte dargestellt werden:

$$H_0 \; : \; \alpha_j = 0 \quad \text{für alle} \quad j : 1 \leq j \leq p \tag{14.43}$$

Eine dritte Möglichkeit ist die Definition der Nullhypothese über die Varianz der Effekte:

$$H_0 \; : \; \sigma_A^2 = 0 \tag{14.44}$$

mit

$$\sigma_A^2 \; = \; \frac{\sum_{j=1}^{p} a_j^2}{p} \tag{14.45}$$

Wenn die Varianz der Effekte 0 ist, sind im Modell für feste Effekte die einzelnen Effekte ebenfalls 0.

Alternativhypothese

> **Alternativhypothese:** Es besteht mindestens ein paarweiser Mittelwertsunterschied zwischen den untersuchten Populationen.
>
> $$H_1 \; : \; \mu_j \neq \mu_k \quad \text{für mindestens ein } j,k : 1 \leq j \leq p, 1 \leq k \leq p \tag{14.46}$$
>
> bei einem α-Niveau von 5 %.

Anmerkung: Die Varianzanalyse kann nur ungerichteten Hypothesen testen. Eine Begründung hierfür wird im Abschnitt 14.6 (Seite 288) gegeben. Eine gerichtete Testung ist nur über die Formulierung spezifischer Kontraste (siehe Abschnitt 14.7, Seite 293) möglich.

Alternativ zur oben dargestellten Alternativhypothese gibt es auch die Möglichkeit, die Hypothesen über die Effekte zu definieren.

$$H_1 \quad : \quad \alpha_j \neq 0 \quad \text{für} \quad 1 \leq j \leq p \tag{14.47}$$

Oder die Definition der Hypothesen über die Varianz der Effekte:

$$H_1 : \sigma_A^2 \neq 0 \tag{14.48}$$

Folgende Definition ist **falsch,** obwohl sie in der Literatur manchmal verwendet wird:

$$H_1 : \mu_1 \neq \mu_2 \neq \ldots \neq \mu_p \tag{14.49}$$

Dies würde nämlich bedeuten, dass alle Mittelwerte sich bedeutsam unterscheiden müssen. Bei der Varianzanalyse ist jedoch ein einziger Mittelwertsunterschied für ein signifikantes Ergebnis ausreichend.

Im folgenden soll nun durch die Quadratsummenzerlegung und den F-Test die Signifikanzprüfung der Varianzanalyse erläutert werden. Über die Quadratsummenzerlegung gehen die Gruppenmittelwerte und somit die Effekte in die Berechnung ein.

14.4 Quadratsummenzerlegung

In der Varianzanalyse wird die "Gesamtvarianz" der abhängigen Variablen Y in die Varianz zwischen den Gruppenmittelwerten und die Varianz zwischen den Messwerten innerhalb der Gruppen zerlegt. Diese Aufteilung erfolgt über eine Zerlegung der Gesamtquadratsumme SS_{total} in die Quadratsumme zwischen den Gruppen $SS_{between}$ und die Quadratsumme innerhalb der Gruppen SS_{within}[3]. Aus Gründen der Korrektheit muss bemerkt werden, dass mit SS ("sums of squares") nicht die Varianz, sondern nur eine ihrer Vorstufen berechnet wird. Die Varianz zwischen den Gruppen kann man auf die Mittelwertsunterschiede zwischen den Gruppen und somit auf die Variation der unabhängigen Variablen zurückführen. Die Fehlervarianz dagegen ist nicht auf Veränderungen der unabhängigen Variablen zurückzuführen und wird als Messfehler betrachtet[4].

Die Gesamtvarianz ist definiert durch:

$$\sigma_y^2 \quad = \quad \frac{\sum_{i=1}^{N}(y_i - \bar{y})^2}{N - 1} \tag{14.50}$$

---

[3] Manchen Autoren sprechen auch von QS (Quadratsumme).
[4] Manche Autoren bezeichnen $SS_{between}$ als $SS_{treatment}$ und SS_{within} als SS_{error}, da die Varianz zwischen den Gruppen auch als Varianz des Treatments, der Versuchsbedingung, und die Varianz in der Gruppe als Fehlervarianz gesehen werden kann.

Die Quadratsumme hingegen lautet folgendermaßen:

$$SS_{total} = \sum_{i=1}^{N}(y_i - \bar{y})^2 \qquad (14.51)$$

Definition: Die Quadratsummen werden zerlegt in:

$$SS_{total} = SS_{between} + SS_{within} \qquad (14.52)$$

beziehungsweise

$$\sum_{j=1}^{p}\sum_{i=1}^{n_j}(y_{ij} - \bar{y})^2 = \sum_{j=1}^{p}n_j(\bar{y}_j - \bar{y})^2 + \sum_{j=1}^{p}\sum_{i=1}^{n_j}(y_{ij} - \bar{y}_j)^2 \qquad (14.53)$$

Herleitung der Quadratsummenzerlegung

$$SS_{total} = \sum_{j=1}^{p}\sum_{i=1}^{n_j}(y_{ij} - \bar{y})^2 \qquad (14.54)$$

Die Gruppenmittelwerte y_j werden durch einen "Trick" in die Gleichung eingebracht, indem sie addiert und subtrahiert werden, so dass keine Veränderung in der Stumme Betrag entsteht.

$$SS_{total} = \sum_{j=1}^{p}\sum_{i=1}^{n_j}(y_{ij} \underbrace{-\bar{y}_j + \bar{y}_j}_{=0} - \bar{y})^2 \qquad (14.55)$$

Um die Übersicht zu behalten, werden jeweils zwei Terme zusammengefasst:

$$SS_{total} = \sum_{j=1}^{p}\sum_{i=1}^{n_j}(\underbrace{y_{ij} - \bar{y}_j}_{v_{ij}} + \underbrace{\bar{y}_j - \bar{y}}_{w_j})^2 \qquad (14.56)$$

$$= \sum_{j=1}^{p}\sum_{i=1}^{n_j}(v_{ij} + w_j)^2 \qquad (14.57)$$

$$= \sum_{j=1}^{p}\sum_{i=1}^{n_j}(v_{ij}^2 + 2v_{ij}w_j + w_j^2) \qquad (14.58)$$

$$= \sum_{j=1}^{p}\sum_{i=1}^{n_j}v_{ij}^2 + \sum_{j=1}^{p}\sum_{i=1}^{n_j}2v_{ij}w_j + \sum_{j=1}^{p}\sum_{i=1}^{n_j}w_j^2 \qquad (14.59)$$

Da alle Gruppen gleich groß sind, ist folgende Umstellung möglich:

$$= \sum_{j=1}^{p}\sum_{i=1}^{n_j}v_{ij}^2 + 2 \cdot \sum_{j=1}^{p}(w_j \cdot \sum_{i=1}^{n_j}v_{ij}) + n_j \cdot \sum_{j=1}^{p}w_j^2 \qquad (14.60)$$

$v_{ij} = y_{ij} - \bar{y}_j$ bezeichnet den individuellen Fehler. Nach den Voraussetzungen muss die Summe der Fehler 0 sein. Es gilt also:

$$SS_{total} = \sum_{j=1}^{p}\sum_{i=1}^{n_j} v_{ij}^2 + 2 \cdot \underbrace{\sum_{j=1}^{p}(w_j \cdot \sum_{i=1}^{n_j} v_{ij})}_{=0} + n_j \cdot \sum_{j=1}^{p} w_j^2 \qquad (14.61)$$

Dadurch verkürzt sich die Gleichung zu:

$$SS_{total} = \sum_{j=1}^{p}\sum_{i=1}^{n_j} v_{ij}^2 + n_j \cdot \sum_{j=1}^{p} w_j^2 \qquad (14.62)$$

$$= n_j \cdot \sum_{j=1}^{p} w_j^2 + \sum_{j=1}^{p}\sum_{i=1}^{n_j} v_{ij}^2 \qquad (14.63)$$

Durch das Ersetzen von w_j und v_{ij} folgt:

$$SS_{total} = n_j \cdot \sum_{j=1}^{p}(\bar{y}_j - \bar{y})^2 + \sum_{j=1}^{p}\sum_{i=1}^{n_j}(y_{ij} - \bar{y}_j)^2 \qquad (14.64)$$

$$= SS_{between} + SS_{within} \qquad (14.65)$$

Somit konnte die Gleichung 14.50 bewiesen werden.

14.5 Mittlere Quadratsummen

Wie schon erwähnt, stellen die Quadratsummen nur eine Vorstufe zur Berechnung der Varianz dar. Die Formel für die Varianz einer Variablen lautet:

$$\sigma_x^2 = \frac{\sum_{i=1}^{N}(x_i - \bar{x})^2}{N - 1} \qquad (14.66)$$

Die Berechnung der Varianz erfordert also lediglich die Quadratsumme (SS) durch die dazugehörigen Freiheitsgrade (df) zu teilen. Die Varianz wird auch als MS (mean squares) bezeichnet.

Definition: Es gilt

$$MS = \frac{SS}{df} \qquad (14.67)$$

mit
MS: mittleres Abweichungsquadrat (=Varianz)
SS: Quadratsumme
df: Freiheitsgrade (=degree of freedom)

Aus den beiden Quadratsummen wird mit Hilfe der jeweiligen Freiheitsgraden die Größe der Varianz bestimmt.

14.5 Mittlere Quadratsummen

Bei der Berechnung von $MS_{between}$ wird die Varianz zwischen den p Gruppen berechnet, deshalb ist $df = p - 1$ der Freiheitsgrad. Bei MS_{within} gehen alle Werte innerhalb der Gruppen in das Ergebnis ein. Da in jeder Gruppe ein Wert jeweils "unfrei" ist, bestimmt sich der Freiheitsgrad über $df = N - p$, beziehungsweise $p \cdot (n-1)$. Der Freiheitsgrad von MS_{total}, der Gesamtvarianz, wird über $df = N - 1$ definiert.

Neben der Additivität der Quadratsummen gilt auch die Additivität der Freiheitsgrade.

Definition: Die Freiheitsgrade für die mittlere Quadratsummen der Varianzzerlegung sind aus dem Freiheitsgrad für die Gesamtquadratsumme (df_{total}) abzuleiten:

$$df_{total} = N - 1 \qquad (14.68)$$
$$= N - p + p - 1 \qquad (14.69)$$
$$= df_{within} + df_{between} \qquad (14.70)$$

Daraus ergeben sich die folgenden mittleren Quadratsummen (MS):

Definition:

$$MS_{total} = \frac{SS_{total}}{N - 1} \qquad (14.71)$$

$$MS_{between} = \frac{SS_{between}}{p - 1} \qquad (14.72)$$

$$MS_{within} = \frac{SS_{within}}{N - p} \qquad (14.73)$$

Aus der Gesamtvarianz wird die Varianz innerhalb und die Varianz zwischen den Gruppen abgeleitet. Nun wird lediglich ein Prüfverfahren benötigt, mit dem eine inferenzstatistische Signifikanzprüfung der Effekte durchgeführt werden kann. Die Grundlagen der Inferenzstatistik wurden schon in Kapitel 7 (Seite 121) vorgestellt. Bevor die Signifikanzprüfung der Effekte der Varianzanalyse über den F-Test erläutert wird, soll noch die Theorie der Erwartungswerte kurz dargestellt werden.

Über **Erwartungswerte** kann geschätzt werden, welche Werte unter der Bedingung der Nullhypothese zu erwarten sind. Aus didaktischen Gründen wird an dieser Stelle allerdings auf die komplexe Darstellung dieser Herleitung verzichtet. Der interessierte Leser kann diese Herleitung mit einer Einführung in die Theorie der Erwartungswerte im Anhang A.3, Seite 426, finden.

Definition:

$$E(MS_{between}) = \sigma_e^2 + \frac{\sum_{j=1}^{p} n_j \cdot \alpha_j^2}{p - 1} \qquad (14.74)$$

$$E(MS_{within}) = \sigma_e^2 \qquad (14.75)$$

Der Unterschied zwischen den Erwartungswerten von $MS_{between}$ und MS_{within} liegt in dem Quotienten $\frac{\sum_{j=1}^{p} n_j \cdot \alpha_j^2}{p-1}$. Sind die einzelnen Effekte α_j 0, so unterscheiden sich die beiden Erwartungswerte nicht.

Aus den Erwartungswerten folgt für die H_0:

$$E(MS_{between}) = E(MS_{within}) \quad (14.76)$$

Für die H_1:

$$E(MS_{between}) > E(MS_{within}) \quad (14.77)$$

Der Fall $E(MS_{between}) < E(MS_{within})$ existiert nicht, da Varianzen immer positiv sind. Wenn die Varianz zwischen den Gruppen gleich der Varianz innerhalb der Gruppen ist, sind sämtliche Effekte a_j gleich 0. Ob die Effekte als signifikant betrachtet werden können, wird über den F-Test überprüft.

14.6 F-Test

Die Signifikanzprüfung erfolgt für die Varianzanalyse im Modell I für feste Effekte über folgenden F-Test:

Definition:

$$F = \frac{MS_{between}}{MS_{within}} \quad (14.78)$$

mit $df_{between} = p - 1$ und $df_{within} = N - p$.

Anmerkung: Dieser "einfache" F-Test gilt allerdings nur bei gleich großen Gruppen. Bei unterschiedlicher Gruppengröße ist eine Gewichtung vorzunehmen. Da die zugrundeliegende theoretische Verteilung der F-Werte eine schiefe Verteilung mit nur positiven Werten beschreibt, ist der F-Test immer gerichtet. Eine gerichtete Testung ist jedoch über die Formulierung von Kontrasten (siehe Abschnitt 14.7, Seite 293) möglich.

Wenn $F_{beobachtet} \geq F_{kritisch}$ wird die H_0 verworfen und die H_1 angenommen. Ansonsten wird die H_0 beibehalten. Die jeweiligen kritischen F-Werte sind den Tabellen B.37 bis B.42 (Seite 462 bis 464) in Abhängigkeit von den jeweiligen Freiheitsgraden zu entnehmen.

Bevor am Beispiel die Berechnung einer Varianzanalyse gezeigt wird, soll hier noch einmal zusammengefasst die notwendigen Schritte der Berechnung "von Hand" dargestellt werden:

1. Bestimmung von $SS_{between}$ und SS_{within}

2. Berechnung von $MS_{between}$ und MS_{within}

3. Durchführung des F-Tests: $F = \frac{MS_{between}}{MS_{within}}$

4. Signifikanzprüfung durch einen Vergleich des beobachteten F-Werts und des kritischen F-Werts aus den Tabellen B.37 bis B.42 (Seite 462 bis 464)

Um zu testen, ob sich mindestens zwei Mittelwerte signifikant unterscheiden, ist also ein F-Test durchzuführen. Die Berechnungen werden am Beispiel demonstriert.

Beispiel: Für die Berechnung von $SS_{between}$ und SS_{within} werden die Gruppenmittelwerte für die Untersuchungsbedingungen Lärm, Licht, Geruch und die Kontrollgruppe sowie der Gesamtmittelwert über alle Gruppen hinweg (siehe Tabelle 14.1, Seite 277) benötigt. Als abhängige Variable wird die Anzahl der reproduzierten Gegenstände gemessen[5].

Tabelle 14.5: Berechnung von $SS_{between}$

Gruppe	$\bar{y}_j$	$\bar{y}$	$\bar{y}_j - \bar{y}$	$(\bar{y}_j - \bar{y})^2$
1	2,3	4	-1,7	2,89
2	3,6	4	-0,4	0,16
3	4,5	4	0,5	0,25
4	5,6	4	1,6	2,56
Σ				5,86

Im ersten Schritt wird nun die Differenz der Gruppenmittelwerte zum Gesamtmittelwert berechnet (siehe vierte Spalte, Tabelle 14.5). Diese Differenz wird dann in der letzten Spalte quadriert. Anschließend werden die Quadrate aufsummiert. Das Ergebnis wird dann mit der Anzahl der Untersuchungsteilnehmer der jeweiligen Gruppe multipliziert.

$$SS_{between} = n_j \cdot \sum_{j=1}^{p}(\bar{y}_j - \bar{y})^2 \qquad (14.79)$$

$$= 10 \cdot 5,86 \qquad (14.80)$$

$$= 58,6 \qquad (14.81)$$

$MS_{between}$ wird nun über die Division mit den Freiheitsgrade berechnet.

$$MS_{between} = \frac{SS_{between}}{p-1} \qquad (14.82)$$

$$= \frac{58,6}{4-1} \qquad (14.83)$$

$$= 19,533 \qquad (14.84)$$

Die Berechnung für SS_{within} erfolgt analog. Zunächst werden die Differenzen zwischen den individuellen Werten und den Gruppenmittelwerten berechnet, anschließend quadriert und aufsummiert (siehe Tabelle 14.6, Seite 290).

---

[5]Es soll nochmals angemerkt werden, das 10 Personen pro Gruppe eigentlich zu wenige sind, hier aber wegen einer klaren und knappen Darstellung mit einer so kleinen Stichprobe gerechnet wird.

Tabelle 14.6: Berechnung von SS_{within}

Gruppe	Vpn.	y_{ij}	$\bar{y}_j$	$y_{ij} - \bar{y}_j$	$(y_{ij} - \bar{y}_j)^2$
1	1	1	2,3	-1,3	1,69
1	2	3	2,3	0,7	0,49
1	3	4	2,3	1,7	2,89
1	4	1	2,3	-1,3	1,69
1	5	1	2,3	-1,3	1,69
1	6	2	2,3	-0,3	0,09
1	7	4	2,3	1,7	2,89
1	8	2	2,3	-0,3	0,09
1	9	3	2,3	0,7	0,49
1	10	2	2,3	-0,3	0,09
2	1	3	3,6	-0,6	0,36
2	2	3	3,6	-0,6	0,36
2	3	3	3,6	-0,6	0,36
2	4	5	3,6	1,4	1,96
2	5	4	3,6	0,4	0,16
2	6	4	3,6	0,4	0,16
2	7	2	3,6	-1,6	2,56
2	8	5	3,6	1,4	1,96
2	9	3	3,6	-0,6	0,36
2	10	4	3,6	0,4	0,16
3	1	4	4,5	-0,5	0,25
3	2	4	4,5	-0,5	0,25
3	3	3	4,5	-1,5	2,25
3	4	6	4,5	1,5	2,25
3	5	6	4,5	1,5	2,25
3	6	4	4,5	-0,5	0,25
3	7	3	4,5	-1,5	2,25
3	8	5	4,5	0,5	0,25
3	9	4	4,5	-0,5	0,25
3	10	6	4,5	1,5	2,25
4	1	6	5,6	0,4	0,16
4	2	6	5,6	0,4	0,16
4	3	4	5,6	-1,6	2,56
4	4	5	5,6	-0,6	0,36
4	5	6	5,6	0,4	0,16
4	6	4	5,6	-1,6	2,56
4	7	6	5,6	0,4	0,16
4	8	8	5,6	2,4	5,76
4	9	5	5,6	-0,6	0,36
4	10	6	5,6	0,4	0,16
Σ					45,4

14.6 F-Test

Es ergibt sich folgender Wert für SS_{within}:

$$SS_{within} = \sum_{j=1}^{p}\sum_{i=1}^{n_j}(y_{ij}-\bar{y}_j)^2 \tag{14.85}$$
$$= 45{,}4 \tag{14.86}$$

Aus SS_{within} wird schließlich MS_{within} berechnet.

$$MS_{within} = \frac{SS_{within}}{N-p} \tag{14.87}$$
$$= \frac{45{,}4}{40-4} \tag{14.88}$$
$$= 1{,}261 \tag{14.89}$$

Zum Schluss folgt mit dem F-Test die Prüfung auf Signifikanz.

$$F = \frac{MS_{between}}{MS_{within}} \tag{14.90}$$
$$= \frac{19{,}533}{1{,}261} \tag{14.91}$$
$$= 15{,}489 \tag{14.92}$$

Der berechnete F-Wert ist mit dem kritischen F-Wert aus Tabelle B.37, Seite 462 zu vergleichen. Bei einem Zählerfreiheitsgrad von 3 und einem Nennerfreiheitsgrad von 36 liegt der kritische F-Wert bei 2,92. Da der beobachtete F-Wert größer als der kritische F-Wert ist, bestehen signifikante Unterschiede zwischen den Gruppenmittelwerten.

Wieso? Weshalb? Warum?

Bedeutet ein signifikanter F-Wert, dass große Effekte belegt werden können?

Ein signifikanter F-Wert belegt nur, dass es mindestens einen signifikanten Unterschied zwei der p Gruppen gibt. Es besteht somit ein statistisch bedeutsamer Zusammenhang zwischen der unabhängigen und der abhängigen Variablen. Wie beim t-Test ist die Signifikanz des Mittelwertsunterschieds stark von der Stichprobengröße abhängig. Zur Abschätzung der praktischen Relevanz sollte bei einer Varianzanalyse immer auch der Anteil der erklärten Varianz der abhängigen Variablen betrachtet werden.

Definition: Der Anteil der erklärten Varianz der abhängigen Variablen wird berechnet über:

$$R^2_{y.between} = \frac{SS_{between}}{SS_{total}} \tag{14.93}$$
$$= \eta^2 \tag{14.94}$$

Der Term η^2 (sprich Eta-Quadrat) entspricht dem Determinationskoeffizienten der Regressionsanalyse. Die nicht-erklärbare Varianz ist über $1 - R^2_{y.between}$ definiert. Dieser Term entspricht dem Alienationskoeffizienten der Regressionsanalyse.

Beispiel: Der erklärbare Varianzanteil wird im Beispiel berechnet, indem aus der Summe von $SS_{between}$ und SS_{within} die Gesamtquadratsumme $SS_{total} = 104$ berechnet und $SS_{between}$ daran relativiert wird.

$$\eta^2 = \frac{SS_{between}}{SS_{total}} \tag{14.95}$$

$$= \frac{58{,}6}{104} \tag{14.96}$$

$$= 0{,}563 \tag{14.97}$$

Somit wird durch den Faktor "Versuchsbedingung" 56,3% in der Varianz der abhängigen Variablen "Gedächtnisleistung" erklärt.

Die erklärte Varianz in der Population wird durch η^2 allerdings überschätzt. Deshalb erfolgt eine Korrektur durch $\hat{\omega}^2$ (sprich Omega-Quadrat).

$$\hat{\omega}^2 = \frac{SS_{between} - (p-1) \cdot MS_{within}}{SS_{total} + MS_{within}} \tag{14.98}$$

Dieser Wert wird von manchen Softwarepaketen, wie beispielsweise SPSS, als adjusted R^2, berichtigtes R^2, ausgegeben.

Beispiel: Für das Beispiel ergibt sich als Schätzung der Varianzaufklärung in der Population:

$$\hat{\omega}^2 = \frac{SS_{between} - (p-1) \cdot MS_{within}}{SS_{total} + MS_{within}} \tag{14.99}$$

$$= \frac{58{,}6 - (4-1) \cdot 1{,}261}{104 + 1{,}261} \tag{14.100}$$

$$= \frac{54{,}817}{105{,}261} \tag{14.101}$$

$$= 0{,}521 \tag{14.102}$$

Es können also 52,1% der Varianz in der Gedächtnisleistung durch die vier Untersuchungsbedingungen erklärt werden.

Wenn man in einer Varianzanalyse mit mehreren Gruppen einen signifikanten F-Wert erhält, wie kann dann bestimmt werden, welche Gruppen sich signifikant unterscheiden?

Beim t-Test werden nur zwei Gruppen verglichen. Wird der t-Wert signifikant, so unterscheiden sich diese beiden Gruppen. Ein signifikanter F-Wert bedeutet ebenfalls, dass es mindestens einen signifikanten Mittelwertsunterschied zwischen den Gruppenmittelwerten gibt. Allerding ist anhand des F-Wertes nicht entscheidbar, welche Gruppenmittelwerte oder Kombinationen von Gruppenmittelwerten sich signifikant unterscheiden. Zur Bestimmung der Gruppen mit bedeutsamen Mittelwertsunterschieden gibt es drei unterschiedliche Lösungsansätze:

1. t-Tests,
2. Kontraste,
3. post-hoc-Tests.

Wie schon zu Beginn dieses Kapitels erläutert, sind auch bei mehr als zwei Gruppen mit Hilfe von vielen paarweisen t-Tests signifikante Mittelwertsunterschiede überprüfbar. Allerdings besteht hierbei die Gefahr der α-Fehlerinflationierung, der mit einer Bonferroni-Korrektur entgegengewirkt werden muss. Diese Korrektur führt bei vielen Gruppen zu einer starken Reduzierung des α-Niveaus, wodurch die Chance, signifikante Mittelwertsunterschiede zu finden, sinkt. Deshalb sollte eine der folgenden beiden Methoden bevorzugt werden.

14.7 Kontraste

Bestehen bereits vor der Durchführung der Datenerhebung (**a priori**) Hypothesen darüber, welche Gruppenmittelwerte sich in welcher Richtung voneinander unterscheiden, werden Kontraste formuliert. Die Testung der Kontraste kann dann den F-Test ersetzen. Über Kontraste können die Mittelwerte von zwei einzelnen Gruppen (hier die Mittelwerte von Gruppe 1 und 2) oder von Untergruppen (beispielsweise Gruppe 1, 2 und 3 mit Gruppe 4) verglichen werden.

Beispiel: Die Gruppen 1 bis 4 sollen wie folgt verglichen werden:

1. Gruppe 1 (Lärm) mit Gruppe 2 (Lichtreize),
2. Der Mittelwert von Gruppe 1 und 2 (Lärm und Licht) mit Gruppe 3 (Geruch),
3. Der Mittelwert von Gruppe 1 bis 3 (alle ablenkenden Reize) mit Gruppe 4 (Kontrollgruppe).

Definition: Ein Kontrast $\hat{\Psi}$ (sprich Psi) ist die gewichtete Summe von p Sichprobenmittelwerten $\bar{y}_j$, in denen mindestens ein Gewicht c_j ungleich 0 ist.

$$\hat{\Psi} = \sum_{j=1}^{p} c_j \bar{y}_j \qquad (14.103)$$

$$= c_1 \bar{y}_1 + c_2 \bar{y}_2 + \ldots + c_p \bar{y}_p \qquad (14.104)$$

Für die Population sind Kontraste definiert durch:

$$\Psi = \sum_{j=1}^{p} c_j \mu_j \qquad (14.105)$$

$$= c_1 \mu_1 + c_2 \mu_2 + \ldots + c_p \mu_p \qquad (14.106)$$

Voraussetzungen:

1. Die Summe aller Gewichte ist Null.

$$\sum_{j=1}^{p} c_j = 0 \qquad (14.107)$$

2. Die Kontraste müssen unabhängig voneinander sein.

Während die Voraussetzung, dass die Summe der Kontrastgewichte gleich Null sein soll, leicht zu überprüfen ist, müssen im Bezug auf die Unabhängigkeitsvoraussetzung die definierten Kontraste paarweise getestet werden. Bei p Gruppen lassen sich generell nur p-1 voneinander unabhängige Kontraste finden. Diese Einschränkung ist begründet durch die Voraussetzung der linearen Unabhängigkeit (Orthogonalität) der Kontraste.

> **Definition:** Zwei Kontraste Ψ_1 und Ψ_2 sind voneinander **unabhängig**, wenn bei gleicher Stichprobengröße gilt:
>
> $$\sum_{j=1}^{p} c_{j1} \cdot c_{j2} = 0 \qquad (14.108)$$

Jeweils zwei aufgestellte Kontraste sind zuerst spaltenweise zu multiplizieren, anschließend sind diese Produkte zu addiert. Dies soll an den Kontrasten des Beispiels demonstriert werden.

Beispiel:

Tabelle 14.7: Kontrastkodierung im Beispiel

Vergleiche	Gruppe 1	Gruppe 2	Gruppe 3	Gruppe 4
1.	1	−1	0	0
2.	$\frac{1}{2}$	$\frac{1}{2}$	−1	0
3.	$\frac{1}{3}$	$\frac{1}{3}$	$\frac{1}{3}$	−1

Die Beispielskontraste wurden hier nochmals in kompakter Schreibweise aufgestellt. Diese Schreibweise für die Gruppenvergleiche heißt Kontrastkodierung. Anschließend müssen die Kontraste auf Unabhängigkeit geprüft werden.

Tabelle 14.8: Unabhängigkeitsvergleich von Kontrast 1 und 2

Vergleiche	Gruppe 1	Gruppe 2	Gruppe 3	Gruppe 4	Σ
1.	1	−1	0	0	
2.	$\frac{1}{2}$	$\frac{1}{2}$	−1	0	
Produkt	$\frac{1}{2}$	$-\frac{1}{2}$	0	0	0

Durch spaltenweises Multiplizieren und anschließendes Addieren der Produkte kann belegt werden, dass die Summe der Produkte Null ist. Die ersten beiden Kontraste sind somit voneinander unabhängig.

Tabelle 14.9: Unabhängigkeitsvergleich von Kontrast 1 und 3

Vergleiche	Gruppe 1	Gruppe 2	Gruppe 3	Gruppe 4	Σ
1.	1	-1	0	0	
3.	$\frac{1}{3}$	$\frac{1}{3}$	$\frac{1}{3}$	-1	
Produkt	$\frac{1}{3}$	$-\frac{1}{3}$	0	0	0

Der erste und der dritte Kontrast sind ebenfalls voneinander unabhängig.

Tabelle 14.10: Unabhängigkeitsvergleich von Kontrast 2 und 3

Vergleiche	Gruppe 1	Gruppe 2	Gruppe 3	Gruppe 4	Σ
2.	$\frac{1}{2}$	$\frac{1}{2}$	-1	0	
3.	$\frac{1}{3}$	$\frac{1}{3}$	$\frac{1}{3}$	-1	
Produkt	$\frac{1}{6}$	$\frac{1}{6}$	$-\frac{1}{3}$	0	0

Da auch der zweite und dritte Kontrast voneinander unabhängig sind, können die drei Kontraste als voneinander unabhängig betrachtet werden. Sobald allerdings zwei der definierten Kontraste abhängig wären, dürften dieses Kontraste nicht gerechnet werden.

Anmerkung: Einige Statistikprogramme, wie zum Beispiel SPSS, setzten die Unabhängigkeitsprüfung der Kontraste voraus und überprüfen diese nicht selbst. Dies muss der Anwender noch von "Hand" durchführen.

Nachdem gezeigt wurde, dass die Kontrastegewichte voneinander unabhängig sind, können die eigentlichen Kontraste berechnet werden.

$$\hat{\Psi}_1 = 1 \cdot \bar{y}_1 + (-1) \cdot \bar{y}_2 + 0 \cdot \bar{y}_3 + 0 \cdot \bar{y}_4 \qquad (14.109)$$
$$= 1 \cdot 2{,}3 + (-1) \cdot 3{,}6 \qquad (14.110)$$
$$= -1{,}3 \qquad (14.111)$$

$$\hat{\Psi}_2 = \frac{1}{2} \cdot \bar{y}_1 + \frac{1}{2} \cdot \bar{y}_2 + (-1) \cdot \bar{y}_3 + 0 \cdot \bar{y}_4 \qquad (14.112)$$
$$= \frac{1}{2} \cdot 2{,}3 + \frac{1}{2} \cdot 3{,}6 + (-1) \cdot 4{,}5 \qquad (14.113)$$
$$= -1{,}55 \qquad (14.114)$$

$$\hat{\Psi}_3 = \frac{1}{3} \cdot \bar{y}_1 + \frac{1}{3} \cdot \bar{y}_2 + \frac{1}{3} \cdot \bar{y}_3 + (-1) \cdot \bar{y}_4 \qquad (14.115)$$
$$= \frac{1}{3} \cdot 2{,}3 + \frac{1}{3} \cdot 3{,}6 + \frac{1}{3} \cdot 4{,}5 + (-1) \cdot 5{,}6 \qquad (14.116)$$
$$= -2{,}13 \qquad (14.117)$$

Die Signifikanz eines Kontrastes muss durch einen t-Test belegt werden.

> **Definition:** Die Signifikanz von Kontrasten wird mittels t-Test geprüft.
>
> $$t = \frac{\hat{\Psi}}{\sqrt{estvar(\hat{\Psi})}} \qquad (14.118)$$
>
> mit
> $df = N - p$: Freiheitsgrade
> $\hat{\Psi} = \sum_{j=1}^{p} c_j \bar{y}_j$: geschätzter Kontrast
>
> Der Standardfehler des Kontrastes wird geschätzt über:
>
> $$estvar(\hat{\Psi}) = MS_{within} \cdot \sum_{j=1}^{p} \frac{c_j^2}{n_j} \qquad (14.119)$$

Bei signifikantem t-Wert unterscheiden sich die Mittelwerte entsprechend den a priori formulierten (kontrastkodierten) Hypothesen statistisch bedeutsam.

Beispiel: Am dritten Kontrast soll die Signifikanztestung dargestellt werden. Zuerst wird die geschätzte Varianz der Kontraste berechnet.

$$estvar(\hat{\Psi}) = MS_{within} \cdot \sum_{j=1}^{p} \frac{c_j^2}{n_j} \qquad (14.120)$$

$$= 1{,}261 \cdot \left(\frac{\left(\frac{1}{3}\right)^2}{10} + \frac{\left(\frac{1}{3}\right)^2}{10} + \frac{\left(\frac{1}{3}\right)^2}{10} + \frac{(-1)^2}{10} \right) \qquad (14.121)$$

$$= 1{,}261 \cdot \frac{\frac{4}{3}}{10} \qquad (14.122)$$

$$= 0{,}168 \qquad (14.123)$$

Anschließend wird der t-Wert berechnet.

$$t = \frac{\hat{\Psi}}{\sqrt{estvar(\hat{\Psi})}} \qquad (14.124)$$

$$= \frac{-2{,}13}{\sqrt{0{,}168}} \qquad (14.125)$$

$$= -5{,}195 \qquad (14.126)$$

Dieser t-Wert ist bei einem Freiheitsgrad von 36 signifikant (siehe Tabellen B.6 bis B.7, Seite 438 bis 439).

Kontraste können analog zum t-Test auch gerichtet definiert werden. Da eine gerichtete Hypothese stets teststärker geprüft werden kann, sollten Kontrasten nach Möglichkeit gerichtet formuliert werden.

Bei vielen Gruppen entsteht das Problem der Auswahl der "richtigen" Kontraste. Je mehr Gruppen es gibt, desto größer ist die Anzahl der möglichen Kontraste. Sachs (1999) gibt mit der folgenden Tabelle einen Überblick.

Tabelle 14.11: Vergleich der Anzahl der möglichen und der erlaubten Kontraste

Gruppenzahl	mögliche Kontraste	erlaubte Kontraste	Gruppenzahl	mögliche Kontraste	erlaubte Kontraste
3	6	2	9	9330	8
4	25	3	10	28501	9
5	90	4	11	86526	10
6	301	5	12	261625	11
7	966	6	13	788970	12
8	3025	7	14	2375101	13

Nachteil der Kontraste ist somit die eingeschränkte Anzahl der Vergleiche. Die hypothesengeleitet formulierten Kontraste dürfen nur vor der Datenerhebung definiert und nachträglich nicht verändert werden. Ein Vorteil der Kontrastprüfung ist allerdings, dass sie teststärker als die im Folgenden vorgestellten post-hoc-Tests sind.

14.8 post-hoc-Tests

Post-hoc-Tests werden eingesetzt, wenn a priori keine Hypothesen über spezifische Mittelwertsdifferenzen formuliert werden können. Sie werden bei explorativem Vorgehen eingesetzt, deren Vor- und Nachteile gegenüber hypothesengeleitetem Vorgehen in Kapitel 7 (Seite 121) schon besprochen wurden[6]. Im Vergleich zu Kontrasten fordern post-hoc-Tests keine Unabhängigkeit der vorgenommenen Mittelwertsvergleiche. Fällt der F-Wert einer Varianzanalyse signifikant aus, können post-hoc sämtliche mögliche Gruppenpaare auf Mittelwertsdifferenzen geprüft werden. Im Laufe der Zeit wurden eine Vielzahl von unterschiedlichen post-hoc Verfahren entwickelt. Hierzu gibt Werner (1997) einen guten Überblick. Diese Verfahren sind:

1. LSD-Test ("least significant difference" gemäß Fisher)
2. SNK-Test (Student Newman-Keuls)
3. Duncan-Test
4. Tukey-HSD-Test
5. Tukey-Kramer-Test
6. Peritz-Test
7. Games-Howell-Test
8. Scheffé-Test

---

[6] In der aktuellen Literatur findet noch eine Diskussion hierzu statt (siehe beispielsweise Bortz und Döring (1995) oder Werner (1997)).

Für die Auswahl des geeigneten Post-hoc-Tests für Mittelwertsvergleiche können die folgenden Empfehlungen gegeben werden:

1. In einer einfachen Varianzanalyse ("between subject design") mit erfüllten Voraussetzungen wird der Tukey-HSD-Test oder Peritz-Test eingesetzt.

   Sind die Voraussetzungen hingegen nicht erfüllt, gilt folgendes:

   - Bei ungleichen n_j, aber homogenen Varianzen: Tukey-Kramer-Test
   - Bei heterogenen Varianzen: Games-Howell-Test
   - Bei Non-Normalität: Der Tukey-Kramer-Test und der Games-Howell-Test können eingesetzt werden, da Non-Normalität auf beide Verfahren nur einen geringen Einfluss hat.

2. Liegt eine Varianzanalyse mit Messwiederholung (siehe Abschnitt 17.1, Seite 339) vor und sind die Voraussetzungen erfüllt, wird der Tukey-HSD-Test oder der Peritz-Test verwendet.

   Sind die Voraussetzungen nicht erfüllt, ist ein t-Test für abhängige Stichproben mit Bonferoni-Korrektur oder der Tukey-HSD-Test einzusetzen.

Die Verfahren besitzen unterschiedliche Effizienz, die über die Teststärke $(1 - \beta)$ erfasst wird. Während konservative Tests eine geringere Teststärke aufweisen, ist progressiven Tests eine höhere Teststärke zueigen.

> **Definition:** Ob ein statistischer Test konservativ ist, wird mittels sogenannter Monte-Carlo-Studien festgestellt. Eine Monte-Carlo-Studie ist ein statistisches Verfahren, bei dem mit Hilfe von Zufallszahlen ein stochastisches Modell exemplarisch durchgespielt wird. Hierbei wird beispielsweise überprüft, wie oft der jeweilige Test bei gültiger Nullhypothese signifikant wird.
>
> - Ist der Anteil der Signifikanzen größer als 5%, so spricht man von einem progressiven Test.
> - Ist der Anteil der Signifikanzen kleiner als 5%, handelt es sich um einen konservativen Test.

Jene Verfahren, die das α-Niveau nicht oder nur unzureichend korrigieren (multiple t-Tests, LSD-Test, beziehungsweise Duncan-Test, Newman-Keuls-Test) sollten nicht verwendet werden. Im Folgenden werden die beiden gebräuchlichsten Posthoc-Tests, der Scheffé-Test und der Tukey-HSD-Test, näher beschrieben.

Der Scheffé-Test sollte bei Vergleichen von Mittelwertskombinationen wie beispielsweise Gruppe 1 und 2 gegen Gruppe 3 und 4 angewendet werden. Der Tukey-HSD-Test ist bei paarweisen Vergleichen das üblichste und auch das robusteste Verfahren. Als robust bezeichnet man einen Test, wenn eine Verletzung der Voraussetzungen das Ergebnis der Signifikanzprüfung nur wenig oder gar nicht beeinflusst.

Scheffé-Test

Beim Scheffé-Test können wie bei den Kontrasten paarweise Mittelwertsvergleiche und Untergruppenvergleiche durchgeführt werden. Allerdings müssen diese Mittelwertsvergleiche nicht unabhängig voneinander sein, somit ist die Anzahl der Mittelwertsvergleiche unbeschränkt.

> **Definition:** Für den Scheffé-Test wird ebenfalls die gewichtete Summe von p Stichprobenmittelwerten gerechnet, wobei mindestens ein Gewicht c_j ungleich Null sein muss.
>
> $$\hat{\Psi} = c_1 \bar{y}_1 + \ldots + c_p \bar{y}_p \qquad (14.127)$$
>
> $$= \sum_{j=1}^{p} c_j \bar{y}_j \qquad (14.128)$$
>
> mit
>
> $$\sum_{j=1}^{p} c_j = 0 \qquad (14.129)$$

Signifikanzprüfung: Eine Mittelwertsdifferenz ist signifikant, wenn gilt:

$$\hat{\Psi} \geq \sqrt{(p-1) \cdot F_\alpha \cdot MS_{within} \cdot \sum_{j=1}^{p} \frac{c_j^2}{n_j}} \qquad (14.130)$$

Beim Scheffé-Test findet eine Korrektur des α-Fehlers statt, was dazu führen kann, dass bei einem Mittelwertsvergleich ein Kontrast signifikant wird, aber nicht der entsprechende Scheffé-Test. Deshalb sollte gerade bei einer Vielzahl von Gruppen überlegt werden, ob nicht a priori zu erwartende Mittelwertsunterschiede definiert werden können. Der Scheffé-Test ist konservativer als der Tukey-HSD-Test, der bei paarweisen Mittelwertsvergleichen zu bevorzugen ist.

Tukey-HSD-Test

> **Definition:** Der Tukey-HSD-Test führt alle möglichen Mittelwertsvergleiche durch. Eine Differenz ist signifikant, wenn der Unterschied zwischen zwei Mittelwerten $\bar{y}_i$ und $\bar{y}_j$ größer ist als die sogenannte **"honestly significant difference"** (HSD).
>
> $$HSD = q_\alpha \cdot \sqrt{\frac{MS_{within}}{n}} \qquad (14.131)$$
>
> q_α ist eine Zufallsvariable, deren Größe von der Anzahl der Gruppen, den Freiheitsgraden von MS_{within} und dem α-Niveau abhängt. Auf ihre Berechnung soll hier nicht näher eingegangen werden.

Kontraste und die beiden hier näher erläuterten post-hoc-Verfahren lassen sich folgendermaßen nach ihrer Teststärke ordnen: Kontraste sind am teststärksten, gefolgt vom Tukey-HSD-Test, während der Scheffé-Test als testschwächstes Verfahren gelten muss. In Tabelle 14.12 wird ein Vergleich zwischen den beiden Verfahrensgruppen gegeben.

Tabelle 14.12: Vergleich zwischen Kontrasten und post-hoc-Tests

	Kontraste	post-hoc-Tests
Zeitpunkt	a priori formuliert strukturiertes, hypothesengeleitetes Vorgehen	post-hoc formuliert exploratives Vorgehen zum Generieren neuer Hypothesen
Vorteil	teststark, da keine α-Adjustierung wegen der Unabhängigkeit der Kontraste notwendig	uneingeschränkte Anzahl von Mittelwertsvergleichen
Nachteil	begrenzte Anzahl von Mittelwertsvergleichen	weniger teststark, da α-Adjustierung wegen der abhängigen post-hoc-Tests notwendig

14.9 Zusammenfassung

Bei der **Varianzanalyse** handelt es sich um ein statistisches Verfahren, mit dessen Hilfe Mittelwerte von mehr als zwei Stichproben auf statistische Signifikanz geprüft werden können.

Mittels der **Effektkodierung** werden die Mittelwertsunterschiede zwischen den einzelnen Gruppen bestimmt.

Wichtigste Grundlage der Varianzanalyse ist die **Quadratsummenzerlegung**. Die Gesamtquadratsumme wird in zwei Teile aufgeteilt, die Quadratsumme zwischen den Gruppen und die Quadratsumme in den Gruppen. Über diese Quadratsummen werden mit Hilfe der Freiheitsgrade die jeweilige Varianz berechnet und mit dem **F-Test** auf Signifikanz geprüft.

Ein signifikanter F-Wert besagt nur, dass mindestens ein bedeutsamer Mittelwertsunterschied besteht. Zwischen welchen Gruppen dieser Unterschied besteht, kann **a priori** durch **Kontraste** oder **a posteriori** zum Beispiel durch den **Scheffé-** und den **Tukey HSD-Test** feststellt werden.

14.10 Aufgaben

1. Warum ist es nicht sinnvoll, in einer Untersuchung mit vier Untersuchungsgruppen sechs Einzelvergleiche mittels t-Test durchzuführen?

2. Für vier Treatmentgruppen sollen paarweise Vergleiche (t-Tests) durchgeführt werden. Wie groß ist bei $\alpha = 5\%$ die Wahrscheinlichkeit, dass mindestens ein α-Fehler begangen wird?

3. Welche Aussagen bezüglich der einfaktoriellen Varianzanalyse sind richtig?

   a) $SS_{total} = SS_{zwischen} + SS_{innerhalb}$

   b) $MS_{total} = MS_{zwischen} + MS_{innerhalb}$

   c) $df_{total} = N - 1$

   d) $SS_{zwischen} = \sum_{j=1}^{p} \frac{(y_j - \bar{y})^2}{p(n-1)}$

4. In welchem Fall ist der t-Test für unabhängige Stichproben vergleichbar zur Varianzanalyse?

5. Bitte überprüfen Sie für die folgenden drei Gruppen, ob signifikante Mittelwertsunterschiede bestehen.

Tabelle 14.13: Ergebnisse der Untersuchung

Gruppe 1	Gruppe 2	Gruppe 3
22	24	22
24	26	27
23	20	29
21	26	25
25	27	26
25	26	28
21	25	23
21	26	24
24	23	30
24	27	26

6. Die Auswirkungen verschiedener Bedingungen auf die abhängige Variable y sollen anhand einer einfaktoriellen Varianzanalyse untersucht werden.

   a) Geben Sie die Strukturgleichung für die Populationsparameter an!

   b) Welcher Wert wird für ein Individuum vorhergesagt, wenn die Nullhypothese gültig ist?

   c) Welcher Wert wird für ein Individuum vorhergesagt, wenn die Nullhypothese nicht gültig ist?

   d) Welche der folgenden Aussagen ist zutreffend?

      i. Wenn die Nullhypothese nicht zutrifft, dann ist ein individueller Vorhersagefehler dem Betrag nach stets kleiner, als wenn die Nullhypothese gültig ist.

      ii. Wenn die Nullhypothese nicht zutrifft, dann ist ein individueller Vorhersagefehler dem Betrag nach stets größer, als wenn die Nullhypothese gültig ist.

      iii. Wenn die Nullhypothese nicht zutrifft, dann kann ein individueller Vorhersagefehler dem Betrag nach kleiner oder größer sein, als wenn die Nullhypothese gültig ist.

7. Ordnen Sie richtig zu:

   a) df_{total} 1) $n_j \cdot p - 1$
   b) $df_{innerhalb}$ 2) $p - 1$
   c) $df_{zwischen}$ 3) $p \cdot (n_j - 1)$

8. a) Wie sind die Messwerte verteilt, wenn $SS_{within} = 0$ ist?

   b) Wie sind die Messwerte verteilt, wenn $SS_{between} = 0$ ist?

9. Berechnen Sie aus der folgenden Tabelle den F-Wert und treffen Sie anhand des kritischen F-Wertes eine statistische Entscheidung ($\alpha = 5\,\%$).

Tabelle 14.14: Quadratsummenzerlegung

Varianzquelle	SS	df
between	50	5
within	300	60
total	350	65

10. Erläutern Sie den Unterschied zwischen Kontrasten und post-hoc-Tests.

11. Wie ist ein Kontrast in der Population und in der Stichprobe definiert und welchen Anforderungen muss er entsprechen?

12. a) Was wird durch die folgenden drei Kontraste ausgedrückt?

Vergleich 1	$\frac{1}{3}$	$\frac{1}{3}$	$\frac{1}{3}$	-1
Vergleich 2	1	0	-1	0
Vergleich 3	0	1	0	-1

    b) Sind die Kontraste voneinander unabhängig?

13. In einer Untersuchung werden die Daten von vier Experimental und einer Kontrollgruppe erhoben. Stellen Sie die unabhängigen Kontraste auf für:

    a) den Vergleich der vier Experimentalgruppen mit der Kontrollgruppe,

    b) den Vergleich der Experimentalgruppen 1 und 3,

    c) den Vergleich der Experimentalgruppen 2 und 4,

    d) den Vergleich zwischen den 4 Experimentalgruppen, so dass dieser Kontrast von allen anderen unabhängig ist.

14. a) Ein Kollege erzählt Ihnen von seiner Doktorarbeit und erklärt Ihnen, dass er vier Patientengruppen mit vier unabhängigen Kontrasten vergleicht. Wie bewerten Sie diese Aussage?

    b) Nachdem Sie dem Kollegen seinen Fehler erklärt haben, sagt er, dass er nur noch post-hoc-Tests rechnen will. Nennen Sie ihm einen Vorteil von a priori formulierten Kontrasten.

15. Gegeben sind die Effekte $a_1 = 2, a_2 = 3$ und $a_3 = -5$ mit den Kontrastgewichten $\frac{1}{2}, \frac{1}{2}, -1$. Es sei $n_1 = n_2 = n_3 = 10$ und $MS_{within} = 5$. Berechnen Sie den entsprechenden Kontrast und dessen Signifikanz.

15 Zweifaktorielle Varianzanalyse mit festen Effekten

Schlagworte
- Haupteffekte
- Zelleneffekte
- Interaktionseffekte
- ordinale Interaktion
- disordinale Interaktion
- hybride Interaktion

In psychologischen Studien werden komplexe Fragestellungen untersucht. Bei diesen Fragestellungen können die unterschiedlichen Ausprägungen in der abhängigen Variablen bei den verschiedenen Individuen nicht auf nur einen einzigen Faktor zurückgeführt werden, sondern es muss der Einfluss von mehreren Faktoren berücksichtigt werden. Dies gelingt durch die Berücksichtigung weiterer unabhängiger Variablen in der im Folgenden dargestellten Erweiterung der einfaktoriellen Varianzanalyse.

Beispiel: Im letzten Kapitel wurde der Einfluss verschiedener ablenkender Reize (Lärm, Lichtreize, Gerüche und Kontrollgruppe) auf Gedächtnisleistungen untersucht. Nun soll zusätzlich der Einfluss der Darbietungszeit mit 30, 45, 60 und 75 Sekunden als weiterer Faktor "Darbietungszeit" einbezogen werden. Möglicherweise hat dieser Faktor ebenfalls einen signifikanten Einfluss auf die Gedächtnisleistung der Versuchspersonen.

Frage: Muss für jeden Faktor eine separate Varianzanalyse gerechnet werden?

Lösung: Da bei der Berechnung zweier einfaktorieller Varianzanalysen ebenfalls das Problem der α-Fehlerinflation besteht, empfiehlt es sich, eine zweifaktorielle, univariate Varianzanalyse zu berechnen. Es werden hierbei beide Faktoren gleichzeitig in ein varianzanalytisches Modell aufgenommen. Dieses Vorgehen hat weitere Vorteile, welche im Laufe dieses Kapitels verdeutlicht werden.

15.1 Zweifaktorielle Versuchspläne

Aus dem oben beschriebenen Beispiel leitet sich der folgenden Versuchsplan mit den beiden Faktoren A und B ab:

Faktor A: Ablenkender Reiz, 4 Stufen
Faktor B: Darbietungszeit, 4 Stufen

Die hieraus entsehenden Gruppen werden in Tabelle 15.1 dargestellt.

Tabelle 15.1: Versuchdesign

	Faktor B			
	30 sec	45 sec	60 sec	75 sec
Faktor A				
Lärm	Gruppe$_{11}$	Gruppe$_{12}$	Gruppe$_{13}$	Gruppe$_{14}$
Licht	Gruppe$_{21}$	Gruppe$_{22}$	Gruppe$_{23}$	Gruppe$_{24}$
Geruch	Gruppe$_{31}$	Gruppe$_{32}$	Gruppe$_{33}$	Gruppe$_{34}$
Kontrolle	Gruppe$_{41}$	Gruppe$_{42}$	Gruppe$_{43}$	Gruppe$_{44}$

Es entsteht ein Versuchsplan mit $4 \cdot 4 = 16$ Gruppen (Zellen). Beispielsweise wird jedes Individuum in Gruppe$_{12}$ durch Lärm abgelenkt (Faktor 1, Stufe 1) und hat 45 Sekunden, sich die verschiedenen Gegenstände zu merken (Faktor 2, Stufe 2).

Definition: Die einzelnen Bedingungen einer zweifaktoriellen Varianzanalyse werden **Zellen** des Versuchsplans genannt. Jede dieser Zellen enthält n_{jk} Versuchspersonen.

Sind sämtliche Zellen des Versuchsplans mit Versuchspersonen besetzt, so spricht man von einem **vollständig gekreuzten** Versuchsplan.

Wenn bei einem vollständig gekreuzten Versuchsplan alle Zellen gleich stark besetzt sind, liegt ein **balancierter** Versuchsplan vor.

Ist bei einem balancierten Versuchsplan die Verteilung der Elemente auf die Zellen zufällig erfolgt, spricht man von einem **faktoriellen** Versuchsplan.

In den folgenden Ausführungen wird analog zur einfaktoriellen Varianzanalyse stets von gleich stark besetzten Zellen (balancierter Versuchsplan) ausgegangen. Zur Auswertung von balancierten und faktoriellen Versuchsplänen werden **orthogonale Varianzanalysen** herangezogen. Sprechen keine inhaltlichen Gründe dagegen, sollten immer faktorielle Versuchspläne angestrebt werden. Bei der folgenden Erläuterung der zweifaktoriellen Varianzanalyse wird ein faktorieller Versuchsplan vorausgesetzt, andernfalls muss eine **nonorthogonale Varianzanalysen** durchgeführt werden (siehe Kapitel 18.2, Seite 361).

Voraussetzungen: Die Voraussetzungen der zweifaktoriellen Varianzanalyse entsprechen den Voraussetzungen der einfaktoriellen Varianzanalyse.

Definition: Die Voraussetzungen der Varianzanalyse sind:

1. mindestens Intervallskalenniveau und Normalverteilung der abhängigen Variablen innerhalb der Zellen
2. mindestens 20 Elemente pro Gruppe (Zelle)
3. ähnlich stark besetzte Gruppen (Zellen)
4. Varianzhomogenität zwischen den einzelnen Gruppen

15.2 Effekte bei der zweifaktoriellen Varianzanalyse

Analog zur einfaktoriellen Varianzanalyse wird der Einfluss der Faktoren über Mittelwertsdifferenzen definiert. Allerdings ergeben sich bei der zweifaktoriellen Varianzanalyse mehrere Arten von Effekten.

Haupteffekte

Als **Haupteffekte** bezeichnet man jene Effekte, die allein auf einen Faktor zurückzuführen sind. Sie beschreiben die Variabilität der Mittelwerte und entsprechen den Effekten, die man beim Berechnen einer einfaktoriellen Varianzanalyse über diesen Faktor erhalten würde.

Definition: Der Haupteffekt A des ersten Faktors ist in der Stichprobe gegeben über:

$$a_j = \bar{y}_{j.} - \bar{y}_{..} \qquad (15.1)$$

In der Population gilt:

$$\alpha_j = \mu_{yj.} - \mu_{y..} \qquad (15.2)$$

Anmerkung: $\bar{y}_{1.}$ beschreibt den Mittelwert der ersten Stufe des Faktors A über alle Stufen des Faktors B hinweg. Mit $\bar{y}_{..}$ wird der Gesamtmittelwert aller Individuen dargestellt (bisher $\bar{y}$). $\bar{y}_{41}$ ist der Zellenmittelwert aller Elemente unter der vierten Stufe des ersten Faktors und der ersten Stufe des zweiten Faktors. Die folgende Tabelle 15.2 soll diese Schreibweise verdeutlichen.

Tabelle 15.2: Bezeichnung der Zellenmittelwerte bei einer zweifaktoriellen Varianzanalyse

	B_1	B_2	B_3	B_4	
A_1	$\bar{y}_{11}$	$\bar{y}_{12}$	$\bar{y}_{13}$	$\bar{y}_{14}$	$\bar{y}_{1.}$
A_2	$\bar{y}_{21}$	$\bar{y}_{22}$	$\bar{y}_{23}$	$\bar{y}_{24}$	$\bar{y}_{2.}$
A_3	$\bar{y}_{31}$	$\bar{y}_{32}$	$\bar{y}_{33}$	$\bar{y}_{34}$	$\bar{y}_{3.}$
A_4	$\bar{y}_{41}$	$\bar{y}_{42}$	$\bar{y}_{43}$	$\bar{y}_{44}$	$\bar{y}_{4.}$
	$\bar{y}_{.1}$	$\bar{y}_{.2}$	$\bar{y}_{.3}$	$\bar{y}_{.4}$	$\bar{y}_{..}$

Im gegebenen **Beispiel** beschreibt der erste Faktor vier Formen von ablenkenden Reizen (Lärm, Licht, Geruch, Kontrollgruppe).

Für den zweiten Faktor wird der zweite Haupteffekt analog definiert.

> **Definition:** Der Haupteffekt B des zweiten Faktors ist in der Stichprobe gegeben über:
>
> $$b_k = \bar{y}_{.k} - \bar{y}_{..} \qquad (15.3)$$
>
> In der Population gilt:
>
> $$\beta_k = \mu_{y.k} - \mu_{y..} \qquad (15.4)$$

Im **Beispiel** beschreibt der zweite Faktor die vier verschiedenen Darbietungszeiten (30, 45, 60 und 75 Sekunden).

Analog zur einfaktoriellen Varianzanalyse wird in der zweifaktoriellen Varianzanalyse gefordert, dass die Summe der Effekte für jeden Faktor gleich 0 sein soll.

$$\sum_{j=1}^{p} a_j = 0 \qquad (15.5)$$

$$\sum_{k=1}^{q} b_k = 0 \qquad (15.6)$$

Bei der Ermittlung der Haupteffekte werden sozusagen nur die "Randspalten" von Tabelle 15.2 betrachtet. Das "Innere" der Tabelle wird bei der Berechnung der Zelleneffekte berücksichtigt, wie im Folgenden deutlich wird.

Zelleneffekte

Durch verschiedene Kombinationen der Stufen beider Faktoren entstehen einzelne Zellen. Bei p Stufen des Faktors A und q Stufen des Faktors B ergeben sich p · q Faktorstufenkombinationen, beziehungsweise Zellen.

> **Definition:** Zelleneffekte in der Stichprobe werden definiert über:
>
> $$[ab]_{jk} = \bar{y}_{jk} - \bar{y}_{..} \qquad (15.7)$$
>
> Für die Population gilt:
>
> $$[\alpha\beta]_{jk} = \mu_{yjk} - \mu_{y..} \qquad (15.8)$$

Im **Beispiel** werden vier Reizarten mit vier Darbietungszeiten kombiniert, so dass insgesamt sechzehn Zellen vorliegen.

Auch die Summe der Zelleneffekte ist gleich 0.

$$\sum_{j=1}^{p} \sum_{k=1}^{q} [ab]_{jk} = 0 \qquad (15.9)$$

Diese Zelleneffekte sind für sich genommen nicht sehr aussagekräftig, da jeder Zelleneffekt auch durch beide Haupteffekte beeinflusst wird. Deshalb wird der Interaktionseffekt bestimmt, der um die Haupteffekten bereinigte Zelleneffekt.

Interaktionseffekte

Diese **Interaktionseffekte** gehen auf die Kombination der Faktorstufen zurück. Der Interaktionseffekt $(ab)_{jk}$ kann für jede Zelle bestimmt werden, wobei der Einfluss der Haupteffekte aus dem Zelleneffekt herauspartialisiert wird.

> **Definition:** Die Interaktionseffekte sind von den Haupteffekten bereinigte Zelleneffekte. In der Stichprobe gilt:
>
> $$\begin{aligned}
(ab)_{jk} &= [ab]_{jk} - a_j - b_k & (15.10) \\
&= (\bar{y}_{jk} - \bar{y}_{..}) - (\bar{y}_{j.} - \bar{y}_{..}) - (\bar{y}_{.k} - \bar{y}_{..}) & (15.11) \\
&= \bar{y}_{jk} - \bar{y}_{j.} - \bar{y}_{.k} + \bar{y}_{..} & (15.12)
\end{aligned}$$
>
> In der Population gilt:
>
> $$\begin{aligned}
(\alpha\beta)_{jk} &= [\alpha\beta]_{jk} - \alpha_j - \beta_k & (15.13) \\
&= \mu_{yjk} - \mu_{yj.} - \mu_{y.k} + \mu_{y..} & (15.14)
\end{aligned}$$

Auch hier gilt die Forderung, dass die Summen der Interaktionseffekte über die Stufen jedes Faktors gleich 0 sein sollen. Das heißt:

$$\sum_{j=1}^{p}(ab)_{jk} = 0 \quad \text{bei festem } k \tag{15.15}$$

$$\sum_{k=1}^{q}(ab)_{jk} = 0 \quad \text{bei festem } j \tag{15.16}$$

Anmerkung: In den folgenden Erläuterungen ist darauf zu achten, ob sich die Darstellung auf Zelleneffekte, mit []-Klammern dargestellt, oder Interaktionseffekte, mit ()-Klammern dargestellt, bezieht. Ein Vorstellung verschiedener Interaktionseffekte erfolgt im Abschnitt 15.7 (Seite 312).

Strukturgleichungen

Durch die Hinzunahme des zweiten Faktors erweitert sich die Strukturgleichung im Allgemeinen Linearen Modell. Für den zweiten Faktor und den Interaktionseffekt kommt jeweils ein Term hinzu.

Definition: Die Strukturgleichung in der Stichprobe lautet:

$$y_{ijk} = \bar{y}_{..} + a_j + b_k + (ab)_{jk} + e_{ijk} \qquad (15.17)$$
$$= \bar{y}_{..} + (\bar{y}_{j.} - \bar{y}_{..}) + (\bar{y}_{.k} - \bar{y}_{..}) + (\bar{y}_{jk} - \bar{y}_{j.} - \bar{y}_{.k} + \bar{y}_{..}) + e_{ijk} \qquad (15.18)$$

Die Strukturgleichung in der Population lautet:

$$y_{ijk} = \mu_y + \alpha_j + \beta_k + (\alpha\beta)_{jk} + \epsilon_{ijk} \qquad (15.19)$$
$$= \mu_y + (\mu_{j.} - \mu_y) + (\mu_{.k} - \mu_y) + (\mu_{jk} - \mu_{j.} - \mu_{.k} + \mu_y) + \epsilon_{ijk} \qquad (15.20)$$

15.3 Hypothesen

In der **zweifaktoriellen** Varianzanalyse werden **drei** Nullhypothesen aufgestellt, für die jeweils eine Signifikanzprüfung erfolgt.

Haupteffekt Faktor A: Der Haupteffekt des ersten Faktors ist gleich 0.

$$H_0 : \alpha_j = 0 \quad \text{für } 1 \leq j \leq p \text{ oder} \qquad (15.21)$$
$$H_0 : \mu_{1.} = \mu_{2.} = \ldots = \mu_{p.} \qquad (15.22)$$

Haupteffekt Faktor B: Der Haupteffekt des zweiten Faktors ist gleich 0.

$$H_0 : \beta_k = 0 \quad \text{für } 1 \leq k \leq q \text{ oder} \qquad (15.23)$$
$$H_0 : \mu_{.1} = \mu_{.2} = \ldots = \mu_{.q} \qquad (15.24)$$

Interaktionseffekt: Der Interaktionseffekt ist gleich 0.

$$H_0 : (\alpha\beta)_{jk} = 0 \quad \text{für } 1 \leq j \leq p; 1 \leq k \leq q \text{ oder} \qquad (15.25)$$
$$H_0 : \mu_{jk} = \mu_{j.} + \mu_{.k} - \mu_{..} \qquad (15.26)$$

Jeder dieser drei Effekte (Haupteffekt A, Haupteffekt B und der Interaktionseffekt) kann signifikant werden. Es ist also beispielsweise möglich, dass ein Interaktionseffekt signifikant wird, ohne dass einer der Haupteffekte signifikant ist. Andererseits kann auch ein Haupteffekt signifikant werden, ohne dass der andere Haupteffekt und der Interaktionseffekt statistisch bedeutsam werden.

Die möglichen Kombinationen signifikanter Effekte werden im Abschnitt 15.7 (Seite 312) ausführlich verdeutlicht.

15.4 Quadratsummenzerlegung

Mit der Veränderung der Strukturgleichung ändert sich auch die Quadratsummenzerlegung, welche bei der zweifaktoriellen Varianzanalyse nicht in zwei, sondern in vier Teile zerlegt wird.

> **Definition:** Für die zweifaktorielle Varianzanalyse gilt:
> $$SS_{total} = SS_{FaktorA} + SS_{FaktorB} + SS_{FaktorAxB} + SS_{within} \quad (15.27)$$

Die Herleitung der Quadratsummenzerlegung erfolgt analog zum Vorgehen bei der einfaktoriellen Varianzanalyse. Der Ansatz dieser Herleitung lautet:

$$SS_{total} = \sum_{j=1}^{p}\sum_{k=1}^{q}\sum_{i=1}^{n_{jk}}(y_{ijk} - \bar{y}_{..})^2 \quad (15.28)$$

$$= \sum_{j=1}^{p}\sum_{k=1}^{q}\sum_{i=1}^{n_{jk}}(\underbrace{y_{ijk} - \bar{y}_{jk}}_{r_{ijk}} + \underbrace{\bar{y}_{jk} - \bar{y}_{j.} - \bar{y}_{.k} + \bar{y}_{..}}_{s_{jk}} + \underbrace{\bar{y}_{j.} - \bar{y}_{..}}_{t_j} + \underbrace{\bar{y}_{.k} - \bar{y}_{..}}_{u_k})^2 \quad (15.29)$$

Analog zur Herleitung der Quadratsummenzerlegung im einfaktoriellen Fall können Teile der Gleichung eliminiert werden. Auf die ausführliche Herleitung soll an dieser Stelle allerdings verzichtet werden.

Die Gesamtquadratsumme im zweifaktoriellen Fall setzt sich aus vier Teilen zusammen, der Quadratsumme der beiden Faktoren A und B, des Interaktionseffekts und des Fehlers. Die Berechnung eines Interaktionseffekts ist ein entscheidender Vorteil der zweifaktoriellen Varianzanalyse. Ein anderer Vorteil ist, dass der Anteil der nichterklärbaren Varianz (Fehlervarianz) gegenüber der einfaktoriellen Varianzanalyse um die durch den zweiten Faktor und die Interaktion zurückgehende Varianz reduziert wird. Somit kann in einer zweifaktoriellen Varianzanalyse ein Faktor signifikant werden, der in einer einfaktoriellen Varianzanalyse nicht als signifikant ausfiel.

> **Definition:** Für die zweifaktorielle Varianzanalyse gilt:
> $$\sum_{j=1}^{p}\sum_{k=1}^{q}\sum_{i=1}^{n_{jk}}(y_{ijk} - \bar{y}_{..})^2 = \underbrace{\sum_{j=1}^{p}n_j(\bar{y}_{j.} - \bar{y}_{..})^2}_{SS_{Faktor\ A}} + \underbrace{\sum_{k=1}^{q}n_k(\bar{y}_{.k} - \bar{y}_{..})^2}_{SS_{Faktor\ B}}$$
> $$+ \underbrace{\sum_{j=1}^{p}\sum_{k=1}^{q}n_{jk}(\bar{y}_{jk} - \bar{y}_{j.} - \bar{y}_{.k} + \bar{y}_{..})^2}_{SS_{Faktor\ AxB}} + \underbrace{\sum_{j=1}^{p}\sum_{k=1}^{q}\sum_{i=1}^{n_{jk}}(y_{ijk} - \bar{y}_{jk})^2}_{SS_{within}}$$
> $$(15.30)$$

15.5 Mittlere Abweichungsquadrate

Nachdem die Zerlegung der Quadratsummen erläutert wurde, sind die mittleren Abweichungsquadrate anhand der jeweiligen Quadratsumme zu bestimmen, in dem sie durch die zugehörigen Freiheitsgrade dividiert werden.

Definition:

$$MS_{Faktor\ A} = \frac{SS_{Faktor\ A}}{p-1} \qquad (15.31)$$

$$MS_{Faktor\ B} = \frac{SS_{Faktor\ B}}{q-1} \qquad (15.32)$$

$$MS_{Faktor\ AxB} = \frac{SS_{Faktor\ AxB}}{(p-1) \cdot (q-1)} \qquad (15.33)$$

$$MS_{within} = \frac{SS_{within}}{p \cdot q \cdot (n-1)} \qquad (15.34)$$

mit
p: Anzahl der Stufen des Faktors A
q: Anzahl der Stufen des Faktors B
n: Anzahl der Versuchspersonen in einer Gruppe (Zelle)

Da vorausgesetzt wurde, dass alle Gruppen gleich stark besetzt sind, gilt $n_j = n$. Auf die komplexere Berechnung bei ungleich stark besetzten Zellen wird hier verzichtet.

Die unterschiedlichen Freiheitsgrade der Effekte müssen bei der Berechnung der mittleren Abweichungsquadrate berücksichtigt werden. Bei p Stufen des ersten Faktors sind $p-1$ Stufenmittelwerte "frei" wählbar. Analog ergeben sich bei q Stufen des zweiten Faktors $q-1$ Freiheitsgrade. Die Freiheitsgrade für den Interaktionseffekt, der sich auf die Mittelwerte der einzelnen Zellen bezieht, ergeben sich aus $p-1$ "frei" wählbaren Zeilen- und $q-1$ "frei" wählbaren Spaltenmittelwerten $((p-1) \cdot (q-1))$. Innerhalb jeder der $p \cdot q$ Zellen können jeweils $n-1$ Werte "frei" gewählt werden. Es ergeben sich $p \cdot q \cdot (n-1)$ Freiheitsgrade.

Auch in der zweifaktoriellen Varianzanalyse gilt die Additivität der Freiheitsgrade, wie sich leicht beweisen lässt:

$$\begin{aligned}
df_{total} &= df_{Faktor\ A} + df_{Faktor\ B} + df_{Faktor\ AxB} + df_{within} & (15.35)\\
&= (p-1) + (q-1) + (p-1) \cdot (q-1) + p \cdot q \cdot (n-1) & (15.36)\\
&= p - 1 + q - 1 + q \cdot p - p - q + 1 + p \cdot q \cdot n - p \cdot q & (15.37)\\
&= p \cdot q \cdot n - 1 & (15.38)\\
&= N - 1 & (15.39)
\end{aligned}$$

Erwartungswerte

Um zu erläutern, welche Varianzkomponenten in den F-Tests der zweifaktoriellen Varianzanalyse verglichen werden, sind die Erwartungswerte für die mittleren Abweichungsquadrate heranzuziehen. Auf die Berechnung der Erwartungswerte wird hier nicht eingegangen. Eine Herleitung findet der interessierte Leser bei Hays (1994).

Für den Faktor A gilt:

$$E(MS_{Faktor\ A}) = \sigma_e^2 + \frac{q \cdot n \cdot \sum_{j=1}^{p} \alpha_j^2}{(p-1)} \quad (15.40)$$

Für den Faktor B gilt:

$$E(MS_{Faktor\ B}) = \sigma_e^2 + \frac{p \cdot n \cdot \sum_{k=1}^{q} \beta_j^2}{(q-1)} \quad (15.41)$$

Der Erwartungswert für den Interaktionsfaktor ist:

$$E(MS_{Faktor\ AxB}) = \sigma_e^2 + \frac{n \cdot \sum_{j=1}^{p} \sum_{k=1}^{q} (\alpha\beta)_{jk}^2}{(p-1) \cdot (q-1)} \quad (15.42)$$

Der Erwartungswert für MS_{within} bleibt gegenüber dem einfaktoriellen Fall unverändert:

$$E(MS_{within}) = \sigma_e^2 \quad (15.43)$$

Allerdings muss angemerkt werden, dass sich die Gleichung für den Erwartungswert von MS_{within} nicht ändert, aber der resultierende Wert für den Anteil der Fehlervarianz gegenüber der einfaktoriellen Varianzanalyse reduziert wird. Dies ist dadurch bedingt, dass der Buchstabe e als Bezeichnung für einen Fehler in der Statistik übermäßig strapaziert wird.

Somit gelten in der zweifaktoriellen Varianzanalyse die folgenden Null- und Alternativhypothesen:

Tabelle 15.3: Hypothesen und Erwartungswerte in der zweifaktoriellen Varianzanalyse

Faktor	Nullhypothese	Alternativhypothese
Faktor A	$E(MS_{Faktor\ A}) = E(MS_{within})$	$E(MS_{Faktor\ A}) > E(MS_{within})$
Faktor B	$E(MS_{Faktor\ B}) = E(MS_{within})$	$E(MS_{Faktor\ B}) > E(MS_{within})$
Faktor AxB	$E(MS_{Faktor\ AxB}) = E(MS_{within})$	$E(MS_{Faktor\ AxB}) > E(MS_{within})$

Aus diesen Erwartungswerten sind die F-Tests zur statistischen Prüfung der Hypothesen für die beiden Haupteffekte und den Interaktionseffekt abgeleitet.

15.6 F-Tests

> **Definition:** Bei einer zweifaktoriellen Varianzanalyse mit festen Effekten müssen die folgenden drei F-Tests durchgeführt werden.
>
> Für den Effekt des Faktors A:
>
> $$F = \frac{MS_{Faktor\ A}}{MS_{within}} \qquad (15.44)$$
>
> mit $df_{Zähler} = p - 1$ und $df_{Nenner} = p \cdot q \cdot (n - 1)$
>
> Für den Effekt des Faktors B:
>
> $$F = \frac{MS_{Faktor\ B}}{MS_{within}} \qquad (15.45)$$
>
> mit $df_{Zähler} = q - 1$ und $df_{Nenner} = p \cdot q \cdot (n - 1)$
>
> Für den Interaktionseffekt:
>
> $$F = = \frac{MS_{Faktor\ AxB}}{MS_{within}} \qquad (15.46)$$
>
> mit $df_{Zähler} = (p - 1) \cdot (q - 1)$ und $df_{Nenner} = p \cdot q \cdot (n - 1)$

Über den jeweiligen beobachteten F-Wert wird bestimmt, ob der entsprechende Effekt statistisch bedeutsam ist. Wie schon bei der einfaktoriellen Varianzanalyse erörtert, handelt es sich hierbei um eine ungerichtete Testung.

15.7 Interaktionsformen

Es ist immer sinnvoll, die Mittelwerte der einzelnen Zellen eines Varianzanalyseergebnisses zur Interpretation als Liniendiagramm zu visualisieren. Gerade die Interaktionseffekte der zweifaktoriellen Varianzanalyse treten so deutlicher hervor. Hilfreich ist immer die Erstellung zweier Graphen, einmal mit Faktor A auf der x-Achse und einmal mit Faktor B auf der x-Achse.

Es werden einige Regeln zur Interpretation der dargestellten Mittelwertsunterschiede gegeben:

1. Verlaufen alle Linien **parallel zur x-Achse**, so ist der Haupteffekt des Faktors, der auf der x-Achse abgetragen wird, statistisch nicht bedeutsam.

2. Liegen Linien **übereinander**, so ist der Haupteffekt des Faktors, der auf der y-Achse abgetragen wird, statistisch nicht signifikant.

3. Verlaufen die Linien der unterschiedlichen Faktorstufen **parallel** zueinander, so existieren keine bedeutsamen Interaktionseffekte.

4. Verlaufen die Linien unterschiedlicher Stufen eines Faktors nicht parallel zueinander, deutet dies auf eventuell signifikante Interaktionseffekte hin. Nach Bortz und Döring (1995) ist bei einer Interaktion zwischen drei verschiedenen Interaktionsformen zu unterscheiden:

   a) **ordinale Interaktion**
   Beide Haupteffekte sind interpretierbar und möglicherweise signifikant.

   b) **hybride Interaktion**
   Nur einer der beiden Haupteffekte ist interpretierbar.

   c) **disordinale Interaktion**
   Keiner der beiden Haupteffekte ist interpretierbar.

Die Interpretation der Haupt- und Interaktionseffekte soll nun an mehreren Beispielen verdeutlicht werden. Für jedes Beispiel werden beide Alternativen der graphischen Darstellung (Faktor A beziehungsweise Faktor B auf der x-Achse) gegeben. Diese Beispiele dienen allerdings nur zur Verdeutlichung der möglichen Effektkonstellationen. Ob die Effekte statistisch signifikant sind oder nicht, kann einer Grafik selbstverständlich nicht entnommen werden.

Beim ersten Beispiel wird vermutlich ein Faktor bedeutsam.

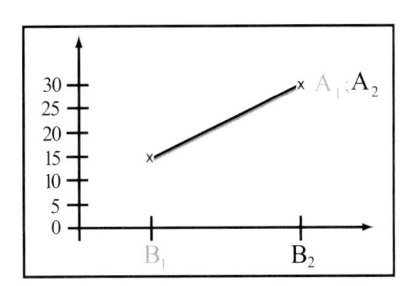

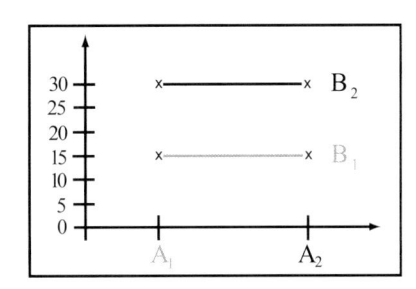

Abbildung 15.1: Kein Effekt des Faktors A, Teil 1

Abbildung 15.2: Effekt des Faktors B, Teil 2

In Abbildung 15.1 wird kein Unterschied zwischen den beiden Stufen des Faktors A erkennbar, während in Abbildung 15.2 die Mittelwertsunterschiede zwischen den Stufen des Faktors B zu deutlich werden. Da die Linien aufeinanderliegen (siehe Abbildung 15.1), beziehungsweise parallel laufen (siehe Abbildung 15.1), besteht keine Interaktion zwischen den Faktoren.

Wie sich zwei bedeutsame Haupteffekte ohne signifikanten Interaktionseffekt darstellen, wird an den folgenden Abbildungen 15.3 und 15.4 deutlich.

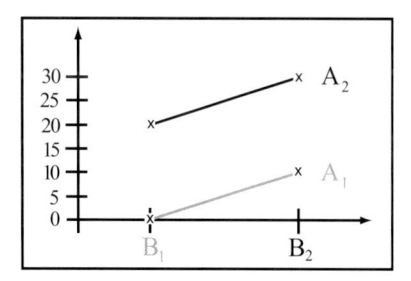

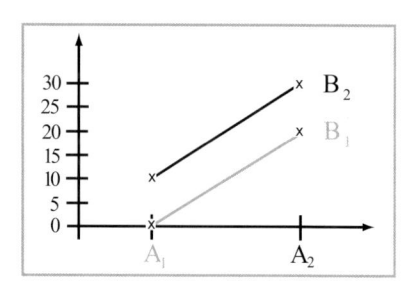

Abbildung 15.3: Effekt des Faktors A, Teil 1

Abbildung 15.4: Effekt des Faktors B, Teil 2

Zwischen den Linienzügen besteht jeweils ein Abstand, was für Haupteffekte spricht, während der parallele Verlauf in beiden Diagrammen zeigt, dass kein Interaktionseffekt existiert.

Nachdem nun mit Hilfe einiger Beispiele die Ergebnisse von Varianzanalysen ohne Interaktionseffekte behandelt wurden, sollen nun die drei möglichen Interaktionsformen besprochen werden. Zu Beginn wird die ordinale Interaktion vorgestellt (siehe Abbildung 15.5 und 15.6):

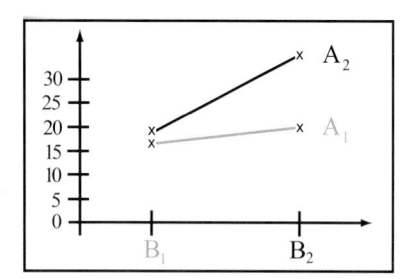

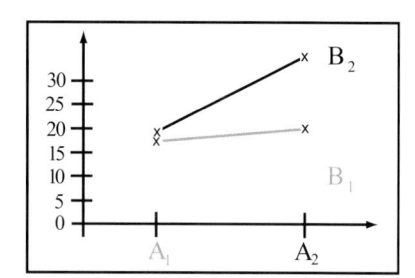

Abbildung 15.5: Eine ordinale Interaktion, Teil 1

Abbildung 15.6: Eine ordinale Interaktion, Teil 2

In den beiden oben stehenden Abbildungen 15.5 und 15.6 laufen die Linienzüge nicht parallel, kreuzen sich jedoch auch nicht. Unter der zweiten Stufe des jeweiligen Faktors werden höhere Mittelwerte beobachtet. Falls die beiden Haupteffekte als signifikant ausgewiesen werden, sind beide interpretierbar. Es handelt sich hierbei um eine **ordinale Interaktion**.

Wichtiges Kriterium der ordinalen Interaktion ist, dass die Geraden für beide Faktorstufenabfolgen (für beide möglichen Darstellungen) immer denselben Trend haben. Das bedeutet, die Linienzüge beider Faktoren sind immer monoton steigend oder monoton fallend.

Als nächstes soll nun die hybride Interaktion vorgestellt werden:

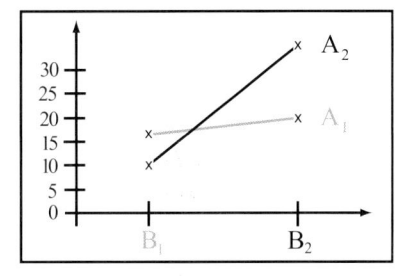

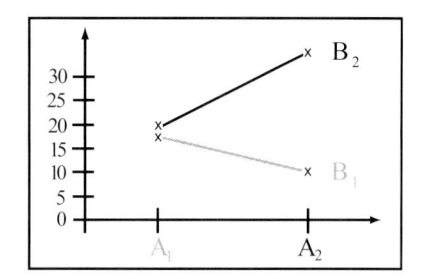

Abbildung 15.7: Kein Effekt des Faktors A   **Abbildung 15.8:** Effekt des Faktors B

In den Abbildungen 15.7 und 15.8 tritt deutlich hervor, dass sich die Linien in Abbildung 15.7 kreuzen, in Abbildung 15.8 jedoch eine gegenläufige Tendenz aufweisen. Somit ist keine generellen Aussage über die Mittelwerte des ersten Faktors möglich. Es kann nicht behauptet werden, dass die zweite Stufe des Faktors A generell höhere beziehungsweise niedrigere Mittelwerte aufweist. Diese **hybride Interaktion** ist eine Art "Zwischenform" der ordinalen und der disordinalen Interaktion. Bei einer Darstellung kreuzen sich die Linien nicht, wie bei der ordinalen Interaktion, während sie sich in der zweiten Darstellung im Sinne einer disordinalen Interaktion kreuzen. In diesem Beispiel ist nur der Faktor B interpretierbar.

Als dritte Interaktionsform wird nun die disordinale Interaktion vorgestellt:

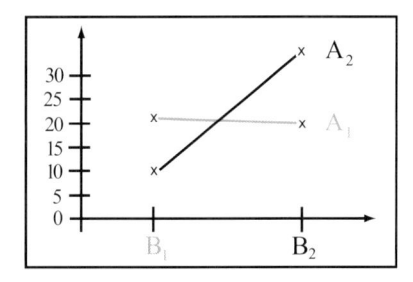

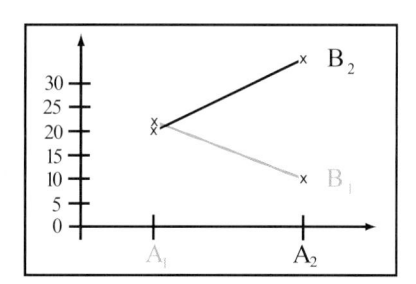

Abbildung 15.9: Disordinale Interaktion, Teil 1   **Abbildung 15.10:** Disordinale Interaktion, Teil 2

Kreuzen sich die Linienzüge in jeder der beiden Grafiken, spricht man von einer **disordinalen Interaktion**. In diesem Beispiel sind für beide Haupteffekte keine globalen Aussagen möglich.

Wichtiges Kriterium der disordinalen Interaktion ist, dass die Linienzüge beider Darstellungsformen divergieren. Das bedeutet, sie verlaufen immer gegeneinander. Steigt ein Linienzug an, fällt der andere.

Anmerkung: Zur Bestimmung der Interaktionsform sollte man auf jeden Fall beide Grafiken berücksichtigen.

Beispiel

Die bis hier erläuterte Theorie zur zweifaktoriellen Varianzanalyse soll nun durch eine beispielhafte Berechnung mit einem erweiterten Datensatz klarer werden[1]. Zur Erinnerung werden nochmals die beiden Faktoren vorgestellt, deren Einfluss auf die Gedächtnisleistung untersucht werden soll:

- Faktor A: ablenkender Reiz, 4 Stufen (Lärm, Lichtreize, Gerüche und Kontrollgruppe)
- Faktor B: Darbietungszeit, 4 Stufen (30, 45, 60 und 75 Sekunden)

Die Rohwerte sind in Tabelle 15.7 dargestellt. Die abgeleiteten Zellen-, Spalten- und Zeilenmittelwerte werden in Tabelle 15.4 kompakt dargestellt.

Tabelle 15.4: Zellenmittelwerte im Beispiel

	B_1	B_2	B_3	B_4	$\bar{y}_{j.}$
A_1	2,30	3,10	3,90	4,70	3,50
A_2	3,60	4,50	5,80	6,10	5,00
A_3	4,50	5,30	6,30	7,90	6,00
A_4	5,60	6,10	7,00	8,10	6,70
$\bar{y}_{.k}$	4,00	4,75	5,75	6,70	5,30

Mit Hilfe der Mittelwerte erfolgt dann die Berechnung der Quadratsummen beider Hauptfaktoren. Es ist jeweils die Differenz der Zellenmittelwerte zu den Spalten-, beziehungsweise Zeilenmittelwerten zu bestimmen. Die Differenzen werden quadriert und mit der Personenanzahl der jeweiligen Faktorstufe ($n_j = 40$, beziehungsweise $n_k = 40$) multipliziert.

Tabelle 15.5: Berechnung von $SS_{Faktor\,A}$ im Beispiel

$\bar{y}_{j.}$	$\bar{y}_{..}$	$\bar{y}_{j.} - \bar{y}_{..}$	$(\bar{y}_{j.} - \bar{y}_{..})^2$	$n_j \cdot (\bar{y}_{j.} - \bar{y}_{..})^2$
3,5	5,3	-1,8	3,24	129,6
5,0	5,3	-0,3	0,09	3,6
6,0	5,3	0,7	0,49	19,6
6,7	5,3	1,4	1,96	78,4
$\sum$				231,2

Tabelle 15.6: Berechnung von $SS_{Faktor\,B}$ im Beispiel

$\bar{y}_{.k}$	$\bar{y}_{..}$	$\bar{y}_{.k} - \bar{y}_{..}$	$(\bar{y}_{.k} - \bar{y}_{..})^2$	$n_k \cdot (\bar{y}_{.k} - \bar{y}_{..})^2$
4,00	5,3	-1,30	1,6900	67,6
4,75	5,3	-0,55	0,3025	12,1
5,75	5,3	0,45	0,2025	8,1
6,70	5,3	1,40	1,9600	78,4
$\sum$				166,2

Für Faktor A ergibt sich eine Quadratsumme von $SS_{Faktor\,A} = 231,2$ und für Faktor B eine Quadratsumme von $SS_{Faktor\,B} = 166,2$.

---

[1] Dieser Datensatz ist als SPSS- und EXCEL-Datenfile unter http://www.psychologie.uni-freiburg.de/signatures/leonhart/ abrufbar.

Tabelle 15.7: Rohwerte im Beispiel zur zweifaktoriellen Varianzanalyse

	B_1	B_2	B_3	B_4	$\bar{y}_{j.}$
A_1	1	3	3	4	
	3	4	4	5	
	4	4	4	4	
	1	1	1	2	
	1	2	3	3	
	2	2	4	5	
	4	4	5	7	
	2	4	5	6	
	3	4	6	6	
	2	3	4	5	
$\bar{y}_{1k}$	2,3	3,1	3,9	4,7	3,5
A_2	3	4	6	6	
	3	3	5	5	
	3	4	5	7	
	5	6	7	5	
	4	5	6	6	
	4	6	7	7	
	2	2	4	5	
	5	5	5	6	
	3	5	7	7	
	4	5	6	7	
$\bar{y}_{2k}$	3,6	4,5	5,8	6,1	5,0
A_3	4	5	5	7	
	4	6	8	9	
	3	4	4	5	
	6	6	6	8	
	6	6	7	8	
	4	6	8	10	
	3	3	5	7	
	5	5	6	8	
	4	5	5	7	
	6	7	9	10	
$\bar{y}_{3k}$	4,5	5,3	6,3	7,9	6,0
A_4	6	6	8	8	
	6	7	7	7	
	4	6	7	9	
	5	7	8	8	
	6	6	6	7	
	4	4	6	7	
	6	6	6	8	
	8	7	7	9	
	5	7	9	10	
	6	5	6	8	
$\bar{y}_{4k}$	5,6	6,1	7	8,1	6,7
$\bar{y}_{.k}$	4	4,75	5,75	6,7	5,3

Die Berechnungen für SS_{within} werden hier beispielhaft für die erste der 16 Zellen (A_1B_1) durchgeführt.

Tabelle 15.8: Berechnung von SS_{within} innerhalb einer Zelle des Beispiels

y_{ijk}	$\bar{y}_{jk}$	$y_{ijk} - \bar{y}_{jk}$	$(y_{ijk} - \bar{y}_{jk})^2$
1	2,3	-1,3	1,69
3	2,3	0,7	0,49
4	2,3	1,7	2,89
1	2,3	-1,3	1,69
1	2,3	-1,3	1,69
2	2,3	-0,3	0,09
4	2,3	1,7	2,89
2	2,3	-0,3	0,09
3	2,3	0,7	0,49
2	2,3	-0,3	0,09
Σ			12,10

Für die übrigen Zellen ist die Berechnungen analog. Insgesamt ergibt sich ein SS_{within}-Wert von 613,6.

Die Berechnungen für $SS_{Faktor\,AxB}$ sind etwas komplexer, da die Zelleneffekte um die beiden Haupteffekten zu bereinigen sind.

Tabelle 15.9: Berechnung von $SS_{Faktor\,AxB}$

j	k	$\bar{y}_{jk}$	$\bar{y}_{j.}$	$\bar{y}_{.k}$	$\bar{y}_{..}$	$(ab)_{jk}$	$n_{jk} \cdot (ab)_{jk}^2$
1	1	2,3	3,5	4,00	5,3	0,10	0,1
2	1	3,6	5,0	4,00	5,3	-0,10	0,1
3	1	4,5	6,0	4,00	5,3	-0,20	0,4
4	1	5,6	6,7	4,00	5,3	0,20	0,4
1	2	3,1	3,5	4,75	5,3	0,15	0,225
2	2	4,5	5,0	4,75	5,3	0,05	0,025
3	2	5,3	6,0	4,75	5,3	-0,15	0,225
4	2	6,1	6,7	4,75	5,3	-0,05	0,025
1	3	3,9	3,5	5,75	5,3	-0,05	0,025
2	3	5,8	5,0	5,75	5,3	0,35	1,225
3	3	6,3	6,0	5,75	5,3	-0,15	0,225
4	3	7,0	6,7	5,75	5,3	-0,15	0,225
1	4	4,7	3,5	6,70	5,3	-0,20	0,4
2	4	6,1	5,0	6,70	5,3	-0,30	0,9
3	4	7,9	6,0	6,70	5,3	0,50	2,5
4	4	8,1	6,7	6,70	5,3	0,00	0,0
Σ							7,0

Der Interaktionseffekt wird definiert über:

$$(ab)_{jk} = \bar{y}_{jk} - \bar{y}_{j.} - \bar{y}_{.k} + \bar{y}_{..} \tag{15.47}$$

Diese Werte erscheinen in der dritten bis sechsten Spalte der Tabelle 15.9 und werden in der siebten und achten Spalte verrechnet. Somit ergibt sich für $SS_{Faktor\,AxB}$ ein Wert von 7,0.

Die inferenzstatistische Prüfung der varianzanalystischen Effekte wird in Tabelle 15.10 dargestellt.

Tabelle 15.10: Inferenzstatistik der zweifaktoriellen Varianzanalyse mit festen Effekten im Beispiel

Varianzquelle	SS	df	MS	F-Wert	p-Wert
Faktor A	231,2	3	77,067	53,048	<,001
Faktor B	166,2	3	55,400	38,134	<,001
Faktor AxB	7,0	9	0,778	0,535	,847
within	209,2	144	1,453		
total	613,6	159			

Die Gesamtquadratsumme SS_{total} wurde in vier Teile ($SS_{Faktor\ A}$, $SS_{Faktor\ B}$, $SS_{Faktor\ AxB}$ und SS_{within}) zerlegt. Mit Hilfe der jeweiligen Freiheitsgrade ($p-1, q-1, (p-1)\cdot(q-1)$ und $p \cdot q \cdot (n-1)$) werden die mittleren Quadratsummen berechnet. Die drei mittleren Quadratsummen ($MS_{Faktor\ A}$, $MS_{Faktor\ B}$, $MS_{Faktor\ AxB}$) werden zur Prüfung anschließend jeweils durch MS_{within} dividiert. Die Signifikanz dieser F-Werte in Abhängigkeit von den Freiheitsgraden wird über einen Vergleich mit den kritischen F-Werten (siehe Tabelle B.37 bis B.42, Seite 462 bis 464) ermittelt. Ist der (hier über ein Statistik-Programm berechnete) p-Wert kleiner als das a priori festgelegte α-Niveau, wird der jeweilige Effekt signifikant. Durch die Signifikanzprüfung kann jedoch keine Aussage über den Anteil der erklärten Varianz an der Gesamtvarianz getroffen werden.

Erklärte Varianzanteile

Ähnlich wie in der einfaktoriellen Varianzanalyse kann auch in der zweifaktoriellen Varianzanalyse der Anteil der erklärten Varianz berechnet werden.

Definition: Die erklärten Varianzanteile in der abhängigen Variablen einer zweifaktoriellen Varianzanalyse sind gegeben über:

$$R^2_{y.(A,B,AxB)} = R^2_{y.A} + R^2_{y.B} + R^2_{y.AxB} \qquad (15.48)$$

$$R^2_{y.A} = \frac{SS_{Faktor\ A}}{SS_{total}} \qquad (15.49)$$

$$R^2_{y.B} = \frac{SS_{Faktor\ B}}{SS_{total}} \qquad (15.50)$$

$$R^2_{y.AxB} = \frac{SS_{Faktor\ AxB}}{SS_{total}} \qquad (15.51)$$

Der erklärbare Anteil der Gesamtvarianz setzt sich aus allen drei Anteilen additiv zusammen. Im **Beispiel** ergibt sich folgende Varianzaufklärung:

Für den Faktor A:

$$R^2_{y.A} = \frac{SS_{Faktor\,A}}{SS_{total}} \quad (15.52)$$

$$= \frac{231{,}2}{613{,}6} \quad (15.53)$$

$$= .377 \quad (15.54)$$

Für den Faktor B:

$$R^2_{y.B} = \frac{SS_{Faktor\,B}}{SS_{total}} \quad (15.55)$$

$$= \frac{166{,}2}{613{,}6} \quad (15.56)$$

$$= .271 \quad (15.57)$$

Für den Interaktionseffekt:

$$R^2_{y.AxB} = \frac{SS_{Faktor\,AxB}}{SS_{total}} \quad (15.58)$$

$$= \frac{7{,}0}{613{,}6} \quad (15.59)$$

$$= .011 \quad (15.60)$$

Daraus resultiert:

$$R^2_{y.(A,B,AxB)} = R^2_{y.A} + R^2_{y.B} + R^2_{y.AxB} \quad (15.61)$$

$$= .377 + .271 + .011 \quad (15.62)$$

$$= .658 \quad (15.63)$$

Im Beispiel kann 65,8% der Varianz der abhängigen Variablen durch die Faktoren und deren Wechselwirkung erklärt werden.

15.8 Kontraste

Analog zur einfaktoriellen Varianzanalyse können in der zweifaktoriellen Varianzanalyse Kontraste definiert werden.

> **Definition:** In der zweifaktoriellen Varianzanalyse werden für jeden Faktoren die Kontraste einzeln definiert. Aus den paarweisen Kombinationen dieser Kontraste resultieren die Kontraste für den Interaktionseffekt.
>
> **Faktor A:** Für die Stichprobe gilt:
>
> $$\hat{\Psi}_A = \sum_{j=1}^{p} \sum_{k=1}^{q} c_{j.} \bar{y}_{jk} \qquad (15.64)$$
>
> Für die Population gilt:
>
> $$\Psi_A = \sum_{j=1}^{p} \sum_{k=1}^{q} c_{j.} \mu_{jk} \qquad (15.65)$$
>
> **Faktor B:** Für die Stichprobe gilt:
>
> $$\hat{\Psi}_B = \sum_{k=1}^{q} \sum_{j=1}^{p} d_{.k} \bar{y}_{jk} \qquad (15.66)$$
>
> Für die Population gilt:
>
> $$\Psi_B = \sum_{k=1}^{q} \sum_{j=1}^{p} d_{.k} \mu_{jk} \qquad (15.67)$$
>
> **Interaktionsfaktor AxB:** Für die Stichprobe gilt:
>
> $$\hat{\Psi}_{AxB} = \sum_{j=1}^{p} \sum_{k=1}^{q} c_{j.} d_{.k} \bar{y}_{jk} \qquad (15.68)$$
>
> Für die Population gilt:
>
> $$\Psi_{AxB} = \sum_{j=1}^{p} \sum_{k=1}^{q} c_{j.} d_{.k} \mu_{jk} \qquad (15.69)$$

Der Kontrast für den Interaktionseffekt entsteht somit aus einer "Kreuzung" der Kontraste für die beiden Haupteffekte, was im Folgenden an einer beispielhaften Berechnung verdeutlicht werden soll.

Voraussetzungen: Es gelten folgende Randbedingungen für die Kontrastgewichte:

$$\sum_{j=1}^{p} c_{j.} = 0 \qquad (15.70)$$

$$\sum_{k=1}^{q} d_{.k} = 0 \tag{15.71}$$

Dies entspricht den Bedingungen für die Kontrastgewichte der einfaktoriellen Varianzanalyse.

Analog zur einfaktoriellen Varianzanalyse wird für Faktor A und B die Unabhängigkeit der Kontraste verlangt.

$$\sum_{j=1}^{p} c_{j1} \cdot c_{j2} = 0 \tag{15.72}$$

$$\sum_{k=1}^{q} d_{1k} \cdot d_{2k} = 0 \tag{15.73}$$

Ebenfalls analog zur einfaktoriellen Varianzanalyse werden die Nullhypothesen für Kontraste definiert.

Faktor A:
$$H_0 \;:\; \hat{\Psi}_A = 0 \tag{15.74}$$
Faktor B:
$$H_0 \;:\; \hat{\Psi}_B = 0 \tag{15.75}$$
Interaktionsfaktor AxB:
$$H_0 \;:\; \hat{\Psi}_{AxB} = 0 \tag{15.76}$$

Es werden also (p-1) Kontraste für Faktor A, (q-1) Kontraste für Faktor B und daraus resultierend (p-1)·(q-1) Kontraste für den Interaktionseffekt getestet.

Die Interaktionskontraste werden am Beispiel mit den beiden Faktoren "ablenkender Reiz" und "Darbietungszeit" deutlicher. Beispielsweise werden auf Faktor A die drei Experimentalbedingungen mit der Kontrollgruppe verglichen:

$$\frac{1}{3} \quad \frac{1}{3} \quad \frac{1}{3} \quad -1 \tag{15.77}$$

Auf dem zweiten Faktor werden die kurzen Darbietungszeiten (30 und 45 Sekunden) gegen die langen Zeiten (60 und 75 Sekunden) getestet:

$$\frac{1}{2} \quad \frac{1}{2} \quad -\frac{1}{2} \quad -\frac{1}{2} \tag{15.78}$$

Zur Berechnung der Kontraste werden die Zellmittelwerte benötigt, die in Tabelle 15.11 nochmals dargestellt sind.

Tabelle 15.11: Zellmittelwerte des Beispielsdatensatzes mit Kontrastgewichten in Klammern

	$B_1(\frac{1}{2})$	$B_2(\frac{1}{2})$	$B_3(-\frac{1}{2})$	$B_4(-\frac{1}{2})$
$A_1(\frac{1}{3})$	2,30	3,10	3,90	4,70
$A_2(\frac{1}{3})$	3,60	4,50	5,80	6,10
$A_3(\frac{1}{3})$	4,50	5,30	6,30	7,90
$A_4(-1)$	5,60	6,10	7,00	8,10

Diese Werte setzt man dann mit den Kontrastgewichten in die Gleichung zur Berechnung des Interaktionskontrastes ein:

$$
\begin{aligned}
\hat{\Psi}_{AxB} &= \sum_{j=1}^{p}\sum_{k=1}^{q} c_j . d_{.k} \bar{y}_{jk} \quad &(15.79)\\
&= \frac{1}{3} \cdot \frac{1}{2} \cdot 2{,}3 + \frac{1}{3} \cdot \frac{1}{2} \cdot 3{,}1 + \frac{1}{3} \cdot -\frac{1}{2} \cdot 3{,}9 + \frac{1}{3} \cdot -\frac{1}{2} \cdot 4{,}7 \\
&\quad + \frac{1}{3} \cdot \frac{1}{2} \cdot 3{,}6 + \frac{1}{3} \cdot \frac{1}{2} \cdot 4{,}5 + \frac{1}{3} \cdot -\frac{1}{2} \cdot 5{,}8 + \frac{1}{3} \cdot -\frac{1}{2} \cdot 6{,}1 \\
&\quad + \frac{1}{3} \cdot \frac{1}{2} \cdot 4{,}5 + \frac{1}{3} \cdot \frac{1}{2} \cdot 5{,}3 + \frac{1}{3} \cdot -\frac{1}{2} \cdot 6{,}3 + \frac{1}{3} \cdot -\frac{1}{2} \cdot 7{,}9 \\
&\quad - 1 \cdot \frac{1}{2} \cdot 5{,}6 + (-1) \cdot \frac{1}{2} \cdot 6{,}1 + (-1) \cdot -\frac{1}{2} \cdot 7{,}0 + (-1) \cdot -\frac{1}{2} \cdot 8{,}1 \\
& &(15.80)\\
&= -0{,}533 - 0{,}633 - 0{,}733 + 1{,}7 &(15.81)\\
&= -0{,}2 &(15.82)
\end{aligned}
$$

Die Signifikanz des Interaktionskontrastes wird mit einem t-Test geprüft.

15.9 post-hoc-Tests

Wie in der einfaktoriellen Varianzanalyse (siehe Abschnitt 14.8, Seite 297) können auch im mehrfaktoriellen Fall post-hoc-Tests durchgeführt werden. So werden beispielsweise im Tukey-HSD-Test auch bei der zweifaktoriellen Varianzanalyse Mindestwerte für Differenzen berechnet. Die Mindestdifferenz ("honsestly significance difference", HSD) ist jedoch für jeden Effekt seperat zu ermitteln. Für Faktor A gilt:

$$ HSD_{Faktor\ A} = q_{\alpha, p, N-p \cdot q} \cdot \sqrt{\frac{MS_{within}}{n \cdot q}} \quad (15.83) $$

für Faktor B gilt:

$$ HSD_{Faktor\ B} = q_{\alpha, q, N-p \cdot q} \cdot \sqrt{\frac{MS_{within}}{n \cdot p}} \quad (15.84) $$

Auch für den Interaktionseffekt kann diese Differenz bestimmt werden:

$$ HSD_{Faktor\ AxB} = q_{\alpha, p \cdot q, N-p \cdot q} \cdot \sqrt{\frac{MS_{within}}{n}} \quad (15.85) $$

Die Variable q beschreibt auch im mehrfaktoriellen Fall eine Zufallsvariable, die vom α-Niveau, der Anzahl der Faktorstufen und der Stichprobengröße abhängt. Mehr zur Berechnung dieser Variablen bei Hays (1994). Dort ist auch die Definition des Scheffé-Tests zu finden.

15.10 Zusammenfassung

In der **zweifaktoriellen Varianzanalyse** wird neben dem Einfluss eines zweiten Faktors auch der Einfluss der **Interaktionseffekts** bestimmt. Der Interaktionseffekt ergibt sich aus dem von beiden Haupteffekten bereinigten **Zelleneffekt** und ermöglicht die Berücksichtigung von Kombinationen beider Faktoren.

Die Strukturgleichung, die Quadratsummenzerlegung, die Berechnung der mittleren Quadratsummen, die Hypothesenformulierung und die inferenzstatistische Signifikanzprüfung erfolgen für alle **drei** Effekte seperat. Es wird zwischen der **ordinalen**, der **hybriden** und der **disordinalen** Interaktion unterschieden.

15.11 Aufgaben

1. In einer zweifaktoriellen Varianzanalyse (Faktor A, 5-fach gestuft; Faktor B, 4-fach gestuft; pro Zelle n = 25) wurden folgende Quadratsummen bestimmt:
   $SS_A = 50$ $SS_B = 5$ $SS_{AxB} = 85$ $SS_{within} = 360$
   Stellen Sie die entsprechenden statistischen Hypothesen auf und testen Sie auf Signifikanz ($\alpha=.05$).

2. Ordnen Sie die folgenden 3 Verfahren für multiple Mittelwertsvergleiche der Varianzanalyse nach der Größe ihres β-Fehlers: Tukey-HSD-Test, Scheffé-Test und Kontraste.

3. In einer zweifaktoriellen Varianzanalyse wird ein Haupteffekt (vier Stufen) auf einem Alpha-Niveau von 5% signifikant. Anschließend werden mit diesem Datensatz noch weitere Berechnungen durchgeführt.

   a) Was besagt der signifikante F-Wert?

   b) Verschiedene Paare von Gruppenmittelwerten werden über Kontraste und Tukey-HSD-Tests auf bedeutsame Differenzen geprüft, wobei die Kontraste signifikant werden, die Tukey-HSD-Tests allerdings nicht. Ist diese Situation plausibel? Begründen Sie Ihre Antwort.

   c) In einer einfaktoriellen Varianzanalyse wird dieser Faktor ebenfalls nicht signifikant. Ist dies möglich? Begründen Sie Ihre Antwort.

4. Welche der folgenden Aussagen zur zweifaktoriellen Varianzanalyse sind zutreffend (Mehrfachantworten sind möglich!)?

   a) In der zweifaktoriellen Varianzanalyse werden drei Arten von Effekten unterschieden: Haupteffekte, Zelleneffekte und Interaktionseffekte.

   b) Ein Interaktionseffekt korrespondiert mit einem um die Haupteffekte bereinigten Zelleneffekt ($\mu_{jk} - \mu_{j.} - \mu_{.k} + \mu_{..}$).

   c) Sind beide Haupteffekte statistisch bedeutsam, so ist stets der Interaktionseffekt signifikant.

d) Etwaige Interaktionseffekte können auch durch zwei unabhängige einfaktorielle Varianzanalysen geprüft werden.

e) Etwaige Haupteffekte können auch durch zwei unabhängige einfaktorielle Varianzanalysen geprüft werden.

5. Wie wird in der zweifaktoriellen Varianzanalyse der Anteil der Varianz in der abhängigen Variablen berechnet, der auf die Interaktion der Faktorstufen zurückgeführt werden kann?

6. Wie viele unabhängige Kontraste sind in der zweifaktoriellen Varianzanalyse formulierbar?

7. Mehrfaktorielle Varianzanalysen gelten im Vergleich zu einfaktoriellen Varianzanalysen als teststärker. Woran liegt das?

8. Die Haupt- und Interaktionseffekte einer mehrfaktoriellen Varianzanalyse gelten als voneinander unabhängig. Was bedeutet dies?

9. Die Grundgleichung des Allgemeinen Linearen Modells lautet:

$$y_i = a_0 \cdot x_{i0} + a_1 \cdot x_{i1} + a_2 \cdot x_{i2} + \ldots + a_p \cdot x_{ip} + e_i \qquad (15.86)$$

a) Was sind die Variablen x_{ij} und welche Werte können sie annehmen?

b) Was wird über die Koeffizienten a_j dargestellt?

c) Wie würde die Gleichung für ein Individuum in der 3 Gruppe aussehen?

16 Varianzanalyse mit zufälligen Effekten

Schlagworte
- ▷ feste Effekte
- ▷ Varianz der Effekte
- ▷ zufällige Effekte
- ▷ gemischte Effekte

Anmerkung: In den bis hierher dargestellten Varianzanalysen wurde von einer nominalskalierten unabhängigen Variablen ausgegangen. So waren die verschiedenen Reizarten im Beispiel der vorherigen Kapitel klar unterscheidbare Bedingungen, die als Klassen einer nominalskalierten unabhängigen Variablen dienten. Zufällige Effekte eröffnen die Möglichkeit, auch intervallskalierte unabhängige Variablen in eine Varianzanalyse einzubeziehen. Die Effektbestimmung, die Quadratsummenzerlegung und die F-Tests sind mit bestimmten Einschränkungen analog zum Vorgehen bei Varianzanalysen mit festen Effekten.

16.1 Einfaktorielle Varianzanalyse mit zufälligen Effekten

Bisher wurden Varianzanalysen mit festen Effekten (Modell I) besprochen ohne feste Effekte explizit zu definieren. In diesem Abschnitt sollen nun zunächst feste und zufällige Effekte definiert und deren Unterschiede beschrieben werden.

> **Definition:** Bei **festen Effekten** ist die Anzahl der in der Studie fokusierten Stufen eines Treatments gleich der Anzahl der im Versuchsplan realisierten Stufen. Die Inferenzaussagen beziehen sich (nur) auf die realisierten Stufen des Treatments.

Beispiel: Bei einer Studie zur Qualität der methodischen Ausbildung an allen Universitäten mit Diplomstudiengang Psychologie handelt es sich um feste Effekte. Es gibt keine andere Möglichkeit für eine Ausbildung. Hierbei werden die Effekte aller realisierten Treatmentstufen analysiert.

Andere Merkmale besitzen jedoch unendlich viele potentielle Realisationen, von welchen nur eine begrenzte Anzahl in einer Studienstichprobe herangezogen werden können. Es handelt sich hierbei um die möglichen Ausprägungen einer stetigen Variablen.

Beispiel: Hat vielleicht das Persönlichkeitsmerkmal "Emotionalität" der Versuchsperson einen Einfluss auf die Ausprägung in einem Leistungstest? Auch wenn eine große Anzahl von Personen untersucht wird, können nicht alle unterschiedlichen, möglichen Ausprägungen innerhalb dieser Persönlichkeitsdimension erfasst werden.

Wenn die Anzahl der möglichen Realisationen sehr groß ist und die einzelnen Realisationen nicht im Fokus der Studie stehen, sollte statt einer Varianzanalyse mit festen Effekten (Modell I) eine Varianzanalyse mit zufälligen Effekten (Modell II) gerechnet werden[1].

> **Definition:** Weist ein Faktor theoretisch unendlich viele Abstufungen auf und ist die Realisation einzelner Abstufungen nicht von Interesse, dann können einige Abstufungen des Faktors zufällig ausgewählt werden, die in eine Varianzanalyse mit **zufälligen Effekten** eingehen. Die Ergebnisse der inferenzstatistischen Prüfung sind auf sämtliche möglichen Stufen dieses Faktors generalisierbar.

Wieso? Weshalb? Warum?

Was sind die inhaltlichen Unterschiede zwischen festen und zufälligen Effekten?

Im Beispiel des Kapitels 15 (Seite 303) wurde als zweiter Faktor die Darbietungszeit mit den Stufen 30, 45, 60 und 75 Sekunden als fester Faktor in die Varianzanalyse aufgenommen. Dort wurde von klar definierten Stufen der intervallskalierten Variablen "Zeit" ausgegangen. Alternativ wäre der Faktor "Darbietungszeit" als zufälliger Effekt mit zufällig ausgewählten Zeiten konzipierbar. Dadurch wären die gewählten Darbietungszeiten eine repräsentative Auswahl einiger weniger Faktorstufen aus der Population der unendlich vielen theoretisch möglichen Faktorstufen. Hiermit wären die Ergebnisse der Studie auf alle möglichen Ausprägungen des Faktors generalisierbar. Bei den theoretisch unendlich vielen Realisierungen entsteht eine Verteilung von α_j-Werten um einen Mittelwert μ_α mit einer Varianz von σ_α^2 und einen Mittelwert von $\mu_\alpha = 0$.

Die Realisationen des Faktors werden zufällig gezogen, so dass nicht mehr von der Voraussetzung ausgegangen werden kann, dass die Summe der Effekte der ausgewählten Stufen a_j gleich Null ist.

$$\sum_{j=1}^{p} a_j = 0 \tag{16.1}$$

Bei der Varianzanalyse mit **zufälligen Effekten** gilt die folgende Nullhypothese für **alle möglichen k Stufen**:

$$H_0: \quad a_k = 0 \tag{16.2}$$

---

[1]Hays (1994) spricht bei einer zweifaktoriellen Varianzanalyse mit zufälligen Effekten vom Modell II und bei den gemischten Effekten von Modell III. Im Gegensatz dazu definiert Bortz (1999) die Varianzanalyse mit gemischten Effekten als Modell II und die Varianzanalyse mit zufälligen Effekten als Modell III. Im Folgenden soll hier die Definition von Hays (1994) übernommen werden.

Im Gegensatz hierzu gilt bei der Varianzanalyse mit **festen Effekten** die folgende Nullhypothese für **alle ausgewählten j Stufen**:

$$H_0: \quad \alpha_j = 0 \tag{16.3}$$

Da bei der Varianzanalyse mit zufälligen Effekten nur eine begrenzte Anzahl von Faktorstufen realisiert werden kann, wird die die Nullhypothese über die Varianz der Effekte inferenzstatistisch überprüfbar gemacht.

Definition: Die Hypothesen bei zufällige Effekte lauten:

$$H_0: \quad \sigma_A^2 = 0 \tag{16.4}$$
$$H_1: \quad \sigma_A^2 > 0 \tag{16.5}$$

Wenn die unendlich vielen, theoretisch möglichen Abstufungen der unabhängigen Variablen keinen Effekt auf die abhängige Variable haben, dann haben die Effekte a_j eine Varianz von Null und sind in der Population ebenfalls Null.

Anmerkung: Einige Autoren definieren die Hypothesen für feste Effekte ebenfalls über die Varianz der Effekte. Allerdings dürfen die Hypothesen für zufällige Effekte nie über die Effekte α_j definiert werden.

Definition: Es gilt die folgende Strukturgleichung für das Modell II:

In der Stichprobe gilt für die ausgewählten Stufen:

$$y_{ij} = \bar{y} + a_j + e_{ij} \tag{16.6}$$

In der Population gilt für die möglichen Stufen:

$$y_{ij} = \mu + \alpha_j + \epsilon_{ij} \tag{16.7}$$

Die Voraussetzungen der Varianzanalyse mit Zufallseffekten sind gegenüber den Voraussetzungen der Varianzanalyse mit festen Effekten zu erweitern.

Definition: Die Voraussetzungen im Modell II sind:

1. mindestens Intervallskalenniveau und Normalverteilung der abhängigen Variablen
2. Varianzhomogenität zwischen den einzelnen Faktorstufen
3. die Zufallseffekte sind voneinander unabhängig und identisch verteilt
4. die möglichen Effekte a_j werden durch eine Zufallsvariable mit Mittelwert Null und Varianz σ_A^2 realisiert

Wichtig sind hierbei besonders die Voraussetzung, dass die Effekte a_j durch eine Zufallsvariable mit dem Mittelwert von 0 und die Varianz von σ_A^2 realisiert werden und die Effekte a_j voneinander unabhängig sind.

Bei der einfaktoriellen Varianzanalyse mit zufällige Effekten entspricht die Zerlegung der Quadratsummen und die Inferenzstatistik über die mittleren Quadratsummen exakt der einfaktoriellen Varianzanalyse für feste Effekte. Die folgende Tabelle 16.1 zeigt den Vergleich zwischen festen und zufälligen Effekten in komprimierter Form.

Tabelle 16.1: Unterschiede zwischen festen und zufälligen Effekten

Feste Effekte	zufällige Effekte
Strukturgleichung: $y_{ij} = \mu_y + \alpha_j + \epsilon_{ij}$ mit α_j als Effekt der Gruppenzugehörigkeit zur festen Faktorstufe j	**Strukturgleichung:** $y_{ij} = \mu_y + \alpha_j + \epsilon_{ij}$ mit α_j als Populationseffekt der Faktorstufe j des zufällige Effektes
Nullhypothese: $H_0 : \alpha_j = 0$ Die Effekte der Faktorstufen sind 0.	**Nullhypothese:** $H_0 : \sigma_A^2 = \sigma_\alpha^2 = 0$ Die Varianz der zufällige Effekte ist 0. Es gibt keine Streuung der Effekte.
Von Mittelwertsunterschieden in der Stichprobe wird auf Mittelwertsunterschiede in der Population geschlossen.	Von der Varianz der Effekte in der Stichprobe wird auf die Varianz der Effekte in der Population geschlossen

Anmerkung: Bei gleich stark besetzten Faktorstufen ist die Abschätzung der einzelnen Varianzkomponenten eindeutig und problemlos, da dann die einfaktorielle Varianzanalyse mit zufälligen Effekte der einfaktoriellen Varianzanalyse mit feste Effekte entspricht. Bei Versuchsplänen mit ungleicher Zellenbesetzung sind verschiedene Algorithmen entwickelt worden, die zur Schätzung der Varianzkomponenten sehr differenzierte Werte liefern (beispielsweise Henderson-, ML-, REML-, verschiedene MINQUE-Schätzer, mehr dazu bei Werner (1997)). Auf die Darstellung dieser komplexen Verfahren wird allerdings an dieser Stelle verzichtet.

Wieso? Weshalb? Warum?

Wodurch unterscheidet sich die Durchführung einer Varianzanalyse mit zufälligen Effekten von einer Varianzanalyse mit festen Effekten?

Zwischen der Durchführung einer einfaktoriellen Varianzanalyse mit festen oder mit zufälligen Effekten gibt es keine Unterschiede. Bei gleich stark besetzten Faktorstufen ist die inferenzstatistische Prüfung identisch. Unterschiede ergeben sich nur bezüglich der Generalisierbarkeit der Ergebnisse. Zufällige Effekte haben erst im mehrfaktoriellen Fall Folgen für die inferenzstatistische Hypothesenprüfung, wie im nächsten Abschnitt vorgestellt wird.

16.2 Zweifaktorielle Varianzanalyse mit zufälligen Effekten

Für die zweifaktorielle Varianzanalyse mit zufälligen Effekten werden einige Annahmen der Varianzanalyse mit festen Effekten aufgegeben. Es gilt **nicht**:

$$\sum_{j=1}^{p} \alpha_j = 0 \qquad (16.8)$$

$$\sum_{k=1}^{q} \beta_k = 0 \qquad (16.9)$$

$$\sum_{j=1}^{p} \sum_{k=1}^{q} (\alpha\beta)_{jk} = 0 \qquad (16.10)$$

Sowohl die Summe der Effekte des Faktors A, die Summe der Effekte des Faktors B und die Summe der Interaktionseffekte werden nicht als Null vorausgesetzt.

Strukturgleichung im Modell II

Die Strukturgleichungen ändern sich jedoch gegenüber dem Modell I nicht.

> **Definition:** In der Stichprobe gilt:
>
> $$y_{ij} = \bar{y} + a_j + b_k + (ab)_{jk} + e_{ijk} \qquad (16.11)$$
>
> In der Population gilt:
>
> $$y_{ijk} = \mu + \alpha_j + \beta_k + (\alpha\beta)_{jk} + \epsilon_{ijk} \qquad (16.12)$$

Hypothesen

Die Unterschiede zwischen beiden varianzanalytischen Modellen werden in der Hypothesenformulierung deutlich. Sie werden in der Varianzanalyse mit zufälligen Effekten über die Varianz der Effekte definiert. Analog zur einfaktoriellen Varianzanalyse mit zufälligen Effekten wird nur davon ausgegangen, dass die Summe aller möglichen Effekte und nicht die Summe aller realisierten Effekte Null ist.

> **Haupteffekt Faktor A:** Für die Varianz des Haupteffekts des ersten Faktors A gilt:
>
> $$H_0 : \sigma_A^2 = 0 \qquad (16.13)$$
>
> $$H_1 : \sigma_A^2 > 0 \qquad (16.14)$$

> **Haupteffekt Faktor B:** Für die Varianz des Haupteffekts des zweiten Faktors B gilt:
>
> H_0 : $\quad \sigma_B^2 = 0$ \hfill (16.15)
>
> H_1 : $\quad \sigma_B^2 > 0$ \hfill (16.16)
>
> **Interaktionseffekt:** Für die Varianz des Interaktionseffekts gilt:
>
> H_0 : $\quad \sigma_{AB}^2 = 0$ \hfill (16.17)
>
> H_1 : $\quad \sigma_{AB}^2 > 0$ \hfill (16.18)

Neben der Formulierung der Hypothesen, die über die jeweilige Varianz definiert werden, ergeben sich auch Unterschiede in der inferenzstatistischen Prüfung über die zugehörigen F-Tests, da den mittleren Quadratsummen bei der Varianzanalyse mit zufälligen Effekten andere Erwartungswerte zugrunde liegen.

Erwartungswerte

Im Vergleich der Erwartungswerte für feste Effekte (siehe Kapitel 15.5, Seite 311) mit den Erwartungswerten für zufällige Effekte zeigen sich Unterschiede zwischen beiden Modellen. Es gelten die folgenden Erwartungswerte:

Es gilt für den Faktor A:

$$E(MS_{FaktorA}) \;=\; \sigma_e^2 + n \cdot \sigma_{AB}^2 + p \cdot n \cdot \sigma_A^2 \tag{16.19}$$

Es gilt für den Faktor B:

$$E(MS_{FaktorB}) \;=\; \sigma_e^2 + n \cdot \sigma_{AB}^2 + q \cdot n \cdot \sigma_B^2 \tag{16.20}$$

Es gilt für den Erwartungswert des Interaktionseffekt:

$$E(MS_{FaktorAxB}) \;=\; \sigma_e^2 + n \cdot \sigma_{AB}^2 \tag{16.21}$$

Es gilt für die Fehlervarianz:

$$E(MS_{within}) \;=\; \sigma_e^2 \tag{16.22}$$

F-Tests

Der entscheidende Unterschied zwischen den beiden Modellen liegt in der Signifikanzprüfung. Die veränderten Erwartungswerte bedingen modifizierte F-Tests:

Definition: Für den Effekt des Faktors A gilt:

$$F = \frac{MS_{FaktorA}}{MS_{FaktorAxB}} \tag{16.23}$$

mit $df_{Zähler} = p - 1$ und $df_{Nenner} = (p-1) \cdot (q-1)$

Für den Effekt des Faktors B gilt:

$$F = \frac{MS_{FaktorB}}{MS_{FaktorAxB}} \tag{16.24}$$

mit $df_{Zähler} = q - 1$ und $df_{Nenner} = (p-1) \cdot (q-1)$

Für den Interaktionseffekt gilt:

$$F = \frac{MS_{FaktorAxB}}{MS_{within}} \tag{16.25}$$

mit $df_{Zähler} = (p-1) \cdot (q-1)$ und $df_{Nenner} = p \cdot q \cdot (n-1)$

Somit wird durch die a priori Entscheidung für ein varianzanalytisches Modell mit festen oder zufälligen Effekte im mehrfaktoriellen Fall neben der Generalisierbarkeit der Ergebnisse auch die Durchführung der inferenzstatistischen Prüfung beeinflusst.

16.3 Zweifaktorielle Varianzanalyse mit gemischten Effekten

Eine zweifaktorielle Varianzanalyse mit einem festen Faktor und einem zufälligen Faktor wird als zweifaktorielle Varianzanalyse mit gemischten Effekten[2] bezeichnet.

Definition: Im Modell III, einer **zweifaktoriellen Varianzanalyse mit gemischten Effekten** repräsentiert der erste Faktor einen festen Effekt (Faktor A mit p Stufen) und der zweite Faktor einen zufälligen Effekt (Faktor B mit q Stufen).

Die Strukturgleichung für die Stichprobe lautet:

$$y_{ijk} = \bar{y}_{..} + a_j + b_k + (ab)_{jk} + e_{ijk} \tag{16.26}$$

Die Strukturgleichung in der Population lautet:

$$y_{ijk} = \mu_y + \alpha_j + \beta_k + (\alpha\beta)_{jk} + \epsilon_{ijk} \tag{16.27}$$

---
[2] Weitere Modelle werden bei Werner (1997) und im Kapitel 18.2 (Seite 361) diskutiert.

Beispiel: Damit die Unterschiede zwischen der Durchführung einer zweifaktoriellen Varianzanalyse mit festen und gemischten Effekten deutlich werden, so hier da Beispiel aus Kapitel 15 (Seite 303) übernommen werden, wobei der zweite Faktor als zufälliger Faktor definiert wird. Hieraus resultiert der folgende Versuchsplan zur Untersuchung der Gedächtnisleistung mit den beiden Faktoren A (fest) und B (zufällig):

Faktor A: Ablenkender Reiz, 4 Stufen (fester Effekt)
Faktor B: Darbietungszeit, 4 Stufen (zufälliger Effekt)

Die Stufen des zweiten Faktors repräsentieren hierbei die Realisationen einer Zufallsauswahl von möglichen Ausprägungen der Variablen "Darbietungszeit".

Nullhypothesen

Haupteffekt Faktor A: Der Haupteffekt des ersten Faktors (**fester Effekt**) ist Null:

$$H_0 : \quad \alpha_j = 0 \quad \text{für } 1 \leq j \leq p \tag{16.28}$$
$$H_1 : \quad \alpha_j \neq 0 \tag{16.29}$$

Haupteffekt Faktor B: Die Varianz des Haupteffektes des zweiten Faktors (**Zufallseffekt**) ist Null:

$$H_0 : \quad \sigma_B^2 = 0 \tag{16.30}$$
$$H_1 : \quad \sigma_B^2 > 0 \tag{16.31}$$

Interaktionseffekt: Die Varianz der Interaktionseffekte ist Null:

$$H_0 : \quad \sigma_{AB}^2 = 0 \tag{16.32}$$
$$H_1 : \quad \sigma_{AB}^2 > 0 \tag{16.33}$$

Wurden in einer mehrfaktoriellen Varianzanalyse Hautfaktoren als zufällig konzipiert, so sind alle Interaktionseffekte mit Beteiligung des zufälligen Effekts ebenfalls zufällige Effekte.

F-Tests

Für jede Hypothese ist jeweils ein F-Test zu rechnen. Im Gegensatz zur zweifaktoriellen Varianzanalyse mit festen Effekten ist die Summe der Interaktionseffekte auf einer Stufe des festen Faktors A nicht 0.

$$\sum_{k=1}^{q}(ab)_{jk} \neq 0 \tag{16.34}$$

Dies ist durch die Varianz des zufälligen Effektes bedingt. Daher wird als Prüfvarianz für den festen Faktor A nicht MS_{within}, sondern $MS_{FaktorAxB}$ verwendet.

Definition: Für den Effekt des festen Faktors A:

$$F = \frac{MS_{FaktorA}}{MS_{FaktorAxB}} \tag{16.35}$$

mit $df_{Zähler} = p - 1$ und $df_{Nenner} = (p - 1) \cdot (q - 1)$

Für den Effekt des Zufallsfaktors B:

$$F = \frac{MS_{FaktorB}}{MS_{within}} \tag{16.36}$$

mit $df_{Zähler} = q - 1$ und $df_{Nenner} = p \cdot q \cdot (n - 1)$

Für den zufälligen Interaktionseffekt:

$$F = \frac{MS_{FaktorAxB}}{MS_{within}} \tag{16.37}$$

mit $df_{Zähler} = (p - 1) \cdot (q - 1)$ und $df_{Nenner} = p \cdot q \cdot (n - 1)$

Deutlich ist zu erkennen, dass die a priori Entscheidung für ein Modell mit festen, zufälligen oder gemischten Effekten Folgen für die inferenzstatistische Prüfung hat.

Die Ergebnisse bei gegebenen Beispiel für ein zweifaktorielles Modell mit festen Effekten wurden auf in Tabelle 15.10 (Seite 319) dargestellt und werden hier nur in komprimierter Form übermittelt.

Tabelle 16.2: Ergebnis einer zweifaktoriellen Varianzanalyse mit festen Effekten

Varianzquelle	SS	df	MS	F-Wert	p-Wert
Faktor A	231,2	3	77,067	53,048	<,001
Faktor B	166,2	3	55,400	38,134	<,001
Faktor AxB	7,0	9	0,778	0,535	,847
within	209,2	144	1,453		
total	613,6	159			

Bei der Varianzanalyse mit gemischten Effekten ändert sich nun die Prüfvarianz für den F-Test des festen Faktors A. Zur inferenzstatistischen Prüfung wird nicht mehr MS_{within} sondern $MS_{Faktor\ AxB}$ herangezogen. Die Ergebnisse werden in der folgenden Tabelle dargestellt.

Tabelle 16.3: Ergebnis einer zweifaktoriellen Varianzanalyse mit gemischten Effekten

Varianzquelle	SS	df	MS	F-Wert	p-Wert
Faktor A	231,2	3	77,067	**99,058**	<,001
Faktor B	166,2	3	55,400	38,134	<,001
Faktor AxB	7,0	9	0,778	0,535	,847
within	209,2	144	1,453		
total	613,6	159			

Somit kann gezeigt werden, dass alle möglichen Realisationen des Faktors "Darbietungszeit" und alle realisierten Stufen des Faktors "Ablenkungsreiz" einen Einfluss auf die Anzahl der reproduzierten Gegenstände haben.

Wieso? Weshalb? Warum?

Welchen F-Test ist bei der zweifaktoriellen Varianzanalyse bei welchem Modell zu verwenden?

Die jeweiligen Prüfgrößen der beiden Haupteffekte und des Interaktionseffekts sind von der Definition der Effekte als feste oder zufällige Effekte abhängig. Dieser Einfluss wird in der folgenden Tabelle 16.4 für die zweifaktorielle Varianzanalyse zusammenfassend dargestellt.

Tabelle 16.4: Prüfvarianzen in der zweifaktoriellen Varianzanalyse

	Faktor A	Faktor B	Faktor AxB
A fest, B fest (Modell I)	$F = \frac{MS_{FaktorA}}{MS_{within}}$	$F = \frac{MS_{FaktorB}}{MS_{within}}$	$F = \frac{MS_{FaktorAxB}}{MS_{within}}$
A zufällig, B zufällig (Modell II)	$F = \frac{MS_{FaktorA}}{MS_{FaktorAxB}}$	$F = \frac{MS_{FaktorB}}{MS_{FaktorAxB}}$	$F = \frac{MS_{FaktorAxB}}{MS_{within}}$
A fest, B zufällig, mit der üblichen Restriktion (Modell III)	$F = \frac{MS_{FaktorA}}{MS_{FaktorAxB}}$	$F = \frac{MS_{FaktorB}}{MS_{within}}$	$F = \frac{MS_{FaktorAxB}}{MS_{within}}$
A fest, B zufällig, ohne die übliche Restriktion (Modell III)	$F = \frac{MS_{FaktorA}}{MS_{FaktorAxB}}$	$F = \frac{MS_{FaktorB}}{MS_{FaktorAxB}}$	$F = \frac{MS_{FaktorAxB}}{MS_{within}}$

Anmerkung: Die Restriktion bezieht sich auf die Interaktionseffekte. Somit gilt bezüglich der Interaktion für alle k Stufen des zweiten Faktors:

$$\sum_{j=1}^{p}(ab)_{jk} = 0 \qquad (16.38)$$

Allerdings gibt es im Moment noch keine Einigung, ob im Modell für gemischte

Effekte die Restriktion der Interaktionseffekte gelten muss. Alle dargestellten Prüfvarianzen können über die jeweiligen Erwartungswerte hergleitet werden[3].

16.4 Zusammenfassung

Besteht ein Faktor aus zumindest theoretisch unendlich vielen möglichen Faktorstufen, so wird der Effekt dieses Faktors als **zufälliger Effekt** bezeichnet. Kann durch eine inferenzstatische Prüfung gezeigt werden, dass es einen Einfluss der realisierten Faktorstufen auf die abhängige Variable gibt, so kann diese Aussage auf alle möglichen Faktorstufen generalisiert werden.

Die **zweifaktorielle Varianzanalyse mit zufälligen Effekten** ist eine Erweiterung der einfaktoriellen Varianzanalyse mit zufälligen Effekten. Erst bei der zweifaktoriellen Varianzanalyse mit zufälligen Effekten werden, bedingt durch die **Erwartungswerte** der mittleren Quadratsummen, andere Prüfvarianzen als bei der Varianzanalyse mit festen Effekten benötigt.

In einer **Varianzanalyse mit gemischten Effekten** werden sowohl feste als auch zufällige Effekte modelliert. Für die in diesem Kapitel dargestellte zweifaktorielle Varianzanalyse mit zufälligen Effekten muss der **Interaktionseffekt** als zufälliger Effekt definiert und als **Prüfvarianz** des festen Faktors die Interaktionsvarianz herangezogen werden.

16.5 Aufgaben

1. Welche Forderungen werden an die Wahl der Gewichte a_0 bis a_p bei der einfaktoriellen Varianzanalyse mit festen beziehungsweise zufälligen Effekten gestellt?

2. Sie wollen den Erfolg einer Therapiemaßnahme evaluieren. Nennen Sie bitte jeweils ein Beispiel für eine Varianzanalyse mit festen und mit zufälligen Effekten.

3. Bei der Durchführung einer zweifaktoriellen Varianzanalyse mit gemischten Effekten (erster Faktor fest, zweiter Faktor zufällig) werden zur Signifikanzprüfung welche mittleren Quadratsumme herangezogen?

---

[3] Mehr hierzu bei Hays (1994).

17 Varianzanalyse mit Messwiederholungen

Schlagworte
▷ Messwiederholung
▷ vollständige Messwiederholung
▷ unvollständige Messwiederholung

17.1 Einfaktorielle Varianzanalyse mit Messwiederholungen

Eine wichtige Anwendungen der mehrfaktoriellen Varianzanalyse ist die Varianzanalyse mit Messwiederholung. Hierbei werden Messungen unter allen experimentellen Bedingungen eines Faktors durchgeführt und die Versuchspersonen als Stufen eines Faktors aufgefasst.

> **Definition:** Die **einfaktorielle Varianzanalyse mit Meßwiederholung** wird verwendet, um die zentrale Tendenz einer abhängigen Variablen unter mehreren Experimentalbedingungen oder Messzeitpunkten zu anaylsieren. Die verschiedenen Versuchspersonen werden als Stufen eines Zufallseffektes gesehen.

Bei einfaktorieller Varianzanalyse mit Messwiederholung gibt es eigentlich zwei Faktoren: Der Personenfaktor erfasst Unterschiede zwischen den Personen und der Messwiederholungsfaktor hält Unterschiede zwischen den Messzeitpunkten fest. Die Varianzanalyse mit Messwiederholung entspricht somit einer Varianzanalyse nach dem Modell III mit dem Treatment als festen Faktor A und die Personen als Zufallsfaktor B. Im Allgemeinen interessiert aber nur der Unterschied zwischen den Treatments zu den einzelnen Messzeitpunkten. Die Varianzanalyse mit Messwiederholung ist die Erweiterung des t-Tests für abhängige Stichproben.

> **Voraussetzung:**
>
> 1. Die abhängige Variable muss mindestens intervallskaliert und normalverteilt sein.
>
> 2. Es müssen die Daten der Versuchspersonen unter verschiedenen Bedingungen oder Messzeitpunkten vollständig erhoben worden sein.
>
> 3. Die Korrelationen zwischen den Daten der verschiedenen Messzeitpunkte müssen ähnlich sein (**Sphärizitätsannahme**).

Anmerkung: Die Sphärizitätsannahme wird auch als **Zirkularitätsannahme** bezeichnet.

Beispiel: Eine Varianzanalyse mit Messwiederholung ist einzusetzen, wenn die Tremorstärke einer Stichprobe von Parkinsonpatienten zu mehreren Zeitpunkten (morgens, mittags und abends) erhoben wurde, um Veränderungen der mittleren Tremorstärke über den Tag zu analysieren.

Die Varianzanalyse mit Messwiederholung hat gegenüber einer Varianzanalyse ohne Messwiederholung einige Vorteile:

1. Da die gleichen Stichprobe unter mehreren Bedingungen untersucht wird, entsteht ein geringerer Zeit- und Kostenaufwand. Bei einer Studie mit drei Untersuchungsbedingungen würden bei einer Varianzanalyse ohne Messwiederholung 3 mal 20 Personen benötigen werden, während bei einem Messwiederholungsdesign nur 20 Personen notwendig sind.

2. Ähnlich wie beim t-Test für abhängige Stichproben wird durch die Messwiederholung der Anteil der nicht erklärten Varianz (= Fehlervarianz) reduziert, da nur Unterschiede zwischen den Messzeitpunkten betrachtet werden. Analog zum t-Test handelt es sich hierbei um ein teststärkeres Verfahren. Die Unterschiede zwischen den Versuchspersonen bleiben unberücksichtigt.

Allerdings können bei der Varianzanalyse mit Messwiederholung folgende Probleme auftreten:

1. In der Varianzanalyse mit Messwiederholung wird die Voraussetzung der Unabhängigkeit der Fehlervarianzen der einzelnen Faktorstufen verletzt, da mehrer Messungen derselben Eigenschaft an identischen Versuchspersonen durchgeführt werden. Dies führt zu Korrelationen zwischen den Messwerten der verschiedenen Messzeitpunkte. Die Voraussetzung der Unabhängigkeit ist jedoch nicht notwendig, es wird lediglich die Sphärizität vorausgesetzt. Es sollten die Varianzen unter den einzelnen Faktorstufen und die Korrelationen zwischen den Faktorstufen homogen sein. Wenn die Sphärizitätsannahme verletzt wird, muss eine Korrektur nach Greenhouse und Geisser erfolgen.

2. Die Reihenfolge der Messzeitpunkte beziehungsweise der Experimentalbedingungen kann zu Sequenzeffekten (carry-over-Effekten) führen. Beispielsweise könnte bei der Durchführung mit Messwiederholungsdesign Übungseffekte oder Ermüdungseffekte auftreten. Durch diese Sequenzeffekte kommt es zu einer Gefährdung der internen Validität.

3. Mit ansteigender Zahl von Messzeitpunkten oder Experimentalbedingungen nimmt die Wahrscheinlichkeit für fehlende Daten zu, so dass der Stichprobenumfang abnimmt, da Personen mit fehlenden Daten bei der Berechnung einer Varianzanalyse mit Messwiederholung immer vollständig ausgeschlossen werden.

Strukturgleichung

Die Strukturgleichung der Varianzanalyse mit Messwiederholung wird gegenüber der Strukturgleichung der Varianzanalyse ohne Messwiederholung um den Term für den Einfluss der Versuchspersonen als unveränderliches Merkmal ergänzt. Dieser individuelle Mittelwert der Versuchspersonen wird zur besseren Varianzaufklärung verwendet.

> **Definition:** Die Strukturgleichung der einfaktoriellen Varianzanalyse mit Messwiederholung für die Stichprobe lautet:
>
> $$y_{ij} = \bar{y} + a_j + p_i + e_{ij} \qquad (17.1)$$
>
> In der Population gilt:
>
> $$y_{ij} = \mu_y + \alpha_j + \pi_i + \epsilon_{ij} \qquad (17.2)$$
>
> mit
> α_j: fester Effekt des Zeitpunkts j
> π_i: (sprich Pi) Zufallseffekt der Versuchsperson i
> ϵ_{ij}: Fehler

Anmerkung: π ist hier eine Variable für den Personeneffekt und darf nicht mit der Kreiszahl $\pi = 3{,}14$ oder der Angabe einer Populationswahrscheinlichkeit verwechselt werden.

Quadratsummenzerlegung

Die Zerlegung der Quadratsummen bei der einfaktoriellen Varianzanalyse mit Messwiederholung wird mit Abbildung 17.1 verdeutlicht. In einem ersten Schritt wird die Gesamtvarianz in $SS_{between\ subjects}$ und SS_{within} aufgeteilt. In einem zweiten Schritt wird dann SS_{within} nochmal aufgeteilt, während $SS_{between\ subjects}$ nicht weiter analysiert wird. Hierdurch wird die Varianz zwischen den Versuchspersonen "herausgefiltert". Durch die Beschränkung der Analyse auf SS_{within} wird

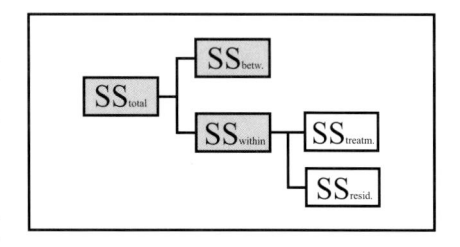

Abbildung 17.1: Quadratsummenzerlegung bei der einfaktoriellen Varianzanalyse mit Messwiederholung

die Prüfvarianz $SS_{residual}$ (= Fehlervarianz, nicht erklärte Varianz) reduziert, was zu einer Zunahme der Teststärke führt. Die Zerlegung der Quadratsummen lautet folgendermaßen:

Definition:

$$SS_{total} = SS_{between\ subjects} + SS_{within\ subjects} \quad (17.3)$$
$$SS_{total} = SS_{between\ subjects} + SS_{Faktor\ A} + SS_{residual} \quad (17.4)$$

mit

$SS_{between\ subjects}$: Quadratsumme zwischen den individuellen Mittelwerten der Versuchspersonen über alle Faktorstufen des Messwiederholungsfaktors hinweg
$SS_{within\ subjects}$: Quadratsumme innerhalb der Versuchspersonen (Abweichung der individuellen Messung vom Mittelwert der jeweiligen Versuchsperson)
$SS_{FaktorA}$: Quadratsumme, die auf das Treatment zurückzuführen ist
$SS_{residual}$: Fehlervarianz

Explizite Quadratsummenzerlegung

Für die Quadratsummenzerlegung der Varianzanalyse mit Messwiederholung wird der Mittelwert jeder Versuchsperson i benötigt, um die Varianz zwischen den Versuchspersonen zu berechnen.

$$\bar{p}_i = \frac{\sum_{j=1}^{p} y_{ij}}{p} \quad (17.5)$$

Hierdurch ergeben sich die folgenden Quadratsummen der ersten Aufteilung:

$$SS_{between\ subjects} = \sum_{i=1}^{N} (\bar{p}_i - \bar{y})^2 \quad (17.6)$$

$$SS_{within\ subjects} = \sum_{j=1}^{p} \sum_{i=1}^{N} (y_{ij} - \bar{p}_i)^2 \quad (17.7)$$

$SS_{within\ subjects}$ wird dann in die folgenden beiden Komponenten zerlegt:

$$SS_{Faktor\ A} = n \cdot \sum_{j=1}^{p}(\bar{y}_j - \bar{y})^2 \qquad (17.8)$$

$$SS_{residual} = SS_{within\ subjects} - SS_{treatment} \qquad (17.9)$$

$$= \sum_{j=1}^{p}\sum_{i=1}^{N} y_{ij}^2 - p \cdot \sum_{i=1}^{N} \bar{p}_i^2 - n \cdot \sum_{j=1}^{p} \bar{y}_j^2 + n \cdot p \cdot \bar{y}^2 \qquad (17.10)$$

Herleitung von $SS_{residual}$ ☞

$$SS_{residual} = SS_{within\ subjects} - SS_{treatment} \qquad (17.11)$$

$$= \sum_{j=1}^{p}\sum_{i=1}^{N}(y_{ij} - \bar{p}_i)^2 - n \cdot \sum_{j=1}^{p}(\bar{y}_j - \bar{y})^2 \qquad (17.12)$$

$$= \sum_{j=1}^{p}\sum_{i=1}^{N}(y_{ij} - \bar{p}_i)^2 - \sum_{j=1}^{p}\sum_{i=1}^{N}(\bar{y}_j - \bar{y})^2 \qquad (17.13)$$

$$= \sum_{j=1}^{p}\sum_{i=1}^{N}[(y_{ij} - \bar{p}_i)^2 - (\bar{y}_j - \bar{y})^2] \qquad (17.14)$$

$$= \sum_{j=1}^{p}\sum_{i=1}^{N}(y_{ij}^2 - 2 \cdot y_{ij} \cdot \bar{p}_i + \bar{p}_i^2 - \bar{y}_j^2 + 2 \cdot \bar{y}_j \cdot \bar{y} - \bar{y}^2) \qquad (17.15)$$

$$= \sum_{j=1}^{p}\sum_{i=1}^{N} y_{ij}^2 - \sum_{j=1}^{p}\sum_{i=1}^{N} 2 \cdot y_{ij} \cdot \bar{p}_i + \sum_{j=1}^{p}\sum_{i=1}^{N} \bar{p}_i^2 - \sum_{j=1}^{p}\sum_{i=1}^{N} \bar{y}_j^2$$

$$+ \sum_{j=1}^{p}\sum_{i=1}^{N} 2 \cdot \bar{y}_j \cdot \bar{y} - \sum_{j=1}^{p}\sum_{i=1}^{N} \bar{y}^2 \qquad (17.16)$$

$$= \sum_{j=1}^{p}\sum_{i=1}^{N} y_{ij}^2 - 2 \cdot \sum_{i=1}^{N} \bar{p}_i \cdot \sum_{j=1}^{p} y_{ij} + \sum_{j=1}^{p}\sum_{i=1}^{N} \bar{p}_i^2 - \sum_{j=1}^{p}\sum_{i=1}^{N} \bar{y}_j^2$$

$$+ 2 \cdot \sum_{i=1}^{N} \bar{y} \cdot \sum_{j=1}^{p} \bar{y}_j - \sum_{j=1}^{p}\sum_{i=1}^{N} \bar{y}^2 \qquad (17.17)$$

$$= \sum_{j=1}^{p}\sum_{i=1}^{N} y_{ij}^2 - 2 \cdot \sum_{i=1}^{N} \bar{p}_i \cdot p \cdot \bar{p}_i + \sum_{j=1}^{p}\sum_{i=1}^{N} \bar{p}_i^2 - \sum_{j=1}^{p}\sum_{i=1}^{N} \bar{y}_j^2$$

$$+ 2 \cdot \sum_{i=1}^{N} \bar{y} \cdot p \cdot \bar{y} - \sum_{j=1}^{p}\sum_{i=1}^{N} \bar{y}^2 \qquad (17.18)$$

$$= \sum_{j=1}^{p}\sum_{i=1}^{N} y_{ij}^2 - 2 \cdot p \cdot \sum_{i=1}^{N} \bar{p}_i^2 + p \cdot \sum_{i=1}^{N} \bar{p}_i^2 - \sum_{j=1}^{p}\sum_{i=1}^{N} \bar{y}_j^2$$

$$+ 2 \cdot n \cdot p \cdot \bar{y}^2 - n \cdot p \cdot \bar{y}^2 \qquad (17.19)$$

$$= \sum_{j=1}^{p}\sum_{i=1}^{N} y_{ij}^2 - p \cdot \sum_{i=1}^{N} \bar{p}_i^2 - n \cdot \sum_{j=1}^{p} \bar{y}_j^2 + n \cdot p \cdot \bar{y}^2 \qquad (17.20)$$

Nullhypothese und F-Test

Für die einfaktorielle Varianzanalyse mit Messwiederholung ist generell nur die folgende Hypothese zum Messwiederholungsfaktor von Interesse:

> **Definition:** Die Nullhypothese für den Messwiederholungsfaktor lautet:
>
> $$H_0: \quad \alpha_j = 0 \tag{17.21}$$

Ob Unterschiede zwischen den Versuchspersonen oder gar Interaktionseffekte mit dem Messwiederholungsfaktor bestehen ist nicht von Interesse. Unterschiede zwischen den Mittelwerten zu den Messzeitpunkten werden über den festen Faktor A erfasst und über den folgenden F-Test inferenzstatistisch geprüft:

> **Definition:** Der F-Test für den Messwiederholungsfaktor lautet:
>
> $$F = \frac{MS_{treatment}}{MS_{residual}} \tag{17.22}$$
>
> mit $df_{Zähler} = p - 1$ und $df_{Nenner} = (p-1) \cdot (N-1)$.

Bei Verletzung der Sphärizitätsannahme muss eine Korrektur der Freiheitsgrade erfolgen. Die Korrektur nach Greenhouse-Geisser ist als bestes Korrekturverfahren bevorzugt zu verwenden[1]. Durch die Korrektur der Freiheitsgrade nach Greenhouse-Geiser erfolgt eine konservativere inferenzstatistische Prüfung.

17.2 Zweifaktorielle Varianzanalyse mit Messwiederholungen

Bei der zweifaktoriellen Varianzanalyse mit Messwiederholung muss zwischen zwei Typen unterschieden werden.

> **Definition:** Sind die beiden Faktoren einer zweifaktoriellen Varianzanalyse Messwiederholungsfaktoren, so spricht man von vollständiger Messwiederholung. Findet Messwiederholung nur auf einem Faktor statt, so wird dies als eine Varianzanalyse mit unvollständiger Messwiederholung bezeichnet.

Eine unvollständigen Messwiederholungsanalyse wird auch als split-plot-Design bezeichnet. Hierbei werden die Werte der Versuchspersonen in alle Stufen des Messwiederholungsfaktors erhoben, aber nur auf einer Stufe des Gruppenfaktors.

Beispiel für eine unvollständige Messwiederholung: In einer Therapieevaluations-

---

[1] Beispielsweise bietet SPSS die Korrektur an, sobald der Mauchly-Test auf Sphärizität signifikant wird und somit die Spärizitätsannahme nicht mehr aufrecht erhalten werden kann.

studie werden die Effekte verschiedener Therapieformen einander gegenübergestellt ($SS_{between\ subjects}$). Hierzu werden Messungen zu mehreren Zeitpunkten der verschiedenen Therapien durchgeführt ($SS_{within\ subjects}$). Ein Messwiederholung auf dem Faktor "Therapieform" ist unsinnig, da beispielsweise depressive Patienten nicht nacheinander einer Psychoanalyse, einer Verhaltenstherapie und anschließend noch einer systemischen Therapie unterzogen werden sollten.

Beispiel für eine vollständige Messwiederholung: Die Befindlichkeit einer Stichprobe von Parkinsonpatienten im Alltag wird im Verlauf einer Woche mehrmals am Tag erhoben. Bei diesem Design beschreibt einen Messwiederholungsfaktor Veränderungen über den Tag hinweg, während der zweiten Messwiederholungsfaktor den den Einfluss des Wochentags erfasst.

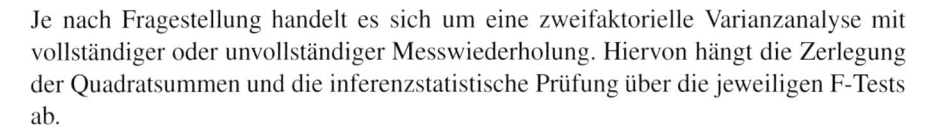

Je nach Fragestellung handelt es sich um eine zweifaktorielle Varianzanalyse mit vollständiger oder unvollständiger Messwiederholung. Hiervon hängt die Zerlegung der Quadratsummen und die inferenzstatistische Prüfung über die jeweiligen F-Tests ab.

Unvollständige Messwiederholung

Bei unvollständiger Messwiederholung erfolgt eine Zerlegung auf zwei Stufen. Zuerst wird die Gesamtquadratsumme in eine Quadratsumme zwischen den Personen ($SS_{between\ subjects}$) und innerhalb der Personen ($SS_{within\ subjects}$) zerlegt (siehe Abbildung 17.2). Im Beispiel der Therapieevaluation würde die Therapieformen über den oberen Zweig in Abbildung 17.2 erfasst werden, während über den unteren Zweig der Messwiederholungsfaktor, die verschiedenen Therapiewochen, auf statistische Signifikanz überprüft wird. Die Quadratsumme des Faktors "Therapieform" wird in zwei Komponenten ($SS_{Faktor\ A}$ und $SS_{in\ Sp}$) zerlegt. Letztere repräsentiert die Abweichungen der individuellen Werte von den Personenmittelwerten über alle Stufen des Zwischenpersonenfaktors und dient somit als Fehlervarianz in diesem Zweig der Varianzanalyse. Die Quadratsumme innerhalb der Versuchspersonen auf dem Messwiederholungsfaktor wird in drei Komponenten zerlegt ($SS_{Faktor\ B}$, $SS_{Faktor\ AxB}$ und SS_{BxVpn}). Mit Hilfe dieser Komponenten kann der Einfluss des Messwiederholungsfaktors beschrieben werden. Im unteren Zweig wird der Messwiederholungsfaktor über $SS_{Faktor\ B}$ und der Interaktionseffekt über $SS_{Faktor\ AxB}$ erfasst. Zur Signifikanzprüfung wird hier $SS_{B\ xVpn}$ herangezogen. $SS_{Faktor\ B}$ erfasst unabhängig vom jeweiligen Interventionsformen die Abweichungen der Mittelwerte zu den einzelnen Messzeitpunkten, während über den Interaktionseffekt $SS_{Faktor\ AxB}$ Unterschiede der Mittelwerte der einzelnen

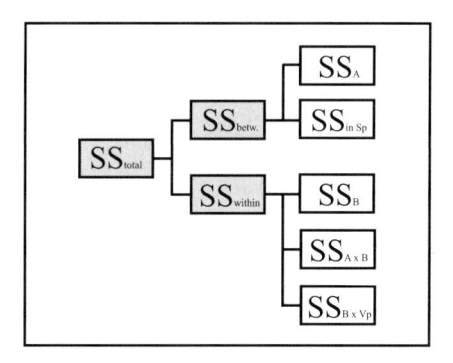

Abbildung 17.2: Quadratsummenzerlegung der zweifaktoriellen Varianzanalyse mit unvollständiger Messwiederholung

Interventionsformen in Abhängigkeit von den einzelnen Messzeitpunkten belegt werden. Diese Quadratsumme ergibt sich durch die Unterschiedlichkeit der Versuchspersonen innerhalb jeder Therapieform zu jedem Messzeitpunkt.

Strukturgleichung

Definition: Die Strukturgleichung einer zweifaktoriellen Varianzanalyse mit unvollständiger Messwiederholung auf Faktor B lautet:

$$y_{ijk} = \mu_y + \alpha_j + \beta_k + (\alpha\beta)_{jk} + \pi_{i(j)} + (\beta\pi)_{ki(j)} + e_{ijk} \qquad (17.23)$$

mit

α_j: fester Effekt des Gruppenfaktors A
β_k: Effekt des Messwiederholungsfaktor B
$(\alpha\beta)_{jk}$: Interaktionseffekt
$\pi_{i(j)}$: Personenfaktor
$(\beta\pi)_{ki(j)}$: Unterschiede zwischen den Versuchspersonen innerhalb der Stufen des Faktors A zwischen den einzelnen Messzeitpunkten

Quadratsummenzerlegung

Definition: Bei unvollständiger Messwiederholung gilt:

$$SS_{total} = SS_{within\ subjects} + SS_{between\ subjects} \qquad (17.24)$$
$$= SS_{in\ sp} + SS_{Faktor\ A} + SS_{Faktor\ B} + SS_{Faktor\ AxB} + SS_{BxVpn} \qquad (17.25)$$

mit

$$SS_{in\ sp} = \sum_{k=1}^{q}\sum_{j=1}^{p}\sum_{i=1}^{n_j}(y_{ijk} - \bar{p}_{ij})^2 \qquad (17.26)$$

$$SS_{Faktor\ A} = q \cdot n \sum_{j=1}^{p}(\bar{y}_{j.} - \bar{y}_{..})^2 \qquad (17.27)$$

$$SS_{Faktor\ B} = \sum_{k=1}^{q} n_k \cdot (\bar{y}_{.k} - \bar{y}_{..})^2 \qquad (17.28)$$

$$SS_{Faktor\ AxB} = \sum_{k}\sum_{j} n_j \cdot (\bar{y}_{jk} - \bar{y}_{j.} - \bar{y}_{.k} + \bar{y}_{..})^2 \qquad (17.29)$$

$$SS_{BxVpn} = \sum_{k=1}^{q}\sum_{j=1}^{p}\sum_{i=1}^{n_j}(y_{ijk} - \bar{y}_{jk} - \bar{p}_{ij} + \bar{y}_{j.})^2 \qquad (17.30)$$

17.2 Zweifaktorielle Varianzanalyse mit Messwiederholungen

Herleitung: Das Vorgehen ist nahezu identisch zur Herleitung der Quadratsummenzerlegung der Varianzanalyse ohne Messwiederholung. Auch hier wird wegen der Übersichtlichkeit von gleich stark besetzten Zellen ausgegangen.

$$SS_{total} = \sum_{k=1}^{q}\sum_{j=1}^{p}\sum_{i=1}^{n_j}(y_{ijk} - \bar{y}_{..})^2 \qquad (17.31)$$

$$= \sum_{k=1}^{q}\sum_{j=1}^{p}\sum_{i=1}^{n_j}(y_{ijk} - \bar{p}_{ij} + \bar{p}_{ij} - \bar{y}_{..})^2 \qquad (17.32)$$

$$= \sum_{k=1}^{q}\sum_{j=1}^{p}\sum_{i=1}^{n_j}(y_{ijk} - \bar{p}_{ij})^2 + \sum_{k=1}^{q}\sum_{j=1}^{p}\sum_{i=1}^{n_j} 2 \cdot (y_{ijk} - \bar{p}_{ij}) \cdot (\bar{p}_{ij} - \bar{y}_{..})$$

$$+ \sum_{k=1}^{q}\sum_{j=1}^{p}\sum_{i=1}^{n_j}(\bar{p}_{ij} - \bar{y}_{..})^2 \qquad (17.33)$$

$$= \sum_{k=1}^{q}\sum_{j=1}^{p}\sum_{i=1}^{n_j}(y_{ijk} - \bar{p}_{ij})^2 + \sum_{j=1}^{p}\sum_{i=1}^{n_j} q \cdot 2 \cdot (\bar{p}_{ij} - \bar{y}_{..}) \cdot \underbrace{\sum_{k=1}^{q}(y_{ijk} - \bar{p}_{ij})}_{=0}$$

$$+ \sum_{k=1}^{q}\sum_{j=1}^{p}\sum_{i=1}^{n_j}(\bar{p}_{ij} - \bar{y}_{..})^2 \qquad (17.34)$$

$$= \sum_{k=1}^{q}\sum_{j=1}^{p}\sum_{i=1}^{n_j}(y_{ijk} - \bar{p}_{ij})^2 + \sum_{k=1}^{q}\sum_{j=1}^{p}\sum_{i=1}^{n_j}(\bar{p}_{ij} - \bar{y}_{..})^2 \qquad (17.35)$$

$$= \sum_{k=1}^{q}\sum_{j=1}^{p}\sum_{i=1}^{n_j}(y_{ijk} - \bar{p}_{ij})^2 + q \cdot \sum_{j=1}^{p}\sum_{i=1}^{n_j}(\bar{p}_{ij} - \bar{y}_{..})^2 \qquad (17.36)$$

$$= SS_{within\ subjects} + SS_{between\ subjects} \qquad (17.37)$$

Nun wird $SS_{between\ subjects}$ weiter zerlegt.

$$SS_{between\ subjects} = q \cdot \sum_{j=1}^{p}\sum_{i=1}^{n_j}(\bar{p}_{ij} - \bar{y}_{..})^2 \qquad (17.38)$$

$$= q \cdot \sum_{j=1}^{p}\sum_{i=1}^{n_j}(\bar{p}_{ij} - \bar{y}_{j.} + \bar{y}_{j.} - \bar{y}_{..})^2 \qquad (17.39)$$

$$= q \cdot \sum_{j=1}^{p}\sum_{i=1}^{n_j}(\bar{p}_{ij} - \bar{y}_{j.})^2 + q \cdot \sum_{j=1}^{p}\sum_{i=1}^{n_j} 2 \cdot (\bar{p}_{ij} - \bar{y}_{j.}) \cdot (\bar{y}_{j.} - \bar{y}_{..})$$

$$+ q \cdot \sum_{j=1}^{p}\sum_{i=1}^{n_j}(\bar{y}_{j.} - \bar{y}_{..})^2 \qquad (17.40)$$

$$= q \cdot \sum_{j=1}^{p}\sum_{i=1}^{n_j}(\bar{p}_{ij} - \bar{y}_{j.})^2 + q \cdot 2 \cdot \sum_{j=1}^{p} n \cdot (\bar{y}_{j.} - \bar{y}_{..}) \underbrace{\sum_{i=1}^{n_j}(\bar{p}_{ij} - \bar{y}_{j.})}_{=0}$$

$$+ q \cdot \sum_{j=1}^{p}\sum_{i=1}^{n_j}(\bar{y}_{j.} - \bar{y}_{..})^2 \qquad (17.41)$$

17 Varianzanalyse mit Messwiederholungen

$$SS_{between\ subjects} = q \cdot \sum_{j=1}^{p}\sum_{i=1}^{n_j}(\bar{p}_{ij} - \bar{y}_{j.})^2 + q \cdot n \sum_{j=1}^{p}(\bar{y}_{j.} - \bar{y}_{..})^2 \quad (17.42)$$

$$= SS_{in\ sp} + SS_{Faktor\ A} \quad (17.43)$$

Die Zerlegung von $SS_{within\ subjects}$ ist hingegen etwas komplexer.

$$SS_{within\ subjects} = \sum_{k=1}^{q}\sum_{j=1}^{p}\sum_{i=1}^{n_j}(y_{ijk} - \bar{p}_{ij})^2 \quad (17.44)$$

$$= \sum_{k=1}^{q}\sum_{j=1}^{p}\sum_{i=1}^{n_j}(y_{ijk} - \bar{p}_{ij} + \bar{y}_{jk} - \bar{y}_{jk} + \bar{y}_{j.} - \bar{y}_{j.})^2 \quad (17.45)$$

$$= \sum_{k=1}^{q}\sum_{j=1}^{p}\sum_{i=1}^{n_j}(\bar{y}_{jk} - \bar{y}_{j.} + y_{ijk} - \bar{y}_{jk} - \bar{p}_{ij} + \bar{y}_{j.})^2 \quad (17.46)$$

$$= \sum_{k=1}^{q}\sum_{j=1}^{p}\sum_{i=1}^{n_j}(\bar{y}_{jk} - \bar{y}_{j.})^2 + 2\sum_{k=1}^{q}\sum_{j=1}^{p}\sum_{i=1}^{n_j}(\bar{y}_{jk} - \bar{y}_{j.}) \cdot (y_{ijk} - \bar{y}_{jk} - \bar{p}_{ij} + \bar{y}_{j.})$$

$$+ \sum_{k=1}^{q}\sum_{j=1}^{p}\sum_{i=1}^{n_j}(y_{ijk} - \bar{y}_{jk} - \bar{p}_{ij} + \bar{y}_{j.})^2 \quad (17.47)$$

$$= \sum_{k=1}^{q}\sum_{j=1}^{p}n_j \cdot (\bar{y}_{jk} - \bar{y}_{j.})^2 + 2\sum_{i=1}^{n_j}\sum_{j=1}^{p}\underbrace{\sum_{k=1}^{q}(\bar{y}_{jk} - \bar{y}_{j.})}_{=0} \cdot (y_{ijk} - \bar{y}_{jk} - \bar{p}_{ij} + \bar{y}_{j.})$$

$$+ \sum_{k=1}^{q}\sum_{j=1}^{p}\sum_{i=1}^{n_j}(y_{ijk} - \bar{y}_{jk} - \bar{p}_{ij} + \bar{y}_{j.})^2 \quad (17.48)$$

$$= \sum_{k=1}^{q}\sum_{j=1}^{p}n_j \cdot (\bar{y}_{jk} - \bar{y}_{j.})^2 + \sum_{k=1}^{q}\sum_{j=1}^{p}\sum_{i=1}^{n_j}(y_{ijk} - \bar{y}_{jk} - \bar{p}_{ij} + \bar{y}_{j.})^2 \quad (17.49)$$

$$= \sum_{k=1}^{q}\sum_{j=1}^{p}n_j \cdot (\bar{y}_{jk} - \bar{y}_{j.})^2 + SS_{BxVpn} \quad (17.50)$$

Damit ist aus $SS_{within\ subjects}$ SS_{BxVpn} herausgezogen. Der Rest dieses Terms wird wie folgt zerlegt:

$$SS_{within\ subjects} = \sum_{k=1}^{q}\sum_{j=1}^{p}n_j \cdot (\bar{y}_{jk} - \bar{y}_{j.})^2 + SS_{BxVpn} \quad (17.51)$$

$$= \sum_{k=1}^{q}\sum_{j=1}^{p}n_j \cdot (\bar{y}_{jk} - \bar{y}_{j.} + \bar{y}_{.k} - \bar{y}_{.k} + \bar{y}_{..} - \bar{y}_{..})^2 + SS_{BxVpn} \quad (17.52)$$

$$= \sum_{k=1}^{q}\sum_{j=1}^{p}n_j \cdot (\bar{y}_{.k} - \bar{y}_{..} + \bar{y}_{jk} - \bar{y}_{j.} - \bar{y}_{.k} + \bar{y}_{..})^2 + SS_{BxVpn} \quad (17.53)$$

$$\begin{aligned}
SS_{within\ subjects} &= \sum_{k=1}^{q}\sum_{j=1}^{p} n_j \cdot (\bar{y}_{.k} - \bar{y}_{..})^2 + \sum_{k=1}^{q}\sum_{j=1}^{p} n_j \cdot (\bar{y}_{.k} - \bar{y}_{..}) \cdot (\bar{y}_{jk} - \bar{y}_{j.} - \bar{y}_{.k} + \bar{y}_{..}) \\
&\quad + \sum_{k}\sum_{j} n_j \cdot (\bar{y}_{jk} - \bar{y}_{j.} - \bar{y}_{.k} + \bar{y}_{..})^2 + SS_{BxVpn} \quad (17.54) \\
&= \sum_{k=1}^{q} n_k \cdot (\bar{y}_{.k} - \bar{y}_{..})^2 + n_j \cdot \sum_{j=1}^{p} \underbrace{\sum_{k=1}^{q}(\bar{y}_{.k} - \bar{y}_{..})}_{=0} \cdot (\bar{y}_{jk} - \bar{y}_{j.} - \bar{y}_{.k} + \bar{y}_{..}) \\
&\quad + \sum_{k}\sum_{j} n_j \cdot (\bar{y}_{jk} - \bar{y}_{j.} - \bar{y}_{.k} + \bar{y}_{..})^2 + SS_{BxVpn} \quad (17.55) \\
&= \sum_{k=1}^{q} n_k \cdot (\bar{y}_{.k} - \bar{y}_{..})^2 + \sum_{k}\sum_{j} n_j \cdot (\bar{y}_{jk} - \bar{y}_{j.} - \bar{y}_{.k} + \bar{y}_{..})^2 + SS_{BxVpn} \\
&\quad (17.56) \\
&= SS_{Faktor\ B} + SS_{Faktor\ AxB} + SS_{BxVpn} \quad (17.57)
\end{aligned}$$

F-Tests

Aus den hergeleiteten Quadratsummen werden analog zum bisherigen Vorgehen die mittleren Quadratsummen für die jeweiligen F-Tests abgeleitet. Für den Gruppenfaktors gilt:

$$MS_{Faktor\ A} = \frac{SS_{Faktor\ A}}{p-1} \quad (17.58)$$

$$MS_{in\ Sp} = \frac{SS_{in\ Sp}}{p \cdot (n-1)} \quad (17.59)$$

Definition: Der F-Test für den Gruppenfaktor A ist definiert als:

$$F = \frac{MS_{Faktor\ A}}{MS_{in\ Sp}} \quad (17.60)$$

mit
$df_1 = p - 1$
$df_2 = p \cdot (n-1)$

Dieser F-Test würde im gegebenen Beispiel mit den verschiedenen Interventionsformen bei depressiven Patienten generelle Unterschiede zwischen den Interventionsformen belegen. Für den Messwiederholungsfaktor und den Interaktionseffekt wird analog vorgegangen.

$$MS_{Faktor\ B} = \frac{SS_{Faktor\ B}}{q-1} \quad (17.61)$$

$$MS_{Faktor\ AxB} = \frac{SS_{Faktor\ AxB}}{(p-1)\cdot(q-1)} \quad (17.62)$$

$$MS_{Faktor\ BxVpn} = \frac{SS_{Faktor\ BxVpn}}{p\cdot(q-1)\cdot(n-1)} \quad (17.63)$$

Definition: Für den Messwiederholungsfaktor und den Interaktionsfaktor gelten die folgenden F-Tests:

$$F = \frac{MS_{Faktor\ B}}{MS_{Faktor\ BxVpn}} \quad (17.64)$$

mit
$df_1 = q - 1$
$df_2 = p \cdot (q-1) \cdot (n-1)$

$$F = \frac{MS_{Faktor\ AxB}}{MS_{Faktor\ BxVpn}} \quad (17.65)$$

mit
$df_1 = (p-1) \cdot (q-1)$
$df_2 = p \cdot (q-1) \cdot (n-1)$

Über die Testung des Messwiederholungsfaktors wird überprüft, ob sich das Befinden der depressiven Patienten über die Zeit verändert. Durch die Testung des Interaktionseffektes wird geprüft, ob sich die zeitlichen Verläufe der verschiedenen Interventionsgruppen unterscheiden.

Vollständige Messwiederholung

Wie bei der zweifaktoriellen Varianzanalyse mit unvollständiger Messwiederholung wird auch bei der zweifaktoriellen Varianzanalyse mit vollständiger Messwiederholung der Einfluss der Person auf die Gesamtvarianz berücksichtigt. Durch dieses Vorgehen reduziert sich der Anteil der nichterklärbaren Varianz.

In der Abbildung 17.3 werden die Komponenten der zur Inferenzstatistischen Hypothestestung benötigten drei F-Tests verdeutlicht. Die jeweiligen mittleren Abweichungsquadrate für die beiden Faktoren A und B und den Interaktionseffekt werden an den jeweils zugehörigen Interaktionseffekten mit dem Personenfaktor relativiert.

Als einleitenden Beispiel dient eine Gruppe von Parkinsonpatienten, bei denen man den Tagesverlauf und den Wochenverlauf als jeweils einen Faktor einbezieht. Hierbei kann man Unterschiede über den Tag (vormittags, nachmittags und abends, Faktor A) und Unterschiede zwischen den Wochentagen (Montag bis Sonntag, Faktor B) bei der abhängigen Variablen auf statistische Signifikanz testen.

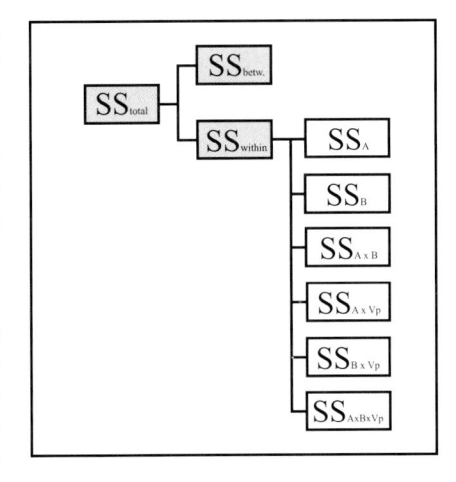

Abbildung 17.3: Quadratsummenzerlegung der zweifaktoriellen Varianzanalyse mit vollständiger Messwiederholung

Strukturgleichung

Die Strukturgleichung bei vollständiger Messwiederholung zeigt, wie sich die abhängige Variable aus den Effekten der beiden Messwiederholungsfaktoren, dem Interaktionseffekt und dem Personenfaktor zusammensetzt.

> **Definition:** Für die zweifaktorielle Varianzanalyse mit vollständiger Messwiederholung gilt:
>
> $$y_{ijk} = \mu_y + \alpha_j + \beta_k + (\alpha\beta)_{jk} + \pi_i + e_{ijk} \qquad (17.66)$$
>
> mit
> α_j: fester Effekt des Messwiederholungsfaktors A
> β_k: fester Effekt des Messwiederholungsfaktor B
> $(\alpha\beta)_{jk}$: Interaktionseffekt
> π_i: Personeneffekt
> e_{ijk}: Fehler

Der Personenfaktor erscheint nicht mehr als Interaktionseffekt mit den beiden Messwiederholungsfaktoren.

Quadratsummenzerlegung

Da bei vollständiger Messwiederholung der Mittelwert pro Versuchsperson über alle Bedingungen gebildet wird, unterscheidet sich die Quadratsummenzerlegung der zweifaktoriellen Varianzanalyse mit vollständiger Messwiederholung von dem zuvor beschriebenen Vorgehen. Die Herleitung dieser Zerlegung soll hier allerdings nicht ausgeführt werden. Die einzelnen Quadratsummen werden folgendermaßen bestimmt:

$$SS_{total} = \sum_{k=1}^{q}\sum_{j=1}^{p}\sum_{i=1}^{N}(y_{ijk} - \bar{y}_{..})^2 \tag{17.67}$$

$$SS_{between\ subjects} = \sum_{i=1}^{N}(\bar{p}_i - \bar{y}_{..})^2 \tag{17.68}$$

$$SS_{Faktor\ A} = \sum_{j=1}^{N} N(\bar{y}_{j.} - \bar{y}_{..})^2 \tag{17.69}$$

$$SS_{Faktor\ B} = \sum_{k=1}^{N} N \cdot (\bar{y}_{.k} - \bar{y}_{..})^2 \tag{17.70}$$

$$SS_{Faktor\ AxB} = \sum_{j=1}^{N}\sum_{k=1}^{N} N \cdot (y_{jk} - \bar{y}_{j.} - \bar{y}_{.k} + \bar{y}_{..})^2 \tag{17.71}$$

$$SS_{Faktor\ AxVpn} = \sum_{j=1}^{p}\sum_{i=1}^{N} q \cdot (\bar{y}_{ij.} - \bar{y}_{j.} - \bar{p}_i + \bar{y}_{..})^2 \tag{17.72}$$

$$SS_{Faktor\ BxVpn} = \sum_{k=1}^{q}\sum_{i=1}^{N} p \cdot (\bar{y}_{i.k} - \bar{y}_{.k} - \bar{p}_i + \bar{y}_{..})^2 \tag{17.73}$$

$$SS_{Faktor\ AxBxVpn} = \sum_{k=1}^{q}\sum_{j=1}^{p}\sum_{i=1}^{N}(y_{ijk} - y_{jk} - \bar{y}_{ij.} - \bar{y}_{i.k} + \bar{y}_{j.} + \bar{y}_{.k} + \bar{p}_i - \bar{y}_{..})^2$$

$$\tag{17.74}$$

F-Tests

Aus den Quadratsummen werden die mittleren Quadratsummen durch Division der jeweiligen Freiheitsgrade ableitet:

$$MS_{total} = \frac{SS_{total}}{(n \cdot p \cdot q - 1)} \tag{17.75}$$

$$MS_{between\ subjects} = \frac{SS_{between\ subjects}}{N - 1} \tag{17.76}$$

$$MS_{Faktor\ A} = \frac{SS_{Faktor\ A}}{p - 1} \tag{17.77}$$

$$MS_{Faktor\ B} = \frac{SS_{Faktor\ B}}{q - 1} \tag{17.78}$$

$$MS_{Faktor\ AxB} = \frac{SS_{Faktor\ AxB}}{(p - 1) \cdot (q - 1)} \tag{17.79}$$

$$MS_{Faktor\ AxVpn} = \frac{SS_{Faktor\ AxVpn}}{(p - 1) \cdot (N - 1)} \tag{17.80}$$

$$MS_{Faktor\ BxVpn} = \frac{SS_{Faktor\ BxVpn}}{(q-1)\cdot(N-1)} \quad (17.81)$$

$$MS_{Faktor\ AxBxVpn} = \frac{SS_{Faktor\ AxBxVpn}}{(p-1)\cdot(q-1)\cdot(N-1)} \quad (17.82)$$

Definition: Folgenden drei F-Tests werden bei einer zweifaktoriellen Varianzanalyse mit vollständiger Messwiederholung durchgeführt:

Für den Faktor A gilt:

$$F = \frac{MS_{Faktor\ A}}{MS_{Faktor\ AxVpn}} \quad (17.83)$$

mit $df_{Zähler} = p - 1$ und $df_{Nenner} = (p-1)\cdot(N-1)$.

Für den Faktor B gilt:

$$F = \frac{MS_{Faktor\ B}}{MS_{Faktor\ BxVpn}} \quad (17.84)$$

mit $df_{Zähler} = q - 1$ und $df_{Nenner} = q\cdot(N-1)$.

Für den Interaktionseffekt gilt:

$$F = \frac{MS_{Faktor\ AxB}}{MS_{Faktor\ AxBxVpn}} \quad (17.85)$$

mit $df_{Zähler} = (p-1)\cdot(q-1)$ und $df_{Nenner} = p\cdot q\cdot(N-1)$.

17.3 Zusammenfassung

Bei der **Varianzanalyse mit Messwiederholung** werden die Messwerte einer Versuchspersonen über mehrere Messzeitpunkte oder unter mehreren Experimentalbedingungen erhoben. Hierdurch erfolgt eine Ersparnis an Versuchspersonen und es kann durch die Berücksichtigung der mittleren Werte der einzelnen Versuchspersonen eine teststärkere Überprüfung des Messwiederholungsfaktors erfolgen. Bei **mehrfaktoriellen Varianzanalysen mit Messwiederholung** muss zwischen **vollständiger** und **unvollständiger** Messwiederholung unteschieden werden.

17.4 Aufgaben

1. Sie sollen den Einfluss fünf verschiedener Medikamenten auf die Konzentrationsfähigkeit testen. Nach der Medikamenteneinnahme führen Sie einen Kon-

zentrationstest durch. Allerdings benötigt der Körper zwei Wochen, um das gegebene Medikament vollständig abzubauen. Was spricht für beziehungsweise gegen einen Versuchsplan mit einem Messwiederholungsfaktor?

18 Kovarianzanalyse und Theorie zur Varianzanalyse

Schlagworte
- ▷ Kovariate
- ▷ orthogonal
- ▷ Quadratsummenzerlegung
- ▷ Partialisierung
- ▷ non-orthogonal

18.1 Kovarianzanalyse

Frage: In jeder empirischen Studie bleibt fraglich, worauf die beobachteten Mittelwertsunterschiede zwischen den verschiedenen Experimentalgruppen zurückzuführen sind. Gehen die Unterschiede zwischen den verschiedenen Gruppen tatsächlich auf das Treatment zurück oder beeinflussen möglicherweise andere Faktoren die abhängige Variable?

Beispiel: In einer Studie zur Beeinträchtigung der Reaktionszeit bei Parkinsonpatienten wurde eine Stichprobe von Psychologiestudierenden als Kontrollgruppe verwendet. Die Varianzanalyse zeigt signifikante Mittelwertsunterschiede zwischen Patienten- und Kontrollgruppe. Folgenden Fragen bleiben offen:

1. Existieren weitere Merkmale, sogenannte **Störvariablen**, die zu den beobachteten Mittelwertsunterschieden beitragen und kontrolliert werden müssten?

2. Wie ist der Einfluss dieser Störvariablen zu eliminieren?

Antwort: Entweder werden diese Variablen a priori **versuchsplanerisch**, durch ein entsprechendes experimentelles Design kontrolliert, bei dem diese Störvariablen zwischen den Gruppen vergleichbar gehalten werden, oder man kontrolliert die Variablen a posteriori **statistisch** mittels **Kovarianzanalyse**.

Eine Konstanthaltung durch experimentelle Kontrolle (z.B. Parallelisierung, "matched samples") ist jedoch beispielsweise aus wirtschaftlichen oder ethischen Gründen oft nicht möglich. So kann beispielsweise bei Parkinsonpatienten aus ethischen Gründen keine Kontrollgruppe ohne Medikamentengabe gebildet werden. Zwar kann jeder vermutete Störfaktor als weiterer Faktor in eine mehrfaktorielle Varianzanalyse aufgenommen werden, dies erhöht jedoch die Anzahl der Zellen und daraus folgend die Anzahl der benötigten Versuchspersonen.

Beispiel: Würde in der Studie zur Reaktionsbeinträchtigung bei Parkinsonpatienten neben den Faktoren "Geschlecht" (2-fach) und "Gruppe" (2-fach, Experimentalgruppe, Kontrollgruppe) auch noch das Alter als dritter Faktor mit beispielsweise vier Stufen aufgenommen werden, so würde der Versuchspersonenbedarf bei 20 Personen pro Zelle von ursprünglich 80 auf 320 gesteigert. Dies würde möglicherweise den zeitlichen und finanziellen Rahmen der Untersuchung sprengen.

Eine **andere Möglichkeit** der statistischen Kontrolle des Einflusses dieser Variablen ist die Kovarianzanalyse. Bei diesem Verfahren wird zusätzlich noch eine sogenannte **Kovariate**, beispielsweise das Alter der Patienten, zur Varianzaufklärung herangezogen.

Eine Kovarianzanalyse ist eine gleichzeitige Analyse von Varianz und Kovarianz. Dieser Ansatz ist eventuell auf den ersten Blick schwer verständlich. Mit der folgenden Grafik soll dieses Verfahren verdeutlicht werden.

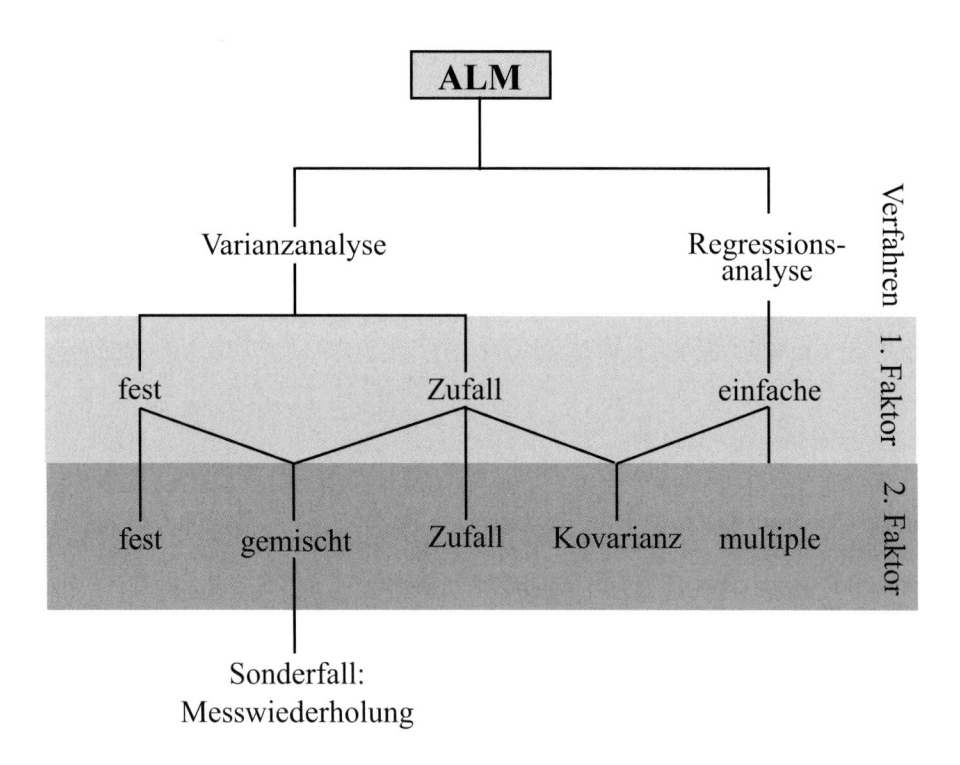

Abbildung 18.1: Varianz- und Regressionsanalysen im Allgemeinen Linearen Modell (ALM)

Von vielen Autoren wird allerdings die Kovarianzanalyse als Verknüpfung einer Regressionsanalyse mit einer nachfolgenden Varianzanalyse vorgestellt. Somit würde

18.1 Kovarianzanalyse

die Kovarianzanalyse in den folgenden zwei Schritten ablaufen:

1. Der erste Schritt der Kovarianzanalyse ist eine **Regressionsanalyse**. Die Varianz zwischen Störvariablen und abhängiger Variablen wird aus der abhängigen Variablen herauspartialisiert.

2. Nachfolgend wird über die resultierenden Regressionsresiduen der abhängigen Variablen eine **Varianzanalyse** durchgeführt. In diesem zweiten Schritt wird also versucht, die verbleibende, durch die Regression nicht erklärbare Varianz in der abhängigen Variablen mit Hilfe einer Varianzanalyse aufzuklären.

Dieser Gedankengang zur Beschreibung der Kovarianzanalyse ist zwar, wie auch Werner (1997) schreibt, aus pädagogisch-didaktischer Sicht sinnvoll, stimmt aber mit der durchzuführenden Berechnung nicht wirklich überein.

Für die Durchführung einer Kovarianzanalyse gelten die folgenden drei **Voraussetzungen**:

1. Die Summe der Fehler e und der mittlere Fehler $\bar{e}$ sind gleich 0.

2. Die Fehler der einzelnen Gruppen korrelieren nicht miteinander.

3. Die Fehler in den einzelnen Gruppen sind normalverteilt.

Zusätzlich gelten noch die vier folgenden, nicht zwingend notwendigen Annahmen (Werner, 1997):

1. Die Steigungskoeffizienten β_j sind homogen.

2. Die Regressionsgeraden sind innerhalb und zwischen den Gruppen gleich.

3. Die Kovariate wurde messfehlerfrei erhoben.

4. Die Messobjekte wurden randomisiert erhoben.

Je größer der Zusammenhang zwischen der Kovariate und der Gruppenzugehörigkeit sind, desto sinnvoller ist es, eine Kovarianzanalyse zu rechnen. Je größer die Kovarianz zwischen der Kovariaten x und der abhängigen Variablen y, desto stärker reduziert die Kovariate die Fehlervarianz. Es ergibt sich die folgende Strukturgleichung bei der einfachen Varianzanalyse mit einer Kovariaten:

> **Definition:** Bei einer Kovarianzanalyse mit einer Kovariaten gilt die folgende Strukturgleichung:
>
> $$y_{ij} = \mu_y + \alpha_j + \beta_{y.x}(x_{ij} - \mu_x) + \epsilon_{ij} \qquad (18.1)$$
>
> mit
> μ_y : Mittelwert der abhängigen Variablen
> α_j : Effekt des Faktors A
> $\beta_{y.x}$: Regressionskoeffizienten der Kovariaten
> x_{ij} : Kovariate
> μ_x : Mittelwerte der Kovariate
> ϵ_{ij} : Fehler

Das vorliegende Modell ist nur eines von mehreren möglichen Modellen zur Kovarianzanalyse, auf das sich allerdings dieses Kapitel beschränken will. Im beschriebenen Modell wird vorausgesetzt, dass die b-Gewichte innerhalb der einzelnen Gruppen des Faktors homogen sind. Softwareprogramme wie beispielsweise SAS bieten allerdings auch noch Modelle für heterogene Steigungskoeffizienten an.

Quadratsummenzerlegung

Im Folgenden wird die Quadratsummenzerlegung für das Modell mit homogenen Steigungskoeffizienten erläutert. Für die abhängige Variable y gilt weiterhin die folgende varianzanalytische Quadratsummenzerlegung:

$$SS_{y\ total} = SS_{y\ between} + SS_{y\ within} \qquad (18.2)$$

$$\sum_{j=1}^{p}\sum_{i=1}^{n_j}(y_{ij} - \bar{y})^2 = \sum_{j=1}^{p}n_j(\bar{y}_j - \bar{y})^2 + \sum_{j=1}^{p}\sum_{i=1}^{n_j}(y_{ij} - \bar{y}_j)^2 \qquad (18.3)$$

Analog dazu wird auch die Variable x, die Kovariate zerlegt.

$$SS_{x\ total} = SS_{x\ between} + SS_{x\ within} \sum_{j=1}^{p}\sum_{i=1}^{n_j}(x_{ij} - \bar{x})^2 \qquad (18.4)$$

$$= \sum_{j=1}^{p}n_j(\bar{x}_j - \bar{x})^2 + \sum_{j=1}^{p}\sum_{i=1}^{n_j}(x_{ij} - \bar{x}_j)^2 \qquad (18.5)$$

Durch die Hinzunahme einer Kovariaten ergibt sich eine Kovarianz zwischen Kovariate und abhängiger Variablen.

$$SP_{xy\ total} = \sum_{j=1}^{p}\sum_{i=1}^{n_j}(x_{ij} - \bar{x}) \cdot (y_{ij} - \bar{y}) \qquad (18.6)$$

Diese Produktsumme (SP = "sum of cross-products") ist nichts anderes als die Kovarianz der beiden Variablen, die mit N multipliziert worden ist. Die Produktsumme kann ebenfalls zerlegt werden.

$$SP_{xy\ total} = \sum_{j=1}^{p}\sum_{i=1}^{n_j}(x_{ij}-\bar{x})\cdot(y_{ij}-\bar{y}) \quad (18.7)$$

$$= \sum_{j=1}^{p}\sum_{i=1}^{n_j}(x_{ij}-\bar{x}_j)\cdot(y_{ij}-\bar{y}_j) + \sum_{j=1}^{p} n_j(\bar{x}_j-\bar{x})\cdot(\bar{y}_j-\bar{y}) \quad (18.8)$$

$$= SP_{xy\ within} + SP_{xy\ between} \quad (18.9)$$

Insgesamt existieren drei Gesamtquadratsummen, die jeweils in zwei Teile aufgeteilt werden:

$$SS_{y\ total} = SS_{y\ between} + SS_{y\ within} \quad (18.10)$$
$$SS_{x\ total} = SS_{x\ between} + SS_{x\ within} \quad (18.11)$$
$$SP_{xy\ total} = SP_{xy\ between} + SP_{xy\ within} \quad (18.12)$$

Nun wird die Varianz der abhängigen Variablen y um die durch x erklärbaren Varianz reduziert. Die Größe dieses Zusammenhanges von abhängiger Variable und Kovariate wird über die b-Gewichte definiert. Die Varianzanalyse wird nur noch mit diesen adjustierten Werten durchgeführt, die im Folgenden durch einen Strich (') markiert werden.

Der Anteil der Gesamtquadratsumme, der durch die Kovariate erklärt wird, ist über den Determinationskoeffizienten definiert.

$$SS_{y\ regression\ on\ x} = SS_{y\ total}\cdot r_{xy}^2 \quad (18.13)$$

$$= \frac{SP_{xy\ total}^2}{SS_{x\ total}} \quad (18.14)$$

Mit Hilfe dieser bereinigten Quadratsumme ("regression on x") entsteht eine neue, modifizierte Quadratsummenzerlegung. Die einzelnen Quadratsummen der abhängigen Variablen y werden auf die folgenden adjustierten Quadratsummen reduziert:

$$SS'_{y\ total} = SS'_{y\ between} + SS'_{y\ within} \quad (18.15)$$

Für die Gesamtquadratsumme gilt:

$$SS'_{y\ total} = SS_{y\ total} - SS_{y\ regression\ on\ x} \quad (18.16)$$

$$= SS_{y\ total} - \frac{SP_{xy\ total}^2}{SS_{x\ total}} \quad (18.17)$$

Auch die Quadratsumme innerhalb der Gruppen wird reduziert:

$$SS'_{y\ within} = SS_{y\ within} - \frac{SP_{xy\ within}^2}{SS_{x\ within}} \quad (18.18)$$

Die Differenz zwischen der adjustierten Gesamtquadratsumme $SS'_{y\ total}$ und der adjustierten Quadratsumme $SS'_{y\ within}$ gibt die adjustierte Fehlerquadratsumme $SS'_{y\ between}$.

$$SS'_{y\ between} = SS'_{y\ total} - SS'_{y\ within} \tag{18.19}$$

$$= SS_{y\ total} - \frac{SP^2_{xy\ total}}{SS_{x\ total}} - (SS_{y\ within} - \frac{SP^2_{xy\ within}}{SS_{x\ within}}) \tag{18.20}$$

$$= SS_{y\ between} + \frac{SP^2_{xy\ within}}{SS_{x\ within}} - \frac{SP^2_{xy\ total}}{SS_{x\ total}} \tag{18.21}$$

Aus diesen modifizierten Quadratsummen werden nachfolgend unter Verwendung der entsprechenden Freiheitsgrade die mittleren Quadratsummen berechnet, die über einen entsprechenden F-Test auf Signifikanz geprüft werden.

F-Test

In der einfaktoriellen Kovarianzanalyse sind im Gegensatz zur einfaktoriellen Varianzanalyse zwei Hypothesen zu prüfen und somit auch zwei F-Tests durchzuführen. Durch die Aufnahme der Kovariaten geht ein weiterer Freiheitsgrad verloren. Der Gesamtfreiheitsgrad df_{total} ist somit nicht mehr $N - 1$, sondern $N - 2$.

Als erstes wird bei einer Kovarianzanalyse über den folgenden F-Test überprüft, ob die Kovariate wirklich einen statistisch signifikanten Einfluss hat.

Definition: Der F-Test für die Kovariate lautet:

$$F = \frac{MS_{y\ regression\ on\ x}}{MS_{y\ residuals}} \tag{18.22}$$

$$= \frac{\frac{SS_{y\ regression\ on\ x}}{1}}{\frac{SS_{y\ residual}}{N-2}} \tag{18.23}$$

mit
$df_1 = 1$
$df_2 = N - 2$

Nach Hays (1994) ist auch die folgende Berechnung möglich:

$$F = \frac{SS_{y\ regression\ on\ x} \cdot (N - 2)}{SS_{y\ residual}} \tag{18.24}$$

wobei für $SS_{y\ residual}$ gilt:

$$SS_{y\ residual} = SS_{y\ total} \cdot (1 - r^2_{xy}) \tag{18.25}$$

Anmerkung: Manche Statistik-Programme, wie beispielsweise SPSS, überprüfen die Bedeutsamkeit der durch die Kovariate und auch durch den Faktor erklärte Varianz. Hierbei wird die Residualquadratsumme (Fehlerquadratsumme) am Freiheitsgrad df = N-p-1 relativiert. Da es hierdurch zu einer Überschätzung des F-Wertes kommt, wird von diesen Programmen ein konservativer Schätzer für die Regressionsquadratsumme verwendet.

Bei signifikanter Kovariate gelten für die Kovarianzanalyse folgende vom Einfluss der Kovariaten bereinigten, mittleren Quadratsummen für den Faktor:

$$MS'_{y\ between} = \frac{SS'_{y\ between}}{P-1} \qquad (18.26)$$

$$MS'_{y\ within} = \frac{SS'_{y\ within}}{N-P-1} \qquad (18.27)$$

Hieraus ergibt sich folgender F-Test.

Definition: Der F-Test für den Faktor in der Kovarianzanalyse lautet:

$$F = \frac{MS'_{y\ between}}{MS'_{y\ within}} \qquad (18.28)$$

mit
$df_1 = P - 1$
$df_2 = N - P - 1$

Analog zur "normalen" Varianzanalyse erfolgt die Signifikanzentscheidung anhand der jeweiligen Freiheitsgrade.

18.2 Mehr Theorie zur Varianzanalyse

Der Leser dieses Buches wird sich eventuell fragen, warum hier noch ein weiterer Abschnitt zur Theorie der Varianzanalyse eingefügt wurde, da diese Thematik in den vorherigen Kapiteln eigentlich breit ausgeführt wurde. In der Praxis hat sich jedoch gezeigt, dass manche Fragen offen bleiben. Diese sollen hier geklärt werden.

Wieso? Weshalb? Warum?

Wie berechnet man eine Varianzanalyse, wenn die Zellen ungleich besetzt sind?

Eine Varianzanalyse mit ungleich stark besetzten Zellen wird als **nonorthogonale Varianzanalyse** bezeichnet. Bisher wurde in diesem Buch immer von einem balancierten Versuchsplan ausgegangen. Diese Form von Versuchsplänen wird auch **orthogonale Versuchspläne** genannt. In der Praxis gibt es aber sehr oft Auswertungen mit ungleich besetzten Zellen. So ist es beispielsweise bei Studien zu bestimmten Krankheitsbildern oft nicht möglich, Zellen gleichmäßig zu besetzen. Diese ungleiche Zellenbesetzung wirkt sich auf die Quadratsummenschätzung aus und beeinflusst die Signifikanz von Haupt- und Interaktionseffekten.

Nonorthogonale Varianzanalysen haben innerhalb der Psychologie zu großen Kontroversen geführt. Hierzu schreibt Steyer (1979):

> "... dass auch unter Fachleuten der angewandten Statistik beträchtliche Verwirrung über die nonorthogonale Varianzanalyse herrscht. Man kann etwas überspitzt sagen, dass sich die Autoren eigentlich nur über die Tatsache, dass Verwirrung herrscht, einig sind, während sie sich bei den wesentlichen Sachfragen widersprechen."

Es lassen sich jedoch einige Ansätze "auf einen Nenner bringen", wobei drei verschiedene Interpretationen der Haupteffekthypothesen bei der zweifaktoriellen Varianzanalyse existieren[1]. Im nächsten Abschnitt werden vier verschiedene Quadratsummenzerlegungen non-orthogonaler Varianzanalysen kurz vorgestellt.

SPSS gibt in seiner Ausgabe eine Quadratsummenzerlegung vom Typ III an, was ist denn das?

Die Zerlegung der Quadratsummen kann je nach gegebenen Voraussetzungen auf unterschiedliche Weise durchgeführt werden. Es wird zwischen den Quadratsummenzerlegung vom Typ I bis IV unterschieden. Statistikprogrammen wie SAS oder SPSS bieten die Quadratsummenzerlegung nach diesen unterschiedlichen Modellen an.

Quadratsummenzerlegung Typ I

Die Quadratsummenzerlegung der zweifaktoriellen Varianzanalyse vom Typ I geht von den folgenden Modellvergleichen aus:

Faktor A	$y = \mu + \alpha + \epsilon$ **vs.** $y = \mu + \epsilon$	(18.29)
Faktor B	$y = \mu + \alpha + \beta + \epsilon$ **vs.** $y = \mu + \alpha + \epsilon$	(18.30)
Faktor AxB	$y = \mu + \alpha + \beta + (\alpha\beta) + \epsilon$ **vs.** $y = \mu + \alpha + \beta + \epsilon$	(18.31)

Die varianzanalytischen Effekte werden nacheinander (= sequentiell) aufgenommen und es wird, analog zur schrittweisen Regression, die Fehlerquadratsumme reduziert. Hierbei handelt es sich um eine hierarchische Varianzanalyse.

Bei einer Quadratsummenzerlegung vom Typ I sind die folgenden Eigenschaften gegeben:

1. Die Reihenfolge der Aufnahme der jeweiligen Faktoren in das Modell ist hypothesengeleitet zu konzipieren.

---
[1] Mehr hierzu bei Werner (1997).

2. Die gestuften (hierarchischen) Hypothesen und die Größen der Quadratsummen sind von den Zellenbesetzung abhängig.

3. Die Quadratsummenzerlegung ist orthogonal, dass heißt die Quadratsummen der Effekte addieren sich zur Gesamtquadratsumme. Diese Eigenschaft gilt nur im Modell I.

4. Die Adjustierung der Effekte ist mit dem Vorgehen bei der schrittweisen linearen Regression vergleichbar.

5. Die Kontrastvektoren der Effekte sind korreliert.

Diese Zerlegung ist zu verwendet, wenn die Hypothesen entweder eindeutig auf eine ranggewichtete Betrachtung abzielen, oder explizit hierarchisch gegliedert sind. Dies wäre beispielsweise der Fall

1. in der schrittweisen Regression zur Abschätzung der zusätzlichen Varianzanteile durch Hinzunahme einer weiteren Variablen,

2. in hierarchischen (= verschachtelten) Designs und/oder

3. unter der Annahme theoriegeleiter kausaler Reihenfolgeeffekte.

Quadratsummenzerlegung Typ II

Beim Typ II werden wie auch beim Typ I die Haupteffekte zwar hinsichtlich der übrigen Haupteffekte, jedoch nicht um die Interaktionseffekte adjustiert. Somit werden bei der Testung der beiden Haupteffekte die Interaktionseffekte nicht berücksichtigt. Die Zerlegung lautet:

$$\text{Faktor A} \quad y = \mu + \alpha + \beta + \epsilon \text{ vs. } y = \mu + \beta + \epsilon \quad (18.32)$$
$$\text{Faktor B} \quad y = \mu + \alpha + \beta + \epsilon \text{ vs. } y = \mu + \alpha + \epsilon \quad (18.33)$$
$$\text{Faktor AxB} \quad y = \mu + \alpha + \beta + (\alpha\beta) + \epsilon \text{ vs. } y = \mu + \alpha + \beta + \epsilon \quad (18.34)$$

Dieser Typ II der Zerlegung impliziert folgende Eigenschaften:

1. Die zu prüfenden Hypothesen und Größen der Quadratsummen der Haupt- und Interaktionseffekte sind unabhängig von der Reihenfolge der Modellaufnahme.

2. Hypothesen und Quadratsummen sind von der Zellenbesetzung abhängig.

3. Die Quadratsummen der Effekte addieren sich nicht zur Gesamtquadratsumme auf.

Diese Zerlegung sollte nur gewählt werden wenn gleiche Zellenbesetzung oder kaum beziehungsweise geringe Interaktionseffekte erwartet werden.

Quadratsummenzerlegung Typ III

Die Quadratsummenzerlegung vom Typ III entspricht der orthogonalen Zerlegung, wobei die resultierenden Quadratsummen nach der Anzahl der Fälle pro Zelle gewichtet werden. Bei gleich großen Gruppen ist das Ergebnis mit der orthogonalen Varianzanalyse identisch. Folgenden Strukturgleichungen liegen dem Typ III zugrunde:

Faktor A $\quad y = \mu + \alpha + \beta + (\alpha\beta) + \epsilon$ vs. $y = \mu + \beta + (\alpha\beta) + \epsilon \quad$ (18.35)

Faktor B $\quad y = \mu + \alpha + \beta + (\alpha\beta) + \epsilon$ vs. $y = \mu + \alpha + (\alpha\beta) + \epsilon \quad$ (18.36)

Faktor AxB $\quad y = \mu + \alpha + \beta + (\alpha\beta) + \epsilon$ vs. $y = \mu + \alpha + \beta + \epsilon \quad$ (18.37)

Diese Zerlegung hat die folgenden Eigenschaften:

1. Die geprüften Hypothesen und die Größen der Quadratsummen der Haupt- und Interaktionseffekte sind unabhängig von der Reihenfolge der Modellaufnahme.
2. Die Hypothesen sind unabhängig von der Zellenbesetzung, allerdings sind die Quadratsummen der Effekte davon abhängig.
3. Die Quadratsummen der Effekte addieren sich nicht zur Gesamtquadratsumme auf.

Dieses Modell ist anzuwenden, wenn es auf Grund unsystematisch fehlender Werte statt gleich stark besetzter Zellen ungleiche Zellenbelegungen gibt.

Quadratsummenzerlegung Typ IV

Die Zerlegung vom Typ IV unterscheidet sich in der Quadratsummenzerlegung nicht vom Typ III.

Faktor A $\quad y = \mu + \alpha + \beta + (\alpha\beta) + \epsilon$ vs. $y = \mu + \beta + (\alpha\beta) + \epsilon \quad$ (18.38)

Faktor B $\quad y = \mu + \alpha + \beta + (\alpha\beta) + \epsilon$ vs. $y = \mu + \alpha + (\alpha\beta) + \epsilon \quad$ (18.39)

Faktor AxB $\quad y = \mu + \alpha + \beta + (\alpha\beta) + \epsilon$ vs. $y = \mu + \alpha + \beta + \epsilon \quad$ (18.40)

Aber es gibt fundamentale Unterschiede im Umgang mit leeren Zellen. Dieser Unterschied wird bei folgenden Eigenschaften deutlich:

1. Geprüfte Hypothesen und die Größen der Quadratsummen der Haupt- und Interaktionseffekte sind unabhängig von der Reihenfolge der Modellaufnahme, aber abhängig von der Verteilung der Leerzellen in der letzten Zeile, beziehungsweise Spalte.
2. Die Größe der Quadratsummen sind von der Zellenbesetzung abhängig.

Die Verwendung einer Quadratsummenzerlegung vom Typ IV erfordert eine explizite Begründung für das Vorkommen leerer Zellen. Streng genommen sind nur strukturelle Nullen zulässig, dass heißt, bestimmte Kombinationen der Faktoren sind aus logischen oder empirischen Gründen auszuschließen.

18.3 Zusammenfassung

In der **Kovarianzanalyse** wird der Einfluss einer Störvariablen aus der abhängigen Variablen **herauspartialisiert**. Der Vorteil der Kovarianzanalyse ist eine möglicherweise höhere Aufklärung der Gesamtvarianz ohne die Hinzunahme von zusätzlichen Faktoren.

Bei der Varianzanalyse gibt es unterschiedliche statistische Modelle zur statistischen Signifikanzprüfung. Vor der Auswahl eines Modells müssen dessen Voraussetzungen überprüft werden.

Teil VI

Multivariate Analysemethoden und Effektgrößen

19 Faktorenanalyse

Schlagworte
- ▷ Faktor
- ▷ Extraktion
- ▷ Fundamentaltheorem
- ▷ Faktorwertematrix
- ▷ Faktorladungsmatrix
- ▷ Kommunalität
- ▷ Spezifität
- ▷ Reliabilität
- ▷ Uniqueness
- ▷ Eigenwert
- ▷ Hauptkomponentenanalyse
- ▷ Hauptachsenanalyse
- ▷ Bartlett-Test
- ▷ KMO-Wert
- ▷ Kaiser-Gutmann-Regel
- ▷ Scree-Test

19.1 Fragestellung und Überblick

Bei der im Folgenden beschriebenen Faktorenanalyse handelt es sich nicht um ein einzelnes, sondern um eine ganze Gruppe statistischer Verfahren. Diese dienen dazu, eine große Anzahl von Variablen auf eine geringere Anzahl hypothetischer Faktoren zu reduzieren. Diese Faktoren sind nur **latente** Dimensionen und sollen möglichst viel Varianz der ursprünglichen **manifesten Variablen** aufklären. Dabei wird von der grundlegende Annahme ausgegangen, dass jeder beobachtbaren und somit messbaren Variable ein latentes Merkmal zugrunde liegt. Das Ziel einer Faktorenanalyse ist die Identifikation dieser latenten Merkmale. Analog zur multiplen Regression sollen latente Merkmale durch manifeste, messbare Variable vorhergesagt werden, wobei die manifesten Variablen eines latenten Faktors hoch miteinander und auch hoch mit dem latenten Faktor korrelieren.

> **Ziel der Faktorenanalyse:** Die Faktorenanalyse versucht, eine Vielzahl von korrelierten Variablen auf einen kleinen Satz unabhängiger latenter Variablen (Faktoren) zu reduzieren, die einen möglichst großen Teil der Varianz der Ausgangsvariablen aufklären. Hierbei geht es um die **Reduktion von Daten** und um die **Reduktion von Redundanzen** (Interkorrelationen) zwischen den einzelnen Variablen.

Anwendung: Die Faktorenanalyse wird bei der Konstruktion von Fragebögen eingesetzt. Wird ein Fragebogen zur Erfassung eines bestimmten Konstrukt erstellt, so erhebt man theoriegeleitet eine große Anzahl von Variablen, die alle mit dem zugrundeliegenden Konstrukt zusammenhängen. Diese Variablen werden anschließend zu Skalen zusammengefasst. Somit können möglicherweise bei der Konstruktion eines

Fragebogens redundante Items identifiziert und anschließend elimiert werden. Vermutlich sind viele psychologische Konstrukte nur latent erfassbar und können nicht durch wenige einfache, direkte Fragen vollständig erfasst werden. Beispielsweise ist das Konstrukt "Umweltbewusstsein" nicht direkt mit der Frage "Sind Sie umweltbewusst?" zu erheben, sondern ist nur mit mehreren Fragen abbildbar.

Beispiel: Es soll ein Fragebogen zum Thema "Gesellschaftliche Akzeptanz von Behinderung" entwickelt werden. Zur Konstruktion des Fragebogen werden explorativ Items formuliert, die mit dem Thema assoziert sind. Diese Items können über eine Expertenbefragung innerhalb von Behindertenverbänden oder eine Literaturrecherche zusammengestellt worden sein. Hierzu gehören Fragen zur Kenntnis der Ursachen und des Verlauf der zugrundeliegende Erkrankung, zum Kontakt mit Behinderten, Behinderung von Familienmitgliedern, zu Erfahrungen im bisherigen Kontakt mit Behinderten, zum allgemeinen sozialen Engagement und vieles mehr. Die Durchführung einer Faktorenanalyse ist allerdings nur dann sinnvoll, wenn viele dieser Variablen hoch miteinander korrelieren (**Multikollinearität**). Nur dann können Faktoren bestimmt werden, welche Variablen bündeln.

Faktorenanalysen werden in explorative und konfirmatorische Analysen unterteilt. Dieses Kapitel beschäftigt sich primär mit explorativen Analysen, wobei hier zuerst kurz auch auf die konfirmatorische Analyse eingegangen werden soll.

19.2 Explorative und konfirmatorische Faktorenanalyse

> **Definition: Explorative Faktorenanalysen** dienen dem Auffinden von Faktoren innerhalb eines Variablensatzes. Hierbei wird von den Korrelationen zwischen Variablen ausgehend versucht, Zusammenhänge zwischen Variablengruppen zu finden. In der **konfirmatorischen Faktorenanalyse** wird überprüft, ob in der Empirie gefundene Daten zu einem theoretischen Modell passen. Der Grad dieser Anpassung wird über verschiedene Kennwerte definiert.

Die konfirmatorische Faktorenanalyse dient im Gegensatz zur explorativen Faktorenanalyse zur Bestätigung eines Modells, das aus theoretischen Vorüberlegungen oder aufgrund einer vorhergehenden explorativen Faktorenanalyse erstellt wurde. In diesem Fall werden Variablen a priori bestimmten Skalen (Faktoren) zugeordnet. Auf diesem Wege kann eine faktorielle Struktur bestätigt werden. Ähnlich wie bei einer Kreuzvalidierung der Regressionsanalyse werden aus theoretischen Vorüberlegungen aufgestellten oder an einer Stichprobe gefundenen Strukturen an einer weiteren Stichprobe bestätigt oder verworfen.

Werden in einer konfirmatorischen Faktorenanalyse signifikante Unterschiede zwischen dem theoretischen Modell und den empirischen Daten abgesichert, so ist das Modell zu verwerfen. Konfirmatorische Faktorenanalysen werden mit Programmen wie AMOS oder LISREL berechnet. Mehr hierzu im Abschnitt 20.3 (Seite 391). In diesen Programmen wird die Passung des Modells anhand verschiedener Kennwerte belegt. Wenn die Validierung eines über eine explorative Faktorenanalyse definierten Modells durch eine zweite explorative Faktorenanalyse erfolgen würde, ergäbe sich meist nur einzelner Faktor (= Generalfaktor) und eine Anzahl von Restfaktoren. Gerade wenn ein Fragebogen mit vielen Faktoren validiert werden soll, kann über die explorative Faktorenanalyse die gewünschte Struktur nicht bestätigen werden. Deshalb sollte man in diesem Fall konfirmatorisch, dass heißt bestätigend, vorgehen. Der Verlauf einer explorativen Faktorenanalyse wird im Folgende dargestellt.

19.3 Inhaltlicher Ablauf

Bevor im nächsten Abschnitt auf die mathematischen Grundlagen der explorativen Faktorenanalyse eingegangen wird, soll zuerst der Ablauf einer Faktorenanalyse anschaulich dargestellt werden.

Anmerkung: Normalerweise wird eine Faktorenanalyse mit einer großen Anzahl von Variablen durchgeführt, deren Durchführung allerdings nicht grafisch darstellbar ist. Um aber eine Vorstellung vermitteln zu können, ist im Folgenden eine Faktorenanalyse an nur drei Variablen (x,y und z) dargestellt. Der Zusammenhang zweier Variablen ist als zweidimensionale Punktewolke darstellbar, bei drei Variablen entsteht ein dreidimensionaler Punkteschwarm. Die drei Variablen spannen dabei ein dreidimensionales Koordinatensystem auf, in dem die Versuchspersonen je nach Ausprägung in den drei Variablen anordnen lassen.

Je nach Korrelation ergibt sich ein Ellipsoid, eine Art gequetschte Kugel (siehe Abbildung 19.1). Je größer die Korrelation zwischen den drei Variablen ist, desto mehr geht die Form dieses Ellipsoids von einer Kugel über einen "Zeppelin" zu einer Geraden über.

Für die Punktewolke sollen nun diejenigen Faktoren (Dimensionen) bestimmt werden, die in Form von Vektoren ein Koordinatensystem in der Punktewolke aufspannen. Die Vektoren sollen die Punktewolke möglichst gut beschreiben. In der Abbildung 19.2 werden diese Vektoren als λ (sprich lambda) bezeichnet. Der erste Vektor λ_1 soll nun so durch die Punktewolke gelegt werden, dass möglichst viel Varianz aller Variablen erklärt wird. Die Varianz ist dort am Größten, wo das Ellipsoid den größten Durchmesser hat. Der erste Faktor in Form eines Vektors λ_1 wird somit in Längsrichtung durch den "Zeppelin" gelegt (siehe Abbildung 19.2).

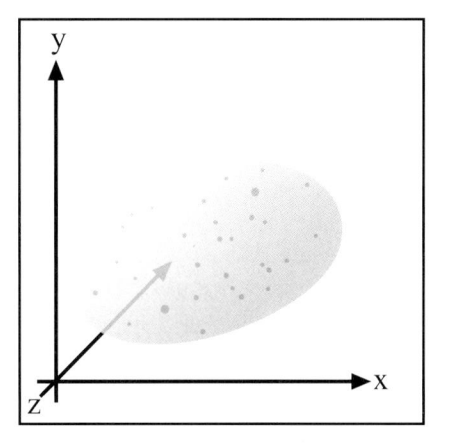

Abbildung 19.1: Die dreidimensionale Punktewolke

> **Erläuterung:** Der "längste Durchmesser" im Ellipsoid beschreibt die Richtung der größte Streuung der Messwerte. Somit klärt der Vektor beziehungsweise Faktor dieser Achse maximal viel Varianz auf. Man bezeichnet λ_1 als die **erste Hauptachse**, wobei die Länge dieser Hauptachse den Anteil der erklärten Gesamtvarianz beschreibt.

Bei der Faktorenanalyse die Gerade somit so durch die Punktewolke gelegt, dass sie die längstmögliche Strecke durch diese Punktewolke zurücklegt.

Der zweite Vektor wird anschließend so durch die Korrelationswolke gelegt, dass er wiederum möglichst viel unaufgeklärte Restvarianz (= Residualvarianz) aufklärt. Dieser Vektor soll zudem unabhängig (= unkorreliert) vom ersten Vektor sein. Vektoren sind immer dann unabhängig (=orthogonal), wenn sie senkrecht zueinander liegen. Somit kann über den Winkel zwischen zwei Vektoren die Korrelation der Faktoren bestimmt werden.

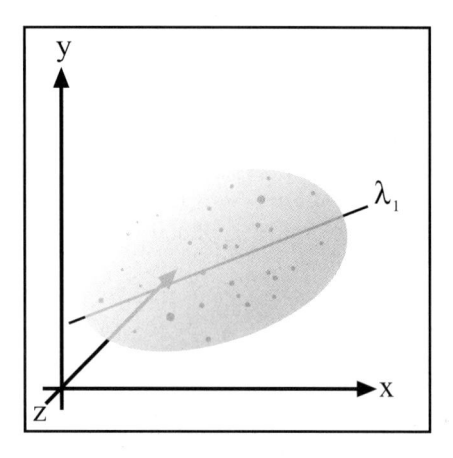

Abbildung 19.2: Der erste Faktor

> **Definition:** Der Kosinus des Winkels zwischen zwei Vektoren entspricht der Korrelation der beiden Variablen.

$$r_{xy} = \cos \sphericalangle \overrightarrow{xy} \tag{19.1}$$

Bei einem Winkel von $90°$ zwischen zwei Vektoren ergibt sich eine Korrelation von 0, was bedeutet, dass die beiden Vektoren orthogonal (=unabhängig) voneinander sind. Somit ist ein Auswahlkriterium zu den zweiten Faktor, das er senkrecht zum ersten Faktor λ_1 steht. Die zweite Hauptachse λ_2 ist somit jener Vektor mit dem längsten Durchmesser, welcher sich in der hellgrau dargestellten Ellipse in Abbildung 19.3 befindet. Alle Vektoren innerhalb dieser hellgrauen Fläche stehen senkrecht zur erste Hauptachsen. Im "Zeppelin" würde ein Schnitt durch die Mitte des "Zeppelins" durchgeführt werden.

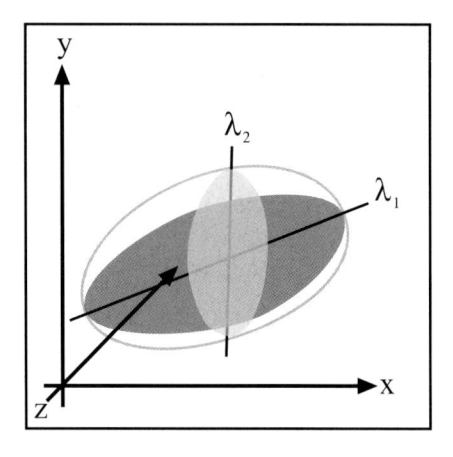

Abbildung 19.3: Der zweite Faktor

Danach wird die dritte Hauptachse λ_3 ebenfalls orthogonal zu den beiden bereits definierten Hauptachsen ermittelt (siehe Abbildung 19.4). Nun sind so viele Faktoren wie ursprüngliche Variablen dargestellt. Da dies dem Ziel der Datenreduktion durch eine Faktorenanalyse widerspricht, werden bei der Durchführung einer Faktorenanalyse Kriterien zur Bestimmung einer sinnvollen Anzahl der Faktoren formuliert, wobei dann aber nicht 100% der ursprünglichen Varianz aufgeklärt werden können. Nach bestimmten, im Laufe dieses Kapitels erklärten Abbruchkriterien werden möglichst wenige Faktoren bestimmt, mit welchen möglichst viel Varianz erklärt werden kann. Die Varianzaufklärung durch diese extrahierten Faktoren kann allerdings noch durch verschiedene Rotationsverfahren optimiert werden.

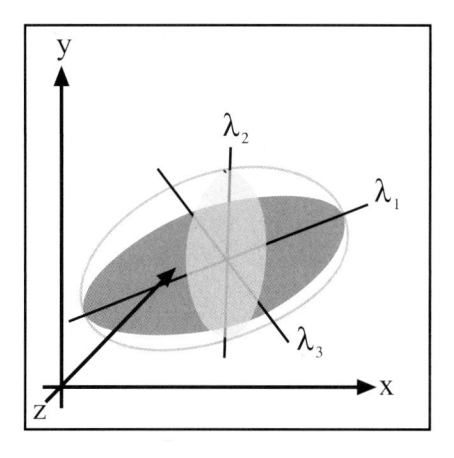

Abbildung 19.4: Der dritte Faktor

19.4 Mathematischer Ablauf

In diesem Abschnitt wird das mathematische Vorgehen in der Faktorenanalyse beschrieben. Die Darstellung der einzelnen Schritte dient in erster Linie zu einer besseren Nachvollziehbarkeit des Ablaufs einer Faktorenanalyse.

Voraussetzung: Für die Durchführung werden entweder intervallskalierte, normalverteilte oder dichotome Variablen vorausgesetzt. Die Stichprobengröße sollte mindestens dreimal so hoch sein wie die Anzahl der Variablen.

Die Faktorenanalyse ist ein iteratives Verfahren. Es wird in mehreren Anpassungsschritten eine optimale Schätzung der notwendigen Parameter ermittelt.

Ablauf einer Faktorenanalyse und daraus entstehende Probleme:

X_{N*p} Matrix der Ausgangswerte
⇓
Z_{N*p} z-transformierte Matrix der Ausgangswerte
⇓
R_{p*p} Korrelationsmatrix
⇓   ⇒ **Kommunalitätsproblem** ↻
$_hR_{p*p}$ reduzierte Korrelationsmatrix
⇓   ⇒ **Extraktionsproblem**
A_{p*q} Faktorladungsmatrix
⇓   ⇒ **Rotationsproblem** ↻
A'_{p*q} rotierte Faktorladungsmatrix
⇓   ⇒ **Faktorwerteproblem**
F_{N*q} Faktorwertematrix

Generell werden Faktorenanalysen über Statistikprogrammen durchgeführt. Vor dem Start des Programms müssen jedoch einige grundlegende Entscheidungen getroffen werden, die in diesem Ablaufschema als sogenannte Probleme aufgeführt sind. Die Bedeutung der einzelnen Begriffe und Probleme werden jeweils an entsprechender Stelle der Ablaufbeschreibung erklärt. Mit dem ↻-Symbol soll verdeutlicht werden, dass es an dieser Stelle zu einem iterativen Schätzprozess kommt, der endet, wenn die Schätzung ein Optimum erreicht hat.

Beispiel: Für die am Anfang dieses Kapitels dargestellte Umfrage zum Thema "Gesellschaftliche Akzeptanz von Behinderung" wurde mit einem Prototyp des Fragebogens durchführt. Es ergibt sich die folgende Rohdatenmatrix X_{Nxp}. Die Grundlagen zum Rechnen mit Matrizen sind im Anhang A.2 (Seite 422) zu finden.

Definition: Rohdatenmatrix X_{Nxp}

$$X = \begin{pmatrix} x_{11} & \cdots & x_{1j} & \cdots & x_{1p} \\ \vdots & \ddots & \cdots & \cdots & \cdots \\ x_{i1} & \vdots & x_{ij} & \cdots & x_{ip} \\ \vdots & \vdots & \vdots & \ddots & \cdots \\ x_{N1} & \vdots & \vdots & \vdots & x_{Np} \end{pmatrix} \qquad (19.2)$$

In dieser Matrix sind die Werte aller Variablen und aller Personen festgehalten. Es handelt sich um eine "Personen x Variablen-Matrix". Die Antworten einer Person stehen in einer Zeile, während die Antworten aller Personen zu einer Frage in einer Spalte dargestellt sind.

In einem nächsten Schritt wird durch z-Transformation die Rohdatenmatrix X_{Nxp} in die Datenmatrix Z_{Nxp} überführt.

Definition: z-transformierte Datenmatrix Z_{Nxp}

$$Z = \begin{pmatrix} z_{11} & \cdots & z_{1j} & \cdots & z_{1p} \\ \vdots & \ddots & \cdots & \cdots & \cdots \\ z_{i1} & \vdots & z_{ij} & \cdots & z_{ip} \\ \vdots & \vdots & \vdots & \ddots & \cdots \\ z_{N1} & \vdots & \vdots & \vdots & z_{Np} \end{pmatrix} \qquad (19.3)$$

Über diese normierte Datenmatrix ist die Korrelationsmatrix R_{pxp} zu bestimmen. Es wird lediglich die transponierte Matrix Z_{Nxp}^T benötigt.

Definition: Die transponierte Matrix Z^T_{Nxp}

$$Z^T_{Nxp} = \begin{pmatrix} z_{11} & \cdots & z_{i1} & \cdots & z_{N1} \\ \vdots & \ddots & \cdots & \cdots & \cdots \\ z_{1j} & \vdots & z_{ij} & \cdots & z_{Nj} \\ \vdots & \vdots & \vdots & \ddots & \cdots \\ z_{1p} & \vdots & \vdots & \vdots & z_{Np} \end{pmatrix} \tag{19.4}$$

Durch Multiplikation beider Matrizen unter Berücksichtigung der Stichprobengröße wird die Korrelationsmatrix R_{pxp} bestimmt.

Definition: Die Korrelationmatrix R_{pxp} wird berechnet über:

$$R_{pxp} = \frac{1}{N-1} \cdot Z^T_{Nxp} \cdot Z_{Nxp} \tag{19.5}$$

Diese Berechnung soll anhand der Multiplikation eines Zeilenvektors mit einem Spaltenvektor verdeutlicht werden:

$$r_{xy} = \frac{1}{N-1} \cdot \begin{pmatrix} z_{1x} & \cdots & z_{ix} & \cdots & z_{Nx} \end{pmatrix} \cdot \begin{pmatrix} z_{y1} \\ \vdots \\ z_{yi} \\ \vdots \\ z_{yN} \end{pmatrix} \tag{19.6}$$

$$= \frac{\sum_{i=1}^{N} z_{ix} \cdot z_{yi}}{N-1} \tag{19.7}$$

Die Gleichung 19.7 entspricht der Formel für die Produkt-Moment-Korrelation für z-transformierte Daten. Hierdurch entsteht eine "Variablen x Variablen-Matrix" über alle Versuchspersonen hinweg, in der die Hauptdiagonale nur dem Wert 1 enthält. Diese Werte beschreiben die Korrelationen der einzelnen Variablen mit sich selbst. Mit dieser Korrelationsmatrix ist nun zu klären, ob die Durchführung einer Faktorenanalyse sinnvoll ist.

Überprüfung der Korrelationsmatrix: Neben der Normalverteilung der intervallskalierten Variablen setzt die Faktorenanalyse bedeutsame Zusammenhänge voraus. Diese Voraussetzung wird mit den folgenden Verfahren getestet:

1. **Bartlett-Test:**
   Der Test überprüft, ob die Korrelationsmatrix bedeutsame Korrelationen enthält. Weicht diese Matrix signifikant von der Einheitsmatrix ab (siehe Abschnitt A.2, Seite 422), so erscheint die Durchführung einer Faktorenanalyse

sinnvoll. Der Test eignet sich zudem im Anschluß an die Faktorenextraktion zur Überprüfung, ob die extrahierten Faktoren die Gesamtvarianz hinreichend erfasst haben. Wenn die Matrix der Residualkorrelationen noch substantielle (nicht erklärte) Korrelationen enthält, sind weitere Faktoren zu definieren. Diese Variante des Bartlett-Tests folgt dem **Kriterium von Lawley und Maxwell**.

2. **Bildung der Inversen:**
   Eine weitere Möglichkeit zur Überprüfung der Bedeutsamkeit der Korrelationsmatrix ist die Bildung der inversen Matrix (siehe Anhang A.2, Seite 422). Wenn die Elemente außerhalb der Hauptdiagonalen der inversen Matrix nahe bei Null liegen, liegen substanzielle Korrelationen in der Matrix vor und der Datensatz eignet sich zur Faktorenanalyse.

3. **Prüfgröße von Kaiser-Mayer-Olkin:**
   Diese Prüfgröße wird auch als "measure of sampling adequacy" (MSA) bezeichnet. Hierbei werden die Zusammenhänge der Variablen über einen Quotienten beurteilt, der die Summe der einfachen Determinationskoeffizienten aller Variablenkombinationen ins Verhältnis zu der zusammengefassten Summe der einfachen und der partiellen Determinationskoeffizienten setzt. Dieser Wert wird folgendermaßen beurteilt:

- KMO > 0,9 erstaunlich
- KMO > 0,8 verdienstvoll
- KMO > 0,7 ziemlich gut
- KMO > 0,6 mittelmäßig
- KMO > 0,5 kläglich
- KMO < 0,5 untragbar

Aus der Korrelationsmatrix werden nun die Faktoren über einen iterativen Prozess bestimmt. Man geht dabei von folgender Annahme aus:

Fundamentaltheorem der Faktorenanalyse:
Die **erste Grundgleichung der Faktorenanalyse** besagt, dass sich jeder beobachtete Wert einer standardisierten Ausgangsvariablen z_j als eine Linearkombination mehrerer hypothetischer Faktoren beschreiben lässt:

$$z_{ij} = f_{i1} \cdot a_{1j} + f_{i2} \cdot a_{2j} + \ldots + f_{ip} \cdot a_{pj} \qquad (19.8)$$

In Matrizenschreibweise lautet diese Gleichung für alle Personen:

$$Z_{Nxp} = F_{Nxp} \cdot A^T_{pxp} \qquad (19.9)$$

mit
Z_{Nxp}: standardisierte Ausgangsmatrix
F_{Nxp}: Faktorwertematrix
A^T_{pxp}: transponierte Faktorladungsmatrix

19.4 Mathematischer Ablauf

Zu Beginn der Faktorenanalyse wird von genauso vielen Faktoren ausgegangen, wie Variablen in die Analyse eingehen. Wie die Anzahl dieser Faktoren reduziert werden kann, wird im Verlauf des Kapitels beschrieben werden. Die Faktorladungsmatrix hat zwei wichtige Eigenschaften, die nun erläutert werden.

> **Definition:** Die Faktorladungen zeigt die Korrelation zwischen den Ausgangsvariablen und den Faktoren. Werden die Elemente dieser Matrix quadriert, geben die Determinationskoeffizienten die Anteile der erklärten Varianz wieder.

Durch Quadrieren der einzelnen Werte ergibt sich also die folgende Matrix:

$$\begin{pmatrix} a_{11}^2 & a_{12}^2 & \cdots & a_{1p}^2 \\ a_{21}^2 & a_{22}^2 & \cdots & a_{2p}^2 \\ \vdots & \vdots & \vdots & \vdots \\ a_{p1}^2 & a_{p2}^2 & \cdots & a_{pp}^2 \end{pmatrix} \qquad (19.10)$$

Die einzelnen Determinationskoeffizienten dieser Matrix können nun über die Berechnung der Zeilen- und Spaltensummen zusammengefasst werden, um die Kommunalitäten und die Eigenwerte zu bestimmen.

> **Definition:** Die **Kommunalität** einer Variablen wird über die Zeilensumme berechnet.
>
> $$h_j^2 = \sum_{k=1}^{p} a_{jk}^2 \qquad (19.11)$$
>
> Damit ist der Varianzanteil bestimmt, den **alle Faktoren** an der jeweiligen Variablen k erklären können.

Die Kommunalität bestimmt, wie gut eine Variable durch alle Faktoren reproduziert werden kann. Der Wert der Kommunalität liegt immer zwischen 0 und 1. Eine Kommunalität von 1 bedeutet, dass die Varianz der Variablen durch die Faktoren zu 100% erklärt werden kann.

> **Definition:** Der **Eigenwert** λ (sprich lambda) eines Faktors wird über die Spaltensumme berechnet.
>
> $$\lambda_k = \sum_{j=1}^{p} a_{jk}^2 \qquad (19.12)$$
>
> Der Eigenwert gibt an, wieviel Varianz der Faktor j an **allen Variablen** erklärt.

Somit kann über den Eigenwert eine Bewertung der Faktoren stattfinden. Faktoren mit einem hohen Eigenwert erklären mehr Gesamtvarianz als Faktoren mit niedrigen Eigenwert. Wird ein sehr großer Varianzanteil durch nur einen Faktor erklärt, wird dieser als **Generalfaktor** bezeichnet. Ein Eigenwert von 1 bedeutet, dass dieser Faktor ebenso viel Varianz erklärt wie eine ursprüngliche Variable. Die Wurzel des Eigenwerts λ entspricht der Länge der Hauptachse.

Bei der ersten Grundgleichung der Faktorenanalyse wird die ursprüngliche Matrix über zwei Matrizen erklärt. Die Faktorladungsmatrix A^T_{pxq} gibt an, wie hoch die Faktoren mit den ursprünglichen Variablen korrelieren. Diese Faktoren werden mit einigen Variablen hoch, mit einigen anderen weniger hoch korrelieren. Über die Faktorladungsmatrix können Kommunalitäten und Eigenwerte berechnet werden. Die Faktorwertematrix F_{Nxq} enthält die Faktorwerte der einzelnen Versuchspersonen, also die Ausprägungen der Versuchspersonen auf den einzelnen Faktoren.

Das Kommunalitätenproblem

Beim Ablauf der Faktorenanalyse muss bei der Schätzung der Faktorwerte- und Faktorladungsmatrix eine Entscheidung getroffen werden, die das **Kommunalitätenproblem** betrifft. Einerseits werden schon zu Beginn der ersten Iteration die Kommunalitäten benötigt, andererseits können sie erst nach eben dieser ersten Iteration bestimmt werden. Es gibt zwei Arten der Bestimmung der Kommunalitäten vor der erste Iteration über welche zwei Typen der Faktorenanalyse definiert werden:

1. Die Hauptkomponentenanalyse ("principle component analysis", PCA)
2. Die Hauptachsenanalyse ("principle factor analysis", PFA)

Beide Typen gehen mit dem Kommunalitätenproblem unterschiedlich um.

> **Definitionen:** Bei der **Hauptkomponentenanalyse** werden die Diagonalelemente der Korrelationsmatrix bei der ersten Iteration auf 1 gesetzt. Damit ist die Korrelationsmatrix "positiv semidefiniert", das heißt, es wird von einer vollständigen Varianzaufklärung ausgegangen. Bei der **Hauptachsenanalyse** werden die Kommunalitäten vor der ersten Iteration über ein separates Verfahren geschätzt.

Inhaltlich unterscheiden sich die beiden Verfahren folgendermaßen: Bei der Hauptkomponentenanalyse soll möglichst viel Gesamtvarianz erklären werden. Es sollen gemeinsame Sammelbegriffe (Komponenten) gefunden werden, wobei ein Faktor möglicherweise nur Varianz einer Variablen erklärt. Im Gegensatz dazu will man bei der Hauptachsenanalyse möglichst viel gemeinsame Varianz der Variablen beschreiben. Es soll die gemeinsam Ursache für die Ausprägungen in den verschiedenen Variablen gefunden werden.

Die Entscheidung für einen Faktorenanalysentyp erfolgt unter inhaltlichen Gründen. Das Routineverfahren ist allerdings die Hauptachsenanalyse. Beide Schätzverfahren sind iterativ und enden, wenn die optimale Schätzungen gefunden worden ist. Die erste Grundgleichung der Faktorenanalyse enthält noch so viele Faktoren wie Variablen, so dass die Varianz der Variablen noch vollständig erklärt werden kann. Die Reduktion der Informationen wird im Folgenden beschrieben.

Das Extraktionsproblem

Um eine Datenreduktion zu erreichen, muss die Anzahl der Faktoren geringer als die Anzahl der Variablen sein. Zur Bestimmung der Anzahl der Faktoren muss man das Extraktionsproblem lösen. Hierzu gibt es mehrere Lösungsansätze:

> **Kriterien zur Bestimmung der Faktorenanzahl**
>
> 1. **Kaiser-Gutman-Regel**
>   Es werden nur Faktoren mit Eigenwerten > 1 extrahiert. Die Voraussetzungen für diese Regel sind:
>   - $p < 40$ (Anzahl der Variablen)
>   - $N > 5 \cdot p$ (Anzahl der Versuchspersonen)
>   - die erwartete Anzahl der Faktoren liegt zwischen $\frac{p}{5}$ und $\frac{p}{3}$
>
> 2. **Kriterium der extrahierten Varianz**
>   Der durch die Faktoren zu extrahierende Anteil der Gesamtvarianz wird festgelegt (beispielsweise 50% oder 90%). Diese Festlegung dieser Varianz muss allerdings theoriegeleitet begründet sein.
>
> 3. **Scree-Test**
>   Die Eigenwerte der Faktoren werden der Größe nach in einer Grafik abgetragen. Meist tritt einen "Knick" im Verlauf dieses Polygons auf. Vor dem Knick liegen die Eigenwerte derjenigen Faktoren, die substantielle gemeinsame Varianz wiedergeben und in die Lösung der Faktorenanalyse aufgenommen werden. Nach diesem Knick liegen die Eigenwerte von weniger varianzaufklärenden Faktoren auf einer abfallenden Geraden.
>
> 4. **Evaluation der Lösung**
>   Ein weiterer Ansatz ist, sich inhaltlich mit dem Ergebnis auseinanderzusetzen und dann eine Entscheidung über die Anzahl der Faktoren zu treffen. Manchmal kann eine Lösung mit drei Faktoren inhaltlich besser begründet werden als eine Lösung mit zwei oder vier Faktoren.

Die Reduktion der Anzahl der Faktoren muss nach einem dieser Kriterien muss in der Grundgleichung der Faktorenanalyse berücksichtigt werden. Somit reduziert sich die erste Grundgleichung der Faktorenanalyse zur zweiten Grundgleichung der Faktorenanalyse.

> **Definition**: Die zweite Grundgleichung der Faktorenanalyse berücksichtigt die reduzierte Anzahl der Faktoren. Da mit weniger Faktoren als Variablen die Gesamtvarianz nicht mehr vollständig erklärt werden kann, erweitert sich die Gleichung um einen variablenspezifischen Faktor und um die Fehlerkomponente.
>
> $$Z_{NxP} = F_{Nxq} \cdot A^T_{pxq} + S_{Nxp} \cdot B_{pxp} + E_{Nxp} \quad (19.13)$$
> $$z_{ij} = f_{i1} \cdot a_{1j} + f_{i2} \cdot a_{2j} + \ldots + f_{iq} \cdot a_{qj} + s_{ij} \cdot b_j + e_{ij} \quad (19.14)$$

Die Fehlerkomponente kommt hinzu, weil nun der Wert einer Person in einer Variablen nicht mehr vollständig vorhergesagt werden kann. Dies ist der Preis der Datenreduktion von vielen Variablen (=p) auf wenige Faktoren (=q). Analog zur Regressionsanalyse tritt ein Vorhersagefehler auf und die Varianz einer Variablen ist in mehrere Komponenten zu zerlegen.

> **Definition:** Zerlegung der Varianz einer ursprünglichen Variablen
>
> $$\sigma_j^2 = \underbrace{a_{j1}^2 + a_{j2}^2 + \ldots + a_{jq}^2}_{Kommunalität} + \underbrace{b_j^2}_{Spezifität} + \underbrace{e_j^2}_{Fehler} \qquad (19.15)$$
>
> $$\underbrace{\phantom{a_{j1}^2 + a_{j2}^2 + \ldots + a_{jq}^2 + b_j^2}}_{Reliabilität}$$

mit
Kommunalität h_j^2: Varianzanteil der Variablen j, der durch die gemeinsamen Faktoren erklärt werden kann
Spezifität: Varianzanteil, der durch einen spezifischen Faktor erklärt werden kann
Fehler: Varianz des Fehlers
Reliabilität: zuverlässig durch die Faktoren erklärte Varianz
Spezifität und Fehler werden auch als **Uniqueness** zusammengefasst, da sie variablenspezifisch sind.

Da nun die Anzahl der Faktoren geringer als die Anzahl der ursprünglichen Variablen ist, wird nur ein Teil der Gesamtvarianz erklärt. Dies hat auch Auswirkungen auf die Korrelationsmatrix.

> **Definition:** Die dritte Grundgleichung der Faktorenanalyse beschreibt die Reproduktion der Korrelationen der Ausgangsvariablen:
>
> $$_hR_{pxp} = A_{pxq} \cdot A_{pxq}^T \qquad (19.16)$$
>
> mit
> $_hR_{pxp}$ als reduzierter Korrelationsmatrix mit p Variablen und q Faktoren

Das Muster der Interkorrelationen der p Variablen (Korrelationsmatrix R_{pxp}) wird durch das Muster der Korrelationen der p Variablen mit den q Faktoren reproduziert. Mit der Datenreduktion der Faktorenextraktion ist jedoch ein Informationsverlust verbunden, welcher sich in der Diagonalen der reduzierten Korrelationsmatrix widerspiegelt. Dort befindet sich nicht mehr die Zahl 1, sondern die Kommunalitäten der jeweiligen Variablen.

Herleitung: Nach der Berechnungsvorschrift für die Kommunalitäten und der ersten Grundgleichungen der Faktorenanalyse gelten die folgenden Gleichungen:

$$R_{pxp} = \frac{1}{N-1} \cdot Z_{Nxp}^T \cdot Z_{Nxp} \qquad (19.17)$$

$$Z_{Nxp} = F_{Nxq} \cdot A_{pxq}^T \qquad (19.18)$$

$$Z_{Nxp}^T = (F_{Nxq} \cdot A_{pxq}^T)^T \tag{19.19}$$

Durch Einsetzen der letzten beiden Gleichungen in die erste Gleichung folgt:

$$R_{pxp} = \frac{1}{N-1} \cdot (F_{Nxq} \cdot A_{pxq}^T)^T \cdot F_{Nxq} \cdot A_{pxq}^T \tag{19.20}$$

$$= \frac{1}{N-1} \cdot A_{pxq} \cdot F_{Nxq}^T \cdot F_{Nxq} \cdot A_{pxq}^T \tag{19.21}$$

$$= A_{pxq} \cdot \underbrace{\frac{1}{N-1} \cdot F_{Nxq}^T \cdot F_{Nxq}}_{\text{Korrelationsmatrix der Faktoren} = C_{qxq}} \cdot A_{pxq}^T \tag{19.22}$$

Da die Faktoren voneinander unabhängig sind und somit nicht miteinander korrelieren, sind in dieser Matrix alle Werte außerhalb der Hauptdiagonalen gleich Null. Damit kann die Matrix C_{qxq} als Einheitsmatrix gesehen und somit aus der Gleichung eliminiert werden. Das Ergebnis ist dann die dritte Grundgleichung der Faktorenanalyse.

Das Rotationsproblem

Zur inhaltlich sinnvollen Interpretation ist oftmal nach der Extraktion eine Rotation der Faktoren erfoderlich. Ziel der Rotation ist eine möglichst einfach strukturierte und damit inhaltlich gut interpretierbare Lösung (**Einfachstruktur** der Faktorenlösung). Jede Variable soll nach der Rotation auf einem Faktor sehr hoch und auf allen anderen Faktoren sehr niedrig laden, um die Interpretierbarkeit zu erleichtern.

Es gibt zwei Gruppen von Rotationsverfahren, die orthogonale (rechtwinklige) und die oblique (schiefwinklige) Rotationen.

> **Definition:** Bei **orthogonaler Rotation** bleibt die Unabhängigkeit der Faktoren erhalten, da diese senkrecht aufeinander stehen. Bei **obliquer Rotation** werden abhängige (korrelierte) Faktoren erzeugt, die eine bessere Interpretierbarkeit zur Folge haben können.

Bei Orthogonalität korrelieren die q Faktoren nicht miteinander. Bezüglich der orthogonalen Rotation muss berücksichtigt werden, ob die Unabhängigkeit aus inhaltlichen Gründen vorausgesetzt werden kann.

Von den drei gebräuchlichen orthogonale Rotationsverfahren erreicht die **QUARTIMAX-Rotation** die Einfachstruktur über die Maximierung der Zeilensumme der quadrierten Faktorladungsmatrix. Hierbei wird der Varianzanteil pro Variable maximiert, indem die Lösung mit Faktorladungen nahe bei Null oder Eins gesucht wird. Die häufig verwendete **VARIMAX-Rotation** maximiert hingegen innerhalb der Spaltensummen der quadrierten Faktorladungsmatrix. Somit wird die Einfachstruktur bei den Eigenwerten der Faktoren gesucht. Die **EQUIMAX-Rotation** ist eine Kombination beider Verfahren, welche eine Maximierung sowohl innerhalb der Zeilen wie auch innerhalb der Spalten erreichen will.

Ein Vorteil obliquer Rotationen ist die Möglichkeit einer zweite, sekundäre Faktorenanalyse über die zuvor ermittelten Faktoren erster Ordnung. Es werden unterschiedliche Rotationsverfahren angeboten. So benutzt SPSS das **OBLIMIN-Verfahren**, während SAS das **OBLIMIN-** und das **PROMAX-Verfahren** anbietet. Andere Programme benutzten die **DQUART-** oder die **DOBLIMIN-Rotation**.

Nachdem die Faktorenanalyse berechnet wurde, müssen die ermittelten Faktoren benannt werden. Dieser Schritt erfolgt allerdings nach inhaltlichen und nicht nach statistischen Kriterien, so dass kein Statistik-Programm hierbei eine Hilfestellung geben kann. Die Benennung der Faktoren erfolgt nach inhaltlichen Kriterien durch die hoch auf diesem Faktor lagern Variablen.

Somit wurden alle Entscheidungen besprochen, die bei der Durchführung einer Faktorenanalyse vom Anwender getroffen werden müssen. Beim folgenden Faktorwerteproblem muss allerdings keine Entscheidung vom Anwender getroffen werden.

Das Faktorwerteproblem

Faktorwerte sind die Gewichte der Ausprägungen einer Person auf den Faktoren. Ein Faktorwert auf dem Persönlichkeitsfaktor "Emotionalität" beschreibt beispielsweise die Ausprägung einer Person auf diesem Konstrukt. Das Faktorwerteproblem bei der Faktorenanalyse ist eher ein mathematisches Problem als ein inhaltliches, welches bei der Bestimmung der Faktorwerte entsteht. Zur Erinnerung noch einmal die erste Grundgleichung der Faktorenanalyse:

$$Z_{Nxp} = F_{Nxq} \cdot A^T_{pxq} \qquad (19.23)$$

Nach der Durchführung einer Faktorenanalyse können mit Hilfe dieser Gleichung die ursprünglichen Werte der Personen reproduziert werden. Hierbei tritt das Faktorwerteproblem auf.

Herleitung: Die Gleichung wird nach F_{Nxq} aufgelöst.

$$Z_{Nxp} = F_{Nxq} \cdot A^T_{pxq} \qquad (19.24)$$

$$Z_{Nxp} \cdot (A^T_{pxq})^{-1} = F_{Nxq} \cdot A^T_{pxq} \cdot (A^T_{pxq})^{-1} \qquad (19.25)$$

$$Z_{Nxp} \cdot (A^T_{pxq})^{-1} = F_{Nxq} \qquad (19.26)$$

Da $(A^T_{pxq})^{-1}$ nicht quadratisch[1] und somit auch nicht invertierbar ist, bietet sich die folgende Lösung an:

$$Z_{Nxp} = F_{Nxq} \cdot A^T_{pxq} \qquad (19.27)$$

$$Z_{Nxp} \cdot A_{pxq} = F_{Nxq} \cdot A^T_{pxq} \cdot A_{pxq} \qquad (19.28)$$

---

[1] Nur für quadratische Matrizen kann man eventuell ein inverses Element bilden. Nicht quadratische Matrizen sind in keinem Fall invertierbar. Es gibt also kein inverses Element.

Da die aus $A_{pxq}^T \cdot A_{pxq}$ entstehende Matrix nach Definition quadratisch ist, ist sie möglicherweise auch invertierbar.

$$Z_{Nxp} \cdot A_{pxq} \cdot (A_{pxq}^T \cdot A_{pxq})^{-1} = F_{Nxq} \cdot A_{pxq}^T \cdot A_{pxq} \cdot (A_{pxq}^T \cdot A_{pxq})^{-1} \quad (19.29)$$

$$Z_{Nxp} \cdot A_{pxq} \cdot (A_{pxq}^T \cdot A_{pxq})^{-1} = F_{Nxq} \quad (19.30)$$

Es gilt also:

$$F_{Nxq} = Z_{Nxp} \cdot A_{pxq} \cdot (A_{pxq}^T \cdot A_{pxq})^{-1} \quad (19.31)$$

Damit wäre eine Schätzung der Matrix der Faktorenwerte F_{Nxq} möglich. Somit kann man die ursprünglichen Werte Z_{Nxp}^* über die folgende Gleichung schätzen:

$$Z_{Nxp}^* = F_{Nxq} \cdot A_{qxp}^T \quad (19.32)$$

mit

$$F_{Nxq} = Z_{Nxp} \cdot A_{pxq} \cdot (A_{pxq}^T \cdot A_{pxq})^{-1} \quad (19.33)$$

Es gilt also:

$$Z_{Nxp}^* = Z_{Nxp} \cdot A_{pxq} \cdot (A_{pxq}^T \cdot A_{pxq})^{-1} \cdot A_{qxp}^T \quad (19.34)$$

Mit dieser Gleichung kann auf die Ausgangswerte geschlossen werden, was einer **multiplen Regression** entspricht. Die Ausgangsdaten Z_{Nxp} (Kriterium) können durch das Faktorenmuster A_{qxp} und die Faktorwertematrix F_{Nxq} vorhergesagt werden. Dabei entspricht die Faktorenladungsmatrix den Regressionskoeffizienten und die Faktorenwertematrix den Prädiktoren.

19.5 Zusammenfassung

Mit der **explorativen Faktorenanalyse** wird eine Gruppe von korrelierten Variablen auf eine geringere Zahl von **hypothetischen (latenten) Faktoren** reduziert.

Im Gegensatz zur explorativen Faktorenanalyse dient eine **konfirmatorische Faktorenanalyse** zur Bestätigung eines bestehenden Modells an empirischen Daten.

Vor der Durchführung einer explorativen Faktorenanalyse müssen mehrere Entscheidung getroffen werden, welche das Ergebnis der Analyse beeinflusst. Über die **Matrix der Ausgangswerte** wird die **Korrelationsmatrix** bestimmt. Bei der Berechnung der **reduzierten Korrelationsmatrix** muss das **Kommunalitätenproblem** durch die Entscheidung für eine **Hauptkomponenten-** oder eine **Hauptachsenanalyse** gelöst werden.

Danach wird die **Faktorladungsmatrix** berechnet, wobei mit einem der folgenden Kriterien das **Extraktionsproblem** gelöst werden muss. Es kann nach dem **Kaiser-Gutmann-Kriterium**, dem **Kriterium der extrahierten Varianz**, dem **Scree-Test** oder der **Evaluation der Lösung** entschieden werden.

Die **Kommunalität** beschreibt die durch die Faktoren erklärbaren Varianzanteile an **einer Variablen**. Im Gegensatz dazu beschreibt der **Eigenwert**, wieviel Varianz **ein Faktor** an allen Variablen erklärt.

Die Varianz einer Variablen wird zerlegt in die **Kommunalität**, die **Spezifität** und den **Fehler**. Kommunalität und Spezifität werden als **Reliabilität** zusammengefasst, Spezifität und Fehler als **Uniqueness**. Nach der Extraktion muss zur Lösung des **Rotationsproblems** entschieden werden, ob zur Bestimmung der **rotierte Faktorladungsmatrix orthogonal (rechtwinklig)** oder **oblique (schiefwinklig)** rotiert wird.

Als letztes Problem tritt bei der Berechnung der **Faktorwertematrix** das **Faktorwerteproblem** auf, welches durch die **reduzierten Korrelationskoeffizienten**, beziehungsweise **Kommunalitäten** entsteht.

19.6 Aufgaben

1. Was ist das Ziel der explorativen Faktorenanalyse? Nennen Sie ein Beispiel für ihren Einsatz.

2. Was sind Gemeinsamkeiten der Partialkorrelation und der Faktorenanalyse, was Unterschiede?

3. Gibt es einen Zusammenhang zwischen der Faktorenanalyse und der multiplen Regression?

4. Warum wird die Faktorenanalyse als iteratives Verfahren bezeichnet?

5. Was beschreiben die Eigenwerte?

6. Was ist eine Kommunalität?

7. Welche Gruppen von Rotationsarten gibt es und worin besteht der Unterschied zwischen den Verfahren?

8. Worin unterscheidet sich eine explorative von einer konfirmatorischen Faktorenanalyse?

20 Multivariate Verfahren

Dieses Kapitel kann nur einen Ausblick auf weitere statistische Verfahren geben. Einige multivariate Verfahren wurden schon in den vorangehenden Kapiteln angesprochen (Varianz-, Regressions- und Faktorenanalyse). In diesem Kapitel sollen folgende Verfahren noch erläutert werden:

1. Diskriminanzanalyse,
2. Clusteranalyse,
3. Pfadanalyse (Strukturgleichungsmodelle) und
4. multidimensionale Skalierung.

Der jeweilige Überblick ist immer recht kurz gefasst.

20.1 Diskriminanzanalyse

Problemstellung

Eine Diskriminanzanalyse wird zur Analyse multivariater Gruppenunterschiede herangezogen. Zwei Fragestellungen stehen im Fokus der Analyse:

1. Welche Variablen tragen maßgeblich zu Gruppenunterschieden bei?
2. Kann die Gruppenzugehörigkeit anhand der Diskriminanzfunktion vorhersagt werden?

Beispiel: Bei Patienten in einer psychiatrischen Klinik wird zur 6-Monatskatamnese nach Entlassung ein unterschiedlicher Therapieerfolg festgestellt. Einem Teil der Patienten geht es immer noch gut und sie können ein Leben ohne Einschränkungen führen. Andere sind jedoch in alte Verhaltensweisen zurückgefallen und können somit nicht mehr als geheilt angesehen werden. Nun soll bestimmt werden, hinsichtlich welcher Merkmalen sich die beiden Gruppen (geheilt/rückfällig) unterscheiden. Mit Hilfe von Variablen wie Alter, Dauer der Erkrankung, Stärke der Erkrankung, Dauer der Behandlung, Anzahl der sozialen Kontakte wird eine Diskriminanzanalyse durchgeführt, um für zukünftige Patienten den Therapieerfolg vorhersagen zu können. Rückfallgefährdete Patienten sollen zukünftig für ein spezielles Behandlungskonzept herausgefiltert werden.

Mit der Diskriminanzanalyse ist es also möglich, zum einen jene Variablen zu entdecken, welche die Gruppenzugehörigkeit vorhersagen. Zum anderen kann mit Hilfe dieser Diskriminanzfunktion bei weiteren Stichproben die Gruppenzugehörigkeit neuer Patienten vorhersagt werden.

Grundlegendes zur Diskriminanzfunktion

Voraussetzungen: Die Diskriminanzanalyse geht von intervallskalierten, multivariat normalverteilten Merkmalsvariablen $x_1, x_2, \ldots, x_p$ aus, welche die Individuen beschreiben. Eine kategoriale Variable definiert die Gruppenzugehörigkeit des Individuums.

Aus den Merkmalsvariablen werden durch Linearkombination eine oder mehrere Diskriminanzfunktionen gebildet:

$$y = b_0 + b_1 x_1 + b_2 x_2 + \cdots + b_p x_p \tag{20.1}$$

Die Diskriminanzfunktion ordnet jedem Individuum und auch ganzen Gruppen einen Wert auf der Diskriminanzvariable y zu. Diese Diskriminanzvariable dient als Prädiktor zur Vorhersage der Gruppenzugehörigkeit.

Die Parameter b_i der Diskriminanzfunktion sind so zu bestimmen, dass sich die Gruppen auf der Diskriminanzvariable y maximal unterscheiden. Im Falle zweier Gruppen A und B bedeutet dies:

$$|\bar{y}_A - \bar{y}_B| = maximal \tag{20.2}$$

Nachdem die Diskriminanzfunktion bestimmt wurde, können neue Elemente mit unbekannter Gruppenzugehörigkeit klassifiziert werden. Auf der Grundlage des folgenden Distanzkonzepts wird ein Element i derjenigen Gruppe g zugeordnet, für die gilt:

$$|y_i - \bar{y}_g| = minimal \tag{20.3}$$

Jedes Individuum wird mit einer bestimmten Fehlerwahrscheinlichkeit einer Gruppe zuordnet.

Die Diskriminanzfunktion kann im mehrdimensionalen Merkmalsraum als Gerade oder, mit Hilfe zweier Funktionen, als Ebene dargestellt werden und wird auch als **Diskriminanzachse** bezeichnet.

Schätzung der Diskriminanzfunktion

Die Schätzung der b_i-Koeffizienten der Diskriminanzfunktion erfolgt derart, dass sich die Gruppenmittelwerte $\bar{y}_g$ maximal unterscheiden, beziehungsweise dass die Varianz der Gruppenmittel im Vergleich zur Varianz innerhalb der Gruppen maximal wird. Somit ist mit der Diskriminanzfunktion eine maximale Unterscheidung und eine optimale Vorhersage der Gruppenzugehörigkeit möglich.

$$U^2 = \frac{\sigma^2_{zwischen}}{\sigma^2_{innerhalb}} = maximal \qquad (20.4)$$

Da die Nenner bei der Varianzberechnung konstant sind, vereinfacht sich diese Gleichung zum folgenden Diskriminanzkriterium Gamma (Γ):

$$\Gamma = \frac{SS_{zwischen}}{SS_{innerhalb}} \qquad (20.5)$$

Der Maximalwert des Diskriminanzkriteriums kann als Eigenwert aufgefasst werden. Die Bestimmung der Diskriminanzkoeffizienten ist in Backhaus, Erichson, Plinke und Weiber (1996) ausführlich beschrieben. Die Skalierung der Diskriminanzfunktion erfolgt so, dass $SS_{innerhalb}$ zu 1 auf der Diskriminanzachse abgebildet wird und der Gesamtmittelwert aller Diskriminanzwerte 0 ist. Die maximale Anzahl der Diskriminanzfunktionen ist durch die Anzahl der Merkmale, beziehungsweise die Anzahl der Gruppen minus 1 begrenzt. Es sind möglichst wenige und nur bedeutsame Prädiktoren zur Vorhersage der Gruppenzugehörigkeit heranzuziehen.

Überprüfung der Diskriminanzfunktion

Die Überprüfung einer Diskriminanzfunktion kann auf mehreren Wegen erfolgen. In jedem Fall sollte die korrekte Klassifizierung der Elemente anhand von Häufigkeitstabellen getestet werden. Dabei werden die tatsächliche und die durch die Diskriminanzfunktionen vorhergesagte Gruppenzugehörigkeit verglichen. Auch bei der Diskriminanzanalyse empfiehlt sich wie bei der multiplen Regression immer eine Kreuzvalidierung. Die einzelne Diskriminanzfunktion wird anhand des folgenden Tests auf Signifikanz überprüft (Backhaus et al., 1996):

$$\chi^2_{J \cdot (G-1)} = -\left[N - \frac{J+G}{2} - 1\right] \cdot \ln L \qquad (20.6)$$

N gibt die Größe der Gesamtstichprobe an, J die Zahl der Merkmalsvariablen und G die Zahl der Gruppen. L wird als Wilks' Lambda bezeichnet und errechnet sich aus dem Eigenwert γ (sprich gamma):

$$L = \frac{1}{1+\gamma} \qquad (20.7)$$

Ein kleiner Wert bedeutet eine gute Trennleistung dieser Funktion bei der Bestimmung der Gruppenzugehörigkeit. Ein signifikanter χ^2-Wert besagt, dass die Gruppen durch die Diskriminanzfunktion bedeutsam unterschieden werden können.

Die Diskriminanzleistung aller k Diskriminanzfunktionen ist über das multivariate Wilks' Lambda auf Signifikanz zu überprüfen:

$$L = \prod_{k=1}^{q} \frac{1}{1 + \gamma_k} \tag{20.8}$$

Klassifizierung neuer Elemente

Liegt bereits eine Diskriminanzfunktionen vor, kann für jedes neue Element die Gruppenzugehörigkeit bestimmt werden. Im einfachsten Fall erfolgt die Klassifikation mittels der quadrierten euklidischen Distanz im Diskriminanzraum. Für jede Gruppe g wird folgender Ausdruck bestimmt:

$$D_{ig}^2 = \sum_{k=1}^{q} (y_{ki} - \bar{y}_{kg})^2 \tag{20.9}$$

D_{ig} ist die euklidische Distanz im Diskriminanzraum, der von den k Diskriminanzachsen aufgespannt wird. Zur Abstandsberechnung wird Y_{ki} mit den Gruppenmitteln $\bar{Y}_{kg}$ verglichen und die quadrierten Abstände aufsummiert. Das Element wird dann der Gruppe zugeordnet, zu der die geringste Distanz besteht.

Alternativ zum Distanzkonzept kann für ein gegebenes Element i die Wahrscheinlichkeit berechnet werden, mit der es einer Gruppe g angehört. Die folgenden Ausführungen beziehen sich wieder auf den Zwei-Gruppen-Fall. Dazu wird die Verteilung der Gruppenelemente herangezogen und die Dichte an Y_i bestimmt:

$$f(y_i|g) = e^{\frac{-D_{ig}^2}{2}} \tag{20.10}$$

Die Klassifizierungswahrscheinlichkeit des Elements i der Gruppe g_i kann dann über folgende Gleichung bestätigt werden:

$$p(g|y_i) = \frac{f(y_i|g)}{\sum f((y_i|g)} \tag{20.11}$$

Die Klassifizierung anhand der Wahrscheinlichkeiten hat die Vorteile, dass a-priori-Wahrscheinlichkeiten, ungleiche Gruppengrößen, aber auch unterschiedliche Kosten von richtigen und falschen Klassifikationen berücksichtigt werden und anhand des Theorems von Bayes a-posteriori-Wahrscheinlichkeiten bestimmt werden können:

$$p(g_x|y_i) = \frac{p(y_i|g_x) \cdot p_i(g_x)}{\sum_{g=1}^{G} p(y_i|g) \cdot p_i(g)} \tag{20.12}$$

Somit dient die Diskriminanzanalyse zur Bestimmung von unterscheidenden Variablen und zur Vorhersage der Gruppenzugehörigkeit von neuen Elementen.

20.2 Clusteranalyse

Problemstellung

Die Clusteranalyse ist ein Verfahren zur Gruppenbildung. Bei diesem Verfahren können Personen oder Variablen gruppiert werden. In diesem Abschnitt soll die Gruppierung von Personen beschrieben werden.

Beispiel: Für Patienten einer psychosomatischen Klinik werden mit Hilfe der verschiedenen Patientendaten (Fragebögen, medizinische Kennwerte, Beobachtungsdaten etc.) eine Vielzahl von Variablen erhoben. Mit einer Clusteranalyse soll eine Zusammenfassung der Patienten in einzelne Gruppen mit möglichst ähnlichen Eigenschaften erreicht werden. Weiter soll bestimmt werden, welche Patientengruppen sich am stärksten unterscheiden.

Ablauf einer Clusteranalyse

Eine Clusteranalyse erfolgt in zwei Schritten:

1. Schritt: **Wahl des Proximitätsmaßes**
   Anhand der Ausprägungen von jeweils zwei Personen in allen Merkmalen wird versucht, ein Maß für die Unterschiedlichkeit beziehungsweise die Ähnlichkeit dieser beiden Personenpaare zu finden.

2. Schritt: **Wahl des Fusionierungsalgorithmus**
   Mit Hilfe dieses Proximitätsmaßes werden Personen mit großer Ähnlichkeit in Gruppen mit möglichst übereinstimmenden Eigenschaften zusammengefaßt.

Ausgehend von der Rohdatenmatrix, die aus der zeilenweisen Anordnung von Eigenschaften verschiedener Personen besteht, wird versucht, die Ähnlichkeit, beziehungsweise die Unähnlichkeit zwischen den Personen über das Proximitätsmaß auszudrücken. Das Proximitätsmaß beschreibt je nach Skalenniveau die Nähe oder die Distanz eines Personenpaares. Indem Gruppen mit ähnlichen Personen gebildet werden, können auch Aussagen über die Unterschiede zwischen den verschiedenen Gruppen gemacht werden.

Es gibt eine Vielzahl von Proximitätsmaßen, von denen hier einige beispielhaft aufgeführt werden:

- Proximitätsmaße für Nominalskalen:
  Tanimoto-Koeffizient, RR-Koeffizient, M-Koeffizient, Dice-Koeffizient und Kulczynski-Koeffizient

- Proximitätsmaße für Intervallskalen:
  L_1-Norm, L_2-Norm, Mahalanobis-Distanz und Q-Korrelationskoeffizient

Clusteranalyse auf Nominalskalenniveau

Jedes nominale Merkmal lässt sich in binärer Form darstellen (Dummykodierung). Beispielsweise wird mit 1 (Eigenschaft vorhanden) oder 0 (Eigenschaft nicht vorhanden) kodiert. Beim Vergleich zweier Objekte ergeben sich die folgenden vier Möglichkeiten:

Tabelle 20.1: Kombinationsmöglichkeiten binärer Variablen

Objekt 1	Objekt 2	
	Eigenschaft vorhanden (1)	Eigenschaft nicht vorhanden (0)
Eigenschaft vorhanden (1)	a	c
Eigenschaft nicht vorhanden (0)	b	d

Alle bekannten Maße sind auf folgende Ähnlichkeitsfunktion zurückzuführen:

$$s_{ij} = \frac{a + \delta \cdot d}{a + \delta \cdot d + \lambda \cdot (b + c)} \qquad (20.13)$$

mit:

s_{ij} : Ähnlichkeit zwischen den Objekten i und j
δ, λ : mögliche Gewichtungsfaktoren der Ähnlichkeitsmaße s_{ij}

Tabelle 20.2: Definition ausgewählter Ähnlichkeitsmaße bei binären Variablen

Name des Koeffizienten	Gewichtungsfaktor		Definition
	δ	λ	s_{ij}
Tanimoto (Jaccard)	0	1	$\frac{a}{a+b+c}$
Simple Matching (M)	1	1	$\frac{a+d}{m}$
Russel & Rao (RR)	-	-	$\frac{a}{m}$
Dice	0	$\frac{1}{2}$	$\frac{2a}{2a+(b+c)}$
Kulczynski	-	-	$\frac{a}{b+c}$

Clusteranalyse auf Intervallskalenniveau

Bei Daten auf Intervallskalenniveau ist die Ähnlichkeit, beziehungsweise Unähnlichkeit durch die Minkowski-Metriken, auch L-Normen genannt, definiert:

$$d_{kl} = \left[\sum_{r=1}^{R} |x_{kr} - x_{lr}|^c\right]^{\frac{1}{c}} \qquad (20.14)$$

mit

d_{kl}: Distanz der Objekte k und l
x_{kr}, x_{lr}: Koordinaten der Objekte k und l auf der r-ten Dimension (r=1, 2, ..., R)
$c \geq 1$

20.3 Pfadanalyse

Für c=1 entsteht die City-Block-Metrik (L_1-Norm) und für c=2 die euklidische Metrik (L_2-Norm). Bei den quadrierten euklidischen Distanzen werden durch Quadrierung große Differenzwerte bedeutsamer, während geringere Distanzen ein kleineres Gewicht bekommen.

Problemstellung

Wie schon in Kapitel 10.2 (Seite 188) ausführlich erläutert, kann aus einer Korrelation kein kausaler Zusammenhang abgeleitet werden. Jedoch kann mit Hilfe einer Pfadanalyse überprüft werden, ob ein aus der Theorie abgeleitetes Modell, ein sogenanntes **Strukturgleichungsmodell**, zu den empirisch erhobenen Daten passt. Eine gute Passung wird auch als guter Fit bezeichnet.

Beispiel: In einer fiktiven Untersuchung an 160 Hochschuldozenten werden die Variablen "Diplomnote", "Zeit seit Diplom", "Anzahl der Veröffentlichungen", "Anzahl der Zitationen" und "Gehalt" erhoben. Untersucht werden soll, ob ein kausaler Zusammenhang zur Vorhersage des Einkommens ermittelt werden kann.

Modelltestung

Das inhaltlich logische und theoretisch begründete Modell wird mit Hilfe der Pfadanalyse an empirisch erhobenen Daten überprüft. Im gegebenen Beispiel würde sich das folgende fiktive Modell ergeben (siehe Abbidung 20.1):

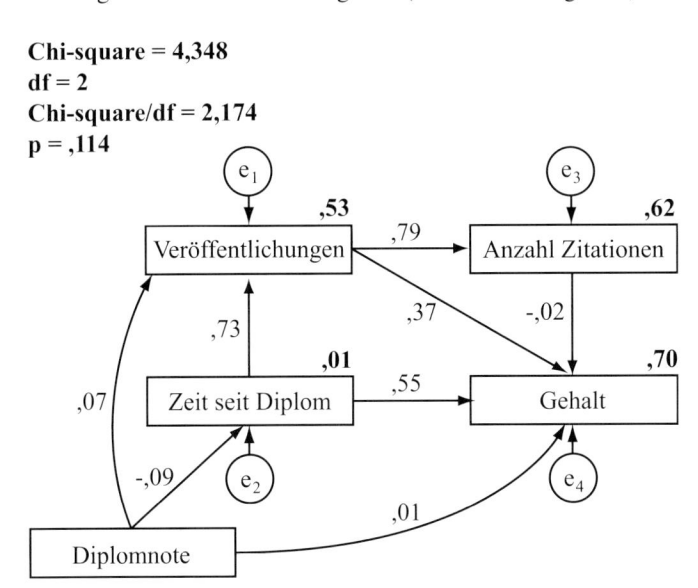

Chi-square = 4,348
df = 2
Chi-square/df = 2,174
p = ,114

Abbildung 20.1: Ein Beispiel für ein Strukturgleichungsmodell

Das Modell berücksichtigt den zeitlichen Verlauf des beruflichen Erfolgs. Die Zusammenhänge zwischen den Variablen sind gut zu erkennen. Die Werte an den Pfeilen beschreiben standardisierte Regressionsgewichte, die Koeffizienten an den jeweiligen Boxen den erklärten Varianzanteil der jeweiligen Variablen. Während die Diplomnote nur einen geringen Einfluss hat, beeinflusst die Zeit seit dem Diplom die Anzahl der Veröffentlichungen und diese wiederum die Anzahl der Zitationen. Das Gehalt ist, wie bei Staatsangestellten üblich, einerseits stark von der Zeit seit dem Diplom und andererseits von der Anzahl der Veröffentlichungen beeinflusst. Allerdings können mit einer Pfadanalyse nur Modelle widerlegt, nicht aber eindeutig bestätigt werden. Analog zum Hypothesentest bedeutet hier kein Widerspruch nicht automatisch, dass das Kausalmodell der Realität entspricht. Wird das gewählte Modell widerlegt, muss ein anderes Modell aus dem theoretischen Hintergrund abgeleitet und getestet werden. Besteht eine gute Übereinstimmung von Modell und Daten, so kann allerdings nicht ausgeschlossen werden, dass es noch andere, besser passende Modell gibt.

Wieso? Weshalb? Warum?

Wie ist ein Strukturgleichungsmodell zu bewerten?

Zur Bewertung eines Modells wurde eine Vielzahl von verschiedenen Fit-Indizes entwickelt. Jeder dieser Indizes hat Vor-, aber auch Nachteile. Diese Kennwerte können in drei Gruppen klassifiziert werden:

1. **Absoluter Fit eines Modells**
   Es wird bestimmt, in wie weit ein Modell auf die vorliegenden Daten passt.

2. **Inkrementeller Fit eines Modells**
   Es wird ermittelt, in wieweit ein Modell mit dem sogenannten "default" oder Nullmodell übereinstimmt.

3. **Sparsamkeit eines Modells**
   Bei der Bewertung eines Modells ist zu berücksichtigen, dass möglichst wenige Parameter geschätzen werden müssen.

Der **CMIN-Wert** (χ^2) als wichtigster Kennwert entspricht dem minimalen Wert der Diskrepanz zwischen dem gefundenen Modell und der empirischen Verteilung. Mit Hilfe dieses Wertes wird entschieden, welches der Modelle das am besten geeignete ist. Kritisch ist bei diesem Kennwert, dass die Stichprobengröße einen großen Einfluss hat. Der χ^2-Wert sollte bei einer Stichprobegröße von $100 < N < 300$ nicht signifikant werden. Verschiedene andere Kennwerte werden in der folgenden Tabelle 20.3 zusammengefasst.

Tabelle 20.3: Kennwerte zur Bewertung von Strukturgleichungsmodellen

Kennwert	Gleichung
Absoluter Fit eines Modells	
χ^2-Freiheitsgrad-Verhältnis	$\frac{\chi^2}{df}$
noncentrality parameter	$NCP = \chi^2 - df$
standardisierter noncentrality parameter	$SNCP = \frac{\chi^2 - df}{N}$
goodness of fit-Wert	$GFI = 1 - \frac{F}{F_{baseline}}$
root mean square error	$RMSEA = \sqrt{\frac{F}{df}}$
Inkrementeller Fit eines Modells	
normed fit index	$NFI = 1 - \frac{\chi^2}{\chi^2_{baseline}}$
Tucker-Lewis-Koeffizient	$TLI = \rho_2 = \frac{\frac{\chi^2_{baseline}}{df_{baseline}} - \frac{\chi^2}{df}}{\frac{\chi^2_{baseline}}{df_{baseline}} - 1}$
adjusted goodness of fit index	$AGFI = 1 - (1 - GFI) \cdot \frac{df_{baseline}}{df}$
Sparsamkeit eines Modells	
PRATIO	$PRATIO = \frac{df}{df_{baseline}}$
PNFI	$PNFI = NFI \cdot \frac{df}{df_{baseline}}$
PCFI	$PCFI = CFI \cdot \frac{df}{df_{baseline}}$
AIC-Wert nach Akaike	$AIC = \chi^2 + 2 \cdot q$

Zur Auswahl eines Kennwertes gelten nach Hair, Anderson, Tatham und Black (1998) die folgenden Kriterien:

1. Bei einer Stichprobengröße von 100 bis 300 Personen sollte der χ^2-Wert nicht signifikant werden.

2. Der $\frac{\chi^2}{df}$ sollte kleiner 2 (oder 1.5, 3, 5) sein.

3. Die Fit-Indizes NFI und TLI sollten größer .9 sein.

4. RMSEA sollte kleiner .08 sein.

5. Bei Modellvergleichen sollte es günstige Vergleichsindizes geben.

Alle drei Typen von Bewertungsmaßen sollten berücksichtigt werden.

Kline (1998) hingegen empfiehlt einfach, dass sowohl χ^2, df, Signifikanz, GFI, NFI, CFI, TLI und RMSEA berichtet werden sollen.

Da es momentan noch keine allgemeine Empfehlung zur Ergebnisdarstellung gibt, sollte immer die Kovarianzmatrix mitgeteilt werden, so dass die dargestellten Berechnungen nachvollziehbar sind.

20.4 Multidimensionale Skalierunge

Problemstellung

Oft werden in psychologischen Untersuchungen Personen oder Objekte anhand vieler unterschiedlicher Variablen beschrieben. In der Korrelationsmatrix zeigt sich oft, dass diese vielen Variablen hoch miteinander korrelieren und eigentlich nur mit wenige latente Dimensionen beschrieben werden können. Die Positionierung von Objekten auf latenten Dimensionen wird multidimensionale Skalierung (MDS) genannt. Hierbei können Distanzen auf einer oder mehreren theoretischen Dimensionen gebildet werden.

MDS mit Städten in Deutschland

Das Konzept der MDS lässt sich sehr gut mit folgendem nichtpsychologischen Beispiel erklären. Es soll eine Landkarte mit zehn deutschen Städten erstellt werden, wobei nur die Entfernungen dieser Städte untereinander (Distanzen) bekannt sind (siehe Tabelle 20.4).

Tabelle 20.4: Entfernungen zwischen zehn Städten in Kilometern

	Basel	Berlin	Frankfurt	Hamburg	Hannover	Kassel	Köln	München	Nürnberg	Stuttgart
Basel	—									
Berlin	874	—								
Frankfurt	337	555	—							
Hamburg	820	294	495	—						
Hannover	677	282	352	154	—					
Kassel	517	378	193	307	164	—				
Köln	496	569	189	422	287	243	—			
München	438	584	400	782	639	482	578	—		
Nürnberg	437	437	228	609	466	309	405	167	—	
Stuttgart	268	634	217	668	526	366	376	220	207	—

Zur Bildung einer aus Daten dieser Tabelle abgeleiteten Landkarte würde man mit den beiden Städten mit der größten Distanz beginnen (Basel und Berlin). Diese beiden Städte müssten im Abstand von 874 km in eine Karte gezeichnet werden. Zur Bestimmung der Lage von Frankfurt müsste um Basel ein Kreis mit dem Radius von 337 km und um Berlin ein Kreis mit dem Radius von 555 km gezogen werden. Hierbei ergeben sich zwei Schnittpunkte und somit zwei mögliche Standorte für Frankfurt, die aber spiegelbildlich identisch sind. In den nächsten Schritten würden analog hierzu die Standorte weiterer Städte bestimmt werden. Liegen möglicherweise alle Städte auf einer Linie, so ist die Lage der Städte eindimensional skalierbar. Sollten die Städte der Schweiz in die Analyse aufgenommen werden, so wäre aufgrund der Höhenunterschiede noch eine dritte Dimension notwendig.

Die Güte dieser Dimensionen wird in der MDS über das STRESS-Maß beschrieben. Es erfasst die Güte der MDS über die Erfüllung der Monotoniebedingungen. Die

Monotoniebedingung beschreibt, inwieweit das erzeugte Modell die Rangfolgen der vorgegebenen Distanzen zwischen den Objekten wiedergibt. Im Allgemeinen wird die Rangfolge nicht perfekt wiedergegeben, weil ein Modell mit möglichst geringer Dimensionalität gesucht wird. Deshalb wird eine bestimmte Ungenauigkeiten ("badness of fit") in Kauf genommen, welche über das STRESS-Maß bestimmt wird. Ein STRESS-Wert von 0 ist optimal, ein STRESS-Wert von 1 bedeutet eine völliges Fehlanpassung.

Unterschiedliche Metriken zur Berechnung einer MDS

Das Ergebnis einer MDS ist von der Auswahl des Distanzmaßes abhängig.

1. **Euklidische Metrik**
   Die häufig verwendete euklidische Metrik beschreibt die Distanz zweier Punkte nach ihrer direkten Entfernung, sozusagen die "Luftlinie" zwischen zwei Punkten. Sie berechnet sich im mehrdimensionalen Raum nach dem folgenden arithmetischen Ausdruck:

   $$d_{kl} = \sqrt{\sum_{r=1}^{R}(x_{kr} - x_{lr})^2} \qquad (20.15)$$

   mit
   d_{kl}: Distanz der Punkte k und l
   x_{kr}, x_{lr}: Koordinaten der Punkte k und l auf der r-ten Dimension (r=1,2,...,R)

2. **City-Block-Metrik**
   Die City-Block-Metrik kann sehr anschaulich über eine schachbrettartige Stadt wie Manhattan oder die Südstadt von Mannheim verdeutlicht werden. In diesen Städten wird ein Taxifahrer den Abstand zwischen zwei Punkten (Orten) nicht durch die Luftlinie definieren, sondern durch das rechtwinklige Abfahren der Blöcke. Die City-Block-Metrik erfasst die Distanz zwischen zwei Punkten als Summe der absoluten Abstände zwischen diesen Punkten:

   $$d_{kl} = \sum_{r=1}^{R}|x_{kr} - x_{lr}| \qquad (20.16)$$

   mit
   d_{kl}: Distanz der Punkte k und l
   x_{kr}, x_{lr}: Koordinaten der Punkte k und l auf der r-ten Dimension (r=1,2,...,R)

3. **Minkowski-Metrik**
   Eine Verallgemeinerung beider Maße ist die Minkowski-Metrik. Die Differenz der Koordinatenwerte wird über alle Dimensionen berechnet. Diese Differenzen werden mit einem konstanten Faktor c potenziert, dann summiert und anschließend mit dem Faktor 1/c potenziert. Dadurch erhält man die gesuchte

Distanz d_{kl}.

$$d_{kl} = \left[\sum_{r=1}^{R} |x_{kr} - x_{lr}|^c\right]^{\frac{1}{c}} \qquad (20.17)$$

mit

d_{kl}: Distanz der Punkte k und l
x_{kr}, x_{lr}: Koordinaten der Punkte k und l auf der r-ten Dimension (r=1,2,...,R)
$c \geq 1$

Für c=1 entspricht die Minkowski-Metrik der City-Block-Metrik und für c=2 der euklidische Metrik.

20.5 Zusammenfassung

Die **Diskriminanzanalyse** untersucht die Unterschiede zwischen Gruppen, während die **Clusteranalyse** Personen oder Variablen gruppiert. Mit einer **Pfadanalyse** können statistische Modell geprüft werden, während mit einer **multidimensionalen Skalierung** die Anzahl zugrundeliegender, latenter Dimensionen bestimmt werden kann.

21 Effektgrößenberechnung

Schlagworte
▷ Effektgröße
▷ α-Fehler
▷ optimaler Stichprobenumfang
▷ β-Fehler

21.1 Problemstellung

Anmerkung: Die Berechung von Effektgrößen beim Vergleich zweier Mittelwerte wurde im Abschnitt 7.5 (Seite 132) schon angesprochen. In diesem Kapitel soll nun die Berechnung von Effektgrößen für verschiedene statistische Verfahren vorgestellt werden. Die Notwendigkeit der Effektstärkenberechnung soll zunächst an zwei Beispielen aufgezeigt werden.

Beispiel 1: In einer Untersuchung mit N = 12 Krebspatienten wird in der Variablen "Befindlichkeit" eine Mittelwertsdifferenz zwischen zwei Therapiemethoden festgestellt. Diese Differenz erscheint zwar klinisch bedeutsam, wird aber statistisch nicht signifikant. Gibt es somit keinen Unterschied zwischen den beiden Therapiemethoden?

Beispiel 2: In einer Untersuchung mit N = 12800 Grundschülern wird ein signifikanter Mittelwertsunterschied in der Variablen "Intelligenz" zwischen Jungen und Mädchen festgestellt. Als ein kritischer Psychologe die Daten unter die Lupe nimmt, stellt er allerdings fest, dass dieser Unterschied nur 0,02 IQ-Punkte beträgt. Hat dieser Unterschied überhaupt eine praktische Relevanz?

Diese beiden Beispiele verdeutlichen, dass nicht nur α- und β-Fehler zusammenhängen, sondern auch die Effektgröße und der Stichprobenumfang einen entscheidenden Einfluss auf die statistische Signifikanzprüfung haben. Mit zunehmender Stichprobengrösse werden auch kleinere Effekt statistisch signifikant. Ein statistisch signifikantes Ergebnis spricht nicht unbedingt für ein praktisch relevantes Ergebnis. Ein praktisch relevantes Effekt kann hingegen aufgrund eines zu geringen Stichprobenumfangs nicht signifikant ausfallen.

Die folgenden vier statistischen Werte sind also voneinander abhängig:

1. Signifikanzniveau (α)
2. β-Fehler (somit auch die Teststärke 1-β)

3. Effektgröße

4. Stichprobenumfang

21.2 Definition

> **Definition:** Eine Effektgröße bezeichnet die standardisierte Form eines Mittelwertsunterschieds, beziehungsweise eines Zusammenhangmaßes oder einer Häufigkeitsverteilung. Nach den Vorschlag von Cohen (1988) werden Effektgrößen in kleine, mittlere und große Effekte unterteilt.

Für verschiedene statistische Verfahren gibt es nach Cohen (1988) unterschiedliche Effektgrößen mit spezifischen Klassifizierungen zur Bewertung ihrer jeweiligen Größe.

Tabelle 21.1: Effektgrößen bei verschiedenen Testverfahren

Verfahren	Effektgröße	Effekt		
		klein	mittel	groß
t-Test für unabhängige Stichproben (gerichtet)	$d = \frac{\mu_A - \mu_B}{\sigma_x}$	0,20	0,50	0,80
t-Test für unabhängige Stichproben (ungerichtet)	$d = \frac{|\mu_A - \mu_B|}{\sigma_x}$	0,20	0,50	0,80
Produkt-Moment-Korrelation	r	0,10	0,30	0,50
Punktbiseriale Korrelation	r_{pbis}	0,100	0,243	0,371
Biseriale Korrelation	r_{bis}	0,125	0,304	0,465
Korrelationsdifferenzen	$q = Z_A - Z_B$	0,10	0,30	0,50
Abweichung eines Anteilwertes P von .50	$g = P - 0{,}5$	0,05	0,15	0,25
Unterschiede zwischen Anteilswerten	$h = P_A - P_B$	0,20	0,50	0,80
χ^2-Test für Goodness of Fit und Kontingenztafeln	$w = \sqrt{\sum_{i=1}^{k} \frac{(P_{0i} - P_{1i})^2}{P_{0i}}}$	0,10	0,30	0,50
Varianzanalyse	$f = \sqrt{\frac{\eta^2}{1-\eta^2}}$	0,10	0,25	0,40
	$\eta^2 = \frac{SS_{Faktor\,A}}{SS_{Total}}$	0,01	0,06	0,14
Multivariate Verfahren	$f^2 = \frac{R^2}{1-R^2}$	0,02	0,15	0,35

21.3 Optimaler Stichprobenumfang

Neben der Berechnung der Effektgröße nach einer Untersuchung kann vor einer Untersuchung der sogenannte optimale Stichprobenumfang a priori festgelegt werden.

> **Definition:** Sind die zu erwartende Effektgröße, α- und β-Fehler einer Untersuchung bekannt, beziehungsweise festgelegt, kann der **optimale Stichprobenumfang** ermittelt werden. Dieser ist gerade so groß, dass der zu erwartende Effekt signifikant wird, und so klein, dass geringere Effekte nicht bedeutsam werden.

Anmerkung: Der Begriff optimaler Stichprobenumfang bedeutet, dass dieser Stichprobenumfang aus statistischer Sicht groß genug ist, damit ein zu erwartender Effekt inferenzstatistisch abgesichert werden kann. Aus ökonomischer Sicht hingegen sollte die Stichprobe möglichst klein sein, da mit steigender Anzahl von Versuchspersonen auch der Zeit- und Kostenaufwand zunimmt. Aus rein statistischer Sicht handelt es sich allerdings beim optimalen Stichprobenumfang immer um einen minimalen Stichprobenumfang.

Liegen drei dieser vier Faktoren (α- und β-Fehler, Effektgröße und optimaler Stichprobenumfang) fest, kann die vierte Größe exakt berechnet werden kann. Als Richtgrößen für den α- und β-Fehler gilt die folgenden Konvention:

- Der α-Fehler wird auf 5%, beziehungsweise 1% festgelegt.
- Der β-Fehler beträgt das Vierfache des α-Fehlers, also 20% oder 4%.

Vor einer Untersuchung (a priori) muss beispielsweise aufgrund einer Literaturrecherche festgelegt werden, welcher Effekt aufgrund der vorliegenden Befunde als praktisch relevant bezeichnet werden kann. Hierdurch wird neben statistischer Signifikanz auch klinische Signifikanz (beziehungsweise Relevanz) einbezogen.

Beispielsweise würde bei einem t-Test für abhängige Stichproben und einer Effektgröße von d = 0,60 eine Stichprobe von mindestens 24 Personen benötigt werden. Bei der Festlegung des optimalen Stichprobenumfanges muss allerdings auch berücksichtigt werden, dass bei geplanter Studie mit Messwiederholung eventuell ein Drop-out durch Ausfall von Versuchspersonen zum zweiten Messzeitpunkt oder durch fehlerhafte Daten entstehen kann. Wird von einem Drop-out von 15% ausgegangen, so sollte statt 24 Personen eine Stichprobengröße von 28 anstrebt werden.

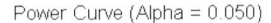

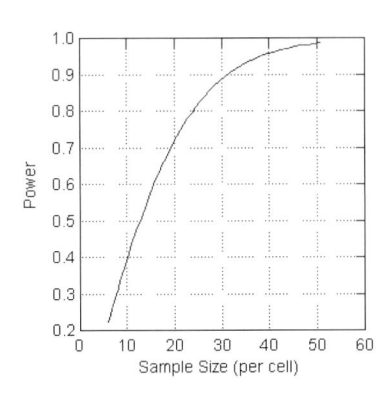

Abbildung 21.1: Verlauf der Teststärke bei d = 0,60, abhängige Stichprobe

Andererseits kann nach einer Untersuchung neben den inferenzstatistischen Kennwerten auch die Effektgröße als deskriptiver Kennwert bestimmt werden, so dass für eine Mittelwertsdifferenz auch die praktische Relevanz abgebildet wird.

So würde man bei der Berechnung einer Varianzanalyse beispielsweise über η^2 die Effektgröße f berechnen und mit Hilfe der Einteilung von Cohen (1988) diese Effekte als kleine, mittlere oder große Effekte bezeichnen. In Untersuchungen mit sehr großen Stichproben sollten immer Effektgrößen angegeben werden, da sonst möglicherweise aufgrund statistisch signifikanter, aber praktisch nicht relevanter Mittelwertsunterschiede neue kostspielige Therapieverfahren eingeführt werden, die jedoch kaum praktisch relevant sind.

Anmerkung: Viele Statistik-Programme erlauben sowohl die Berechnung des optimalen Stichprobenumfangs als auch der Effektgröße. Allerdings muss berücksichtigt werden, dass bei der Interpretation des berechneten optimalen Stichprobenumfanges berücksichtigt werden muss, wie groß die zu erwartende Drop-out-Rate ist. Auch ist aus Sicht eines Statistikers eine Stichprobe eigentlich nie groß genug, da mit zunehmender Stichprobengröße die Teststärke der Verfahren steigt.

Probleme: Gerade in der Berechnung der Effektstärken beim Vergleich zwischen zwei Gruppen mit Hilfe des d-Maßes nach Cohen (1988) bestehen noch Diskussionen darüber, an welcher Standardabweichung zu relativieren ist. Insbesondere im Messwiederholungsfall werden unterschiedliche Streuungen vorgeschlagen.

1. Die Prä-Streuung der Untersuchungsgruppe (Kazis, Anderson & Meenan, 1989):
   Kazis et al. (1989) gehen davon aus, dass über die Standardabweichung in der Prätest-Gruppe die Standardabweichung in der eventuell nicht vorhandenen Kontrollgruppe geschätzt werden kann.

2. Die Prä-Streuung der Kontrollgruppe:
   Bei einer Untersuchung mit mehreren Untersuchungsbedingungen sind so die berechneten Effektstärken vergleichbarer, da immer an der identischen Standardabweichung relativiert wird.

3. Die Prä-Streuung der Gesamtgruppe (alle Untersuchungsbedingungen und Kontrollgruppe):
   Dieses Vorgehen schlägt Grawe (1992) für seine Therapieerfolgsstudie vor, damit die Ergebnisse von unterschiedlichen Studien vergleichbar werden. Durch ein solches Vorgehen soll der starke Einfluss der Kontrollgruppenvarianz relativiert werden.

4. Die Prä- und die Post-Streuung der jeweiligen Gruppe (Hartmann, Herzog & Drinkmann, 1992):
   Bei einer Meta-Analyse zum Effekt von Psychotherapie bei an Bulimie erkrankten Patienten wurde von Hartmann et al. (1992) die gepoolte Prä-Post-Streuung verwendet, da durch eine Mittelung der Prä- und der Post-Standardabweichung eine bessere Schätzung der Populationsstandardabweichung gegeben wäre.

5. Die Prä-Post-Differenz (Bortz & Döring, 1995):
   Für ein t-Test für abhängige Stichproben empfehlen Bortz und Döring (1995) die Streuung der Differenzwerte und berücksichtigen die geringeren Freiheitsgrade durch eine Multiplikation der Streuung mit $\sqrt{2}$. Dies soll der Reduktion des Freiheitsgrades von $2 \cdot (n - 1)$ auf $(n - 1)$ entgegenwirken. Dieses d'-Maß wird von Cohen (1988) nur zur Ermittlung der Teststärke in seinem Tabellenwerk benötigt. Da Cohen (1988) nur Tabellen für die Berechnung der Teststärke beim t-Test für unabhängige Stichproben aufführt, berücksichtigt er die höhere Teststärke des t-Tests für abhängige Stichproben, indem er zum Ablesen des relevanten Wertes eine Multiplikation mit $\sqrt{2}$ empfiehlt. Dieses d'-Maß sollte nicht als Effektgrößemaß angegeben werden.

6. Die Prä-Post-Differenz (Cohen, 1988; Gerdes, 1998):
   Diese Effektgröße leitet sich aus dem t-Test für abhängige Stichproben ab und berücksichtigt die Streuung der Differenzen ohne die Korrektur für abhängige Stichproben nach (Bortz & Döring, 1995). Hierbei handelt es sich nach Cohen (1988) um das korrekte Vorgehen. Allerdings muss bei der Interpretation dieses Maßes berücksichtigt werden, dass die Homogenität der Veränderung einen großen Einfluss auf die resultierende Effektgröße hat.

Anmerkung: Momentan existieren keine einheitlichen Richtlinien bei der Bestimmung der Effektgrößen. Das Vorgehen nach Cohen (1988) wird nicht immer durchgeführt, wobei je nach zugrunde gelegter Streuung teilweise sehr unterschiedliche Effektgrößen resultieren können. Die Form der Berechnung ist somit stets anzugeben.

Neben der Wahl der berücksichtigen Streuung hat die Homogenität der untersuchten Gruppe ebenfalls einen Einfluss auf die ermittelte Effektgröße. Je nach Homogenität ergeben sich bei identischer Mittelwertsdifferenz unterschiedliche Effektgrößen. Neben den Effektgrößen sollten bei der Interpretation von Untersuchungsergebnissen immer auch Mittelwertsdifferenzen berücksichtigt werden.

21.4 Zusammenfassung

In diesem Kapitel wurde dargestellt, das neben der **statistischen Signifikanz** auch die **praktische Signifikanz (Relevanz)** der beobachteten Effekte berücksichtigt werden muss. Optimale Stichprobenumfänge sollten a priori vor der Datenerhebung bestimmt werden. Bei der Ergebnisdarstellung sollten immer a posteriori die jeweiligen Effektgrößen berichtet werden, so dass die praktische Relevanz der Ergebnisse beurteilt werden kann.

Teil VII

Statistikprogramme und Epilog

22 Verschiedene Statistikprogramme

In diesem Kapitel sollen die im sozialwissenschaftlichen Bereich am häufigsten verwendeten Statistikprogramme vorgestellt werden. Es werden Vor- und Nachteile der verschiedenen Programme diskutiert und Hinweise auf die jeweiligen Homepages der Softwarefirmen gegeben.

22.1 Standardsoftware

SPSS

Im Bereich der Sozialwissenschaften ist SPSS (Statistical Package for the Social Sciences) das führende Statistikprogramm. Über 90 Prozent aller Hochschulen in Deutschland arbeiten mit dieser Software. Das Programm verfügt über zwei Bedienungsformen, die historisch gewachsene Möglichkeiten der Syntax-Befehle und das Menue-gesteuerte Aufrufen von Befehlen per Mausklick. Die aktuelle Version 12.0 bietet eine Vielzahl statistischer Berechnungsmöglichkeiten. Aus den Publikationen zu SPSS soll an dieser Stelle auf das Buch von Diehl und Staufenbiel (2001) hingewiesen werden, das neben der Bedienung des Programms auch sehr anschaulich die Interpretation der Ausgaben behandelt. Ein Nachteil von SPSS ist das überarbeitungsbedürftige Grafikmodul und das mangelhafte Hilfemodul des Programmes. Zwar werden sämtliche Handbücher als PDF-Datei mitgeliefert, doch sollte bei einem modernen Programm das Suchen von Hilfestellungen und die Vernetzung von Wissen besser organisiert sein. Außerdem wird das Programm nicht als komplettes Paket angeboten, bestimmte Module, wie beispielsweise zur Teststärkenberechnungen, sind einzeln hinzu zukaufen. Ein weiterer Nachteil ist auch der im Vergleich zu anderen Programmen relativ hohe Preis dieser Software.

Trotz verschiedener Schwächen des Programms ist allerdings anzumerken, dass aufgrund der enormen Verbreitung im sozialwissenschaftlichen Bereich Kenntnisse im Umgang mit SPSS und in der Interpretation der Analyseergebnisse unumgänglich sind. Für üblichen Berechnungen ist dieses Programm sicherlich geeignet, insbesondere da gerade der gelegentliche Nutzer gut mit der Programmoberfläche zurecht kommt.

Die Homepage von SPSS:
http://www.spss.com/
http://www.spss.com/de/ (Deutschsprachige Seite)

SAS

Das Programmpaket SAS (Statistical Analysis System) ist die in der Biometrie und in der medizinischen Statistik vermutlich verbreitetste Statistiksoftware. Zur Bedienung dieses Programms ist jedoch, auch bei den neueren Programmversionen mit Menue-gesteuerter Oberfläche, erhebliches Expertenwissen vorausgesetzt. Die Fehlermeldungen des Programmes lassen den ungeübten Benutzer oft ratlos zurück. Gute Hilfestellungen[1] sind jedoch über das Internet zugänglich. Ein großer Vorteil dieses Programmes ist eine sehr aktive Benutzergruppe, die für viele statistische Probleme außerhalb der "Standardberechnungen" spezielle Programmroutinen anbietet, die leicht für die eigene Fragestellung zu adaptieren sind. Auch hat dieses Programm ein gutes Image, denn, wer SAS kann, ist angeblich auch ein guter Statistiker. Dies spiegelt sich auch im Leitsatz der Firma wieder: "The Power to Know".

SAS ist interessant für Leute, die eher im Bereich der medizinischen Statistik, der Biometrie, arbeiten wollen. Auch Anwender mit Fragestellungen jenseits der "Standardstatistik" werden nach einiger Einarbeitungszeit ihre Freude an SAS haben.

Mehr zu SAS unter:
http://www.sas.com/

SYSTAT

Als drittes Programmpaket soll an dieser Stelle kurz SYSTAT vorgestellt werden. Ein großer Vorteil des Programms ist die "all-inclusive" Philosophie dieses Programms. Alle Module sind in der Grundversion enthalten, es sind nicht nachträglich Module hinzuzukaufen und nachzuinstallieren. Didaktisch gut ist auch der Aufbau der Oberfläche über das Design einer Untersuchung mit notwendiger Power-Analyse bis hin zur Auswertung. Negativ fallen allerdings einige Kleinigkeiten auf, wie beispielsweise der fehlende Homogenitätstest beim t-Test für unabhängige Stichproben.

SYSTAT zeigt gegenüber den Konkurrenten wenig Vorteile. Die Bedienung ist ähnlich problemlos wie beispielsweise in SPSS, da es sich gegenüber diesem Marktführer jedoch kaum durchsetzen wird, ist die Einarbeitung in SYSTAT nicht zu empfehlen.

Mehr zu SYSTAT inklusive einer freien Download-Version unter:
http://www.systat.com

---

[1] Beispielsweise unter http://www.urz.uni-heidelberg.de/statistik/sas-ah/

Statistica

Das Programm Statistica bietet vermutlich die besten grafischen Darstellungsmöglichkeiten, die innerhalb der Statistik-Programme verfügbar sind. Neben diesen hervorzuhebenden Grafik-Tools ist Statistica in Programmpakete für die deskriptive Statistik, lineare und nicht-lineare Modelle, multivariate explorative Berechnungen, Power-Analysen, neuronale Netzwerke, Prozess-Analysen und Data-Mining untergliedert. Besonders hervorzuheben ist auch die sehr gute Online-Hilfe[2], die nicht nur die Bedienung des Programmes, sondern auch den statistischen Hintergrund erläutert. Auch sind die Ergebnisse einer statistischen Berechnung in einzelnen Ergebnisabschnitten aufrufbar, so dass die Interpretation einer Auswertung übersichtlich bleibt.

Statistica ist ein sehr zu empfehlendes Programm, da die Herstellerfirma einen sehr engen Kontakt zum wissenschaftlichen Benutzter pflegt.

Mehr zu Statistica, inklusive verschiedener Demo-Downloads der Version 6, unter: http://www.statsoftinc.com/

S, S Plus und R

S ist ein Skript-basiertes Programm, das oft bei Mathematikern eingesetzt wird. Bei S Plus handelt es sich um die kommerziell vertriebene und betreute Version dieses Programms. Mit S Plus werden verschiedene Auswertungsprogramme zur explorativen Datenanalyse und zum Erzeugen statistischer Modelle aufgerufen. Neuere Versionen dieses Programms unterstützen auch die Arbeit über eine Menue-Leiste. Trotzdem werden die meisten Benutzer wahrscheinlich immer noch über die Definition von Skripten arbeiten. Das Programmpaket R ist eine relativ ähnliche, aber kostenlose Software (Freeware).

Ein großer Vorteil von S ist die frei erhältliche Version R. Ansonsten gelten ähnliche Bewertungen wie bei SAS, wobei bei S Plus der Kundenkreis eher unter den Stochastikern und Statistikern innerhalb der Mathematik zu finden ist. S Plus benötigt ebenfalls eine längere Einarbeitungszeit und fundiertere Kenntnisse in Statistik, hat dann allerdings im Vergleich zu Menue-gesteuerten Programmen mehr Freiheiten.

Mehr zur Entwicklung von S unter:
http://cm.bell-labs.com/cm/ms/departments/sia/S/index.html

Die Homepage der kommerziellen Version von S, S Plus:
http://www.insightful.com/products/

Das Freeware-Programm R ist erhältlich unter:
http://www.r-project.org/

Matlab und Scilab

Bei Matlab handelt es sich um eine technische Computersprache, die verschiedenste Berechnungen über Syntaxeingabe erlaubt. Das Programm wird beispielsweise bei

---

[2]online-Hilfe unter http://www.statsoftinc.com/textbook/stathome.html

Auswertung großer Datenmenge, zum Beispiel bei kernspinntomografischen Untersuchungen, eingesetzt und erlaubt neben der Berechnung üblicher Statistiken das Modellieren und Simulieren statistischer Modelle. Scilab ist eine Freeware-Version dieses Programms und entspricht Matlab in großen Teilen, ist jedoch nicht hundertprozentig kompatibel.

Auch bei diesem Programm sind eine längere Einlernzeit und fundierte mathematische Kenntnisse erforderlich. Die Definition von Berechnungen über Matrizengleichungen ist üblich. Das Programm ist somit eher für professionelle Anwender im statistisch-mathematischen Bereich geeignet.

Die Homepage von Matlab findet man unter:
http://www.mathworks.com/

Die Homepage von Scilab, der Freeware-Version mit Download-Möglichkeiten gibt es unter der folgenden Adresse:
http://www-rocq.inria.fr/scilab/

Excel

Das Programmpaket Excel ist Bestandteil des Office-Paketes der Firma Microsoft. Dieses Tabellenkalkulationsprogramm enthält verschiedene grundlegende statistische Berechnungsalgorithmen und erlaubt die Eingabe algebraischer Formeln zur Berechnung statistischer Kennwerte. Das Programm ermöglicht ein gutes und übersichtliches Datenhandling über mehrere Tabellenseiten. Viele Berechnungen im vorliegenden Buch wie beispielsweise die Varianzanalyse wurden in kleinen Schritten mit Excel durchgeführt. Ein gute Einführung in Statistik mit Excel ist bei Monka und Voß (2002) zu finden. Ähnliche Tabellenkalkulationsprogramme werden von Staroffice oder OpenOffice angeboten. Über eine Vielzahl von Grafiken können Ergebnisse gut visualisiert werden.

Excel ist eher für den Bereich der deskriptiven Statistik geeignet. Entscheidende Vorteile sind die Möglichkeiten des Datenhandlings, der graphischen Darstellung und zur Datenvorbereitung vor der statistischen Auswertung in einem anderen Programm.

Mehr zur Firma Microsoft:
http://www.microsoft.com/

Freie Office-Pakete unter:
http://www.staroffice.org/
http://www.openoffice.org/

22.2 Spezielle Programme

In diesem Abschnitt werden einige Programme für spezielle Anwendungen vorgestellt.

AMOS

Im Bereich der Pfadanalysen, Strukturgleichungsmodelle und latenten Merkmalsanalysen ist sicherlich das Programm AMOS von James L. Arbuckle hervorzuheben. Das Programm wird von der Firma SPSS vertrieben, wobei über die Homepage des Herstellers Smallwaters noch eine kostenlose, in der Variablenanzahl jedoch eingeschränkte Studierendenversion, herunterzuladen ist. Der Werbeslogan, dass mit AMOS nun auch Strukturgleichungsmodelle ohne grundlegende Kenntnisse durchgeführt werden können, stimmt nachdenklich. Mit dieser Aussage von SPSS soll jedoch nur deutlich gemacht werden, dass die grafische Oberfläche dieses Programms und deren einfache Bedienung es dem Nutzer leicht machen, Strukturgleichungsmodelle zu berechnen. Sowohl Rohdatensätze als auch Kovarianzmatrizen können als Datengrundlage herangezogen werden, was unter anderem die Reanalyse von veröffentlichten Daten ermöglicht.

AMOS ist allen zu empfehlen, die Strukturgleichungsmodellen testen wollen. Die Konstruktion der Modelle ist einfach durchzuführen.

AMOS bei SPSS unter:
http://www.spss.com/spssbi/amos/

Studierendenversion von AMOS unter:
http://www.smallwaters.com/amos/

Lisrel und Prelis

Lisrel und Prelis, unter der Mitwirkung von Karl Jöreskog entstanden, sind ähnlich wie AMOS, Programme zur Berechnung von Strukturgleichungsmodellen. Beide Programme werden über die Eingabe von Syntax-Befehlen gesteuert, was für den ungeübten Benutzter meistens sehr abschreckend ist. Die auf den ersten Blick kryptisch wirkenden Befehle ermöglichen nur einem kompetenten Benutzer einen effizienten Umgang mit diesem Programm.

Da der Umgang mit diesem Programm eher schwierig ist, sollte man erste Schritte in der Berechnung von Strukturgleichungsmodellen eher mit AMOS machen.

Homepage von Lisrel mit freier Downloadversion für Studierende:
http://www.ssicentral.com/lisrel/mainlis.htm

G-Power

Bei G-Power handelt es sich um ein Freeware-Programm, das die Berechnung von Effektgrößen und optimalen Stichprobenumfängen für abhängige und unabhängige t-Tests, F-Tests für Varianz- und Regressionsanalysen und χ^2-Tests erlaubt. Es gibt eine umfangreiche Hilfe im Internet. Das aktuelle Programm läuft noch im DOS-Modus, ist aber leicht zu bedienen.

Die aktuelle Version dieses Programms ist wegen des DOS-Modus gewöhnungsbedürftig. Allerdings ist dieses Programm immer noch eine günstige Alternative gegenüber den relativ teuren Zusatzmodulen einiger Programme (beispielsweise SPSS). Wird ein Softwareprogramm mit einem integrierten Modul für Poweranalysen, wie bei SYSTAT oder Statistica, benutzt, so wird G-Power nicht benötigt.

Download des Freeware-Programmes unter:
http://www.psycho.uni-duesseldorf.de/aap/projects/gpower/

22.3 Zusammenfassung

Neben den hier vorgestellten Produkten existieren auf dem immer größer werdenen Markt für Statistiksoftware noch viele andere Programme. Jedes der hier vorgestellten Hilfsmittel dient sicherlich der Testung von Hypothesen. Es sollte beim Einsatz dieser Programme jedoch stets bedacht werden, dass diese nie den inhaltlichen Sinn oder Unsinn einer Berechnung überprüfen. So wird beispielsweise ein Mittelwert über das nominalskalierte Merkmal Parteipräferenz problemlos berechnet. Viele Programme geben eine Unmenge von Informationen aus und lassen den Benutzer mit den Ergebnissen allein, so dass für ungeübte Anwender die Interpretation problematisch bleibt. Ohne ausreichende statistische Grundkenntnisse ist eine Interpretation eines Ausdrucks zu vermeiden.

Bei der Entscheidung für ein Programm sollte neben den Möglichkeiten auch die technische und inhaltliche Hilfestellung berücksichtigt werden.

23 Studiendurchführung und Ergebnisdarstellung

Nachdem dem Leser im ersten Kapitel ein beispielhafter Einblick in den problematischen Umgang mit der Statistik gegeben wurde und in den folgenden Kapiteln grundlegendes Wissen über die statistische Methodik vermittelt wurde, darf ein abschließendes Kapitel zur Durchführung von empirischer Forschung und Kommunikation der Befunde nicht fehlen.

Der folgende Text ist an den Artikel von Wilkinson und the Task Force on Statistical Inference (1999) angelehnt, der für die Psychologie Leitlinien zur Standardisierung von Publikationen in psychologischen Zeitschriften vorschlägt. Auch hier gilt die Richtlinie von Hall (1998):

> "Die Beratung durch einen Statistiker sollte jedoch schon in der Planungsphase einer Studie in Betracht gezogen werden." (Hall, 1998, S.12)

Selbstverständlich sollte die statistische Methodik nicht das beherrschende Element der Konzeption einer Studie sein, eine fehlende Auswertungsplanung wirkt sich hingegen fast immer negativ auf die gesamte Studie aus.

23.1 Methodik

Design

Als erstes ist zu klären, welches Studiendesign zur Überprüfung der jeweiligen Fragestellung geeignet ist. Bei Studien mit mehreren Fragestellungen müssen diese explizit definiert und in eine Rangreihe gebracht werden. Aufgrund der Fragestellungen muss dann entschieden werden, mit welchem Design diese beantwortet werden können (Experimente, Quasi-Experimente, Fallberichte, Feldstudien, Querschnitts- und Längsschnittstudien). Zur Überprüfung von statistischen Hypothesen sind randomisierte Kontrollgruppenstudien wegen der höheren interen Validität vorzuziehen, wobei jedes Design seine individuellen Vor- und Nachteile hat, die im Bezug auf die jeweilige Zielsetzung diskutiert werden müssen.

Population und Stichprobe

Die Interpretation eines Studienergebnisses ist von der untersuchten Population abhängig. Diese sollte vor der Durchführung einer Studie explizit definiert werden. Neben Menschen existieren hierbei auch noch andere mögliche Populationen, wie beispielsweise verschiedene Stimuli oder Studien. Die Definition der Population und die repräsentative Verwirklichung dieser in der Stichprobe hat immer Folgen für die Gültigkeit der Resultate.

Der Vorgang der Stichprobenziehung sollte präzise beschrieben werden. Es sind Einbeziehungsweise Ausschlusskriterien für die Populations- beziehungsweise Stichprobenzugehörigkeit zu definieren. Aus ethischen oder praktischen Gründen müssen bestimmte Personen manchmal aus einer Untersuchung ausgeschlossen werden. So kann neben der Muttersprache oft die Komorbidität, das Vorhandensein anderer Erkrankungen, ein Grund für die Ablehnung einer Person sein. Dieser Ausschluss schränkt den Geltungsbereich der Studienergebnisse möglicherweise ein.

Jede Stratifizierung (= Gewichtung der Stichprobe nach bestimmten Kriterien) ist genau zu beschreiben, da die Auswahl der Stichprobe bestimmten Vorgaben unterliegt. Kontroll- und Experimentalgruppe sind bezüglich bestimmter Kriterien vergleichbar zu machen (= matchten). Für Subgruppen ist die jeweilige Stichprobengröße anzugeben. Falls die Subgruppen nicht zufällig ausgewählt werden, ist das Auswahlverfahren klar und verständlich darzustellen.

Zuordnung

Die Zuordnung der Teilnehmer zu Studienbedingungen erfolgt durch zufällige oder nicht-zufälligen Zuordnung. Die zufällige Zuordnung (=Randomisierung) ist jedoch nicht mit der Zufallsstichprobe zu verwechseln. Der Vorgang der Zuordnung zu den Studienbedingen sollte unabhängig von der Art der Zuordnung immer in einer Publikation transparent sein.

Um eine zufällig Zuordnung zu sichern, empfiehlt sich eine externe Zuordnung über einen Zufallsgenerator eines Computers oder über publizierte Zufallstafeln. Bei der Generierung von Zufallszahlen über einen Computer gibt es die Möglichkeit der blockweisen Randomisierung, welche sich gerade bei Studien mit kleiner Stichprobengröße empfiehlt. Hierbei wird innerhalb einzelner Blöcke von Studienteilnehmern (beispielsweise jeweils 100 Personen) eine gleichmäßige Verteilung auf die Studienbedingungen angestrebt. Dies verhindert ungleiche Zellenbesetzungen.

Eine nicht-zufällige Zuordnung sollte nur gewählt werden, wenn eine zufällige Zuordnung aus praktischen oder ethischen Gründen unmöglich scheint. Möglicherweise können schon von vorneherein bestehende Gruppen, beispielsweise verschiedene Stationen einer Klinik, für eine Studie nicht neu verteilt werden. Oft ist nicht zu vermeiden, dass Kontroll- und Experimentalgruppe sich über ihre Erfahrungen in den verschiedenen Untersuchungsbedingungen austauschen, was zu einer "Verwässerung" des Designs und zu einer Abschwächung der Effekte führen kann.

Im Allgemeinen sollten bei nicht-zufälligen Zuordnung stets Kovariaten, sogenannte potentielle "confounder", erhoben werden. Dies sind alle Variablen, die einen Einfluss auf die Ergebnisvariablen haben könnten und welche in den verschiedenen Studiengruppen unterschiedlich verteilt sein können. Wird beispielsweise bei einer neuropsychologischen Untersuchung die Reaktionszeiten und die Qualität des Arbeitsgedächtnisses gemessen, so hat unter anderem sicherlich das Alter einen entscheidenden Einfluss auf die Ergebnisvariablen. Der Einfluss dieser konfundierenden Variablen ist im Untersuchungsdesign oder und im der statistische Analyse zu berücksichtigen.

Gerade bei Studien mit einer nicht-zufälligen Zuordnung müssen alle möglichen Ursachen für eine Verzerrung (=Bias) beschrieben werden.

Messung

Es ist detailliert zu beschreiben, welche Merkmale unter welcher Zielsetzung wie erhoben worden sind. Da mit Länge der Untersuchung die Quote der Verweigerer exponentiell ansteigt, sollten nur relevante Messinstrumente verwendet werden. Die Verwendung von Fragebögen ohne inhaltliche Begründung sollte vermieden werden. Bei allen Variablen sind die jeweiligen Maßeinheiten anzugeben.

Bei der elektronischen Erfassung der Messergebnisse sind die Variablen immer eindeutig zu benennen (=labeln). Diese Dokumentation erleichtert auch noch nach Jahren die Analyse von Datensätzen.

Instrumente

Die Berechnung von Summen- und Subskalenscores sind genau darzulegen. Analoges gilt für Normierunginformationen. Testtheoretische Kennwerte zur Validität und Reliabilität sind in die Darstellung miteinzubeziehen. Eine sehr niedrige Retest-Reliabilität eines verwendeten Messinstrument kann zu niedrigen Zusammenhängen zwischen den Prä-Post-Werten führen. Werden physiologische Messinstrumente, beispielsweise ein EKG-Messgerät, verwendet, ist so viel Information mitzuteilen (Marke, Gerätetyp, Einstellungen), dass die Untersuchung repliziert werden kann.

Da die Reliabilität eines Fragebogens oft für eine bestimmte Population ermittelt wird, sind Kompromisse bei der Auswahl eines Instrumentes unumgänglich. Die Wahl eines Fragebogens mit einer geringen Retest-Reliabilität kann besser sein als die Verwendung eines nicht-standardisiertes Instruments.

Neben der Reliabilität ist die Validität zu beschreiben. Misst das Instrument, was es zu messen vorgibt? Oder wird ein völlig anderes Konstrukt gemessen? Möglicherweise misst ein Fragebogen zur Therapiezufriedenheit bei ambulanter Therapie nicht die Zufriedenheit des Patienten mit der Therapie, sondern die Sympathie, die der Patient für den Therapeuten empfindet.

Bei neu und/ oder selbstentwickelten Messinstrumenten ist die Angabe testtheoretischer Gütekriterien extrem wichtig. Die Rohwerte einzelner Skalen sollten immer deskriptiv beschrieben werden. Durch eine genaue Beschreibung selbsterstellter Fragebögen wird eine Replikation und somit eine Validierung des Instrumentes möglich.

Durchführung

Auch eine gut geplante Studie vor dem Problem fehlender Untersuchungsteilnehmer nicht gefeit. Jegliche Form des Schwunds von Versuchspersonen durch mangelnde Compliance, Umzug, Tod oder andere Ursachen ist genau zu beschreiben. Die Ursachen des Schwunds können die Generalisierbarkeit der Ergebnisse beeinflussen. Zudem kann auch der Untersucher einen Einfluss auf die Ergebnisse haben. Gerade wenn Planung, Durchführung und Analyse in einer Hand liegen, kann es durch bewusste oder unbewusste Beeinflussung der Ergebnisse durch den Forschenden kommen (Rosenthal, 1966). Dies kann durch Doppel- oder Dreifachblind-Untersuchungen verhindet werden, bei welchen weder die Versuchsperson, der Untersucher, noch der Auswertende Kenntnis von der Zuordnung der Versuchspersonen zur Experimental- oder Kontrollgruppe haben.

Teststärke und Stichprobengröße

Die Wahl der angestrebten Stichprobengröße ist immer zu begründen. Über der theoretisch begründeten zu erwartenden Effektstärke ist die Ermittlung des optimalen Stichprobenumfangs darzugelegen. Cohen (1988) betont die Notwendigkeit einer a priori ermittelten Teststärkenanalyse ("power"), so dass die Gefahr eines β-Fehlers aufgrund einer zu geringen Stichprobengrößen vermieden werden kann. Computersoftware zur Berechnung der Teststärke sind teilweise in manchen Programmen enthalten (beispielsweise in SYSTAT, in SPSS als Modul) oder können als einzelne Programme bezogen werden (beispielsweise g-power[1]).

23.2 Ergebnisse

Bevor Studienergebnisse präsentiert werden, sollten zuerst eventuell aufgetretene Probleme bei der Datenerhebung berichtet werden. Wenn eine geplante Analyse wegen fehlender Daten oder einer zu geringen Stichprobe durch ein anderes (eventuell nonparametrisches) Verfahren ersetzt werden muss, ist dies transparent darzustellen. Im Ergebnisteil einer Studie sind die deskriptiven Kennwerte und die Überprüfung von Verteilungsvoraussetzungen darzustellen. Mögliche Ausreißer und von den Analysen ausgeschlossen Fälle sind ebenfalls zu explizieren.

23.3 Analyse

Auswahl des passenden Verfahrens

Die modernen quantitativen Auswertungsmethoden geben dem Forscher ein Bündel mit vielen Verfahren an die Hand. Allerdings sollten komplexe Verfahren nicht nur

---

[1] Download unter http://www.psycho.uni-duesseldorf.de/aap/projects/gpower/how_to_use_gpower.html

aufgrund eines "Trends" eingesetzt werden. Es ist stets das Verfahren zu wählen, das die Fragestellung mit dem geringsten Komplexitätsgrad löst. So ist beispielsweise ein Vergleich zweier Gruppenmittelwerte über eine einfaktorielle Varianzanalyse oder einen t-Test für unabhängige Gruppen möglich. Beide Verfahren führen zu identischen Ergebnissen ($F = t^2$). Ein hochkomplexes Verfahren sollte jedoch nicht verwendet werden, um den Leser zu beeindrucken oder Kritik zu unterdrücken.

Statistik-Programme

Momentan gibt es eine Vielzahl guter Statistik-Programmen auf einem immer größer werdenden Markt. Wichtiger als die Entscheidung für ein spezifisches Programm (SYSTAT, SPSS, STATISTICA, S PLUS etc.) ist die Fähigkeit, die Ausgabe eines Programmes auf seine Richtigkeit zu überprüfen, die Bedeutung der Ausgaben zu verstehen und genau zu wissen, was eigentlich berechnet wurde. Es sollte immer dokumentiert werden, mit welchem Programm und welchem Befehl oder welcher Prozedur gerechnet wurde. Es ist der Sinn und Zweck einer durchgeführten Analyse immer transparent zu machen.

Voraussetzung

Vor jeder Analyse müssen zuvor immer die jeweiligen Voraussetzungen überprüft werden. Neben der Angabe von statistischen Kennwerten (beispielsweise Schiefe und Exzess) ist auch eine grafische Auswertung sinnvoll. Bei der Voraussetzungstestung muss allerdings die Sensitivität der jeweiligen Verfahren beachtet werden. Bestimmte Verfahren zur Überprüfung der Varianzhomogenität und zur Testung auf Normalverteilung sind von der Stichprobengröße abhängig.

Hypothesentestung

Gerade bei der Darstellung der berechneten p-Werte gibt es keine Situation, in der die Angabe einer dichotomen Entscheidung (angenommen-abgelehnt) sinnvoller erscheint als der genaue Bericht des jeweiligen p-Wertes. Auch sollte nie der falsche Begriff der "Annahme der Nullhypothese" verwendet werden. Die Nullhypothese kann nur beibehalten werden. Weiter sollten Begriffe wie "tendenziell signifikant" oder "beinahe signifikant" vermieden werden. Bortz (1999) hat die Begriffe "signifikant" und "hoch signifikant" für die Signifikanztestung auf dem 1%- oder 5%-Niveau eingeführt. Diese Bezeichnung wurde von vielen Autoren übernommen, scheint aber nicht sinnvoll zu sein, da das α-Niveau immer vor der Signifikanztestung festlegen werden muss und generell der exakte p-Wert angegeben werden sollte. Eine weitere Unsitte ist die Angabe von p=.000. Einige Statistik-Programme wie beispielsweise SPSS geben diese Werte in ihrer Ausgabe an, obwohl eigentlich ein p-Wert von p<.001 angegeben werden müsste. Ebenfalls suggeriert SPSS, dass es einen T-Test anstelle des eigentlich berechneten t-Tests gibt, wobei sich allerdings wie in diesem Buch beschreiben, die t-Werte des t-Tests von den T-Werten der T-Skala nach McCall unterscheiden.

Effektstärken und Konfidenzintervalle

Es sind immer Effektstärken und Konfidenzintervalle anzugeben, besonders wenn die Einheiten der jeweiligen Variablen nicht bekannt sind. Effektstärken sind von der Stichprobengröße unabhängig. Bei jeglicher Form einer Schätzung sollten immer Konfidenzintervalle angegeben werden, unabhängig davon, welcher Kennwert in der Population geschätzt werden soll.

Multivariate Ergebnisse

Komplexere Fragestellungen erfordern die Messung einer Vielzahl von Ergebnisparametern. Die multivariaten Analysen dieser Ergebnisse erfordern eine Berücksichtigung der Gefahr der α-Fehler-Inflationierung. Gerade innerhalb der Sozialwissenschaften werden oft auf mehreren Ebenen Merkmale erhoben, was zu einer Abhängigkeit der statistischen Resultate führen kann. Dies muss auf statistischer und inhaltlicher Ebene reduziert werden. Die Gefahr des α-Fehlers muss bei der statistischen Analyse berücksichtigt werden, wobei aus statistischer Sicht die Anzahl der zu untersuchenden Variablen immer so gering viele möglich sein sollte.

Kausalitäten

Die Ableitung von kausalen Zusammenhängen aus einer einzigen Studie ist nahezu unmöglich. Gerade in Quasi-Experimenten (nichtrandomisierten Studien) gibt es keinen Anlass, aus einer Korrelation eine Kausalität in eine Richtung abzuleiten. Auch bei randomisierten Studien ist eine Kausalität nur durch eine Replikation zu erhärten. Mit Hilfe von pfadanalytischen Modellen lässt sich allerdings eventuell eine Kausalität beweisen. Die Ergebnisse einer Pfadanalyse sollte aber immer an einer anderen Stichprobe kreuzvalidiert werden.

Tabellen und Grafiken

Tabellen und Graphen müssen immer die zugrundeliegenden Daten so deutlich und so exakt wie möglich beschreiben. Grafiken sollen komplexe Zusammenhänge möglichst einfach darstellen und gut lesbar sein. Komplexe Grafiken sind zu vermeiden, wenn man denselben Sachverhalt auch einfacher darstellen kann. Bei der Darstellung von Grafiken empfiehlt es sich immer, die Konfidenzintervalle mit den jeweiligen Standardfehlern abzubilden. Problematisch ist die Darstellung von Grafiken, die keine wichtigen Informationen enthalten. Gerade durch die einfache Produktion von Grafiken mittels entsprechender Statistik-Programme entsteht oft eine Flut von irrelevanten Grafiken, die dann, weil sie ja erzeugt worden sind, noch irgendwie in den Ergebnisbericht oder den Artikel müssen.

23.4 Diskussion

Bei der Interpretation von Ergebnissen im Diskussionsteil sollte immer bedacht werden, ob die gefundenen Effekte glaubwürdig, generalisierbar und robust sind. Kann ein Bezug auf frühere Studien hergestellt werden? Entspricht das verwendete Design diesen früheren Untersuchungen? Auf welche Population können die Ergebnisse generalisieren werden? Es muss ein Mittelweg gefunden werden, so dass die Ergebnisse weder übergeneralisiert noch zu zurückhaltend darstellt werden. Es muss also individuell entschieden werden, in welchem Bereich die Befunde gültig sein können. Es sind Schlussfolgerungen zu den Ergebnissen und deren möglichen Ursachen aufzustellen. Allerdings sollte man mit diesen Vermutungen möglichst sparsam umgehen und diese auch explizit als Spekulationen darstellen, welche zu weiterführenden Untersuchungen anregen könnten. Eine einzige Studie kann nie die bis dahin in der Literatur vorherrschende Meinung umstoßen. Das Ergebnis einer Studie kann nur im Zusammenhang mit vielen anderen Untersuchungen eine Veränderung im vorhandenen Theoriegebäude bewirken.

23.5 Zusammenfassung

In diesem Kapitel sollte die Relevanz eines guten statistisch-methodischen Vorgehens gezeigt werden. Eine grundlegende methodische Ausbildung erleichtert die Durchführung einer wissenschaftlichen Untersuchung. Die Angemessenheit eines Verfahrens sollte hierbei immer überprüft werden. Inhalt und Methodik sind zwei Seiten einer Medaille, wobei der Sinn und Zweck beider Seiten immer grundlegend hinterfragt werden muss. Inhalt ohne Methodik oder Methodik ohne Inhalt sind sinnlos.

Teil VIII

Anhang

A Mathematische Grundlagen

Schlagworte
▷ Summenzeichen
▷ Matrizen
▷ Matrizenaddition
▷ Matrizenmultiplikation
▷ Diagonalmatrix
▷ Nullmatrix
▷ Nullmatrix
▷ Erwartungswerte

In diesem Kapitel sollen einige mathematische Grundlagen und Herleitungen dargestellt werden, welche zum Verständnis der im Buch behandelten Themen notwendig sind.

A.1 Das Rechnen mit dem Summenzeichen Σ

Definition: Das Summenzeichen Σ (=Sigma) ermöglicht eine kürzere Schreibweise für additive Verknüpfungen.

$$\sum_{i=1}^{N} x_i = x_1 + x_2 + x_3 + \ldots + x_N \tag{A.1}$$

Die sogenannte Zählervariable i gibt den "Startwert" einer Addition an, er ist hier 1. N ist die obere Grenze der Summe, sozusagen der "Endwert". Hinter dem Summenzeichen wird der zu addierende Term angegeben. Es gelten die folgenden Rechenregeln:

$$\sum_{i=1}^{N}(x_i + y_i) = x_1 + y_1 + \ldots + x_N + y_N \tag{A.2}$$

$$= x_1 + \ldots + x_N + y_1 + \ldots + y_N \tag{A.3}$$

$$= \sum_{i=1}^{N} x_i + \sum_{i=1}^{N} y_i \tag{A.4}$$

$$\sum_{i=1}^{N} a \cdot x_i = a \cdot x_1 + \ldots + a \cdot x_N \tag{A.5}$$

$$= a \cdot (x_1 + \ldots + x_N) \tag{A.6}$$

$$= a \cdot \sum_{i=1}^{N} x_i \tag{A.7}$$

$$\sum_{i=1}^{N} a = \underbrace{a + a + a + \ldots + a}_{N-mal} \tag{A.8}$$

$$= N \cdot a \tag{A.9}$$

Beispiele: Als bekanntestes Beispiel für das Rechnen mit dem Summenzeichen kann die Berechnung des Mittelwerts, des Arithmetischen Mittels $\bar{x} = \frac{\sum_{i=1}^{N} x_i}{N}$ aufgeführt werden.

Für die Berechnung eines weiteren Beispiels sei $x_1 = 1, x_2 = 4, x_3 = 3, x_4 = 7, x_5 = 5$

$$\sum_{i=1}^{5}(2 \cdot x_i + 14) = \sum_{i=1}^{5} 2 \cdot x_i + \sum_{i=1}^{5} 14 \tag{A.10}$$

$$= 2 \cdot \sum_{i=1}^{5} x_i + 5 \cdot 14 \tag{A.11}$$

$$= 2 \cdot (1 + 4 + 3 + 7 + 5) + 70 \tag{A.12}$$

$$= 2 \cdot 20 + 70 \tag{A.13}$$

$$= 110 \tag{A.14}$$

Mit Hilfe des Summenzeichens kann man auch Klammern auflösen:

$$\sum_{i=6}^{10} 2 \cdot (x_i + 3 \cdot z_i + b) = \sum_{i=6}^{10}(2 \cdot x_i + 6 \cdot z_i + 2 \cdot b) \tag{A.15}$$

$$= \sum_{i=6}^{10} 2 \cdot x_i + \sum_{i=6}^{10} 6 \cdot z_i + \sum_{i=6}^{10} 2 \cdot b \tag{A.16}$$

$$= 2 \cdot \sum_{i=6}^{10} x_i + 6 \cdot \sum_{i=6}^{10} z_i + 10 \cdot b \tag{A.17}$$

Aber vorsicht bei scheinbar gleich aussehenden Formeln:

$$\sum_{i=6}^{10} 2 \cdot (x_i + 3 \cdot z) + b = \sum_{i=6}^{10}(2 \cdot x_i + 6 \cdot z) + b \tag{A.18}$$

$$= \sum_{i=6}^{10} 2 \cdot x_i + \sum_{i=6}^{10} 6 \cdot z + b \tag{A.19}$$

$$= 2 \cdot \sum_{i=6}^{10} x_i + 30 \cdot z + b \tag{A.20}$$

A.2 Matrizenrechnung

In diesem Abschnitt soll kurz der Begriff der Matrix und das Rechnen mit Matrizen eingeführt werden. Hierbei geht es nur um ein grundlegendes Verständnis des Rechnens mit Matrizen als ein Hilfsmittel der höheren Statistik.

Allgemeines zu Matrizen

Eine Matrix ist ein Zahlenschema, welches tabellenartig aus m Zahlenreihen und n Zahlenspalten besteht. Also hat eine mxn-Matrix insgesamt (m · n) Elemente.

Eine Matrix hat im Allgemeinen folgenden Aufbau:

$$\mathbf{X_{mxn}} = \begin{pmatrix} x_{11} & x_{12} & \dots & x_{1n} \\ x_{21} & x_{22} & \dots & x_{2n} \\ \vdots & \vdots & \ddots & \vdots \\ x_{m1} & x_{m2} & \dots & x_{mn} \end{pmatrix} \quad (A.21)$$

Diese Struktur erlaubt es, eine grosse Anzahl von Daten in einer Art Tabelle darzustellen. In einer Formel kann die Matrix **X** mit nur einem Symbol angegeben werden.

Es gelten die folgenden Definitionen für Matrizen:

1. Der erste Index bestimmt die Anzahl der Zeilen, der zweite die Anzahl der Spalten (**Z**eilen zuerst, **S**palten später).

2. Ist m = n, ist die Matrix quadratisch (z.B. A_{4x4}).

3. Alle Elemente x_{ii} (z.B. x_{22}) werden Hauptdiagonalelemente genannt und bilden die Hauptdiagonale.

4. Eine quadratische Matrix ist symmetrisch, wenn sie an dieser Hauptdiagonalen gespiegelt werden kann.

$$\mathbf{S_{nxn}} = \begin{pmatrix} x_{11} & x_{12} & \dots & x_{1n} \\ x_{12} & x_{22} & \dots & x_{2n} \\ \vdots & \vdots & \ddots & \vdots \\ x_{1n} & x_{2n} & \dots & x_{nn} \end{pmatrix} \quad (A.22)$$

5. Eine quadratische Matrix wird Diagonalmatrix genannt, falls alle Elemente ausserhalb der Hauptdiagonalen gleich Null sind.

$$\mathbf{D_{nxn}} = \begin{pmatrix} x_{11} & 0 & \dots & 0 \\ 0 & x_{22} & \dots & 0 \\ \vdots & \vdots & \ddots & \vdots \\ 0 & 0 & \dots & x_{nn} \end{pmatrix} \quad (A.23)$$

6. Sind weiterhin sämtliche Hauptdiagonalelemente der Diagonalmatrix gleich 1, so spricht man von einer Einheitsmatrix.

$$\mathbf{E_{nxn}} = \begin{pmatrix} 1 & 0 & \dots & 0 \\ 0 & 1 & \dots & 0 \\ \vdots & \vdots & \ddots & \vdots \\ 0 & 0 & \dots & 1 \end{pmatrix} \quad (A.24)$$

Wird eine Matrix mit einer Einheitmatrix multipliziert, bleibt diese erhalten. Die Einheitsmatrix ist das neutrale Element der Multiplikation von Matrizen, wie auch die 1 das neutrale Element der Multiplikation ist in der Menge der reellen Zahlen ist.

$$\mathbf{X} \cdot \mathbf{E} = \mathbf{X} \tag{A.25}$$

7. Die Nullmatrix ist dagegen das neutrale Element der Addition.

$$\mathbf{N_{nxn}} = \begin{pmatrix} 0 & 0 & \cdots & 0 \\ 0 & 0 & \cdots & 0 \\ \vdots & \vdots & \ddots & \vdots \\ 0 & 0 & \cdots & 0 \end{pmatrix} \tag{A.26}$$

8. Wird die Matrix $\mathbf{A}$ mit ihrer inversen Matrix $\mathbf{A^{-1}}$ multipliziert, ergibt sich eine Einheitsmatrix $\mathbf{E}$.

$$\mathbf{A} \cdot \mathbf{A^{-1}} = \mathbf{E} \tag{A.27}$$

9. Eine Matrix wird als transponiert bezeichnet, wenn alle Elemente an ihrer Hauptdiagonalen gespiegelt werden.

$$\mathbf{A^T_{mxn}} = \begin{pmatrix} x_{11} & x_{21} & \cdots & x_{m1} \\ x_{12} & x_{22} & \cdots & x_{m2} \\ \vdots & \vdots & \ddots & \vdots \\ x_{1n} & x_{2n} & \cdots & x_{mn} \end{pmatrix} \tag{A.28}$$

Rechnen mit Matrizen

Die **Matrizenaddition und -subtraktion** ist nur für Matrizen mit jeweils gleicher Zeilen- und Spaltenzahl definiert (z.B. kann A_{3x4} ausschließlich mit 3 Zeilen und 4 Spalten addiert oder subtrahiert werden). Man kann sozusagen die beiden Matrizen übereinanderlegen.

$$A_{mxn} + B_{mxn} = C_{mxn} \tag{A.29}$$

$$\begin{pmatrix} x_{11} & x_{12} & \cdots & x_{1n} \\ x_{21} & x_{22} & \cdots & x_{2n} \\ \vdots & \vdots & \ddots & \vdots \\ x_{m1} & x_{m2} & \cdots & x_{mn} \end{pmatrix} + \begin{pmatrix} y_{11} & y_{12} & \cdots & y_{1n} \\ y_{21} & y_{22} & \cdots & y_{2n} \\ \vdots & \vdots & \ddots & \vdots \\ y_{m1} & y_{m2} & \cdots & y_{mn} \end{pmatrix} =$$

$$\begin{pmatrix} x_{11} + y_{11} & x_{12} + y_{12} & \cdots & x_{1n} + y_{1n} \\ x_{21} + y_{21} & x_{22} + y_{22} & \cdots & x_{2n} + y_{1n} \\ \vdots & \vdots & \ddots & \vdots \\ x_{m1} + y_{m1} & x_{m2} + y_{m2} & \cdots & x_{mn} + y_{mn} \end{pmatrix} \tag{A.30}$$

Matrizen sind bei der Addition kommutativ.

$$A_{mxn} + B_{mxn} = B_{mxn} + A_{mxn} \tag{A.31}$$

Bei der **Multiplikation** wird zwischen der Multiplikation einer Matrix mit einem Skalar und der Multiplikation zweier Matrizen unterschieden.

Bei der Multiplikation mit einem Skalar wird jedes Element der Matrix mit dem Skalar multipliziert.

$$a \cdot \begin{pmatrix} x_{11} & x_{12} & \dots & x_{1n} \\ x_{21} & x_{22} & \dots & x_{2n} \\ \vdots & \vdots & \ddots & \vdots \\ x_{m1} & x_{m2} & \dots & x_{mn} \end{pmatrix} = \begin{pmatrix} a \cdot x_{11} & a \cdot x_{12} & \dots & a \cdot x_{1n} \\ a \cdot x_{21} & a \cdot x_{22} & \dots & a \cdot x_{2n} \\ \vdots & \vdots & \ddots & \vdots \\ a \cdot x_{m1} & a \cdot x_{m2} & \dots & a \cdot x_{mn} \end{pmatrix} \tag{A.32}$$

Die Multiplikation mit einem Skalar ist kommutativ und distributiv.

$$a \cdot A_{mxn} = A_{mxn} \cdot a \tag{A.33}$$
$$a \cdot (A_{mxn} + B_{mxn}) = a \cdot A_{mxn} + a \cdot B_{mxn} \tag{A.34}$$

Bei der **Multiplikation zweier Matrizen** ist hingegen eine Voraussetzung gegeben: Die Anzahl der Spalten der ersten Matrix muss der Anzahl der Zeilen der zweiten Matrix entsprechen: $A_{mxn} \cdot B_{nxk} = C_{mxk}$. Ein Element z_{ij} dieser neuen Matrix wird ermittelt, indem die Elemente der i-te Zeile der ersten Matrix und Elemente der die j-te Spalte der zweiten Matrix paarweise miteinander multipliziert und die Produkte anschließend aufsummiert werden.

$$\begin{pmatrix} \dots & \dots & \dots & \dots \\ x_{i1} & x_{i2} & \dots & x_{in} \\ \vdots & \vdots & \ddots & \vdots \\ \dots & \dots & \dots & \dots \end{pmatrix} \cdot \begin{pmatrix} \dots & y_{1j} & \dots \\ \dots & y_{2j} & \dots \\ \vdots & \vdots & \ddots \\ \dots & y_{nj} & \dots \end{pmatrix} = \begin{pmatrix} \dots & \dots & \dots & \dots \\ \dots & z_{ij} & \dots & \dots \\ \vdots & \vdots & \ddots & \vdots \\ \dots & \dots & \dots & \dots \end{pmatrix} \tag{A.35}$$

$$z_{ij} = x_{i1} \cdot y_{1j} + x_{i2} \cdot y_{2j} + x_{i3} \cdot y_{3j} + \dots + x_{in} \cdot y_{nj} \tag{A.36}$$
$$= \sum_{k=1}^{n} x_{ik} \cdot y_{kj} \tag{A.37}$$

Aber Vorsicht: Die Matrizenmultiplikation ist nicht kommutativ!!!

$$A_{nxn} \cdot B_{nxn} \neq B_{nxn} \cdot A_{nxn} \tag{A.38}$$

Allerdings ist die Matrizenmultiplikation distributiv und assoziativ.

$$(A_{nxn} + B_{nxn}) \cdot C_{nxn} = A_{nxn} \cdot C_{nxn} + B_{nxn} \cdot C_{nxn} \tag{A.39}$$

$$(A_{nxn} \cdot B_{nxn}) \cdot C_{nxn} = A_{nxn} \cdot (B_{nxn} \cdot C_{nxn}) \tag{A.40}$$

Diese Erläuterungen zum Umgang mit Matrizen sollen das Verständnis für die Inhalte dieses Buches erleichtern.

A.3 Erwartungswerte

Der folgende Abschnitt erläutert die Erwartungswerte im Rahmen der Varianzanalyse und ist als vertiefende Theorie zur Varianzanalyse zu betrachten. In der Varianzanalyse werden Erwartungswerte einerseits zur Varianzschätzung und andererseits zur Bestimmung der jeweilige F-Tests benötigt. Zuerst erfolgt eine allgemeine Theorie der Erwartungswerte.

> **Definition:** Der Erwartungswert einer Zufallsvariablen ist das gewichtete arithmetische Mittel sämtlicher möglicher Ergebnisse eines Zufallsexperiments. Die möglichen Ausgänge werden mit ihrer Auftretenswahrscheinlichkeit gewichtet.
>
> **Definition für diskrete Verteilungen:** Eine diskrete Zufallsvariable Y mit endlich vielen, beziehungsweise abzählbar unendlich vielen verschiedenen Werten $y_1, y_2, \ldots, y_n$ mit einer Auftretenswahrscheinlichkeit von
>
> $$p(y_i) = p(Y = y_i) \tag{A.41}$$
>
> mit $i = 1, \ldots, n$ hat einen Erwartungswert von
>
> $$E(Y) = \sum_{i=1}^{n} y_i \cdot p(y_i) \tag{A.42}$$
>
> **Definition für stetige Verteilungen:** Für stetige Variablen gilt:
>
> $$E(Y) = \int_{-\infty}^{+\infty} y \cdot f(y) dy \tag{A.43}$$
>
> mit $f(y)$ = Dichtefunktion der Verteilung von Y.

Beispiele für diskrete Verteilung: Beim Würfeln mit einem Würfel ist der Erwartungswert der Augenzahl $E(X) = 3{,}5$.

$$\frac{\sum_{i=1}^{6} i}{6} = \frac{1+2+3+4+5+6}{6} = 3{,}5 \tag{A.44}$$

Beim Werfen zweier Würfel ergibt sich folgender Erwartungswert:

$$E(X) = \sum_{i=2}^{12} i \cdot p(i) \tag{A.45}$$

$$= 2 \cdot \frac{1}{36} + \ldots + 7 \cdot \frac{6}{36} + \ldots + 12 \cdot \frac{1}{36} \tag{A.46}$$

$$= 7 \tag{A.47}$$

Rechenregeln

Es gelten für die Erwartungswerte (=E-Operatoren) mit a als eine beliebige Konstante und X und Y als Zufallsvariabeln die folgenden Regeln:

$$E(a) = a \tag{A.48}$$
$$E(aY) = aE(Y) \tag{A.49}$$
$$E(X+Y) = E(X) + E(Y) \tag{A.50}$$

Daraus folgt:

$$E(\sum aY) = a \sum E(Y) \tag{A.51}$$

Sind ausserdem X und Y unabhängig, dann gilt:

$$E(XY) = E(X) \cdot E(Y) \tag{A.52}$$

Die Varianz einer Zufallsvariablen wird wie folgt definiert:

$$var(Y) = \sigma_Y^2 = E[Y - E(Y)]^2 \tag{A.53}$$

Die Kovarianz zweier Zufallsvariablen X und Y wird wie folgt definiert:

$$cov(XY) = \sigma_{XY} = E[(X - E(X))(Y - E(Y))] \tag{A.54}$$

Nach dieser Einführung folgt nun die **Herleitung** der Erwartungswerte für die einfaktorielle Varianzenanalyse.

$$y_{ij} = \mu + \alpha_j + \epsilon_{ij} \tag{A.55}$$

Die entsprechenden Erwartungswerte lauten:

$$E(y_{ij}) = \mu + \alpha_j + E(\epsilon_{ij}) \tag{A.56}$$

Für die Gruppenmittelwerte folgt:

$$\bar{y}_j = \mu + \alpha_j + \bar{\epsilon}_j \tag{A.57}$$

Da die Summe der Effekte gleich Null ist, folgt:

$$\bar{y} = \mu + \bar{\epsilon} \tag{A.58}$$

Werden Geleichungen verknüpft, folgt dann:

$$\bar{y}_j - \bar{y} = \mu + \alpha_j + \bar{\epsilon}_j - (\mu + \bar{\epsilon}) \tag{A.59}$$
$$= \alpha_j + \bar{\epsilon}_j - \bar{\epsilon} \tag{A.60}$$

Durch Einsetzen in die Gleichung für $SS_{between}$ ergibt sich:

$$SS_{between} = \sum_j n_j (\bar{y}_j - \bar{y})^2 \tag{A.61}$$
$$= \sum_j n_j (\alpha_j + \bar{\epsilon}_j - \bar{\epsilon})^2 \tag{A.62}$$

Daraus ergeben sich folgende Erwartungswerte:

$$E(SS_{between}) = E(\sum_j n_j (\alpha_j + \bar{\epsilon}_j - \bar{\epsilon})^2) \tag{A.63}$$
$$= E(\sum_j n_j [\alpha_j + (\bar{\epsilon}_j - \bar{\epsilon})]^2) \tag{A.64}$$
$$= E(\sum_j n_j [\alpha_j^2 + 2\alpha_j(\bar{\epsilon}_j - \bar{\epsilon}) + (\bar{\epsilon}_j - \bar{\epsilon})^2]) \tag{A.65}$$
$$= E(\sum_j [n_j \alpha_j^2 + 2n_j \alpha_j (\bar{\epsilon}_j - \bar{\epsilon}) + n_j (\bar{\epsilon}_j - \bar{\epsilon})^2]) \tag{A.66}$$
$$= E(\sum_j n_j \alpha_j^2) + E(\sum_j 2n_j \alpha_j (\bar{\epsilon}_j - \bar{\epsilon})) + E(\sum_j n_j (\bar{\epsilon}_j - \bar{\epsilon})^2) \tag{A.67}$$
$$= \sum_j n_j \alpha_j^2 + \sum_j 2n_j \alpha_j E(\bar{\epsilon}_j - \bar{\epsilon}) + E(\sum_j n_j (\bar{\epsilon}_j - \bar{\epsilon})^2) \tag{A.68}$$

Da der Erwartungswert des Fehlers einer Versuchsperson $E(e_{ij})$ nach der Modellannahme der Varianzanalyse gleich Null ist, gilt:

$$E(SS_{between}) = \sum_j n_j \alpha_j^2 + E(\sum_j n_j (\bar{\epsilon}_j - \bar{\epsilon})^2) \tag{A.69}$$

Im folgenden Zwischenschritt wird $E(\sum_j n_j (\bar{\epsilon}_j - \bar{\epsilon})^2)$ fortgefahren.

$$E(\sum_j n_j (\bar{\epsilon}_j - \bar{\epsilon})^2) = E(\sum_j n_j \bar{\epsilon}_j^2 - 2\bar{\epsilon} \sum_j n_j \bar{\epsilon}_j + \sum_j n_j \bar{\epsilon}^2) \tag{A.70}$$

Da $\bar{\epsilon} = \frac{\sum_j n_j \bar{\epsilon}_j}{N}$ und $\sum n_j = N$ folgt

$$E(\sum_j n_j(\bar{\epsilon}_j - \bar{\epsilon})^2) = E(\sum_j n_j \bar{\epsilon}_j^2 - N\bar{\epsilon}^2) \quad \text{(A.71)}$$

$$= \sum_j n_j \cdot E(\bar{\epsilon}_j^2) - N \cdot E(\bar{\epsilon}^2) \quad \text{(A.72)}$$

Da für jedes j gilt, $E(\bar{\epsilon}_j) = E(\bar{\epsilon}) = 0$, folgt

$$E(\bar{\epsilon}_j^2) = \sigma_{\bar{\epsilon}_j}^2 = \frac{\sigma_\epsilon^2}{n_j} \quad \text{(A.73)}$$

und

$$E(\bar{\epsilon}^2) = \sigma_{\bar{\epsilon}}^2 = \frac{\sigma_\epsilon^2}{N} \quad \text{(A.74)}$$

Durch Verbindung dieser Gleichungen, ergibt sich:

$$E(\sum_j n_j(\bar{\epsilon}_j - \bar{\epsilon})^2) = \sum_j n_j \cdot \frac{\sigma_e^2}{n_j} - N \cdot \frac{\sigma_e^2}{N} \quad \text{(A.75)}$$

$$= \sum_j \sigma_e^2 - \sigma_e^2 \quad \text{(A.76)}$$

$$= (p-1) \cdot \sigma_e^2 \quad \text{(A.77)}$$

Somit folgt für $E(SS_{between})$ ausgehend von Gleichung A.69 und A.77:

$$E(SS_{between}) = \sum_j n_j \alpha_j^2 + E(\sum_j n_j(\bar{\epsilon}_j - \bar{\epsilon})^2) \quad \text{(A.78)}$$

$$= \sum_j n_j \alpha_j^2 + (p-1) \cdot \sigma_e^2 \quad \text{(A.79)}$$

$E(MS_{between})$ ist wie folgt zu definieren:

$$E(MS_{between}) = E\left(\frac{SS_{between}}{p-1}\right) \quad \text{(A.80)}$$

$$= \frac{\sum_j n_j \alpha_j^2 + (p-1) \cdot \sigma_e^2}{p-1} \quad \text{(A.81)}$$

$$= \sigma_e^2 + \frac{\sum_j n_j \alpha_j^2}{p-1} \quad \text{(A.82)}$$

Herleitung des Erwartungswerts MS_{within}:

$$E(SS_{within}) = E\left(\sum_j \sum_i (y_{ij} - \bar{y}_j)^2\right) \tag{A.83}$$

Es gilt:

$$E\left(\frac{\sum_i (y_{ij} - \bar{y}_j)^2}{n_j - 1}\right) = \sigma_e^2 \tag{A.84}$$

Daraus folgt für SS_{within}:

$$E(SS_{within}) = E\left(\sum_j \sum_i (y_{ij} - \bar{y}_j)^2\right) \tag{A.85}$$

$$= \sum_j E\left(\sum_i (y_{ij} - \bar{y}_j)^2\right) \tag{A.86}$$

$$= \sum_j (n_j - 1) \cdot E\left(\frac{\sum_i (y_{ij} - \bar{y}_j)^2}{n_j - 1}\right) \tag{A.87}$$

$$= \sum_j (n_j - 1) \cdot \sigma_e^2 \tag{A.88}$$

$$= (N - p) \cdot \sigma_e^2 \tag{A.89}$$

Und der Erwartungswert für MS_{within} lautet:

$$E(MS_{within}) = E\left(\frac{SS_{within}}{N - p}\right) \tag{A.90}$$

$$= E\left(\frac{(N - p) \cdot \sigma_e^2}{N - p}\right) \tag{A.91}$$

$$= \sigma_e^2 \tag{A.92}$$

Diese Herleitung der Erwartungswerte für die einfaktorielle Varianzanalyse dient dem Verständnis für die Definition des F-Tests.

A.4 Aufgaben

1. Vereinfachen Sie die Darstellung des folgenden Terms mittels Summenzeichen:

$$3x_1 + 4y_1 + 3x_2 + 4y_2 + 3x_3 + 2y_3 + 3x_4 + 2y_4$$

2. Formen Sie folgenden Term zu einer vereinfachten Darstellung um:

$$\sum_{i=1}^{n} 2 \cdot (x_i + 2y_i) + 1$$

3. Ist die Gleichung $(\sum_{i=1}^{4} x_i)^2 = \sum_{i=1}^{4} x_i^2$ für alle mögliche x_i mathematisch korrekt? Warum, beziehungsweise warum nicht?

4. Fassen Sie den Term $6x_1 + 5x_4 + 6x_2 + y_6 + y_7 + 5x_3$ zusammen (mit Σ).

5. Formen Sie folgenden Term um: $\sum_{i=1}^{n} 3 \cdot (x_i - 2y_i) - 3z$

6. Die Berechnungsvorschrift für z lautet: $z = \sum_{i=1}^{3} (x_i + 2y_i) + 1$
   Es sei $x_1 = 1; x_2 = 0; x_3 = 2; y_1 = 2; y_2 = 1$ und $y_3 = 2$.
   Welcher Wert ergibt sich für z?

7. Wieviel Zeilen und Spalten hat eine Matrix A_{3x4}?

8. Unter welcher Bedingung können

   a) zwei Matrizen miteinander multipliziert werden?

   b) zwei Matrizen miteinander addiert werden?

   c) Matrizen mit einem Skalar multipliziert werden?

9. Berechnen Sie

$$\begin{pmatrix} 3 & 5 \\ 1 & 2 \\ 7 & 6 \end{pmatrix} \cdot \begin{pmatrix} 5 & 2 \\ 1 & 3 \end{pmatrix} =$$

10. Wie sieht die transponierte Matrix A^T aus?

$$A = \begin{pmatrix} 10 & 7 & 9 \\ 13 & 10 & 2 \\ 8 & 11 & 6 \end{pmatrix}$$

A.5 Zusammenfassung

Kenntnisse im Umgang mit dem Summenzeichen Σ und mit Matrizen sind wichtige Grundlage für das Verständnis der Statistik. Mit der Hilfe von **Matrizen** ist es möglich, komplexe Gleichungssysteme in kompakter Form zu beschreiben. Matrizen werden im Rahmen des Allgemeinen Linearen Modells sowohl bei der Varianzanalyse, der Regressionsanalyse und der Faktorenanalyse benötigt. Kenntnisse in der Matrizenrechnung erleichtern das Erlernen dieser Verfahren.

Die Erwartungswerte erlauben die die Definition der jeweiligen Prüfvarianzen des F-Tests zur Signifikanzprüfung bei der Durchführung einer Varianzanalyse.

B Zeichenerklärung und Tabellen

Nachdem die Buchstaben des griechischen Alphabeths in der folgenden Tabelle dargestllt wurdne, werden auf den nächsten beiden Seiten nochmals alle relevanten mathematischen Symbole erläutert. Einige Zeichen werden in der Literatur kontrovers verwendet. Es wird beispielsweise ausdrücklich davor gewarnt, N **immer** für den Gesamtstichprobenumfang zu halten.

Anmerkung: Die darauf folgenden Tabellen zu Verteilungsfunktionen und Signifikanzgrenzen sind unter Verwendung verschieder Programme (SPSS, Excel) erstellt worden. Obwohl die Werte nach bestem Wissen und Gewissen berechnet wurden, kann eine Garantie auf Korrektheit nicht gegeben werden.

Tabelle B.1: Griechische Buchstaben

Name	Majuskel	Minuskel
Alpha	A	α
Beta	B	β
Gamma	Γ	γ
Delta	Δ	δ
Epsilon	E	ϵ
Zeta	Z	ζ
Eta	H	η
Theta	Θ	θ
Iota	I	ι
Kappa	K	κ
Lambda	Λ	λ
My	M	μ
Ny	N	ν
Xi	Ξ	ξ
Omikron	O	o
Pi	Π	π
Rho	P	ρ
Sigma	Σ	σ
Tau	T	τ
Ypsilon	Υ	υ
Phi	Φ	ϕ
Chi	X	χ
Psi	Ψ	ψ
Omega	Ω	ω

Tabelle B.2: Mathematische Symbole, Teil 1

Zeichen	Erläuterung
a	beliebige Konstante (Seite 47)
a_j	Effekt des ersten Faktors (Seite 277)
α	Wahrscheinlichkeit für die Ablehnung einer richtigen H_0 (Seite 125)
AD	average deviation (Seite 44)
b_i	unstandardisierter Gewichtskoeffizient bei einer (multiplen) Regressionsgleichung (Seite 256)
b_k	Effekt des zweiten Faktors (Seite 306)
β	Wahrscheinlichkeit für die Ablehnung einer falschen H_0 (Seite 128)
$1 - \beta$	Teststärke (Seite 130)
C	Kontingenzkoeffizient (Seite 225)
c_j	Kontrastgewicht in einer einfaktoriellen Varianzanalyse (Seite 293)
$c_{j.}$	Kontrastgewicht auf dem ersten Faktor bei der zweifaktoriellen Varianzanalyse (Seite 321)
cov_{xy}	Kovarianz zwischen x und y (Seite 187)
$d_{.k}$	Kontrastgewicht auf dem zweiten Faktor einer zweifaktoriellen Varianzanalyse (Seite 321)
d_i	Differenz zwischen zwei Werten x_i und y_i (Seite 173)
df	Freiheitsgrad (degree of freedom) (Seite 46)
e	Eulersche Zahl (=2,7182818) (Seite 55)
e_i	individueller Fehler (Seite 279)
$E(X)$	Erwartungswert von X (Seite 426)
η^2	Maß für den erklärten Varianzanteil bei der Varianzanalyse (Seite 291)
F_{df_1,df_2}	F-Verteilung mit df_1 Zähler- und df_2 Nennerfreiheitsgraden (Seite 149)
f_b	beobachtete Häufigkeit (Seite 160)
f_e	erwartete Häufigkeit (Seite 160)
$cumf$	kumulierte Häufigkeit (Seite 37)
GAM	Gewichtetes Arithmetisches Mittel (Seite 41)
H_0	Nullhypothese (Seite 124)
H_1	Alternativhypothese (Seite 124)
h_j^2	Kommunalität einer Variablen j (Seite 377)
λ_k	Eigenwert des Faktors k (Seite 377)
Md	Median (Seite 37)
Mo	Modalwert (Seite 36)
μ	Mittelwert einer Population (Seite 114)
N	Gesamtstichprobengröße (Seite 39)
n_j	Größe einer Teilstichprobe (Seite 41)
Ω	Ereignisraum (Seite 82)
ω^2	Schätzwert des wahren erklärten Varianzanteils (Seite 292)
p	Anzahl der Faktorstufen eines Faktors A (Seite 273)
p	Wahrscheinlichkeit (Seite 80)
$p(A)$	Wahrscheinlichkeit des Ereignisses A (Seite 80)
$p(A\|B)$	Wahrscheinlichkeit von A und der Bedingung, daß B eingetreten ist (bedingte Wahrscheinlichkeit) (Seite 87)
π	Wahrscheinlichkeit in der Population (Seite 81)

Tabelle B.3: Mathematische Symbole, Teil 2

Zeichen	Erläuterung
Ψ	Kontrast (Seite 293)
Q	Prüfgröße im Cochran-Test (Seite 166)
Q	Quartil (Seite 44)
q	Anzahl der Faktorstufen des Faktors B (Seite 306)
q	Komplementärwahrscheinlichkeit (1-p) (Seite 85)
$R_{(y.x_1x_2)}$	multiple Korrelation (Seite 249)
r	Produkt-Moment-Korrelation (Seite 189)
r^2	Determinationskoeffizient (Seite 195)
r_{bis}	biseriale Korrelation (Seite 213)
r_{pbis}	punktbiseriale Korrelation (Seite 211)
r_{ptet}	punkttetrachorische Korrelation (Seite 219)
r_s	Spearman'sche Rangkorrelation (Seite 206)
r_{tet}	tetrachorische Korrelation (Seite 220)
$r_{xy.z}$	Partialkorrelation (Seite 246)
$r_{x(y.z)}$	Semipartialkorrelation (Seite 248)
ρ_{xy}	Produkt-Moment-Korrelation in der Population (Seite 189)
s_x	Standardabweichung in der Stichprobe (Seite 50)
s_x^2	Varianz in der Stichprobe (Seite 45)
σ_x	Standardabweichung in der Population (Seite 50)
σ_x^2	Varianz in der Population (Seite 47)
$\sigma_{\bar{x}}$	Standardfehler des Mittelwertes (Seite 116)
$\sigma_{y.x}$	Standardschätzfehler in der Regression (Seite 238)
$\sum_{i=1}^{N} x_i$	Summe über alle Werte von 1 bis N von X (Seite 39)
SS_{tot}	Gesamtquadratsumme (Seite 285)
$SS_{between}$	Quadratsumme zwischen den Gruppen, auch $SS_{treatment}$ (Seite 285)
SS_{within}	Quadratsumme innerhalb der Gruppen, auch SS_{error} (Seite 285)
T	Rangsumme (Seite 169)
U	Prüfgröße des U-Tests von Mann-Whitney (Seite 169)
$var(x)$	Varianz der Variablen X (Seite 427)
x	Zufallsvariable (Seite 97)
$\bar{x}$	arithmetisches Mittel der Variablen X (Seite 39)
x_i	Wert der i-ten Person in der Variablen X (Seite 39)
$\bar{y}$	arithmetisches Mittel der Variablen Y (Seite 277)
y_i	Wert einer Person i in der abhängigen Variablen Y (Seite 280)
$\bar{y}_j$	Mittelwert in der abhängigen Variablen Y in der Gruppe j (Seite 277)
y_{ij}	Wert einer Person i der Gruppe j in der abhängigen Variablen Y (Seite 278)
y_{ijk}	Wert einer Person i der j-ten Stufe des Faktors A und der k-ten Stufe des Faktors B in der abhängigen Variablen Y (Seite 308)
$\hat{y}_i$	Kriteriumswert für die Person i im ALM (Seite 231)
$Y_{res(i)}$	Residuum (Fehler) bei der Regression der Person i (Seite 236)
$Y_{reg(i)}$	Wert auf der Regressionsgeraden der Person i (Seite 236)
Z	Fishers Z-Wert (Seite 196)
z	z-transformierter Wert (Seite 56)

Tabelle B.4: Transformation von Testnormen, Teil 1

T	cum f%	PR	z	Z	IQ	Note	C
20	0,13	0	-3,0	70	55	6	-1
21	0,19	0	-2,9	71	56	6	0
22	0,26	0	-2,8	72	58	6	0
23	0,35	0	-2,7	73	59	6	0
24	0,47	0	-2,6	74	61	6	0
25	0,62	1	-2,5	75	62	6	0
26	0,82	1	-2,4	76	64	6	0
27	1,07	1	-2,3	77	65	6	0
28	1,39	1	-2,2	78	67	6	0
29	1,79	2	-2,1	79	68	6	0
30	2,28	2	-2,0	80	70	5	1
31	2,87	3	-1,9	81	71	5	1
32	3,59	4	-1,8	82	73	5	1
33	4,46	4	-1,7	83	74	5	1
34	5,48	5	-1,6	84	76	5	1
35	6,68	7	-1,5	85	77	5	2
36	8,08	8	-1,4	86	79	5	2
37	9,68	10	-1,3	87	80	5	2
38	11,51	12	-1,2	88	82	5	2
39	13,57	14	-1,1	89	83	5	2
40	15,87	16	-1,0	90	85	4	3
41	18,41	18	-0,9	91	86	4	3
42	21,19	21	-0,8	92	88	4	3
43	24,20	24	-0,7	93	89	4	3
44	27,43	27	-0,6	94	91	4	3
45	30,85	31	-0,5	95	92	4	4
46	34,46	34	-0,4	96	94	4	4
47	38,21	38	-0,3	97	95	4	4
48	42,07	42	-0,2	98	97	4	4
49	46,02	46	-0,1	99	98	4	4
50	50,00	50	0,0	100	100	3	5
$50+10\cdot z$	$\frac{cumf-\frac{f}{2}}{N}$	$\frac{cumf-\frac{f}{2}}{N}$	$\frac{X_i-\bar{X}}{\sigma_x}$	$100+10\cdot z$	$100+15\cdot z$	$3-z$	$5+2\cdot z$

Tabelle B.5: Transformation von Testnormen, Teil 2

T	cum f%	PR	z	Z	IQ	Note	C
50	50,00	50	0,0	100	100	3	5
51	53,98	54	0,1	101	101	3	5
52	57,93	58	0,2	102	103	3	5
53	61,79	62	0,3	103	104	3	5
54	65,54	66	0,4	104	106	3	5
55	69,15	69	0,5	105	107	3	6
56	72,57	73	0,6	106	109	3	6
57	75,80	76	0,7	107	110	3	6
58	78,81	79	0,8	108	112	3	6
59	81,59	82	0,9	109	113	3	6
60	84,13	84	1,0	110	115	2	7
61	86,43	86	1,1	111	116	2	7
62	88,49	88	1,2	112	118	2	7
63	90,32	90	1,3	113	119	2	7
64	91,92	92	1,4	114	121	2	7
65	93,32	93	1,5	115	122	2	8
66	94,52	95	1,6	116	124	2	8
67	95,54	96	1,7	117	125	2	8
68	96,41	96	1,8	118	127	2	8
69	97,13	97	1,9	119	128	2	8
70	97,72	98	2,0	120	130	1	9
71	98,21	98	2,1	121	131	1	9
72	98,61	99	2,2	122	133	1	9
73	98,93	99	2,3	123	134	1	9
74	99,18	99	2,4	124	136	1	9
75	99,38	99	2,5	125	137	1	10
76	99,53	100	2,6	126	139	1	10
77	99,65	100	2,7	127	140	1	10
78	99,74	100	2,8	128	142	1	10
79	99,81	100	2,9	129	143	1	10
80	99,87	100	3,0	130	145	1	11
$50+10\cdot z$	$\frac{cumf-\frac{f}{2}}{N}$	$\frac{cumf-\frac{f}{2}}{N}$	$\frac{X_i-\bar{X}}{\sigma_x}$	$100+10\cdot z$	$100+15\cdot z$	$3-z$	$5+2\cdot z$

Tabelle B.6: Verteilungsfunktion der t-Verteilungen, Teil 1

df	Fläche 0,55	0,60	0,65	0,70	0,75	0,80	0,85
1	0,158	0,325	0,510	0,727	1,000	1,376	1,963
2	0,142	0,289	0,445	0,617	0,816	1,061	1,386
3	0,137	0,277	0,424	0,584	0,765	0,978	1,250
4	0,134	0,271	0,414	0,569	0,741	0,941	1,190
5	0,132	0,267	0,408	0,559	0,727	0,920	1,156
6	0,131	0,265	0,404	0,553	0,718	0,906	1,134
7	0,130	0,263	0,402	0,549	0,711	0,896	1,119
8	0,130	0,262	0,399	0,546	0,706	0,889	1,108
9	0,129	0,261	0,398	0,543	0,703	0,883	1,100
10	0,129	0,260	0,397	0,542	0,700	0,879	1,093
11	0,129	0,260	0,396	0,540	0,697	0,876	1,088
12	0,128	0,259	0,395	0,539	0,695	0,873	1,083
13	0,128	0,259	0,394	0,538	0,694	0,870	1,079
14	0,128	0,258	0,393	0,537	0,692	0,868	1,076
15	0,128	0,258	0,393	0,536	0,691	0,866	1,074
16	0,128	0,258	0,392	0,535	0,690	0,865	1,071
17	0,128	0,257	0,392	0,534	0,689	0,863	1,069
18	0,127	0,257	0,392	0,534	0,688	0,862	1,067
19	0,127	0,257	0,391	0,533	0,688	0,861	1,066
20	0,127	0,257	0,391	0,533	0,687	0,860	1,064
21	0,127	0,257	0,391	0,532	0,686	0,859	1,063
22	0,127	0,256	0,390	0,532	0,686	0,858	1,061
23	0,127	0,256	0,390	0,532	0,685	0,858	1,060
24	0,127	0,256	0,390	0,531	0,685	0,857	1,059
25	0,127	0,256	0,390	0,531	0,684	0,856	1,058
26	0,127	0,256	0,390	0,531	0,684	0,856	1,058
27	0,127	0,256	0,389	0,531	0,684	0,855	1,057
28	0,127	0,256	0,389	0,530	0,683	0,855	1,056
29	0,127	0,256	0,389	0,530	0,683	0,854	1,055
30	0,127	0,256	0,389	0,530	0,683	0,854	1,055
40	0,126	0,255	0,388	0,529	0,681	0,851	1,050
60	0,126	0,254	0,387	0,527	0,679	0,848	1,045
120	0,126	0,254	0,386	0,526	0,677	0,845	1,041
z	0,126	0,253	0,385	0,524	0,674	0,842	1,036

Tabelle B.7: Verteilungsfunktion der t-Verteilungen, Teil 2

df	Fläche 0,90	0,95	0,975	0,990	0,995	0,9995
1	3,078	6,314	12,706	31,821	63,657	636,619
2	1,886	2,920	4,303	6,965	9,925	31,598
3	1,638	2,353	3,182	4,541	5,841	12,941
4	1,533	2,132	2,776	3,747	4,604	8,610
5	1,476	2,015	2,571	3,365	4,032	6,859
6	1,440	1,943	2,447	3,143	3,707	5,959
7	1,415	1,895	2,365	2,998	3,499	5,405
8	1,397	1,860	2,306	2,896	3,355	5,041
9	1,383	1,833	2,262	2,821	3,250	4,781
10	1,372	1,812	2,228	2,764	3,169	4,587
11	1,363	1,796	2,201	2,718	3,106	4,437
12	1,356	1,782	2,179	2,681	3,055	4,318
13	1,350	1,771	2,160	2,650	3,012	4,221
14	1,345	1,761	2,145	2,624	2,977	4,140
15	1,341	1,753	2,131	2,602	2,947	4,073
16	1,337	1,746	2,120	2,583	2,921	4,015
17	1,333	1,740	2,110	2,567	2,898	3,965
18	1,330	1,734	2,101	2,552	2,878	3,922
19	1,328	1,729	2,093	2,539	2,861	3,883
20	1,325	1,725	2,086	2,528	2,845	3,850
21	1,323	1,721	2,080	2,518	2,831	3,819
22	1,321	1,717	2,074	2,508	2,819	3,792
23	1,319	1,714	2,069	2,500	2,807	3,767
24	1,318	1,711	2,064	2,492	2,797	3,745
25	1,316	1,708	2,060	2,485	2,787	3,725
26	1,315	1,706	2,056	2,479	2,779	3,707
27	1,314	1,703	2,052	2,473	2,771	3,690
28	1,313	1,701	2,048	2,467	2,763	3,674
29	1,311	1,699	2,045	2,462	2,756	3,659
30	1,310	1,697	2,042	2,457	2,750	3,646
40	1,303	1,684	2,021	2,423	2,704	3,551
60	1,296	1,671	2,000	2,390	2,660	3,460
120	1,289	1,658	1,980	2,358	2,617	3,373
z	1,282	1,645	1,960	2,326	2,576	3,291

Tabelle B.8: Verteilungsfunktion der Standardnormalverteilung, Teil 1

z	Fläche	Ordinate	z	Fläche	Ordinate
-3,00	0,0013	0,0044	-2,60	0,0047	0,0136
-2,99	0,0014	0,0046	-2,59	0,0048	0,0139
-2,98	0,0014	0,0047	-2,58	0,0049	0,0143
-2,97	0,0015	0,0048	-2,57	0,0051	0,0147
-2,96	0,0015	0,0050	-2,56	0,0052	0,0151
-2,95	0,0016	0,0051	-2,55	0,0054	0,0154
-2,94	0,0016	0,0053	-2,54	0,0055	0,0158
-2,93	0,0017	0,0055	-2,53	0,0057	0,0163
-2,92	0,0018	0,0056	-2,52	0,0059	0,0167
-2,91	0,0018	0,0058	-2,51	0,0060	0,0171
-2,90	0,0019	0,0060	-2,50	0,0062	0,0175
-2,89	0,0019	0,0061	-2,49	0,0064	0,0180
-2,88	0,0020	0,0063	-2,48	0,0066	0,0184
-2,87	0,0021	0,0065	-2,47	0,0068	0,0189
-2,86	0,0021	0,0067	-2,46	0,0069	0,0194
-2,85	0,0022	0,0069	-2,45	0,0071	0,0198
-2,84	0,0023	0,0071	-2,44	0,0073	0,0203
-2,83	0,0023	0,0073	-2,43	0,0075	0,0208
-2,82	0,0024	0,0075	-2,42	0,0078	0,0213
-2,81	0,0025	0,0077	-2,41	0,0080	0,0219
-2,80	0,0026	0,0079	-2,40	0,0082	0,0224
-2,79	0,0026	0,0081	-2,39	0,0084	0,0229
-2,78	0,0027	0,0084	-2,38	0,0087	0,0235
-2,77	0,0028	0,0086	-2,37	0,0089	0,0241
-2,76	0,0029	0,0088	-2,36	0,0091	0,0246
-2,75	0,0030	0,0091	-2,35	0,0094	0,0252
-2,74	0,0031	0,0093	-2,34	0,0096	0,0258
-2,73	0,0032	0,0096	-2,33	0,0099	0,0264
-2,72	0,0033	0,0099	-2,32	0,0102	0,0270
-2,71	0,0034	0,0101	-2,31	0,0104	0,0277
-2,70	0,0035	0,0104	-2,30	0,0107	0,0283
-2,69	0,0036	0,0107	-2,29	0,0110	0,0290
-2,68	0,0037	0,0110	-2,28	0,0113	0,0297
-2,67	0,0038	0,0113	-2,27	0,0116	0,0303
-2,66	0,0039	0,0116	-2,26	0,0119	0,0310
-2,65	0,0040	0,0119	-2,25	0,0122	0,0317
-2,64	0,0041	0,0122	-2,24	0,0125	0,0325
-2,63	0,0043	0,0126	-2,23	0,0129	0,0332
-2,62	0,0044	0,0129	-2,22	0,0132	0,0339
-2,61	0,0045	0,0132	-2,21	0,0136	0,0347

Tabelle B.9: Verteilungsfunktion der Standardnormalverteilung, Teil 2

z	Fläche	Ordinate	z	Fläche	Ordinate
-2,20	0,0139	0,0355	-1,80	0,0359	0,0790
-2,19	0,0143	0,0363	-1,79	0,0367	0,0804
-2,18	0,0146	0,0371	-1,78	0,0375	0,0818
-2,17	0,0150	0,0379	-1,77	0,0384	0,0833
-2,16	0,0154	0,0387	-1,76	0,0392	0,0848
-2,15	0,0158	0,0396	-1,75	0,0401	0,0863
-2,14	0,0162	0,0404	-1,74	0,0409	0,0878
-2,13	0,0166	0,0413	-1,73	0,0418	0,0893
-2,12	0,0170	0,0422	-1,72	0,0427	0,0909
-2,11	0,0174	0,0431	-1,71	0,0436	0,0925
-2,10	0,0179	0,0440	-1,70	0,0446	0,0940
-2,09	0,0183	0,0449	-1,69	0,0455	0,0957
-2,08	0,0188	0,0459	-1,68	0,0465	0,0973
-2,07	0,0192	0,0468	-1,67	0,0475	0,0989
-2,06	0,0197	0,0478	-1,66	0,0485	0,1006
-2,05	0,0202	0,0488	-1,65	0,0495	0,1023
-2,04	0,0207	0,0498	-1,64	0,0505	0,1040
-2,03	0,0212	0,0508	-1,63	0,0516	0,1057
-2,02	0,0217	0,0519	-1,62	0,0526	0,1074
-2,01	0,0222	0,0529	-1,61	0,0537	0,1092
-2,00	0,0228	0,0540	-1,60	0,0548	0,1109
-1,99	0,0233	0,0551	-1,59	0,0559	0,1127
-1,98	0,0239	0,0562	-1,58	0,0571	0,1145
-1,97	0,0244	0,0573	-1,57	0,0582	0,1163
-1,96	0,0250	0,0584	-1,56	0,0594	0,1182
-1,95	0,0256	0,0596	-1,55	0,0606	0,1200
-1,94	0,0262	0,0608	-1,54	0,0618	0,1219
-1,93	0,0268	0,0620	-1,53	0,0630	0,1238
-1,92	0,0274	0,0632	-1,52	0,0643	0,1257
-1,91	0,0281	0,0644	-1,51	0,0655	0,1276
-1,90	0,0287	0,0656	-1,50	0,0668	0,1295
-1,89	0,0294	0,0669	-1,49	0,0681	0,1315
-1,88	0,0301	0,0681	-1,48	0,0694	0,1334
-1,87	0,0307	0,0694	-1,47	0,0708	0,1354
-1,86	0,0314	0,0707	-1,46	0,0721	0,1374
-1,85	0,0322	0,0721	-1,45	0,0735	0,1394
-1,84	0,0329	0,0734	-1,44	0,0749	0,1415
-1,83	0,0336	0,0748	-1,43	0,0764	0,1435
-1,82	0,0344	0,0761	-1,42	0,0778	0,1456
-1,81	0,0351	0,0775	-1,41	0,0793	0,1476

Tabelle B.10: Verteilungsfunktion der Standardnormalverteilung, Teil 3

z	Fläche	Ordinate	z	Fläche	Ordinate
-1,40	0,0808	0,1497	-1,00	0,1587	0,2420
-1,39	0,0823	0,1518	-0,99	0,1611	0,2444
-1,38	0,0838	0,1539	-0,98	0,1635	0,2468
-1,37	0,0853	0,1561	-0,97	0,1660	0,2492
-1,36	0,0869	0,1582	-0,96	0,1685	0,2516
-1,35	0,0885	0,1604	-0,95	0,1711	0,2541
-1,34	0,0901	0,1626	-0,94	0,1736	0,2565
-1,33	0,0918	0,1647	-0,93	0,1762	0,2589
-1,32	0,0934	0,1669	-0,92	0,1788	0,2613
-1,31	0,0951	0,1691	-0,91	0,1814	0,2637
-1,30	0,0968	0,1714	-0,90	0,1841	0,2661
-1,29	0,0985	0,1736	-0,89	0,1867	0,2685
-1,28	0,1003	0,1758	-0,88	0,1894	0,2709
-1,27	0,1020	0,1781	-0,87	0,1922	0,2732
-1,26	0,1038	0,1804	-0,86	0,1949	0,2756
-1,25	0,1056	0,1826	-0,85	0,1977	0,2780
-1,24	0,1075	0,1849	-0,84	0,2005	0,2803
-1,23	0,1093	0,1872	-0,83	0,2033	0,2827
-1,22	0,1112	0,1895	-0,82	0,2061	0,2850
-1,21	0,1131	0,1919	-0,81	0,2090	0,2874
-1,20	0,1151	0,1942	-0,80	0,2119	0,2897
-1,19	0,1170	0,1965	-0,79	0,2148	0,2920
-1,18	0,1190	0,1989	-0,78	0,2177	0,2943
-1,17	0,1210	0,2012	-0,77	0,2206	0,2966
-1,16	0,1230	0,2036	-0,76	0,2236	0,2989
-1,15	0,1251	0,2059	-0,75	0,2266	0,3011
-1,14	0,1271	0,2083	-0,74	0,2296	0,3034
-1,13	0,1292	0,2107	-0,73	0,2327	0,3056
-1,12	0,1314	0,2131	-0,72	0,2358	0,3079
-1,11	0,1335	0,2155	-0,71	0,2389	0,3101
-1,10	0,1357	0,2179	-0,70	0,2420	0,3123
-1,09	0,1379	0,2203	-0,69	0,2451	0,3144
-1,08	0,1401	0,2227	-0,68	0,2483	0,3166
-1,07	0,1423	0,2251	-0,67	0,2514	0,3187
-1,06	0,1446	0,2275	-0,66	0,2546	0,3209
-1,05	0,1469	0,2299	-0,65	0,2578	0,3230
-1,04	0,1492	0,2323	-0,64	0,2611	0,3251
-1,03	0,1515	0,2347	-0,63	0,2643	0,3271
-1,02	0,1539	0,2371	-0,62	0,2676	0,3292
-1,01	0,1562	0,2396	-0,61	0,2709	0,3312

Tabelle B.11: Verteilungsfunktion der Standardnormalverteilung, Teil 4

z	Fläche	Ordinate	z	Fläche	Ordinate
-0,60	0,2743	0,3332	-0,20	0,4207	0,3910
-0,59	0,2776	0,3352	-0,19	0,4247	0,3918
-0,58	0,2810	0,3372	-0,18	0,4286	0,3925
-0,57	0,2843	0,3391	-0,17	0,4325	0,3932
-0,56	0,2877	0,3410	-0,16	0,4364	0,3939
-0,55	0,2912	0,3429	-0,15	0,4404	0,3945
-0,54	0,2946	0,3448	-0,14	0,4443	0,3951
-0,53	0,2981	0,3467	-0,13	0,4483	0,3956
-0,52	0,3015	0,3485	-0,12	0,4522	0,3961
-0,51	0,3050	0,3503	-0,11	0,4562	0,3965
-0,50	0,3085	0,3521	-0,10	0,4602	0,3970
-0,49	0,3121	0,3538	-0,09	0,4641	0,3973
-0,48	0,3156	0,3555	-0,08	0,4681	0,3977
-0,47	0,3192	0,3572	-0,07	0,4721	0,3980
-0,46	0,3228	0,3589	-0,06	0,4761	0,3982
-0,45	0,3264	0,3605	-0,05	0,4801	0,3984
-0,44	0,3300	0,3621	-0,04	0,4840	0,3986
-0,43	0,3336	0,3637	-0,03	0,4880	0,3988
-0,42	0,3372	0,3653	-0,02	0,4920	0,3989
-0,41	0,3409	0,3668	-0,01	0,4960	0,3989
-0,40	0,3446	0,3683	0,00	0,5000	0,3989
-0,39	0,3483	0,3697	0,01	0,5040	0,3989
-0,38	0,3520	0,3712	0,02	0,5080	0,3989
-0,37	0,3557	0,3725	0,03	0,5120	0,3988
-0,36	0,3594	0,3739	0,04	0,5160	0,3986
-0,35	0,3632	0,3752	0,05	0,5199	0,3984
-0,34	0,3669	0,3765	0,06	0,5239	0,3982
-0,33	0,3707	0,3778	0,07	0,5279	0,3980
-0,32	0,3745	0,3790	0,08	0,5319	0,3977
-0,31	0,3783	0,3802	0,09	0,5359	0,3973
-0,30	0,3821	0,3814	0,10	0,5398	0,3970
-0,29	0,3859	0,3825	0,11	0,5438	0,3965
-0,28	0,3897	0,3836	0,12	0,5478	0,3961
-0,27	0,3936	0,3847	0,13	0,5517	0,3956
-0,26	0,3974	0,3857	0,14	0,5557	0,3951
-0,25	0,4013	0,3867	0,15	0,5596	0,3945
-0,24	0,4052	0,3876	0,16	0,5636	0,3939
-0,23	0,4090	0,3885	0,17	0,5675	0,3932
-0,22	0,4129	0,3894	0,18	0,5714	0,3925
-0,21	0,4168	0,3902	0,19	0,5753	0,3918

Tabelle B.12: Verteilungsfunktion der Standardnormalverteilung, Teil 5

z	Fläche	Ordinate	z	Fläche	Ordinate
0,20	0,5793	0,3910	0,60	0,7257	0,3332
0,21	0,5832	0,3902	0,61	0,7291	0,3312
0,22	0,5871	0,3894	0,62	0,7324	0,3292
0,23	0,5910	0,3885	0,63	0,7357	0,3271
0,24	0,5948	0,3876	0,64	0,7389	0,3251
0,25	0,5987	0,3867	0,65	0,7422	0,3230
0,26	0,6026	0,3857	0,66	0,7454	0,3209
0,27	0,6064	0,3847	0,67	0,7486	0,3187
0,28	0,6103	0,3836	0,68	0,7517	0,3166
0,29	0,6141	0,3825	0,69	0,7549	0,3144
0,30	0,6179	0,3814	0,70	0,7580	0,3123
0,31	0,6217	0,3802	0,71	0,7611	0,3101
0,32	0,6255	0,3790	0,72	0,7642	0,3079
0,33	0,6293	0,3778	0,73	0,7673	0,3056
0,34	0,6331	0,3765	0,74	0,7704	0,3034
0,35	0,6368	0,3752	0,75	0,7734	0,3011
0,36	0,6406	0,3739	0,76	0,7764	0,2989
0,37	0,6443	0,3725	0,77	0,7794	0,2966
0,38	0,6480	0,3712	0,78	0,7823	0,2943
0,39	0,6517	0,3697	0,79	0,7852	0,2920
0,40	0,6554	0,3683	0,80	0,7881	0,2897
0,41	0,6591	0,3668	0,81	0,7910	0,2874
0,42	0,6628	0,3653	0,82	0,7939	0,2850
0,43	0,6664	0,3637	0,83	0,7967	0,2827
0,44	0,6700	0,3621	0,84	0,7995	0,2803
0,45	0,6736	0,3605	0,85	0,8023	0,2780
0,46	0,6772	0,3589	0,86	0,8051	0,2756
0,47	0,6808	0,3572	0,87	0,8078	0,2732
0,48	0,6844	0,3555	0,88	0,8106	0,2709
0,49	0,6879	0,3538	0,89	0,8133	0,2685
0,50	0,6915	0,3521	0,90	0,8159	0,2661
0,51	0,6950	0,3503	0,91	0,8186	0,2637
0,52	0,6985	0,3485	0,92	0,8212	0,2613
0,53	0,7019	0,3467	0,93	0,8238	0,2589
0,54	0,7054	0,3448	0,94	0,8264	0,2565
0,55	0,7088	0,3429	0,95	0,8289	0,2541
0,56	0,7123	0,3410	0,96	0,8315	0,2516
0,57	0,7157	0,3391	0,97	0,8340	0,2492
0,58	0,7190	0,3372	0,98	0,8365	0,2468
0,59	0,7224	0,3352	0,99	0,8389	0,2444

Tabelle B.13: Verteilungsfunktion der Standardnormalverteilung, Teil 6

z	Fläche	Ordinate	z	Fläche	Ordinate
1,00	0,8413	0,2420	1,40	0,9192	0,1497
1,01	0,8438	0,2396	1,41	0,9207	0,1476
1,02	0,8461	0,2371	1,42	0,9222	0,1456
1,03	0,8485	0,2347	1,43	0,9236	0,1435
1,04	0,8508	0,2323	1,44	0,9251	0,1415
1,05	0,8531	0,2299	1,45	0,9265	0,1394
1,06	0,8554	0,2275	1,46	0,9279	0,1374
1,07	0,8577	0,2251	1,47	0,9292	0,1354
1,08	0,8599	0,2227	1,48	0,9306	0,1334
1,09	0,8621	0,2203	1,49	0,9319	0,1315
1,10	0,8643	0,2179	1,50	0,9332	0,1295
1,11	0,8665	0,2155	1,51	0,9345	0,1276
1,12	0,8686	0,2131	1,52	0,9357	0,1257
1,13	0,8708	0,2107	1,53	0,9370	0,1238
1,14	0,8729	0,2083	1,54	0,9382	0,1219
1,15	0,8749	0,2059	1,55	0,9394	0,1200
1,16	0,8770	0,2036	1,56	0,9406	0,1182
1,17	0,8790	0,2012	1,57	0,9418	0,1163
1,18	0,8810	0,1989	1,58	0,9429	0,1145
1,19	0,8830	0,1965	1,59	0,9441	0,1127
1,20	0,8849	0,1942	1,60	0,9452	0,1109
1,21	0,8869	0,1919	1,61	0,9463	0,1092
1,22	0,8888	0,1895	1,62	0,9474	0,1074
1,23	0,8907	0,1872	1,63	0,9484	0,1057
1,24	0,8925	0,1849	1,64	0,9495	0,1040
1,25	0,8944	0,1826	1,65	0,9505	0,1023
1,26	0,8962	0,1804	1,66	0,9515	0,1006
1,27	0,8980	0,1781	1,67	0,9525	0,0989
1,28	0,8997	0,1758	1,68	0,9535	0,0973
1,29	0,9015	0,1736	1,69	0,9545	0,0957
1,30	0,9032	0,1714	1,70	0,9554	0,0940
1,31	0,9049	0,1691	1,71	0,9564	0,0925
1,32	0,9066	0,1669	1,72	0,9573	0,0909
1,33	0,9082	0,1647	1,73	0,9582	0,0893
1,34	0,9099	0,1626	1,74	0,9591	0,0878
1,35	0,9115	0,1604	1,75	0,9599	0,0863
1,36	0,9131	0,1582	1,76	0,9608	0,0848
1,37	0,9147	0,1561	1,77	0,9616	0,0833
1,38	0,9162	0,1539	1,78	0,9625	0,0818
1,39	0,9177	0,1518	1,79	0,9633	0,0804

Tabelle B.14: Verteilungsfunktion der Standardnormalverteilung, Teil 7

z	Fläche	Ordinate	z	Fläche	Ordinate
1,80	0,9641	0,0790	2,20	0,9861	0,0355
1,81	0,9649	0,0775	2,21	0,9864	0,0347
1,82	0,9656	0,0761	2,22	0,9868	0,0339
1,83	0,9664	0,0748	2,23	0,9871	0,0332
1,84	0,9671	0,0734	2,24	0,9875	0,0325
1,85	0,9678	0,0721	2,25	0,9878	0,0317
1,86	0,9686	0,0707	2,26	0,9881	0,0310
1,87	0,9693	0,0694	2,27	0,9884	0,0303
1,88	0,9699	0,0681	2,28	0,9887	0,0297
1,89	0,9706	0,0669	2,29	0,9890	0,0290
1,90	0,9713	0,0656	2,30	0,9893	0,0283
1,91	0,9719	0,0644	2,31	0,9896	0,0277
1,92	0,9726	0,0632	2,32	0,9898	0,0270
1,93	0,9732	0,0620	2,33	0,9901	0,0264
1,94	0,9738	0,0608	2,34	0,9904	0,0258
1,95	0,9744	0,0596	2,35	0,9906	0,0252
1,96	0,9750	0,0584	2,36	0,9909	0,0246
1,97	0,9756	0,0573	2,37	0,9911	0,0241
1,98	0,9761	0,0562	2,38	0,9913	0,0235
1,99	0,9767	0,0551	2,39	0,9916	0,0229
2,00	0,9772	0,0540	2,40	0,9918	0,0224
2,01	0,9778	0,0529	2,41	0,9920	0,0219
2,02	0,9783	0,0519	2,42	0,9922	0,0213
2,03	0,9788	0,0508	2,43	0,9925	0,0208
2,04	0,9793	0,0498	2,44	0,9927	0,0203
2,05	0,9798	0,0488	2,45	0,9929	0,0198
2,06	0,9803	0,0478	2,46	0,9931	0,0194
2,07	0,9808	0,0468	2,47	0,9932	0,0189
2,08	0,9812	0,0459	2,48	0,9934	0,0184
2,09	0,9817	0,0449	2,49	0,9936	0,0180
2,10	0,9821	0,0440	2,50	0,9938	0,0175
2,11	0,9826	0,0431	2,51	0,9940	0,0171
2,12	0,9830	0,0422	2,52	0,9941	0,0167
2,13	0,9834	0,0413	2,53	0,9943	0,0163
2,14	0,9838	0,0404	2,54	0,9945	0,0158
2,15	0,9842	0,0396	2,55	0,9946	0,0154
2,16	0,9846	0,0387	2,56	0,9948	0,0151
2,17	0,9850	0,0379	2,57	0,9949	0,0147
2,18	0,9854	0,0371	2,58	0,9951	0,0143
2,19	0,9857	0,0363	2,59	0,9952	0,0139

Tabelle B.15: Verteilungsfunktion der Standardnormalverteilung, Teil 8

z	Fläche	Ordinate	z	Fläche	Ordinate
2,60	0,9953	0,0136	2,81	0,9975	0,0077
2,61	0,9955	0,0132	2,82	0,9976	0,0075
2,62	0,9956	0,0129	2,83	0,9977	0,0073
2,63	0,9957	0,0126	2,84	0,9977	0,0071
2,64	0,9959	0,0122	2,85	0,9978	0,0069
2,65	0,9960	0,0119	2,86	0,9979	0,0067
2,66	0,9961	0,0116	2,87	0,9979	0,0065
2,67	0,9962	0,0113	2,88	0,9980	0,0063
2,68	0,9963	0,0110	2,89	0,9981	0,0061
2,69	0,9964	0,0107	2,90	0,9981	0,0060
2,70	0,9965	0,0104	2,91	0,9982	0,0058
2,71	0,9966	0,0101	2,92	0,9982	0,0056
2,72	0,9967	0,0099	2,93	0,9983	0,0055
2,73	0,9968	0,0096	2,94	0,9984	0,0053
2,74	0,9969	0,0093	2,95	0,9984	0,0051
2,75	0,9970	0,0091	2,96	0,9985	0,0050
2,76	0,9971	0,0088	2,97	0,9985	0,0048
2,77	0,9972	0,0086	2,98	0,9986	0,0047
2,78	0,9973	0,0084	2,99	0,9986	0,0046
2,79	0,9974	0,0081	3,00	0,9987	0,0044

Tabelle B.16: Verteilungsfunktion der χ^2-Werte, Teil 1

df	Fläche 0,00500	0,01000	0,02500	0,05000	0,10000	0,25000	0,50000
1	0,00004	0,00016	0,00098	0,00393	0,01579	0,10153	0,45494
2	0,01003	0,02010	0,05064	0,10259	0,21072	0,57536	1,38629
3	0,07172	0,11483	0,21580	0,35185	0,58437	1,21253	2,36597
4	0,20699	0,29711	0,48442	0,71072	1,06362	1,92256	3,35669
5	0,41174	0,55430	0,83121	1,14548	1,61031	2,67460	4,35146
6	0,67573	0,87209	1,23734	1,63538	2,20413	3,45460	5,34812
7	0,98926	1,23904	1,68987	2,16735	2,83311	4,25485	6,34581
8	1,34441	1,64650	2,17973	2,73264	3,48954	5,07064	7,34412
9	1,73493	2,08790	2,70039	3,32511	4,16816	5,89883	8,34283
10	2,15586	2,55821	3,24697	3,94030	4,86518	6,73720	9,34182
11	2,15586	2,55821	3,24697	3,94030	4,86518	6,73720	9,34182
12	3,07382	3,57057	4,40379	5,22603	6,30380	8,43842	11,34032
13	3,56503	4,10692	5,00875	5,89186	7,04150	9,29907	12,33976
14	4,07467	4,66043	5,62873	6,57063	7,78953	10,16531	13,33927
15	4,60092	5,22935	6,26214	7,26094	8,54676	11,03654	14,33886
16	5,14221	5,81221	6,90766	7,96165	9,31224	11,91222	15,33850
17	5,69722	6,40776	7,56419	8,67176	10,08519	12,79193	16,33818
18	6,26480	7,01491	8,23075	9,39046	10,86494	13,67529	17,33790
19	6,84397	7,63273	8,90652	10,11701	11,65091	14,56200	18,33765
20	7,43384	8,26040	9,59078	10,85081	12,44261	15,45177	19,33743
21	8,03365	8,89720	10,28290	11,59131	13,23960	16,34438	20,33723
22	8,64272	9,54249	10,98232	12,33801	14,04149	17,23962	21,33704
23	9,26042	10,19572	11,68855	13,09051	14,84796	18,13730	22,33688
24	9,88623	10,85636	12,40115	13,84843	15,65868	19,03725	23,33673
25	10,51965	11,52398	13,11972	14,61141	16,47341	19,93934	24,33659
26	11,16024	12,19815	13,84390	15,37916	17,29188	20,84343	25,33646
27	11,80759	12,87850	14,57338	16,15140	18,11390	21,74940	26,33634
28	12,46134	13,56471	15,30786	16,92788	18,93924	22,65716	27,33623
29	13,12115	14,25645	16,04707	17,70837	19,76774	23,56659	28,33613
30	13,78672	14,95346	16,79077	18,49266	20,59923	24,47761	29,33603
40	20,70654	22,16426	24,43304	26,50930	29,05052	33,66029	39,33534
50	27,99075	29,70668	32,35736	34,76425	37,68865	42,94208	49,33494
60	35,53449	37,48485	40,48175	43,18796	46,45889	52,29382	59,33467
70	43,27518	45,44172	48,75756	51,73928	55,32894	61,69833	69,33447
80	51,17193	53,54008	57,15317	60,39148	64,27784	71,14451	79,33433
90	59,19630	61,75408	65,64662	69,12603	73,29109	80,62466	89,33422
100	67,32756	70,06489	74,22193	77,92947	82,35814	90,13322	99,33413
z	-2,57624	-2,32679	-1,96039	-1,64521	-1,28173	-0,67419	0,00000

Tabelle B.17: Verteilungsfunktion der χ^2-Werte, Teil 2

df	Fläche 0,75000	0,90000	0,95000	0,97500	0,99000	0,99500	0,99900
1	1,32330	2,70554	3,84146	5,02389	6,63490	7,87944	10,82757
2	2,77259	4,60517	5,99146	7,37776	9,21034	10,59663	13,81551
3	4,10834	6,25139	7,81473	9,34840	11,34487	12,83816	16,26624
4	5,38527	7,77944	9,48773	11,14329	13,27670	14,86026	18,46683
5	6,62568	9,23636	11,07050	12,83250	15,08627	16,74960	20,51501
6	7,84080	10,64464	12,59159	14,44938	16,81189	18,54758	22,45774
7	9,03715	12,01704	14,06714	16,01276	18,47531	20,27774	24,32189
8	10,21885	13,36157	15,50731	17,53455	20,09024	21,95496	26,12448
9	11,38875	14,68366	16,91898	19,02277	21,66599	23,58935	27,87717
10	12,54886	15,98718	18,30704	20,48318	23,20925	25,18818	29,58830
11	12,54886	15,98718	18,30704	20,48318	23,20925	25,18818	29,58830
12	14,84540	18,54935	21,02607	23,33666	26,21697	28,29952	32,90949
13	15,98391	19,81193	22,36203	24,73560	27,68825	29,81947	34,52818
14	17,11693	21,06414	23,68479	26,11895	29,14124	31,31935	36,12327
15	18,24509	22,30713	24,99579	27,48839	30,57791	32,80132	37,69730
16	19,36886	23,54183	26,29623	28,84535	31,99993	34,26719	39,25235
17	20,48868	24,76904	27,58711	30,19101	33,40866	35,71847	40,79022
18	21,60489	25,98942	28,86930	31,52638	34,80531	37,15645	42,31240
19	22,71781	27,20357	30,14353	32,85233	36,19087	38,58226	43,82020
20	23,82769	28,41198	31,41043	34,16961	37,56623	39,99685	45,31475
21	24,93478	29,61509	32,67057	35,47888	38,93217	41,40106	46,79704
22	26,03927	30,81328	33,92444	36,78071	40,28936	42,79566	48,26794
23	27,14134	32,00690	35,17246	38,07563	41,63840	44,18128	49,72823
24	28,24115	33,19624	36,41503	39,36408	42,97982	45,55851	51,17860
25	29,33885	34,38159	37,65248	40,64647	44,31410	46,92789	52,61966
26	30,43457	35,56317	38,88514	41,92317	45,64168	48,28988	54,05196
27	31,52841	36,74122	40,11327	43,19451	46,96294	49,64492	55,47602
28	32,62049	37,91592	41,33714	44,46079	48,27824	50,99338	56,89229
29	33,71091	39,08747	42,55697	45,72229	49,58788	52,33562	58,30117
30	34,79974	40,25602	43,77297	46,97924	50,89218	53,67196	59,70306
40	45,61601	51,80506	55,75848	59,34171	63,69074	66,76596	73,40196
50	56,33360	63,16712	67,50481	71,42020	76,15389	79,48998	86,66082
60	66,98146	74,39701	79,08194	83,29767	88,37942	91,95170	99,607
70	77,57666	85,52704	90,53123	95,02318	100,4252	104,2149	112,317
80	88,13026	96,57820	101,8795	106,6286	112,3288	116,3211	124,839
90	98,64993	107,5650	113,1453	118,1359	124,1163	128,299	137,208
100	109,1412	118,4980	124,3421	129,5612	135,8067	140,169	149,449
z	0,67419	1,28173	1,64521	1,96039	2,32679	2,57624	3,09052

Tabelle B.18: Verteilungsfunktion des Binomialtests für $\pi=0{,}5$, Teil 1

N/X	0	1	2	3	4	5	6	7
1	0,500	1,000	1,000	1,000	1,000	1,000	1,000	1,000
2	0,250	0,750	1,000	1,000	1,000	1,000	1,000	1,000
3	0,125	0,500	0,875	1,000	1,000	1,000	1,000	1,000
4	0,063	0,313	0,688	0,938	1,000	1,000	1,000	1,000
5	0,031	0,188	0,500	0,813	0,969	1,000	1,000	1,000
6	0,016	0,109	0,344	0,656	0,891	0,984	1,000	1,000
7	0,008	0,063	0,227	0,500	0,773	0,938	0,992	1,000
8	0,004	0,035	0,145	0,363	0,637	0,855	0,965	0,996
9	0,002	0,020	0,090	0,254	0,500	0,746	0,910	0,980
10	0,001	0,011	0,055	0,172	0,377	0,623	0,828	0,945
11	0,000	0,006	0,033	0,113	0,274	0,500	0,726	0,887
12	0,000	0,003	0,019	0,073	0,194	0,387	0,613	0,806
13	0,000	0,002	0,011	0,046	0,133	0,291	0,500	0,709
14	0,000	0,001	0,006	0,029	0,090	0,212	0,395	0,605
15	0,000	0,000	0,004	0,018	0,059	0,151	0,304	0,500
16	0,000	0,000	0,002	0,011	0,038	0,105	0,227	0,402
17	0,000	0,000	0,001	0,006	0,025	0,072	0,166	0,315
18	0,000	0,000	0,001	0,004	0,015	0,048	0,119	0,240
19	0,000	0,000	0,000	0,002	0,010	0,032	0,084	0,180
20	0,000	0,000	0,000	0,001	0,006	0,021	0,058	0,132
21	0,000	0,000	0,000	0,001	0,004	0,013	0,039	0,095
22	0,000	0,000	0,000	0,000	0,002	0,008	0,026	0,067
23	0,000	0,000	0,000	0,000	0,001	0,005	0,017	0,047
24	0,000	0,000	0,000	0,000	0,001	0,003	0,011	0,032
25	0,000	0,000	0,000	0,000	0,000	0,002	0,007	0,022
26	0,000	0,000	0,000	0,000	0,000	0,001	0,005	0,014
27	0,000	0,000	0,000	0,000	0,000	0,001	0,003	0,010
28	0,000	0,000	0,000	0,000	0,000	0,000	0,002	0,006
29	0,000	0,000	0,000	0,000	0,000	0,000	0,001	0,004
30	0,000	0,000	0,000	0,000	0,000	0,000	0,001	0,003

Tabelle B.19: Verteilungsfunktion des Binomialtests für $\pi=0{,}5$, Teil 2

N/X	8	9	10	11	12	13	14	15
1	1,000	1,000	1,000	1,000	1,000	1,000	1,000	1,000
2	1,000	1,000	1,000	1,000	1,000	1,000	1,000	1,000
3	1,000	1,000	1,000	1,000	1,000	1,000	1,000	1,000
4	1,000	1,000	1,000	1,000	1,000	1,000	1,000	1,000
5	1,000	1,000	1,000	1,000	1,000	1,000	1,000	1,000
6	1,000	1,000	1,000	1,000	1,000	1,000	1,000	1,000
7	1,000	1,000	1,000	1,000	1,000	1,000	1,000	1,000
8	1,000	1,000	1,000	1,000	1,000	1,000	1,000	1,000
9	0,998	1,000	1,000	1,000	1,000	1,000	1,000	1,000
10	0,989	0,999	1,000	1,000	1,000	1,000	1,000	1,000
11	0,967	0,994	1,000	1,000	1,000	1,000	1,000	1,000
12	0,927	0,981	0,997	1,000	1,000	1,000	1,000	1,000
13	0,867	0,954	0,989	0,998	1,000	1,000	1,000	1,000
14	0,788	0,910	0,971	0,994	0,999	1,000	1,000	1,000
15	0,696	0,849	0,941	0,982	0,996	1,000	1,000	1,000
16	0,598	0,773	0,895	0,962	0,989	0,998	1,000	1,000
17	0,500	0,685	0,834	0,928	0,975	0,994	0,999	1,000
18	0,407	0,593	0,760	0,881	0,952	0,985	0,996	0,999
19	0,324	0,500	0,676	0,820	0,916	0,968	0,990	0,998
20	0,252	0,412	0,588	0,748	0,868	0,942	0,979	0,994
21	0,192	0,332	0,500	0,668	0,808	0,905	0,961	0,987
22	0,143	0,262	0,416	0,584	0,738	0,857	0,933	0,974
23	0,105	0,202	0,339	0,500	0,661	0,798	0,895	0,953
24	0,076	0,154	0,271	0,419	0,581	0,729	0,846	0,924
25	0,054	0,115	0,212	0,345	0,500	0,655	0,788	0,885
26	0,038	0,084	0,163	0,279	0,423	0,577	0,721	0,837
27	0,026	0,061	0,124	0,221	0,351	0,500	0,649	0,779
28	0,018	0,044	0,092	0,172	0,286	0,425	0,575	0,714
29	0,012	0,031	0,068	0,132	0,229	0,356	0,500	0,644
30	0,008	0,021	0,049	0,100	0,181	0,292	0,428	0,572

Tabelle B.20: Überschreitungswahrscheinlichkeiten des U-Tests, Teil 1

$N_2=1$

U	N_1 1
0	0,500
1	1,000

Tabelle B.21: Überschreitungswahrscheinlichkeiten des U-Tests, Teil 2

$N_2=2$

U	N_1 1	2
0	0,333	0,167
1	0,667	0,333
2	1,000	0,667
3		0,833
4		0,100

Tabelle B.22: Überschreitungswahrscheinlichkeiten des U-Tests, Teil 3

$N_2=3$

U	N_1 1	2	3
0	0,250	0,100	0,050
1	0,500	0,200	0,100
2		0,400	0,200
3			0,350
4			0,500

Tabelle B.23: Überschreitungswahrscheinlichkeiten des U-Tests, Teil 4

$N_2=4$

U	N_1 1	2	3	4
0	0,200	0,067	0,029	0,014
1	0,400	0,133	0,057	0,029
2		0,267	0,114	0,057
3		0,400	0,200	0,100
4			0,314	0,171
5			0,429	0,243
6				0,343
7				0,443

Tabelle B.24: Überschreitungswahrscheinlichkeiten des U-Tests, Teil 5

$N_2=5$

U	N_1 1	2	3	4	5
0	0,167	0,048	0,018	0,008	0,004
1	0,333	0,095	0,036	0,016	0,008
2	0,500	0,190	0,071	0,032	0,016
3		0,286	0,125	0,056	0,028
4		0,429	0,196	0,095	0,048
5			0,286	0,143	0,075
6			0,393	0,206	0,111
7			0,500	0,278	0,155
8				0,365	0,210
9				0,452	0,274
10					0,345
11					0,421
12					0,500

Tabelle B.25: Überschreitungswahrscheinlichkeiten des U-Tests, Teil 6

$N_2=6$

U	N_1 1	2	3	4	5	6
0	0,143	0,036	0,012	0,005	0,002	0,001
1	0,286	0,071	0,024	0,010	0,004	0,002
2	0,429	0,143	0,048	0,019	0,009	0,004
3		0,214	0,083	0,033	0,015	0,008
4		0,321	0,131	0,057	0,026	0,013
5		0,429	0,190	0,086	0,041	0,021
6			0,274	0,129	0,063	0,032
7			0,357	0,176	0,089	0,047
8			0,452	0,238	0,123	0,066
9				0,305	0,165	0,090
10				0,381	0,214	0,120
11				0,457	0,268	0,155
12					0,331	0,197
13					0,396	0,242
14					0,465	0,294
15						0,350
16						0,409
17						0,469

Tabelle B.26: Überschreitungswahrscheinlichkeiten des U-Tests, Teil 7

$N_2=7$

U	N_1 1	2	3	4	5	6	7
0	0,125	0,028	0,008	0,003	0,001	0,001	0,000
1	0,250	0,056	0,017	0,006	0,003	0,001	0,001
2	0,375	0,111	0,033	0,012	0,005	0,002	0,001
3	0,500	0,167	0,058	0,021	0,009	0,004	0,002
4		0,250	0,092	0,036	0,015	0,007	0,003
5		0,333	0,133	0,055	0,024	0,011	0,006
6		0,444	0,192	0,082	0,037	0,017	0,009
7			0,258	0,115	0,053	0,026	0,013
8			0,333	0,158	0,074	0,037	0,019
9			0,417	0,206	0,101	0,051	0,027
10			0,500	0,264	0,134	0,069	0,036
11				0,324	0,172	0,090	0,049
12				0,394	0,216	0,117	0,064
13				0,464	0,265	0,147	0,082
14					0,319	0,183	0,104
15					0,378	0,223	0,130
16					0,438	0,267	0,159
17					0,500	0,314	0,191
18						0,365	0,228
19						0,418	0,267
20						0,473	0,310
21							0,355
22							0,402
23							0,451
24							0,500

Tabelle B.27: Überschreitungswahrscheinlichkeiten des U-Tests, Teil 8

$N_2=8$

U	N_1 1	2	3	4	5	6	7	8
0	0,111	0,022	0,006	0,002	0,001	0,000	0,000	0,000
1	0,222	0,044	0,012	0,004	0,002	0,001	0,000	0,000
2	0,333	0,089	0,024	0,008	0,003	0,001	0,001	0,000
3	0,444	0,133	0,042	0,014	0,005	0,002	0,001	0,001
4		0,200	0,067	0,024	0,009	0,004	0,002	0,001
5		0,267	0,097	0,036	0,015	0,006	0,003	0,001
6		0,356	0,139	0,055	0,023	0,010	0,005	0,002
7		0,444	0,188	0,077	0,033	0,015	0,007	0,003
8			0,248	0,107	0,047	0,021	0,010	0,005
9			0,315	0,141	0,064	0,030	0,014	0,007
10			0,388	0,184	0,085	0,041	0,020	0,010
11			0,461	0,230	0,111	0,054	0,027	0,014
12				0,285	0,142	0,071	0,036	0,019
13				0,341	0,177	0,091	0,047	0,025
14				0,404	0,218	0,114	0,060	0,032
15				0,467	0,262	0,141	0,076	0,041
16					0,311	0,172	0,095	0,052
17					0,362	0,207	0,116	0,065
18					0,416	0,245	0,140	0,080
19					0,472	0,286	0,168	0,097
20						0,331	0,198	0,117
21						0,377	0,232	0,139
22						0,426	0,268	0,164
23						0,475	0,306	0,191
24							0,347	0,221
25							0,389	0,253
26							0,433	0,287
27							0,478	0,323
28								0,360
29								0,399
30								0,439
31								0,480

Tabelle B.28: Überschreitungswahrscheinlichkeiten des U-Tests, Teil 9

$N_2=9$

U	N_1 1	2	3	4	5	6	7	8	9
0	0,100	0,018	0,005	0,001	0,000	0,000	0,000	0,000	0,000
1	0,200	0,036	0,009	0,003	0,001	0,000	0,000	0,000	0,000
2	0,300	0,073	0,018	0,006	0,002	0,001	0,000	0,000	0,000
3	0,400	0,109	0,032	0,010	0,003	0,001	0,001	0,000	0,000
4	0,500	0,164	0,050	0,017	0,006	0,002	0,001	0,000	0,000
5		0,218	0,073	0,025	0,009	0,004	0,002	0,001	0,000
6		0,291	0,105	0,038	0,014	0,006	0,003	0,001	0,001
7		0,364	0,141	0,053	0,021	0,009	0,004	0,002	0,001
8		0,455	0,186	0,074	0,030	0,013	0,006	0,003	0,001
9			0,241	0,099	0,041	0,018	0,008	0,004	0,002
10			0,300	0,130	0,056	0,025	0,011	0,006	0,003
11			0,364	0,165	0,073	0,033	0,016	0,008	0,004
12			0,432	0,207	0,095	0,044	0,021	0,010	0,005
13			0,500	0,252	0,120	0,057	0,027	0,014	0,007
14				0,302	0,149	0,072	0,036	0,018	0,009
15				0,355	0,182	0,091	0,045	0,023	0,012
16				0,413	0,219	0,112	0,057	0,030	0,016
17				0,470	0,259	0,136	0,071	0,037	0,020
18					0,303	0,164	0,087	0,046	0,025
19					0,350	0,194	0,105	0,057	0,031
20					0,399	0,228	0,126	0,069	0,039
21					0,449	0,264	0,150	0,084	0,047
22					0,500	0,303	0,176	0,100	0,057
23						0,344	0,204	0,118	0,068
24						0,388	0,235	0,138	0,081
25						0,432	0,268	0,161	0,095
26						0,477	0,303	0,185	0,111
27							0,340	0,212	0,129
28							0,379	0,240	0,149
29							0,419	0,271	0,170
30							0,459	0,303	0,193
31							0,500	0,336	0,218
32								0,371	0,245
33								0,407	0,273
34								0,444	0,302
35								0,481	0,333
36									0,365
37									0,398
38									0,432
39									0,466
40									0,500

Tabelle B.29: Überschreitungswahrscheinlichkeiten des U-Tests, Teil 10a

$N_2=9$

U	N_1=1	2	3	4	5	6	7	8	9	10
0	0,091	0,015	0,003	0,001	0,000	0,000	0,000	0,000	0,000	0,000
1	0,182	0,030	0,007	0,002	0,001	0,000	0,000	0,000	0,000	0,000
2	0,273	0,061	0,014	0,004	0,001	0,000	0,000	0,000	0,000	0,000
3	0,364	0,091	0,024	0,007	0,002	0,001	0,000	0,000	0,000	0,000
4	0,455	0,136	0,038	0,012	0,004	0,001	0,001	0,000	0,000	0,000
5		0,182	0,056	0,018	0,006	0,002	0,001	0,000	0,000	0,000
6		0,242	0,080	0,027	0,010	0,004	0,002	0,001	0,000	0,000
7		0,303	0,108	0,038	0,014	0,005	0,002	0,001	0,000	0,000
8		0,379	0,143	0,053	0,020	0,008	0,003	0,002	0,001	0,000
9		0,455	0,185	0,071	0,028	0,011	0,005	0,002	0,001	0,001
10			0,234	0,094	0,038	0,016	0,007	0,003	0,001	0,001
11			0,287	0,120	0,050	0,021	0,009	0,004	0,002	0,001
12			0,346	0,152	0,065	0,028	0,012	0,006	0,003	0,001
13			0,406	0,187	0,082	0,036	0,017	0,008	0,004	0,002
14			0,469	0,227	0,103	0,047	0,022	0,010	0,005	0,003
15				0,270	0,127	0,059	0,028	0,013	0,007	0,003
16				0,318	0,155	0,074	0,035	0,017	0,009	0,004
17				0,367	0,185	0,090	0,044	0,022	0,011	0,006
18				0,420	0,220	0,110	0,054	0,027	0,014	0,007
19				0,473	0,257	0,132	0,067	0,034	0,017	0,009
20					0,297	0,157	0,081	0,042	0,022	0,012
21					0,339	0,184	0,097	0,051	0,027	0,014
22					0,384	0,214	0,115	0,061	0,033	0,018
23					0,430	0,246	0,135	0,073	0,039	0,022
24					0,477	0,281	0,157	0,086	0,047	0,026
25						0,318	0,182	0,102	0,056	0,032
26						0,356	0,209	0,118	0,067	0,038
27						0,396	0,237	0,137	0,078	0,045
28						0,437	0,268	0,158	0,091	0,053
29						0,479	0,300	0,180	0,106	0,062
30							0,335	0,204	0,121	0,072
31							0,370	0,230	0,139	0,083
32							0,406	0,257	0,158	0,095
33							0,443	0,286	0,178	0,109
34							0,481	0,317	0,200	0,124
35								0,348	0,223	0,140
36								0,381	0,248	0,157
37								0,414	0,274	0,176
38								0,448	0,302	0,197
39								0,483	0,330	0,218

Tabelle B.30: Überschreitungswahrscheinlichkeiten des U-Tests, Teil 10b

$N_2=10$

U	N_1 1	2	3	4	5	6	7	8	9	10
40									0,360	0,241
41									0,390	0,264
42									0,421	0,289
43									0,452	0,315
44									0,484	0,342
45										0,370
46										0,398
47										0,427
48										0,456
49										0,485

Tabelle B.31: Kritische Werte zum U-Test für $\alpha_1=0{,}01$, bzw. $\alpha_2=0{,}02$, Teil 1

N_1	N_2 9	10	11	12	13	14	15	16	17	18	19	20
1												
2					0	0	0	0	0	0	1	1
3	1	1	1	2	2	2	3	3	4	4	4	5
4	3	3	4	5	5	6	7	7	8	9	9	10
5	5	6	7	8	9	10	11	12	13	14	15	16
6	7	8	9	11	12	13	15	16	18	19	20	22
7	9	11	12	14	16	17	19	21	23	24	26	28
8	11	13	15	17	20	22	24	26	28	30	32	34
9	14	16	18	21	23	26	28	31	33	36	38	40
10	16	19	22	24	27	30	33	36	38	41	44	47
11	18	22	25	28	31	34	37	41	44	47	50	53
12	21	24	28	31	35	38	42	46	49	53	56	60
13	23	27	31	35	39	43	47	51	55	59	63	67
14	26	30	34	38	43	47	51	56	60	65	69	73
15	28	33	37	42	47	51	56	61	66	70	75	80
16	31	36	41	46	51	56	61	66	71	76	82	87
17	33	38	44	49	55	60	66	71	77	82	88	93
18	36	41	47	53	59	65	70	76	82	88	94	100
19	38	44	50	56	63	69	75	82	88	94	101	107
20	40	47	53	60	67	73	80	87	93	100	107	114

Tabelle B.32: Kritische Werte zum U-Test für $\alpha_1=0{,}025$, bzw. $\alpha_2=0{,}05$, Teil 2

N_1	N_2 9	10	11	12	13	14	15	16	17	18	19	20
1												
2	0	0	0	1	1	1	1	1	2	2	2	2
3	2	3	3	4	4	5	5	6	6	7	7	8
4	4	5	6	7	8	9	10	11	11	12	13	13
5	7	8	9	11	12	13	14	15	17	18	19	20
6	10	11	13	14	16	17	19	21	22	24	25	27
7	12	14	16	18	20	22	24	26	28	30	32	34
8	15	17	19	22	24	26	29	31	34	36	38	41
9	17	20	23	26	28	31	34	37	39	42	45	48
10	20	23	26	29	33	36	39	42	45	48	52	55
11	23	26	30	33	37	40	44	47	51	55	58	62
12	26	29	33	37	41	45	49	53	57	61	65	69
13	28	33	37	41	45	50	54	59	63	67	72	76
14	31	36	40	45	50	55	59	64	67	74	78	83
15	34	39	44	49	54	59	64	70	75	80	85	90
16	37	42	47	53	59	64	70	75	81	86	92	98
17	39	45	51	57	63	67	75	81	87	93	99	105
18	42	48	55	61	67	74	80	86	93	99	106	112
19	45	52	58	65	72	78	85	92	99	106	113	119
20	48	55	62	69	76	83	90	98	105	112	119	127

Tabelle B.33: Kritische Werte zum U-Test für $\alpha_1=0{,}05$, bzw. $\alpha_2=0{,}10$, Teil 3

N_1	N_2 9	10	11	12	13	14	15	16	17	18	19	20
1												
2	1	1	1	2	2	2	3	3	3	4	4	4
3	3	4	5	5	6	7	7	8	9	9	10	11
4	6	7	8	9	10	11	12	14	15	16	17	18
5	9	11	12	13	15	16	18	19	20	22	23	25
6	12	14	16	17	19	21	23	25	26	28	30	32
7	15	17	19	21	24	26	28	30	33	35	37	39
8	18	20	23	26	28	31	33	36	39	41	44	47
9	21	24	27	30	33	36	39	42	45	48	51	54
10	24	27	31	34	37	41	44	48	51	55	58	62
11	27	31	34	38	42	46	50	54	57	61	65	69
12	30	34	38	42	47	51	55	60	64	68	72	77
13	33	37	42	47	51	56	61	65	70	75	80	84
14	36	41	46	51	56	61	66	71	77	82	87	92
15	39	44	50	55	61	66	72	77	83	88	94	100
16	42	48	54	60	65	71	77	83	89	95	101	107
17	45	51	57	64	70	77	83	89	96	102	109	115
18	48	55	61	68	75	82	88	95	102	109	116	123
19	51	58	65	72	80	87	94	101	109	116	123	130
20	54	62	69	77	84	92	100	107	115	123	130	138

Tabelle B.34: Verteilungsfunktion zum Vorzeichenrangtest, untere Schranken

α_2	0,15	0,10	0,05	0,04	0,03	0,02	0,01	0,005	0,001
α_1	0,075	0,05	0,025	0,02	0,015	0,01	0,005	,0025	,0005
N									
4	0								
5	1	0							
6	2	2	0	0					
7	4	3	2	1	0	0			
8	7	5	3	3	2	1	0		
9	9	8	5	5	4	3	1	0	
10	12	10	8	7	6	5	3	1	
11	16	13	10	9	8	7	5	3	0
12	19	17	13	12	11	9	7	5	1
13	24	21	17	16	14	12	9	7	2
14	28	25	21	19	18	15	12	9	4
15	33	30	25	23	21	19	15	12	6
16	39	35	29	28	26	23	19	15	8
17	45	41	34	33	30	27	23	19	11
18	51	47	40	38	35	32	27	23	14
19	58	53	46	43	41	37	32	27	18
20	65	60	52	50	47	43	37	32	21
21	73	67	58	56	53	49	42	37	25
22	81	75	65	63	59	55	48	42	30
23	89	83	73	70	66	62	54	48	35
24	98	91	81	78	74	69	61	54	40
25	108	100	89	86	82	76	68	60	45
26	118	110	98	94	90	84	75	67	51
27	128	119	107	103	99	92	83	74	57
28	138	130	116	112	108	101	91	82	64
29	150	140	126	122	117	110	100	90	71
30	161	151	137	132	127	120	109	98	78
31	173	163	147	143	137	130	118	107	86
32	186	175	159	154	148	140	128	116	94
33	199	187	170	165	159	151	138	126	102
34	212	200	182	177	171	162	148	136	111
35	226	213	195	189	182	173	159	146	120
36	240	227	208	202	195	185	171	157	130
37	255	241	221	215	208	198	182	168	140
38	270	256	235	229	221	211	194	180	150
39	285	271	249	243	235	224	207	192	161
40	302	286	264	257	249	238	220	204	172

Tabelle B.35: Verteilungsfunktion zum Vorzeichenrangtest, p-Werte, Teil 1

T/N	3	4	5	6	7	8	9	10	11
0	0,125	0,062	0,031	0,016	0,008	0,004	0,002	0,001	0,000
1	0,250	0,125	0,062	0,031	0,016	0,008	0,004	0,002	0,001
2	0,375	0,188	0,094	0,047	0,023	0,012	0,006	0,003	0,001
3	0,625	0,312	0,156	0,078	0,039	0,020	0,010	0,005	0,002
4	0,750	0,438	0,219	0,109	0,055	0,027	0,014	0,007	0,003
5	0,875	0,562	0,312	0,156	0,078	0,039	0,020	0,010	0,005
6	1,000	0,688	0,406	0,219	0,109	0,055	0,027	0,014	0,007
7		0,812	0,500	0,281	0,148	0,074	0,037	0,019	0,009
8		0,875	0,594	0,344	0,188	0,098	0,049	0,024	0,012
9		0,938	0,688	0,422	0,234	0,125	0,064	0,032	0,016
10		1,000	0,781	0,500	0,289	0,156	0,082	0,042	0,021
11			0,844	0,578	0,344	0,191	0,102	0,053	0,027
12			0,906	0,656	0,406	0,230	0,125	0,065	0,034
13			0,938	0,719	0,469	0,273	0,150	0,080	0,042
14			0,969	0,781	0,531	0,320	0,180	0,097	0,051
15			1,000	0,844	0,594	0,371	0,213	0,116	0,062
16				0,891	0,656	0,422	0,248	0,138	0,074
17				0,922	0,711	0,473	0,285	0,161	0,087
18				0,953	0,766	0,527	0,326	0,188	0,103
19				0,969	0,812	0,578	0,367	0,216	0,120
20				0,984	0,852	0,629	0,410	0,246	0,139
21				1,000	0,891	0,680	0,455	0,278	0,160
22					0,922	0,727	0,500	0,312	0,183
23					0,945	0,770	0,545	0,348	0,207
24					0,961	0,809	0,590	0,385	0,232
25					0,977	0,844	0,633	0,423	0,260
26					0,984	0,875	0,674	0,461	0,289
27					0,992	0,902	0,715	0,500	0,319
28					1,000	0,926	0,752	0,539	0,350
29						0,945	0,787	0,577	0,382
30						0,961	0,820	0,615	0,416
31						0,973	0,850	0,652	0,449
32						0,980	0,875	0,688	0,483
33						0,988	0,898	0,722	0,517
34						0,992	0,918	0,754	0,551
35						0,996	0,936	0,784	0,584

Tabelle B.36: Verteilungsfunktion zum Vorzeichenrangtest, p-Werte, Teil 2

T/N	12	13	14	15	16	17	18	19	20
0	0,000	0,000	0,000	0,000	0,000	0,000	0,000	0,000	0,000
2	0,000	0,000	0,000	0,000	0,000	0,000	0,000	0,000	0,000
3	0,001	0,001	0,000	0,000	0,000	0,000	0,000	0,000	0,000
4	0,002	0,001	0,000	0,000	0,000	0,000	0,000	0,000	0,000
5	0,002	0,001	0,001	0,000	0,000	0,000	0,000	0,000	0,000
6	0,003	0,002	0,001	0,000	0,000	0,000	0,000	0,000	0,000
7	0,005	0,002	0,001	0,001	0,000	0,000	0,000	0,000	0,000
8	0,006	0,003	0,002	0,001	0,000	0,000	0,000	0,000	0,000
9	0,008	0,004	0,002	0,001	0,001	0,000	0,000	0,000	0,000
10	0,010	0,005	0,003	0,001	0,001	0,000	0,000	0,000	0,000
11	0,013	0,007	0,003	0,002	0,001	0,000	0,000	0,000	0,000
12	0,017	0,009	0,004	0,002	0,001	0,001	0,000	0,000	0,000
13	0,021	0,011	0,005	0,003	0,001	0,001	0,000	0,000	0,000
14	0,026	0,013	0,007	0,003	0,002	0,001	0,000	0,000	0,000
15	0,032	0,016	0,008	0,004	0,002	0,001	0,001	0,000	0,000
16	0,039	0,020	0,010	0,005	0,003	0,001	0,001	0,000	0,000
17	0,046	0,024	0,012	0,006	0,003	0,002	0,001	0,000	0,000
18	0,055	0,029	0,015	0,008	0,004	0,002	0,001	0,000	0,000
19	0,065	0,034	0,018	0,009	0,005	0,002	0,001	0,001	0,000
20	0,076	0,040	0,021	0,011	0,005	0,003	0,001	0,001	0,000
21	0,088	0,047	0,025	0,013	0,007	0,003	0,002	0,001	0,000
22	0,102	0,055	0,029	0,015	0,008	0,004	0,002	0,001	0,001
23	0,117	0,064	0,034	0,018	0,009	0,005	0,002	0,001	0,001
24	0,133	0,073	0,039	0,021	0,011	0,005	0,003	0,001	0,001
25	0,151	0,084	0,045	0,024	0,012	0,006	0,003	0,002	0,001
26	0,170	0,095	0,052	0,028	0,014	0,007	0,004	0,002	0,001
27	0,190	0,108	0,059	0,032	0,017	0,009	0,004	0,002	0,001
28	0,212	0,122	0,068	0,036	0,019	0,010	0,005	0,003	0,001
29	0,235	0,137	0,077	0,042	0,022	0,012	0,006	0,003	0,002
30	0,259	0,153	0,086	0,047	0,025	0,013	0,007	0,004	0,002
31	0,285	0,170	0,097	0,053	0,029	0,015	0,008	0,004	0,002
32	0,311	0,188	0,108	0,060	0,033	0,017	0,009	0,005	0,002
33	0,339	0,207	0,121	0,068	0,037	0,020	0,010	0,005	0,003
34	0,367	0,227	0,134	0,076	0,042	0,022	0,012	0,006	0,003
35	0,396	0,249	0,148	0,084	0,047	0,025	0,013	0,007	0,004

Tabelle B.37: Verteilungsfunktion der F-Verteilung mit einer Fläche von 95%, Teil 1

Nenn.-df	Zähler-df 1	2	3	4	5	6	7	8
1	161,45	199,50	215,71	224,58	230,16	233,99	236,77	238,88
2	18,51	19,00	19,16	19,25	19,30	19,33	19,35	19,37
3	10,13	9,55	9,28	9,12	9,01	8,94	8,89	8,85
4	7,71	6,94	6,59	6,39	6,26	6,16	6,09	6,04
5	6,61	5,79	5,41	5,19	5,05	4,95	4,88	4,82
6	5,99	5,14	4,76	4,53	4,39	4,28	4,21	4,15
7	5,59	4,74	4,35	4,12	3,97	3,87	3,79	3,73
8	5,32	4,46	4,07	3,84	3,69	3,58	3,50	3,44
9	5,12	4,26	3,86	3,63	3,48	3,37	3,29	3,23
10	4,96	4,10	3,71	3,48	3,33	3,22	3,14	3,07
11	4,84	3,98	3,59	3,36	3,20	3,09	3,01	2,95
12	4,75	3,89	3,49	3,26	3,11	3,00	2,91	2,85
15	4,54	3,68	3,29	3,06	2,90	2,79	2,71	2,64
20	4,35	3,49	3,10	2,87	2,71	2,60	2,51	2,45
24	4,26	3,40	3,01	2,78	2,62	2,51	2,42	2,36
30	4,17	3,32	2,92	2,69	2,53	2,42	2,33	2,27
40	4,08	3,23	2,84	2,61	2,45	2,34	2,25	2,18
50	4,03	3,18	2,79	2,56	2,40	2,29	2,20	2,13
60	4,00	3,15	2,76	2,53	2,37	2,25	2,17	2,10
100	3,94	3,09	2,70	2,46	2,31	2,19	2,10	2,03
200	3,89	3,04	2,65	2,42	2,26	2,14	2,06	1,98
500	3,86	3,01	2,62	2,39	2,23	2,12	2,03	1,96
∞	3,84	3,00	2,60	2,37	2,21	2,10	2,01	1,94

Tabelle B.38: Verteilungsfunktion der F-Verteilung mit einer Fläche von 95%, Teil 2

Nenn.-df	Zähler-df 9	10	11	12	15	20	24	25
1	240,54	241,88	242,98	243,91	245,95	248,01	249,05	249,26
2	19,38	19,40	19,40	19,41	19,43	19,45	19,45	19,46
3	8,81	8,79	8,76	8,74	8,70	8,66	8,64	8,63
4	6,00	5,96	5,94	5,91	5,86	5,80	5,77	5,77
5	4,77	4,74	4,70	4,68	4,62	4,56	4,53	4,52
6	4,10	4,06	4,03	4,00	3,94	3,87	3,84	3,83
7	3,68	3,64	3,60	3,57	3,51	3,44	3,41	3,40
8	3,39	3,35	3,31	3,28	3,22	3,15	3,12	3,11
9	3,18	3,14	3,10	3,07	3,01	2,94	2,90	2,89
10	3,02	2,98	2,94	2,91	2,85	2,77	2,74	2,73
11	2,90	2,85	2,82	2,79	2,72	2,65	2,61	2,60
12	2,80	2,75	2,72	2,69	2,62	2,54	2,51	2,50
15	2,59	2,54	2,51	2,48	2,40	2,33	2,29	2,28
20	2,39	2,35	2,31	2,28	2,20	2,12	2,08	2,07
24	2,30	2,25	2,22	2,18	2,11	2,03	1,98	1,97
30	2,21	2,16	2,13	2,09	2,01	1,93	1,89	1,88
40	2,12	2,08	2,04	2,00	1,92	1,84	1,79	1,78
50	2,07	2,03	1,99	1,95	1,87	1,78	1,74	1,73
60	2,04	1,99	1,95	1,92	1,84	1,75	1,70	1,69
100	1,97	1,93	1,89	1,85	1,77	1,68	1,63	1,62
200	1,93	1,88	1,84	1,80	1,72	1,62	1,57	1,56
500	1,90	1,85	1,81	1,77	1,69	1,59	1,54	1,53
∞	1,88	1,83	1,79	1,75	1,67	1,57	1,52	1,50

Tabelle B.39: Verteilungsfunktion der F-Verteilung mit einer Fläche von 95%, Teil 3

Nenn.-df	Zähler-df 30	40	50	60	100	200	500	∞
1	250,10	251,14	251,77	252,20	253,04	253,68	254,06	254,06
2	19,46	19,47	19,48	19,48	19,49	19,49	19,49	19,50
3	8,62	8,59	8,58	8,57	8,55	8,54	8,53	8,53
4	5,75	5,72	5,70	5,69	5,66	5,65	5,64	5,63
5	4,50	4,46	4,44	4,43	4,41	4,39	4,37	4,36
6	3,81	3,77	3,75	3,74	3,71	3,69	3,68	3,67
7	3,38	3,34	3,32	3,30	3,27	3,25	3,24	3,23
8	3,08	3,04	3,02	3,01	2,97	2,95	2,94	2,93
9	2,86	2,83	2,80	2,79	2,76	2,73	2,72	2,71
10	2,70	2,66	2,64	2,62	2,59	2,56	2,55	2,54
11	2,57	2,53	2,51	2,49	2,46	2,43	2,42	2,40
12	2,47	2,43	2,40	2,38	2,35	2,32	2,31	2,30
15	2,25	2,20	2,18	2,16	2,12	2,10	2,08	2,07
20	2,04	1,99	1,97	1,95	1,91	1,88	1,86	1,84
24	1,94	1,89	1,86	1,84	1,84	1,77	1,75	1,73
30	1,84	1,79	1,76	1,74	1,70	1,66	1,64	1,62
40	1,74	1,69	1,66	1,64	1,59	1,55	1,53	1,51
50	1,69	1,63	1,60	1,58	1,52	1,48	1,46	1,44
60	1,65	1,59	1,56	1,53	1,48	1,44	1,41	1,39
100	1,57	1,52	1,48	1,45	1,39	1,34	1,30	1,28
200	1,52	1,46	1,41	1,39	1,32	1,29	1,22	1,19
500	1,48	1,42	1,38	1,35	1,28	1,21	1,16	1,11
∞	1,46	1,39	1,35	1,32	1,24	1,17	1,11	1,00

Tabelle B.40: Verteilungsfunktion der F-Verteilung mit einer Fläche von 99%, Teil 1

Nenn.-df	Zähler-df 1	2	3	4	5	6	7	8
1	4052,2	4999,5	5403,4	5624,6	5763,7	5859,0	5928,4	5981,1
2	98,50	99,00	99,17	99,25	99,30	99,33	99,36	99,37
3	34,12	30,82	29,46	28,71	28,24	27,91	27,67	27,49
4	21,20	18,00	16,69	15,98	15,52	15,21	14,98	14,80
5	16,26	13,27	12,06	11,39	10,97	10,67	10,46	10,29
6	13,75	10,92	9,78	9,15	8,75	8,47	8,26	8,10
7	12,25	9,55	8,45	7,85	7,46	7,19	6,99	6,84
8	11,26	8,65	7,59	7,01	6,63	6,37	6,18	6,03
9	10,56	8,02	6,99	6,42	6,06	5,80	5,61	5,47
10	10,04	7,56	6,55	5,99	5,64	5,39	5,20	5,06
11	9,65	7,21	6,22	5,67	5,32	5,07	4,89	4,74
12	9,33	6,93	5,95	5,41	5,06	4,82	4,64	4,50
15	8,68	6,36	5,42	4,89	4,56	4,32	4,14	4,00
20	8,10	5,85	4,94	4,43	4,10	3,87	3,70	3,56
24	7,82	5,61	4,72	4,22	3,90	3,67	3,50	3,36
30	7,56	5,39	4,51	4,02	3,70	3,47	3,30	3,17
40	7,31	5,18	4,31	3,83	3,51	3,29	3,12	2,99
50	7,17	5,06	4,20	3,72	3,41	3,19	3,02	2,89
60	7,08	4,98	4,13	3,65	3,34	3,12	2,95	2,82
100	6,90	4,82	3,98	3,51	3,21	2,99	2,82	2,69
200	6,76	4,71	3,88	3,41	3,11	2,89	2,73	2,60
500	6,69	4,65	3,82	3,36	3,05	2,84	2,68	2,55
∞	6,63	4,61	3,78	3,32	3,02	2,80	2,64	2,51

Tabelle B.41: Verteilungsfunktion der F-Verteilung mit einer Fläche von 99%, Teil 2

Nenn.-df	Zähler-df 9	10	11	12	15	20	24	25
1	6022,5	6055,9	6083,3	6106,3	6157,3	6208,7	6234,6	6239,8
2	99,39	99,40	99,41	99,42	99,43	99,45	99,46	99,46
3	27,35	27,23	27,13	27,05	26,87	26,69	26,60	26,58
4	14,66	14,55	14,45	14,37	14,20	14,02	13,93	13,91
5	10,16	10,05	9,96	9,89	9,72	9,55	9,47	9,45
6	7,98	7,87	7,79	7,72	7,56	7,40	7,31	7,30
7	6,72	6,62	6,54	6,47	6,31	6,16	6,07	6,06
8	5,91	5,81	5,73	5,67	5,52	5,36	5,28	5,26
9	5,35	5,26	5,18	5,11	4,96	4,81	4,73	4,71
10	4,94	4,85	4,77	4,71	4,56	4,41	4,33	4,31
11	4,63	4,54	4,46	4,40	4,25	4,10	4,02	4,00
12	4,39	4,30	4,22	4,16	4,01	3,86	3,78	3,76
15	3,89	3,80	3,73	3,67	3,52	3,37	3,29	3,27
20	3,46	3,37	3,29	3,23	3,09	2,94	2,86	2,84
24	3,26	3,17	3,09	3,03	2,89	2,74	2,66	2,64
30	3,07	2,98	2,91	2,84	2,70	2,55	2,47	2,45
40	2,89	2,80	2,73	2,66	2,52	2,37	2,29	2,27
50	2,78	2,70	2,63	2,66	2,43	2,26	2,18	2,17
60	2,72	2,63	2,56	2,50	2,35	2,20	2,12	2,10
100	2,59	2,50	2,43	2,36	2,23	2,06	1,98	1,97
200	2,50	2,41	2,34	2,27	2,13	1,97	1,89	1,87
500	2,44	2,36	2,28	2,22	2,07	1,92	1,83	1,81
∞	2,41	2,32	2,25	2,18	2,04	1,88	1,79	1,77

Tabelle B.42: Verteilungsfunktion der F-Verteilung mit einer Fläche von 99%, Teil 3

Nenn.-df	Zähler-df 30	40	50	60	100	200	500	∞
1	6260,7	6286,8	6302,5	6313,0	6334,1	6350,0	6359,5	6366
2	99,47	99,47	99,48	99,48	99,49	99,49	99,50	99,5
3	26,50	26,41	26,35	26,32	26,24	26,2	26,1	26,1
4	13,84	13,75	13,69	13,65	13,6	13,5	13,5	13,5
5	9,38	9,29	9,24	9,20	9,13	9,08	9,04	9,02
6	7,23	7,14	7,09	7,06	6,99	6,93	6,90	6,88
7	5,99	5,91	5,86	5,82	5,75	5,70	5,67	5,65
8	5,20	5,12	5,07	5,03	4,96	4,91	4,88	4,86
9	4,65	4,57	4,52	4,48	4,42	4,36	4,33	4,31
10	4,25	4,17	4,12	4,08	4,01	3,96	3,93	3,91
11	3,94	3,86	3,81	3,78	3,71	3,66	3,62	3,60
12	3,70	3,62	3,57	3,54	3,47	3,41	3,38	3,36
15	3,21	3,13	3,08	3,05	2,98	2,92	2,89	2,87
20	2,78	2,69	2,64	2,61	2,54	2,48	2,44	2,42
24	2,58	2,49	2,44	2,40	2,33	2,27	2,24	2,21
30	2,39	2,30	2,25	2,21	2,13	2,07	2,03	2,01
40	2,20	2,11	2,06	2,02	1,94	1,87	1,83	1,80
50	2,10	2,00	1,94	1,90	1,82	1,76	1,71	1,68
60	2,03	1,94	1,88	1,84	1,75	1,68	1,63	1,60
100	1,89	1,79	1,73	1,69	1,59	1,51	1,46	1,43
200	1,79	1,69	1,63	1,58	1,48	1,39	1,33	1,28
500	1,74	1,63	1,57	1,52	1,41	1,31	1,23	1,16
∞	1,70	1,59	1,52	1,47	1,36	1,25	1,15	1,00

Tabelle B.43: Signifikanzgrenzen für Kendalls τ-Test, einseitige Testung

N	$\alpha=.005$	$\alpha=.010$	$\alpha=.025$	$\alpha=.050$	$\alpha=.100$
4	8	8	8	6	6
5	12	10	10	8	8
6	15	13	13	11	9
7	19	17	17	13	11
8	22	20	18	16	12
9	26	24	20	18	14
10	29	27	23	21	17
11	33	31	27	23	19
12	38	36	30	26	20
13	44	40	34	28	24
14	47	43	37	33	25
15	53	49	41	35	29
16	58	52	46	38	30
17	64	58	50	42	34
18	69	63	53	45	37
19	75	67	57	49	39
20	80	72	62	52	42
21	86	78	66	56	44
22	91	83	71	61	47
23	99	89	75	65	51
24	104	94	80	68	54
25	110	100	86	72	58
26	117	107	91	77	61
27	125	113	95	81	63
28	130	118	100	86	68
29	138	126	106	90	70
30	145	131	111	95	75
31	151	137	117	99	77
32	160	144	122	104	82
33	166	152	128	108	86
34	175	157	133	113	89
35	181	165	139	117	93
36	190	172	146	122	96
37	198	178	152	128	100
38	205	185	157	133	105
39	213	193	163	139	109
40	222	200	170	144	112

Tabelle B.44: Transformation der Produkt-Moment-Korrelation (r) in Fishers Z-Werte (Z)

r	Z	r	Z	r	Z	r	Z	r	Z
0,000	0,000	0,200	0,203	0,400	0,424	0,600	0,693	0,800	1,099
0,005	0,005	0,205	0,208	0,405	0,430	0,605	0,701	0,805	1,113
0,010	0,010	0,210	0,213	0,410	0,436	0,610	0,709	0,810	1,127
0,015	0,015	0,215	0,218	0,415	0,442	0,615	0,717	0,815	1,142
0,020	0,020	0,220	0,224	0,420	0,448	0,620	0,725	0,820	1,157
0,025	0,025	0,225	0,229	0,425	0,454	0,625	0,733	0,825	1,172
0,030	0,030	0,230	0,234	0,430	0,460	0,630	0,741	0,830	1,188
0,035	0,035	0,235	0,239	0,435	0,466	0,635	0,750	0,835	1,204
0,040	0,040	0,240	0,245	0,440	0,472	0,640	0,758	0,840	1,221
0,045	0,045	0,245	0,250	0,445	0,478	0,645	0,767	0,845	1,238
0,050	0,050	0,250	0,255	0,450	0,485	0,650	0,775	0,850	1,256
0,055	0,055	0,255	0,261	0,455	0,491	0,655	0,784	0,855	1,274
0,060	0,060	0,260	0,266	0,460	0,497	0,660	0,793	0,860	1,293
0,065	0,065	0,265	0,271	0,465	0,504	0,665	0,802	0,865	1,313
0,070	0,070	0,270	0,277	0,470	0,510	0,670	0,811	0,870	1,333
0,075	0,075	0,275	0,282	0,475	0,517	0,675	0,820	0,875	1,354
0,080	0,080	0,280	0,288	0,480	0,523	0,680	0,829	0,880	1,376
0,085	0,085	0,285	0,293	0,485	0,530	0,685	0,838	0,885	1,398
0,090	0,090	0,290	0,299	0,490	0,536	0,690	0,848	0,890	1,422
0,095	0,095	0,295	0,304	0,495	0,543	0,695	0,858	0,895	1,447
0,100	0,100	0,300	0,310	0,500	0,549	0,700	0,867	0,900	1,472
0,105	0,105	0,305	0,315	0,505	0,556	0,705	0,877	0,905	1,499
0,110	0,110	0,310	0,321	0,510	0,563	0,710	0,887	0,910	1,528
0,115	0,116	0,315	0,326	0,515	0,570	0,715	0,897	0,915	1,557
0,120	0,121	0,320	0,332	0,520	0,576	0,720	0,908	0,920	1,589
0,125	0,126	0,325	0,337	0,525	0,583	0,725	0,918	0,925	1,623
0,130	0,131	0,330	0,343	0,530	0,590	0,730	0,929	0,930	1,658
0,135	0,136	0,335	0,348	0,535	0,597	0,735	0,940	0,935	1,697
0,140	0,141	0,340	0,354	0,540	0,604	0,740	0,950	0,940	1,738
0,145	0,146	0,345	0,360	0,545	0,611	0,745	0,962	0,945	1,783
0,150	0,151	0,350	0,365	0,550	0,618	0,750	0,973	0,950	1,832
0,155	0,156	0,355	0,371	0,555	0,626	0,755	0,984	0,955	1,886
0,160	0,161	0,360	0,377	0,560	0,633	0,760	0,996	0,960	1,946
0,165	0,167	0,365	0,383	0,565	0,640	0,765	1,008	0,965	2,014
0,170	0,172	0,370	0,388	0,570	0,648	0,770	1,020	0,970	2,092
0,175	0,177	0,375	0,394	0,575	0,655	0,775	1,033	0,975	2,185
0,180	0,182	0,380	0,400	0,580	0,662	0,780	1,045	0,980	2,298
0,185	0,187	0,385	0,406	0,585	0,670	0,785	1,058	0,985	2,443
0,190	0,192	0,390	0,412	0,590	0,678	0,790	1,071	0,990	2,647
0,195	0,198	0,395	0,418	0,595	0,685	0,795	1,085	0,995	2,994

C Lösungen der Übungsaufgaben

Kapitel 2

1. Eine Messung ist eine Zuordnung von Zahlen zu Objekten oder Ereignissen, sofern diese Zuordnung eine homomorphe Abbildung eines empirischen Relativs in ein numerisches Relativ ist (Orth, 1983).

2. Das jeweilige Skalenniveau ist:
   - a) Ordinalskala
   - b) Nominalskala
   - c) Verhältnisskala
   - d) Nominalskala
   - e) Nominalskala
   - f) Verhältnisskala
   - g) Nominalskala
   - h) Verhältnisskala
   - i) Verhältnisskala

3. Lösung der Aufgabe:
   - a) zum Beispiel $f(x) = 4 \cdot x + 12$
   - b) Intervallskalenniveau
   - c) zum Beispiel $f(x) = 2 \cdot x^3$
   - d) Nominalskalenniveau

Kapitel 4

1. Polygon: kontinuierliche (stetige) Variablen
   Histogramm: kontinuierliche (stetige), kategorisierte Variablen
   Balkendiagramm: diskrete Variablen
   Kreisdiagramm: diskrete Variablen
   Die Entscheidung für eine Darstellungsform hängt von der inhaltlichen Bedeutung der Variablen ab.

2. a) Kreisdiagramm oder Balkendiagramm

   b) Histogramm bei kategorisierten Werten

3. a) Die folgende Lösung ist nur eine von mehreren möglichen Lösungen:

Tabelle C.1: Bestimmung der statistischen Kennwerte

Klassen	Mitte	f_k	$f_k\%$	$cumf_k$	$cumf_k\%$
51-54	52,5	5	17,24	5	17,24
55-58	56,5	4	13,79	9	31,03
59-62	60,5	9	31,03	18	62,06
63-66	64,5	6	20,69	24	82,75
67-70	68,5	5	17,24	29	100,00

b) Durch die Zusammenfassung der kontinuierlichen Variablen zu Kategorien empfiehlt sich die Darstellung in einem Histogramm, die Darstellung in einem Polygon mit den Rohwerten ist ebenfalls möglich.

4. Mittels eines Boxplots können einerseits Aussagen über die am häufigsten vorkommenden Werte abgeleitet werden, während anderseits Extremwerte und Ausreißer identifizierbar sind. Aussagen über die Variabilität der Verteilungswerte sind ebenfalls möglich.

Kapitel 3

1. Bei der Bestimmung der Kategorienanzahl sollte die Stichprobengröße und die Differenz zwischen maximalem und minimalem Wert in der Stichprobe berücksichtigt werden.

2. Die Verwendung ist bei Extremwerten in der Stichprobe sinnvoll, allerdings kann dann über die Kategorie kein Mittelwert mehr berechnet werden.

3. Wahre Kategoriengrenzen geben die Kategorienbreite ohne "Lücken" wieder. Scheinbare Kategoriengrenzen erlauben eine zweifelsfreie Zuordnung aller vorhandenen Messwerte. Sie sind allerdings von der jeweiligen Messgenauigkeit abhängig.

4. $GAM = \frac{\sum_{j=1}^{k} n_j \cdot \bar{x}_j}{\sum_{j=1}^{k} n_j} = \frac{(10 \cdot 9) + (5 \cdot 12)}{10 + 5} = \frac{150}{15} = 10$

5. Bei einer Schätzung auf die Population hat der Median im Durchschnitt die kleinste Abweichung vom tatsächlichen Wert. Er kann bei ordinalskalierten Variablen verwendet werden und ist wesentlich stabiler gegenüber Extremwerten.

6. a) Arithmetisches Mittel: 28,3 Jahre

   b) Modalwert: 21 Jahre

   c) Median: 26 Jahre

7. Median und Modalwert werden stark von der Verteilungsform beeinflusst. Am interessantesten ist die Differenz zwischen Modalwert und arithmetischem Mittel. Je größer diese Differenz ist, desto schiefer ist die Verteilung.

8. a), b), d) und e)

9. a) $\bar{x}_{Alter} = \frac{\sum_{i=1}^{N} x_i}{N} = \frac{250}{10} = 25$
   $s_x^2 = \frac{\sum_{i=1}^{N} (x_i - \bar{x})^2}{N-1} = \frac{90}{9} = 10$
   $s_x = \sqrt{10} = 3,162\overline{7}$

   b) $Range = x_{max} - x_{min} + 1 = 5$
   $Median = \frac{8+9}{2} = 8,5$
   Der Modalwert von 10 wird über die Häufigkeitsverteilung bestimmt. Da Median- und Modalwert nicht identisch sind, liegt keine Normalverteilung vor.

10. e)

11. g)

12. a) und b)

13. $\bar{x}_{neu} = a \cdot \bar{x}_{alt} + b$; $s^2_{neu} = a^2 \cdot s^2_{alt}$
    Die Verteilungskurve verschiebt sich auf der x-Achse. Auch ändert sich scheinbar die Form der Verteilung, sie wirkt für $a > 1$ breitgipfliger und für $0 < a < 1$ schmalgipfliger. Allerdings verändert sich der Exzess nicht.

14. Es gibt keinen Unterschied, die Bezeichnungen sind synonym.

15. Zur Beschreibung einer Werteverteilung wird der Mittelwert ($\bar{x}, \mu_x$), die Streuung (s_x, σ_x), beziehungsweise die Varianz (s_x^2, σ_x^2), sowie Angaben zur Verteilungsform (zum Beispiel Normalverteilung) benötigt.

16. $z_{KlausurA} = \frac{x_i - \bar{x}}{s_x} = \frac{25-18}{3} = 2,\bar{3} \Rightarrow$ Prozentrang = 99,1%
    $z_{KlausurB} = \frac{x_i - \bar{x}}{s_x} = \frac{22-18}{4} = 1 \Rightarrow$ Prozentrang = 84,13%
    In der Klausur A war die Kandidatin besser.

17. $x_i = s_x \cdot z_i + \bar{x} = 3 \cdot 1,28 + 17 = 20,84$ Punkte

18. a), b), c) und d)

19. Für den Wettkampf am Yosemite ist der Gesamtmittelwert zu ermitteln über:

$$GAM = \frac{\sum_{j=1}^{k} n_j \cdot \bar{x}_j}{\sum_{j=1}^{k} n_j} = \frac{1 \cdot 13 + 14 \cdot 10,5}{15} = 10,67$$

$$z = \frac{x_i - \bar{x}}{s_x} = \frac{13 - 10,67}{4} = 0,58 \Rightarrow PR = 71,9\%$$

Wettkampf Gardasee $z = \frac{8-7}{2} = 0,50 \Rightarrow PR = 69,15\%$
Im zweiten Wettkampf kletterte Martin schneller, beziehungsweise benötigen eine größere Anzahl von Kletterern in der Stichprobe mehr Zeit als er.

Kapitel 5

1. Die Gegenwahrscheinlichkeit wird berechnet über:
   $p(\bar{A}) = 1 - p(A) = 1 - .25 = .75$

2. A und B sind disjunkt, wenn $A \cap B = \emptyset$.

3. $p(A|B) = \frac{p(A \cap B)}{p(B)}$ ist die Wahrscheinlichkeit für das Eintreten des Ereignisses A unter der Bedingung, dass Ereignis B eingetreten ist (Multiplikationssatz der Wahrscheinlichkeit für stochastisch abhängige Ereignisse).

4. $p(\text{"3 mal die Fünf werfen"}) = \frac{1}{6} \cdot \frac{1}{6} \cdot \frac{1}{6} = \left(\frac{1}{6}\right)^3 = \frac{1}{216} = .00463$

5. a) $p(\text{"3 Asse ohne Zurücklegen"}) = \frac{4}{32} \cdot \frac{3}{31} \cdot \frac{2}{30} = \frac{24}{29760} = .0008$

   b) $p(\text{"3 Asse mit Zurücklegen"}) = \left(\frac{4}{32}\right)^3 = .0019$

6. $3^{18} = 387420489$ Möglichkeiten

7. $4! = 24$ Möglichkeiten

8. $\frac{15!}{3! \cdot 5! \cdot 7!} = 360360$ Möglichkeiten

9. $p(A) = 2 \cdot \frac{1}{6!} = \frac{2}{720} = 0{,}002778$
   Zwei Elementarereignisse beschreiben das günstige Ereignis, da eine Größenanordnung eingehalten werden kann, wenn die Größte oder die Kleinste zuerst erscheint.

10. $p(\text{"richtige Zuordnung"}) = \frac{1}{5!} = \frac{1}{120} = 0{,}0083$

11. $p(A) = p(\text{"Kreuz-As"}) \cdot p(\text{"Sechser-Wurf"}) \cdot p(\text{"Zahl werfen"})$

    $= \frac{1}{32} \cdot \frac{1}{6} \cdot \frac{1}{2} = \frac{1}{384} = 0{,}0026$

12. Es handelt sich hierbei um eine Folge von Bernoulli-Ereignissen.

13. $f(X \leq 1|n = 8) = f(X = 0|n = 8) + f(X = 1|n = 8)$

    $= \binom{8}{0} \cdot \left(\frac{1}{6}\right)^0 \cdot \left(\frac{5}{6}\right)^8 + \binom{8}{1} \cdot \left(\frac{1}{6}\right)^1 \cdot \left(\frac{5}{6}\right)^7$

    $= \frac{8!}{0! \cdot 8!} \cdot 1 \cdot \left(\frac{5}{6}\right)^8 + \frac{8!}{1! \cdot 7!} \cdot \frac{1}{6} \cdot \left(\frac{5}{6}\right)^7 = \left(\frac{5}{6}\right)^8 + 8 \cdot \frac{1}{6} \cdot \left(\frac{5}{6}\right)^7$

    $= 0{,}2326 + 0{,}3721 = 0{,}6047$

14. a) $f(X = 0|n = 30) = \binom{30}{0} \cdot \left(\frac{1}{30}\right)^0 \cdot \left(\frac{29}{30}\right)^{30} = \frac{30!}{0! \cdot 30!} \cdot 1 \cdot \left(\frac{29}{30}\right)^{30} = \left(\frac{29}{30}\right)^{30} = 0{,}3617$

    b) $f(X \leq 1|n = 30) = 1 - f(X = 0|n = 30) = 1 - 0{,}3617 = 0{,}6383$

    c) $f(X = 3|n = 30) = \binom{30}{3} \cdot \left(\frac{1}{30}\right)^3 \cdot \left(\frac{29}{30}\right)^{27} = \frac{30!}{3! \cdot 27!} \cdot \left(\frac{1}{30}\right)^3 \cdot \left(\frac{29}{30}\right)^{27} = 0{,}0602$

15. $p(\text{weiblich}) = .70 \quad p(\text{Therapeut}) = .75 \quad p(\text{Therapeut}|\text{weiblich}) = .90$

    $p(\text{weiblich}|\text{Therapeut}) = \frac{p(\text{weiblich}) \cdot p(\text{Therapeut}|\text{weiblich})}{p(\text{Therapie})} = \frac{.70 \cdot .90}{.75} = .84$

Kapitel 6

1. Es gilt:

   a) Die Stichprobengröße hat keinen Einfluss auf die statistische Repräsentativität. Das entscheidende Kriterium ist die zufällige Auswahl.

   b) Das Kriterium der Zufallsauswahl muss gegeben sein.

c) Jedes Element der Population muss die gleiche Chance haben, in die Stichprobe aufgenommen zu werden.

2. a) und b)

3. Es handelt sich um eine mehrstufige Zufallsauswahl.

4. Die Elemente einer Population liegen in Gruppen vor. Es werden per Zufall mehrere Gruppen ausgewählt und innerhalb dieser Gruppen werden Daten von allen Personen erhoben. Nur wenn mehrere Klumpen selektiert werden, spricht man von einer Klumpenstichprobe.

5. Die Vorteile sind die Ökonomie und dass schon oft befragte und bewährte Stichproben meist gute Schätzungen liefern. Ein Nachteil ist, dass es sich um keine Zufallsauswahl handelt und somit diese Voraussetzung für die Berechnung des Standardfehlers nicht gegeben ist.

6. Bei qualitativen Merkmalen ist das Vertrauensintervall derjenige Wertebereich einer Stichprobenkennwerteverteilung um einen Wert π, in dem bei wiederholter Stichprobenziehung mit hoher Wahrscheinlichkeit (95% oder 99%) die Schätzungen von π liegen. Bei quantitativen Merkmalen ist das Vertrauensintervall derjenige Wertebereich, in dem bei wiederholter Stichprobenziehung mit hoher Wahrscheinlichkeit (95% oder 99%) die Schätzungen von μ_x liegen.

7. In der Ad-hoc-Stichprobe werden diejenigen Elemente einer Population für eine Stichprobe ausgewählt, die gerade erreichbar sind.

8. In der Punktschätzung dient ein Stichprobenparameter zur Schätzung eines Populationsparameters, während in der Intervallschätzung ein Konfidenzintervall um einen Parameter gelegt wird, in dem beispielsweise mit einer Wahrscheinlichkeit von 95% der wahre Populationsparameter liegt.

9. Schätzung des Standardfehlers: $\sigma_{\bar{x}} \approx s_{\bar{x}} = \frac{s_x}{\sqrt{N}} = \frac{5}{\sqrt{25}} = 1$
Wegen der kleinen Stichprobe muss zur Bestimmung des Mutungsintervalles der t-Wert herangezogen werden: $\bar{x} \pm t_{95\%, 24} \cdot s_{\bar{x}}$ $\quad \bar{x} \pm 2{,}064$
$42{,}936 \leq \mu_x \leq 47{,}064$

10. Der Standardfehler des Mittelwertes hängt direkt vom Stichprobenumfang und der Standardabweichung ab.

11. Bei dieser Erhöhung der Stichprobengrösse wird der Standardfehler des Mittelwertes um den Faktor $\frac{1}{\sqrt{4}} = \frac{1}{2}$ kleiner, da nicht durch $\sqrt{100}$ sondern durch $\sqrt{400}$ geteilt wird.

12. "Die Verteilung von Mittelwerten aus Stichproben des Umfangs N, welche derselben Grundgesamtheit entnommen wurden, geht mit wachsendem Stichprobenumfang in eine Normalverteilung über."

Kapitel 7

1. Die Nullhypothese ist die Negativhypothese, welche komplementär zur Alternativhypothese steht. Sie ist in der klassischen Prüfstatistik die Basis, von der aus über die Alternativhypothese entschieden wird.

2. H_0 : Introvertierte sind genauso ängstlich wie Extravertierte.
   H_1 : Introvertierte sind ängstlicher als Extravertierte.
   Es sei μ_1 = die mittlere Ängstlichkeit in der Population der Introvertierten und es sei μ_2 = die mittlere Ängstlichkeit in der Population der Extravertierten (gerichtete Hypothese).

   H_0 : $\mu_1 = \mu_2$
   H_1 : $\mu_1 > \mu_2$ bei einem α-Niveau von 5%.

3. H_0 : Der erste Stamm braucht genausoviele Durchläufe wie der zweite Stamm.
   H_1 : Der erste Stamm braucht nicht genausoviele Durchläufe wie der zweite Stamm.
   Es sei μ_1 = die mittlere Anzahl der Durchläufe vom ersten Stamm und es sei μ_2 = die mittlere Anzahl der Durchläufe vom zweiten Stamm (ungerichtete Hypothese).

   H_0 : $\mu_1 = \mu_2$
   H_1 : $\mu_1 \neq \mu_2$ bei einem α-Niveau von 5%.

4. β sollte möglichst gering sein, um das Präparat nicht als harmlos zu bestätigen, obwohl es zu Beeinträchtigungen führt.

5. a) Es wird fälschlicherweise angenommen, eine neue Lernmethode sei besser als die alte. Die Neuanschaffung von Lehrmaterial, Umschulung von Lehrern, Neugestaltung des Lehrplans haben Kosten zur Folge, die angesichts der falschen Entscheidung schwerlich zu rechtfertigen wären.

   b) Es wird aufgrund eines β-Fehlers fälschlicherweise die konzentrationsmindernde Wirkung eines Präparates nicht aufgedeckt. Die Sicherheit im Straßenverkehr ist durch die Wirkung des Präparates nicht gewährleistet, dennoch wird das Präparat ohne Einschränkung frei gegeben.

6. Die Teststärke ist über $1-\beta$ definiert und ist die Wahrscheinlichkeit, mit der ein Signifikanztest zugunsten der Alternativhypothese entscheidet. Diese Teststärke wird auch als Trennschärfe oder "power" bezeichnet. Einflussgrößen sind die Differenz der Mittelwerte ($\mu_1 - \mu_2$, je größer, desto größer die Teststärke), der Stichprobenumfang (je größer, desto größer die Teststärke) die Merkmalsstreuung (je kleiner, desto größer die Teststärke), die Gerichtetheit des Tests (die Teststärke ist bei einseitigen Tests größer als bei zweiseitigen), die Höhe des α-Niveaus (je größer, desto größer die Teststärke) und die Stichprobe (bei abhängigen Stichproben ist die Teststärke ($1-\beta$) größer).

7. α und β sind gegenläufig. Wenn α größer wird, wird β kleiner und umgekehrt.

8. c)

9. Durch eine Erhöhung des Stichprobenumfangs, eine gerichtete Testung, ein teststarkes Verfahren, eine geringe Merkmalsstreuung, einen hoher Mittelwertsunterschied, eine abhängige Stichprobe und ein geringes α-Niveau kann der β-Fehler verändert werden. Der α-Fehler kann nach der Datenerhebung nicht mehr beeinflusst werden, da er vor der Untersuchung zu definiert ist.

10. komplementäre; Alternativhypothese; Nullhypothese; 5%; 1%

11. H_0 : Die Patienten ohne Aufmerksamkeitstraining können sich genauso gut konzentrieren wie die Patienten mit Aufmerksamkeitstraining.
    H_1 : Die Patienten ohne Aufmerksamkeitstraining können sich schlechter konzentrieren als die Patienten mit Aufmerksamkeitstraining.
    Es sei μ_1 = die mittlere Konzentrationsleistung der Patienten ohne Aufmerksamkeitstraining und es sei μ_2 = die mittlere Konzentrationsleistung der Patienten mit Aufmerksamkeitstraining, dann gilt:

    H_0 : $\mu_1 = \mu_2$
    H_1 : $\mu_1 < \mu_2$ bei einem α-Niveau von 5%.

12. a) Es wird größer.
    b) Es wird kleiner.
    c) Es wird größer, da sich mit der Populationsstreuung auch die Stichprobensteuung vergrößert.

13. Erhöhung; höher; richtig; sinkt

Kapitel 8

1. $\sigma_{\bar{X}} = \frac{\sigma_X}{\sqrt{N}} = \frac{15}{\sqrt{21}} = 3{,}27$
   $t_{21-1} = \frac{\bar{X} - \mu_X}{\sigma_{\bar{X}}} = \frac{100 - 105}{3{,}27} = -1{,}53$
   Nach der t-Werte-Tabelle B.7 (Seite 439) ist für eine gerichtete Hypothese der kritische t-Wert 1,725 (df = 20). Es besteht kein signifikanter Unterschied, der berechnete t-Wert ist im Betrag kleiner als der kritische t-Wert. Somit wird die Nullhypothese beibehalten.

2. Da Blutzuckerwerte intervallskaliert sind und es sich um eine abhängige Stichprobe handelt, sollte ein t-Test für abhängige Stichproben durchgeführt werden.

3. Da die Stichprobe aus über 100 Personen besteht und der Mittelwert eines intervallskalierten Merkmals mit einem Populationsparameter verglichen werden soll, sollte der z-Test verwendet werden.

4. Da die Variable "Umsatz" intervallskaliert und in zwei unabhängigen Abteilungen erhoben wird, sollte der t-Test für unabhängige Stichproben verwendet werden.

5. Beim t-Test für unabhängige Stichproben ist die Voraussetzung der Varianzhomogenität mit dem F-Test zu prüfen.

6. Da Reaktionszeiten intervallskaliert sind und in einer abhängigen Stichprobe erhoben werden, sollte der t-Test für abhängige Stichproben gewählt werden.

7. d)

Kapitel 9

1. Da die Variable Zustimmung/Ablehnung nominalskaliert vorliegt und vor und nach der Veranstaltung gemessen werden (abhängige Stichprobe) sollte ein McNemar-Test benutzt werden.

2. Da zwei nominalskalierte Merkmale zu einem einzigen Meßzeitpunkt erhoben werden, sollte der Vier-Felder-χ^2-Test angewendet werden.

3. In einer kleinen Stichprobe wurden Rangdaten aus zwei unabhängigen Gruppen verglichen. Es sollte der Mann-Whitney-U-Test eingesetzt werden.

4. Zur Überprüfung einer Unterschiedshypothese auf einem nominalskalierten Merkmal in einer abhängigen Stichprobe sollte der McNemar-Test herangezogen werden.

5. Da es sich um ein nominalskaliertes Merkmal handelt, welches an mehr als zwei Meßzeitpunkten erhoben wurde, empfiehlt sich der Q-Test von Cochran.

6. Bei zwei unabhängigen Gruppen und vorliegenden Rangdaten sollte der U-Test von Mann-Whitney angewendet werden.

7. Vor einer Auswertung mittels eines parametrischen Testverfahren ist zu überprüfen, ob die Voraussetzung der Normalverteilung gegeben ist. Liegen beispielsweise Decken- oder Bodeneffekte vor, sollte ein nicht-parametrisches Verfahren eingesetzt werden.

8. Da es sich hier um sehr schwach besetzte Zellen handelt, sollte der Fisher-Yates-Test eingesetzt werden.

9. Wenn nicht von einer Normalverteilung ausgegangen werden kann.

Kapitel 10

1. Der Wissenschaftler geht nur durch eine Stichprobenkorrelation begründet davon aus, dass ein kausaler Zusammenhang besteht. Da nur aufgrund eines Zusammenhangsmaßes nie auf eine Kausalität geschlossen werden kann, ist die "Klapperstorchthese" nicht zu belegen. Dies könnte eventuell auf experimentellem Wege versucht werden, indem beispielsweise durch Manipulation der Anzahl der Storchenpaare die Auswirkung auf die Geburtenrate untersucht wird. So müsste eine Verbesserung der Nistbedingungen für Störche auch eine Erhöhung der Geburtenrate beim Menschen zur Folge haben.

2. Berechnung der Standardabweichungen für die Variablen x und y:

Tabelle C.2: Zwischenergebnisse zur Berechnung der Standardabweichung

Vp	x	y	$(x_i - \bar{x})^2$	$(y_i - \bar{y})^2$
1	2	10	$(2-5)^2 = 9$	$(10-10)^2 = 0$
2	5	8	$(5-5)^2 = 0$	$(8-10)^2 = 4$
3	7	13	$(7-5)^2 = 4$	$(13-10)^2 = 9$
4	8	9	$(8-5)^2 = 9$	$(9-10)^2 = 1$
5	4	8	$(4-5)^2 = 1$	$(8-10)^2 = 4$
6	2	10	$(2-5)^2 = 9$	$(10-10)^2 = 0$
7	6	12	$(6-5)^2 = 1$	$(12-10)^2 = 4$
8	7	9	$(7-5)^2 = 4$	$(9-10)^2 = 1$
9	5	12	$(5-5)^2 = 0$	$(12-10)^2 = 4$
10	4	9	$(4-5)^2 = 1$	$(9-10)^2 = 1$
$\sum$	50	100	38	28

Aus den zentralen Momenten zweiter Ordnung und den Freiheitsgraden (df) folgen die Streuungen der beiden Variablen x und y für die Stichprobe:

$$s_x = \sqrt{\frac{38}{10-1}} = 2{,}0548047$$

$$s_y = \sqrt{\frac{28}{10-1}} = 1{,}7638342$$

Die Korrelation wird über die Kovarianz bestimmt:

Tabelle C.3: Zwischenergebnisse zur Berechnung der Kovarianz

Vp	x	y	$x_i - \bar{x}$	$y_i - \bar{y}$	$(x_i - \bar{x}) \cdot (y_i - \bar{y})$
1	2	10	−3	0	0
2	5	8	0	−2	0
3	7	13	2	3	6
4	8	9	3	−1	-3
5	4	8	−1	−2	2
6	2	10	−3	0	0
7	6	12	1	2	2
8	7	9	2	−1	-2
9	5	12	0	2	0
10	4	9	−1	−1	1
∑	50	100			6

Der Korrelationskoeffizient lautet: $r_{xy} = \frac{6}{(10-1) \cdot 2{,}05 \cdot 1{,}76} = 0{,}184$

3. Die Kovarianz beschreibt das Ausmaß des Zusammenhanges zwischen zwei Variablen in nicht standardisierter Form.

4. Die Korrelation ist die standardisierte Kovarianz: $r = \frac{cov_{x,y}}{s_x \cdot s_y}$

5. Da gilt $r = \frac{cov_{x,y}}{s_x \cdot s_y}$ folgt daraus $s_y = \frac{cov_{x,y}}{s_x \cdot r} = \frac{1}{.5 \cdot 3 \cdot 2} = 2{,}5$

6. Der Varianzadditionssatz lautet: $s_z^2 = s_x^2 + s_y^2 + 2 \cdot s_{xy}$

7. Die Korrelation kann Werte im Intervall $-1 \leq r_{xy} \leq 1$ annehmen, während für die Kovarianz keine maximale oder minimale Grenze ($-\infty < cov_{xy} < +\infty$) existiert. Nur über die Korrelation ist ein Vergleich der Zusammenhänge unterschiedlicher Variablenpaare möglich.

8. Zuerst werden die beiden Mittelwerte bestimmt ($\bar{x}_{Konz.} = 6$ und $\bar{y}_{Ged.} = 12$), um mit deren Hilfe die beiden Streuungen berechnen zu können ($s_x^2 = \frac{44}{8} = 5{,}5$ und $s_y^2 = \frac{48}{8} = 6$). Hieraus ergibt sich die Kovarianz $cov_{xy} = 3{,}75$ und die Korrelation $r_{xy} = 0{,}6528$.

9. Der Korrelationskoeffizient ist ein beschreibendes Maß, da aus korrelativen Zusammenhängen keine kausalen Schlüsse gezogen werden dürfen.

10. Die z-Transformation dient der Überführung einer Normalverteilung in eine Standardnormalverteilung ($z = \frac{X_i - \bar{X}}{s_x}$). Somit sind die z-transformierten Werte verschiedener Erhebungsinstrumente vergleichbar.

11. Korrelationskoeffizienten liegen auf Ordinalskalenniveau vor. Es darf kein Mittelwert gebildet werden. Zur Berechnung mittlerer Korrelationen sind die Einzelkorrelationen zunächst über Fishers-Z zu transformieren. Anschließend sind

die Z-Werte zu mitteln und durch Rücktransformation ist die mittlere Korrelation zu bestimmen.

$$r_1 = .1 \rightarrow Z = .1$$
$$r_2 = .9 \rightarrow Z = 1.472$$
$$r_3 = .5 \rightarrow Z = .549$$
$$\text{AM der Z-Werte:} Z = .707 \rightarrow r = .61$$

12. a) und c)

Kapitel 11

1. Vorausgesetzt die Werte im Interessentest liegen intervallskaliert vor, ist die punktbiseriale Korrelation zu verwenden.

2. Nein, es ist stets die bestmögliche Datenqualität anzustreben. Zwar kann mit den entsprechenden Korrelationskoeffizienten eine Schätzung für das latent normalverteilte Merkmal erreicht werden, doch sollte dieses Problem durch eine differenzierte Befragung umgangen werden.

3.
   a) Spearman'sche Rangkorrelation (Ableitung)
   b) Punktbiseriale Korrelation (Ableitung)
   c) Biseriale Korrelation (Schätzung)
   d) Punkttetrachorische Korrelation (Ableitung)
   e) Tetrachorische Korrelation (Schätzung)
   f) Kontingenzkoeffizient CC (weder Ableitung noch Schätzung)

Kapitel 12

1. Es wird Intervallskalenniveau vorausgesetzt.

2. Mit der Methode der kleinsten Quadrate: $\sum_{i=1}^{n}(y_i - \hat{y}_i)^2 = \min$

3. $b_{y.x}$ wird kleiner.

4. Der Standardfehler gibt die Streuung einer Stichprobenkennwerteverteilung gleich großer Zufallsstichproben einer Population an (σ_p oder σ_x). Als Standardschätzfehler wird das Maß für die Streuung der wahren y_i-Werte um die Regressionsgerade ($s_{y.x}$) bezeichnet.

5. Es handelt sich um einen Selektionsfehler der Stichprobenauswahl. Wenn die Variabilität in der Stichprobe nicht der Populationsvariablilität entspricht, führt dies zu einer Unterschätzung der Populationskorrelation.

6. a) $\hat{Y}_i = 1{,}5 \cdot x_i + 7{,}35$

   b) $r_{xy}^2 = .56$

   c) $s_{y.x} = 1{,}98$

7. a) 50, da kein Zusammenhang zwischen Prädiktor und Kriterium exisitiert, liefert der Mittelwert des Kriteriums die beste Vorhersage.

   b) $\hat{Y}_i = x_i + 25$; $\hat{y}_{Müller} = 58$

Kapitel 13

1. Durch Konstanthaltung der dritten Variablen (versuchsplanerisch) oder Partialkorrelation (statistisch).

2. Bei der Partialkorrelation wird eine dritte Variable Z aus der Variable X und dem Kriterium Y herauspartialisiert, bei einer Semipartialkorrelation wird die Variable Z nur aus der Variable X herauspartialisiert.

3. a) Die Semipartialkorrelation wird zur Berechnung der inkrementellen Validität einer Variablen verwendet.

   b) Die Partialkorrelation dient zur Konstanthaltung des Einflusses einer Variablen Z auf das Kriterium Y und den Prädiktor X.

4. Das ist die Varianz, welche eine Variable allein am Kriterium aufklären kann.

5. Eine Suppressorvariable ist eine Variable, welche irrelevante Varianz in einem Prädiktor unterdrückt und damit dessen Varianzanteil am Kriterium erhöht, ohne selbst bedeutsam mit dem Kriterium zu korrelieren.

6. a)

7. Dies kann unter hoher Multikollinearität einer großen Anzahl interkorrelierter Prädiktoren bei gleichzeitig geringem Stichprobenumfang und/oder einer geringen Korrelation zwischen Prädiktor und Kriterium auftreten.

8. Zur Bestätigung einer Regressionsgleichung sollte nach Möglichkeit immer eine Kreuzvalidierung durchgeführt werden.

Kapitel 14

1. Die Wahrscheinlichkeit, einen α-Fehler zu begehen steigt, je mehr Einzelvergleiche durchgeführt werden (α-Inflationierung).

2. Die Anzahl möglicher Vergleiche ist $\binom{4}{2} = 6$, so dass p(A=mind. ein α-Fehler) $= 1 - (1 - 0{,}05)^6 = 26{,}50\ \%$

3. a) und c)

4. Werden zwei Gruppenmittelwerte verglichen, gilt $F = t^2$.

5. Berechnung von $SS_{within} = \sum_j \sum_i (y_{ij} - \bar{y}_j)^2$:

Gruppe 1			Gruppe 2			Gruppe 3		
22	$(22-23)^2$	= 1	24	$(24-25)^2$	= 1	22	$(22-26)^2$	= 16
24	$(24-23)^2$	= 1	26	$(26-25)^2$	= 1	27	$(27-26)^2$	= 1
23	$(23-23)^2$	= 0	20	$(20-25)^2$	= 25	29	$(29-26)^2$	= 9
21	$(21-23)^2$	= 4	26	$(26-25)^2$	= 1	25	$(25-26)^2$	= 1
25	$(25-23)^2$	= 4	27	$(27-25)^2$	= 4	26	$(26-26)^2$	= 0
25	$(25-23)^2$	= 4	26	$(26-25)^2$	= 1	28	$(28-26)^2$	= 4
21	$(21-23)^2$	= 4	25	$(25-25)^2$	= 0	23	$(23-26)^2$	= 9
21	$(21-23)^2$	= 4	26	$(26-25)^2$	= 1	24	$(24-26)^2$	= 4
24	$(24-23)^2$	= 1	23	$(23-25)^2$	= 4	30	$(30-26)^2$	= 16
24	$(24-23)^2$	= 1	27	$(27-25)^2$	= 4	26	$(26-26)^2$	= 0
$\bar{y}_i$ 23			25			26		
$\sum$		24			42			60

Daraus folgt, $SS_{within} = 24 + 42 + 60 = 126$

Zur Berechnung von $SS_{between}$ wird $\bar{Y}$ benötigt: $\bar{Y} = \frac{\sum_{j=1}^{p} \bar{y}_j}{p} = \frac{23+25+26}{3} = 24,\bar{6}$

$$\begin{aligned} SS_{between} &= \sum_j n_j (\bar{y}_j - \bar{y})^2 \\ &= 10 \cdot (23 - 24,\bar{6})^2 + 10 \cdot (25 - 24,\bar{6})^2 + 10 \cdot (26 - 24,\bar{6})^2 \\ &= 27,\bar{7} + 1,\bar{1} + 17,\bar{7} = 46,\bar{6} \end{aligned}$$

Für $SS_{tot} = \sum_j \sum_i (y_{ij} - \bar{y})^2$ ergibt sich ein Wert von $SS_{tot} = 172,\bar{6}$. Es folgt die Berechnung der mittleren Quadratesummen und des F-Tests:

$$\begin{aligned} MS_{within} &= \frac{126}{30-3} = 4,\bar{6} \\ MS_{between} &= \frac{46,\bar{6}}{3-1} = 23,\bar{3} \\ F &= \frac{MS_{between}}{MS_{within}} = \frac{23,\bar{3}}{4,\bar{6}} = 5 \end{aligned}$$

Der kritische F-Wert ist mit $F_{krit.,95\%,2,27} = 3,35$ kleiner als der berechnete F-Wert. Die H_0 wird verworfen und die H_1 angenommen.

6. a) $y_{ij} = \mu_y + \alpha_j + \epsilon_{ij}$

   b) $H_0 : \alpha_j = 0$ $\Rightarrow$ $y_{ij} = \mu_y$

   c) $H_1 : \alpha_j \neq 0$ $\Rightarrow$ $y_{ij} = \mu_y + \alpha_j$

   d) iii.

7. a-1   b-3   c-2

8. a) Die Messwerte innerhalb der einzelnen Treatmentstufen sind gleich den jeweiligen Gruppenmittelwerten ($y_{ij} = \bar{y}_j$). Somit gibt es keine Streuung innerhalb der Gruppen.

   b) Die Gruppenmittelwerte sind alle gleich und entsprechen damit dem Gesamtmittelwert ($\bar{y}_j = \bar{y}$), was bedeutet, dass es keine Streuung zwischen den Gruppen gibt.

9. In der folgenden Tabelle werden die Daten dargestellt.

Varianzquelle	SS	df	MS
between	50	5	10
within	300	60	5
total	350	65	5,385

   $F = \frac{MS_{between}}{MS_{within}} = 2$

   Bei einem $df_{Zähler}$ von 5 und einem df_{Nenner} von 60 ist $F_{krit.} = 2{,}37$. Somit sind die Mittelwertsunterschiede nicht signifikant.

10. Bei Kontrasten werden die Mittelwertsvergleiche vor der Durchführung der Varianzanalyse hypothesengeleitet bestimmt (**a priori**). Bei post-hoc-Tests werden alle möglichen Mittelwertsvergleiche nach der Varianzanalyse durchgeführt (**a posteriori**). Da die Anzahl der post-hoc-Tests nicht eingeschränkt ist, werden sie eher in der explorativen Forschung eingesetzt.

11. Kontrast in der Population: $\Psi = c_1\mu_1 + \ldots + c_p\mu_p = \sum_{j=1}^{p} c_j\mu_j$

    Kontrast in der Stichprobe: $\hat{\Psi} = c_1\bar{y}_1 + \ldots + c_p\bar{y}_p = \sum_{j=1}^{p} c_j\bar{y}_j$

    Anforderung: $\sum_{j=1}^{p} c_j = 0$ und $\sum_{j=1}^{p} c_{j1} \cdot c_{j2} = 0$

12. a) Vergleich 1: Der Mittelwert von Gruppe 1, 2 und 3 werden mit dem Mittelwert von Gruppe 4 verglichen.
    Vergleich 2: Der Mittelwert von Gruppe 1 wird mit dem von Gruppe 3 verglichen.
    Vergleich 3: Der Mittelwert von Gruppe 2 wird mit dem Mittelwert von Gruppe 4 verglichen.

    b) Kontrast 1 und 2: $\frac{1}{3} \cdot 1 + \frac{1}{3} \cdot 0 + \frac{1}{3} \cdot (-1) + (-1) \cdot 0 = 0$ $\Rightarrow$ unabhängig
    Kontrast 1 und 3: $\frac{1}{3} \cdot 0 + \frac{1}{3} \cdot 1 + \frac{1}{3} \cdot 0 + (-1) \cdot (-1) = 1\frac{1}{3}$ $\Rightarrow$ abhängig
    Kontrast 2 und 3: $1 \cdot 0 + 0 \cdot 1 + (-1) \cdot 0 + 0 \cdot (-1) = 0$ $\Rightarrow$ unabhängig

13. | | | | | | |
    |---|---|---|---|---|---|
    | Vergleich 1 | $\frac{1}{4}$ | $\frac{1}{4}$ | $\frac{1}{4}$ | $\frac{1}{4}$ | -1 |
    | Vergleich 2 | 1 | 0 | -1 | 0 | 0 |
    | Vergleich 3 | 0 | 1 | 0 | -1 | 0 |
    | Vergleich 4 | $\frac{1}{2}$ | $-\frac{1}{2}$ | $\frac{1}{2}$ | $-\frac{1}{2}$ | 0 |

14. a) Bei p = 4 Gruppen kann es nur drei (p-1) unabhängige Kontraste geben.

    b) Kontraste sind teststärker als post-hoc Tests und unterstützen strukturiertes und hypothesengeleitetes Vorgehen.

15. Berechnung des Kontrastes:

$$\hat{\Psi} = \sum_{j=1}^{p} c_j \bar{y}_j = \frac{1}{2} \cdot 2 + \frac{1}{2} \cdot 3 + (-1) \cdot (-5) = 7{,}5$$

t-Test des Kontrastes:

$$estvar(\hat{\Psi}) = MS_{within} \cdot \sum_{j=1}^{p} \frac{c_j^2}{n_j} = 5 \cdot \left(\frac{(\frac{1}{2})^2}{10} + \frac{(\frac{1}{2})^2}{10} + \frac{(-1)^2}{10} \right)$$

$$= 5 \cdot \left(\frac{\frac{1}{4}}{10} + \frac{\frac{1}{4}}{10} + \frac{1}{10} \right) = 5 \cdot \left(\frac{1{,}5}{10} \right) = 0{,}75$$

$$t = \frac{\hat{\Psi}}{\sqrt{estvar(\hat{\Psi})}} = \frac{7{,}5}{\sqrt{0{,}75}} = 8{,}66$$

Mit df = 27 ist dieser t-Wert signifikant (siehe Tabellen B.6 bis B.7, Seite 438 bis 439).

Kapitel 15

1. $H_0 : \alpha_j = 0$ $H_0 : \beta_k = 0$ $H_0 : (\alpha\beta)_{jk} = 0$
   $H_1 : \alpha_j \neq 0$ $H_1 : \beta_k \neq 0$ $H_1 : (\alpha\beta)_{jk} \neq 0$

Tabelle C.4: Kennwerte der Varianzanalyse

Varianzquelle	SS	df	MS	F-Wert	Signifikanz
Faktor A	50	4	12,5	16,67	signifikant
Faktor B	5	3	1,67	2,22	n. s.
Faktor AxB	85	12	7,08	9,44	signifikant
within	360	480	0,75		
total	500	499			

2. Für den *beta*-Fehler gilt auch in der zweifaktoriellen Varianzanalyse, dass Kontraste einen geringeren β-Fehler als der Tukey-HSD-Test haben, welcher einen geringeren β-Fehler aus der Scheffé-Test hat.

3. a) Der F-Wert beschreibt eine sogenannte "overall significance", dass heißt, die vier Gruppen unterscheiden sich insgesamt signifikant voneinander. Es ist möglich, dass sich nur gewisse Kombinationen von Mittelwerten unterscheiden.

   b) Ja, da Kontraste aufgrund der Unabhängigkeitbedingung teststärker sind.

   c) Ja, da durch die Hinzunahme des zweiten Faktors und die Interaktion die Fehlervarianz reduziert wird. Hierdurch wird der Wert im F-Test größer.

4. a), b) und e) sind richtig, wobei zwei einfaktorielle Varianzanalysen weniger teststark sind als eine zweifaktorielle Varianzanalyse.

5. $R^2_{y.AxB} = \frac{SS_{AxB}}{SS_{tot}}$

6. $p \cdot q - 1$ Kontraste über alle Zellenmittelwerte. Über alle Stufen der Faktoren A und B können allerdings nur $(p-1) \cdot (q-1)$ unabhängige Kontraste formuliert werden.

7. Da durch die Aufnahme eines zweiten Faktors die Fehlervarianz reduziert wird, ist die zweifaktorielle Varianzanalyse teststärker.

8. Dies bedeutet, dass die Signifikanz oder Nicht-Signifikanz eines Effektes keinen Einfluss auf die Signifikanz der anderen Effekte hat.

9. a) Indikatorvariablen, sie nehmen gewöhnlich die Werte 1 oder 0 an.

   b) a_0 = Gesamtmittelwert; a_1 - a_k entsprechen den Effekten (Gruppenmittelwert - Gesamtmittelwert).

   c) $y_i = a_0 + a_3 + e_i$

Kapitel 16

1. Bei der Varianzanalyse mit festen Effekten ist der Mittelwert der Gewichte a_1 bis a_p gleich 0 ($\bar{a} = 0$).

2. Ein fester Faktor wäre beispielsweise die Psychotherapieform (Verhaltenstherapie, systemische Therapie etc.), wobei die Ergebnisse der Analyse nur für die untersuchten Therapieformen gültig wären. Ein Zufallsfaktor wäre zum Beispiel die Dauer der bisherigen therapeutischen Tätigkeit, wobei hier von den realisierten Ausprägungen auf alle möglichen Ausprägungen generalisert werden kann.

3. Der feste Effekt (erster Faktor) wird an $MS_{Faktor\ AxB}$, der Zufallseffekt (zweiter Faktor) und der Interaktionseffekt wird an MS_{within} geprüft.

Kapitel 17

1. Ein Vorteil der Varianzanalyse mit Messwiederholung ist, dass durch die Personenvarianz möglicherweise ein größerer Anteil der Gesamtvarianz erklärt werden kann. Dagegen spricht allerdings, dass bei fünf zu testenden Medikamenten und jeweils zwei Wochen Wartezeit zwischen den Terminen mit einem extrem großen Ausfall an Versuchspersonen zu rechnen ist.

Kapitel 19

1. Das Ziel der Faktorenanalyse ist die Reduktion von Daten, beziehungsweise von Redundanzen (= Interkorrelationen). Hierbei wird eine Vielzahl korrelierter und eventuell redundanter Merkmale/ Variablen auf einen geringere

Anzahl unabhängiger hypothetischer, latenter Variablen (=Faktoren) reduziert. Die möglichst geringe Anzahl von Faktoren erklären einen möglichst maximalen Teil der Varianz der Ausgangsvariablen.

Als Beispiel dient die Zusammenfassung der insgesamt elf verschiedenen Untertests des Hamburg-Wechsler-Intelligenztest für Erwachsene (HAWIE) auf zwei Intelligenzfaktoren (Verbal- und Handlungs-IQ).

2. Bei der Partialkorrelation und der Faktorenanalyse werden bestehende Korrelationen durch andere Variablen ("Drittvariablen") erklärt. In der Partialkorrelation sind die Drittvariablen bekannt, in der Faktorenanalyse werden sie erst rechnerisch aus den Daten abgeleitet inhaltlich interpretiert.

3. Beide Verfahren ermöglichen eine Vorhersage. Allerdings sind bei der Faktorenanalyse die vorherzusagenden Variablen nur latent vorhanden, während bei der Regressionsanalyse das Kriterium eine manifeste Variable ist.

4. Die Faktorenanalyse wird als iteratives Verfahren bezeichnet, da das Ergebnis der Faktorenanalyse über mehrere aufeinander aufbauende Schätzalgorithmen in verschiedenen Programmdurchläufen (Schleifen) ermittelt wird.

5. Der Eigenwert λ eines Faktors beschreibt den Anteil der Varianz aller Variablen, den der Faktor aufklärt. Die Wurzel des Eigenwertes entspricht der Länge dieser Hauptachse.

6. Die Kommunalität ist der Anteil der Varianz einer Variablen, welcher durch alle Faktoren erklärt werden kann.

7. Es gibt zwei Gruppen von Rotationsverfahren:

   a) orthogonale Rotation
   Die Unabhängigkeit der Faktoren bleibt erhalten, es wird rechtwinklig rotiert.

   b) schiefwinklige/ oblique Rotation
   Diese erzeugt abhängige (korrelierte) Faktoren, über welche wiederum eine weitere, zweite Faktorenanalyse durchgeführt werden kann, in welcher Faktoren zweiter Ordnung ermittelt werden. Beispielsweise besteht der Hamburg-Wechsler-Intelligenztest für Erwachsene (HAWIE) aus zwei Intelligenzfaktoren (Verbal- und Handlungs-IQ), welche Faktoren zweiter Ordnung darstellen und aus untergeordneten Faktoren erster Ordnung bestehen. Der Verbal-IQ setzt sich aus den Faktoren "Allgemeines Wissen", "Wortschatz" etc. zusammen.

8. Eine explorative Faktorenanalyse sucht innerhalb einer Korrelationsmatrix bisher unbekannte Strukturen, sogenannte latente Variablen. Mit einer konfirmatorischen Faktorenanalyse wird, ähnlich wie bei der Kreuzvalidierung, eine zuvor gefundene Struktur zu bestätigen versucht.

Kapitel A

1. $3x_1 + 4y_1 + 3x_2 + 4y_2 + 3x_3 + 2y_3 + 3x_4 + 2y_4$

    $= 3x_1 + 3x_2 + 3x_3 + 3x_4 + 4y_1 + 4y_2 + 2y_3 + 2y_4$

    $= 3 \cdot \sum_{i=1}^{4} x_i + 4 \cdot \sum_{i=1}^{2} y_i + 2 \cdot \sum_{i=3}^{4} y_i$

2. $\sum_{i=1}^{n} 2 \cdot (x_i + 2y_i) + 1 = \sum_{i=1}^{n}(2x_i + 4y_i) + 1 = \sum_{i=1}^{n} 2x_i + \sum_{i=1}^{n} 4y_i + 1$

    $= 2 \cdot \sum_{i=1}^{n} x_i + 4 \cdot \sum_{i=1}^{n} y_i + 1$

3. Die Gleichung ist mathematisch nicht korrekt, da im ersten Term die Summe der x-Werte quadriert wird, während im zweiten Term die quadrierten x-Werte (x^2) summiert werden.

    $$(\sum_{i=1}^{3} x_i)^2 \neq \sum_{i=1}^{3} x_i^2$$
    $$(x_1 + x_2 + x_3)^2 \neq x_1^2 + x_2^2 + x_3^2$$

4. $6x_1 + 5x_4 + 6x_2 + y_6 + y_7 + 5x_3 = 6x_1 + 6x_2 + 5x_3 + 5x_4 + y_6 + y_7$

    $= 6 \cdot \sum_{i=1}^{2} x_i + 5 \cdot \sum_{i=3}^{4} x_i + \sum_{i=6}^{7} y_i$

5. $\sum_{i=1}^{N} 3 \cdot (x_i - 2y_i) - 3z = \sum_{i=1}^{N}(3x_i - 6y_i) - 3z$

    $= \sum_{i=1}^{N} 3x_i - \sum_{i=1}^{N} 6y_i - 3z = 3 \cdot \sum_{i=1}^{N} x_i - 6 \cdot \sum_{i=1}^{N} y_i - 3z$

6. Es gilt: $z = \sum_{i=1}^{3}(x_i + 2y_i) + 1 = (1 + 2 \cdot 2) + (0 + 2 \cdot 1) + (2 + 2 \cdot 2) + 1 = 14$

7. 3 Zeilen und 4 Spalten

8. a) Wenn die Anzahl der Spalten der linken (ersten) Matrix gleich der Anzahl der Zeilen der rechten (zweiten) Matrix entspricht.

    b) Die Anzahl sowohl der Zeilen als auch der Spalten muss bei beiden Matrizen gleich sein.

    c) Skalarmultiplikation ist immer möglich.

9. $\begin{pmatrix} 3 & 5 \\ 1 & 2 \\ 7 & 6 \end{pmatrix} \cdot \begin{pmatrix} 5 & 2 \\ 1 & 3 \end{pmatrix} = \begin{pmatrix} 20 & 21 \\ 7 & 8 \\ 41 & 32 \end{pmatrix}$

10. $A^T = \begin{pmatrix} 10 & 13 & 8 \\ 7 & 10 & 11 \\ 9 & 2 & 6 \end{pmatrix}$

Literatur

Backhaus, K., Erichson, B., Plinke, W. & Weiber, R. (1996). *Multivariate Analysemethoden* (8. Aufl.). Berlin: Springer.

Barner, M. & Flohr, F. (1991). *Analysis I*. Berlin: de Gruyter.

Bauer, H. (1991). *Wahrscheinlichkeitstheorie.* Berlin: de Gruyter.

Beck-Bornholdt, H.-P. & Dubben, H.-H. (2001). *Der Hund, der Eier legt.* Hamburg: Rowohlt.

Beck-Bornholdt, H.-P. & Dubben, H.-H. (2003). *Der Schein der Weisen.* Hamburg: Rowohlt.

Bortz, J. (1999). *Statistik für Sozialwissenschaftler* (5 Aufl.). Berlin:Springer-Verlag.

Bortz, J. & Döring, N. (1995). *Forschungsmethoden und Evaluation für Sozialwissenschaftler* (2 Aufl.). Heidelberg: Springer.

Boyd, J. & Weissman, M. (1981). Epidemiology of affective disorders. A reexamination and future directions. *Archives of General Psychiatry*(38), 1039-1046.

Clauß, G., Finze, F.-R. & Partzsch, L. (1995). *Statistik für Soziologen, Pädagogen, Psychologen und Mediziner* (Bd. 1, 2 Aufl.). Frankfurt: Thun.

Cohen, J. (1988). *Statistical Power Analysis for the Behavioral Sciences* (2 ed.). Hillsdale, New Jersey: Lawrence Erlbaum Associates.

Comer, R. (2001). *Klinische Psychologie* (2 Aufl.). Heidelberg: Spektrum.

Diehl, J. & Kohr, H.-U. (1977). *Durchführungsanleitung für statistische Tests.* Wein: Beltz.

Diehl, J. & Staufenbiel, T. (2001). *Statistik mit SPSS Version 10.0.* Eschborn: Klotz.

Drasgow, F. (1988). Polychoric and Polyserial Correlations. In L. Klotz & N. Johnson (Eds.), *Encyclopedia of Statistical Sciences* (Vol. 7, p. 69-74). New York: Wiley.

Fahrenberg, J., Hampel, R. & Selg, H. (2001). *Das Freiburger Persönlichkeitsinventar - FPI* (7 Aufl.). Heidelberg: Springer.

Forster, O. (1989). *Analysis 1.* Braunschweig: Vieweg.

Galton, F. (1886). Family Likeness in Stature. *Proceedings of th Royal Society*(87), 564-567.

Gerdes, N. (1998). Rehabilitationseffekte bei Zielorientierter Ergebnismessung: Ergebnisse der IRES-ZOE-Studie 1996/97. *Deutsche Rentenversicherung, 3-4,* 217-238.

Gigerenzer, G. (2002). *Das Einmaleins der Skepsis.* Berlin: Berlin Verlag.

Grawe, K. (1992). Psychotherapieforschung zu Beginn der neunziger Jahre. *Psychologische Rundschau, 43,* 132-162.

Green, B. & Hall, J. (1984). Quantitative Methodes for Literature Review. *Annual Review of Psychology*(35), 37-53.

Hair, J., Anderson, R., Tatham, R. & Black, W. (1998). *Multivariate Data Analysis* (5. ed.). Upper Saddle River, New Jersey: Prentice Hall.

Hall, G. M. (Ed.). (1998). *Publish or Perish.* Bern: Huber.

Harms, V. (1998). *Biomathematik, Statistik und Dokumentation* (7 Aufl.). Kiel: Harms.

Hartmann, A., Herzog, T. & Drinkmann, A. (1992). Psychotherapy of Bulimia Nervosa: What is Effective? A Meta-Analysis. *Journal of Psychosomatic Research, 36,* 159-167.

Hays, W. L. (1994). *Statistics* (5 ed.). Fort Worth, TX: Harcourt Brace.

Heuser, H. (1991). *Lehrbuch der Analysis.* Stuttgart: Teubner.

Kazis, L., Anderson, J. & Meenan, R. (1989). Effect Sizes for Interpreting Changes in Health Status. *Medical Care, 27,* 178-189.

Kline, R. (1998). *Principles and Practice of Structural Equation Modeling.* New York: Guilford.

Krämer, W. & Trenkler, G. (1998). *Lexikon der populären Irrtümer.* München: Piper Verlag.

Krämer, W., Trenkler, G. & Krämer, D. (2001). *Das neue Lexikon der populären Irrtümer* (3. ed.). München Piper.

Krengel, U. (1991). *Einführung in die Wahrscheinlichkeitstheorie und Statistik* (3. Aufl.). Braunschweig: Vieweg.

Lehmann, G. (2002). *Statistik: Eine Einführung in die mathematischen Grundlagen für Psychologen, Wirtschafts- und Sozialwissenschaftler.* Heidelberg: Spektrum.

Lienert, G. & Raatz, U. (1994). *Testaufbau und Testanalyse* (5 Aufl.). Weinheim: Beltz.

Monka, M. & Voß, W. (2002). *Statistik am PC.* München: Hanser.

Moosbrugger, H. (1994). *Lineare Modelle.* Bern: Huber Verlag.

Orth, B. (1983). Grundlagen des Messens. In H. Feger & J. Bredenkamp (Hrsg.), *Messen und Testen. Enzyklopädie der Psychologie.* Göttingen: Hogrefe.

Rosenthal, R. (1966). *Experimentor Effects in Behavioral Research.* New York: Appleton-Century-Crofts.

Sachs, L. (1999). *Angewandte Statistik* (9 Aufl.). Berlin: Springer.

Schmidt, L. (1988). *Alkoholkrankheiten und Alkoholmißbrauch.* Stuttgart: Kohlhammer.

Steyer, R. (1979). *Untersuchungen zur Nonorthogonalen Varianzanalyse.* Weinheim: Belz.

Werner, J. (1997). *Lineare Statistik.* Weinheim: Beltz Verlag.

Wilkinson, L. & the Task Force on Statistical Inference. (1999). Statistical Methods in Psychology Journals. *American Psychologist, 54*(8), 594-604.

Wirtz, M. & Nachtigall, C. (2002). *Deskriptive Statistik* (2 ed.). Weinheim: Juventa.

Zimmermann, P. (1997). *Skript zu Statistik I.* (unveröffentlichtes Skript, Universität Freiburg)

Index

Ω, 82
Σ, 421
$\cap$, 83
χ^2, 105, 159
$\cup$, 83
λ, 371

a posteriori, 80, 262
a priori, 79, 262
Abbildung, 20
abhängige Stichprobe, 132
abhängige Variablen, 255
absolute Häufigkeiten, 35
Abszisse, 67
Abweichungsquadrate, 286, 310
Ad hoc-Auswahl, 113
AD-Streuung, 44
Additionstheorem, 89
AGFI, 393
AIC, 393
Alienationskoeffizienten, 238, 292
Alle möglichen Untermengen, 263
Allgemeines Lineares Modell, 254
α-Fehler, 128, 273
    Inflationierung, 273
α-Niveau, 122, 125
Alternativhypothese, 122, 283
AMOS, 409
arithmetisches Mittel, 39
Array-Verteilung, 191
Ausreißer, 33, 72
Auswahlverfahren, 109
    ad hoc-, 113
    geschichtete Zufalls-, 111
    Klumpen-, 112
    mehrstufige Zufalls-, 111
    Quoten-, 112
    Theoriegeleitet, 113
    uneingeschränkte Zufalls-, 110
average deviation, 44

backward, 263
balancierter Versuchsplan, 304

Balkendiagramm, 67, 69
Bartlett-Test, 275, 375
Bayes
    Theorem von, 90
bedingte Wahrscheinlichkeit, 87
Bernoulli, 80
Bernoulli-Prozess, 100
Bernoulliverteilung, 102
β-Fehler, 128
Bias, 109
biased estimate, 260, 261
Binomial-Test, 158
Binomialkoeffizient, 100
Binomialverteilung, 100, 172
    Poisson-Approximation, 103
Biseriale Korrelation, 212, 398
Biseriale Rangkorrelation, 214
Bonferronikorrektur, 273
Box-Plot, 67, 70
breitgipflig, 53

C-Werte, 59
Capitalization of Chance, 260
χ^2-Test, 159, 222
    Fisher-Yates-Test, 162
    Hypothesen, 162
    nach Pearson, Mantel und Haenszel, 222
χ^2-Verteilung, 105
City-Block-Metrik, 391, 395
Clusteranalyse, 389
    Intervallskalenniveau, 390
    Metrik, 390
        City-Block-, 391
        Euklidische, 391
        Minkowski-, 390
    Nominalskalenniveau, 390
    Proximitätsmaß, 389
    Proximitätsmaß
        Dice-Koeffizient, 389
        Kulczynski-Koeffizient, 389
        L_1-Norm, 389
        L_2-Norm, 389

M-Koeffizient, 389
Mahalanobis-Distanz, 389
Q-Korrelationskoeffizient, 389
RR-Koeffizient, 389
Tanimoto-Koeffizient, 389
CMIN-Wert, 392
Cochran, 165
Cramérs Index, 226

Darstellung
    grafische, 65
Datenmatrix, 374
Datenreduktion, 369
Definition von Abständen, 26
degree of freedom, 45, 46, 146, 286
Dekrement, 254
Deskriptive Statistik, 17
Determinationskoeffizient, 195, 377
    multipler, 256
Diagonalmatrix, 423
Dice-Koeffizient, 389
Dichtefunktion, 99
    Binomialverteilung, 101
    χ^2-Verteilung, 105
    F-Verteilung, 107
    Hypergeometrische Verteilung, 103
    Normalverteilung, 104
    Poisson-Verteilung, 103
    Standardnormalverteilung, 104
    t-Verteilung, 106
disjunkt, 33
disjunkte Ereignisse, 85
diskrete Variable, 19
diskrete Verteilungen, 426
diskrete Wahrscheinlichkeitsverteilung, 98
Diskriminanzachse, 386
Diskriminanzanalyse, 385
    Diskriminanzachse, 386
    Diskriminanzfunktion, 386
    Diskriminanzkriterium, 387
    Distanzkonzept, 388
    Wilks' Lambda, 387
Diskriminanzfunktion, 386
Diskriminanzkriterium, 387
disordinale Interaktion, 313
Distanzkonzept, 388
DOBLIMIN-Rotation, 382
DQUART-Rotation, 382
Dummykodierung, 280
Duncan, 297

Effekt, 276, 398
Effekte
    feste, 271
    gemischte, 333
    Haupt-, 305
    Interaktions-, 307
    Zellen-, 306
    zufällige, 327
    zweifaktorielle Varianzanalyse, 305
Effektgröße, 132, 397, 398
Effektkodierung, 281
Effektstärke, 132, 136
Effizienz, 114
Eigenwert, 377
Einengung der Streubreite, 242
Einfachstruktur, 381
einfaktorielle Varianzanalyse, 278
Einheitsmatrix, 423
einseitige Testung, 127
Elementarereignis, 82
empirische Verteilung, 35
empirisches Relativ, 20
EQUIMAX-Rotation, 381
Ereignis
    disjunkt, 85
    Komplementär-, 85
    nicht-disjunkt, 86
    sicheres, 84
    unmögliches, 84
Ereignisraum, 80, 82
erklärte Varianzanteile, 291, 319
Erwartungstreue, 113
Erwartungswerte, 287, 426
Euklidische Metrik, 391, 395
Evaluation der Lösung, 379
Excel, 408
Exhaustivität, 114
Existenz des Nullelements, 26
Exploratorische Faktorenanalyse, 371
Extraktion, 376
Extraktionsproblem, 379
Extremwerte, 33, 72
Exzess, 52

F_{max}-Statistik, 276
F-Test, 149, 288, 312, 332
    nach Fisher, 149
    nach Levene, 150, 276
F-Verteilung, 106
Faktorenanalyse, 369
    Ablauf, 373

vereinfacht, 371
Bartlett-Test, 375
Datenmatrix, 374
DOBLIMIN-Rotation, 382
DQUART-Rotation, 382
Eigenwert, 377
Einfachstruktur, 381
EQUIMAX-Rotation, 381
Evaluation der Lösung, 379
Exploratorische, 371
Extraktion, 376
Extraktionsproblem, 379
Faktoreninterpretation, 382
Faktorenladungsmatrix, 378
Faktorladung, 377
Faktorwerte
    Bestimmung, 382
Faktorwertematrix, 378
Fundamentaltheorem, 376
Generalfaktor, 378
Grundgleichung
    dritte, 380
    erste, 376
    zweite, 379
Hauptachse, 372
Hauptachsenanalyse, 378
Hauptkomponentenanalyse, 378
Kaiser-Gutmann-Regel, 379
Kaiser-Meyer-Olkin (KMO), 376
Kommunalität, 377, 380
    Bestimmung der, 378
Kommunalitätenproblem, 378
Konfirmatorische, 370
Kriterium der extrahierten Varianz, 379
lambda, 371
measure of sampling adequacy, 376
MSA, 376
Multikollinearität, 370
OBLIMIN-Rotation, 382
ORTHOBLIQUE-Rotation, 382
orthogonale Rotation, 381
PROMAX-Rotation, 382
QUARTIMAX-Rotation, 381
Reliabilität, 380
Rotation
    orthogonale, 381
    schiefwinklige, 381
Rotationsproblem, 381
schiefwinklige Rotation, 381
Scree-Test, 379

Spezifität, 380
Uniqueness, 380
VARIMAX-Rotation, 381
Vektor, 371
Ziel der, 369
Faktorenladungsmatrix, 378
faktorieller Versuchsplan, 304
Faktorladung, 377
Faktorwerte, 382
Faktorwertematrix, 378
Fehler
    erster Art, 128
    zweiter Art, 128
feste Effekte, 255, 271, 276
φ-Koeffizient, 218
Fisher, 149, 297
Fisher-Yates-Test, 162
Fishers Z-Transformation, 196
forward, 263
Freiheitsgrad, 45, 46, 146, 161, 286, 310
Friedman-Test, 177
Fundamentaltheorem der
    Faktorenanalyse, 376

G-Power, 409
GAM, 41
Games-Howell, 297
Gauß'sche Normalverteilung, 55
Geisser, 340
Gelegenheitsstichprobe, 113
gemischte Effekte, 333
Generalfaktor, 378
Geordnetheit, 24
gerichtete Hypothese, 124
geschichtete Zufallsauswahl, 111
Gewichte, 278
Gewichtetes Arithmetisches Mittel, 41
GFI, 393
Gleichheit von zwei Korrelationen, 200
Goodness of Fit, 398
Grafiken
    Überblick, 66
    Balkendiagramm, 69
    Box-Plot, 70
    Histogramm, 68
    Kreisdiagramm, 69
    Polygonzug, 67
    Scatter-Plot, 73
    Stängel-Blatt-Diagramm, 68
    Stem-and-Leaf-Plot, 68
Grafische Darstellungsformen, 65

Greenhouse, 340
Grenzwertsatz
    Zentraler, 116
Grundgleichung für die lineare
    Regression, 230

H-Test, 175
Häufigkeiten
    absolute, 35
    kumulierte, 32, 35
Haenszel, 222
Hartley-Test, 276
Hauptachse, 372
Hauptachsenanalyse, 378
Haupteffekte, 305
Hauptkomponentenanalyse, 378
heterogen, 152
hierarchischen Varianzanalyse, 362
Histogramm, 66, 68
Holm, 274
homogen, 149
Homomorphismus, 20
Homoskedastizität, 189, 190
honestly significant difference, 299
HSD, 297, 299
hybrider Interaktion, 313
hypergeometrische Verteilung, 103
Hypothesen, 122, 283, 308, 331
    Alternativ-, 122
    gerichtete, 124
    Null-, 122
    ungerichtete, 123
Hypothesenformulierung, 124
Hypothesentestung, 127
    Fehler beim, 129

Identität, 24
Indikatorvariable, 280
Inferenzstatistik, 121
Inflation des α-Fehlers, 273
Inkrement, 254
inkrementelle Validität, 250
Interaktion
    disordinale, 313
    hybride, 313
    ordinale, 313
Interaktionseffekte, 307
Interaktionsformen, 312
Intervallskala, 24
inverse Matrix, 424
Isomorphismus, 21

iterative Regression, 262

Kaiser-Gutmann-Regel, 379
Kaiser-Meyer-Olkin, 376
Kategorie
    Auswahl von, 65
Kategorien, 32
Kategoriengrenzen, 34
Kategorienwahl, 65
Kausalaussagen, 188
Kendalls τ, 209
Klumpenauswahl, 112
Kodierung
    Dummy-, 280
    Effekt-, 281
Kolmogorov-Smirnow, 180
Kombinationsregel, 94, 95
Kombinatorik, 92
    Überblick, 96
    Kombinationsregel, 94, 95
    Permutationsregel, 93
    Variationsregel, 92, 93
Kommunalität, 377, 378, 380
Kommunalitätenproblem, 378
Komplementärereignis, 85
Konfidenzintervall, 114, 115, 238
Konfirmatorische Faktorenanalyse, 370
konservativ, 298
konservativen Test, 298
Konsistenz, 114
Kontingenzkoffizient CC, 225
Kontingenztafeln, 398
kontinuierliche Variable, 20
Kontraste, 293, 320
    Definition, 293
    einfaktorielle, 293
    Signifikanztest, 296
    Unabhängigkeit, 294, 322
Kontrolle
    statistisch, 355
    versuchsplanerisch, 355
Korrektur
    nach Greenhouse und Geisser, 340
    nach Holm, 274
Korrelation, 185, 203, 239, 372
    biseriale, 212, 398
        Effektstärke, 398
    biseriale Rang-, 214
    Cramérs Index, 226
    Effektstärke, 398
    φ-Koeffizient, 218

Fishers Z-Transformation, 196
Gleichheit von, 200
Kendalls τ, 209
Koeffizient-, 189
Kontingenzkoeffizient CC, 225
Mittelwerte von, 196
multiple, 249
ν-Koeffizient, 223
Partial-, 246
polychorisch, 221
Produkt-Moment-, 398
    Effektstärke, 398
punktbiseriale, 211, 398
    Effektstärke, 398
punkttetrachorische, 218
Semipartial-, 247
Signifikanztest für, 198
Spearmans Rang-, 206
tetrachorische, 220
Korrelationsdifferenzen, 398
Korrelationskoeffizient, 189
Korrelationsmatrix, 374
Kovarianz, 185–187, 239
Kovarianzanalyse, 355
    Strukturgleichung, 358
Kovariate, 356
Kreisdiagramm, 67, 69
Kreuzvalidierung, 240, 261
Kriterium der extrahierten Varianz, 379
Kriterium der kleinsten Quadrate, 279
Kriteriumsvariable, 230
Kruskal, 175
Kulczynski-Koeffizient, 389
kumulierte Häufigkeiten, 32, 35

L_1-Norm, 389
L_2-Norm, 389
Längsschnittstudien, 10
Lagemaße, 51
lambda, 371
Laplace, 79
latente Merkmale, 19, 205
latente Variablen, 369
Lawley, 376
least significant difference, 297
leptokurtisch, 53
Levene, 150, 276
Levene-Test, 276
lineare Regression, 229, 255
linksschief, 52
linksschiefe Verteilung, 42

linkssteil, 52
linkssteile Verteilung, 42
Lisrel, 409
logisches ODER, 83
logisches UND, 83
logistische Regressionsanalyse, 255
LSD, 297

M-Koeffizient, 389
Maße, 31
    der Dispersion, 31, 43
    der zentralen Tendenz, 31, 36
Mahalanobis-Distanz, 389
manifeste Merkmale, 19, 205
manifeste Variablen, 369
Mann-Whitney, 169
Mantel, 222
Matching, 147
Matlab, 407
Matrix, 423
    Addition und Subtraktion, 424
    Diagonal-, 423
    Einheits-, 423
    inverse, 424
    Multiplikation, 425
    Null-, 424
Matrizenrechnung, 422
Maximum, 36
Maxwell, 376
McNemar-Test, 163
mean squares, 286
measure of sampling adequacy, 376
Median, 37, 38
Mediantest, 167
mehrstufige Zufallsauswahl, 111
Merkmale, 18
    latente, 205
    manifeste, 205
Messen, 18
    Definition von, 20
Messwiederholung, 147, 339
Methode der kleinsten Quadrate, 231, 256
Metrik, 395
    City-Block-, 391, 395
    Euklidische, 391, 395
    Minkowski-, 390, 395
metrische Skala, 24
Minkowski-Metrik, 390, 395
Mittelwert, 39
Mittelwerte von Korrelationen, 196
Mittelwertsvergleiche, 299

mittlere Abweichungsquadrate, 286, 310
Modalwert, 36, 38
Modell I, 276
Modell II, 328
Modell III, 333
Momente
  zentrale, 39
Monotoniebedingung, 395
Monte-Carlo-Studie, 298
MSA, 376
Multidimensionale Skalierung, 394
  Metrik, 395
    City-Block-, 395
    Euklidische, 395
    Minkowski-, 395
  Monotoniebedingung, 395
  STRESS, 394
Multikollinearität, 253, 370
Multinominalkoeffizient, 95
multiple Korrelation, 249
multiple Regression, 255
multiple Regressionsgleichung, 256
Multiplikationstheorem, 89
multivariate Methoden, 398
Mutungsintervall, 115

NCP-Wert, 393
NFI, 393
nicht-disjunkte Ereignisse, 86
nichtzufallsgesteuerte Auswahlverfahren, 112
Nominalskala, 24
nonorthogonale Varianzanalysen, 304, 361
normal, 53
Normalisierung, 60
Normalität, 56
Normalverteilung, 55, 104
Normierung, 56, 60
Nullhypothese, 122, 283, 308
Nullmatrix, 424
numerisches Relativ, 20
ν-Koeffizient, 223

OBLIMIN-Rotation, 382
Odds Ratio, 222
ODER, 83
offene Kategorien, 34
Operationalisierung, 19
optimaler Stichprobenumfang, 137, 138, 399

ordinaler Interaktion, 313
Ordinalskala, 24
Ordinate, 67
ORTHOBLIQUE-Rotation, 382
orthogonale Rotation, 381
orthogonalen Varianzanalysen, 304

Parallelisierung, 147
Partialkorrelation, 246
  höherer Ordnung, 247
PCA, 378
PCFI, 393
Peak, 36
Pearson, 222
Peritz, 297
Permutationsregel, 93
PFA, 378
Pfadanalyse, 391
platykurtisch, 53
Plot, 67
PNFI, 393
Poisson-Approximation, 103
Poisson-Verteilung, 103
Polychorische Korrelation, 221
Polygon, 66
Polygonzug, 67
positiv semidefiniert, 378
post-hoc-Tests, 297
Power, 138
Prädiktorvariable, 230
PRATIO, 393
Prelis, 409
principle component analysis, 378
principle factor analysis, 378
Produkt-Moment-Korrelation, 398
progressiven Test, 298
PROMAX-Rotation, 382
Proximitätsmaß, 389
  Dice-Koeffizient, 389
  Kulczynski-Koeffizient, 389
  L_1-Norm, 389
  L_2-Norm, 389
  M-Koeffizient, 389
  Mahalanobis-Distanz, 389
  Q-Korrelationskoeffizient, 389
  RR-Koeffizient, 389
  Tanimoto-Koeffizient, 389
Prozentrang, 56
punktbiseriale Korrelation, 211, 398
Punktschätzung, 114
punkttetrachorische Korrelation, 218

Q-Korrelationskoeffizient, 389
Q-Test von Cochran, 165
Quadratsummen, 286
Quadratsummenzerlegung, 284, 309, 362–364
    Typ I, 362
    Typ II, 363
    Typ III, 364
    Typ IV, 364
qualitative Merkmale, 18, 115
quantitative Merkmale, 18, 115
Quartile, 44
QUARTIMAX-Rotation, 381
Querschnittstudien, 10
Quotenauswahl, 112

R, 407
Rückwärtselemination, 263
Range, 43
Rangkorrelation
    biseriale, 214
Rationalskala, 24
rechtsschief, 52
rechtsschiefe Verteilung, 42
rechtssteil, 52
rechtssteile Verteilung, 42
Redundanzenreduktion, 369
Regression, 255
    a posteriori, 262
    a priori, 262
    Alienationskoeffizient, 238, 292
    Alle möglichen Untermengen, 263
    backward, 263
    Beziehung zur Korrelation, 239
    Beziehung zur Kovarianz, 239
    forward, 263
    Grundgleichung, 230
    iterative, 262
    Kreuzvalidierung, 240
    Kriterium, 230
    lineare, 229, 255
    logistische, 255
    Methode der kleinsten Quadrate, 231
    multiple, 255
        Kreuzvalidierung, 261
        Strategien, 262
    Prädiktor, 230
    Rückwärtselemination, 263
    Regressionseffekt, 241
    Residuum, 236
    restriction of range, 242
    schrittweise, 264
    Standardschätzfehler, 238
    stepwise, 264
    Vorhersagefehler, 231
    Vorwärtsselektion, 263
Regressionseffekt, 241, 242
Regressionsgleichung
    multiple, 256
Regressionskoeffizient, 231
Rekursion, 247
Relativ, 20
    empirisch, 20
    numerisch, 20
Reliabilität, 380
Repräsentativität, 109
Residualvarianz, 372
Residuum, 236
restriction of range, 242
RMSEA, 393
robuster Test, 298
Rotation, 381
    orthogonale, 381
    schiefwinklige, 381
Rotationsproblem, 381
RR-Koeffizient, 389

S, 407
S Puls, 407
SAS, 406
Scatter-Plot, 67, 73
Schätzmaß
    Anforderungen, 113
Schätzmaße, 113
Schätzungen, 113
    qualitatives Merkmal, 115
    quantitatives Merkmal, 116
    relative Häufigkeiten, 115
Scheffé, 297
Scheffé-Test, 299
Scheinbare Kategoriengrenzen, 34
Schiefe, 52
schiefwinklige Rotation, 381
schmalgipflig, 53
schrittweise Regression, 264
Scilab, 407
Scree-Test, 379
Semipartialkorrelation, 247
    höherer Ordnung, 248
sicheres Ereignis, 84
Signifikanz, 126

Signifikanz von Kontrasten, 296
Signifikanztest für Korrelationen, 198
Skalar, 425
Skalen, 24
    Intervall-, 24
    Nominal-, 24
    Ordinal-, 24
    Verhältnis-, 24
Skalenniveaus, 22
Skalentransformationen, 47
SNCP, 393
SNK, 297
Spannweite, 43
Spearman, 206
Spearmans Rangkorrelation, 206
Spezifität, 380
Sphärizitätsannahme, 340
SPSS, 405
Stängel-Blatt-Diagramm, 67, 68
Störvariable, 355
Standardabweichung, 50
Standardfehler, 111, 118
Standardnormalverteilung, 104
Standardschätzfehler, 238
Standardwerte, 59
Statistik
    deskriptive, 17
Statistikprogramme, 405
Steigungskoeffizienten, 358
    heterogen, 358
    homogen, 358
Stem-and-Leaf-Plot, 67, 68
stepwise, 264
stetige Verteilungen, 426
stetige Wahrscheinlichkeitsverteilung, 99
Stichprobe, 109
    Auswahlverfahren, 109
        nichtzufallsgesteuerte, 112
        zufallsgesteuerte, 110
    optimale, 137, 138
    optimaler Umfang, 399
Stichprobenergebnisse, 97
Stichprobenumfang, 133, 136
stochastische Unabhängigkeit, 87
STRESS, 395
Streuungsmaße, 51
Strukturgleichungsmodelle, 391
Student Newman-Keuls, 297
sum of cross-products, 359
Summenzeichen, 421
sums of squares, 284

Suppressor-Effekt, 252
symmetrisch, 52
symmetrische Verteilung, 42

t-Test, 143, 198
    für abhängige Stichproben, 147
    für heterogene Varianzen, 152
    für homogene Varianzen, 151
    für unabhängige Stichproben, 151, 398
        Effektstärke, 398
    Welch-Test, 152
t-Verteilung, 106
T-Werte, 58
Tanimoto-Koeffizient, 389
Tendenz zur Mitte, 242
Test
    konservativ, 298
    progressiv, 298
    robust, 298
Teststärke, 130, 134, 136, 298
Testung, 127
tetrachorische Korrelation, 220
Theorem von Bayes, 90
Theoriegeleitete Auswahl, 113
TLI, 393
Transformationen, 27, 58
Tukey, 297
Tukey-HSD-Test, 299
Tukey-Kramer, 297

U-Test von Mann-Whitney, 169
unabhängige Variablen, 255
unabhängigen Stichprobe, 132
Unabhängigkeit
    stochastische, 87
    von Kontrasten, 294
UND, 83
uneingeschränkte Zufallsauswahl, 110
ungerichtete Hypothese, 123
Uniqueness, 380
unmögliches Ereignis, 84
Urliste, 31

Validität
    externe, 109
    inkrementelle, 248, 250
Variabilitätskoeffizient, 51
Variable, 19
    abhängige, 66, 255
    latente, 369
    manifeste, 369

unabhängige, 66, 255
Varianz, 45
Varianzadditionssatz, 185
Varianzanalyse, 255, 271, 398
    Bartlett-Test, 275
    Bonferronikorrektur, 273
    Dummykodierung, 280
    Effektkodierung, 281
    Effektstärke, 398
    einfaktorielle, 278
        feste Effekte, 276
        Kontraste, 293
        mit Messwiederholung, 339
        zufällige Effekte, 328
    erklärte Varianzanteile, 291
    Erwartungswerte, 287
    F_{max}-Statistik, 276
    F-Test, 288
    feste Effekte, 255, 271, 276
    gemischte Effekte, 333
        F-Test, 334
        Nullhypothese, 334
    Gewichte, 278
    Hartley-Test, 276
    Haupteffekte, 305
    hierarchische, 362
    Holm, 274
    Hypothesen, 283
    Indikatorvariable, 280
    Interaktionseffekte, 307
    Kodierung, 280
    Kontraste, 293
    Kovarianzanalyse, 355
    Kriterium der kleinsten Quadrate, 279
    Levene-Test, 276
    Messwiederholung
        Strukturgleichung, 341, 346, 351
    Messwiederholungen, 339
    Modell I, 276
    Modell II, 328
    Modell III, 333
    nonorthogonale, 361
    post-hoc-Tests, 297
    Quadratsummenzerlegung, 284, 362–364
        Typ I, 362
        Typ II, 363
        Typ III, 364
        Typ IV, 364
    rechnerische Durchführung, 288
    Scheffé-Test, 299
    t-Test, 293
    Theorie zur, 361
    Tukey-HSD-Test, 299
    unvollständige Messwiederholung, 345
    Varianzhomogenität, 275
    vollständige Messwiederholung, 350
    Voraussetzungen, 274
    Zelleneffekte, 306
    zufällige Effekte, 327, 328
        F-Test, 332
        Hypothesen, 329, 331
        praktische Unterschiede, 330
        Strukturgleichung, 329
    Zufallseffekte, 255
    zweifaktorielle, 303
        erklärte Varianzanalteile, 319
        F-Test, 312, 336
        feste Effekte, 305
        Hypothesen, 308
        Interaktion, 312
        Kontraste, 320
        Nullhypothesen, 308
        Quadratsummenzerlegung, 309
        Strukturgleichungen, 307
        zufällige Effekte, 331
Varianzheterogenität, 149
Varianzhomogenität, 149, 275
Variationsbreite, 43
Variationskoeffizient, 50
Variationsregel, 92, 93
VARIMAX-Rotation, 381
Vektor, 371
Verhältnisskala, 24
Versuchsplan, 304
Verteilung, 42
    diskret, 426
    empirische, 35
    stetig, 426
Verteilungsformen, 42
Vertrauensintervall, 115
vollständig gekreuzter Versuchsplan, 304
Vorhersagefehler, 231
Vorwärtsselektion, 263
Vorzeichenrangtest von Wilcoxon, 173
Vorzeichentest, 172

Wahre Kategoriengrenzen, 34
Wahrscheinlichkeit, 79, 80

a posteriori, 80
a priori, 79
bedingte, 87
nach Bernoulli, 80
nach Laplace, 79
Wahrscheinlichkeitsfunktionen, 97
Wahrscheinlichkeitstheorie, 79
Wahrscheinlichkeitsverteilung, 98
Bernoulliverteilung, 102
Binomialverteilung, 100
diskrete, 98
hypergeometrische Verteilung, 103
Poisson-Verteilung, 103
stetige, 99
Wallis, 175
Welch-Test, 152
Wilcoxon, 173
Wilks' Lambda, 387

Yates-Test, 162
Yules Y, 222

z-Test, 144
z-Transformation, 56, 57
Z-Wert, 58
z-Wert, 56
Zahlensystem, 24
Zeichenerklärung, 433
Zelle, 304
Zelleneffekte, 306
Zentraler Grenzwertsatz, 116
zentrales Moment, 39
Zirkularitätsannahme, 340
zufällige Effekte, 327, 328
F-Test, 332
Zufallseffekte, 255
Zufallsexperiment, 82
zufallsgesteuerte Auswahlverfahren, 110
Zufallslisten, 110
Zufallsvariable, 97
zulässige Transformationen, 26
Zusammenhang, 187
Zweifaktorielle Varianzanalyse, 303
zweiseitige Testung, 127, 128

Stephan Jeff Rustenbach

Metaanalyse

Eine anwendungsorientierte Einführung

2003. 291 S., 40 Abb., 40 Tab., mit CD-ROM, Kt
€ 49.95 / CHF 83.00
(ISBN 3-456-83802-6)

Metaanalytische Methoden dienen der systematischen Zusammenfassung empirischer Forschungsergebnisse. Das Buch befähigt zum Verständnis und zur Durchführung solcher Analysen. Beispiele illustrieren die Ausführungen. SPSS-Routinen werden auf CD-ROM mitgeliefert.

Willi Hager / Jean-Luc Patry / Hermann Brezing (Hrsg.)

Evaluation psychologischer Interventionsmaßnahmen

Standards und Kriterien: Ein Handbuch zur Qualitätssicherung

1999. 289 S., Kt € 46.95 / CHF 77.00
(ISBN 3-456-83245-1)

Was eigentlich soll im Bereich psychologischer Intervention evaluiert werden? Wie kann geprüft werden, ob einzelne Maßnahmen im praktischen Einsatz Nutzen bringen? In diesem Werk werden Güte- und Effektivitätskriterien erarbeitet.

**Verlag Hans Huber
Bern Göttingen Toronto Seattle**

http://Verlag.HansHuber.com